区域水环境综合治理规划研究

以武汉市东湖新技术开发区为例

黄晓敏 张仲伟 等／著

QUYU SHUIHUANJING ZONGHE
ZHILI GUIHUA YANJIU

长江出版社
CHANGJIANG PRESS

QUYU SHUIHUANJING ZONGHE
ZHILI GUIHUA YANJIU

编写人员

黄晓敏　张仲伟　余太平　汤　霖

张一楠　马俊超　胡胜利　张芝玲

李　钢　章　坤　张余龙　樊福斌

唐光涛　曹书龙　林洁梅　程　龙

王余杰　张雪杨　韩昊宇　张　雪

王志刚　张　适

　　水是生存之本,文明之源,是生态系统中最重要、最活跃的因子。水是城市起源和发展的命脉,城市文明往往因水而生、依水而兴、以水而荣,城市丰富的河道水网、江河湖泊自然环境,是奠定城市水乡特色的基础要素。城市水系一般担负着区域防洪、排涝、供水、纳污以及生态环境保护和水景观建设等多重重任,是城市水文化的重要载体,然而,随着经济社会的快速发展和城市化进程的快速推进,城市水体水环境污染问题日益严峻,部分城市河湖生态功能退化,滨水景观功能遭到破坏,越发严重的环境问题逐渐成为制约社会高质量发展的突出瓶颈和生态文明建设的突出短板。优美清澈的河流湖泊是群众对良好生态环境的重要期盼,以水定城、提升城市水生态环境质量、重塑城市人水和谐平衡关系,是推动城市经济可持续发展、提升人民生活幸福感的必经之路。

　　武汉东湖新技术开发区(以下简称"东湖高新区"),即中国光谷,是第二个国家自主创新示范区、中国(湖北)自由贸易试验区武汉片区。东湖高新区行政区划面积 518km²,区内河湖资源丰富,坐拥"一江九湖二十八河十二库"。随着东湖高新区四次扩张,城市开发建设不断推进,水生态环境压力和风险不断增大。城市湖泊南湖、汤逊湖以及部分城区港渠水基本丧失使用功能(现状水质为Ⅴ～劣Ⅴ类),地处高新区生态大走廊核心区位的豹澥湖水质持续恶化,水葫芦频发,均为东湖高新区高质量发展敲响警钟。

　　本书立足东湖高新区水生态环境当前存在的"治理顽疾",以区域"支撑经济社会高质量发展"和"水生态环境根本改善"为两大中心任务,提出"优化供水布局、补齐排水短板、抓实系统控源、发展循环经济、连通江河湖库、推进生态保育、强化环境监管"七大策略,构建"区域安全供水、城市排水防涝、水环境治理、资源循环再生、水系布局优化、生态功能提升、智慧水务建设"七大措施体系,旨在为东湖高新区提供一个全域性、综合性、系统性的水环境治理顶层规划。同时,也向读者展示一个通过多要素交叉、多专业融合、多角度施策、多部门协同、全过程控制,集保供水、防洪水、排涝水、治污水、提生态、活资源、优管水多位一体的区域水环境治理典范，为我国长江中下游同类区域水环境综合治理工作的有序推进提供参考借鉴。

全书共分为11章：第1章阐述了东湖高新区的基本情况，第2章阐述了开展区域水环境综合治理工作的必要性及思路，第3章至第9章详细阐述了治理方案，依次为供水系统规划、排水防涝系统规划、水环境系统治理规划、生态水网系统构建规划、资源综合利用规划、水生态空间保护及滨水景观系统规划、区域水管理控制规划，第10章阐述了规划的效果分析，第11章对规划方案进行小结并提出展望。

黄晓敏、张仲伟共同提出了专著研究工作的总体思路，负责全书的总体框架设计、统稿和定稿。全书共计102万字。余太平负责第一章4万字的撰写；汤霖负责前言及第二章共3万字的撰写；张一楠、马俊超、胡胜利、张芝玲完成第五章共35万字的撰写，其中张一楠完成9万字，马俊超完成9万字，胡胜利完成9万字，张芝玲完成8万字；李钢、章坤、张余龙完成第八章共18万字的撰写，其中李钢完成6万字、章坤完成6万字、张余龙完成6万字；樊福斌、唐光涛完成第六、十、十一章节的撰写，其中樊福斌完成3万字、唐光涛完成6万字；曹书龙、林洁梅完成第九章9万字的撰写，其中曹书龙完成6万字、林洁梅完成3万字；程龙完成第三章共4万字的撰写；王余杰、张雪杨、韩昊宇共同完成第四章11万字的撰写，其中王余杰完成4万字，张雪杨完成4万字，韩昊宇完成3万字；张雪、王志刚、张适完成第七章9万字的撰写，其中张雪完成3万字，王志刚完成3万字、张适完成3万字。

本书的编制和出版得到了东湖高新区环境水务局、长江生态环保集团有限公司等相关部门和单位的大力支持，本书的出版由中国工程院战略研究与咨询项目——"荆楚安澜"现代水网发展战略咨询项目（项目编号：2023-DFZD-44）全额资助，在此致以诚挚的谢意。

由于编者水平和时间有限，书中难免有疏漏和不足之处，恳请各位专家、同行和广大读者提出宝贵意见，我们将认真吸取意见及建议，不断完善。

编　者
2024年1月

1 规划研究范围与区域基本特征

1.1 研究范围

　　研究范围为东湖高新区行政区划所辖范围,总面积 518km²,下辖 8 个街道办事处和 8 个园区。八大街道分别为花山街、豹澥街、九峰街、关东街、佛祖岭街、滨湖街、龙泉街和左岭街。八大园区分别为光谷生物城、武汉未来科技城、武汉东湖综合保税区、光谷光电子信息产业园、光谷现代服务业产业园、光谷智能制造产业园、光谷中华科技产业园和光谷中心城。东湖高新区行政区划见图 1.1-1。

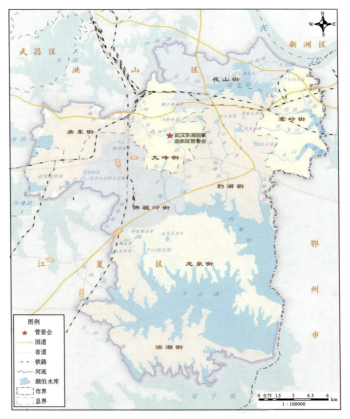

图 1.1-1 东湖高新区行政区划

1.2 自然条件概况

1.2.1 地理位置

东湖高新区位于武汉市主城区东南部，是武汉市社会、经济、文化的重要组成部分。东至武汉市界，南至江夏区五里镇的大屋陈社区，西至江夏区藏龙岛科技园和武汉市洪山区接壤，北以东湖风景旅游区、化工新城和长江为界，涉及主城珞瑜、关山两大组团，以及东部、东南部和南部三大新城组群。东湖高新区区位见图 1.2-1。

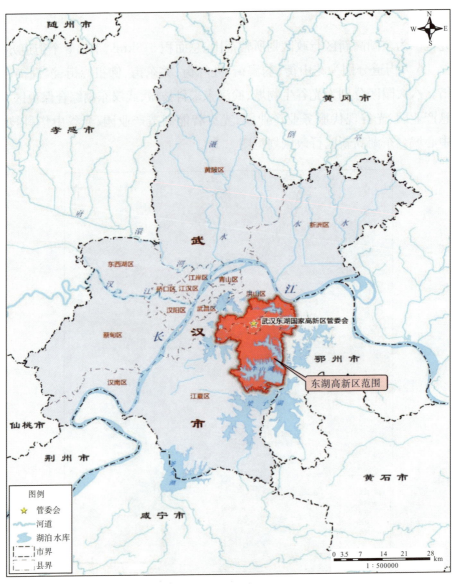

图 1.2-1　东湖高新区区位

1.2.2　地形地貌

　　东湖高新区地处汉江冲积平原与江南丘陵过渡地带,境内垅岗平原地貌特征明显,中部散列东西向残丘,岗岭起伏,湖港交错。地势西高东低,大部分区域海拔高度为20～30m。东湖高新区行政区地形坡度见图 1.2-2。

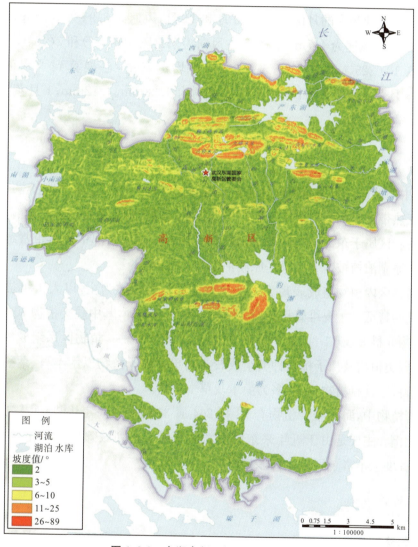

图 1.2-2　东湖高新区行政区地形坡度

1.2.3　气候特征

　　东湖高新区地处中亚热带北缘,季节湿润气候显著,四季分明,光照充足,热富雨丰,无霜期长。夏、冬两季,各约 4 个月;春、秋两季,各约 2 个月,秋旱少雨多晴,春雨多于秋雨。

据武汉吴家山气象站(简称"武汉站")1951—2018 年气象数据统计,武汉市多年平均气温为 16.7℃,最冷为 1 月,平均气温 3.5℃,最热为 7 月,平均气温 29.0℃;历年最高气温达 39.4℃(1951 年 8 月),最低气温达−18.1℃(1977 年 1 月 30 日);全年日照时数为 2079h,日照率为 4.7%;全年无霜期为 241d,最长 272d,最短 211d。多年平均的日均风速为 2.3m/s,3—10 月日均风速的均值为 1.8m/s,11 月至次年 2 月的风速均值为 3.4m/s。日均风速最大的月份是 1 月、2 月和 11 月,风速为 3.9～4.3m/s;日最大风速主要出现在 7 月,风速为 4.7m/s。全年主风向为东北风 3(67.5°)和 2(45°),7 月的主风向为西南风 10(225°)和 11(247.5°)。多年平均蒸发量(已换算到大水面蒸发)为 879mm,7、8 月蒸发量最大,日平均蒸发量分别为 4.28mm、4.12mm;1 月蒸发量最小,日平均蒸发量仅为 1mm。

1.2.4 植被特征

根据《中国植被》,东湖高新区属亚热带常绿阔叶林区域—东部(湿润)常绿阔叶林亚区域—中亚热带常绿阔叶林地带—两湖平原,栽培植被,水生植被区。根据《湖北植被区划》,东湖高新区属于东部(湿润)常绿阔叶林亚区域—湖北南部中亚热带常绿阔叶林地带—江汉平原湖泊植被区—江汉平原湖泊植被小区。

东湖高新区内植物组成表现为以水生及沼泽自然植被为主,以人工植被和疏林草丛植被为辅的特征。主要维管植物有 110 科 361 属 550 种,其中蕨类植物 10 科 10 属 13 种、裸子植物 5 科 9 属 11 种、被子植物 95 科 342 属 526 种。植物区系组成成分以被子植物为主,蕨类植物及裸子植物种类组成较为简单。被子植物以禾本科、菊科、蓼科、唇形花科、豆科、毛茛科植物为主,多为灌木及草本植物。

在维管植物中,野生维管植物有 93 科 264 属 396 种,占一定优势,而人工植被也占有一定的比例。主要是由于近年来东湖高新区开展了系列城郊植被绿化、生态景观建设,在一定程度上丰富了区域生物多样性。

1.2.5 降雨情况

1.2.5.1 年降雨特性

据武汉市气象台 1951—2018 年资料统计,武汉市年降水量在 700～2100mm 波动。初夏梅雨季节雨量较集中,其多年平均降水量 1265.5mm,最大年降水量 2056.9mm(1954 年),最小年降水量 726.7mm(1966 年),丰水年($P \leqslant 25\%$)有 17 年,平均降水量 1657.1mm;平水年($25\% < P < 75\%$)有 34 年,平均降水量 1228.4mm;干旱年($P \geqslant 75\%$)有 17 年,平均降水量 948.3mm。

1.2.5.2　月降雨特性

据武汉市气象台 1951—2018 年资料统计,武汉市暴雨主要集中 4—8 月,降水量约占全年的 65.8%。一年中,月降水量最多的月份为 6 月,为 222.0mm;月降水量最少的月份为 12 月,为 31.4m。多年来最大月降水量为 758.4mm,发生在 1998 年 7 月。

1.2.5.3　日降雨特性

武汉历史上日最大降水量为 317.4mm(1959 年 6 月 9 日),1951—2012 年日降水量 100mm 以上大暴雨共发生 42 次,大暴雨出现在 4—9 月,特大暴雨出现在 6—8 月。1980—2012 年武汉市降雨共计 4012 场,10mm 以下降雨的场次占 70%。短历时暴雨的雨峰系数为 0.39~0.49,并随暴雨强度的递增而递增。

1.3　社会经济概况

1.3.1　社会经济

2019 年,东湖高新区全区地区生产总值 1876.77 亿元,同比增长 9.4%。其中,第一产业生产总值 3.68 亿元,占比 0.20%;第二产业生产总值 819.41 亿元,占比 43.66%;第三产业生产总值 1053.67 亿元,占比 56.14%。2019 年东湖高新区高新技术产业增加值 1176.74 亿元。全区规模以上工业总产值 2429.51 亿元,全区固定资产投资(不含农户)976.65 亿元,全区全口径社会消费品零售总额 197.80 亿元,实现外贸出口 695.70 亿元。

1.3.2　人口分布

2021 年,东湖高新区常住人口约 84 万人,就业人口和在校大学生在内的流动人口约 102 万人,人口密度约 16 人/hm²(常住人口)。在空间分布上,东湖高新区北部人口分布相对密集,南部人口相对稀少。从区域分布上看,东湖高新区三环线以内人口密度较大,外围新城组群人口密度较小,新城人口主要分布在光电子信息产业园南部、光谷生物城、花山和左岭地区。东湖高新区各街道人口密度分布见图 1.3-1。

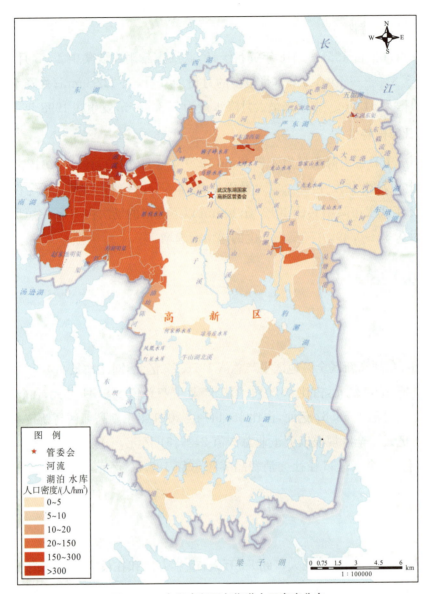

图 1.3-1　东湖高新区各街道人口密度分布

1.3.3　园区概况

　　东湖高新区下辖 8 个产业聚集园区，分别为光谷生物城、武汉未来科技城、武汉东湖综合保税区、光谷光电子信息产业园、光谷现代服务业园、光谷智能制造产业园、光谷中华科技产业园和光谷中心城。每个园区具有明确的管理范围和发展定位，形成特色鲜明的产业发展布局。东湖高新区产业园分布见图 1.3-1，东湖高新区园区基本情况见表 1.3-1。

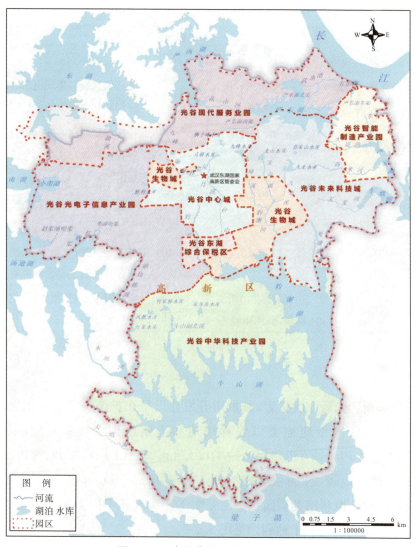

图 1.3-2 东湖高新区产业园区分布

表 1.3-1   东湖高新区园区基本情况

序号	园区	分属街道	规划面积 /km²	重点发展领域
1	光谷生物城	九峰、豹澥街道	27.69	生物医药、生物农业、医疗器械、生物服务、智慧医疗与健康和精准医学等
2	光谷未来科技城	左岭、豹澥街道	66.80	光电子信息、新能源环保、高端装备制造和高技术服务业等
3	光谷东湖综合保税区	佛祖岭、豹澥街道	5.41	保税加工、保税物流为辅、口岸物流和保税服务

序号	园区	分属街道	规划面积 /km²	重点发展领域
4	光谷光电子信息产业园	关东街、佛祖岭街、九峰街	82.38	光通信、激光、集成电路、移动互联、软件创意和金融服务等
5	光谷现代服务业园	花山街、九峰街、关东街	78.17	传统商贸流通业、软件与信息服务业、科技金融业和文化创意等
6	光谷智能制造产业园	左岭街	48.00	光电子信息、高端装备制造、新能源、环保及其配套和港口物流产业
7	光谷中华科技产业园	龙泉、滨湖街道	48.70	文化和科技融合服务业、生态旅游服务业、通用航空服务业、国际商事商务服务业和创新动力服务业
8	光谷中心城	九峰街、花山街、豹澥街、佛祖岭街	36.15	金融服务、信息服务、文化娱乐和会议展览等

1.3.4 建设用地

随着东湖高新区先后 5 次扩容,其城市开发建设呈东扩南进之势。根据 2016 年土地利用现状资料,区内土地地类以农林用地和道路用地为主。其中,农林用地约 158.43km²,占比约 30.58%;道路用地约 110.42km²,占比约 21.32%;区内其他非建设用地和其他建设用地较少,面积分别为 0.13km² 和 0.34km²,占比分别为 0.03% 和 0.07%。现状不同土地利用类型面积占比见图 1.3-3,现状不同类型城市用地面积占比见图 1.3-4,东湖高新区现状土地利用见图 1.3-5。

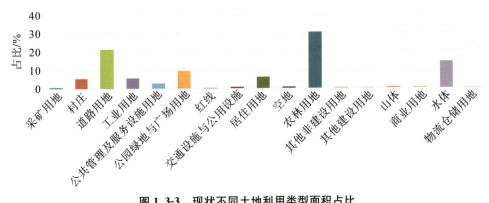

图 1.3-3　现状不同土地利用类型面积占比

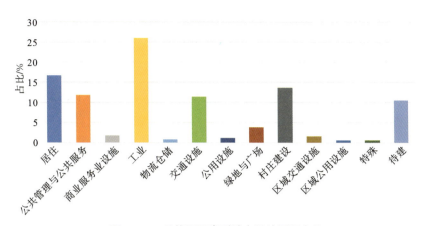

图 1.3-4　现状不同类型城市用地面积占比

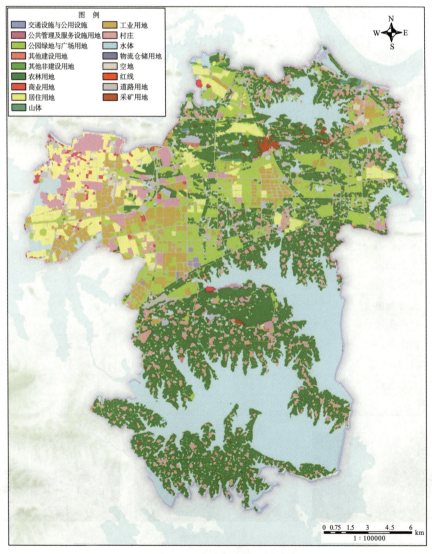

图 1.3-5　东湖高新区现状土地利用

根据《东湖高新区分区规划(2017—2035年)》,截至2016年,东湖高新区现状城乡建设用地为168.0km²,占比32.43%;非城乡建设用地约350km²,占比67.57%。城乡建设用地中已建用地150.4km²,待建用地17.6km²。已建用地以工业用地居多,约43.48km²,占比25.88%;其次为居住用地,约28.08km²,占比16.71%;特殊用地仅0.84km²,仅占0.5%。

1.3.5 生态农业区

东湖高新区生态农业区集中在九峰森林保护区、龙泉山风景区及严东湖南岸、严家湖西岸、豹澥湖沿岸、牛山湖沿岸等滨湖生态保护圈,涉及滨湖街、龙泉街大部分行政村及豹澥街和左岭街的部分行政村。

1.3.5.1 行政村拆迁建状况

根据东湖高新区街道办事处行政划分及建设状况统计,8个街道办事处中,关东街道已全部建成,下辖22个社区,无行政村,其余7个街道下辖行政村共计100个。目前未拆迁行政村主要集中在滨湖街道、龙泉街道、豹澥街道,共计30处村落,主要分布在牛山湖、豹澥湖和严东湖沿岸。豹澥湖以北新区部分属于建设程度较高区域,行政村基本处于建成与建设状态,其中已还建行政村23个、还建中行政村46个。营泉山风景区内包含1处景中村。东湖高新区农村拆迁建状况统计见表1.3-2和图1.3-6。

表1.3-2　　　　　　　　　东湖高新区农村拆迁建状况统计

序号	街道	行政村数量	建成区	拆建中	有计划未拆	景中村
1	滨湖街道	13			13	
2	龙泉街道	13		4	8	1
3	豹澥街道	22	6	7	9	
4	九峰街道	10	9	1		
5	左岭街道	16	10	6		
6	花山街道	13	7	6		
7	佛祖岭街道	13	10	3		
8	关东街道	—				
	合计	100	42	37	30	1

(a)未拆迁村落　　　　　　　(b)拆迁中村落　　　　　　　(c)建成区

图1.3-6　东湖高新区农村拆迁建设现状

1.3.5.2　村落环境状况

还建村落环境保护基础设施配套较为完善,对 30 个未拆迁村落中的 22 个进行重点调研发现,除滨湖街联益村配套有化粪池,其余村落均无污水处理设施,污水通过粪坑简单储存后用于浇地或者通过沿屋沟渠汇入附近池塘水域。目前仍有 13 个村落沿用旱厕。区内村落垃圾采用垃圾桶收集,垃圾箱或垃圾坑集中清运模式。经调研,垃圾桶和垃圾箱的村落清运频率至少 1 次/月,但是垃圾坑的清运频率约 1 次/年,往往出现垃圾堆积、发酵和就地焚烧现象。新店村、新生村、滨湖村及牛山村 4 个村落调研期间未发现垃圾清运设施配套。东湖高新区环境状况见图 1.3-7。

(a)化粪池

(b)传统粪坑

(c)垃圾箱

(d)收运不及时垃圾坑

图 1.3-7　东湖高新区环境状况

1.3.5.3　农业种植状况

根据《武汉市基本生态控制线管理条例》,到 2020 年,东湖高新区永久基本农田保护面积为 51.3km²。经调研,东湖高新区农田主要分布在严东湖南岸、豹澥湖和牛山湖沿岸。农业种植以传统水稻、玉米种植为主,靠湖农田种植莲藕,同时有新近发展苗圃的种植,以现代化喷灌农业为主,部分田地种植花树林木,村落房屋周边有部分菜地种植。目前从事农业种植人数少,田地荒芜闲置状况比较普遍。据不完全统计,目前从事农业生产的农田地块已不足 1/4。

不同种植作物采取的施肥方式不同,传统的水稻、玉米以及莲藕田施化肥为主,平均施肥量约 40kg/(亩·a),苗圃采取现代化水肥一体技术,精准施肥,花树林木则基本不施肥,自然生长,水浇菜地多施以农家肥。东湖高新区农业种植现状见图 1.3-8。

(a)水稻田   (b)玉米旱田

(c)莲藕田   (d)苗圃

(e)花树林木   (f)菜地

图 1.3-8 东湖高新区农业种植现状

1.3.5.4 农业养殖状况

畜禽养殖方面,按照《武汉市畜禽禁止限制和适宜养殖区划定及实施方案》,东湖高新区属于禁养区,2017年已经实施全部退养,目前已无规模化养殖场。根据现场调研,共发现17处未拆迁农村区域仍存在少量农户散养家禽,基本为自食自养,家禽类型主要为鸡、鸭,目前村中每户有人常住的养殖规模平均在5只/户左右,养殖模式一般为自然放养,少数为拦网圈养。东湖高新区农村及农业现状分布见图1.3-9。

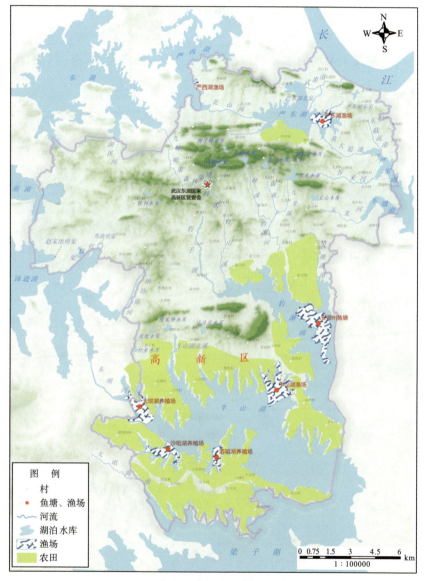

图 1.3-9 东湖高新区农村及农业现状分布

水产养殖方面,《东湖高新区畜禽和水产养殖禁养区规划及实施方案》要求,在2017年3月前高新区内湖泊已全部退出水产经营性养殖。目前,湖泊"三网"养殖拆除工作已经完成。目前,现存渔业养殖大型渔场有7处,位于严东湖、车墩湖、牛山湖、严西湖(渔场位于高新区内,权属属于洪山区)等,养殖以淡水"四大家鱼"为主,养殖方式以自然养殖为主,同时部分养殖虾蟹,个体养殖户主要分布在车墩湖、豹澥湖、严东湖、牛山湖等湖汊处,养殖以淡水鱼为主。

1.4 区域水体现状

1.4.1 水系现状

东湖高新区涉及4大湖泊水系、11个湖泊汇水区,区内有28条河(溪、渠)、12座水库,水系见图1.4-1。

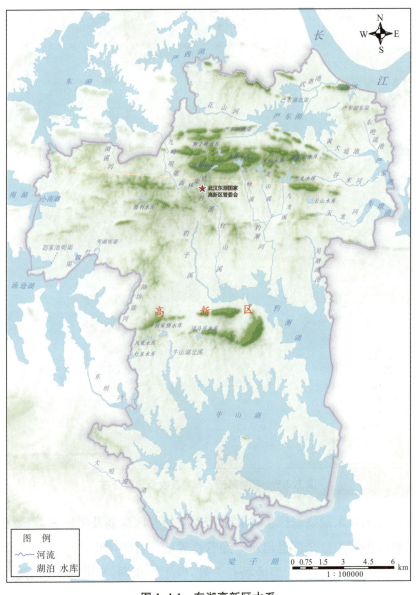

图1.4-1 东湖高新区水系

1.4.1.1 湖泊

东湖高新区涉及 4 大湖泊水系，11 个湖泊汇水区，其中东湖属于东沙水系，严西湖、严东湖属于北湖水系，南湖、汤逊湖属于汤逊湖水系，五加湖、严家湖、车墩湖、豹澥湖、牛山湖、梁子湖属于梁子湖水系。严东湖、五加湖、严家湖、车墩湖、牛山湖 5 个湖泊的水域均位于高新区托管范围内，其余湖泊仅部分水域和陆域汇水区间位于开发区范围内。东湖高新区涉及主要湖泊与其托管范围空间关系见表 1.4-1，东湖高新区跨行政区湖泊及其陆域面积比例见图 1.4-2。

表 1.4-1 　　　　　　　　东湖高新区涉及主要湖泊与其托管范围空间关系

水系	湖泊名称		范围		
			水域	陆域	高新区陆域面积比例/%
北湖水系	严西湖		跨区	洪山区、青山区、化工区东湖风景区及高新区	22.7
	严东湖		区内		
梁子湖水系	五加湖		区内		
	严家湖		区内		
	车墩湖		区内		
	豹澥湖		跨市	东湖高新区、鄂州市	65.9
	梁子湖（含牛山湖）	牛山湖	区内	高新区、江夏区	92.1
		梁子湖	跨市	武汉市、黄石市、鄂州市、咸宁市	0.7
汤逊湖水系	南湖		跨区	洪山区、东湖高新区	50.1
	汤逊湖		跨区	江夏区、洪山区、东湖高新区	18.4
东湖水系	东湖		区外	洪山区、武昌区、青山区、东湖高新区	24.5

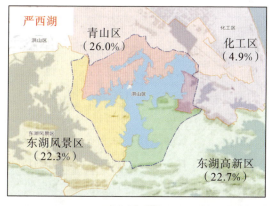

（a）严西湖

（b）豹澥湖

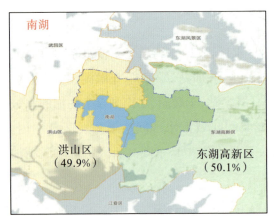
(c)南湖

(d)汤逊湖

(e)牛山湖

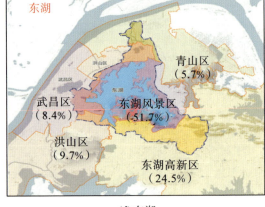
(f)东湖

图 1.4-2　东湖高新区跨行政区湖泊及其陆域面积比例

11 个湖泊的主要特征见表 1.4-2。

表 1.4-2　　　　　　　　　东湖高新区主要湖泊特征

水系	湖泊名称	流域面积/km²	岸线长/km	控制水位/m		常水位水面面积/km²	常水位对应容积/万 m³	境内汇流面积/km²
				常水位	最高水位			
北湖水系	严西湖	53.97	72.73	18.40	19.40	14.23	2989.75	12.23
	严东湖	47.34	41.20	17.50	18.50	8.27	1367.87	47.34
梁子湖水系	五加湖	2.24	2.99	19.50	20.50	0.09	4.24	2.24
	严家湖	27.30	13.40	17.00	18.00	0.49	39.87	27.30
	车墩湖	19.41	9.20	17.65	18.65	1.48	281.99	19.41
	豹澥湖	146.69	74.00	17.00	18.50	17.78	5664.11	146.69
	牛山湖	156.61	165.20	17.00	18.50	44.40	13086.00	144.19
	梁子湖	735.82	357.80	17.00	19.30	271.00	61000.00	23.45

续表

水系	湖泊名称	流域面积/km²	岸线长/km	控制水位/m		常水位水面面积/km²	常水位对应容积/万 m³	境内汇流面积/km²
				常水位	最高水位			
汤逊湖水系	南湖	39.95	23.00	18.65	19.65	7.674	790.00	20.02
	汤逊湖	240.48	122.80	17.65	18.65	47.62	5470.00	44.27
东湖水系	东湖	132.71	119.20	19.15	19.65	30.70	5699.90	29.20
合计		1602.52	1001.52				96393.73	516.34

注:五加湖、严家湖、车墩湖、豹澥湖、牛山湖、梁子湖水位数据摘自《武汉市中心城区排水防涝专项规划(2010—2030)》,水面面积和容积根据2019年地形图测算,其他数据来自各湖泊一湖一策或一湖一档。

1.4.1.2 河流港渠

东湖高新区有28条河(溪、渠),分别为武汉长江高新段、湖溪河、九峰河、森林渠、花山河、武惠闸港、严东湖西渠、严东湖北渠、严东湖东渠、东截流港、黄大堤港、谷米河(黄大堤港支港)、玉龙河、吴溏湖港、豹子溪、台山溪(含星月溪)、九峰溪、豹澥河、九龙溪、龙山溪、牛山湖北溪、秀湖明渠、光谷大道排水走廊、红旗渠、赵家池明渠、大咀海港、荷叶山社区明渠。东湖高新区排水港渠基本情况见表1.4-3。

表 1.4-3　　　　　　　　　　东湖高新区排水港渠基本情况

序号	河湖名称	所在水系	长度/km	宽度/m	起止位置	汇入水体
1	湖溪河	东沙湖水系	1.53(1.37)	16～38	珞瑜东路—东湖	喻家湖
2	九峰河(九峰明渠)		5.40(4.70)	10～40	森林渠—东湖	后湖
3	森林渠		2	5～20	九峰一路西苑公园—九峰河	九峰明渠
4	荷叶山社区明渠		1.40	2～20	荷叶山社区—九峰明渠	九峰明渠
5	花山河	北湖水系	3.26	20～70	严西湖—严东湖	严东湖
6	武惠闸港		3.33	10～30	严东湖—长江	长江
7	严东湖西渠		0.74	3～6	土桥泵站—严东湖	严东湖
8	严东湖北渠		2.60	12～25	武惠闸港—严东湖	严东湖
9	严东湖东渠		1.50	10～16	白浒村吴徐路—严东湖	严东湖
10	东截流港	梁子湖水系	2.30	5～25	流港路天马微电子产业基地—严家湖	严家湖
11	黄大堤港		4.81	10～30	武九铁路—严家湖	严家湖
12	谷米河		7.85	5～16	科技二路周庄小路西侧—严家湖	严家湖
13	玉龙河		7.10	8～20	高新二路梨豹路交叉处—车墩湖	车墩湖
14	吴溏湖港		5.70	15～20	马桥村下马桥—豹澥湖	豹澥湖

序号	河湖名称	所在水系	长度/km	宽度/m	起止位置	汇入水体
15	豹子溪	梁子湖水系	7.50	5～35	高新二路光谷四路交叉处—豹澥湖	豹澥湖
16	台山溪(含星月溪)		6.50	8～50	高新大道—豹澥湖	豹澥湖
17	九峰溪		5.40	5～35	九峰水库—豹澥河	豹澥河
18	豹澥河		5.50	10～20	九峰溪、龙山溪、九龙溪相接处—豹澥湖	豹澥湖
19	九龙溪		2.70	5～15	九龙水库—龙山溪	豹澥河
20	龙山溪		3.60	5～30	龙山水库—豹澥河	豹澥河
21	牛山湖北溪		3.90	5～35	何家桥水库—牛山湖	牛山湖
22	大咀海港		7.90(3.20)	3～35	五一水库—梁子湖	梁子湖
23	赵家池明渠	汤逊湖水系	0.82	18～24	保利东路江夏大道—汤逊湖	汤逊湖
24	秀湖明渠		0.32	35～40	现代森林小镇南侧武大园三路	汤逊湖
25	光谷大道排水走廊		0.50	20～40	秀湖明渠—红旗渠	汤逊湖
26	红旗渠		2.15	15～45	滨湖路光谷大道—汤逊湖	汤逊湖

(a)豹澥河

(b)玉龙河

(c)花山河

(d)豹子溪

(e)武惠闸港

(f)黄大堤港

(g)谷米河

(h)九峰溪

图 1.4-3   东湖高新区部分渠道现状

1.4.1.3   水库

东湖高新区主要水库有 12 座,分别为九龙、岱家山、长山、龙山、九峰、马驿、狮子峰、胜利、凤凰、红星、何家桥、凉马坊水库,全部为均质土坝,其中九龙水库为小(1)型水库,其余 11 座为小(2)型水库。东湖高新区内主要水库基本情况见表 1.4-4。

表 1.4-4   东湖高新区内主要水库基本情况

序号	水库名称	工程规模	所属水系	承雨面积 /km²	正常水位 /m	设计洪水位/m	校核洪水位/m	总库容 /万 m³
1	九龙	小(1)	梁子湖	4.800	43.80	45.86	46.48	368.48
2	岱家山	小(2)	梁子湖	0.760	70.21	71.98	71.20	35.77
3	长山	小(2)	梁子湖	0.630	36.50	37.03	37.24	47.68
4	龙山	小(2)	豹澥湖	0.780	53.1	53.61	53.91	48.84
5	九峰	小(2)	豹澥湖	1.360	57.50	58.24	58.60	92.06
6	马驿	小(2)	梁子湖	1.116	69.75	70.61	70.98	89.62
7	狮子峰	小(2)	北湖	0.740	50.00	50.66	51.01	25.62
8	胜利	小(2)	豹澥湖	1.360	41.50	42.21	42.47	64.98

序号	水库名称	工程规模	所属水系	承雨面积/km²	正常水位/m	设计洪水位/m	校核洪水位/m	总库容/万 m³
9	凤凰	小(2)	梁子湖	0.340	37.97	38.62	38.84	36.20
10	红星	小(2)	梁子湖	0.420	34.80	35.15	35.25	31.81
11	何家桥	小(2)	梁子湖	1.200	32.50	33.23	33.61	40.14
12	凉马坊	小(2)	梁子湖	0.630	32.35	33.12	33.54	80.43

1.4.2 水底地形

对区内豹澥湖、车墩湖、严家湖、牛山湖、五加湖、南湖、汤逊湖及严东湖进行了水下地形量测,各湖泊湖底地形高程数据见表1.4-5和图1.4-4。

表 1.4-5　　湖泊湖底地形基本情况统计

序号	湖泊	湖底高程范围/m	平均湖底高程/m	高程系统
1	豹澥湖	7.24~17.81	14.07	1985 国家高程
2	牛山湖	12.06~16.24	13.59	
3	严东湖	16.50~21.80	17.32	
4	五加湖	18.54~22.00	19.20	
5	车墩湖	15.50~18.90	18.38	
6	严家湖	14.45~22.21	17.86	
7	南湖	16.30~18.60	—	黄海高程
8	汤逊湖	15.60~17.50	16.40	1985 国家高程

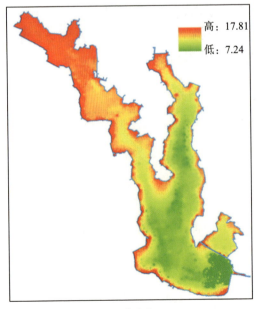

高: 17.81
低: 7.24

(a)豹澥湖

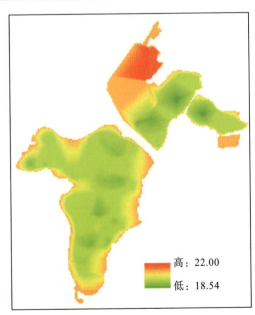

高: 22.00
低: 18.54

(b)五加湖

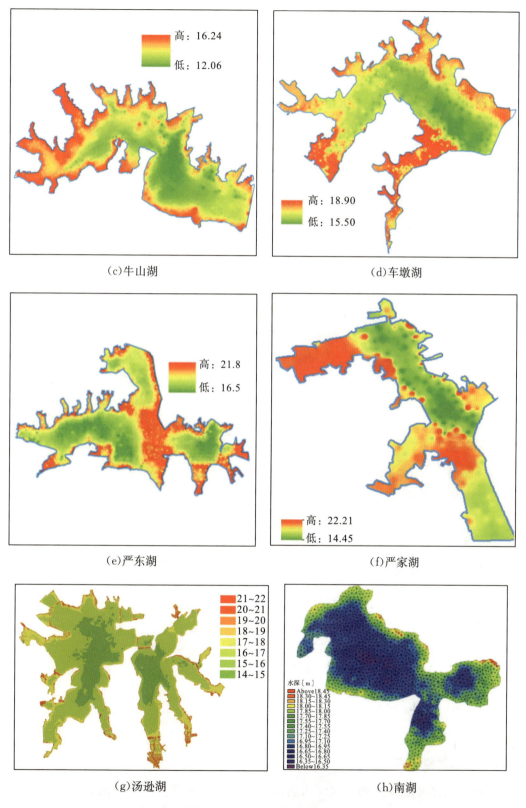

图 1.4-4　东湖高新区主要湖泊水下地形(单位:m)

1.4.3 水质现状

1.4.3.1 水质管理目标

东湖高新区水质管理目标的依据文件主要有三个,即《武汉市水功能区划》《武汉市地表水环境功能区类别》和《武汉市水污染防治行动计划工作方案实施情况考核评价办法(修订版)》(武环委〔2018〕2号)。

三个文件对于个别湖泊的水质要求有所差异,总体上水行政主管部门要求严于生态环境主管部门。按照预防为主、保护优先,以及不劣于现状水质的原则制定控制目标,采用《武汉市水功能区划》中水质管理目标作为现状水质评价标准。东湖高新区主要水体水质管理目标见表1.4-6。

表 1.4-6　　　　　　　　　　　东湖高新区主要水体水质管理目标

序号	名称	水功能区			水环境功能区		水环境质量考核目标(武环委〔2018〕2号)
		一级水功能区名称	二级水功能区名称	目标	主要功能	管理目标	
1	长江高新段	长江武汉开发利用区	长江武汉葛店饮用水水源、工业用水区	Ⅲ	集中式生活饮用水水源地二级保护区	Ⅲ	Ⅲ
2	严西湖	严西湖保留区		Ⅲ	一般鱼类保护区	Ⅲ	Ⅲ
3	严东湖	严东湖保留区		Ⅱ	一般鱼类保护区	Ⅲ	Ⅲ
4	五加湖	五加湖保留区		Ⅳ	未划分	Ⅳ	Ⅳ
5	严家湖	严家湖保留区		Ⅲ	未划分	/	Ⅲ
6	车墩湖	车墩湖保留区		Ⅲ	未划分	/	Ⅲ
7	豹澥湖	豹澥湖保留区		Ⅲ	未划分	/	Ⅲ
8	牛山湖	牛山湖保留区		Ⅱ	珍贵鱼类保护区、鱼虾产卵场	Ⅱ	Ⅱ
9	汤逊湖	汤逊湖保留区		Ⅲ	(内湖)集中式生活饮用水水源地二级保护区(外湖)一般鱼类保护区	Ⅲ	Ⅳ
10	南湖	南湖保留区		Ⅳ	人体非直接接触的娱乐用水区	Ⅳ	Ⅴ

1.4.3.2 水质监测点位

东湖高新区环境水务局在武汉市豹澥湖等7个主要湖泊布设了常规监测点,位置多位于湖泊中心处(跨区湖泊则位于高新区水域范围中心处),监测指标为温度、pH值、透明度、溶解氧等27项,汤逊湖监测频次12次/a,其他湖泊为6次/a。高新区环境水务局对豹子溪、豹澥河、台山溪、九峰明渠、大咀海港和吴溏湖港6条港渠均进行了不同频率的水质采样,其中检测因子为pH值、溶解氧、氨氮、总磷、化学需氧量、高锰酸盐指数、粪大肠菌群、阴离子表面活性剂和石油类共9项。为掌握湖泊水质空间分布特征和河流港渠水质现状,研究团队增设了56个水质采样点,湖泊监测指标为氨氮、化学需氧量、总氮、总磷、叶绿素、pH值、溶解氧、溶解氧饱和度、温度和透明度共10项,港渠监测指标主要为化学需氧量、氨氮、总氮和总磷共4项,采样时间为2019年11月。其中,湖泊采样点18个,湖泊覆盖率66.7%;河流港渠采样点38个,河流港渠覆盖率76%。东湖高新区水质监测点见图1.4-5、图1.4-6。

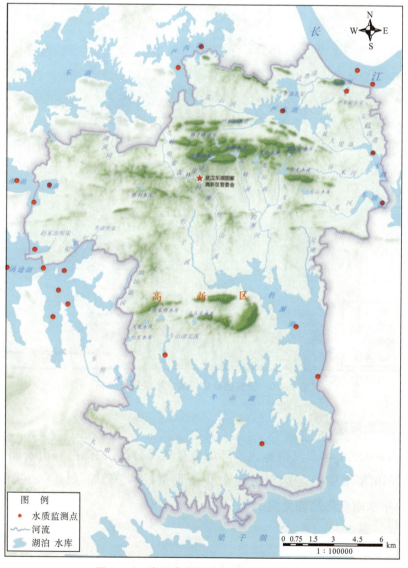

图1.4-5 东湖高新区常规水质监测点分布

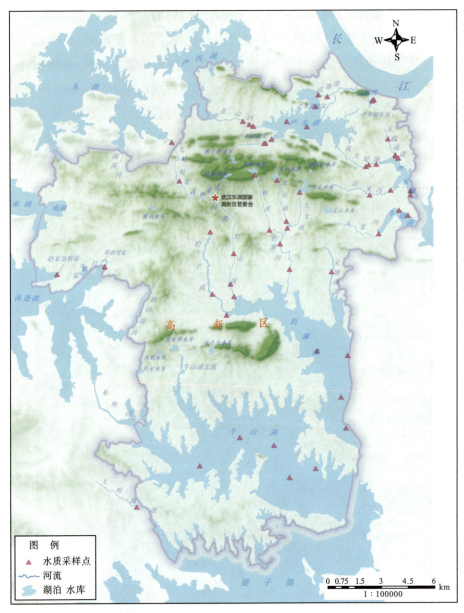

图 1.4-6 研究团队布设的水质采样点分布

1.4.3.3 长江水质现状

根据 2017—2022 年武汉市地表水环境质量状况公报,长江白浒山断面水质呈逐年好转趋势,2019 年水质稳定达到地表水Ⅱ～Ⅲ类,满足管理目标。长江白浒山断面 2017—2020 年水质变化趋势见图 1.4-7。

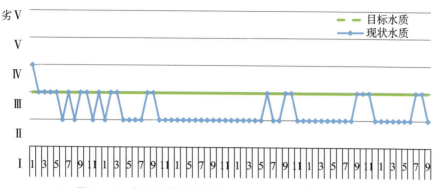

图 1.4-7　长江白浒山断面 2017—2022 年水质变化趋势

1.4.3.4　湖泊水质现状

根据 2017—2022 年武汉市地表水环境质量状况公报,严东湖、五加湖、车墩湖、南湖、汤逊湖湖心水质呈好转趋势,但汤逊湖和南湖 2022 年水质仍不能满足水质管理目标要求。其中,南湖水质Ⅳ～Ⅴ类,汤逊湖水质Ⅳ～劣Ⅴ类,基本丧失使用功能;豹澥湖和牛山湖湖心水质呈恶化趋势,2022 年水质分别为Ⅲ～劣Ⅴ类、Ⅱ～Ⅳ类,均不能满足水质管理目标要求;严西湖和严家湖湖心水质波动明显,2022 年水质均为Ⅲ～Ⅳ类,未能稳定达到水质管理目标。另外,严西湖、严东湖和严家湖具有明显的汛期水质变差的现象,说明面源污染问题突出;牛山湖自 2019 年 6 月向汤逊湖补水,受梁子湖水质及周边农业农村污染影响,水质降至Ⅲ类。东湖高新区主要湖泊 2017—2022 年水质变化趋势见图 1.4-8。

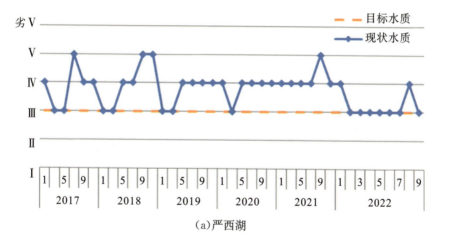

(a)严西湖

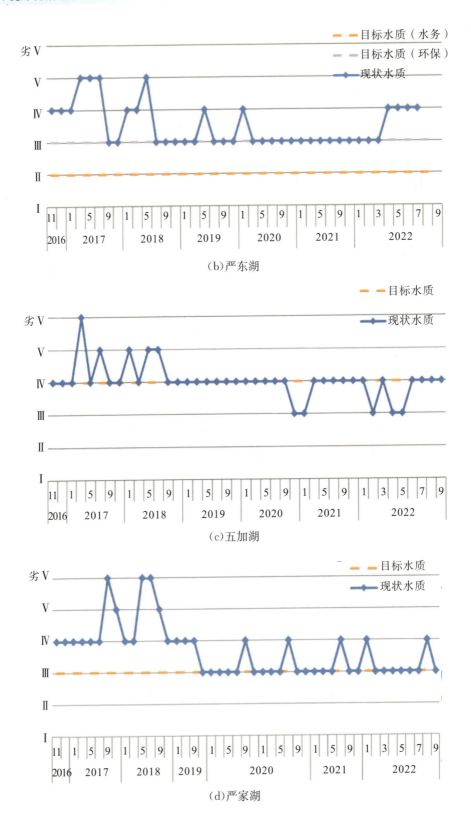

(b)严东湖

(c)五加湖

(d)严家湖

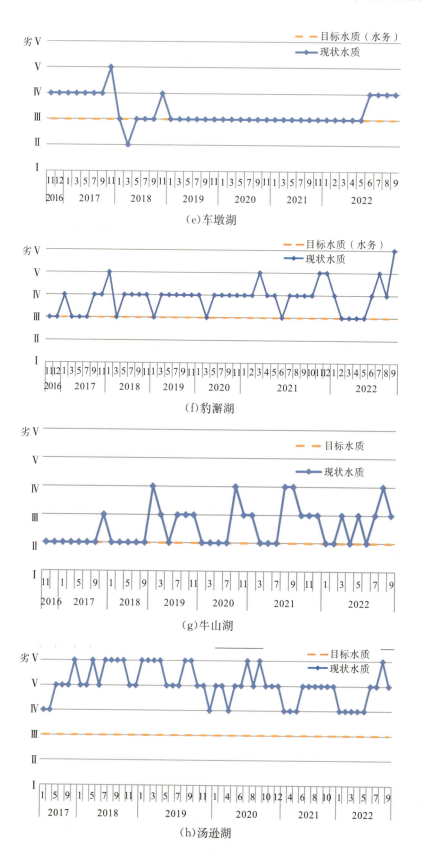

（e）车墩湖

（f）豹澥湖

（g）牛山湖

（h）汤逊湖

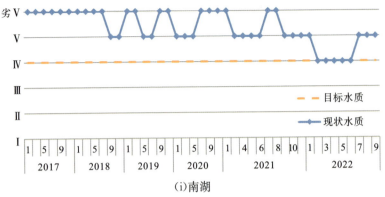

(i)南湖

图 1.4-8 东湖高新区主要湖泊 2017—2022 年水质变化趋势

根据研究团队采测水质样本，牛山湖 5 个水质采样点水质综合评定等级均为Ⅲ类，超标因子主要为总氮和总磷；豹澥湖 4 处水质采样点水质综合评定等级处于Ⅲ～Ⅴ类，超标因子主要为总磷和总氮，湖心测点水质明显优于湖湾测点；严家湖 2 个水质采样点水质综合评定等级分别为Ⅴ类和劣Ⅴ类，氨氮、高锰酸盐指数、总氮和总磷均有超标；严东湖 3 个水质采样点水质综合评定等级均为劣Ⅴ类，超标因子主要为总磷、高锰酸盐指数和总氮；车墩湖 2 个水质采样点水质综合评定等级分别为Ⅴ类和Ⅳ类，超标因子主要为总氮；五加湖 2 个水质采样点水质综合评定等级分别为劣Ⅴ类和Ⅴ类，主要超标因子为总磷。2019 年 11 月监测东湖高新区部分湖泊水质等级评价见表 1.4-7。

表 1.4-7　　　　　　　　　2019 年 11 月监测东湖高新区部分湖泊水质等级评价

测点	氨氮	高锰酸盐指数	总氮	总磷	溶解氧	综合评级
牛山湖 1	Ⅲ	Ⅱ	Ⅲ	Ⅲ	Ⅰ	Ⅲ
牛山湖 2	Ⅱ	Ⅱ	Ⅲ	Ⅲ	Ⅱ	Ⅲ
牛山湖 3	Ⅲ	Ⅱ	Ⅲ	Ⅲ	Ⅱ	Ⅲ
牛山湖 4	Ⅲ	Ⅱ	Ⅲ	Ⅲ	Ⅱ	Ⅲ
牛山湖 5	Ⅱ	Ⅱ	Ⅲ	Ⅲ	Ⅱ	Ⅲ
豹澥湖 1	Ⅱ	Ⅱ	Ⅲ	Ⅱ	Ⅰ	Ⅲ
豹澥湖 2	Ⅱ	Ⅲ	Ⅲ	Ⅲ	Ⅰ	Ⅲ
豹澥湖 3	Ⅱ	Ⅲ	Ⅴ	Ⅳ	Ⅰ	Ⅴ
豹澥湖 4	Ⅱ	Ⅲ	Ⅲ	Ⅳ	Ⅰ	Ⅳ
严家湖 1	Ⅳ	Ⅳ	劣Ⅴ	劣Ⅴ	Ⅰ	劣Ⅴ
严家湖 2	Ⅲ	Ⅲ	Ⅲ	Ⅴ	Ⅰ	Ⅴ
严东湖 1	Ⅱ	Ⅳ	Ⅴ	劣Ⅴ	Ⅰ	劣Ⅴ
严东湖 2	Ⅱ	Ⅳ	Ⅳ	劣Ⅴ	Ⅰ	劣Ⅴ

续表

测点	氨氮	高锰酸盐指数	总氮	总磷	溶解氧	综合评级
严东湖3	Ⅱ	Ⅳ	Ⅴ	劣Ⅴ	Ⅰ	劣Ⅴ
车墩湖1	Ⅳ	Ⅱ	Ⅴ	Ⅳ	Ⅰ	Ⅴ
车墩湖2	Ⅱ	Ⅱ	Ⅱ	Ⅳ	Ⅰ	Ⅳ
五加湖1	Ⅱ	Ⅳ	Ⅲ	劣Ⅴ	Ⅰ	劣Ⅴ
五加湖2	Ⅲ	Ⅳ	Ⅲ	Ⅴ	Ⅰ	Ⅴ

1.4.3.5 港渠水质现状

根据东湖高新区环境水务局提供的 2021 年水质检测数据，结合研究团队 2019 年 11 月补充检测水质检测数据分析，东湖高新区港渠水质多处于Ⅲ～劣Ⅴ类，主要超标因子为总氮、总磷、氨氮和化学需氧量。

东湖高新区河流港渠水质优良河长比例仅 6.06％，Ⅴ类、劣Ⅴ类水质河长比例高达 85.87％。东湖高新区河流港渠水质现状见表 1.4-8，河流水系不同水质河长比例统计见表 1.4-9。

表 1.4-8　　　　　　　　　　东湖高新区河流港渠水质现状

序号	港渠	评价结果	超标因子	数据来源
1	秀湖明渠	劣Ⅴ	氨氮	东湖高新区生态环境局提供 2019 年 1 月水质检测数据
2	红旗渠	劣Ⅴ	氨氮、总磷、化学需氧量	
3	牛山湖北溪	Ⅲ		高新区生态环境局提供数据，为 2019 年均值检测数据
4	东截流港	Ⅲ		规划团队 2019 年 11 月水质检测数据
5	严东湖西渠	劣Ⅴ	氨氮、总磷、总氮	
6	花山河	Ⅳ		
7	九峰明渠	劣Ⅴ	氨氮、总磷、总氮	规划团队 2019 年 11 月水质检测数据
		劣Ⅴ（上游）	氨氮、总磷	根据东湖高新区生态环境局提供资料
		劣Ⅴ（下游）	氨氮、总磷	
8	豹子溪	劣Ⅴ	氨氮、总磷、总氮、化学需氧量	规划团队 2019 年 11 月水质检测数据
		劣Ⅴ（上游）	氨氮、总磷	东湖高新区生态环境局提供 2021 年水质检测结果
		劣Ⅴ（下游）	氨氮	

序号	港渠	评价结果	超标因子	数据来源
9	星月溪	劣V	总氮、化学需氧量	规划团队 2019 年 11 月水质检测数据
10	龙山溪	劣V	总氮、化学需氧量	
11	豹澥河	劣V	氨氮、总磷、总氮、化学需氧量	
		V（上游）	氨氮	东湖高新区生态环境局提供 2021 年水质检测结果
		劣V（下游）	氨氮、总磷	
12	九峰溪	V	化学需氧量	规划团队 2019 年 11 月水质检测数据
		V（上游）		东湖高新区生态环境局提供 2019 年 7 月水质检测结果
		劣V（下游）		
13	九龙溪	劣V	化学需氧量	规划团队 2019 年 11 月水质检测数据
14	台山溪	劣V	氨氮、总氮、化学需氧量	
		III（上游）		东湖高新区生态环境局提供 2021 年水质检测结果
		IV（中游）		
		V（下游）	总磷	
15	大咀海港	劣V	氨氮、总氮	规划团队 2019 年 11 月水质检测数据
		III（上游）		东湖高新区生态环境局提供 2021 年水质检测结果
		III（下游）		
16	红旗渠	劣V	氨氮、总磷、总氮	规划团队 2019 年 11 月水质检测数据
17	赵家池明渠	V	化学需氧量	
18	黄大堤港	V	总氮	
19	谷米河	劣V	氨氮、总氮	
20	玉龙河	劣V	氨氮、总磷、总氮、化学需氧量	
21	吴潭湖港	劣V	总氮、化学需氧量	
		III（上游）		东湖高新区生态环境局提供 2021 年水质检测结果
		III（下游）		
22	武惠港	IV		规划团队 2019 年 11 月水质检测数据

表 1.4-9　　　　　　　　　　　河流水系不同水质河长比例统计

项目	III	IV	V	劣V
河长/km	4.88	6.50	12.19	56.98
比例/%	6.06	8.06	15.13	70.74

2　治理必要性及技术路线

2.1　区域水环境面临的主要问题与治理必要性

2.1.1　主要问题概述

2.1.1.1　区域供水水源单一

东湖高新区供水高度依赖长江,区内暂无自有大型水厂,现供水水厂(金口水厂)输水距离长 60 余千米,供水成本高。

2.1.1.2　排水防涝系统不畅

南湖、汤逊湖、东湖汇水区城市开发强度大,径流强度大,区内雨水管网过流能力不足、雨污分流不彻底,末端湖泊调蓄作用难以发挥。

2.1.1.3　污水处理厂网系统问题

(1)污水处理厂来水饥饱不均,进水浓度低

区内王家店污水处理厂是超负荷运行,花山污水处理厂运行负荷不足 50%,豹澥、左岭污水处理厂近年来污水量激增,面临处理能力不足的问题。各厂进水浓度低,如王家店污水处理厂,五日生化需氧量进水浓度仅 68mg/L。

(2)污水收集系统建设问题突出

东湖高新区内已建污水管网覆盖面积 120km²,约占建成区面积的 90%。但管网建设不完善、混错接等问题突出:过流能力不足污水干管长度约 1783m,市政混错接点 509 处,系统错误 340 处,直排口 22 个。

(3)地块混接严重

区域内部分小区雨污混流现象严重,初步统计共 172 个小区(总面积 21.41km²)存在雨污混流问题。另外,还有大量的企业及公建单位存在混接问题,如在豹澥片区共147 个企业及公建单位地块(总面积 11.85km²)中,已排查出的混接地块(总面积

$3.85km^2$)占比达 1/3。

(4)污泥出路难

现有污泥收购企业离污水处理厂较远,污泥运输距离长,且收购规模有限,处理能力难以满足远期需求,处理处置方式也欠多样化,远期稳定处理风险较大。

(5)再生水回用率低

再生水管网在高新大道和光谷七路(高新大道—高新三路)段管径偏小,无法满足高新大道以北和外环以东区域的再生水回用需求,由于周边道路及场地的频繁施工破坏,已建再生水管道基本无法正常使用,规划再生水干管(高新三路段等)迟迟未建,区域再生水回用率不高。

2.1.1.4 水环境质量待提升

(1)河湖港渠水质不能稳定达标

东湖高新区港渠水质差,多处于Ⅲ~劣Ⅴ类。湖泊水质方面,南湖水质Ⅳ~Ⅴ类,汤逊湖水质Ⅳ~劣Ⅴ类,基本丧失使用功能,豹澥湖和牛山湖湖心水质呈恶化趋势,严西湖和严家湖湖心水质波动明显,各湖汛期水质普遍差于非汛期。

(2)湖泊环境容量难以消纳入湖污染负荷

东湖高新区境内湖泊众多,根据预测,至 2025 年,东湖高新区主要湖泊中除梁子湖外,其余 9 个湖泊水环境容量均无法消纳入湖污染负荷;至 2035 年,入湖污染负荷进一步增加,高新区 10 个主要湖泊均无法消纳入湖污染负荷。

(3)湖泊污染负荷类型多样复杂

据调查统计,东湖高新区城镇生活污水、工业废水和城镇地表径流是东湖高新区最主要的污染源,底泥释放在总氮、总磷负荷中的比例也不容忽视。各水体污染源和组成结构也复杂多样。例如,长江污染负荷主要来源于城镇生活污水和工业废水,豹澥湖污染负荷主要来源于城镇地表径流、城镇生活污水和底泥释放,牛山湖污染负荷主要来源于农村生活污水、底泥释放、地表径流污染。

2.1.1.5 湖泊生态系统遭破坏

湖泊圩垸开发、围网养殖等与湖泊争水争地,导致湖泊普遍面临生态功能受损、生物多样性萎缩等突出问题。区内五加湖、豹澥湖等虽列入河湖划界管理目录,但退垸还湖工作未全面实施。区内湖泊多为藻型湖泊,水体多处于中度营养状态,富营养化风险大。

2.1.1.6 滨水缓冲带完整性欠缺

河(溪、渠)滨缓冲带生物多样性一般,物种较少,植被覆盖度中等,未能有效拦截入河(溪、渠)污染负荷,存在整治需求。滨水缓冲带景观功能尚未开发。

2.1.1.7　水务管理"智慧性"不足

东湖高新区河湖监管能力不足,现有监控手段落后,点位不足。目前,未形成对"厂、网、河、湖"统一监测、统一调度的信息化系统,厂网河统筹建设及协调运行方面难以同步进行,城镇排水系统难以完全发挥其应有的功能。

2.1.2　规划必要性

(1)是以新发展理念推进区域生态文明建设的需要

生态文明建设是关系中华民族永续发展的根本大计,生态兴则文明兴,生态衰则文明衰。习近平总书记在党的十九大报告中指出,要"深化生态文明体制改革,建设美丽中国"。在生态文明建设中全面贯彻和深入践行新发展理念,就是要尊重生态发展规律,加快创新驱动、统筹协调、绿色发展、开放融合、共建共享,增强人民群众在生态文明建设中的获得感和幸福感,切实推动区域协同发展。破解突出生态问题,必须以习近平新时代中国特色社会主义思想为指导,以新发展理念推进东湖高新区生态文明建设进入新时代。

(2)是落实国家与区域发展战略的需要

武汉市具有优越的地理位置和良好的经济基础,在国家和区域发展战略中占据重要的地位。在《全国主体功能区规划》中,武汉城市圈被确定为长江中游地区国家层面重点开发区域;在"一带一路"发展倡议中,武汉市成为重要节点城市之一;在国家长江经济带发展战略中,武汉市与周边城市形成的"武汉协作区",成为上、中、下游三大协作区之一,共同推进长江经济带建设;在国务院《关于依托黄金水道推动长江经济带发展的指导意见》《长江经济带发展规划纲要》《长江中游城市群发展规划》等区域规划中,均强化了武汉的战略地位与中心城市地位,明确了武汉超大城市的建设方向。东湖高新区水环境治理规划编制是武汉市生态文明建设的有力区域支撑,是落实国家和区域发展战略的重要举措。

(3)是地方自身强烈的水生态环境治理的需要

湖北省委十一届四次全体(扩大)会议暨全省经济工作会议上,省委、省政府以新发展理念为引领,科学谋划、重点部署了以"一芯驱动、两带支撑、三区协同"为主要内容的高质量发展区域和产业发展战略布局。武汉市委、市政府吹响"加快建设三化大武汉"的冲锋号角,东湖高新区也确立了"三步走"迈向"世界光谷"的战略安排。东湖高新区正处在大有可为的重要战略机遇期,东湖高新区全面部署,以创新光谷、富强光谷、美丽光谷为目标,统领新时代东湖国家自主创新示范区建设,争当"三创"和"一芯驱动"战略排头兵。在这场"绿水青山"与"金山银山"的美丽战役中,要紧密结合科技创新优势和山水生态资源,坚持原生态、后现代、复合型原则,构建生态、交通、科技、景观、人文等"五轴一体"的生态文明大走廊。《东湖高新区水环境综合治理规划》的编制及相关工程的实施,将极大改善区域水生态环境质量,为东湖高新区创建"世界光谷"提供更好的生态文明保障。

2.2　规划指导思想及规划原则

2.2.1　指导思想

以习近平新时代中国特色社会主义思想为指导,全面贯彻落实党的十九大、中央经济工作会议和政府工作报告精神,深入贯彻落实习近平总书记在深入推动长江经济带发展座谈会重要指示精神、视察湖北重要讲话和重要指示精神,统筹推进"五位一体"总体布局,协调推进"四个全面"战略布局,着力打好"三大攻坚战",落实"四个着力""四个切实"重要要求,立足新发展时期,完整、准确、全面贯彻新发展理念,践行"两山"理论,坚持"十六字"治水思路,以推动高质量发展为主题,以满足人民日益增长的美好生活需要为根本目的,紧紧围绕国家实现"双碳"目标、湖北省布局"一芯两带三区"、武汉市打造"全球城市"、东湖高新区迈向"世界光谷"的战略需求,以东湖高新区水生态环境全面改善和排水防涝能力全面提升为核心目标,着力解决东湖高新区突出环境问题,探索能源绿色低碳循环发展路径,全力建设幸福河湖,为支撑东湖高新区经济高质量发展提供良好的水生态环境保障。

2.2.2　规划原则

(1)尊重自然,持续发展

生态文明建设是关系中华民族永续发展的千年大计,要正确认识发展与保护之间的"有机统一、相辅相成"的关系,坚持从经济发展与环境保护两个方面同时发力、相向而行,从而实现两者的良性互动。以东湖高新区区域资源环境承载力为约束,优化流域空间开发利用格局,推动经济结构优化和产业升级,探索绿色低碳的发展模式,促使区域生产和生态的可持续发展。

(2)统筹兼顾,系统治理

深入贯彻"五水共治"的系统化治水理念,在深入调查东湖高新区产业布局、水资源、水污染、水环境、水生态及水管理现状的基础上,聚焦目前区域"治污水、防洪水、排涝水、保供水、抓节水"环节存在的问题,深入浅出,围绕"源头—过程—末端"的全过程治水模式,统筹"水—陆域、干—支流、城市—郊野"三级,科学谋划工程与非工程措施,多维度做活东湖高新区"水文章"。

(3)科学谋划,高质量发展

以党和国家在生态环境领域制定的重大战略方针为依托,结合东湖高新区发展的实际需求,科学、合理确定水生态环境治理的发展目标,突出目标导向,注重结果成效,倒逼治理过程高质量发展。强化治污的战略管理、过程管理、结果管理、运营管理和投资管理,提升规划工程质量把控,打造区域治水的亮点工程,着力提升人民群众的满意度、获得感和幸福感,让东湖高新区人民生活更舒心、安心、开心。

(4)数字驱动,智慧引领

以科技代替人工,用数字量化管理,致力于打造东湖高新区"一体化集中管控、智能化高效协同、可视化高度融合"的协同调度智能化调度—管理系统。打通"自动采集—实时监控—智能调度—高效管理—科学决策"全链条,变革水务资产管理运维模式,让耗能以数据化的方式呈现在运营者和管理者面前,提升高新区水务信息精细化管控水平、降低管理部门运维成本,实现降本增效。

2.3 规划编制依据

2.3.1 法律法规

1)《中华人民共和国水法》(2016 年 7 月修正);

2)《中华人民共和国防洪法》(2016 年修正);

3)《中华人民共和国水土保持法》(2010 年修订);

4)《中华人民共和国城乡规划法》(2019 年修正);

5)《中华人民共和国水污染防治法》(2017 年修正);

6)《中华人民共和国环境保护法》(2014 年修订);

7)《中华人民共和国土地管理法》(2019 年 8 月修正);

8)《中华人民共和国河道管理条例》(2017 年 3 月修订);

9)《城市供水条例》(中华人民共和国国务院令第 158 号);

10)《城市绿化条例》(2017 年修订);

11)《城镇排水与污水处理条例》(中华人民共和国国务院令第 641 号);

12)《湖北省湖泊保护条例》(2012 年 10 月);

13)《湖北省水污染防治条例》(2018 年 11 月修正);

14)《武汉市湖泊保护条例》(2018 年修正);

15)《武汉市城市排水条例》(2002 年);

16)《武汉市湖泊保护条例实施细则》(武汉市政府令第 282 号);

17)《中华人民共和国渔业法》(2013 年 12 月修正)。

2.3.2 重要规章及政策性文件

1)《国务院办公厅关于做好城市排水防涝设施建设工作的通知》(国办发〔2013〕23 号);

2)《国务院关于加强城市基础设施建设的意见》(国发〔2013〕36 号);

3)《关于健全生态保护补偿机制的意见》(国办发〔2016〕31 号);

4)《国务院关于环境保护若干问题的决定》(国发〔1996〕31 号);

5)《国务院关于实行最严格水资源管理制度的意见》(国发〔2012〕3 号);

6)《国务院关于印发水污染防治行动计划的通知》(国发〔2015〕17 号);

7)《国务院关于积极推进"互联网＋"行动的指导意见》(国发〔2015〕40 号);

8)《国务院关于印发〈促进大数据发展行动纲要〉的通知》(国发〔2015〕50 号);

9)《国家发展改革委关于印发〈"十三五"国家政务信息化工程建设规划〉的通知》(发改高技〔2017〕1449 号);

10)《国务院关于印发"十三五"国家信息化规划》(国发〔2016〕73 号);

11)《入河排污口监督管理办法》(2015 年修正);

12)《水功能区监督管理办法》(水资源〔2017〕101 号);

13)《关于水生态系统保护与修复的若干意见》(水资源〔2004〕316 号);

14)《水利部办公厅关于加快推进卫星遥感水利业务应用的通知》(办信息〔2016〕189 号);

15)《水利网信工作水平提升三年行动方案(2019—2021)》(水利部);

16)《住房城乡建设部关于印发城市排水(雨水)防涝综合规划编制大纲的通知》(建城〔2013〕98 号);

17)《住房城乡建设部关于印发城市排水防涝设施普查数据采集与管理技术导则(试行)的通知》(建城〔2013〕88 号);

18)《住房和城乡建设部 生态环境部 发展改革委关于印发城镇污水处理提质增效三年行动方案(2019—2021 年)的通知》(建城〔2019〕52 号);

19)《住房城乡建设部关于印发海绵城市建设技术指南——低影响开发雨水系统构建(试行)的通知》(建城函〔2014〕275 号);

20)《省湖泊保护与管理领导小组办公室关于印发〈湖北省退垸(田、渔)还湖技术指南(试行)的通知〉》(2019 年 10 月);

21)《湖北省湖泊保护行政首长年度目标考核办法(试行)》(鄂政办发〔2015〕20 号);

22)《湖北省河湖和水利工程划界确权工作方案》;

23)《关于在湖泊实施湖长制的指导意见》；

24)《〈关于全面推行河湖长制的实施意见〉的通知》；

25)《武汉市湖泊整治管理办法》（汉政令〔2022〕312 号修正）；

26)《武汉市基本生态控制线管理生态补偿暂行办法》（2012 年 2 月）；

27)《武汉市人民政府办公厅关于进一步规范基本生态控制线区域生态补偿的意见》（武政办〔2018〕34 号）；

28)《武汉市水污染防治行动计划工作方案（2016—2020 年）》（武政〔2016〕28 号）；

29)《武汉市水务局湖泊保护综合管理考核办法（试行）》（武水〔2012〕102 号）；

30)《武汉市河湖流域水环境"三清"行动方案》；

31)《市人民政府关于印发武汉市河湖流域水环境"三清"行动方案的通知》（武政〔2019〕26 号）；

32)《关于进一步加强全市垃圾处理工作实施方案》（武政办〔2019〕8 号）；

33)《武汉市水务局 市国土资源和规划局 市城乡建设委员会 市园林和林业局关于实施武汉市海绵城市规划技术导则（试行）的通知》（武水〔2015〕101 号）；

34)《国务院办公厅转发国家发展改革委等部门关于加快推进城镇环境基础设施建设指导意见的通知》（国办函〔2022〕7 号）。

2.3.3　相关规划与技术文件

1)《长江经济带发展规划纲要》（2016 年）；

2)《长江经济带沿江取水口、排污口和应急水源布局规划》（2016 年）；

3)《湖北省水功能区划》（鄂政函〔2003〕101 号）；

4)《湖北省水环境功能区划》（鄂政办发〔2000〕10 号）；

5)《湖北省湖泊保护总体规划（2012—2030）》；

6)《湖北省湖泊志》；

7)《湖北省退垸（田、渔）还湖技术指南（试行）》（2019 年 10 月）；

8)《湖北省梁子湖水利综合治理规划报告（2020）》（2014 年 12 月）；

9)《武汉市水功能区划（修编）》（武政〔2013〕75 号）；

10)《武汉市地表水环境功能区划》（2004 年 12 月）；

11)《武汉市城市总体规划（2010—2020 年）》（2007 年）；

12)《武汉科技新城排水专项规划（2009—2020 年）》（2009 年）；

13)《武汉市东湖新技术开发区水库调查报告》（2010 年）；

14)《武汉市东湖新技术开发区管辖湖泊排口普查报告》（2013 年）；

15)《武汉市"四水共治"工作方案（2017—2021 年）》（武办发〔2017〕6 号）；

16)《武汉城市总体规划(2006—2020年)》;

17)《武汉市城市发展战略规划(2010—2020年)》;

18)《武汉市土地利用总体规划(2006—2020年)》;

19)《武汉市旅游发展总体规划(2004—2020年)》;

20)《武汉市中心城区湖泊保护规划(2004—2020)》;

21)《武汉市中心城区湖泊"三线一路"保护规划》;

22)《武汉市水生态系统保护与修复规划》;

23)《武汉市水环境治理与保护规划》;

24)《武汉市"五线"(即道路红线、绿化绿线、水体蓝线、文物保护紫线、市政设施黄线)控制规划》;

25)《武汉市绿地系统规划》;

26)《武汉市主城区污水专项规划》(报批稿);

27)《武昌北部地区污水处理厂搬迁工程规划》论证初步成果;

28)《武汉市主城区污水收集及处理专项规划(2009—2020)》;

29)《武汉市中心城区排水防涝专项规划(2012—2030)》;

30)《武汉市海绵城市专项规划(2016—2030)》;

31)《武汉市水生态文明建设规划》(报批稿);

32)《武汉市国民经济和社会发展第十三个五年规划》;

33)《武汉市湖泊保护总体规划》(2018年10月);

34)《2018年武汉市统计年鉴》;

35)《武汉市环境保护"十三五"规划》;

36)《武汉市城市污泥处理处置专项规划》;

37)《武汉市严家湖"一湖一策"方案》;

38)《武汉市严东湖"一湖一策"方案》;

39)《武汉市严西湖"一湖一策"方案》;

40)《武汉市豹澥湖"一湖一策"方案》;

41)《武汉市梁子湖"一湖一策"方案》;

42)《武汉市牛山湖"一湖一策"方案》;

43)《武汉市汤逊湖"一湖一策"方案》;

44)《武汉市绿道体系规划》;

45)《大东湖湿地公园系统规划》;

46)《东湖流域水环境综合治理规划(2015—2025)》;

47)《南湖流域水环境综合治理规划(2019—2030)》;

48)《汤逊湖流域水环境综合治理规划(2019—2025)》;

49)《东湖国家自主创新示范区总体规划(2011—2020 年)》(2011 年);

50)《东湖国家自主创新示范区排水专项规划(2011—2020 年)》(2014 年);

51)《武汉东湖高新技术开发区大咀海港"一河一策"实施方案》;

52)《武汉东湖新技术开发区五加湖水环境提升方案》;

53)《东湖新技术开发区湖泊保护规划》(2013 年 8 月);

54)《武汉东湖新技术开发区吴溏湖港"一河一策"实施方案》(2018 年 12 月);

55)《武汉东湖新技术开发区豹子溪"一河一策"实施方案》(2018 年 12 月);

56)《武汉东湖新技术开发区台山溪"一河一策"实施方案》(2018 年 12 月);

57)《武汉东湖新技术开发区九峰河"一河一策"实施方案》(2018 年 12 月);

58)《武汉东湖新技术开发区豹澥河"一河一策"实施方案》(2018 年 12 月);

59)《东湖高新技术开发区分区规划(2017—2035)》;

60)《东湖国家资助创新示范区产业发展规划(2011—2020)》;

61)《东湖高新技术开发区湖泊保护总体规划》(2019 年 7 月);

62)《武汉市全域旅游发展规划》(征求意见稿);

63)《〈东湖国家自主创新示范区土地利用总体规划(2010—2020 年)〉调整完善方案》;

64)《武汉市东湖高新技术开发区五加湖水环境提升方案》。

2.3.4 规程规范与标准

1)《城市排水工程规划规范》(GB 50318—2017);

2)《防洪标准》(GB 50201—2014);

3)《武汉市海绵城市规划设计导则(试行)》(2015 年);

4)《地表水环境质量标准》(GB 3838—2002);

5)《水功能区划分标准》(GB/T 50594—2010);

6)《污水综合排放标准》(GB 8978—1996);

7)《城镇污水处理厂污染物排放标准》(GB 18918—2002);

8)《城镇污水再生利用 景观环境用水水质》(GB 18921—2019);

9)《水域纳污能力计算规程》(GB/T 25173—2010);

10)《室外排水设计标准》(GB 50014—2021);

11)《室外给水设计标准》(GB 50013—2018);

12)《地表水和污水监测技术规范》(HJ/T 91—2002);

13)《农田面源污染防治技术指南(试行)》;

14)《农村环境连片整治技术指南》(HJ 2031—2013);

15)《水域生态系统观测规范》；

16)《河湖生态保护与修复规划导则》(SL 709—2015)；

17)《江河流域规划编制规程》(SL 201—2015)；

18)《城市水系规划规范》(GB 50513—2016)；

19)《城市水系规划导则》(SL 431—2008)；

20)《生态环境状况评价技术规范》(HJ 192—2015)；

21)《人工湿地污水处理工程技术规范》(HJ 2005—2010)；

22)《城市水管家实施方案编制导则》(征求意见稿)。

2.4　规划任务

(1)完善区域安全供水体系

完善区域安全供水体系,提出系统规划布局优化方案,明确主要设施工程规模。充分考虑和利用现状供水管网和设施,统筹兼顾,系统安排,最大限度地提高供水的安全可靠性,降低运行成本,提高运行管理水平。

(2)完善城市排水防涝体系

完善城市排水防涝体系,提出系统规划布局方案。并按照模型计算结果明确主要设施工程规模,推进排水设施新建与改扩建,提升区域外排能力;以低影响开发理念为指导,综合运用"渗、滞、蓄、净、用、排"等工程措施,构建具备城市内涝治理及初期雨水控制功能的绿色基础设施基本单元,全面提升城市防洪抗涝水平,有效降低洪涝灾害损失,保障经济社会发展。

(3)加强水环境保护与治理

强化水环境承载能力约束,实施入江湖污染物总量控制和浓度控制。根据长江水功能区限制排污总量,优化东湖高新区污水处理厂排口布局;按照湖泊的水功能区划,核定湖泊水环境容量,制定湖泊流域内污染物削减目标,提出污水提质增效、径流污染控制和内源污染治理方案,防治结合改善东湖高新区水环境。

(4)构建城区生态水网

打通水系"经脉",建立河与湖、湖与湖之间的有机联系,加强区域水网建设,改善河、湖水体流动性和生态用水,提高湖泊水位的调节能力,加强水资源利用与调配,加强区域生态环境保护,促进区域经济社会进一步发展。

(5)实现资源综合利用

打造安全稳定、环境和谐、运维可持续、能源自给、出路可靠的循环经济产业园,通过固废安全处置及资源化、再生水回用,生态湿地建设,提高东湖高新区水污染及固废污染处置能力,实现区域生态、生产、生活的共生,人与自然和谐发展,促进经济社会良性发展。优化区域能源结构,结合污水处理厂和循环经济产业园区可利用地,开发分布式光伏能源。

(6)提升蓝绿空间生态功能

优化蓝绿空间生态景观格局,以治水、亲水、兴水为导向,修复蓝绿空间生态结构和系统功能。利用引导性修复蓝绿空间生态系统结构,提高生态环境质量;恢复湖泊自然形态,保护湖泊水生态空间,增强河湖管控能力;增强湖湾湖汊污染缓冲净化能力,修复湖泊生境,构建健康完整水生态系统;优化景观风貌特色,增加滨水景观活力;统筹生态、生产、生活空间,布局滨水产业,带动滨水空间产业经济发展。

(7)提升水环境管理水平

借助现代互联网信息技术,构建全方位覆盖城市水环境的立体监测、及时预警、智能管控、快速响应、便捷服务、科学决策等功能的监测、管理和服务智慧体系方案,为东湖高新区水环境综合治理体系提供技术保障和支撑。

2.5 规划期限

规划现状基准年为 2018 年,规划近期水平年为 2025 年,远期水平年为 2035 年。

2.6 规划目标

2.6.1 总体目标

通过东湖高新区水环境综合治理规划与实施,推动全区水生态环境从根本上得到改善,形成供水优质多源互补、排水防涝安全高效、水域环境清洁健康、生态水网碧水绕城、循环产业绿色低碳、蓝绿空间共生融合、管理水平科学高效的生态格局,构筑水城一体、多样联动的一水三生融合式的绿色发展格局,实现"安全、清洁、生态、宜居"的绿色低碳循环城市的美好愿景。

2.6.2 分期目标

(1)近期目标(2025 年)

到 2025 年,基本形成较为完善的水生态环境保护与治理体系,水生态环境得到明显改善,有效支撑高新区经济高质量发展。供水体系抗风险能力显著提高,形成多源互补的供水保障体系;有效应对城市内涝防治标准内的降雨,历史上严重影响生产生活秩序的易涝积水点全面消除;江湖考核断面达到水质管理目标,基本消除城市建成区生活污水直排口和收集处理设施空白区;污水处理能力基本满足经济社会发展需要,区域污水处理率达到 95%;区管污水处理厂中水利用率达到 16%;市政污泥无害化处置率 100%,资源化利用水平进一步提高;面源污染得到有效控制,总悬浮物削减率不低于 60%;区内水系格局得到优化,城区河流生态流量得到全面保障;破解湖泊不断围垦局面,恢复湖泊水域空间;构建具有预报、预警、预演、预案功能的智慧水务体系,水务综合管理能力逐步提升。

(2)远期目标(2035 年)

到 2035 年,形成完备的水生态环境保护与治理体系,水生态环境全面改善,全民共享绿色、生态、安全的城镇水生态环境。城市供水水质达到国际先进水平;内涝防治标准达到有效应对 50 年一遇暴雨,重要地区有效应对 100 年一遇暴雨;城市生活污水收集管网基本全覆盖,城镇污水处理能力全覆盖,全面实现污泥无害化处置,污水污泥资源化利用水平显著提升,城镇污水得到安全高效处理;生态水网全面贯通,生态系统健康稳定;滨水景观风貌整体提升,滨水产业全面升级;智慧综合管控平台基本建成,基本实现水务现代化。

2.7 规划定位与思路

根据湖泊流域特征,对东湖高新区主要湖泊进行剖析和分类,提出水环境治理的定位和思路。

2.7.1 水环境治理定位

本规划在总结各湖特点的基础上,将高新区湖泊按照跨行政区特点和污染特性进行分类和总结。

2.7.1.1 按行政区分类

根据湖泊水域和陆域汇水区与东湖高新区的空间关系,将东湖高新区湖泊总结为区内湖泊和跨行政区湖泊两类。

(1)跨行政区湖泊

跨行政区湖泊包括跨市湖泊和跨区湖泊两类。

跨市湖泊包括豹澥湖和梁子湖(含牛山湖)中的梁子湖区。

跨区湖泊包括严西湖、南湖、汤逊湖和东湖。其中,东湖水域不在东湖高新区内,但其汇水区涉及东湖高新区,也将其列为跨区湖泊。

（2）东湖高新区内湖泊

水域完全位于东湖高新区内湖泊包括严东湖、五加湖、严家湖、车墩湖、梁子湖（含牛山湖）中的牛山湖区。其中，牛山湖和豹澥湖汇水范围主要位于东湖高新区。

2.7.1.2 按污染特点分类

根据湖泊生态环境现状调查，结合湖泊功能定位、水质管理目标，以及汇水区内城市总体规划和土地利用规划，梳理湖泊生态环境受到的威胁程度和存在的问题，将东湖高新区湖泊总结为自然保育型、防治结合型和污染治理型三类。

（1）自然保育型

基本特征：湖泊受污染程度较轻，总体水质尚好，一般处于Ⅲ类或优于Ⅲ类水质（现阶段不排除处于Ⅳ类的湖泊）；湖泊整体营养程度较低，无显著水华发生；生态系统结构比较完整，生物类型丰富，生物服务功能稳定；汇水区域产生的污染负荷尚在环境承载力范围内，对湖泊的生态环境造成胁迫较小。此类湖泊流域主要有梁子湖、牛山湖、严西湖。

（2）防治结合型

基本特征：湖泊受到一定程度的污染，湖泊水质总体在Ⅲ～Ⅳ类；湖泊富营养化程度较轻，一般为中营养或轻度富营养，局部有水华发生；生态系统结构不合理；生物多样性受到一定程度的威胁；周边经济社会发展对湖泊环境压力较大，对生态系统产生直接干扰，生态服务功能受到削弱；饮用水水源地（备用水源地）水质基本达标，但仍存在一定的隐患。此类湖泊流域主要有严东湖、五加湖、严家湖、车墩湖、豹澥湖。

（3）污染治理型

基本特征：湖泊污染严重，污染负荷超过了湖泊环境承载力；水质差，总体为Ⅴ类或劣Ⅴ类，饮用水水源地水质不达标；湖泊处于中度到重度富营养化水平；生态系统不完整，生物多样性差，藻类为主要初级生产力优势种群，局部有较严重水华发生；区域社会经济影响对湖泊生态环境的影响大，湖泊的生态服务功能削弱甚至部分功能消失。此类湖泊流域主要有汤逊湖、南湖。

2.7.2 水环境综合治理思路

基于东湖高新区水域污染特点，结合各湖泊与东湖高新区托管范围的空间关系，进行总结和分类，提出了"流域统筹，区域协调，一湖一策，分类治理"的治理原则，并根据各水域特点提出了针对性的治理思路。

（1）长江

根据长江水功能区限制排污总量和入江排污负荷，优化东湖高新区污水处理厂及其尾水排口布局,结合污水处理厂提标技术可行和经济可行性,倒逼东湖高新区污水处理厂尾水标准,努力实现长江发展与保护和谐共赢。

（2）湖泊

东湖高新区湖泊水环境综合治理以水生态环境全面改善为核心,统筹排水防涝体系建设和滨水岸带功能提升等任务,实现安全、清洁、生态、宜居新城建设。

规划以提升东湖高新区防涝能力为根本出发点,构建常规排水设施建设为主、综合措施为辅、径流控制跟进的递进式排水防涝体系,按照优先扩港渠、重点补管网、强化控源头、优化精调度的思路进行综合防涝。

根据湖泊水环境治理定位,东湖高新区水环境治理分为纳污总量控制、水质管理、风险管控三个阶段。纳污总量控制阶段,以流域"控源减排"为核心,着力提高污水收集处理效能、径流污染控制和内源污染治理,实现污染物入湖量总量控制;水质管理阶段,以流域的"减负修复"为核心,以控制入湖污染物为重点,适当实施引水活水和人工强化岸带及湖泊生态修复,通过污染减排和生态扩容两手发力,实现水质根本改善;风险管控阶段,以"智慧保护"为核心,强化水环境管控能力,实施区域生态建设及生物多样性保护,实现水生态健康良性发展。自然保育型湖泊流域以"风险管控"为主,维持良好生态环境;防治结合型湖泊流域以"水质管理"控制、"风险管控"两步走,实现水环境质量逐步好转;污染治理型湖泊流域以纳污总量控制、水质管理、风险管控三步走,实现水生态环境根本改善。

在生态基底得到优化的基础上,提升滨水景观风貌,并适当导入美丽、幸福和绿色滨水产业,实现蓝绿空间内生态、生产、生活融合发展,最终形成人与自然和谐共生的发展格局。水环境综合治理思路见图 2.7-1。

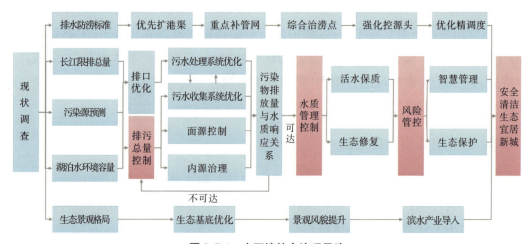

图 2.7-1 水环境综合治理思路

跨行政区湖泊坚持流域统筹、市区两级协同治理的思路开展水环境综合治理。以南湖、汤逊湖为例来介绍跨行政区湖泊的治理思路。高新区境内南湖和汤逊湖汇水区的治理重点主要是污水系统完善、初雨污染控制、内涝防治和管理能力提升。本规划在梳理武汉市在建或拟建工程,各区在建或拟建工程的基础上,提出了本次规划方案。三类项目市区两级协同,共同完成南湖和汤逊湖水环境治理目标。跨行政区湖泊(南湖)治理思路见图2.7-2,跨行政区湖泊(汤逊湖)治理思路见图2.7-3。

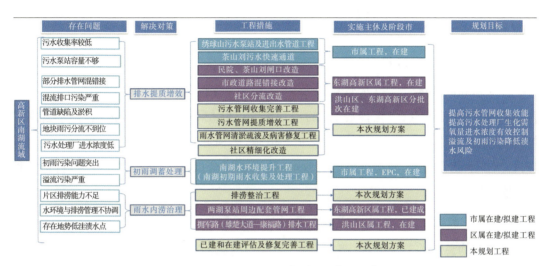

图2.7-2　跨行政区湖泊(南湖)治理思路

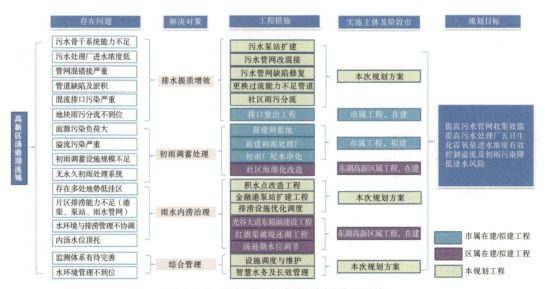

图2.7-3　跨行政区湖泊(汤逊湖)治理思路

2.8   规划策略

（1）优化供水布局，搭建优质安全节水城

针对东湖高新区供水布局及安全保障方面的问题，通过优化水源及水厂布局、提升净水工艺、完善配水管网及泵站、改造老旧管网等措施，提升供水水质、减小管网漏损、提高供水安全保障。

（2）补齐排水短板，构建韧性防灾安全城

针对东湖高新区骨干排水管渠以及内涝风险等方面的问题，提出"优先扩港渠、重点补管网、综合治涝点、强化控源头"的规划策略，通过采取入湖港渠扩建、排水管网完善、易涝点综合整治和雨水径流源头控制等措施，多项并举、综合施策，以期逐步实现港渠、管网排水能力提升，易涝点风险有效缓解，增强城市抵御内涝灾害的能力，打造韧性防灾安全城。

（3）抓实系统控源，建设产城融合富强城

以污染物总量控制为依据，坚持点源、面源和内源治理系统治理思维，构建"污水处理厂网提质增效、面源有效控制、湖泊内源污染削减"的污染物削减措施体系，从根本上改善东湖高新区江河湖水环境质量。污水处理厂网提质增效以提高城市污水收集处理率、污水处理厂进水浓度、市政污泥无害化处置率为抓手，尽快实现城镇污水管网全覆盖、全收集、全处理及综合利用目标。面源有效控制以提高年径流总量控制率和面源污染物削减率为出发点，以提高社区海绵化改造为着力点，以建成区混流排口整治为突破点，以新建城区海绵化管控为着眼点，力争实现清水入江、清水入湖。湖泊内源污染削减以底泥沉积物调查和营养物质释放试验为基础，以生态清淤和原位削减为手段，综合治理重污染湖泊。本规划围绕"一芯驱动"战略布局，建立系统控源措施体系，为保障"富强光谷"建设保驾护航。

（4）连通江河湖库，打造人水和谐生态城

对于东湖高新区内生态水网构建，可通过水系连通、生态补水、疏通港渠，缓解经济社会发展对水环境的压力，并提高水资源利用率和河湖生态性；而对于跨区生态水网构建，则主要根据上位规划中武昌江夏片水网构建的内容，通过新挖连通渠、破除分隔圩堤等措施，实现该水网系统中，位于东湖高新区范围内水体的连通。

河湖形态管控主要根据国家河湖相关管理保护条例和武汉市"三线一路"规划中的湖泊蓝线，实施退垸（田、渔）还湖，恢复湖泊形态，增加湖泊水生态空间，增强湖泊调蓄功能和自净能力，以实现对湖泊生态空间的保护。

（5）开展无废园区试点，助建绿色低碳循环城

规划围绕绿色低碳循环经济体系构建的战略需求，以泥水循环和清洁能源为重点率先突破，建设安全稳定、环境和谐、运维可持续、能源自给、出路可靠的循环经济产业园区，使东湖高新区城市建设过程中产生的污水，经过净化后，一部分能够回用于城市发展，剩余部分减量排放；市政污泥、通沟污泥、河湖淤泥、餐厨垃圾、建筑垃圾等固废经过安全处置和资源化利用后，再回用到城市建设中。

（6）推进生态保育，实现蓝绿交织美丽城

滨水缓冲带和水域蓝绿空间主要位于生态型开发边界内，通过生态治理进行保护性的合理利用。通过滨水缓冲带功能湿地、基底恢复、植被恢复和生物栖息地等的建设，推动河湖的水环境治理、生态恢复，丰富滨水岸带的生态功能，提高河湖水体的自净能力。营造碧岸、滨水绿道、岸线恢复等景观风貌，打造融合区域特色风貌的滨水自然景观，为湖泊提供开放空间以适应城市发展需求。

通过生态保育和生态治理恢复蓝绿生态基底结构，提升景观风貌，依托山水林田湖交融的蓝绿生态基底优势，布局文化娱乐、滨水休闲公共空间产业，植入文化、休闲、商业、居住、旅游等功能，将蓝绿系统融入都市发展，打造蓝绿交织融合的美丽城，用生态环境价值增强光谷的全球吸引力，最终形成人与自然和谐共生的发展格局。

（7）提升环境监管水平，建设集约高效智慧城

围绕东湖高新区智慧水务核心建设需求，服务于高新区水政务、水环境、水资源、水安全、水管理等各项涉水事务，针对高新区水务事件重点问题，以优化基础监测设施、构建决策指挥平台为重点，形成高新区"更高效的政务效率、更科学的考核监督、更严格的水资源管控、更安全的智能决策、更全面的水务管理"的智慧水务管控体系，完善空天地监测体系构建和支撑能力建设，典型河湖流域、排水系统实现基于模型和优化算法的实时联控联调，基本实现高新区水务智慧化管理，推进建设集约高效智慧城。

3　供水系统规划

3.1　供水系统现状

3.1.1　供水系统布局

东湖高新区目前有白沙洲水厂、覃庙水厂、金口水厂、祥龙水厂和白浒山水厂 5 座供水水厂，其中白沙洲水厂、覃庙水厂、白浒山水厂和金口水厂为生活供水水厂，祥龙水厂为工业供水水厂。

白沙洲水厂现供水能力为 100 万 t/d，供水范围为三环线以西的主城区以及江夏庙山、流芳部分地区。

目前覃庙水厂由江夏水务总公司运营管理，总供水规模为 4 万 t/d，东湖高新区内供水规模约 2 万 t/d，主要供应东湖高新区内龙泉街及滨湖街约 3.2 万人的生活生产用水。

金口水厂由武汉市水务集团运营管理，现状供水规模为 50 万 t/d，目前通过金龙大道—外环线上的清水干管向东湖高新区供水。

白浒山水厂供水范围为左岭、花山片区，现状供水规模为 2 万 t/d。

祥龙水厂由东湖高新区水务部门运营管理，水厂位于白浒山，紧邻长江，供水区域为光谷智能制造产业园约 24.1 km² 范围，现状建设规模为 10 万 t/d。东湖高新区内华星光电、长江存储和天马主要由祥龙水厂和金口水厂共同供水。其中，祥龙水厂供华星光电 5 万 t/d，长江存储 3 万 t/d，天马 2 万 t/d。

3.1.2　供水水源现状调查

区域内现状涉及的水源地主要有长江和牛山湖。长江自东湖高新区东北角流过，水质优良且水量充沛，水质常年稳定在 Ⅱ 类。白沙洲水厂、金口水厂、白浒山水厂、祥龙水厂以长江作为水源地。

牛山湖位于东湖高新区南部，与梁子湖（图 3.1-1）相连，水面开阔，周围未经开发，为 Ⅱ 类水体。位于牛山湖北岸的覃庙水厂以牛山湖作为水源地。

牛山湖作为梁子湖的子湖之一，水质较为优良，牛山湖境内汇流面积 144.19km²，常水位水面面积 44.40km²，湖泊岸线长 165.2km。

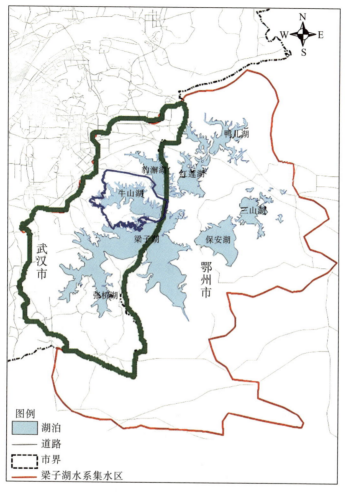

图 3.1-1　梁子湖水系

目前，江夏区有 4 座水厂以梁子湖为取水水源，分别为五里界水厂、山坡水厂、舒安水厂、覃庙水厂（牛山湖），见表 3.1-1。

表 3.1-1　　　　　　　　　　　　　　　梁子湖水源水厂情况

水厂名称	五里界水厂	山坡水厂	舒安水厂	覃庙水厂	合计
现状规模/(万 m³/d)	3.5	1.25	0.5	2.0	7.25

3.1.3　饮用水水源地保护区范围

白沙洲水厂水源地保护区按照《省人民政府办公厅关于印发湖北省县级以上集中式饮用水水源保护区划分方案的通知》（鄂政办发〔2011〕130 号）执行，白浒山水厂和覃庙水厂水源地保护区按照《省生态环境厅关于印发〈湖北省乡镇集中式饮用水水源保护区划分方案〉的通知》(鄂环发〔2019〕1号)执行,金口水厂水源地保护区按照《省生态环境厅关于新增武汉市金口水厂饮用水水源保护区有关意见的函》(鄂环函〔2021〕126号)执行。饮用水水源地保护区范围见表3.1-2。

表3.1-2　　　　　　　　　　　　　饮用水水源地保护区范围

水厂名称		白沙洲水厂	白浒山水厂	覃庙水厂	金口水厂
一级保护区	水域	长度:取水口上游1000m,下游100m;宽度:河道中泓线为界靠取水口一侧防洪堤以内的水域	长度:取水口上游1000m至下游100m的水域;宽度:中泓线至取水口侧防洪堤以内的水域	取水口周边半径500m范围内的水域	长度:取水口下游100m到上游1000m范围内;宽度:长江中泓线至取水口侧多年平均水位线以下的水域(航道除外)
	陆域	长度:一级保护区水域沿岸河长;宽度:靠取水口一侧河道陆域边界至防洪堤内侧	长度:一级保护区水域沿岸河长;宽度:靠取水口一侧河道陆域边界至防洪堤内侧	一级保护区水域范围内,正常水位线以上,水平距离200m范围内的陆域,不超过流域分水岭范围	长度:一级保护区水域沿岸河长;宽度:靠取水口一侧河道陆域边界至防洪堤内侧
二级保护区	水域	长度:一级保护区水域上游边界向上延伸2000m,下游外边界距一级保护区边界200m;宽度:河道中泓线为界靠取水口一侧防洪堤以内的水域	长度:一级保护区水域上游边界向上延伸2000m,一级保护区水域下游边界向下延伸200m;宽度:中泓线至取水口侧防洪堤以内的水域	一级保护区以外,取水口周边半径2500m范围内的水域,不超过水面范围	长度:一级保护区水域上游边界向上延伸2000m,下游外边界距一级保护区边界200m;宽度:长江中泓线至取水口侧多年平均水位线以下的水域(航道除外)
	陆域	长度:二级保护区水域沿岸河长;宽度:靠取水口一侧河道陆域边界至防洪堤内侧	长度:二级保护区水域沿岸河长;宽度:靠取水口一侧河道陆域边界至防洪堤内侧	一级保护区外径向3000m的区域(陆域边界不超过相应的流域分水岭范围)	长度:二级保护区水域沿岸河长;宽度:靠取水口一侧河道陆域边界至防洪堤内侧

3.2 供水系统评估

3.2.1 供水系统布局评估

　　东湖高新区目前有白沙洲水厂、覃庙水厂、金口水厂、白浒山水厂和祥龙水厂5座供水水厂，其中白沙洲水厂、覃庙水厂、白浒山水厂和金口水厂为生活供水水厂，祥龙水厂为工业供水水厂。白沙洲水厂供水范围为三环线以西的主城区及江夏庙山、流芳部分地区；覃庙水厂供水范围为东湖高新区内龙泉街道和滨湖街道；金口水厂供水范围为江夏区北部和东湖高新区内佛祖岭街道、豹澥街道和左岭街道；白浒山水厂供水范围为左岭、花山片区；祥龙水厂供水范围为光谷智能制造产业园。东湖高新区水厂供水范围见图 3.2-1。

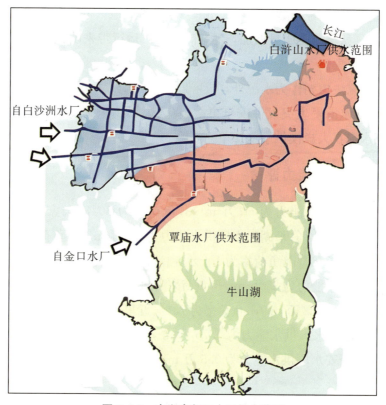

图 3.2-1　东湖高新区水厂供水范围

　　根据图 3.2-1，对于东湖高新区庙山区域、未来城南部区域、牛山湖科技园区域，均由金口水厂供水，从金口水厂至这些区域的输水距离 60km 左右，输水能耗较大，存在"远水解近渴"的局面，供水布局有待进一步优化。

3.2.2　供水资源评估

白沙洲水厂、金口水厂和祥龙水厂以长江为水源地,覃庙水厂以梁子湖牛山湖区域为水源地。

(1)长江

根据 2017—2020 年武汉市地表水环境质量状况公报,长江白浒山断面水质呈逐年好转趋势,2019 年水质稳定达到地表水Ⅱ类,优于其水质管理目标。

(2)牛山湖

通过水质监测数据分析并对比长江、汉江原水水质总结发现,目前总体水质良好,基本达到《地表水环境质量标准》(GB 3838—2002)Ⅱ～Ⅲ类水标准,但由于湖泊水体的固有特点,原水水质具有三个明显特征:原水浊度低(1～6NTU),增加了水厂的处理难度;有机物含量(高锰酸钾指数,2.5～4.5mg/L)较武汉地区的长江水地表径流高;且为季节性含藻水,夏秋季藻类明显增加,有嗅味,对水厂运行带来困难;同时,部分汇入支流存在水质较差的现象。

除覃庙水厂以牛山湖作为水源外,白沙洲和金口水厂以长江为水源,而覃庙水厂规模较小,一旦长江水源发生突发性安全事故,将大大影响东湖高新区的供水安全,东湖高新区现状供水存在大规模供水水源单一风险。

3.2.3　现状水厂供水能力评估

港东一、二水厂供水能力为 60 万 m^3/d,负荷率为 80％;余家头水厂供水能力为 40 万 m^3/d,负荷率为 92％;平湖门水厂供水能力为 20 万 m^3/d,负荷率为 87％;白沙洲水厂供水能力为 80 万 m^3/d,负荷率为 100％;白浒山水厂供水能力为 2 万 m^3/d,负荷率为 75％;金口水厂供水能力为 25 万 m^3/d,负荷率为 93％;覃庙水厂供水能力为 2 万 m^3/d;龙床矶水厂供水能力为 22 万 m^3/d,负荷率为 73％;五里界水厂供水能力为 3.5 万 m^3/d,负荷率为 100％;法泗水厂供水能力为 0.75 万 m^3/d,负荷率为 67％;山坡水厂供水能力为 1.25 万 m^3/d;舒安水厂供水能力为 0.5 万 m^3/d,负荷率为 84％。现状各水厂供水负荷见图 3.2-2。

除白沙洲水厂达到满负荷运行外,金口水厂、覃庙水厂和白浒山水厂均未达到满负荷运行,供水能力尚有富裕,但负荷率较高。随着东湖高新区用地空间的不断扩大和建设,现有水厂的供水能力与用水量的增长将无法匹配。

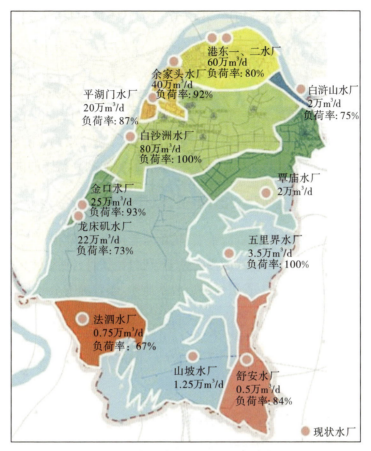

图 3.2-2　东湖高新区水厂供水现状负荷

3.3　供水系统存在的主要问题

3.3.1　现有水源布局难以满足应急备用需求

现行区域供水系统高度依赖长江,除个别乡镇水厂外,水厂均取自长江,为单一水源。区域缺乏高质、稳量的应急水源和供水设施作备用支撑,应对风险能力不足。一旦长江水源发生突发性水源事故时,将大大影响区域的供水安全,应对水源突发事件能力需加强,急需寻找新的应急水源。

3.3.2　现有供水格局和规模难以适应城市未来发展需求

现行供水系统依据 2020 版总体规划的人口和用地空间进行布局,难以满足新一轮总规条件下的人口增长和供水量增长。根据武汉市最新的供水专项规划,大武昌区域现状总人口 440 万人,规划控制人口 660 万人,净增量达 220 万人。新增人口主要分布在东湖高新区的佛祖岭街道、豹澥街道、花山街道、左岭街道和龙泉街道等地。

3.3.3　区域内缺乏成规模的大型水厂,供水成本较高

区域内缺乏自有大型水厂,对于东湖高新区庙山区域、未来城南部区域、牛山湖科技园区域,均由金口水厂供水,从金口水厂至这些区域的输水距离60km左右,输水能耗较大,水量漏损较大,形成"远水解近渴"的局面,供水成本随之增高。随着其他区域用水量的扩增,势必压缩水厂向东湖高新区的供水,大大影响东湖高新区的供水安全保障。

3.3.4　区域供水管网漏损问题突出,水资源浪费严重

供水管网漏损率偏高,造成水资源浪费;输配水管网老化、破损严重,漏耗高、浪费严重。目前,区域供水管主要材质包括球墨铸铁管、灰口铸铁管、钢管、水泥管、塑料管等管材。灰口铸铁管和水泥管等老旧管道极易造成水质差、爆管等安全问题。

3.4　供水系统规划思路及目标

3.4.1　规划思路

针对东湖高新区供水系统存在的问题和预期目标,本书提出了"优化水厂布局、提升供水水质、完善配水系统"的治理思路。

(1)优化水厂布局方面

优化调整现状水厂的供水范围,新建水厂日常供给东湖高新区用水,并考虑适当的应急供水规模供给其他区域,使整体供水布局更加合理,提高供水安全保障。

(2)提升供水水质方面

主要选择处理效果好、效率高、管理方便、应急处理能力强、效果佳的净水工艺,一方面充分应对梁子湖的水质特点,另一方面作为应急水厂充分保障供水安全,提高供水品质。

(3)完善配水系统方面

通过配套建设完善供水管网及供水泵站,对老旧管网进行升级改造,进一步减小管网漏损率,提高管网末梢供水水质,实现优质安全的供水目标。

3.4.2　规划目标

以可持续安全保障为目标,优化东湖高新区供水系统,加强区域供水网络间的供水管道连通,提高联合调度和应对突发性事件能力,构建城乡一体、多源互联的优质安全

的供水体系;规划至 2025 年,城市水厂出厂水浊度按近期不大于 0.3NTU 控制,规划至 2035 年,水厂出厂水浊度按近期不大于 0.1NTU 控制。

3.5 供水系统规划方案

3.5.1 区域供需平衡分析

规划东湖高新区由白沙洲水厂、金口水厂、梁子湖水厂共同供水,为了分析每个水厂的供水范围、供水规模和水量平衡,首先需要分析整个东湖高新区的需水量,再结合现状及规划加压站、输水干管的分布、水厂的规模及位置计算 3 个水厂向东湖高新区的供水规模。

按照《东湖国家自主创新示范区总体规划》中空间结构的布局,东湖高新区可划分为"三区两城",即关山科研储备区、豹澥产业聚集区、左岭创新研发区、严东湖科研生态城、牛山湖科研生态城。东湖高新区总体布置见图 3.5-1。

图 3.5-1 东湖高新区总体布置

3.5.1.1 区域需水量预测

（1）用水量指标分析

1）居民生活用水指标。

研究自 2010 年以来的武汉市用水指标变化趋势，与国内一线城市用水量指标进行比较，同时结合相关规范中的用水定额，确定本次最高日居民生活用水指标。

依据《武汉市水资源公报》对武汉市中心城区历年综合生活用水的统计，综合考虑两种影响因素：城区与郊区居民用水差异；其他统计漏失水量。对于人均综合生活用水考虑 1.15 的日变化系数和 1.1 的修正系数，东湖高新区城市最高日居民生活用水定额 190L/人，城市最高日人均综合生活用水量 375L，城市最高日人均综合用水量 550L。此指标与《武汉市供水专项规划（2018—2035 年）》中的需水量指标一致。

2）规划工业用水量指标。

不同类型的工业园区其工业用水的用水指标差别很大。不同类别工业用地主要区别在于对居住及公共环境的干扰程度、污染程度、形成安全隐患程度的不同。其中：

①一类工业工地。

对居住和公共环境基本无干扰、污染和安全隐患的工业用地，包括以产业研发、中试为主兼具小规模生产的工业用地，如电子工业、缝纫工业、工艺品制造工业等用地。

②二类工业用地。

对居住和公共环境有一定干扰、污染和安全隐患的工业用地，如食品工业、医药制造工业、纺织工业等用地。

③三类工业用地。

对居住和公共环境有严重干扰和污染的工业用地，如采掘工业、冶金工业、大中型机械制造工业、化学工业、造纸工业、制革工业、建材工业等用地。

根据东湖高新区内的工业布局，主要存在一类和二类工业用地。因此，根据武汉市城市规划设计研究院编制的《给排水技术标准》，东湖高新区的工业用地的综合用水指标介于 $40\sim120\,m^3/(hm^2\cdot d)$。

按照《东湖国家自主创新示范区总体规划》中对空间结构的布局，东湖示范区可划分为"三区两城"，规划区内产业布局以现代服务业、先进制造业为主；同时与上海市的张江高科技园区（微电子基地）、漕河泾开发区等有一定的相似性。因此，本次东湖高新区的工业用地用水量指标取 $60\sim80\,m^3/(hm^2\cdot d)$，计算取值为 $70\,m^3/(hm^2\cdot d)$。

3）其他用水量指标。

2011 年武汉市城市规划设计研究院联合市水务集团，对不同类型用地的供水用户进行抽样调查，分别采用分项均值法和综合均值法确定各类型用地用水量指标。该数据较好地反映了武汉市实际用水数据,故需水量预测采用武汉市城市规划设计研究院编制的《给排水技术标准》中的数据。

①浇洒市政道路、广场和绿地用水。

道路广场用水量指标为 20m³/(hm²·d),绿化用水量指标为 10m³/(hm²·d),公共建筑用水量标准为 25m³/(hm²·d)。

②管网漏损水量。

根据《室外给水设计标准》(GB 50013—2018),漏损水量按照综合生活用水、工业企业用水、浇洒市政道路、广场和绿地用水量之和的 10% 计算。

③未预见水量。

未预见水量按照综合生活用水、工业企业用水、浇洒市政道路、广场和绿地用水量、管网漏损水量之和的 8%～12% 计算,本次取 10%。

(2)用水量预测

根据《东湖国家自主创新示范区总体规划》:2035 年规划人口为 180 万人;2035 年规划建设用地规模 22523hm²,其中工业用地为 7106hm²,见表 3.5-1。

表 3.5-1　　　　　　　　　　东湖高新区规划用地性质

用地分类		用地面积/hm²	用地比例/%
R	居住用地	6321	28.06
A	公共管理与公共服务设施用地	1829	8.12
B	商业服务业设施用地	1146	5.09
M	工业用地	7106	31.55
W	仓储用地	249	1.11
S	道路与交通设施用地	2991	13.28
U	公用设施用地	164	0.73
G	绿地与广场用地	2717	12.06
开发边界内城市建设用地		22523	100.00

预测方法:本次东湖高新区 2035 年用水量预测,采用单位建设用地用水量指标法、用水量分项指标法进行预测,采用人均综合指标法复核。远期用水量预测见表 3.5-2。

表 3.5-2　　　　　　　　　　　　远期用水量预测

	用地性质(代码)	规划用地面积/hm²	用水量指标范围/[万 m³/(hm²·d)]	用水量指标/[万 m³/(hm²·d)]	预测水量/(万 m³/d)
关山科研储备区	居住用地(R)	2114.60	0.0110~0.0190	0.0110	23.26
	公共设施用地(C)	1300.81	0.0050~0.0100	0.0050	6.50
	工业用地(M)	1215.28	0.0040~0.0200	0.0070	8.51
	研发用地(MC)	19.92	0.0040~0.0200	0.0070	0.14
	仓储用地(W)	19.56	0.0020~0.0050	0.0020	0.04
	对外交通用地(T)	90.01	0.0030~0.0060	0.0030	0.27
	道路广场用地(S)	959.95	0.0020~0.0030	0.0020	1.92
	市政公用设施用地(U)	109.44	0.0025~0.0050	0.0025	0.27
	绿地(G)	859.11	0.0010~0.0030	0.0010	0.86
	特色用地(D)	50.69	0.0050~0.0090	0.0050	0.25
	生态保育用地(E)	279.54	0.0010~0.0030	0.0010	0.28
	合计	7018.91			42.30
豹澥产业聚集区	居住用地(R)	852.80	0.0110~0.0190	0.0110	9.38
	公共设施用地(C)	752.79	0.0050~0.0100	0.0050	3.76
	工业用地(M)	2522.70	0.0040~0.0200	0.0070	17.66
	研发用地(MC)	78.10	0.0040~0.0200	0.0070	0.55
	仓储用地(W)	78.83	0.0020~0.0050	0.0020	0.16
	对外交通用地(T)	99.56	0.0030~0.0060	0.0030	0.29
	道路广场用地(S)	1503.09	0.0020~0.0030	0.0020	3.00
	市政公用设施用地(U)	239.48	0.0025~0.0050	0.0025	0.60
	绿地(G)	1053.06	0.0010~0.0030	0.0010	1.05
	特色用地(D)	50.24	0.0050~0.0090	0.0050	0.25
	生态保育用地(E)	3452.85	0.0010~0.0030	0.0010	3.45
	合计	10683.50			40.15
左岭创新研发区	居住用地(R)	555.36	0.0110~0.0190	0.0110	6.11
	公共设施用地(C)	130.38	0.0050~0.0100	0.0050	0.65
	工业用地(M)	323.66	0.0040~0.0200	0.0070	2.27
	研发用地(MC)	1147.16	0.0040~0.0200	0.0070	8.03
	对外交通用地(T)	6.44	0.0030~0.0060	0.0030	0.02
	道路广场用地(S)	623.49	0.0020~0.0030	0.0020	1.24
	市政公用设施用地(U)	12.25	0.0025~0.0050	0.0025	0.03

续表

用地性质（代码）		规划用地面积/hm²	用水量指标范围/[万 m³/(hm²·d)]	用水量指标/[万 m³/(hm²·d)]	预测水量/(万 m³/d)
左岭创新研发区	绿地（G）	148.56	0.0010～0.0030	0.0010	0.14
	生态保育用地（E）	3662.26	0.0010～0.0030	0.0010	3.66
	合计	6609.56			22.15
严东湖科技生态城	居住用地（R）	645.51	0.0110～0.0190	0.0110	7.11
	公共设施用地（C）	251.89	0.0050～0.0100	0.0050	1.26
	工业用地（M）	602.31	0.0040～0.0200	0.0070	4.21
	研发用地（MC）	156.84	0.0040～0.0200	0.0070	1.10
	仓储用地（W）	79.53	0.0020～0.0050	0.0020	1.59
	对外交通用地（T）	157.15	0.0030～0.0060	0.0030	0.47
	道路广场用地（S）	668.51	0.0020～0.0030	0.0020	1.33
	市政公用设施用地（U）	4.38	0.0025～0.0050	0.0025	0.01
	绿地（G）	159.56	0.0010～0.0030	0.0010	0.16
	特色用地（D）	19.94	0.0050～0.0090	0.0050	0.10
	生态保育用地（E）	4955.50	0.0010～0.0030	0.0010	4.95
	合计	7701.12			22.29
牛山湖科研生态城	居住用地（R）	521.99	0.0110～0.0190	0.0110	5.74
	公共设施用地（C）	193.92	0.0050～0.0100	0.0050	0.97
	工业用地（M）	508.71	0.0040～0.0200	0.0070	3.56
	研发用地（MC）	1372.93	0.0040～0.0200	0.0070	9.61
	对外交通用地（T）	6.91	0.0030～0.0060	0.0030	0.02
	道路广场用地（S）	935.63	0.0020～0.0030	0.0020	1.87
	市政公用设施用地（U）	32.93	0.0025～0.0050	0.0025	0.08
	绿地（G）	328.18	0.0010～0.0030	0.0010	0.33
	生态保育用地（E）	15890.22	0.0010～0.0030	0.0010	15.89
	合计	19791.42			38.07

1）单位建设用地用水量指标法。

按照单位建设用地用水量指标法计算，东湖高新区预测（2035 年）用水量为 164.96 万 m³/d，见表 3.5-3。

表 3.5-3   按单位建设用地指标法预测结果

区域	预测用水量/(万 m³/d)
关山科研储备区	42.30
豹澥产业聚集区	40.15
左岭创新研发区	22.15
严东湖科研生态城	22.29
牛山湖科研生态城	38.07
合计	164.96

采用单位建设用地指标法进行预测,结果往往偏大。

2)用水量分项指标法。

采用分项指标法计算,东湖高新区预测(2035 年)用水量为 152.38 万 m³/d,具体见表 3.5-4。

表 3.5-4   远期用水量预测

序号	用水类型	计算公式	用水量/(万 m³/d)
1	最高日综合生活用水量	总人口×用水定额＝180 万人×0.375m³/(人·d)	67.50
2	工业用水量	工业用地总面积×用水定额＝7106hm²×70m³/(hm²·d)	49.74
3	道路浇洒、绿地用水量	1)道路浇洒:总面积×用水定额＝2991hm²×20m³/(hm²·d); 2)绿化:总面积×用水定额＝2717hm²×10m³/(hm²·d)	8.70
4	管网漏损水量	(①＋②＋③)×10%	12.59
5	未预见水量	(①＋②＋③＋④)×10%	13.85

3)人均综合指标法。

根据前述内容,东湖高新区城市最高日人均综合用水量550L,至 2035 年人口约 180 万人,则至 2035 年东湖高新区最高日需水量约 180 万人×550L＝99 万 m³。

4)需水量预测分析。

综合以上分析,不同方法预测结果有一定的差距。考虑到以下因素:

①对高新区而言,规划人口数据往往具有弹性量大、不确定因素多、变化大的特点,预测结果往往偏差明显;而规划用地面积是不变量,变化调整的幅度较小、用于预测结果偏差较小、准确性高。

②东湖高新区作为国家级示范区,近年来的建设发展已充分体现出以下特点:国家、省、市对东湖示范区发展战略高度重视;东湖高新区作为新的发展轴心,经济社会发展具有超强活力,目前已进入超常规快速发展阶段,因此,东湖高新区的高速发展对供水设施建设提出了更高要求,需预备更为充足的余量和发展储量。

综合分析,东湖高新区远期用水量拟采用三种方法的较大值,即按照分项指标法的预测结果,东湖高新区至 2035 年预测需水量为 152.38 万 m³/d,取 150 万 m³/d。

3.5.1.2 区域供需平衡

东湖高新区目前主要由白沙洲和金口水厂联合供水,根据《武汉市供水专项规划(2018—2035 年)》,拟在东湖高新区新建梁子湖(应急)水厂。东湖高新区规划至 2035 年所需要的约 150 万 m³/d 供水由白沙洲水厂、金口水厂、梁子湖水厂 3 座水厂供应。其中,白沙洲水厂规划总规模 120 万 m³/d,金口水厂规划总规模 100 万 m³/d,梁子湖(应急)水厂规划总规模 50 万 m³/d(日常供应 20 万 m³/d)。

其中,白沙洲水厂主要通过周店加压站(规划规模 30 万 m³/d)、南湖南路加压站(规划规模 20 万 m³/d)、南湖北路(规划规模 20 万 m³/d)加压站向东湖高新区加压供水,3 座泵站总规模 70 万 m³/d,除了泵站就近范围少量供水之外,此 3 座泵站规划远期向东湖高新区供水 50 万~60 万 m³/d,主要供应东湖高新区北部区域。

金口水厂现状规模 50 万 m³/d,目前通过金龙大道—外环线上的清水干管向东湖高新区供水,目前在建和平加压站规模为 45 万 m³/d,再通过高新六路加压站(规划规模 25 万 m³/d)向东湖高新区东部区域供水;远期金口水厂再扩建 50 万 m³/d,拟通过在纸金公路—外环线上的清水第二通道向东湖高新区供水,同步规划建设一座 45 万 m³/d 的加压站,进东湖高新区后,一方面可利用凤凰山加压站(30 万 m³/d)供水,另一方面需扩建高新六路加压站(扩建至 50 万 m³/d);则合计金口水厂远期可通过凤凰山加压站、高新六路加压站向东湖高新南部及东部区域供水 70 万~80 万 m³/d。

合计白沙洲水厂和金口水厂远期向东湖高新区供水 120 万~130 万 m³/d。另外,根据梁子湖水厂日常供水的水资源条件,梁子湖水厂具备日常就近向东湖高新区供水 20 万 m³/d 的能力。主要供水区域为东湖高新区南端区域。

综上,东湖高新区远期 2035 年供水水量平衡见表 3.5-5。

表 3.5-5 东湖高新区供需平衡

水厂	远期向东湖高新区供水规模/(万 m³/d)	主要加压站规模/(万 m³/d)
白沙洲水厂	50~60	周店加压站(30); 南湖南路加压站(20); 佛祖岭加压站(20,再次加压供水)
金口水厂	70~80	和平加压站(45); 规划加压站(清水第二通道,45); 高新六路加压站(50); 凤凰山加压站(30); 高新二路加压站(15,再次加压供水)

水厂	远期向东湖高新区供水规模/(万 m³/d)	主要加压站规模/(万 m³/d)
梁子湖水厂	20	凤凰山加压站(30); 光谷八路加压站(20)
合计	150	

3.5.2 供水布局优化方案

根据《武汉市供水专项规划(2018—2035 年)》,江南片区拟形成"一江、一湖"双水源供水格局,以长江为主,以梁子湖为水源建设江南地区应急水厂,至 2035 年,形成金口(龙床矶)、白沙洲、余家头、港东、梁子湖等 5 座水厂联合供水格局,规划供水能力达 400 万 t/d。东湖高新区供水布局见图 3.5-2。

梁子湖(应急)水厂建成后,涉及东湖高新区区域各水厂供水范围调整如下(图 3.5-2):

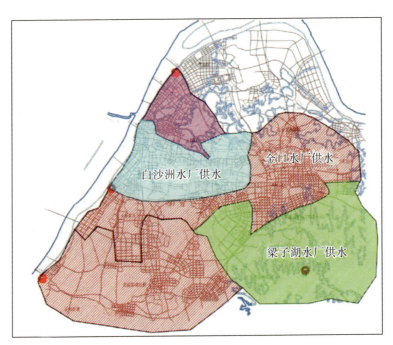

图 3.5-2 东湖高新区供水布局

(1)白沙洲水厂

调缩白沙洲水厂供水服务范围,增加主城区供水水量,中环线以南、光谷二路以东区域由扩建后金口水厂供水。

(2)金口水厂

增加中环线周店加压站方向供水量,调缩原庙山区域、牛山湖科技园区域、未来城南片区域作为梁子湖(应急)水厂服务范围。

(3)梁子湖(应急)水厂

日常运行服务范围主要为东湖高新区庙山区域、未来城南部区域(存储器基地)、牛山湖科技园区域。

3.5.3 梁子湖水厂日常供水规模及范围

3.5.3.1 梁子湖水厂日常供水规模

根据上述分析,从水资源量、东湖高新区的需水量及供需平衡、供水经济性、输水管活水需求这几个方面分析梁子湖水厂的日常供水规模。

(1)水资源量

根据《梁子湖备用水源保护规划》,梁子湖实现经常性向武昌片区供水,控制年供水量在 1 亿 m^3 以下时,对湖泊水位的影响在 0.5m 以下,对水源地的影响较小。按年供水 1 亿 m^3 核算,梁子湖水源可供水的最大水量约为 30.4 万 m^3/d。

根据《武汉市供水专项规划(2018—2035 年)》,除梁子湖水厂之外,江夏区以梁子湖为水源的山坡水厂规划水厂规模为 5 万 m^3/d,鄂州市以梁子湖为水源的太和水厂规划规模为 6 万 m^3/d,则从远期规划看,剩余可用水量约为 19.4 万 m^3/d,故梁子湖水厂正常供水时水厂规模为 20 万 m^3/d。

但是,山坡水厂为乡镇水厂,现状规模仅为 1.25 万 m^3/d,且规模增长较为缓慢;鄂州太和水厂规模为 3 万 m^3/d。因此,在近期的一段时间内,按上述分析梁子湖水厂正常供水可达到 25.75 万 m^3/d。

因此,根据上述分析,梁子湖水厂正常供水时的水厂规模取 20 万 m^3/d 是合理、可行的。

(2)东湖高新区的需水量及供需平衡

根据前述东湖高新区的水量预测及供需平衡分析,东湖高新区规划至 2035 年所需要水量约 150 万 m^3/d,由白沙洲水厂、金口水厂、梁子湖水厂 3 座水厂供应。其中,白沙洲水厂向东湖高新区供水 50 万～60 万 m^3/d;金口水厂远期向东湖高新区供水 70 万～80 万 m^3/d;梁子湖水厂日常就近向东湖高新区供水 20 万 m^3/d,主要供水区域为东湖高新区南端区域。

(3)供水经济性

东湖高新区位于武汉市江南片区东部区域。江南片区的供水水源地主要位于长江武汉段上游,包括金口龙床矶水厂水源地、白沙洲水厂水源地、余家头水厂取水口和港东水厂取水口等 4 处。由于供水水源地及水厂均远离东湖高新区,现状白沙洲水厂一方面就近向主城供水,另外兼顾供水至东湖高新区,至东湖高新区的供水距离 20~30km;金口水厂除少量向水厂附近的通用汽车城、南部新城供水外,主要作用是向东湖高新区供水,但是金口水厂至东湖高新区的供水距离 35~60km,供水距离很长,能耗很高。梁子湖水厂位置靠近东湖高新区,至东湖高新区的供水距离 10~15km。

比如向目前用水量需求很集中的未来科技城存储器基地,用水量需求约 10.5 万 m^3/d,金口水厂的供水距离约 50km,中途需要经过和平加压站、高新六路加压站增压供水;而梁子湖水厂至存储器基地供水距离约 15km,日常供水时不需要中途增压,提高供水效率,另外,节约供水距离约 35km(节约电量约 588kW·h),经测算,仅向存储器基地供水每年节约的供水能耗成本约 361 万元(电费按 0.7 元/(kW·h)计算)。同时,向庙山区域供水约 10 万 m^3/d,节约供水距离约 25km(节约电量约 400kW·h),经测算,仅向庙山地区供水每年节约的供水能耗成本约 245 万元。合计按照利用梁子湖水厂日常就近向东湖高新区供水 20 万 m^3/d 测算,每年可节约能耗成本约 606 万元,供水经济性强。

(4)输水管活水需求

由于梁子湖水厂应急时供水规模为 50 万 m^3/d,为满足应急时的管道输水能力,向两个方向的输水干管口径均为 DN1600。在城市供水中,输水干管的流速不宜过低,否则清水在管道中的水龄过长,影响水质安全。根据经验,清水管管道流速一般不宜低于 0.6m/s,则 DN1600 口径的输水干管的供水流量为 10.4 万 m^3/d,此时水厂的供水总量约 20.8 万 m^3/d。因此,梁子湖水厂日常供水 20 万 m^3/d 以上可以满足清水输水干管的活水需求。

综上,从水资源量、东湖高新区的需水量及供需平衡、供水经济性、输水管活水需求这几个方面分析,梁子湖水厂的日常供水规模为 20 万 m^3/d。

3.5.3.2 梁子湖水厂日常供水范围

根据东湖高新区的需水量预测,梁子湖水厂日常供水 20 万 m^3/d 的供水范围主要位于庙山区域、牛山湖科技园、未来科技城存储器基地。

水量分配:未来城南区(含国家存储器)区域预留 5 万~10 万 m^3/d,牛山湖科技园区域预留 5 万~10 万 m^3/d,庙山区域 5 万~10 万 m^3/d。

本次梁子湖水厂日常供水范围见图 3.5-3。

按照占地比例测算:根据梁子湖水厂的日常供水范围及东湖国家自主创新示范区总体规划范围,经初步测算,梁子湖水厂日常供水范围内的庙山区域位于关山科研储备区,用地及人口约占关山科研储备区的 10%,用水量按比例约 4.23 万 m^3/d;存储器基地约占未来城的 40%,用水量按比例约 8.86 万 m^3/d。供水范围内的牛山湖科技园约占整个牛山湖科技生态城的 30%,用水量按比例约 11.42 万 m³/d。合计此范围内用水量约 24.5 万 m³/d。梁子湖水厂日常供水范围见图 3.5-3。

图 3.5-3　梁子湖水厂日常供水范围

按照分项指标测算:根据与规划部门初步沟通,在图 3.5-3 范围内,规划居住用地面积约 1075.25hm²,工业用地面积约 1379.57hm²,其中,一类工业用地面积约 759.94hm²,二类工业用地面积约 619.63hm²。测算需水量约 1075.25×110+1379.57×80=21.5 万 m³/d。其中,根据国家存储器基地项目用水申报函,仅存储器基地需求总用水量即为 10.5 万 m³/d。

因此,划定的梁子湖水厂就近供水范围基本符合水厂规模要求。且牛山湖科技园目前尚未建设到位,梁子湖水厂日常供水主要向庙山区域和存储器基地供水,两侧各供10 万 m³/d,满足两个区域的供水需求。今后随着牛山湖科技园逐步建设,可继续利用梁子湖水厂补充供水。

3.5.4　水资源可支撑的城市供水规模

(1)梁子湖水厂正常供水时的规模

按年供水 1 亿 m³ 核算,梁子湖水源可供水的最大水量约为 30.4 万 m³/d。

根据《武汉市供水专项规划(2018—2035 年)》,除梁子湖水厂之外,江夏区以梁子湖为水源的山坡水厂规划规模为 5 万 m³/d,鄂州市以梁子湖为水源的太和水厂规划规模为 6 万 m³/d,则从远期规划看,剩余可用水量约为 19.4 万 m³/d,故梁子湖水厂正常供水时水厂规模为 20 万 m³/d。

但是,山坡水厂为乡镇水厂,现状规模仅为 1.25 万 m³/d,且规模增长较为缓慢;鄂州太和水厂规模为 3 万 m³/d。因此,在近期的一段时间内,按上述分析梁子湖水厂正常供水可达到 25.75 万 m^3/d。

因此,根据上述分析,梁子湖水厂正常供水时的水厂规模取 20 万 m^3/d 是合理、可行的。

(2)梁子湖水厂应急供水时的规模

在应急供水状态下,梁子湖水厂规模 50 万 m^3/d,在应急供水期间内,由于梁子湖总的调蓄水量丰富,短时间段内对梁子湖水量影响不大,水资源可以满足应急供水时间段的水资源要求。

3.5.5 新建水厂规划方案

(1)工程建设规模

梁子湖作为应急备用水厂,总规模 50 万 m^3/d,日常运行规模 20 万 m^3/d,应急时最大供水规模 50 万 m^3/d。

(2)水源选择

根据《武汉市供水专项规划(2018—2035 年)》的部署,拟采用梁子湖作为水源。水厂取水口位于现状覃庙水厂取水口附近。梁子湖水体目前总体水质良好,根据现状覃庙水厂取水口水质监测数据,基本达到《地表水环境质量标准》(GB 3838—2002)Ⅱ～Ⅲ类水标准,可以作为备用水源。

(3)厂址选择

净水厂厂址在供水专项规划中已经明确位于现状覃庙水厂处,增加新征土地进行扩建,见图 3.5-4。

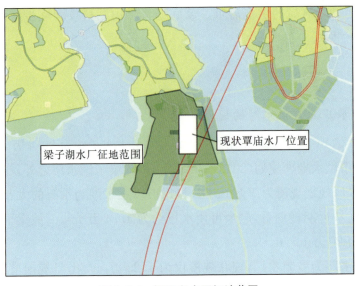

图 3.5-4　梁子湖水厂征地范围

（4）工艺流程

新建水厂工艺采用预氧化＋沉淀气浮池＋臭氧活性炭滤池＋超滤＋纳滤（部分）＋消毒的工艺方案。

该工艺处理效果好，效率高，管理方便，应急处理能力强，效果佳，一方面能够充分应对梁子湖的水质特点，另一方面作为应急水厂能够充分保障供水安全，提高供水品质。

同时，该方案工艺灵活可分两步实施。第一步，先实施炭池＋超滤膜；第二步，结合水质要求，实施纳滤单元。该方案同时兼备了高锰酸盐预氧化、粉末活性炭和膜处理，前二者是经常使用的应对突发污染的有效手段，综合超滤和纳滤膜处理可以做到高效应对悬浮物与微生物、藻类、化学品、微量有机污染物及嗅味、重金属等突发污染问题。

（5）水厂高程

梁子湖水厂位于梁子湖畔，紧靠湖边，水厂设计地坪需充分考虑防洪排涝安全。梁子湖常水位 18m（冻结吴淞高程，下同）时湖泊容积 6.1 亿 m^3，湖区围堤高程一般为 22.5～23.5m，设防水位为 19.00m，保证水位为 21.36m。据多年水文资料统计，梁子湖多年平均水位为 18.02m。最高水位一般出现在 8 月，多年平均最低水位为 17.03m，一般发生在 3 月。多年平均水位差值一般为 2～3m。最高水位为 21.49m（发生在 2016 年 7 月 14 日），最低水位为 16.03m（发生在 1979 年 3 月 30 日）。现状覃庙水厂地坪标高约 21.8m，其中厂区北部、南部和西部现状地坪标高为 16.7～21.3m。

根据上述数据，梁子湖水厂设计地坪标高取 22.5m。

3.5.6 供水泵站规划方案

梁子湖应急水厂的清水主要通过凤凰山加压站、周店加压站、高新六路加压站、光谷八路加压站向后续供水范围输水。应急供水情况下，每个加压泵站的水量分配如下：

（1）凤凰山加压站

凤凰山加压站作为长江流域性水质事件时将梁子湖水厂向主城区供水的主要通道，承担事故时武昌主城区、青山区、江夏区的应急供水，应急供水量约 30 万 t/d，因梁子湖水厂距离应急供水通道中的周店、南湖南路、南湖北路等供水加压站较远，超过 20km，梁子湖水厂无法将水输送至各加压站，需设置凤凰山加压站作为中转加压站。应急供水情况下，主要通过通道一、二、三向主城方向供水。根据应急供水情况下的水量分配以及加压站的作用，凤凰山加压站的设计规模取 30 万 m^3/d。

（2）周店加压站

在应急供水情况下，周店加压站转输来自凤凰山加压站的 10 万 m^3/d 清水，通过应急通道向主城供水；周店加压站的规模不受控于应急供水工况，而是受控于日常供水工况。在日常供水工况下,周店加压站功能有两点:一是向加压站后中环线沿线用地供水,二是作为转输加压站向佛祖岭加压站供水。周店加压站和佛祖岭加压站现状规模均为20万 t/d,远期待东湖高新区用水量到达规划用水量后,佛祖岭加压站缺乏进站水量,故增加周店加压站规模 10 万 t/d,远期转输来自白沙洲水厂的来水,除了就近满足周店加压站附近 10 万 t/d 供水需求外,能够另外为佛祖岭加压站提供进站水量 20 万 t/d。因此,周店加压站扩建 10 万 t/d,总规模为 30 万 t/d。

(3)高新六路加压站

高新六路加压站是应急供水情况下向东湖高新区、江夏、南部新城等区域供水的重要加压泵站。应急供水情况下,高新六路加压站转输规模约 16 万 m^3/d,其中就近向东湖高新区光谷中心城、豹澥等区域应急供水约 8 万 m^3/d,另外利用金口水厂的清水通道反向向江夏、通用汽车城、南部新城供水约 6 万 m^3/d,同时向青山、花山地区补充供水约 2 万 m^3/d(青山区域同时可由通道三补充供水)。

(4)光谷八路加压站

在应急供水情况下,光谷八路加压站转输规模约 4 万 m^3/d,主要向未来城外环以外的区域供水,光谷八路加压站作为长江流域性水质事件时或未来城区域供水干管事故时的应急通道,主要承担未来城区域供水。该区域有国家存储器、华星、天马等重要企业,对供水安全性要求高,须双路保障 20 万 t/d 供水量,故结合应急供水通道建设和日常保供设置。因此,作为保障未来科技城区域供水的双路保障第二来源,当高新二路加压站出现事故时,需要利用光谷八路加压站保障整个未来科技城的供水,包括存储器基地、左岭新城等区域,供水能力合计约 20 万 m^3/d。因此光谷八路加压站设计规模为 20 万 m^3/d。

3.5.7　输水干管规划方案

在应急供水情况下,自水厂经凤莲大道、藏龙大道至凤凰山加压站、周店加压站的应急输水能力要求为 30 万 m^3/d,根据水力平差计算,此段管道管径取 DN1600,流速约 1.73m/s;日常供水时此段管道设计流量约 10 万 m^3/d,流速约 0.58m/s。自水厂经玉屏大道、规划龙泉大道至光谷八路加压站方向,此段管道作为保障未来科技城区域供水的双路保障通道,设计输水能力为 20 万 m^3/d,根据水力平差计算,此段管道管径取 DN1600,流速约 1.15m/s;日常供水时此段管道设计流量约 10 万 m^3/d,流速约 0.58m/s。自玉屏大道至高新六路加压站的管道设计流量为 16 万 m^3/d,此段管道管径取 DN1400,流速约 1.20m/s;自光谷八路加压站至存储器基地的管道设计流量为 10 万～15 万 m^3/d,此段管道管径取 DN1400,流速 0.76～1.13m/s,见图 3.5-5 和表 3.5-6。

图 3.5-5　输水干管布置

表 3.5-6　　　　　　　　　　　输配水管道工程

管线走向	管径/mm	长度/km
凤莲大道(梁子湖水厂—外环线)	DN1600	15.00
藏龙大道(外环线—民族大道)	DN1600	9.15
民族大道(庙山立交桥—南湖大道)	DN1400	1.27
凤莲大道(梁子湖水厂—玉屏大道)	DN1600	3.05
玉屏大道(凤莲大道—规划龙泉大道)	DN1600	6.91
规划龙泉大道(玉屏大道—光谷八路加压站)	DN1600	6.71
规划龙泉大道(光谷八路加压站—存储器基地)	DN1400	3.10
规划龙泉大道(玉屏大道—高新六路加压站)	DN1400	3.78
合　计		48.97

3.5.8　水源保护管理要求

根据《饮用水水源地保护区划分技术规范》(HJ 338—2018),梁子湖(应急)水厂的水源地划分需按照规定要求经过水动力、水质模型等多方面科学的分析确定。总体的划分范围大约如下所示:

1)一级保护区。

水域:模型计算+取水口半径 500m。

陆域:正常水位线以上 200m。

2)二级保护区。

水域:模型计算+不小于一级区外 2000m。

陆域:不小于一级区外 3000m。

3)准保护区。

二级区外汇水区域。

根据《中华人民共和国水法》(2016 年 7 月修正)、《中华人民共和国水污染防治法》(2017 年 6 月修正)、《武汉市水资源保护条例》(2011 年 5 月)和《饮用水水源保护区污染防治管理规定》(2010 年 12 月 22 日修正)等法律法规和管理办法,规范管理梁子湖水厂水源地保护管理工作。

(1)《中华人民共和国水法》

《中华人民共和国水法》中对水源地保护区的相关管理规定如下:

第九条　国家保护水资源,采取有效措施,保护植被,植树种草,涵养水源,防治水土流失和水体污染,改善生态环境。

第三十三条　国家建立饮用水水源保护区制度。省、自治区、直辖市人民政府应当划定饮用水水源保护区,并采取措施,防止水源枯竭和水体污染,保证城乡居民饮用水安全。

第三十四条　禁止在饮用水水源保护区内设置排污口。

第六十七条　在饮用水水源保护区内设置排污口的,由县级以上地方人民政府责令限期拆除、恢复原状;逾期不拆除、不恢复原状的,强行拆除、恢复原状,并处五万元以上十万元以下的罚款。

(2)《中华人民共和国水污染防治法》

《中华人民共和国水污染防治法》中对水源地保护区的相关管理规定如下:

第六十三条　有关地方人民政府应当在饮用水水源保护区的边界设立明确的地理界标和明显的警示标志。

第六十四条　在饮用水水源保护区内,禁止设置排污口。

第六十五条　禁止在饮用水水源一级保护区内新建、改建、扩建与供水设施与保护水源无关的建设项目;已建成的与供水设施与保护水源无关的建设项目,由县级以上人民政府责令拆除或者关闭。禁止在饮用水水源一级保护区内从事网箱养殖、旅游、游泳、垂钓或者其他可能污染饮用水水体的活动。

第六十六条　禁止在饮用水水源二级保护区内新建、改建、扩建排放污染物的建设项目;已建成的排放污染物的建设项目,由县级以上人民政府责令拆除或者关闭。在饮用水水源二级保护区内从事网箱养殖、旅游等活动的,应当按照规定采取措施,防止污染饮用水水体。

第七十三条　国务院与省、自治区、直辖市人民政府根据水环境保护的需要,可以规定在饮用水水源保护区内,采取禁止或者限制使用含磷洗涤剂、化肥、农药以及限制种植养殖等措施。

第九十一条　有下列行为之一的,由县级以上地方人民政府环境保护主管部门责令停止违法行为,处十万元以上五十万元以下的罚款;并报经有批准权的人民政府批

准,责令拆除或者关闭:

(一)在饮用水水源一级保护区内新建、改建、扩建与供水设施与保护水源无关的建设项目的;

(二)在饮用水水源二级保护区内新建、改建、扩建排放污染物的建设项目的;

(三)在饮用水水源准保护区内新建、扩建对水体污染严重的建设项目,或者改建建设项目增加排污量的。

在饮用水水源一级保护区内从事网箱养殖或者组织进行旅游、垂钓或者其他可能污染饮用水水体的活动的,由县级以上地方人民政府环境保护主管部门责令停止违法行为,处二万元以上十万元以下的罚款。个人在饮用水水源一级保护区内游泳、垂钓或者从事其他可能污染饮用水水体的活动的,由县级以上地方人民政府环境保护主管部门责令停止违法行为,可以处五百元以下的罚款。

(3)《武汉市水资源保护条例》

《武汉市水资源保护条例》中对水源地保护区的相关管理规定如下:

第三十三条 环境保护主管部门应当会同水务、规划、土地、城乡建设等主管部门依法划定饮用水水源保护区和饮用水水源准保护区,按照规定程序报省人民政府批准,并在饮用水水源保护区的边界设立明确的地理界标和明显的警示标志。

禁止在饮用水水源保护区内设置排污口。

水务主管部门应当会同环境保护主管部门制定饮用水水源保护区内现有排污口的整治方案,限期关闭饮用水水源保护区内的所有排污口;整治方案报同级人民政府批准后组织实施。

第三十四条 市、区人民政府应当加快城乡饮水工程建设,推进城乡供水统一管理,保障城乡居民饮用水水质和水量。

水务、环境保护主管部门应当根据职责,按照有关标准,对饮用水水源保护区水质进行监测,每年定期向社会公布监测结果。

第三十五条 新建、改建、扩建的集中式饮用水工程取水口应当设置在饮用水水源保护区范围内。

已设置的集中式饮用水工程取水口因河床发生变化影响取水或者水质长期未能达标的,水务主管部门应当责令设置单位调整取水口。

第三十六条 市、区人民政府应当加强应急备用水源的规划和建设,组织有关部门制定饮用水水源安全保障应急预案。当饮用水水源水质达不到规定标准或者供水水量严重不足时,应当及时启动饮用水水源安全保障应急预案。

集中式饮用水工程应当配套建设应急备用水源取水设施。

第三十七条 市、区人民政府应当加强农村水源工程建设,加大农村饮用水基础设施建设的投入,鼓励和扶持农村集体经济组织和农民兴建蓄水、保水工程,对农村不符合饮用水要求的饮用水水源地进行整治,保障农村饮用水安全。

农村安全饮水工程维护管理单位应当按照有关技术规范,加强工程的维护管理,确保安全运行。

卫生、水务等主管部门应当根据职责,按照生活饮用水卫生标准,对农村安全饮水工程的源水、出厂水和管网末梢水等定期进行水质检测,确保供水水质符合国家规定的饮用水标准。

(4)《饮用水水源保护区污染防治管理规定》

根据国家环境保护局和卫生部、水利部等发布的《饮用水水源保护区污染防治管理规定》(2010 年修订),第二章"饮用水地表水源保护区的划分和防护"的相关管理规定如下:

第十一条　饮用水地表水源各级保护区及准保护区内均必须遵守下列规定:

一、禁止一切破坏水环境生态平衡的活动以及破坏水源林、护岸林、与水源保护相关植被的活动。

二、禁止向水域倾倒工业废渣、城市垃圾、粪便及其他废弃物。

三、运输有毒有害物质、油类、粪便的船舶和车辆一般不准进入保护区,必须进入者应事先申请并经有关部门批准,登记并设置防渗、防溢、防漏设施。

四、禁止使用剧毒和高残留农药,不得滥用化肥,不得使用炸药,毒品捕杀鱼类。

第十二条　饮用水地表水源各级保护区及准保护区内必须分别遵守下列规定:

一、一级保护区内

禁止新建、扩建与供水设施和保护水源无关的建设项目;

禁止向水域排放污水,已设置的排污口必须拆除;

不得设置与供水需要无关的码头,禁止停靠船舶;

禁止堆置和存放工业废渣、城市垃圾、粪便和其他废弃物;

禁止设置油库;

禁止从事种植、放养禽畜,严格控制网箱养殖活动;

禁止可能污染水源的旅游活动和其他活动。

二、二级保护区内

禁止新建、改建、扩建排放污染物的建设项目;

原有排污口依法拆除或者关闭;

禁止设立装卸垃圾、粪便、油类和有毒物品的码头。

三、准保护区内

禁止新建、扩建对水体污染严重的建设项目;改建建设项目,不得增加排污量。

4 排水防涝系统规划

4.1 排水防涝系统现状

4.1.1 防洪系统

4.1.1.1 防洪概况

东湖高新区内防洪体系由河道、堤防、水库及非工程措施构成,其中河道和堤防是基本的防洪设施。堤防与自然高地围合形成不同级别的保护区,东湖高新区内水库总数为 12 座,总库容 919.07 万 m^3,东湖高新区内水库的主要作用是农田灌溉,兼有防洪功能。

东湖高新区所在区域属于武昌区防洪保护圈,武昌区防洪保护圈由武金堤(20.50km)、八铺街堤(4.48km)、武昌市区堤(7.72km)、武青堤(13.36km)、工业港堤(2.43km)、武惠堤(24.37km)及魏家大山至武惠堤末端白浒山沿线自然高地(70km)组成,堤防总长 72.86km,均为 1 级堤防,现有堤顶高程达到设计标准。

经过多年建设,长江中下游平原区已初步形成以堤防为基础的具有一定防洪能力的防洪体系,经受了 1954 年以来的历次较大洪水考验。目前,东湖高新区防洪能力依靠堤防可抵御 20~30 年一遇洪水,考虑上游及蓄滞洪区的作用,可基本满足防御 1954 年实际洪水(其最大 30 天洪量约 200 年一遇)的防洪需要。目前,东湖高新区内防洪体系较完善,无防洪安全问题。

4.1.1.2 堤防

本次东湖高新区范围内所涉堤防为武惠堤及左岭堤,其中武惠堤为 1 级堤防,左岭堤为 2 级堤防。

武惠堤位于长江右岸,自白浒山麓(0+000)起,至青山镇(24+620)与武青堤相接,全长 24.37km,是武汉市武昌堤防保护圈的组成部分。武惠堤(0+000~24+620)已于 2002 年底按 1954 年洪水位加安全超高 2.0m 的标准进行了维护和建设。堤顶道路顶宽 8~10m,堤外防浪台一级平台高程为 25.41m,宽 20m,二级平台 23.91m,宽 30m,堤内压浸台高程为 24.91m,宽 30m,堤内外边坡为 1:3,堤外为预制块护坡。武惠堤桩号 8+000～18+300 堤段从底部高程 13m 至顶部高程 29.00m 实施了堤基垂直防渗工程,桩号 18+300～19+600 从底部高程 16m 至顶部高程 29.00m 进行了堤基垂直防渗处理。

左岭堤白浒山至鄂州市堤全长 2.11km,此段堤虽然不在武昌堤防保护圈内,但因堤线短且为武惠堤的延伸,故划归为武昌堤防。东湖高新区内堤防分布见图 4.1-1。

图 4.1-1 东湖高新区内堤防分布

4.1.1.3 水库

东湖高新区内共有 12 座水库,总库容为 919.07 万 m³,总调洪库容为 270.15 万 m³。东湖高新区内水库总防洪库容较小,对区域内防洪排涝作用较小。其中长山水库及龙山水库正在进行水库降等工作,拟调整为塘堰。东湖高新区内主要水库基本情况见表 4.1-1,水库位置见图 4.1-2。

表 4.1-1　　　　　　　　　东湖高新区内主要水库基本情况

序号	水库名称	工程规模	所属水系	承雨面积/km²	正常水位/m	设计洪水位/m	校核洪水位/m	总库容/万 m³
1	九龙	小(1)	梁子湖	4.80	43.80	45.86	46.48	368.48
2	岱家山	小(2)	梁子湖	0.76	70.21	71.98	71.20	35.77
3	长山	小(2)	梁子湖	0.63	36.50	37.03	37.24	47.68
4	龙山	小(2)	豹澥湖	0.78	53.10	53.61	53.91	48.84
5	九峰	小(2)	豹澥湖	1.36	57.50	58.24	58.60	92.06
6	马驿	小(2)	梁子湖	1.116	69.75	70.61	70.98	89.62
7	狮子峰	小(2)	北湖	0.74	50.00	50.66	51.01	25.62
8	胜利	小(2)	豹澥湖	1.36	41.50	42.21	42.47	64.98

续表

序号	水库 名称	工程 规模	所属 水系	承雨 面积/km²	正常 水位/m	设计洪 水位/m	校核洪 水位/m	总库容 /万 m³
9	凤凰	小(2)	梁子湖	0.34	37.97	38.62	38.84	36.20
10	红星	小(2)	梁子湖	0.42	34.80	35.15	35.25	31.81
11	何家桥	小(2)	梁子湖	1.20	32.50	33.23	33.61	40.14
12	凉马坊	小(2)	梁子湖	0.63	32.35	33.12	33.54	80.43

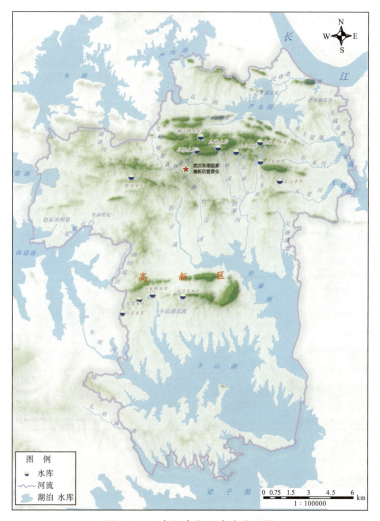

图 4.1-2　东湖高新区内水库位置

4.1.2　排涝系统

4.1.2.1　流域水系

东湖高新区属于平原湖区,沿湖多为地势低洼区,降雨自然汇入湖泊,而湖泊通过港渠与外江相连通,形成水系网络。非汛期时,水系内的雨水可经由港渠自排入江;汛期时,外江水位高涨,为满足排水需求,在出江口设置排涝泵站,将水系内的雨水抽排出江。东湖高新区的雨水排放主要涉及 4 个排涝水系。东湖高新区排涝水系见图 4.1-3。

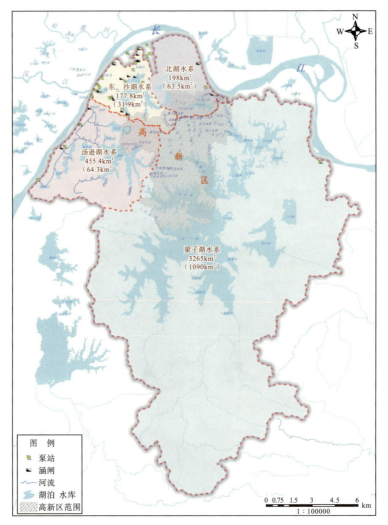

图 4.1-3　东湖高新区排涝水系

（1）东沙湖水系

东沙湖水系位于武昌地区中北部,涉及东湖高新区的东北部地区。水系主要由东湖、沙湖、杨春湖,以及青山港、东湖港、沙湖港、罗家港等众多连通渠道组成,水系承雨面积为 177.8km²。流域内的雨水经湖泊调蓄后,经由罗家港和青山港排入长江。沿江地区及沙湖边建成罗家路泵站、筷子湖泵站、曾家巷泵站、前进路泵站和新生路泵站,总抽排能力 142m³/s(即前进路泵站 9m³/s、新生路泵站 40m³/s 及罗家路泵站 93m³/s),另有罗家路和曾家巷两个自排闸。东沙湖水系流域内基本为建成区,水系排涝标准达到

30年一遇一日暴雨一日排完。

（2）北湖水系

北湖水系由严西湖、严东湖、北湖、竹子湖、青潭湖等湖泊，以及北湖港等港渠组成，水系承雨面积198km²，主要涉及东湖高新区九峰森林公园以北的地区。流域内的雨水经湖泊调蓄后非汛期时通过北湖闸、武惠闸排入长江，汛期通过北湖泵站和北湖闸泵站抽排出长江，北湖泵站原规模64m³/s，扩建后规模150m³/s，北湖闸泵站规模为90m³/s。北湖水系范围内有部分建成区，水系的排涝标准为20年一遇一日暴雨一日排完。

（3）汤逊湖水系

汤逊湖水系由汤逊湖、南湖、野芷湖、青菱湖、黄家湖等湖泊，以及巡司河、青菱河、东港等连通港渠组成，整个流域的汇水面积为455.4km²，包括了东湖高新区关山组团南部及流芳地区。流域内的汇水经过湖泊调蓄后非汛期通过陈家山闸、海口闸和解放闸自排入江，汛期通过江南泵站、汤逊湖泵站和海口泵站抽排出长江，江南泵站的抽排能力为150m³/s，汤逊湖泵站为112.5m³/s，海口泵站为62m³/s。汤逊湖水系流域北部以城镇建设用地为主，南部基本为农业区，水系排涝标准为20年一遇一日暴雨一日排完。

（4）梁子湖水系

东湖高新区东南部地区属梁子湖水系。梁子湖水系地处长江中游，跨武汉、鄂州、黄石、咸宁4市，整个水系流域汇水面积3265km²。构成水系的湖泊港渠众多，其中武汉境内主要有梁子湖、牛山湖、豹澥湖（梧桐湖）和红莲湖等湖泊；鄂州境内有鸭儿湖、红莲湖、严家湖等湖泊；黄石市境内有保安湖、三山湖等湖泊。各湖泊通过港渠相互连通，其中长港是连通各湖泊的主要渠道，水系流域内的雨水经各湖泊调蓄后，通过长港在非汛期时由鄂州的樊口闸自排入长江，在汛期长江水位较高的时候，由樊口泵站和樊口二站抽排入长江，樊口泵站抽排能力为214 m³/s，樊口二站抽排能力为150 m³/s。梁子湖水系流域基本为农业区，排涝标准相对较低，为10年一遇一日暴雨三日排完。

4.1.2.2 排水分区

根据调蓄湖泊的汇水范围，东湖高新区分属东湖、南湖、汤逊湖、严东湖、严西湖、严家湖、车墩湖、豹澥湖、牛山湖、梁子湖等汇水区。区内雨水排水管网主要集中在城市建成区域，如东湖、南湖、汤逊湖汇水区基本为城镇建设区，雨水经充分组织后排入各调蓄湖泊，豹澥湖汇水区的北部（沪渝高速以北）地区属城市开发的热点地区，大部分土地正在进行开发，并配合道路建设实施了排水管网，该地区的雨水以有组织的排放和自然散排相结合的方式排入湖泊。其他的湖泊汇水区基本以农田、山地、林地、荒地、湖塘等非城市建设用地为主，雨水主要以地表径流或地下径流的方式分散汇入湖泊中。根据湖泊形态特征及区域排水汇水特点，将高新区划分为11个二级雨水汇水区，见表4.1-2和图4.1-4。

表 4.1-2 东湖高新区雨水汇水区

一级分区	区内一级分区面积/km²	二级分区	二级分区面积/km²
北湖水系	59.57	严西湖汇水区	12.23
		严东湖汇水区	47.34
梁子湖水系	363.28	五加湖汇水区	2.24
		严家湖汇水区	27.30
		车墩湖汇水区	19.41
		豹澥湖汇水区	146.69
		牛山湖汇水区	144.19
		梁子湖汇水区	23.45
汤逊湖水系	64.29	南湖汇水区	20.02
		汤逊湖汇水区	44.27
东湖水系	29.20	东湖汇水区	29.20
沿江抽排区（五加湖除外）	3.06	沿江抽排区	3.06

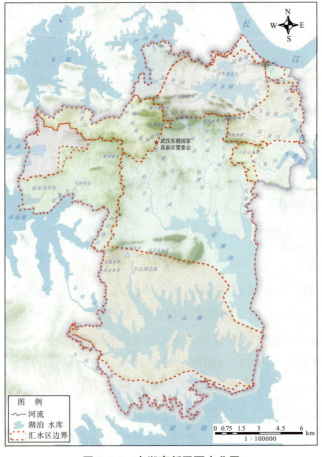

图 4.1-4 东湖高新区雨水分区

4.1.3 主要排涝设施

4.1.3.1 排涝泵站

（1）立交通道泵站

光谷一路泵站位于高新大道交光谷一路涵洞处，主要作用是雨期防汛，服务范围包括高新大道和光谷一路。泵站配备 3 台水泵，抽排流量 0.083m³/s，水泵扬程 20m。

佛祖岭一路泵站位于佛祖岭一路与关豹高速交会隧道旁，主要作用是雨期防汛，服务范围是武黄高速边和佛祖岭一路附近。配备 3 台水泵，抽排流量 0.083m³/s，水泵扬程 20m。

东湖高新区雨水排涝泵闸分布见图 4.1-5。

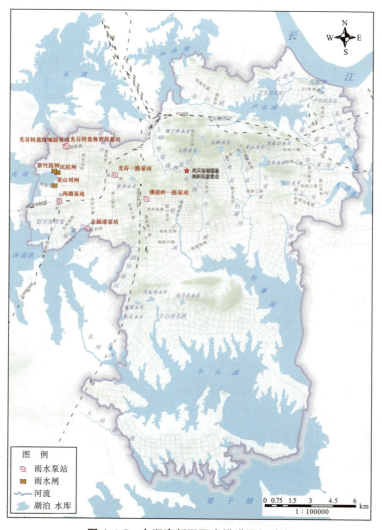

图 4.1-5 东湖高新区雨水排涝泵闸分布

光谷转盘珞喻路雨水泵站位于东湖汇水区光谷转盘珞喻路通道,主要作用是雨期防汛,服务范围是光谷转盘珞喻路通道附近。泵站配备 6 台潜水排污泵。其中,5 台大泵,抽排流量 0.21～0.29m³/s,水泵扬程 20.3～23.3m;备用泵 1 台,抽排流量 0.0055m³/s,水泵扬程 12m。

光谷转盘鲁磨路泵站位于东湖汇水区光谷转盘鲁磨路通道,主要作用是雨期防汛,服务范围是光谷转盘鲁磨路通道附近。泵站配备 6 台潜水排污泵。其中,5 台大泵,抽排流量 0.19～0.26m³/s,水泵扬程 10.3～14.7m;备用泵 1 台,抽排流量 0.0055m³/s,水泵扬程 12m。

两湖雨水泵站位于民族大道与水蓝路交会铁路桥下,于 2004 年 8 月建成投产,主要服务范围是三环线以北,南湖大道以南,关山大道以西,锦绣龙城以东,主要用于下雨期间将收集雨水抽排至南湖。抽排流量 2.92m³/s,水泵扬程 15m。

(2)应急抽排泵站

金融港泵站位于光谷大道和滨湖路交叉口西北侧,是金融港区域超标渍水排放的应急排涝泵站。当汤逊湖水位超过规划控制水位 19.85m(1985 国家高程系统,下同)时,光谷大道排水箱涵自排系统受到外围红旗渠高水位顶托严重,关闭金融港区域自排闸,打开抽排闸,光谷大道排水箱涵的雨水通过金融港应急泵站抽排进入红旗渠,再由红旗渠排入汤逊湖,最终由排江泵站抽排入江。泵站现状运行抽排流量 40m³/s,配套闸门 5 座。东湖高新区雨水泵站信息见表 4.1-3。东湖高新区内部分泵站现状见图 4.1-6。

表 4.1-3　　　　　　　　　东湖高新区雨水泵站信息

序号	泵站名称	泵站位置	抽排能力 /(m³/s)	泵站类型	所在汇水区
1	光谷一路泵站	高新大道与光谷一路涵洞交会处	0.083	下穿通道泵站	汤逊湖汇水区
2	光谷四路泵站	关豹高速桥下光谷四路	0.92		汤逊湖汇水区
3	佛祖岭一路泵站	佛祖岭一路与关豹高速交会隧道旁	0.083		汤逊湖汇水区
4	光谷转盘珞喻路泵站	光谷转盘珞喻路通道	1.05		东湖汇水区
5	光谷转盘鲁磨路泵站	光谷转盘鲁磨路通道	0.95		东湖汇水区
6	两湖雨水泵站	民族大道与水蓝路交会铁路桥下	2.92	外排泵站	南湖汇水区
7	金融港泵站	光谷大道和滨湖路交叉口西北侧	40		汤逊湖汇水区

(a)两湖泵站   (b)光谷一路泵站

图 4.1-6 东湖高新区内部分泵站现状

4.1.3.2 主要排涝闸门

(1)排江闸门

东湖高新区内主要外排出江闸为武惠闸,武惠闸为武惠港与长江的节制闸,建于 1955 年,规模为 2 孔($B\times H=2.65\text{m}\times3.7\text{m}$),设计流量 $50\text{m}^3/\text{s}$,闸底高程 15.14m。

(2)排湖闸门

民院闸位于中南民族大学校内环湖路与南湖路交会处南湖边,于 2018 年 12 月 18 日投入运行,现状为 3 孔($B\times H=4.5\text{m}\times2.2\text{m}$)箱涵入南湖的出口,主要作用是城市排涝,在降雨时将雨水管网水流排至南湖。3 孔箱涵的出口处安装了孔口净尺寸为 $B\times H=4.5\text{m}\times2.2\text{m}$ 钢制闸门,闸底高程 17.82m。这三台闸门中,中间闸门为翻板式闸门,采用的是两台集成式液压启闭机,门叶以底轴为圆心旋转,门叶竖起时将污水与湖水隔开,起到截污的作用,闸门为关位。闸门卧倒时箱涵与湖水连通,起到排渍的效果,闸门为开位。其他两台两边的闸门为平拉侧开式闸门。每台闸门配备了 1 台液压式启闭机。当油缸将门叶推送到箱涵的孔口时,门叶将箱涵内的污水与湖水隔离,闸门为关闭。当油缸将门叶拉回到孔口一边时,箱涵内的污水与湖水连通,闸门为开位。民院闸是南湖最大的一个排闸,是周边 8 个住宅楼盘和 3 所高校的雨水入湖排口闸。新竹路闸位于中南民族大学校内南湖路边,民院闸西北约 300m 处,于 2018 年 12 月 18 日投入运行,现状为 1 孔($B\times H=3.4\text{m}\times2.0\text{m}$)箱涵入南湖的出口,闸的结构型式采用钢筋混凝土涵闸。闸孔净尺寸为 1 孔($B\times H=3.4\text{m}\times2.0\text{m}$),闸底高程 17.75m,设置安装了 1 台钢制平板闸门,闸门采用平面垂直升降启闭方式,启闭机采用集成式液压启闭机。新竹路闸的主要作用是城市排涝,在降雨时将雨水管网水流排至南湖。

茶山刘闸位于南湖大道与治国路交叉口近南湖一侧,于 2018 年 12 月 18 日投入运行,现状为 1 孔($B\times H=4.0\text{m}\times2.2\text{m}$)箱涵入南湖的出口,闸的结构型式采用钢筋混凝土涵闸。闸孔净尺寸为1孔($B \times H = 4.0m \times 2.2m$),闸底高程17.57m,设置安装了1台钢制平板闸门,闸门采用平面垂直升降启闭方式,启闭机采用集成式液压启闭机。主要作用是城市排涝,在降雨时将雨水管网水流排至南湖。

民院闸、新竹路闸、茶山刘闸均位于南湖沿线,为有效提升南湖水环境,目前,上述三闸排口的生态改造已纳入南湖水环境提升工程建设内容,闸口处南湖边正同步采取种植水生植物的方式开展水生态修复。东湖高新区雨水闸门信息见表4.1-4,东湖高新区内部分雨水闸门现状见图4.1-7。

表4.1-4 东湖高新区雨水闸门信息

序号	闸门名称	所属水系	排入水体	所在位置	闸底高程/m	闸孔		
						数量/个	宽度/m	高度/m
1	武惠闸	北湖	长江	武惠港	15.14	2	2.65	3.7
2	民院闸	南湖	南湖	中南民族大学校内环湖路与南湖路交会处南湖边	17.82	3	4.50	2.2
3	新竹路闸	南湖	南湖	中南民族大学校内南湖路边,民院闸西北约300m处	17.75	1	3.40	2.0
4	茶山刘闸	南湖	南湖	南湖大道与治国路交叉口近南湖一侧	17.57	1	4.0m	2.2

(a)茶山刘闸

(b)民院闸

图4.1-7 东湖高新区内部分雨水闸门现状

4.1.3.3 港渠

东湖高新区内共有27条河(溪港),其中,长江高新段,长4.611km;入湖港渠25条,全长约87.42km;排水出口港渠主要为武惠闸港,长约3.33km。东湖高新区排水港渠基本情况见表4.1-5,东湖高新区部分渠道现状见图4.1-8。

表 4.1-5 东湖高新区排水港渠基本情况

序号	河湖名称	所在水系	长度/km	宽度/m	汇入水体
1	湖溪河	东沙湖水系	1.53(1.37)	16~38	喻家湖
2	九峰河(九峰明渠)		5.40(4.70)	10~40	后湖
3	森林渠		2.00	5~20	九峰明渠
4	荷叶山社区明渠		1.40	2~20	九峰明渠
5	花山河	北湖水系	3.26	20~70	严东湖
6	武惠闸港		3.33	10~30	长江
7	严东湖西渠		0.74	3~6	严东湖
8	严东湖北渠		2.60	12~25	严东湖
9	严东湖东渠		1.50	10~16	严东湖
10	东截流港	梁子湖水系	2.30	5~25	严家湖
11	黄大堤港		4.81	10~30	严家湖
12	谷米河		7.85	5~16	严家湖
13	玉龙河		7.10	8~20	车墩湖
14	吴溏湖港		5.70	15~20	豹澥湖
15	豹子溪		7.50	5~35	豹澥湖
16	台山溪(含星月溪)		6.50	8~50	豹澥湖
17	九峰溪		5.40	5~35	豹澥河
18	豹澥河		5.50	10~20	豹澥湖
19	九龙溪		2.70	5~15	豹澥河
20	龙山溪		3.60	5~30	豹澥河
21	牛山湖北溪		3.90	5~35	牛山湖
22	大咀海港		7.90(3.20)	3~35	梁子湖
23	赵家池明渠	汤逊湖水系	0.82	18~24	汤逊湖
24	秀湖明渠		0.32	35~40	汤逊湖
25	光谷大道排水走廊		0.50	20~40	汤逊湖
26	红旗渠		2.15	15~45	汤逊湖

(a)豹澥河 　　　　　　　　　　　(b)玉龙河

(c)花山河 　　　　　　　　　　　(d)豹子溪

(e)武惠闸港 　　　　　　　　　　(f)黄大堤港

(g)谷米河 　　　　　　　　　　　(h)九峰溪

图 4.1-8　东湖高新区部分渠道现状

4.1.4 历史内涝点

根据近几年的统计资料，东湖高新区历史内涝点共55处，其中，13处已纳入整治中，尚有42处待治理。历史内涝点主要分布在道路交叉处、下穿隧道、涵洞等低洼地带。从汇水区分析，历史内涝点主要分布在豹澥湖汇水区，其次是汤逊湖汇水区。东湖高新区历史内涝点基本情况见表4.1-6，易涝点现状情况及位置见图4.1-9、图4.1-10。

表 4.1-6　　　　　　　　　　　东湖高新区历史内涝点基本情况

汇水区	序号	点位名称	渍水记录	备注
东湖 汇水区 （4个）	1	森林大道花山立交	渍水深度20cm，渍水面积200m²	
	2	青王路铁路桥	渍水深度50cm，渍水面积500m²	
	3	华科变电站	渍水深度35cm，渍水面积120m²	已纳入整治
	4	光谷三路王家店污水处理厂	渍水深度20cm，渍水面积500m²	已纳入整治
南湖 汇水区 （8个）	5	民族大道新竹路路口	渍水深度50cm，渍水面积300m²	已纳入整治
	6	康福路康泰花园	渍水深度15cm，渍水面积800m²	
	7	雄楚大道金地中心城	无统计数据	
	8	雄庄路雄楚大道路口	无统计数据	
	9	水蓝路地下通道	渍水深度45cm，渍水面积60m²	已纳入整治
	10	楚平路建设银行	渍水深度5cm，渍水面积50m²	已纳入整治
	11	茅店山西路铁路桥	渍水深度15cm，渍水面积50m²	
	12	软件园路	渍水深度15cm，渍水面积30m²	已纳入整治
汤逊湖 汇水区 （16个）	13	庙山中路名湖豪庭	渍水深度40cm，渍水面积300m²	已纳入整治
	14	枫叶中学	渍水深度50cm，渍水面积100m²	
	15	大学园路纽宾凯	渍水深度40cm，渍水面积300m²	
	16	华工内湖	渍水深度50cm，渍水面积100m²	
	17	关南园一路铁路桥下	渍水深度80cm，渍水面积500m²	
	18	光谷一路黄龙山隧道口	渍水深度30cm，渍水面积50m²	
	19	光谷大道郑桥小路路口	渍水深度40cm，渍水面积300m²	
	20	流芳路富士康西路路口	渍水深度50cm，渍水面积100m²	
	21	流芳路凤凰园三路口	渍水深度40cm，渍水面积300m²	已纳入整治
	22	流芳路藏龙大道	渍水深度50cm，渍水面积300m²	已纳入整治
	23	高新四路汇金中心	渍水深度50cm，渍水面积500m²	
	24	光谷一路康魅路路口	渍水深度30cm，渍水面积50m²	
	25	金融港路与金融港四路交会处	渍水深度50cm，渍水面积500m²	
	26	武大园三路万科红郡	渍水深度40cm，渍水面积200m²	

汇水区	序号	点位名称	渍水记录	备注
汤逊湖汇水区（16个）	27	高新四路软件学院	渍水深度 60cm，渍水面积 2000m²	
	28	金融港四路育红幼儿园	渍水深度 50cm，渍水面积 1500m²	
豹澥湖汇水区（19个）	29	佛祖岭一路涵洞桥下	渍水深度 35cm，渍水面积 300m²	已整治
	30	光谷四路涵洞处	渍水深度 200cm，渍水面积 700m²	
	31	光谷四路与大吕路交会处	渍水深度 10cm，渍水面积 400m²	
	32	高新五路与光谷四路交会处	渍水深度 40cm，渍水面积 400m²	
	33	九峰一路科技一路涵洞旁	渍水深度 15cm，渍水面积 500m²	
	34	未来科技城 1 号路	渍水深度 20cm，渍水面积 300m²	
	35	光谷七路高新大道路口	渍水深度 25cm，渍水面积 200m²	
	36	九峰三路龙山溪路路口	渍水深度 10cm，渍水面积 100m²	
	37	光谷八路涵洞	渍水深度 15cm，渍水面积 150m²	
	38	神墩三路高科园路路口	渍水深度 20cm，渍水面积 300m²	
	39	光谷三路港边田二路路口	渍水深度 30cm，渍水面积 300m²	
	40	高新二路光谷六路	渍水深度 10cm，渍水面积 100m²	
	41	高新四路光谷四路	渍水深度 10cm，渍水面积 200m²	
	42	高新二路神墩四路	渍水深度 45cm，渍水面积 300m²	已纳入整治
	43	高科园路与神墩一路	无统计数据	
	44	光谷七路与高新二路	无统计数据	
	45	高新五路与佛祖岭三路路口	无统计数据	
	46	中华大道高架桥	渍水深度 30cm，渍水面积 400m²	已纳入整治
	47	光谷六路地铁站	渍水深度 100cm，渍水面积 3000m²	
车墩湖汇水区（5个）	48	高新大道未来一路	渍水深度 10cm，渍水面积 150m²	
	49	高新大道—未来三路地铁口	渍水深度 70cm，渍水面积 3000m²	
	50	未来三路与科技三路路口	渍水深度 60cm，渍水面积 900m²	
	51	长江存储	渍水深度 10cm，渍水面积 250m²	
	52	高新二路梨水路	渍水深度 15cm，渍水面积 200m²	
严西湖汇水区（1个）	53	春和路	渍水深度 15cm，渍水面积 200m²	已纳入整治
严家湖汇水区（2个）	54	杨家咀路	渍水深度 10cm，渍水面积 200m²	
	55	科技二路潜力路	渍水深度 10cm，渍水面积 100m²	

（a)森林大道花山立交内涝点

（b)民族大道新竹路内涝点

（c)关南园一路铁路桥内涝点

（d)黄龙山隧道内涝点

（e)未来科技城一号路内涝点

（f)光谷大道郑桥小路内涝点

（g)光谷七路高新大道内涝点

（h)未来三路科技三路内涝点

图 4.1-9　东湖高新区内部分内涝点现状

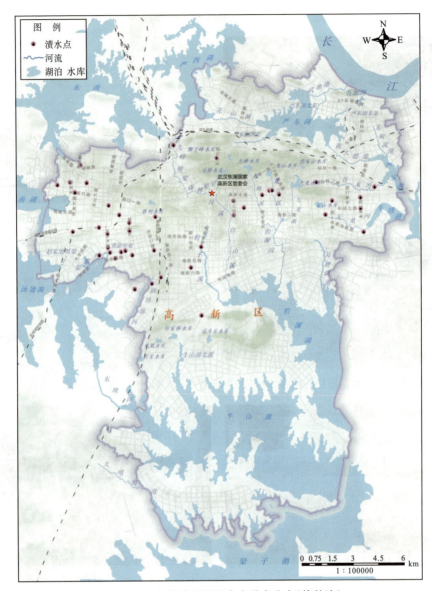

图 4.1-10 东湖高新区历史内涝点分布(待整治)

4.2 排水防涝系统评估

防涝系统主要评估排水管网过流能力、主要入湖港渠排水能力、内涝风险及渍水成因。其中,排水管网过流能力评估对象为全域现状市政管道;主要入湖港渠排水能力评估现状建成区及规划建设区(城镇开发边界及生态型开发边界)内尚无整治计划的 10 条港渠,包括台山溪(含星月溪)、九峰溪、龙山溪、黄大堤港(未整治段)、联丰港、严东湖北渠、严东湖东渠、吴漖湖港、牛山湖北溪以及大咀海港;内涝风险评估主要对现状已建成区域进行评估。

4.2.1 评估单元划分

东湖高新区分属北湖水系、梁子湖水系、汤逊湖水系、东沙湖水系及沿江抽排区5个一级分区。根据东湖高新区范围内河流水系流向、地表高程、排水管渠系统,将高新区划分为12个二级排水分区,包括11个湖泊汇水区和1个直排区(表4.2-1)。在二级分区基础上,根据各湖泊形态特征及区域排水汇水特点进行三级分区划分,将各一级分区细分为32个三级分区(图4.2-1)。

表 4.2-1　　　　　　　　　东湖高新区雨分区

一级分区	区内一级分区面积/km²	二级分区	二级分区面积/km²	三级分区	三级分区面积/km²
北湖水系	59.57	严西湖汇水区	12.23	严西湖-1	4.18
				严西湖-2	8.05
		严东湖汇水区	47.34	严东湖-1	11.10
				严东湖-2	26.00
梁子湖水系	363.28	五加湖	2.24	五加湖	2.15
		严家湖汇水区	27.30	严家湖-1	7.10
				严家湖-2	14.80
		车墩湖汇水区	19.41	车墩湖-1	7.10
				车墩湖-2	9.00
		豹澥湖汇水区	146.69	豹澥湖-1	17.40
				豹澥湖-2	9.30
				豹澥湖-3	17.40
				豹澥湖-4	9.30
				豹澥湖-5	4.90
				豹澥湖-6	19.90
				豹澥湖-7	29.20
		牛山湖汇水区	144.19	牛山湖-1	34.40
				牛山湖-2	8.00
				牛山湖-3	7.80
		梁子湖汇水区	23.45	梁子湖-1	10.60
汤逊湖水系	64.29	南湖汇水区	20.02	南湖-1	2.40
				南湖-2	6.70
				南湖-3	8.50

一级分区	区内一级分区面积/km²	二级分区	二级分区面积/km²	三级分区	三级分区面积/km²
汤逊湖水系	64.29	汤逊湖汇水区	44.27	汤逊湖-1	5.60
				汤逊湖-2	5.00
				汤逊湖-3	15.90
				汤逊湖-4	11.60
				汤逊湖-5	4.60
东沙湖水系	29.20	东湖汇水区	29.20	东湖-1	2.50
				东湖-2	7.00
				东湖-3	19.70
沿江抽排区	3.06	沿江抽排区	3.06	沿江抽排区-1	3.06

注:二级分区包括水面面积,三级分区仅指陆域面积。

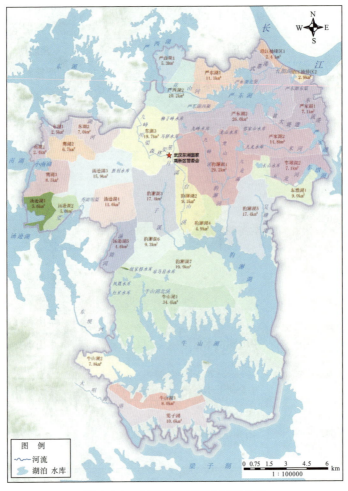

图 4.2-1　东湖高新区雨水三级分区

4.2.2 模型构建

东湖高新区内涝分析评估采用 DHI MIKE 系列软件及 InfoWorks ICM 软件完成区域排水系统模型构建,其中城市管网、内涝风险评估模拟主要通过 InfoWorks ICM 软件实现,河流港渠模拟主要通过 MIKE11 完成。由于各二级分区现状雨水管网建设情况不一,本规划主要对城市建成区、雨水管网相对密集的区域进行分析评价。

4.2.2.1 下垫面分析

根据《武汉市海绵城市规划设计导则》,不同用地类别的径流系数推荐计算取值见表 4.2-2。东湖高新区位于武汉市二环线以外,参考表 4.2-2 中相应用地类别推荐径流系数取值。

表 4.2-2 不同用地类别的径流系数

用地类别	用地类别代码	径流系数	
		二环线以内	二环线以外
居住用地	R	0.75	0.65
公共管理与公共服务用地	A	0.70	0.60
商业服务业用地	B	0.80	0.75
工业用地	M	0.80	0.70
物流仓储用地	W	0.80	0.70
交通及共用设施用地	S、U	0.85	0.80
绿地	G	0.30	0.25
其他用地		0.30	0.25

东湖高新区内主要湖泊汇水区内城市建成区、雨水管网相对密集区域的用地比例见图 4.2-2。按不同种类地面组成的径流系数加权平均计算得出的车墩湖、严家湖、豹澥湖、东湖、南湖和汤逊湖汇水区现状综合径流系数分别为 0.37、0.39、0.39、0.50、0.63 和 0.60。

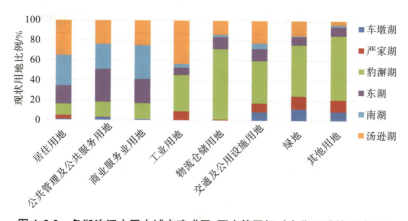

图 4.2-2 各湖泊汇水区内城市建成区、雨水管网相对密集区域的用地比例

4.2.2.2 设计降雨

（1）短历时降雨

本次研究短历时 121min 间隔的降雨采用《武汉市暴雨强度公式及设计暴雨雨型（DB4201/T 641—2021）》推荐降雨数据，不同频率短历时设计降水量见表 4.2-3，短历时设计降雨雨型分配见图 4.2-3。

表 4.2-3　　　　　　　　　　　　　　短历时设计降水量查算

降雨历时/min	暴雨重现期 P/a						
	2	3	5	10	20	50	100
60	44.5	49.9	56.9	66.2	75.6	88.0	97.4
120	59.5	66.8	76.1	88.6	101.1	117.7	130.2
180	69.7	78.2	89.1	103.7	118.4	137.8	152.5

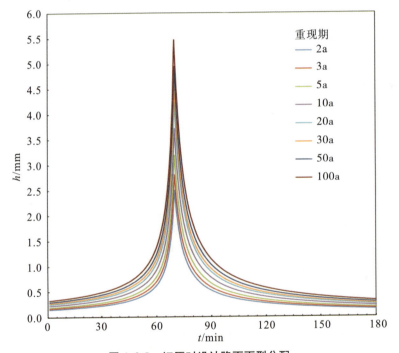

图 4.2-3　短历时设计降雨雨型分配

（2）长历时降雨

本次东湖高新区 24h 长历时设计降雨采用《武汉市暴雨强度公式及设计暴雨雨型（DB4201/T 641—2021）》推荐降雨数据，不同频率长历时设计降水量见表 4.2-4，长历时设计降雨雨型分配见图 4.2-4。

表 4.2-4 长历时设计降水量查算

降雨历时/min	暴雨重现期 P/a						
	2	3	5	10	20	50	100
1440	146.8	165.0	187.8	218.7	249.7	290.6	321.5

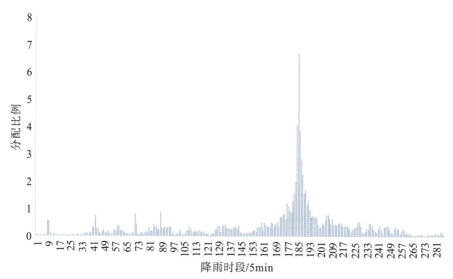

图 4.2-4 长历时设计降雨雨型分配

4.2.2.3 模型原理

（1）地表产流模型

根据划分的子集水区的地表渗透性划分为透水和不透水面积，进行各子集水区的产流计算。对于透水下垫面，常用的产流模型有 Horton 模型、Green-Ampt 模型和 Curve Number 模型。Horton 模型主要描述下渗率随降雨时间变化的关系，不反映土壤饱和带与未饱和带的下垫面情况。Green-Ampt 模型则假设土壤层中存在急剧变化的土壤干湿界面，即非饱和土壤带与饱和土壤带界面，充分的降雨入渗将使下垫面经历由不饱和到饱和的变化过程。Curve Number 模型将下渗过程分为土壤未饱和和土壤饱和两个阶段分别进行计算。Curve Number 下渗模型根据反映流域特征的综合参数进行入渗计算，反映的是流域下垫面情况和前期土壤含水量状况对降雨产流的影响。

Horton 模型描述了入渗率由最大值随时间呈指数级下降至最小值的下渗过程。该模型需要确定研究区域的最大下渗率、最小下渗率、入渗衰减系数、使完全饱和土壤恢复到干旱状态的时间以及最大下渗量等参数。

$$f = f_\infty + (f_0 - f_\infty)e^{-kt}$$

式中，f——下渗率，mm/h；

f_∞——稳定下渗率，mm/s；

f_0——初始下渗率,mm/s;

t——降雨历时,s;k 为下渗衰减系数。

对于绿地和铺装等透水下垫面采用 Horton 下渗法模拟,不透水或弱透水下垫面采用固定径流系数法。产流模型初始参数设置见表 4.2-5。

表 4.2-5 产流模型初始参数设置

地表产流类型	Fixed 模型	Horton 模型及参数 (初始入渗率−稳态入渗率−恢复时间)/(mm−mm−h)
屋面	0.95(考虑 2mm 扣损)	—
道路	0.90(考虑 4mm 扣损)	—
铺装	—	(30∼50)−2.5−48(考虑 4mm 扣损)
绿地	—	(60∼90)−2.5−48(考虑 8mm 扣损)
水面	1	—

(2)地表汇流模型

汇流过程是指将各分区净雨汇集到出口控制断面或直接排入河道的过程。地表汇流模型采用 SWMM 非线性水库法,模拟产流模型中划分的若干个透水和不透水子集水区的地面汇流过程。

模型需要输入每个排水小区的面积、宽度、坡度、透水地表和不透水地表的曼宁糙率、不透水地表的百分比、无洼蓄能力的不透水地表所占的百分比、透水地表和不透水地表的洼蓄量。

(3)管网水动力模型

地表产汇流进入管网系统后,在雨水管网和河道中流动状态较为复杂。本模型采用非恒定流进行数值模拟,采用动力波法离散差分求解圣·维南方程组,动态模拟管网和河网的复杂水动力运动,包括重力流、压力流、逆向流、往返流等。

(4)一二维耦合模型

一维水力学模型主要用于模拟管网中的水流运动。当管道发生溢流或地面发生积水,一维模型不能模拟管网溢流或地面积水后水流的地表流动过程,难以模拟积水范围、积水深度、流速等。为了模拟评估强降雨下的积水情形,采用了一二维耦合模拟的分析评估方法。

本模型采用一二维耦合模拟,将管网一维模型与地面漫流二维进行无缝耦合,设置模型管网节点检查井顶部,以及河道和湖泊岸线与地表二维网格连接,模拟管渠中的有压流和无压浅水自由表面流,以及内涝洪水在地表二维空间内的物理运动过程和地表径流与地下管流间的流量和动量交互,模拟积水的动态演进。

4.2.2.4 模型概化

由于模型的建立需要大量详尽的基础数据来支持运算,因此在现状管网地形物探的基础上,建模过程主要基于以下资料:

1)检查井数据、检查井与管道的拓扑关系;

2)管径,管底高程,排水方向;

3)排水管网的服务范围;

4)现状排口闸站运行及调度情况;

5)现状泵站运行及调度情况;

6)各汇水区地形高程图;

7)港渠地形、断面资料。

模型建立的第一步工作就是将收集到的管渠资料汇总梳理,按照各雨水一级分区分类整合为较为完整的系统管线图。第一步工作完成以后,根据水力模型构建数据需求,将收集到的不同来源的数据进行分类、梳理、录入、检查、校核,实际的管网系统繁多复杂,而模型的管网构成要素由点和线组成,这就需要适当地对管网系统进行概化,构建东湖高新区现状排水管网数据库。建立管线拓扑关系之后,使用项目检查工具(Project Check Tool)检查管网模型数据结构的合理性和属性值,以确保模型数据的准确性。

河流港渠采用2019年12月实测断面、设计工况采用各港渠典型设计断面。

4.2.2.5 计算条件

(1)港渠起推水位

各港渠起推水位采用各湖区最高控制水位,其中豹澥湖最高控制水位为18.50m;严家湖最高控制水位为18.00m;汤逊湖最高控制水位为18.65m;严东湖最高控制水位为18.50m;牛山湖最高控制水位为18.50m;梁子湖最高控制水位为19.30m。各港渠起推水位基本情况见表4.2-6。

表 4.2-6　　　　　　　　　　各港渠起推水位基本情况

序号	港渠名称	起推水位/m	所入湖区
1	台山溪(含星月溪)	18.50	豹澥湖
2	九峰溪	18.50	
3	龙山溪	18.50	
4	吴潨湖港	18.50	
5	黄大堤港(未整治段)	18.00	严家湖
6	红旗渠	18.65	汤逊湖

序号	港渠名称	起推水位/m	所入湖区
7	严东湖北渠	18.50	严东湖
8	严东湖东渠	18.50	
9	牛山湖北溪	18.50	牛山湖
10	大咀海港	19.30	梁子湖

（2）港渠糙率选用

参照《水力计算手册》所列河道糙率取值范围，断面周界各部分糙率不同，取用河道的综合糙率，计算公式如下：

$$n = \left[\frac{\chi_1 n_1^{3/2} + \chi_2 n_2^{3/2} + \cdots}{\chi_1 + \chi_2 + \cdots} \right]^{\frac{2}{3}} (n_{max}/n_{min} > 1.5 \sim 2.0)$$

$$n = \frac{\chi_1 n_1 + \chi_2 n_2 + \cdots}{\chi_1 + \chi_2 + \cdots} (n_{max}/n_{min} < 1.5 \sim 2.0)$$

式中：n_{max}、n_{min}——断面周界各部分糙率中的最大值和最小值；

n_1、n_2——断面周界各部分的糙率；

χ_1、χ_2——断面周界各部分的湿周（m）。

（3）InfoWorks ICM 软件模型参数选取

InfoWorks ICM 软件模型模拟由径流（Runoff）模拟和管网（Network）模拟两部分组成。径流模拟中对于绿地和铺装等透水下垫面采用 Horton 下渗法模拟，不透水或弱透水下垫面采用固定径流系数法。涉及的参数主要有径流系数、初期损失、地面集水时间等。降雨初期阶段的截留、初期湿润和填洼等不参与形成径流的降雨部分称为初期损失。对于城市高强度降雨，初期损失对产流的影响较小，但对于较小的降雨或者不透水表面比例低的集水区，其影响较大。研究范围很大，该参数对建模结果影响较小，因此建模中的初期损失采用模型默认的 0.0006m，衰减系数为 0.90。

4.2.2.6 模型校验

为提高模型模拟的准确性，尽可能使模拟结果贴近实际，选用豹澥汇水区为模型校验典型区域，与实际降雨情况下典型区域的渍水情况进行模型校验。

实测降雨采用流芳站点 2010 年 7 月 5—6 日的实际降雨，经模型模拟得出豹澥汇水区主要渍水点集中在神墩三路高科园路口、光谷七路与高新二路、光谷三路与港边田二路路口等，与实测渍水资料基本相符。豹澥湖汇水区实际降雨内涝点分布见图 4.2-5。

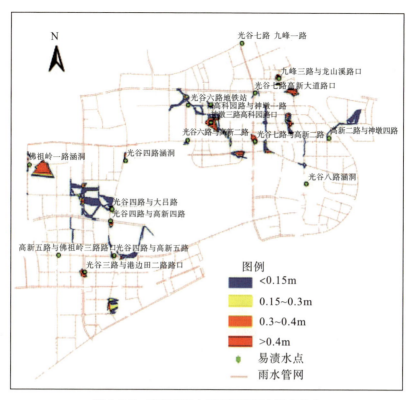

图 4.2-5　豹澥湖汇水区实际降雨内涝点分布

4.2.3　管网排水能力评估

依据《室外排水设计标准》(GB 50014—2021)中规定,雨水管按满管流设计。通过动态模拟各汇水区1、3、5年一遇2h短历时设计降雨下的雨水管网排水情形,进行管网排水能力评估。管网排水能力评估将依据管段是否发生满管压力流进行分析。评估结果见表4.2-7。

根据模型评估结果,南湖汇水区、汤逊湖汇水区由于地表硬化面积较大,综合径流系数高于其他汇水区,下雨时更多的雨水通过地面汇流至管网中,给排水管网造成较大的压力,南湖汇水区不满足3年一遇标准的管网占比达85.4%,汤逊湖汇水区不满足3年一遇标准的管网占比达71.4%。其他汇水区现状雨水管网均有10%～50%达不到3年一遇设计重现期要求。

4.2.4　入湖港渠排涝能力评估

本次港渠排涝能力评估范围不包括已建、在建、拟建及有整治方案的港渠。

截至2019年,已建工程包括黄大堤港"科技一路—流港路"段、东截流港"金桥街—严家湖"段、谷米河"未来二路—九龙湖街"段;在建工程包括豹子溪、湖溪河、玉龙河、九峰河;拟建工程包括严东湖西渠、豹澥河(包括九龙溪段)、谷米河"潜力路至未来二路"段及"九龙湖街至严家湖"段、花山河;红旗渠有近期实施方案。

构建东湖高新区河网模型,对东湖高新区区域内的台山溪(含星月溪)、九龙溪、龙山溪、黄大堤港(未整治段)、荷叶山社区明渠、严东湖北渠、严东湖东渠、吴涂湖港、牛山湖北溪及大咀海港的排涝能力进行评估。

表 4.2-7 各汇水区现状雨水管网排水能力评估

一级汇水区	统计类别	排水能力小于1年一遇	排水能力1～3年一遇(包括1不包括3)	排水能力3～5年一遇(包括3不包括5)	排水能力大于等于5年一遇
南湖汇水区	管道长度/km	28.60	18.40	2.70	5.30
	占比/%	52.00	33.40	4.90	9.70
汤逊湖汇水区	管道长度/km	60.18	32.82	19.65	17.60
	占比/%	46.20	25.20	15.09	13.51
豹澥湖汇水区	管道长度/km	65.16	51.38	26.55	130.53
	占比/%	23.80	18.80	9.70	47.70
东湖汇水区域	管道长度/km	14.02	4.41	1.68	40.72
	占比/%	23.05	7.25	2.77	66.93
严东湖汇水区	管道长度/km	5.30	1.30	0.20	22.50
	占比/%	18.10	4.40	0.70	76.80
严西湖汇水区	管道长度/km	5.29	1.28	0.21	22.46
	占比/%	18.08	4.38	0.73	76.80
沿江抽排区	管道长度/km	0.57	0.20	0.06	1.67
	占比/%	22.78	7.97	2.33	66.91
严家湖汇水区	管道长度/km	15.49	6.88	2.35	51.86
	占比/%	20.23	8.99	3.06	67.72
车墩湖汇水区	管道长度/km	10.89	5.44	1.67	47.23
	占比/%	16.70	8.34	2.55	72.41

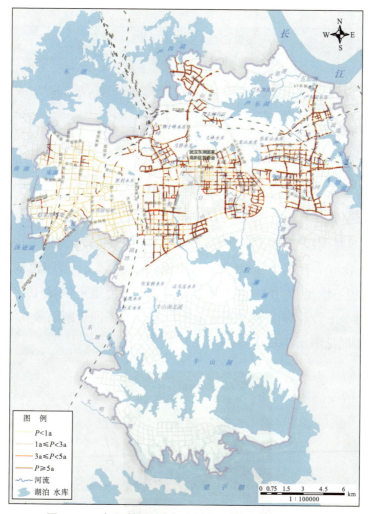

图 4.2-6　东湖高新区内部分汇水区管网过流能力评估

注:南湖汇水区、汤逊湖汇水区雨水管网过流能力评估分别参考《南湖流域水环境综合治理规划》《汤逊湖流域水环境综合治理规划》的研究成果进行完善。

通过模拟 10 年一遇、20 年一遇、30 年一遇、50 年一遇 24h 设计降雨情形,评估港渠的排涝能力,模型结果见表 4.2-8。

表 4.2-8　　　　　　　　东湖高新区各港渠排涝能力基本情况

序号	港渠名称	港渠长度/km	汇水面积/km²	排涝标准	排涝能力满足情况
1	台山溪(含星月溪)	6.5	10.40	50 年一遇	不满足 10 年一遇
2	九峰溪	5.4	11.50		不满足 10 年一遇
3	龙山溪	2.2	2.57		满足 50 年一遇
4	黄大堤港(未整治段)	4.9	9.29		不满足 10 年一遇

序号	港渠名称	港渠长度 /km	汇水面积 /km²	排涝标准	排涝能力满足情况
5	严东湖北渠	2.6	6.18	30 年一遇	不满足 10 年一遇
6	严东湖东渠	1.5	2.60		不满足 10 年一遇
7	吴潭湖港	5.9	8.70	10 年一遇	不满足 10 年一遇
8	牛山湖北溪	3.1	6.20		不满足 10 年一遇
9	大咀海港	7.9	17.50		不满足 10 年一遇

4.2.4.1　台山溪(含星月溪)

台山溪(含星月溪)位于豹澥湖北侧,发源于高新二路,排入豹澥湖内,全长 6.5km,总汇水面积 10.4km²。经模型模拟评估,台山溪(含星月溪)上游河道基本满足 30 年一遇的排涝标准,但不满足 50 年一遇的排涝标准。下游河道不满足 10 年一遇的排涝标准。在不同标准 24h 设计降雨下,台山溪(含星月溪)典型河道断面及在不同设计降雨条件下最大水深情况见图 4.2-7。

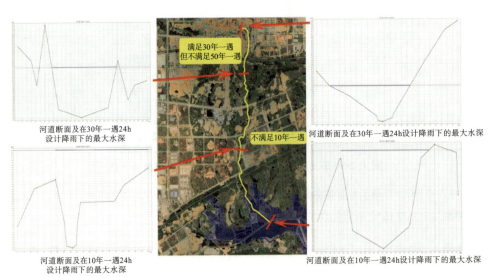

图 4.2-7　台山溪(含星月溪)典型河道断面及在不同设计降雨条件下最大水深情况

4.2.4.2　九峰溪

九峰溪位于豹澥湖北侧,发源于九龙水库,排入豹澥湖内,全长 5.67km,总汇水面积 11.5km²。经模型模拟评估,九峰溪上游部分河道满足 50 年一遇的排涝标准、部分河段不满足 10 年一遇的排涝标准,下游河道不满足 10 年一遇的排涝标准。在不同标准 24h 设计降雨下,九峰溪典型河道断面及在不同设计降雨条件下最大水深情况见图 4.2-8。

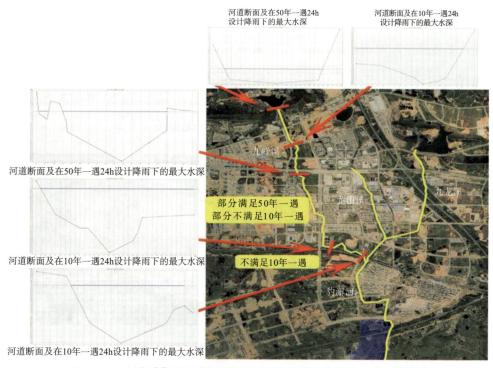

图 4.2-8　九峰溪典型河道断面及在不同设计降雨条件下最大水深情况

4.2.4.3　龙山溪

龙山溪位于豹㵲湖北侧,发源于龙山水库,排入豹㵲湖内,全长 2.2km,总汇水面积 2.57km²。经模型模拟评估,龙山溪河道满足 50 年一遇的排涝标准,在 50 年一遇 24h 设计降雨下,龙山溪典型河道断面及在 50 年一遇 24h 设计降雨条件下最大水深情况见图 4.2-9。

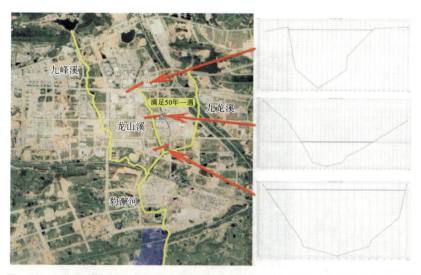

图 4.2-9　龙山溪典型河道断面及在 50 年一遇 24h 设计降雨条件下最大水深情况

4.2.4.4 黄大堤港（未整治段）

黄大堤港位于严家湖西侧，源头位于武九铁路与未来一路交叉口，排入严家湖内，全长 4.9km，未整治段（武九线—科技一路）长度 1.355km，总汇水面积 9.29km²。经模型模拟评估，黄大堤港未整治段不满足 10 年一遇的排涝标准，在 10 年一遇 24h 设计降雨下，黄大堤港（未整治段）典型河道断面最大水深情况见图 4.2-10。

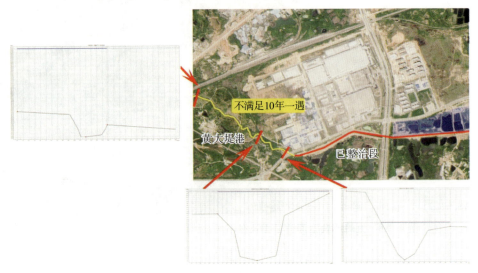

图 4.2-10 黄大堤港（未整治段）典型河道断面及在 10 年一遇 24h 设计降雨下最大水深情况

4.2.4.5 严东湖北渠

严东湖北渠位于严东湖北侧，排入严东湖内，全长 2.65km，总汇水面积 6.18km²。经模型模拟评估，严东湖北渠整条河道不满足 10 年一遇的排涝标准，在 10 年一遇 24h 设计降雨下，严东湖北渠典型河道断面的最大水深情况见图 4.2-11。

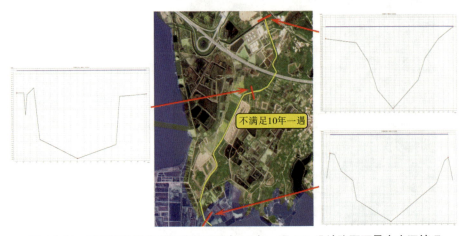

图 4.2-11 严东湖北渠典型河道断面及在 10 年一遇 24h 设计降雨下最大水深情况

4.2.4.6 严东湖东渠

严东湖东渠位于严东湖东侧,排入严东湖内,全长 1.5km,总汇水面积 2.6km²。经模型模拟评估,严东湖东渠整条河道不满足 10 年一遇的排涝标准,在 10 年一遇 24h 设计降雨下,严东湖东渠典型河道断面的最大水深情况见图 4.2-12。

图 4.2-12　严东湖东渠典型河道断面及在 10 年一遇 24h 设计降雨下最大水深情况

4.2.4.7 吴溏湖港

吴溏湖港位于豹澥湖北侧、东湖高新区开发区半岛地区,排入豹澥湖内,全长 5.9km,总汇水面积 8.7km²。经模型模拟评估,吴溏湖港整条河道不满足 10 年一遇的排涝标准,在 10 年一遇 24h 设计降雨下,吴溏湖港典型河道断面的最大水深情况见图 4.2-13。

图 4.2-13　吴溏湖港典型河道断面及在 10 年一遇 24h 设计降雨下最大水深情况

4.2.4.8 牛山湖北溪

牛山湖北溪位于牛山湖北侧,排入牛山湖内,全长 3.1km,总汇水面积 6.2km²。经模型模拟评估,牛山湖北溪整条河道不满足10年一遇的排涝标准,在10年一遇24h设计降雨下,牛山湖北溪典型河道断面最大水深情况见图4.2-14。

图4.2-14　牛山湖北溪典型河道断面及在10年一遇24h设计降雨下最大水深情况

4.2.4.9　大咀海港

大咀海港位于东湖高新区开发区南部边界,下游与梁子湖相连,全长7.9km,区内长3.2km,总汇水面积17.5km²。经模型模拟评估,大咀海港部分河道满足10年一遇的排涝标准,部分河道不满足10年一遇的排涝标准,在10年一遇24h设计降雨下,大咀海港典型河道断面最大水深情况见图4.2-15。

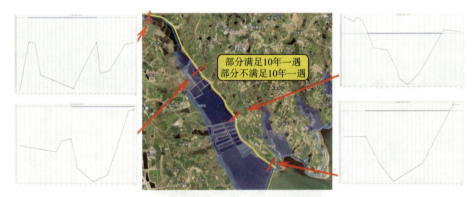

图4.2-15　大咀海港典型河道断面及在10年一遇24h设计降雨下最大水深情况

4.2.5　内涝风险及渍水成因评估

4.2.5.1　内涝风险评估

对东湖高新区现状排水系统进行内涝风险评估,模拟结果表明,在50年一遇24h设计降雨下,东湖高新区范围内部分地段有较大的内涝风险,局部点位内涝积水深度大于

0.5m,对于居民的财产及人身安全会造成一定的威胁。各汇水区渍水面积统计见表 4.2-9,部分汇水区内涝风险评估见图 4.2-16。

表 4.2-9　　　　　　　　东湖高新区各汇水区渍水面积统计

序号	汇水区名称	渍水面积/km²	渍水面积占比/%
1	南湖汇水区	1.150	7.70
2	汤逊湖汇水区	3.090	6.90
3	豹澥湖汇水区	3.100	4.20
4	东湖汇水区	0.300	9.72
5	严东湖汇水区	0.017	0.03
6	严西湖汇水区	0.010	0.14
7	沿江抽排区	0.013	6.08
8	严家湖汇水区	0.157	5.48
9	车墩湖汇水区	0.228	7.59

注:根据《室外排水设计标准》(GB 50014—2021)关于城市内涝地面积水的规定,地面积水设计标准为:道路中一条车道的积水深度不超过 15cm,故上表中统计的"渍水面积"为路面积水超过 0.15m 的面积。

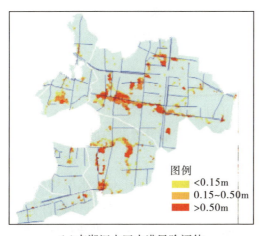

(a)南湖汇水区内涝风险评估

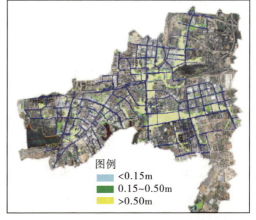

(b)汤逊湖汇水区内涝风险评估

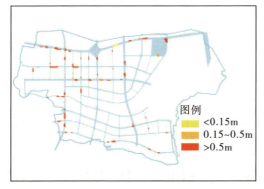

(c)车墩湖汇水区内涝风险评估

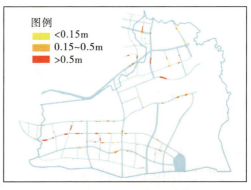

(d)严家湖汇水区内涝风险评估

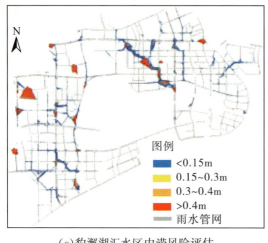

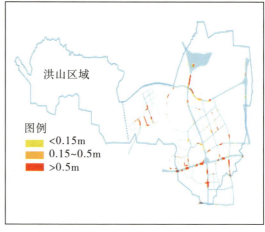

(e)豹澥湖汇水区内涝风险评估　　　　　　(f)东湖汇水区内涝风险评估

图4.2-16　东湖高新区部分汇水区内涝风险评估

4.2.5.2　易渍水点内涝成因分析

根据现状调查,东湖高新区目前尚有42个尚未整治的易渍水点,主要集中在汤逊湖(13处)、南湖(4处)及豹澥湖(16处)区域,易渍水区域历年来淹水问题突出,本节采用ICM模型对易渍水区域进行模拟分析,通过设置不同模拟情景来对区域的内涝成因进行解析。

模拟暴雨强度:50年一遇暴雨情景;

模拟工况一:港渠排口末端自由出流工况、湖泊排口末端设置湖泊常水位;

模拟工况二:港渠排口末端淹没出流工况、湖泊排口末端设置湖泊最高控制水位;

模拟工况三:工况一条件下金融港片区,金融港泵站由现状40m³/s扩建至70m³/s。

通过工况一、工况二模拟结果对比,可分析排口末端水位顶托对渍水的影响;工况三可以分析金融港泵站规模对金融港区域渍水风险的影响。同时结合区域管网普查、地形地貌及过流能力评估结果,可分析管道过流能力、地势、下垫面开发建设情况等,对易渍水点渍水的影响。综合以上几点,可以对易渍水点的成因进行归纳、总结,为后续的规划方案提供科学的依据。

经过模型模拟结果和历史记录内涝情况综合分析,高新区范围内易涝点的渍水原因主要是下垫面硬化度高、管网排涝能力不足、地势低洼及下游河道水位顶托等。

(1)下垫面硬化程度高,雨水下渗能力降低

根据高新区现状建设用地分布情况可知,东湖高新区现状建设程度较高的区域主要分布于南湖、汤逊湖、东湖汇水区及豹澥湖汇水区G50沪渝高速以北区域,上述4个片区现状建设用地比例分别达81%、74%、58%和63%,下垫面具有硬化程度高、不透水面积大、汇流时间短、排水问题复杂、产汇排相互影响等特征,使得城市地区水循环与自

然区域迥异,易发内涝灾害。

(2)地势低洼,行泄通道不健全

以豹澥片区神墩三路与高科园路口积水点为例,此积水点积水范围较广,积水深度大,内涝风险较大。积水点附近的管网在 50 年一遇 24h 设计降雨下最高水位纵断面见图 4.2-17。

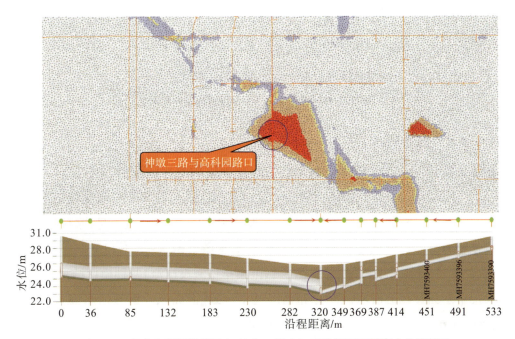

图 4.2-17　积水点附近的管网在 50 年一遇 24h 设计降雨下最高水位纵断面

由上述结果可知,该积水点所在的地势低洼区,比四周的地形高程低 1~2m,造成低洼区管道节点冒水,并在此处形成大片积水。且地势低洼区域的行泄通道不健全,无法快速将地势低洼区的积水导入其他滞蓄区。

(3)管网过流能力不足

根据模拟结果可知,管道过流能力不足是东湖高新区易渍水点形成的最主要原因,以金融港片区为例,对比现状金融港区在低水位(工况 1)及高水位(工况 2)和泵站强排(工况 3)的积水情况可以发现,三种排水工况下积水区域分布高度一致,均位于下游高新四路箱涵地势低点处。通过方案比较,发现提高金融港泵站的抽排能力对缓解渍水情况没有明显效果;降低受纳水体的水位,缓解效果不明显,亦不能解决渍水的根本问题。经综合分析,渍水的主要原因在于管网的过流能力不足。三种模拟工况下,金融港片区渍水风险见图 4.2-18。

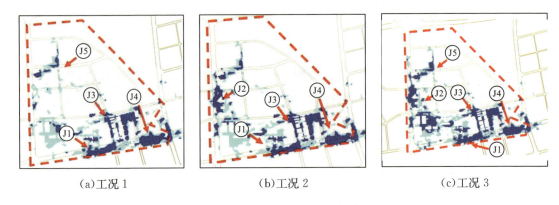

（a）工况 1　　　　　　　　（b）工况 2　　　　　　　　（c）工况 3

深蓝:积水深度≥40cm;浅蓝:积水深度＜40cm

图 4.2-18　三种工况下金融港片区渍水风险

（4）河湖水位顶托

河道港渠排涝能力详细分析见 4.2.4 节,此处以豹澥片区为例,由模型模拟结果可知,现状豹子溪、星月溪—台山溪、九峰溪、龙山溪、九龙溪、豹澥河 6 条主要河道排涝标准均不足 50 年一遇、部分河段不足 10 年一遇,暴雨期间河道过流不足,水位抬高,导致部分雨水排口处于部分或完全淹没出流状态,对上游管网顶托,不利于上游管网排水。根据工况一(港渠排口自由出流)和工况二(港渠排口淹没出流)两种模拟结果对比可知,两种工况下豹澥片区的渍水风险分布情况基本一致,但高风险区域渍水面积及积水量有所变化,工况二较工况一的高风险区域面积增加约 21%、峰值积水量增加约 20%,说明河道水位顶托会一定程度上加剧区域渍水风险,也是易渍水点形成的原因之一。不同工况下豹澥片区渍水风险见图 4.2-19。

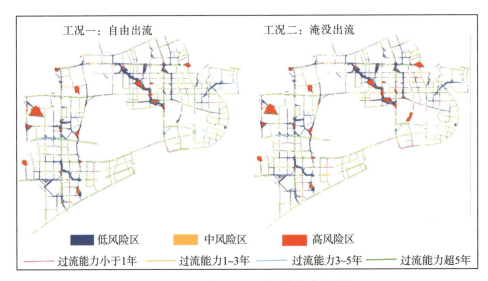

工况一：自由出流　　　　　　　工况二：淹没出流

■ 低风险区　　　■ 中风险区　　　■ 高风险区

—— 过流能力小于1年　　—— 过流能力1~3年　　—— 过流能力3~5年　　—— 过流能力超5年

图 4.2-19　不同工况下豹澥片区渍水风险

4.3　排水防涝系统存在的主要问题

4.3.1　城市下垫面硬化度高,源头径流强度较大

东湖高新区各汇水区下垫面解析结果表明,在城市建筑较为密集的区域(南湖汇水区、汤逊湖汇水区、东湖汇水区)下垫面硬化程度较高,径流系数大,其中南湖汇水区、汤逊湖汇水区综合径流系数分别为 0.63、0.60,加之地表海绵化程度不高,大暴雨来临时,大量雨水无法有效通过地表下渗、滞蓄,而是顺着地面坡度进入雨水管网或汇集至地面低洼处,在排水管网系统不完善或设计标准较低的地段处极易形成渍水,大量的地表径流量在源头给城市排水管网造成较大的压力。

4.3.2　部分排水骨干系统及外排港渠过流能力不足

经评估,东湖高新区范围内南湖、汤逊湖汇水区现状雨水管网不满足 3 年一遇设计标准的比例均超过 80%,其他汇水区内的现状雨水管网不满足 3 年一遇设计标准的比例均在 30%~50%,部分雨水管网设计重现期标准较低,过流能力不足。而作为区域内降雨入湖的重要通道的排水港渠,部分港渠出现淤积以及堵塞等现象,导致港渠过流能力不足。同时部分港渠还出现侵占、填占、管涵堵塞等现象,导致港渠排水不畅,区域内降雨无法顺利排入湖区。在大暴雨来临的情况下雨水管渠系统难以及时有效排水,又由于地势原因,雨水顺着路面流向低洼处,容易造成路面渍水。

4.3.3　受多种因素的制约,湖泊调蓄功能难以有效发挥

利用湖泊进行调蓄是东湖高新区乃至武汉市江南地区排水系统的基本原则,而受制于多年建设形成的合流式截流制的排水系统格局,雨污分流不彻底,以及各种因素造成的雨水污水管网混接、错接,导致排水与养殖、水质保护之间的矛盾日益加剧,入湖调蓄难以顺利进行,增大了上游地区内涝风险。如光谷大道金融港区域,由于上游管网雨污分流不彻底,污水混入雨水箱涵中,为防止污水入汤逊湖,箱涵末端被截污闸阻断,排水主箱涵积水无法入湖,限制了箱涵的运行效能。

4.3.4　对排水防涝系统性认识不够,局部地段排水先天不足

一直以来,在排水防涝上关注排水系统建设较多,而对于用地竖向、应急调度、教育宣传、技术研究等其他综合排涝措施运用较少,导致局部地区排水存在先天不足,渍水风险较大,往往建成后需再行开展整治工作,增加了后期治理的难度和工程投入。如东湖高新区内光谷大道金融港区域,由于地势低洼,排水箱涵底标高低于下游水系水面,

排水箱涵受到下游红旗渠水位顶托,排水能力受限。

4.3.5 排水设施的维护管理不到位,预报预警有待加强

经调查分析,高新区范围内历史记录的 59 个易涝点中,有近三成渍水的原因与施工破坏雨水收排设施或雨水收排设施堵塞、淤积等有关。社会对排水设施的重视和认知不足,排水执法管理力度不够,违法成本低,导致危害排水设施的现象(如侵占填占排水明渠、垃圾堵塞雨水箅子等)仍时有发生,一定程度增加了排水设施的维护和管理难度。社会对排水设施的保护意识不强,限制了排水设施的运行效率,进而增加了渍水风险。此外,应对大暴雨的预测预警机制仍需完善,预警预报信息的发布、渍水风险实时更新的相关信息化平台建设有待加强。

4.4 排水防涝系统规划思路及目标

4.4.1 规划思路

针对东湖高新区骨干排水管渠以及内涝风险等方面的问题,本书提出了"强化源头减排、完善市政排水、整治河湖水系、强化智慧运维"的综合内涝治理思路。

(1)源头控制方面

结合东湖高新区雨水径流量控制要求,对已建或新建小区、企事业单位、高校等区域进行海绵化改造工程,逐步推广 LID(低影响开发)技术,控制区域年径流量。

(2)排水系统完善方面

重点对易渍水点成因相关管道进行改造,金融港局部顽固渍水区域规划新建削峰调蓄池,易渍水涵洞进行泵站扩容改建,同时结合城市建设进程补全雨水管网空白区域,打造完善的城市排水系统,提高区域内涝防治能力。

(3)港渠扩建方面

主要根据各个港渠排涝能力存在的问题,分别通过港渠扩建工程、港渠清淤疏浚工程及港渠退堤还湖工程对港渠进行综合整治,有效提高港渠排涝能力。

在采取工程措施提高城区防洪能力的同时,还应完善内涝应急响应管理体系、强化闸泵精细化调度能力,日常管护排水设施等非工程措施,进一步提升东湖高新区内涝风险应对能力。

4.4.2 规划目标

城市排涝目标有效应对 50 年一遇暴雨,重要地区有效应对 100 年一遇暴雨,城市道

路地面积水深度小于 0.15m，积水时间不超过 1h。排水管渠设计重现期（年）标准为 $P＝3\sim5$ 年。

4.4.3 规划标准

本次排涝规划方案主要依据《室外排水设计标准》（GB 50014—2021）、《城市排水工程规划规范》（GB 50318—2017）、《城镇内涝防治技术规范》（GB 51222—2017）、《武汉市海绵城市规划设计导则》、《武汉市排水防涝系统规划设计标准（报审稿）》、《武汉市暴雨强度公式及设计暴雨雨型》（DB4201/T 641—2021）等标准、规范。相关规定和标准参数如下：

4.4.3.1 雨水径流控制标准

1）采用推理公式法计算雨水设计流量，应按公式计算。当汇水面积超过 2km² 时，宜考虑降雨在时空分布的不均匀性和管网汇流过程，采用数学模型法计算雨水设计流量。

2）应严格执行规划控制的综合径流系数，综合径流系数高于 0.7 的地区应采用渗透、调蓄等措施。汇水面积的综合径流系数应按地面种类加权平均计算，并应核实地面种类的组成和比例。

3）当地区整体改建时，对于相同的设计重现期，改建后的径流量不得超过原有径流量。

4）城镇基础设施建设应综合考虑雨水径流量的削减。人行道、停车场和广场等宜采用渗透性铺面，新建地区硬化地面中可渗透地面面积占比不宜低于 40%，有条件的既有地区应对现有硬化地面进行透水性改建。绿地标高宜低于周边地面标高 5～25cm，形成下凹式绿地。

根据规范规定，城区雨水设计流量的计算式为：

$$Q = q \cdot \psi \cdot F$$

式中：Q——雨水设计流量（L/s）；

q——设计暴雨强度[L/(s·hm²)]；

ψ——径流系数；

F——汇水面积（hm²）。

利用上式推求的雨水设计流量最为关键的是确定设计暴雨强度和径流系数。

4.4.3.2 雨水管渠设计标准

雨水管渠设计重现期，应根据汇水地区性质、城镇类型、地形特点和气候特征等因素，经技术经济比较后按表 4.4-1 的规定取值。

表 4.4-1 　　　　　　　　雨水管渠设计重现期 　　　　　　　　（单位：年）

城区类型	中心城区	非中心城区	中心城区的重要地区	中心城区地下通道和下沉式广场等
特大城市	3～5	2～3	5～10	30～50
大城市	2～5	2～3	5～10	20～30
中等城市和小城市	2～3	2～3	3～5	10～20

结合东湖高新区现状以及规划情况，确定雨水管网改造、新建设计重现期取3～5年。

4.4.3.3　内涝防治标准

内涝防治设计重现期，应根据城镇类型、积水影响程度和内河水位变化等因素，经技术经济比较后确定，按表4.4-2的规定取值；

表 4.4-2 　　　　　　　　内涝防治设计重现期 　　　　　　　　（单位：年）

城镇类型	重现期/年	地面积水设计标准
特大城市	50～100	1. 居民住宅和工商业建筑物的底层不进水；
大城市	30～50	2. 道路中一条车道的积水深度不超过15cm
中等城市和小城市	20～30	

根据东湖高新区现状以及规划情况，确定规划区域内涝防治标准为应对50年一遇的暴雨。

4.5　排水防涝系统规划方案

4.5.1　易渍水区域治理

根据近几年的统计资料，东湖高新区历史内涝点共55处，其中13处已纳入整治中，尚有42处待治理。42处待治理的易渍水点渍水原因各有不同，结合渍水原因、下游雨水管线及受纳水系情况，按照"强化源头减排、完善市政排水、整治河湖水系、强化智慧运维"的综合内涝治理思路，提出易渍水点"一点一策"的解决方案，易渍水点解决方案见表4.5-1。

表 4.5-1 　　　　　　　　东湖高新区易渍水点解决方案

汇水区	序号	渍水原因	解决方案
东湖汇水区（2个）	1	雨水主管道偏小，地势低洼	建议增大雨水管道管径，增加过流能力
	2	雨水主管道偏小，地势低洼，下游九峰明渠水位过高，雨水排放受到顶托	增大雨水管道管径，加大巡查力度和值守，实施下游明渠整治

续表

汇水区	序号	渍水原因	解决方案
南湖汇水区 （4个）	3	康福路管网排水受阻且管径较少,加之上游保利华都抽排汇水量大导致路面渍水	建议增大雨水管道管径,增加过流能力
	4	地势较低,缺乏排水通道	下游新建排水箱涵接至新竹路箱涵,解决排水不畅问题
	5	下游雨水箱涵过流能力不足	沿下游民光路、关山公园、新竹路新建雨水管道接至新竹路雨水箱涵
	6	地势较低,管网塌陷排水受阻导致路面渍水;下游排水通道过流能力不足	进行管网修复改造,扩大下游管网排水能力
汤逊湖汇水区 （13个）	7	逢暴雨下游校内内湖水位顶托淹水	做好水系调控,加强抽排,确保下游排水畅通
	8	遇大暴雨短时积水	做好水系调控,加强抽排,确保下游排水畅通;做好预警预报
	9	逢暴雨下游内湖水位顶托造成淹水	做好水系调控,加强抽排,确保下游排水畅通
	10	地势较低;下游排水管网及终端水系秀湖水位过高导致此处管网顶托,形成渍水且消退缓慢	降雨前提前降低秀湖水位,保证红旗渠排水通道通畅;做好预警预报
	11	东侧山上来水量较大,树叶杂物较多,易堵塞收水口较多;排水通道工程施工将雨水管网改迁,排水能力较弱	降雨期间加强收水口巡查;施工方临时处理,光谷一路排水箱涵建成后可缓解
	12	受下游水位影响,顶托造成渍水;此处地势低洼,雨水口设在较高处无法收排	降雨前提前降低秀湖水位,保证红旗渠排水通道通畅;做好预警预报;完善排水口设置
	13	绿化带内管网塌陷堵塞满溢,雨水收集口塌陷堵塞;雨水收集口过少,排放不及时造成渍水	对此处的两个塌陷点进行修复改造,并增加雨水收集口
	14	受下游秀湖水位影响,顶托造成渍水	降雨前提前降低秀湖水位,保证红旗渠排水通道通畅;做好预警预报
	15	该处地势较低,遇强降雨受下游水位影响,有短时渍水	增设雨水口、雨水收排通道
	16	地势较低,雨水管网饱和,下游秀湖水位顶托造成渍水	降雨前提前降低秀湖水位,保证红旗渠排水通道通畅;做好预警预报
	17	受下游水位影响,顶托造成渍水;此处地势低洼	降雨前提前降低秀湖水位,保证红旗渠排水通道通畅;做好预警预报
	18	受下游秀湖水位影响,顶托造成渍水	降雨前提前降低秀湖水位,保证红旗渠排水通道通畅;做好预警预报
	19	雨污水混接,下雨时污水漫溢	管网混错接改造

续表

汇水区	序号	溃水原因	解决方案
豹澥湖汇水区（16个）	20	大吕路干管过流能力不足；光谷四路地势较低；河道水位顶托	雨水干管扩建；下游港渠整治
	21	下穿涵洞，地势较低，涵洞北侧光谷四路干管过流能力不足	涵洞两侧干管扩建
	22	管道过流能力不足；路口处光谷四路地势较低；河道水位顶托	雨水干管扩建；下游港渠整治
	23	管网不完善，雨水无出路	增设雨水收集口，完善雨水管网建设
	24	管道过流能力不足；河道水位顶托	雨水干管扩建；下游港渠整治
豹澥湖汇水区（16个）	25	管道过流能力不足；管道错接严重，存在严重的大管接小管现象	雨水干管扩建；管道错接改造
	26	雨污混错接，导致雨季污水溢流	雨污混接改造
	27	下穿涵洞，地势较低，管网不完善，雨水无出路，导致涵洞处积水	涵洞两侧干管扩建
	28	管道过流能力不足	雨水干管扩建
	29	管网过流能力严重不足，是积水的主要原因；北侧高科园路为2000mm×3000mm大管，神墩三路探出的一截管道为D1000，大管接小管，是溃水的原因之一	雨水干管扩建
	30	地势低洼	增设雨水收集口，完善收集管网
	31	管网过流能力不足；管网不完善；河道水位顶托	雨水干管扩建；增设雨水收集口，完善收集管网；下游港渠整治
	32	管网不完善	增设雨水收集口，完善收集管网
	33	管网过流能力不足；施工造成管网破坏严重	雨水干管扩建；加强施工管理
	34	管网过流能力不足	雨水干管扩建
	35	现场核实为排口淤堵导致；河道水位顶托	排口疏通，定期巡查；港渠整治
车墩湖汇水区（5个）	36	低洼地带；雨水管过流能力不足；未来三路箱涵排水进出口太小，土层垮塌堵塞雨水口，排水不畅	加大雨水管道管径，箱涵清淤，进出口进行护坡改造，防止垮塌，保持排水通畅
	37	低洼地带；未来三路箱涵排水进出口太小，土层垮塌堵塞雨水口，排水不畅	箱涵清淤，进出口进行护坡改造，防止垮塌，保持排水通畅
	38	区域最低点；周围土质松散垮塌，泥土堵塞排水箱涵出口，排水不畅；下游规划明渠未形成；雨水管偏小	尽快实施规划箱涵，将雨水排至车墩湖；同时增大现有雨水管径

续表

汇水区	序号	渍水原因	解决方案
车墩湖 汇水区 （5个）	39	雨水管偏小；雨水箅子被生活垃圾堵塞，导致排水不及时；下游水系顶托	增大雨水管径，加强清掏，避免雨水口堵塞
	40	工地施工，雨水收排设施堵塞；管网过流能力较低	施工整改；扩大下游管道管径
严家湖汇 水区（2个）	41	雨污混接，污水漫溢	管网混错接改造
	42	雨污混接，污水漫溢	管网混错接改造

4.5.2 社区海绵化改造工程

4.5.2.1 工程布局

根据用地分类和建设情况，按照开发建设地块（不含绿地、道路及水系，包括已建保留、在建、未建、已建拟更新四类）、绿地、水域、道路（包括现状、在建和未建三类）分类统计（图 4.5-1），其中开发建设地块（不含道路）总面积为 172.84km²，其中已建保留地块面积为 72.60km²，已建保留地块 1004 个。

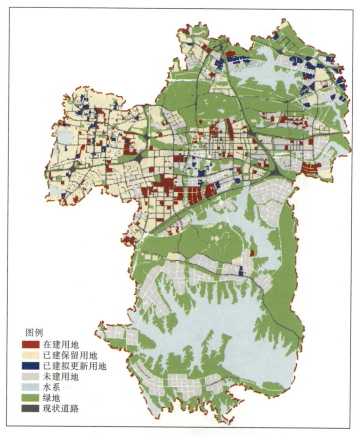

图例
- ■ 在建用地
- ■ 已建保留用地
- ■ 已建拟更新用地
- ■ 未建用地
- ■ 水系
- ■ 绿地
- ■ 现状道路

图 4.5-1 东湖高新区城市建设现状

根据地块开发建设时间及径流污染程度等对 1004 个已建保留地块进行环境条件判断,筛出 2016—2019 年新建成的地块、特殊用地、加油站、加气站、交通枢纽、独栋商业楼等不具备改造条件的地块,对剩余的 293 个具有改造条件的已建保留地块进行海绵化改造,改造规模约 27.43km²。改造后社区不仅能够更"吸水",环境也将提档升级。各汇水区海绵化改造工程量见表 4.5-2,工程分布见图 4.5-2。

表 4.5-2　　　　　　　　　各汇水区海绵化改造规模统计

序号	汇水分区	海绵化改造地块/个	海绵改造规模/hm²
1	东湖汇水区	15	561.89
2	南湖汇水区	38	234.13
3	汤逊湖汇水区	54	830.63
4	豹澥湖汇水区	113	644.53
5	严家湖汇水区	18	185.77
6	严东湖汇水区	12	102.95
7	严西湖汇水区	43	183.55
合计		293	2743.45

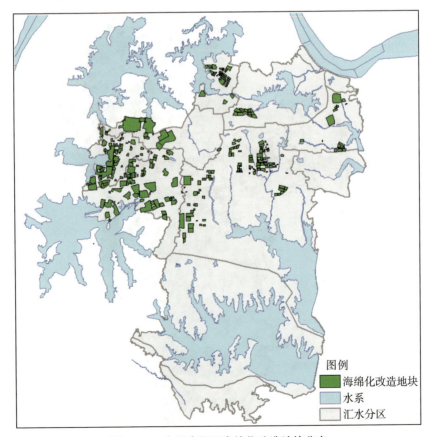

图 4.5-2　东湖高新区海绵化改造地块分布

4.5.2.2 控制标准

参考《武汉市海绵城市专项规划(2016—2030 年)》,东湖高新区海绵化改造工程控制标准见表 4.5-3。

表 4.5-3 东湖高新区海绵化改造工程控制标准

序号	系统名称	系统目标					
		强制性指标				引导性指标	
		年径流总量控制率/%	面源污染削减率/%	新建项目透水铺装率/%	下沉式绿地率/%	水资源回用率/%	绿色屋顶率/%
1	东湖汇水区	≥75	≥70	≥40	≥25	≥5	≥30
2	南湖汇水区	≥65	≥60	≥40	≥25	≥5	≥30
3	汤逊湖汇水区	≥75	≥70	≥40	≥25	≥5	≥30
4	严西湖汇水区	≥60	≥70	≥40	≥25	≥5	≥30
5	严东湖汇水区	≥75	≥70	≥40	≥25	≥5	≥30
6	严家湖汇水区	≥75	≥70	≥40	≥25	≥5	≥30
7	车墩湖汇水区	≥75	≥70	≥40	≥25	≥5	≥30
8	豹澥湖汇水区	≥75	≥70	≥40	≥25	≥5	≥30
9	五加湖	≥65	≥60	≥40	≥25	≥5	≥30

根据《武汉市海绵城市专项规划(2016—2030 年)》中,武汉市不同年径流控制率对应的设计日降水量关系见图 4.5-3 和表 4.5-4。参考《武汉市海绵城市设计导则》,要实现≥60%、≥65%和≥75%年径流总量控制率的目标,海绵城市技术设施需能够容纳单位面积用地上分别不低于 17.7mm、20.8mm 和 29.2mm 的降水量。

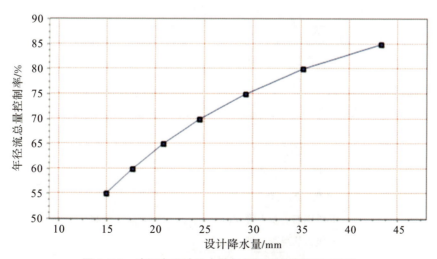

图 4.5-3 武汉市设计降水量与年径流总量控制率统计

表 4.5-4 年径流总量控制率与设计降水量对应情况

年径流总量控制率/%	55	60	65	70	75	80	85
设计降水量/mm	14.9	17.6	20.8	24.5	29.2	35.2	43.3

4.5.3 排水系统完善工程

4.5.3.1 雨水管网改造

雨水管网改造主要针对现状尚未整治的 42 处易滞水点开展,对易滞水点成因相关的管网,根据雨水管网系统现状评估结果,对排水能力不满足 3 年一遇重现期的雨水管网进行改造,改造标准为 5 年一遇重现期。东湖高新区各汇水区雨水管改造工程量见表 4.5-5,各汇水区雨水管改造工程量见表 4.5-6。

表 4.5-5 东湖高新区各汇水区雨水管改造工程量

序号	汇水区名称	改造管径/mm	改造长度/km
1	南湖汇水区	$d2000$-$B \times H$=6.8m×2.5m	3.30
2	汤逊湖汇水区	DN400-$B \times H$=3m×2.2m	4.12
3	车墩湖汇水区	$d600$-$B \times H$=5m×2m	15.92
4	严家湖汇水区	$d600$-$B \times H$=4m×2m	12.37
5	东湖汇水区	$d600$-$B \times H$=4m×10m	15.31
6	豹澥湖汇水区	$d600$-$B \times H$=3.6m×2m	56.03
7	严东湖	DN400-$B \times H$=1m×1.4m	11.18
	合计		118.23

表 4.5-6 各汇水区雨水管改造工程量

序号	名称	长度/m	汇水区
1	Ⅱ级钢筋混凝土管 $d2200$	600	南湖
2	Ⅱ级钢筋混凝土管 $d2000$	800	
3	混凝土箱涵 $B \times H$=6.8m×2.5m	1900	
	合计	3300	
1	HDPE 排水管 DN400	20	汤逊湖
2	HDPE 排水管 DN500	231	
3	Ⅱ级钢筋混凝土管 $d800$	20	
4	Ⅱ级钢筋混凝土管 $d1000$	909	
5	Ⅱ级钢筋混凝土管 $d1200$	614	
6	Ⅱ级钢筋混凝土管 $d1500$	431	

序号	名称	长度/m	汇水区
7	II级钢筋混凝土管 $d1800$	1111	汤逊湖
8	混凝土箱涵 $B×H=3.0m×2.2m$	350	
9	一体化排水沟 $W250×H420$	216	
10	一体化排水沟 $W260×H530$	216	
合计		4118	
1	HDPE排水管 $d600$	129.3	车墩湖
2	II级钢筋混凝土管 $d800$	771.1	
3	II级钢筋混凝土管 $d1000$	2203.4	
4	II级钢筋混凝土管 $d1200$	3164.3	
5	II级钢筋混凝土管 $d1500$	3792.0	
6	II级钢筋混凝土管 $d1650$	13.0	
7	II级钢筋混凝土管 $d1800$	1741.0	
8	II级钢筋混凝土管 $d2000$	3792.3	
9	II级钢筋混凝土管 $d2200$	354.2	
10	混凝土箱涵 $B×H=2.3m×1.85m$	26.2	
11	混凝土箱涵 $B×H=3.0m×1.6m$	64.7	
12	混凝土箱涵 $B×H=3.2m×2.0m$	56.0	
13	混凝土箱涵 $B×H=3.5m×2.0m$	617.0	
14	混凝土箱涵 $B×H=3.9m×1.7m$	53.3	
15	混凝土箱涵 $B×H=5.0m×2.0m$	43.1	
合计		16820.9	
1	HDPE排水管 $d600$	1196.1	东湖
2	II级钢筋混凝土管 $d800$	1021.0	
3	II级钢筋混凝土管 $d1000$	3161.6	
4	II级钢筋混凝土管 $d1200$	2273.2	
5	II级钢筋混凝土管 $d1400$	262.9	
6	II级钢筋混凝土管 $d1500$	4600.4	
7	II级钢筋混凝土管 $d1800$	900.8	
8	II级钢筋混凝土管 $d2000$	1477.0	
9	II级钢筋混凝土管 $d700$	384.0	
10	混凝土箱涵 $B×H=4.0m×10.0m$	24.0	
合计		15301.0	

序号	名称	长度/m	汇水区
1	HDPE 排水管 $d600$	79.6	严家湖
2	Ⅱ级钢筋混凝土管 $d800$	192.3	
3	Ⅱ级钢筋混凝土管 $d1000$	1460.3	
4	Ⅱ级钢筋混凝土管 $d1200$	1572.5	
5	Ⅱ级钢筋混凝土管 $d1300$	993.5	
6	Ⅱ级钢筋混凝土管 $d1500$	4003.0	
7	Ⅱ级钢筋混凝土管 $d1800$	2405.3	
8	Ⅱ级钢筋混凝土管 $d2000$	1040.8	
9	Ⅱ级钢筋混凝土管 $d2200$	620.5	
	合计	12367.8	
1	HDPE 排水管 $d600$	4434.3	豹澥湖
2	Ⅱ级钢筋混凝土管 $d800$	2961.7	
3	Ⅱ级钢筋混凝土管 $d900$	58.4	
4	Ⅱ级钢筋混凝土管 $d1000$	2975.8	
5	Ⅱ级钢筋混凝土管 $d1200$	13363.9	
6	Ⅱ级钢筋混凝土管 $d1350$	867.7	
7	Ⅱ级钢筋混凝土管 $d1500$	1908.5	
8	Ⅱ级钢筋混凝土管 $d1600$	2013.5	
9	Ⅱ级钢筋混凝土管 $d1650$	201.9	
10	Ⅱ级钢筋混凝土管 $d1800$	12056.6	
11	Ⅱ级钢筋混凝土管 $d2000$	3719.5	
12	Ⅱ级钢筋混凝土管 $d2500$	4656.2	
13	混凝土箱涵 $B×H=2.0m×1.8m$	137.0	
14	混凝土箱涵 $B×H=2.5m×1.8m$	44.5	
15	混凝土箱涵 $B×H=2.8m×1.8m$	56.4	
16	混凝土箱涵 $B×H=3.0m×2.0m$	2987.6	
17	混凝土箱涵 $B×H=3.0m×2.5m$	1397.7	
18	混凝土箱涵 $B×H=3.6m×2.0m$	2185.1	
	合计	56026.3	
1	HDPE 排水管 $d400$	199.2	严东湖
2	HDPE 排水管 $d600$	1395.1	
3	Ⅱ级钢筋混凝土管 $d800$	3188.2	
4	Ⅱ级钢筋混凝土管 $d1200$	906.8	
5	Ⅱ级钢筋混凝土管 $d1000$	3733.1	
6	Ⅱ级钢筋混凝土管 $d1400$	489.1	
7	Ⅱ级钢筋混凝土管 $d1800$	39.5	

续表

序号	名称	长度/m	汇水区
8	Ⅱ级钢筋混凝土管$d2000$	61.3	严东湖
9	HDPE排水管$d700$	619.2	
	合计	10631.5	

4.5.3.2 暴雨削峰调蓄池建设工程

金融港片区属于东湖高新区渍水频发的顽固区域。该区域渍水的成因复杂多样，区域局部地区地势低洼，仅通过上述的管网改造、海绵化改造及港渠整治难以彻底解决区域渍水状况。为彻底消除50年一遇暴雨时，金融港片区仍然存在的明显峰值积水现象，本规划将在管网改造方案的基础上，设置雨水调蓄池，来调蓄峰值雨水。

经过模型评估，以及依据《室外排水设计标准》(GB 50014—2021)进行计算，用以削峰的调蓄池有效容积取44000m³。设置雨水调蓄措施时的场地保证条件：

1)高新四路道路右侧为市政绿地，可供建设地下雨水调蓄池。

2)金融港四路沿线有一块市政绿地(根据武汉市规划"一张图")，可供建设地下雨水调蓄池。具体布置情况见表4.5-7。

表 4.5-7　　　　　　　　　　雨水调蓄位置及调蓄量

编号	位置	容积/m³
1	金融港四路	12000
2	高新四路与金融港路	16000
3	高新四路与金融港东路	16000

根据武汉市规划"一张图"及先后对接武汉市规划研究院东湖分院、区规划局，确认高新四路道路南侧和金融港四路南侧为无权属市政绿地，可以用于建设削峰调蓄池(图4.5-4)。

图 4.5-4　金融港片区削峰调蓄池选址

4.5.3.3 雨水管网新建

根据各汇水区雨水管网现状,结合东湖高新区规划,随城市建设时序在各汇水区管网不完善区域新建雨水排水管网。东湖高新区各汇水区新建雨水管道工程量见表4.5-8。

表 4.5-8　　　　　　　　　　东湖高新区各汇水区新建雨水管道工程量

序号	汇水区	新建雨水管道/m
1	东湖汇水区	20425
2	南湖汇水区	4050
3	汤逊湖汇水区	27120
4	豹澥湖汇水区	57865
5	严家湖汇水区	46765
6	严西湖汇水区	18135
7	严东湖汇水区	26140
8	牛山湖汇水区	76625
9	梁子湖汇水区	22170
10	沿江抽排区	10955
11	车墩湖汇水区	50685
	合计	360935

东湖汇水区新建雨水管道工程量见表4.5-9。

表 4.5-9　　　　　　　　　　东湖汇水区新建雨水管道工程量

序号	名称	规格(管径:mm;箱涵尺寸:m)	数量/m	汇水区
1	雨水管	DN600	3495	
2	雨水管	DN800	5460	
3	雨水管	DN1000	5160	
4	雨水管	DN1200	1970	
5	雨水管	DN1350	620	
6	雨水管	DN1500	955	东湖
7	雨水管	DN1800	690	
8	雨水管	DN2000	550	
9	雨水箱涵	$B \times H = 0.6 \times 0.8$	800	
10	雨水箱涵	$B \times H = 3.2 \times 2.0$	725	
	合计		20425	

序号	名称	规格(管径:mm;箱涵尺寸:m)	数量/m	汇水区
1	雨水管	$d2000$	1000	南湖
2	雨水管	$d1000$	300	
3	雨水箱涵	$B \times H = 2.2 \times 1.8$	710	
4	雨水箱涵	$B \times H = 5.0 \times 2.2$	830	
5	雨水箱涵	$B \times H = 3.0 \times 2.0$	350	
6	雨水箱涵	$B \times H = 4.8 \times 2.0$	340	
7	雨水箱涵	$2B \times H = 4.2 \times 2.0$	520	
合计			4050	
1	雨水管	DN600	3650	汤逊湖
2	雨水管	DN800	4375	
3	雨水管	DN1000	4025	
4	雨水管	DN1200	3420	
5	雨水管	DN1350	875	
6	雨水管	DN1500	2355	
7	雨水管	DN1800	1365	
8	雨水管	DN2000	1320	
9	雨水箱涵	$B \times H = 2.2 \times 2.0$	1150	
10	雨水箱涵	$B \times H = 2.2 \times 2.0$	1065	
11	雨水箱涵	$B \times H = 3.8 \times 2.5$	465	
12	雨水箱涵	$B \times H = 4.5 \times 2.5$	185	
13	雨水箱涵	$B \times H = 5.0 \times 2.7$	1160	
14	雨水箱涵	$B \times H = 5.0 \times 2.2$	795	
15	雨水箱涵	$B \times H = 3.6 \times 2.7$	915	
合计			27120	
1	雨水管	DN1000	31065	豹澥湖
2	雨水管	DN1200	13060	
3	雨水管	DN1350	5305	
4	雨水管	DN1500	5215	
5	雨水管	DN1800	625	
6	雨水管	DN2000	610	
7	雨水箱涵	$B \times H = 3.0 \times 2.2$	590	
8	雨水箱涵	$B \times H = 2.8 \times 2.0$	335	
9	雨水箱涵	$B \times H = 2.4 \times 1.8$	390	

序号	名称	规格(管径:mm;箱涵尺寸:m)	数量/m	汇水区
10	雨水箱涵	$B \times H = 3.4 \times 1.8$	390	豹澥湖
11	雨水箱涵	$B \times H = 3.0 \times 1.8$	280	
合计			57865	
1	雨水管	DN600	6285	严家湖
2	雨水管	DN800	17585	
3	雨水管	DN1000	8115	
4	雨水管	DN1200	3580	
5	雨水管	DN1350	3090	
6	雨水管	DN1500	5145	
7	雨水管	DN1800	2120	
8	雨水箱涵	$B \times H = 2.4 \times 1.8$	845	
合计			46765	
1	雨水管	DN400	330	严西湖
2	雨水管	DN600	5340	
3	雨水管	DN800	6965	
4	雨水管	DN1000	2455	
5	雨水管	DN1200	1810	
6	雨水管	DN1350	320	
7	雨水管	DN1500	915	
合计			18135	
1	雨水管	DN600	1150	严东湖
2	雨水管	DN800	10310	
3	雨水管	DN1000	6165	
4	雨水管	DN1200	2650	
5	雨水管	DN1350	2125	
6	雨水管	DN1500	2115	
7	雨水管	DN1800	1300	
8	雨水管	DN2000	325	
合计			26140	
1	雨水管	DN1000	23230	牛山湖
2	雨水管	DN1200	24905	
3	雨水管	DN1350	11905	
4	雨水管	DN1500	12030	
5	雨水管	DN1800	4555	
合计			76625	

续表

序号	名称	规格(管径:mm;箱涵尺寸:m)	数量/m	汇水区
1	雨水管	DN1000	9660	梁子湖
2	雨水管	DN1200	3650	
3	雨水管	DN1350	3070	
4	雨水管	DN1500	2740	
5	雨水管	DN1800	2975	
6	雨水箱涵	$B \times H = 2.2 \times 1.8$	75	
合计			22170	
1	雨水管	DN600	12410	车墩湖
2	雨水管	DN800	17240	
3	雨水管	DN1000	8610	
4	雨水管	DN1200	4920	
5	雨水管	DN1350	2215	
6	雨水管	DN1500	1720	
7	雨水管	DN1800	1100	
9	雨水箱涵	$B \times H = 3.4 \times 1.6$	390	
10	雨水箱涵	$B \times H = 3.0 \times 1.6$	440	
11	雨水箱涵	$B \times H = 3.0 \times 1.8$	570	
12	雨水箱涵	$B \times H = 2.4 \times 2.0$	255	
13	雨水箱涵	$B \times H = 2.6 \times 2.0$	815	
合计			50685	
1	雨水管	DN800	7090	沿江抽排区
2	雨水管	DN1000	1910	
3	雨水管	DN1200	1240	
4	雨水管	DN1350	260	
5	雨水管	DN1500	195	
6	雨水管	DN1800	260	
合计			10955	

东湖高新区规划雨水管网工程分布见图 4.5-5。

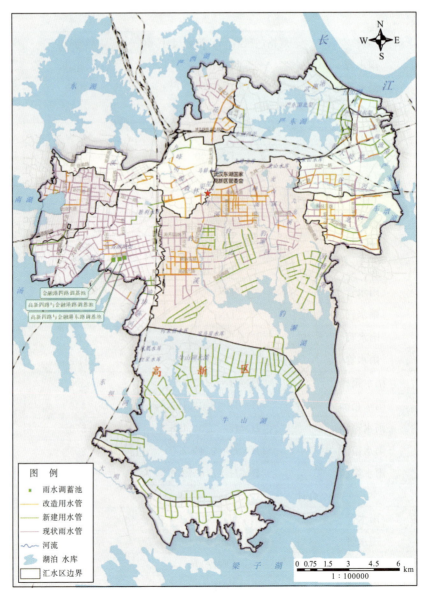

图 4.5-5　东湖高新区规划雨水管网工程分布

4.5.4　港渠整治工程

　　本规划根据各港渠现状排涝能力、实测断面及周边现状等资料对东湖高新区除已建、在建、拟建及有整治方案外现状不满足排涝标准的 10 条港渠进行整治,具体内容见表 4.5-10。

表4.5-10　港渠整治措施

序号	名称	排涝标准	整治长度/km	港渠扩建 起止位置	港渠扩建 长度/km	清淤疏浚 起止位置	清淤疏浚 长度/km	退堤还湖 起止位置	退堤还湖 长度/km
1	台山溪（含星月溪）	50年一遇	6.5	关豹高速—豹獭湖	5.5	/	/	豹獭湖湖区	1.0
2	九峰溪	50年一遇	1.0	关豹高速光谷七路交叉口—豹獭河	1.0	/	/	/	/
3	龙山溪	30年一遇	1.9	/	/	高新大道—豹獭河	1.9	/	/
4	黄大堤港	30年一遇	1.9	武九线—科技一路	1.9	/	/	/	/
5	严东湖北渠	30年一遇	2.1	武鄂高速—严东湖	2.1	/	/	/	/
6	严东湖东渠	30年一遇	1.5	吴徐路—严东湖	1.5	/	/	/	/
7	联丰港	30年一遇	1.0	严东湖—花山大道	1.0	/	/	/	/
8	吴谞湖港	10年一遇	5.7	绕城高速—豹獭湖	5.7	/	/	/	/
9	牛山湖北溪	10年一遇	3.1	004县道—牛山湖	3.1	/	/	/	/
10	大咀海港	10年一遇	3.2	陈家湾—梁子湖	3.2	/	/	/	/

4.5.4.1 港渠扩建工程

港渠扩建段采用梯形断面;边坡坡比1:3,采用植草护坡、生态连锁块护坡两种形式,设计水位以上部分采用植草护坡,设计水位以下部分采用生态连锁块护坡。港渠扩建典型断面见图4.5-6。

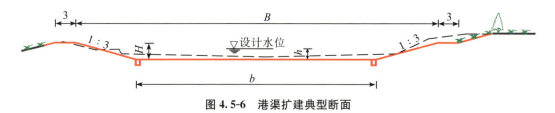

图 4.5-6   港渠扩建典型断面

(1)台山溪(含星月溪)

台山溪(含星月溪)现状排涝能力为28.8~88.2m³/s,按照50年一遇24h设计降雨进行核算,其最大流量为107.7~206.3m³/s。规划对台山溪(含星月溪)(关豹高速—豹澥湖段)进行扩挖,长度约5.5km,渠道底宽15~60m,水深1.8~3.6m,边坡坡比1:3,坡降0.0025。台山溪(含星月溪)港渠扩建范围见图4.5-7。

图 4.5-7   台山溪(含星月溪)港渠扩建范围

(2)九峰溪

九峰溪未整治段现状排涝能力为212.7m³/s,按照50年一遇24h设计降雨进行核算,其最大流量为297.8m³/s。规划对九峰溪(关豹高速光谷七路交叉口—豹澥河段)进行扩挖,长度约 1.0km,渠道底宽 16～20m,水深 4.2～4.5m,边坡坡比 1∶3,坡降 0.002。九峰溪港渠扩建范围见图 4.5-8。

图 4.5-8　九峰溪港渠扩建范围

(3)黄大堤港

黄大堤港未整治段现状排涝能力为 16.2～25.8m³/s,按照 50 年一遇 24h 设计降雨进行核算,其最大流量为 145.4～225.5m³/s。规划对黄大堤港(武九线—科技一路段)进行扩挖,长度约 1.9km,渠道底宽 15～35m,水深 2～3m,边坡坡比 1∶3,坡降 0.0045。黄大堤港港渠扩建范围见图 4.5-9。

图 4.5-9　黄大堤港港渠扩建范围

(4)严东湖北渠

严东湖北渠现状排涝能力为 25.1～78.7m³/s,按照 30 年一遇 24h 设计降雨进行核算,其最大流量为 68.9~94.0m³/s。规划对严东湖北渠(武鄂高速—严东湖段)进行扩挖,长度约 2.1km,渠道底宽 10~25m,水深 2.2~3.2m,边坡坡比 1:3,坡降 0.0015。严东湖北渠港渠扩建范围见图 4.5-10。

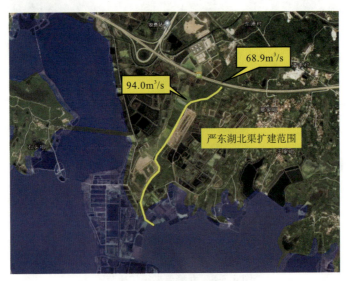

图 4.5-10　严东湖北渠港渠扩建范围

(5)严东湖东渠

严东湖东渠现状排涝能力为 36.2~44.5m³/s,按照 30 年一遇 24h 设计降雨进行核算,其最大流量为 47.6m³/s。规划对严东湖东渠进行扩挖,长度约 1.5km。东湖东渠港渠扩建范围见图 4.5-11。

图 4.5-11　东湖东渠港渠扩建范围

(6)联丰港

联丰港为严东湖汇水区内的排水港道,联丰港汇入北湖大港节点处建有联丰闸,联丰港设计流量受到联丰闸的控制,本次联丰港设计流量直接采用联丰闸设计流量成果。根据《武汉市城市水系规划》(武汉市水务科学研究院,2014)成果,联丰闸的设计流量为62.0m³/s。规划对联丰港(严东湖—花山大道段)进行扩挖,长度约1.0km。联丰港港渠扩建范围见图4.5-12。

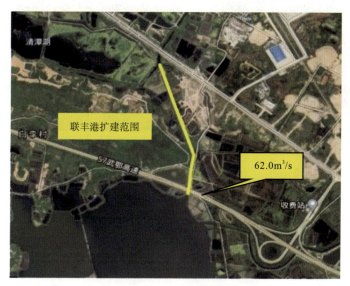

图4.5-12　联丰港港渠扩建范围

(7)吴溏湖港

吴溏湖港现状排涝能力为16.4～58.1m³/s,按照10年一遇24h设计降雨进行核算,其最大流量为52.9～80.0m³/s。规划对吴溏湖港(绕城高速—豹澥湖段)进行扩挖,长度约5.7km,渠道底宽5～60m,水深0.8～2.8m,边坡坡比1∶3,坡降0.0008～0.012。吴溏湖港港渠扩建范围见图4.5-13。

(8)牛山湖北溪

牛山湖北溪现状排涝能力为12.2～50.6m³/s,按照10年一遇24h设计降雨进行核算,其最大流量为30.4～70.3m³/s。规划对牛山湖北溪进行扩挖,长度约3.1km,渠道底宽5～25m,水深1.4～3.3m,边坡坡比1∶3,坡降0.0012～0.0080。牛山湖北溪港渠扩建范围见图4.5-14。

图 4.5-13　吴溏湖港港渠扩建范围　　　　　图 4.5-14　牛山湖北溪港渠扩建范围

（9）大咀海港

大咀海港大部分河段不满足 10 年一遇的排涝标准，按照 10 年一遇 24h 设计降雨进行核算，其最大流量为 $88.2 \sim 114.1 \mathrm{m}^3/\mathrm{s}$。规划对大咀海港进行扩挖，长度约 3.2km。大咀海港港渠扩建范围见图 4.5-15。

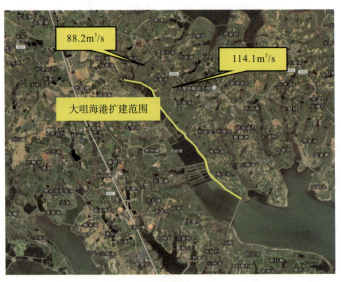

图 4.5-15　大咀海港港渠扩建范围

4.5.4.2　港渠清淤疏浚工程

龙山溪现状排涝能力满足 50 年一遇标准，并已实施了整治，但目前河道内有大量的水生植物,需对其进行清淤疏浚,长度约 1.9km,清淤深度约 1m。龙山溪清淤范围见图 4.5-16。

图 4.5-16　龙山溪清淤范围

4.5.4.3　退堤还湖工程

港渠入湖部分属于后期湖区退堤还湖段,本次规划提出湖区内港渠堤埂破除工程,进行退堤还湖。

规划对台山溪(含星月溪)(豹澥湖湖区段)渠堤进行破除,长度约 1km。完成退堤退渔还湖工程、恢复湖泊水域空间后,按照水生态修复规划方案构建湿地缓冲净化区。台山溪(含星月溪)退堤还湖范围见图 4.5-17。

图 4.5-17　台山溪(含星月溪)退堤还湖范围

4.5.4.4 排洪通道工程

为解决暴雨多发期的内涝问题,规划新建马驿水库溢洪通道工程。工程拟新建排洪通道,与现有河道(渠道)相连,将洪水排入东湖。新建泄洪通道沿花山大道和九峰一路布置,起点位于马驿水库,终点接西苑公园现有河道,新建泄洪通道全长 1.5km。

4.5.5 管理规划方案

4.5.5.1 湖泊水位调控及城市竖向规划方案

湖泊最高控制水位应有利于其汇水范围内雨水的排放,不应高于湖泊周边城市开发建设用地高程以下 1.0m,一般应低于周边城市开发建设用地高程 1.5m。

湖泊出口能力应满足 48h 内将湖泊水位从最高设计水位下降至最低控制水位的要求。

城市用地应优先按照有利于雨水排出的原则进行竖向控制,避免形成排水不利地区和区段。

城市道路坡向应与雨水管涵水流方向一致,必须进行路段调坡时,调坡深度不应超过 0.15m。

用地地块内的地面高程应按该地块的重要性和区域地形条件确定,重要项目的地面高程应高于相邻道路最低处 0.45m 以上,一般项目的地面高程应高于相邻道路最低处 0.3m 以上。

地下设施的入口高程必须高于周边地面高程,车行入口高程应高于周边地面 0.2m 以上,人行入口高程应高于周边地面 0.45m 以上。

城市绿化及地块内部绿化的用地高程应有利于蓄滞周边雨水,应有不少于 50% 的绿化用地为下凹式绿化,下凹式绿化与周边地面的竖向高差宜控制在 0.1~0.4m。

具体高新区主要湖泊规划方案如下:

(1)东湖

东湖控制常水位为 19.15m,最高调蓄水位为 19.65m,临湖道路的控制最低高程为 21.15m,汇水区域内建设区地面高程依据湖岸与建设区相对位置、现状地势情况、排水管涵的坡度等综合考虑,不得低于 21.15m。

(2)南湖

南湖的控制常水位为 19.15m,最高调蓄水位为 19.65m,临湖道路的控制最低高程为 21.15m,汇水区域内建设区地面高程不得低于 21.15m。

(3)汤逊湖

汤逊湖的控制常水位 17.65m,最高调蓄水位为 18.65m,临湖道路的控制最低高程为 20.15m,汇水区域内建设区地面高程不得低于 20.15m。

（4）豹澥湖

豹澥湖的控制常水位 17.00m,最高调蓄水位为 18.50m。由于豹澥湖汇水区域内城市建设区的扩大对排涝流量有一定程度的影响,同时考虑到豹澥湖流域的排涝是跨行政区的管理,存在不利的因素。为了保障豹澥湖沿岸建设区的安全,确保梁子湖达到 19.30m 的保证水位时,豹澥湖沿岸不受渍水影响,临湖道路的最低控制高程为 20.80m。豹澥湖汇水区域内建设区地面高程不得低于 20.80m。

（5）严西湖

严西湖的控制常水位为 18.40m,最高调蓄水位为 19.40m,临湖道路的控制最低高程为 20.90m,汇水区域内建设区地面高程不得低于 20.90m。

（6）严东湖

严东湖的控制常水位为 17.50m,最高调蓄水位为 18.50m,临湖道路的控制最低高程为 20.00m,汇水区域内建设区地面高程不得低于 20.00m。

（7）严家湖、车墩湖

严家湖、车墩湖常水位 17.00m,最高调蓄水位为 18.00m,临湖道路的最低控制高程为 20.00m,建设区地面高程不得低于 20.00m。

（8）牛山湖

牛山湖常水位 17.00m,最高调蓄水位为 18.50m。为了保障牛山湖沿岸建设区的安全,确保梁子湖达到 19.30m 的保证水位时,牛山湖沿岸不受渍水影响,临湖道路的最低控制高程为 20.80m。牛山湖汇水区域内建设区地面高程不得低于 20.80m。

（9）梁子湖

梁子湖常水位 17.00m,最高水位为 19.30m,临湖道路的最低控制高程为 20.80m,建设区地面高程不得低于 20.80m。

4.5.5.2 完善内涝应急响应管理体系,提升城市内涝应急管理效果

内涝灾害的应急管理关系到城市管理的多个部门,包括应急、气象、水务、交通、电力、通信等,在灾害发生前、灾害发生中及灾害发生后,各个部门如何应急联动、协同抢险救灾,是一项复杂的系统工程,需要一个科学合理的城市内涝灾害应急响应管理及联动机制。城市内涝应急响应以城市内涝预报预警系统和应急预案为基础,建议制定和完善切实可行的城市内涝应急响应预案,依靠城市内涝预报预警系统,及时发现、准确判断内涝形势,果断处理险情,避免或减少城市内涝灾害损失。同时,在目前已有的应急管理和联动机制基础上,进一步加强内涝灾害预报预警信息的共享,提高各部门联动能力

和响应速度,综合提升内涝应急管理效能。

4.5.5.3 强化城市内涝监测预报预警建设,提高精细化调度能力

如果能够提前预知灾害的发生,就可以科学开展防洪调度,做好应急准备,大幅提高洪水防治效果,因此,灾害预报预警与调度是国内外优先采用的灾害防治措施。建议大力推进城市内涝监测预报预警系统的建设,通过气象雷达为主要监测预报手段的强降雨监测预报技术、精细化城市内涝预报模型技术、GIS与遥感技术、河涌洪水演进模型、精细化的城市下垫面资料等,建成内涝监测预报预警系统。在系统的建设中,要以河涌流域为单元,建立城区易涝点内涝自动监测系统,截污干管与河涌之间的提升闸采用遥控电动控制,并配置视频监控设备,全面提高排水设施管理的信息化水平,提高城市内涝预报预警的科学水平和闸站的精细化调度水平。

4.5.5.4 推进城市内涝风险图绘制工作

近年来,防洪和内涝治理工程投入不断增加,但是灾害损失并没有得到完全控制,单纯的工程措施是不完整的,无限制的提高防洪排涝能力也是不可持续的。加强对超标准降雨的风险管理,以最大限度地减轻超标准降雨带来的损失,是实现经济社会可持续发展的重要保障。建议通过工程措施防护标准内的降雨,通过风险管理实现对超标准降雨的管理,应尽快绘制城市内涝风险图,提出相应的内涝洪水风险管理方法并实施,以最大限度地降低城市超标准内涝洪水灾害损失。

4.5.5.5 强化排水设施日常管护,提高管护效率和应急排涝抢险能力

加大对人为破坏、占用、损毁排水设施等违法行为的查处力度,严禁人为侵占城区坑塘等,加大对城区水域的清淤和疏浚排查清理城市河道管理范围内的碍洪建筑物,提高城市蓄水调控能力。排水设施日常管护工作中经常发现,部分基建工程施工建设不规范,导致工地上大量的泥浆流入市政排水管道,浓稠的泥浆沉积在管底后,将减弱管道排水能力,普通的疏通方式不能解决,清疏难度加大,需要城管、建设等各部门协同配合,共同加强监管。做好排水设施的日常巡查、清淤维修养护,保障排水泵站高效、安全运行。加大管网巡查维护力度,实行定人、定岗、定责制度,坚持日常巡查,重点部位重点巡查,确保排水设施巡查、管理、维护到位,创新监管模式,抓好源头控制,及时纠正损坏排水设施的行为,做到第一时间发现和解决问题。暴雨来袭前,组织人员24h轮回巡查,发现管道、雨水口有淤堵现象时,及时清理疏通;提前做好汛前城市排水系统的检修、疏浚等工作,对建成排水管、雨水井、盖板沟、明暗渠、出水口等市区排水设施进行拉网式整治,开展清掏工作,对城市内和城市周边河道进行清淤疏浚,拓宽卡口断面,保障河道畅通。同时,建议结合实际和排水管护工作现状,逐步购置管道内窥检测设备、小型吸污车、淤泥运输车、移动抽水泵站等各种检测、管护车辆机械设备,提高排水设施管护效率

和应急处理能力。

已建保留地块总共分为五大类：第一类是合流制小区；第二类是存在混错接的小区；第三类是老旧小区，列入各区老旧小区整治名单；第四类是渍水小区；第五类是无问题的小区。从以问题为导向的角度出发，不同类型提出不同的建设策略，对于第一类合流小区，增加转输型海绵设施及管道，进行雨污分流改造；对于第二类混流小区，针对混流点进行改造；对于第三类老旧小区注重环境提升和便民设施的改善；对于第四类渍水小区需要结合外围排水管渠及排涝除险工程建设，分析是否依然存在渍水，若依然存在渍水，提出调蓄、一体化泵站或挡水墙等专项措施；第五类是否列入近期建设应结合具体情况进行专题讨论。

4.6　实施评估

4.6.1　入湖港渠效果评估

在港渠整治工程按照规划标准实施后，根据各港渠排涝标准，以10年一遇、30年一遇、50年一遇24h设计降雨对港渠排涝能力进行评估。

经计算，50年一遇设计降雨条件下台山溪（含星月溪）各断面水位由现状的35.21～18.87m下降到33.39～18.35m，九峰溪各断面水位由现状的45.69～20.15m下降到43.76～19.48m，龙山溪各断面水位由现状的31.61～23.27m下降到29.92～22.64m，黄大堤港（未整治段）各断面水位由现状的25.66～20.37m下降到24.11～19.95m；30年一遇设计降雨条件下严东湖北渠各断面水位由现状的22.16～18.91m下降到20.47～18.50m，严东湖东渠最高水位处断面由现状的22.34～19.27m下降到20.86～18.43m；10年一遇设计降雨条件下吴溏湖港各断面水位由现状的33.85～19.52m下降到31.94～18.73m，牛山湖北溪各断面水位由现状的26.45～19.21m下降到24.35～18.57m，大咀海港各断面水位由现状的21.75～19.76m下降到19.84～19.05m。

表 4.6-1　　　　　　　　　　港渠整治效果基本情况

序号	港渠名称	防洪排涝标准	河道岸坡顶高程/m	最高水位/m	
				整治前	整治后
1	台山溪（含星月溪）	50年一遇	34.68～18.70	35.21～18.87	33.39～18.35
2	九峰溪		45.01～19.97	45.69～20.15	43.76～19.48
3	龙山溪		31.14～23.01	31.61～23.27	29.92～22.64
4	黄大堤港（未整治段）		25.28～20.14	25.66～20.37	24.11～19.95

序号	港渠名称	防洪排涝标准	河道岸坡顶高程/m	最高水位/m	
				整治前	整治后
5	严东湖北渠	30年一遇	21.58～18.73	22.16～18.91	20.47～18.50
6	严东湖东渠		22.05～19.02	22.34～19.27	20.86～18.43
7	吴溏湖港	10年一遇	33.46～19.26	33.85～19.52	31.94～18.73
8	牛山湖北溪		25.83～18.96	26.45～19.21	24.35～18.57
9	大咀海港		21.16～19.44	21.75～19.76	19.84～19.05

4.6.2　雨水管网能力评估

根据东湖高新区雨水管网工程规划方案,对各汇水区雨水管网进行模拟,依据管段是否发生满管压力流进行分析,评估在1、3、5年一遇2h短历时设计降雨下雨水管网的排水能力。评估结果见图4.6-1和表4.6-2。

经过管网改造,各汇水区雨水管网过流能力均有提升,满足3～5年设计标准的管网比例均有提高。其中,南湖汇水区过流能力满足$P>3$年设计标准的管网比例由现状14.6%提高至48.3%,过流能力不足1年的管网比例由现状52.0%降至35.3%。汤逊湖汇水区过流能力满足$P>3$年设计标准的管网比例由现状28.6%提高至42.6%,过流能力不足1年的管网比例由现状46.2%降至36.2%。东湖汇水区过流能力满足$P>3$年设计标准的管网比例由现状69.7%提高至87.01%,过流能力不足1年的管网比例由现状23.05%降至4.1%。豹澥湖汇水区过流能力满足$P>3$年设计标准的管网比例由现状57.4%提高至77.97%,过流能力不足1年的管网比例由现状23.8%降至10.9%。严家湖汇水区过流能力满足$P>3$年设计标准的管网比例由现状70.78%提高至86.94%,过流能力不足1年的管网比例由现状20.23%降至5.6%。车墩湖汇水区过流能力满足$P>3$年设计标准的管网比例由现状74.96%提高至94.49%,过流能力不足1年的管网比例由现状16.7%降至3.7%。

此外,东湖高新区范围内牛山湖、梁子湖、严东湖等汇水区内雨水管网存在缺失的区域,按照$P=3～5$年设计标准分时序新建雨水管网,可进一步完善区域雨水排水系统,提高雨水收集排放能力。

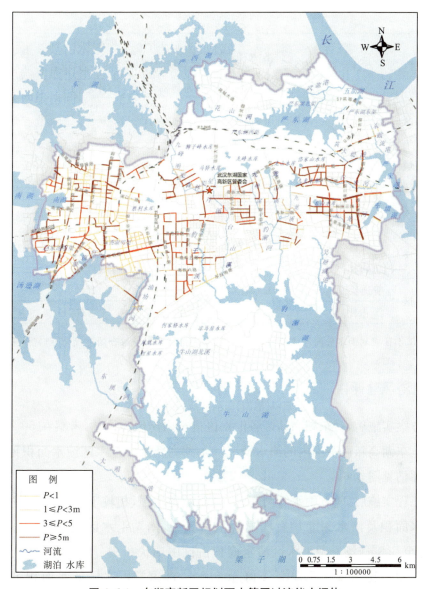

图 4.6-1　东湖高新区规划雨水管网过流能力评估

表 4.6-2　　　　　　　　　　　　各汇水区规划雨水管网排水能力评估

一级汇水区	统计类别	排水能力小于1年一遇	排水能力1~3年一遇（包括1不包括3）	排水能力3~5年一遇（包括3不包括5）	排水能力大于等于5年一遇
南湖汇水区	管道长度/km	22.50	10.40	7.00	23.70
	占比/%	35.30	16.40	11.00	37.30
汤逊湖汇水区	管道长度/km	47.15	27.61	23.70	31.78
	占比/%	36.20	21.20	18.20	24.40

一级汇水区	统计类别	排水能力小于1年一遇	排水能力1~3年一遇(包括1不包括3)	排水能力3~5年一遇(包括3不包括5)	排水能力大于等于5年一遇
豹澥湖汇水区	管道长度/km	29.90	30.60	17.40	196.50
	占比/%	10.89	11.14	6.35	71.62
东湖汇水区域	管道长度/km	2.50	5.40	1.68	51.20
	占比/%	4.10	8.90	2.77	84.20
严东湖汇水区	管道长度/km	1.30	0.50	0.20	27.20
	占比/%	4.40	1.70	0.70	93.10
严家湖汇水区	管道长度/km	4.30	5.70	2.40	64.20
	占比/%	5.60	7.50	3.10	83.90
车墩湖汇水区	管道长度/km	2.40	1.20	1.67	60.00
	占比/%	3.70	1.80	2.60	91.90

注:南湖汇水区规划雨水管网过流能力评估参考《南湖流域水环境综合治理规划》研究成果进行完善。

4.6.3　内涝风险评估

规划方案实施后,对东湖高新区各汇水区进行内涝风险评估,考察在50年一遇24h设计降雨下东湖高新区范围内的渍水情况。东湖高新区各汇水区渍水面积见表4.6-3,内涝风险评估见图4.6-2。

规划工程实施后,随着雨水管网完善、过流能力增强,相较于现状内涝模拟结果,各汇水区渍水面积及渍水深度均有明显降低。其中,南湖汇水区渍水面积占比由现状7.7%下降至3.8%,汤逊湖汇水区渍水面积占比由现状6.9%下降至3.0%,车墩湖汇水区渍水面积占比由现状7.59%下降至1.6%,严家湖汇水区渍水面积占比由现状5.48%下降至1.9%,豹澥湖汇水区渍水面积占比由现状4.20%下降至1.5%,东湖汇水区渍水面积占比由现状9.72%下降至1.8%。有效缓解了各汇水区渍水风险,提高了东湖高新区排水防涝能力。工程实施后,局部区域仍存在渍水点,主要是工程施工基坑、绿地及景观水体导致的局部地势低点,可在竖向进行控制,或在局部低点增加移动泵车等应急措施。

表 4.6-3　　　　　　　　　东湖高新区各汇水区渍水面积统计

序号	汇水区名称	渍水面积/km²	渍水面积占比/%
1	南湖汇水区	0.57	3.8
2	汤逊湖汇水区	1.28	3.0

续表

序号	汇水区名称	渍水面积/km²	渍水面积占比/%
3	车墩湖汇水区	0.26	1.6
4	严家湖汇水区	0.41	1.9
5	豹澥湖汇水区	1.6	1.5
6	东湖汇水区	0.49	1.8

注:根据《室外排水设计标准》(GB 50014—2021)关于城市内涝地面积水的规定,地面积水设计标准为:道路中一条车道的积水深度不超过15cm,故上表中统计的"渍水面积"为路面积水超过0.15m²的面积。

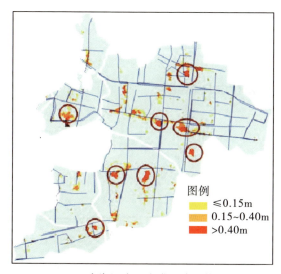

(a)南湖汇水区内涝风险评估

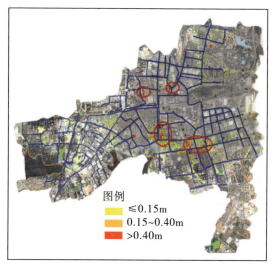

(b)汤逊湖汇水区内涝风险评估

(c)车墩湖汇水区内涝风险评估

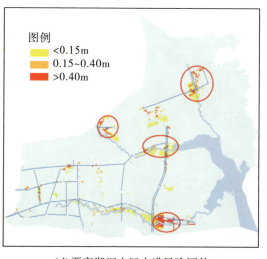

(d)严家湖汇水区内涝风险评估

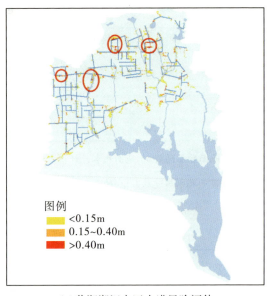 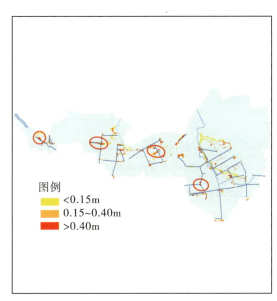

（e）豹澥湖汇水区内涝风险评估　　　　　　　（f）东湖汇水区内涝风险评估

图 4.6-2　东湖高新区各汇水区内涝风险评估

5 水环境系统治理规划

5.1 区域污水系统现状

5.1.1 污水处理厂布局

东湖高新区范围内污水处理厂共有6座,分别是:龙王咀污水处理厂、汤逊湖污水处理厂、豹澥污水处理厂、王家店污水处理厂、花山污水处理厂和左岭污水处理厂。具体分布及服务范围见图5.1-1,基本信息见表5.1-1。

花山污水处理厂位于青山化工区;龙王咀污水处理厂收集范围部分位于东湖高新区,部分位于洪山区;汤逊湖污水处理厂收集范围部分位于东湖高新区,部分位于江夏区。

表 5.1-1 　　　　　　　　　东湖高新区污水处理厂

序号	厂名	服务区域	现状规模 /(万 m³/d)	实际处理规模 /(万 m³/d)	尾水排放标准
1	龙王咀污水处理厂	东湖高新、洪山区	30	26.6	一级 A
2	汤逊湖污水处理厂	东湖高新、江夏区	20	15.5	一级 A
3	豹澥污水处理厂	东湖高新区	7	6	一级 A
4	王家店污水处理厂	东湖高新区	2	2.7	一级 A
5	花山污水处理厂	东湖高新区	2	1	一级 A
6	左岭污水处理厂	东湖高新区	10	8.5	一级 A
7	合计		71	60.3	

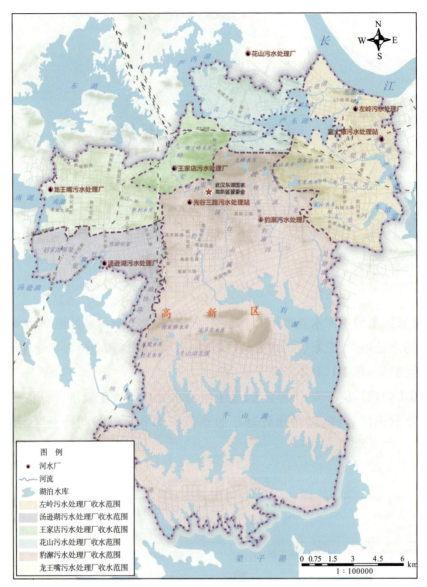

图 5.1-1 东湖高新区污水处理厂及服务范围

5.1.2 污水泵站布局

　　东湖高新区涉及污水处理厂污水管网收集系统配套市政污水提升泵站共24座,东湖高新区内共20座,其中龙王咀污水处理厂东湖高新区服务范围内包含7座,汤逊湖污水处理厂东湖高新区服务范围包含3座污水泵站,豹澥污水处理厂服务范围内包含4座,王家店污水处理厂服务范围内包含1座,花山污水处理厂服务范围内包含2座污水泵站,左岭污水处理厂服务范围内包含3座污水泵站。具体见图5.1-2、表5.1-2。

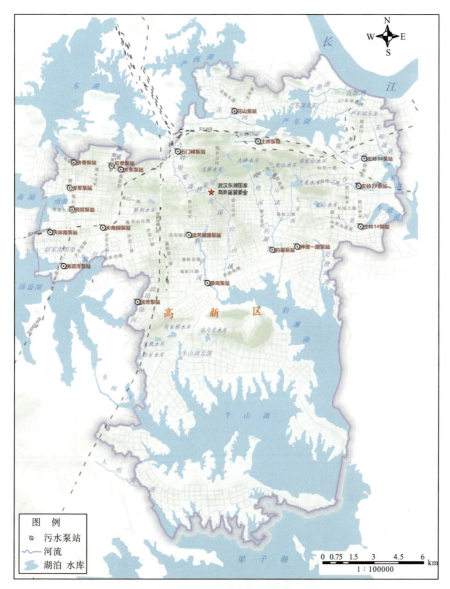

图 5.1-2　东湖高新区污水提升泵站分布

表 5.1-2　　　　　　　　东湖高新区涉及污水处理厂配套污水提升泵站

序号	泵站名称	所属污水处理厂	运行规模	泵站分级	备注
1	关东泵站		1.3 万 m³/d	二级	
2	虹景泵站		3.8 万 m³/d	二级	
3	鲁巷泵站	龙王咀	1.5 万 m³/d	二级	
4	荣军泵站	污水处理厂	16 万 m³/d	一级	
5	民院泵站		2.7 万 m³/d	二级	
6	湖滨泵站		3.7 万 m³/d	一级	

序号	泵站名称	所属污水处理厂	运行规模	泵站分级	备注
7	南湖北路泵站	龙王咀污水处理厂	4.5万 m^3/d	一级	洪山区
8	工大泵站		1.5万 m^3/d	二级	洪山区
9	桂子花园泵站		0.8万 m^3/d	二级	洪山区
10	关南泵站		1.2万 m^3/d	二级	
11	天际路泵站	汤逊湖污水处理厂	1.7万 m^3/d	二级	
12	南泥湾泵站		2.1万 m^3/d	一级	
13	流芳泵站		2.2万 m^3/d	一级	
14	藏龙岛泵站		2.9万 m^3/d	一级	江夏区
15	泉港泵站	豹澥污水处理厂	3万 m^3/d	一级	
16	豹澥泵站		0.3万 m^3/d	一级	
17	星月泵站		未启用	一级	
18	省妇幼泵站		—	一级	
19	青王路泵站	王家店污水处理厂	1.7万 m^3/d	一级	一体化泵站
20	土桥泵站	花山污水处理厂	$0.25m^3/s$	二级	现状建设规模
21	花山泵站		$0.3m^3/s$	一级	现状建设规模
22	左岭1#泵站	左岭污水处理厂	2.2万 m^3/d	三级	
23	左岭2#泵站		3.4万 m^3/d	二级	
24	左岭3#泵站		4.0万 m^3/d	一级	

5.1.3 污水管网布局

东湖高新区已开发区域均有完善的雨污水系统,市政管网按照雨污分流制建设。花山东片、王家店北片、左岭北片及环牛山湖片区尚未进行系统开发建设,没有建设污水管网。其余建成区污水主干管系统已经成型。

东湖高新区目前已形成龙王咀、汤逊湖、王家店、花山、豹澥和左岭6个集中的污水收集系统,现状市政污水管网总长度约890km,污水管网覆盖面积120km²,占建成区用地的90%。其中,豹澥片区污水管网总长约254km,左岭片区污水管网总长约144km,花山片区污水管网总长约28km,汤逊湖片区污水管网总长约260km,龙王咀片区污水管网总长约186km,王家店片区污水管网总长约18km。

(1)龙王咀污水收集系统

龙王咀污水收集系统内按雨污分流制建设,污水收集管网大部分已建成,龙王咀污水收集系统内管网总长度约186km。现状污水管道主要分为两根进厂干管3个主要进水方向,区域内污水最终通过 $B×H=2400mm×2000mm$ 污水箱涵排入龙王咀污水处理厂。西片干管沿雄楚大道、楚平路敷设 $d=500\sim1200$mm 污水管道,服务卓刀泉南路以西的地区,污水通过工大泵站、桂子花园泵站、南湖北路泵站提升入厂;东片干管沿雄楚大道、民族大道、康福路敷设 $d=500\sim1800$mm 污水管道,服务东湖高新区三环线西北区域及东湖风景区磨山南部地区,污水经荣军泵站、鲁巷泵站、关东泵站、关南泵站、民院泵站、虹景泵站、邮科院泵站等提升至污水处理厂;北片干管服务湖北体育学院等珞喻路以北的区域,污水经湖滨泵站提升后通过厂前干管入厂。

(2)汤逊湖污水收集系统

汤逊湖污水收集系统内污水管网均已建成,管网总长度约 260km。系统内污水主要从光谷大道南片、藏龙岛片、光谷大道北片、庙山片及高新四路片 5 个主要进水方向汇入南、北两根进厂干管。光谷大道南片沿流芳路、光谷大道、高新五路敷设 $d=800$mm 污水干管,服务高新五路以南、杨桥湖大道以东、光谷二路以西的流芳工业园、凤凰山工业园等片区,污水经流芳泵站提升后经南干管进厂;藏龙岛片沿湖东路敷设 $d=600\sim800$mm 污水干管,服务藏龙岛南片及栗庙岛北片区域,片区污水经藏龙岛泵站提升后汇入 $d=1200$mm 南干管进厂;庙山片沿周店路—橡树路—三园路—滨湖路敷设 $d=600\sim1200$mm 管道,污水干管主要服务滨湖路以北、光谷大道以西的周店、庙山地区,污水经天际路及南泥湾泵站提升后经南干管进厂;光谷大道北片沿光谷大道敷设 $d=1200$mm 干管,收集高新四路以北,高新三路以南的金融港片区污水,并承接关南泵站来水,污水未经泵站提升直接汇入 $d=1500$mm 北干管进入汤逊湖污水处理厂;高新四路片沿高新四路敷设双排 $d=400\sim800$mm 污水干管,主要服务高新三路以南、高新六路以北、光谷大道以东、光谷二路以西的武汉工程大学及佛祖岭片区,片区污水未经泵站提升汇至北干管后进厂。

(3)豹澥污水收集系统

豹澥污水系统内收集管网已形成一定规模,其干管系统已形成。现状污水管网总长约 254km,光谷三路创新生物园、佛祖岭片及光谷出路生物医药园片等建成区管网已基本建成,中部区域污水收集支管仍有待完善。系统因污水主要从泉岗泵站片、光谷八路片及光谷七路北片三个方向分别汇入东、西两根进厂干管。泉岗泵站片光谷四路、凤凰山街敷设 $d=400\sim1200$mm 污水管道,主要服务创新生物园及佛祖岭等地区,经泉岗泵站及豹澥泵站提升后汇入 $d=1500$mm 西干管进厂;光谷八路片沿光谷八路、武黄高速公路敷设 $d=400\sim1000$mm 污水管道,主要服务光谷八路沿线生物医药园片区,污水未经泵站提升直接汇至 $d=1000$mm 东干管进厂;光谷七路片沿光谷七路敷设 $d=600$mm 及 $d=800$mm 两根污水主干管,主要服务光谷七路沿线的高科园片区,污水未经泵站提升直接汇至西干管进厂。

（4）王家店污水收集系统

王家店污水收集系统现状管网总长度约 18km。系统内干管已形成,主干管沿光谷三路布置,型号为 $d=600\sim800mm$。另外,高新大道下建有两排 $d=400mm$ 污水管道,王家店片区中的百合路、何刘路、紫兰路、三星路已经按规划形成,其余污水收集支管仍有待完善。

（5）花山污水收集系统

花山污水系统污水西干线已经建成,管网总长度约 28km。系统内污水分别从花山泵站片及严西湖直接片两个方向汇入沿常家山路敷设 $d=1000\sim1350mm$ 进厂干管。严西湖直接进厂片干管沿花城大道敷设双排 $d=300\sim400mm$ 污水管道,主要服务严西湖岸线旁的花山郡及碧桂园生态城等地区,污水未经泵站提升直接汇至进厂干管进厂;南部花山泵站片主要服务半岛地区及花城家园地区,污水主要通过石门峰 1# 泵站、土桥泵站及花山泵站逐级提升后汇至进厂干管进厂。

（6）左岭污水收集系统

左岭污水收集系统主干管基本建成,管网总长度约 144km,管网覆盖范围内大部分为待建区域。污水系统呈"鱼骨型"结构,进厂干管沿未来三路敷设,管径规模为 $d=1800mm$,主要收集中国地质大学（未来城校区）、国家存储器、左岭还建社区、华星光电、天马微电子等地区污水。未来三路沿线区域污水经左岭/1# 泵站、2# 泵站及 3# 泵站逐级提升进厂。

5.2 区域污水系统评估

5.2.1 污水系统分区

根据实际污水系统分布和上位排水专项规划,东湖高新范围的污水系统分为 6 个一级系统,见图 5.1-1 和表 5.1-1,在一级分区的基础上,进一步细化污水收集系统,将其分为 37 个二级分区,见表 5.2-1,服务范围见图 5.2-1。

表 5.2-1　　　　　　　　　　　东湖高新区污水二级分区

序号	片区名称	片区面积 /km²	所属区域	序号	片区名称	片区面积 /km²	所属区域
1	未来三路1号片区	7.57	左岭污水处理厂	20	牛山湖 1# 片区	10.76	豹澥污水处理厂
2	左岭 2 号片区	25.33	左岭污水处理厂	21	牛山湖 2# 片区	3.53	豹澥污水处理厂

续表

序号	片区名称	片区面积/km²	所属区域	序号	片区名称	片区面积/km²	所属区域
3	左岭3号片区	8.33	左岭污水处理厂	22	牛山湖3#片区	3.97	豹澥污水处理厂
4	富士康产业园片区	3.52	富士康产业园污水处理厂	23	牛山湖4#片区	27.20	豹澥污水处理厂
5	左岭5号片区	15.23	左岭污水处理厂	24	牛山湖5#片区	26.37	豹澥污水处理厂
6	沿江片区	2.48	左岭污水处理厂	25	牛山湖6#片区	29.70	豹澥污水处理厂
7	左岭污水处理厂片区	2.12	左岭污水处理厂	26	半岛片区	15.69	豹澥污水处理厂
8	土桥片区	7.44	花山污水处理厂	27	关南片区	12.79	龙王咀污水处理厂
9	花山片区	8.19	花山污水处理厂	28	民院片区	2.09	龙王咀污水处理厂
10	花湖片区	6.12	花山污水处理厂	29	鲁巷片区	1.96	龙王咀污水处理厂
11	李家村片区	8.80	花山污水处理厂	30	关东片区	2.71	龙王咀污水处理厂
12	石门峰片区	5.23	王家店污水处理厂	31	虹景片区	4.28	龙王咀污水处理厂
13	王家店1号片区	6.29	王家店污水处理厂	32	荣军片区	11.37	龙王咀污水处理厂
14	王家店污水处理厂片区	10.13	王家店污水处理厂	33	龙王咀片区	1.93	龙王咀污水处理厂
15	豹澥片区	17.41	豹澥污水处理厂	34	光谷西片区	14.87	汤逊湖污水处理厂
16	泉港片区	34.51	豹澥污水处理厂	35	光谷东片区	12.13	汤逊湖污水处理厂
17	豹澥污水处理厂片区	32.53	豹澥污水处理厂	36	流芳片区	3.30	汤逊湖污水处理厂
18	流芳园片区	6.28	豹澥污水处理厂	37	凤凰山片区	2.70	汤逊湖污水处理厂
19	光谷三路片区	3.05	光谷三路污水处理站				

5.2.2　污水处理设施效能评估

东湖高新区规划区域范围内共包含6座污水处理厂,其中龙王咀污水处理厂污水收集区域主要位于南湖流域范围内,在《南湖流域水环境综合治理规划》和《南湖流域系统提质增效与运营方案》中已进行重点研究,《汤逊湖流域水环境综合治理规划》也对汤逊湖污水处理厂提质增效提出了针对性的实施方案。龙王咀污水处理厂和汤逊湖污水处理厂效能评估结合上述成果进行。

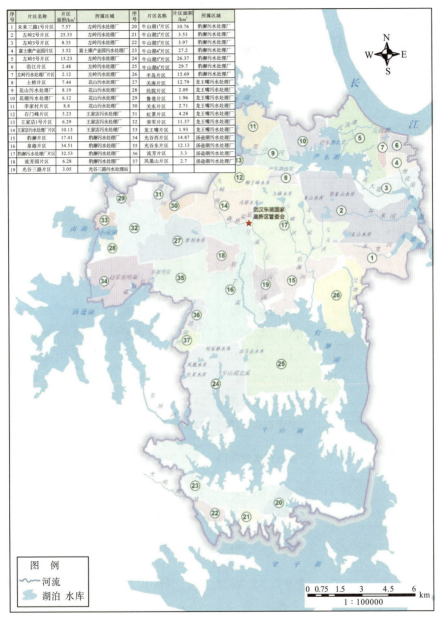

序号	片区名称	片区面积/km²	所属区域	序号	片区名称	片区面积/km²	所属区域
1	未来三路1号片区	7.57	左岭污水处理厂	20	牛山湖1#片区	10.76	豹澥污水处理厂
2	左岭2号片区	25.33	左岭污水处理厂	21	牛山湖2#片区	3.53	豹澥污水处理厂
3	左岭3号片区	8.33	左岭污水处理厂	22	牛山湖3#片区	3.97	豹澥污水处理厂
4	富士康产业园片区	3.52	富士康产业园污水处理厂	23	牛山湖4#片区	27.2	豹澥污水处理厂
5	左岭5号片区	15.23	左岭污水处理厂	24	牛山湖5#片区	26.37	豹澥污水处理厂
6	沿江片区	2.48	左岭污水处理厂	25	牛山湖6#片区	29.7	豹澥污水处理厂
7	左岭污水处理厂片区	2.12	左岭污水处理厂	26	半岛片区	15.69	豹澥污水处理厂
8	土桥片区	7.44	花山污水处理厂	27	关南片区	12.79	龙王嘴污水处理厂
9	花山污水处理厂	8.19	花山污水处理厂	28	民院片区	2.09	龙王嘴污水处理厂
10	花朗污水处理厂	6.12	花山污水处理厂	29	鲁巷片区	1.96	龙王嘴污水处理厂
11	李家村片区	8.8	花山污水处理厂	30	关东片区	2.71	龙王嘴污水处理厂
12	石门峰片区	5.23	王家店污水处理厂	31	虹景片区	4.28	龙王嘴污水处理厂
13	王家店1号片区	6.29	王家店污水处理厂	32	荣军片区	11.37	龙王嘴污水处理厂
14	王家店污水处理厂片区	10.13	王家店污水处理厂	33	龙王嘴片区	1.93	龙王嘴污水处理厂
15	豹澥片区	17.41	豹澥污水处理厂	34	光谷西片区	14.87	汤逊湖污水处理厂
16	泉港片区	34.51	豹澥污水处理厂	35	光谷东片区	12.13	汤逊湖污水处理厂
17	豹澥污水处理厂片区	32.53	豹澥污水处理厂	36	流芳片区	3.3	汤逊湖污水处理厂
18	流芳园片区	6.28	豹澥污水处理厂	37	凤凰山片区	2.7	汤逊湖污水处理厂
19	光谷三路片区	3.05	光谷三路污水处理站				

图 5.2-1　东湖高新区污水二级分区

5.2.2.1　龙王咀污水处理厂

（1）现状概况

龙王咀污水处理厂服务区域为东湖高新区和洪山区，服务范围西起石牌岭，东至关东工业园，南起南湖、中南民族大学，北至喻家山、中国地质大学以及东湖风景区磨山南部地区，总服务面积60.3km²。东湖高新区内服务范围为京广高速铁路以西、三环线以北的关山科研集聚区，服务面积约40km²。

龙王咀污水处理厂位于南湖北岸关山村,占地面积约 13.3hm²。一期工程规模 15 万 m³/d,于 1999 年开工建设,2003 年建成投产运行。后期经提标及扩建,目前污水处理规模达到 30 万 m³/d,主体工艺为倒置 A²O 工艺,出水水质执行《城镇污水处理厂污染物排放标准》(GB 18918—2002)一级标准的 A 标准,尾水排入长江。

(2)实际处理规模

龙王咀污水处理厂 2018 年全年平均日处理污水量 259758m³,2019 年 1—7 月实际日均处理水量 265157m³,接近污水处理厂 30 万 m³ 建设规模,局部时段高峰时期污水量已超过建设规模。龙王咀污水处理厂来水主要为生活污水,生活与工业污水的比例约 9∶1。

以 2019 年 6 月 16—20 日为例,分析降水量与龙王咀污水处理厂处理水量的变化情况(表 5.2-2)。

表 5.2-2 降水量与龙王咀污水处理厂处理水量的变化情况

日期	降水量/mm	污水处理厂处理水量/m³
2019-06-16	0	255609
2019-06-17	23.1	291334
2019-06-18	58.7	294227
2019-06-19	11.5	281954
2019-06-20	0	283270
2019-06-21	82.1	314905

上述数据表明,6 月 17—19 日均有降雨,龙王咀污水处理厂处理水量较无降雨时(6 月 16 日,6 月 20 日)有较为明显的增长。6 月雨天最高污水量 314905m³/d,与 6 月平均值 264777m³/d 相比,污水最大增加量 50128m³/d,占 6 月日均处理污水量的 18.9%,说明服务范围内存在雨污水管网混错接情况,降雨时有部分雨水混入污水管道。

(3)进、出水水质

根据 2019 年 1—7 月污水处理厂提供的实测进、出水水质数据,采用数理统计方法对化学需氧量、氨氮、总氮、总磷等指标进行分析。

从表 5.2-3 可见,龙王咀污水处理厂实际进水水质与设计进水水质有所差异,以 90% 保障率实测值与设计值比较,化学需氧量低于设计值 20.4%,生化需氧量高于设计值 8.5%,氨氮低于设计值 19.7%,总氮高于设计值 4.6%,总磷低于设计值 42.5%。由进水水质分析可知,龙王咀污水处理厂进水水质基本达到湖北省提质增效要求。

表 5.2-3　　　　　　　　　　龙王咀污水处理厂进水水质分析

项目	化学需氧量	五日生化需氧量	氨氮	总氮	总磷
数据个数	153	153	153	66	66
最大值/(mg/L)	420.00	220.00	26.10	38.70	2.56
最小值/(mg/L)	106.00	56.50	10.10	19.80	1.11
平均值/(mg/L)	191.59	104.22	16.36	27.74	1.94
85%保障率实测值/(mg/L)	241.20	131.00	19.30	34.50	2.26
90%保障率实测值/(mg/L)	254.80	141.00	20.08	36.60	2.30
95%保障率实测值/(mg/L)	268.80	148.40	21.40	37.38	2.39
设计进水水质/(mg/L)	320	130	25	35	4

从表 5.2-4 可见,龙王咀污水处理厂出水可以稳定达到一级 A 标准。龙王咀污水处理厂尾水通过 $B \times H = 3.5m \times 2.8m \sim B \times H = 8m \times 2.5m$ 箱涵经巡司河排入长江。

表 5.2-4　　　　　　　　　　龙王咀污水处理厂出水水质分析

项目	化学需氧量	五日生化需氧量	氨氮	总氮	总磷
数据个数	153	153	153	66	66
最大值/(mg/L)	27.70	2.73	2.60	14.80	0.35
最小值/(mg/L)	6.48	0.73	0.05	8.30	0.07
平均值/(mg/L)	14.58	1.50	0.24	12.00	0.20
85%保障率实测值/(mg/L)	20.00	2.07	0.34	14.60	0.27
90%保障率实测值/(mg/L)	21.00	2.11	0.52	14.80	0.30
95%保障率实测值/(mg/L)	23.10	2.33	0.85	14.80	0.33
一级 A 标准/(mg/L)	50.0	10.0	5.0(8.0)	15.0	0.5
一级 A 标准保障率/%	100	100	100	100	100

(4)评估结论

目前,龙王咀污水处理厂处理水量已接近二期规模 30 万 m³/d,进水水质与设计水质差距较大,出水水质可以稳定达到一级 A 标准。

5.2.2.2　汤逊湖污水处理厂

(1)现状概况

汤逊湖污水处理厂服务区域为东湖高新区及江夏区,服务范围为京广铁路以西和南环铁路以南的庙山、流芳地区、藏龙岛,总服务面积 58km²。其中,东湖高新区内服务面积约 33.8km²。

汤逊湖污水处理厂位于滨湖路和光谷大道交叉口西南侧,占地面积为 10.18hm²,分三期建设,一期、二期建设规模为 10 万 m^3/d,三期工程建设规模为 10 万 m^3/d。目前,三期均已投入运行,一期工程(5 万 m^3/d)主要采用 DE 氧化沟工艺,二期工程(5 万 m^3/d)主要采用 A^2O 工艺,三期工程(10 万 m^3/d)主要采用"高密度沉淀池＋曝气生物滤池＋气浮池",出水水质执行《城镇污水处理厂污染物排放标准》(GB 18918—2002)一级标准的 A 标准。

(2)实际处理规模

汤逊湖污水处理厂日均处理水量约 15.5 万 m^3,最高日处理污水量达到 17.4 万 m^3。来水生活与工业污水的比例约 7:3。

以 2019 年 6 月 16—20 日为例,分析降雨量与汤逊湖污水处理厂处理水量变化(表 5.2-5)。

表 5.2-5　　　　　　　　降水量与汤逊湖污水处理厂处理水量的变化情况

日期	降水量/mm	污水处理厂处理水量/m^3
2019-06-16	0	98784
2019-06-17	23.1	107048
2019-06-18	58.7	108031
2019-06-19	11.5	101986
2019-06-20	0	86407

上述数据表明,6 月 17—19 日均有降雨,汤逊湖污水处理厂处理水量较无降雨时(6 月 16 日,6 月 20 日)有较为明显的增长。6 月雨天最高污水量 108156m^3/d,与 6 月平均值 92353m^3/d 相比,污水最大增加量 15803m^3/d,占 6 月日均污水处理量的 17.1%,说明服务范围内存在雨污水管网混错接情况,降雨时有部分雨水混入污水管道。

(3)进、出水水质

根据 2021 年 1—5 月污水处理厂提供的实测进、出水水质数据,采用数理统计方法对化学需氧量、氨氮、总氮、总磷等指标进行分析。

从表 5.2-6 可见,汤逊湖污水处理厂实际进水水质与设计进水水质有所差异,以 90% 保障率实测值与设计值比较,化学需氧量低于设计值 19.92%,五日生化需氧量低于设计值 20.25%,氨氮高于设计值 9.77%,总氮低于设计值 4.29%,总磷低于设计值 19.00%。由进水水质分析可知,汤逊湖污水处理厂进水水质未达到设计水质要求,主要原因为雨污混错接导致雨水混接入污水系统或管道缺陷破损导致外水渗入污水管。

表 5.2-6 　　　　　　　　　　汤逊湖污水处理厂进水水质分析

项目	化学需氧量	五日生化需氧量	氨氮	总氮	总磷
数据个数	157	152	157	157	157
最大值/(mg/L)	789.98	136.45	30.52	40.80	4.09
最小值/(mg/L)	118.00	52.36	9.70	15.60	0.98
平均值/(mg/L)	225.08	78.20	21.98	29.65	2.49
85%保障率实测值/(mg/L)	298.58	93.80	26.24	35.80	3.01
90%保障率实测值/(mg/L)	320.33	103.68	27.07	36.50	3.24
95%保障率实测值/(mg/L)	384.98	122.08	28.30	37.80	3.48
设计进水水质/(mg/L)	400	130	30	35	4

从表 5.2-7 可见,汤逊湖污水处理厂出水可以稳定达到一级 A 标准。

汤逊湖污水处理厂一、二期处理后的 5 万 t 尾水通过自排进入汤逊湖内,另外 5 万 t 尾水经厂内泵房提升后通过中芯国际双排 DN600mm 压力管,经北湖闸排放出江。由于现状尾水水质低于汤逊湖目标水质,对湖泊水质影响较大,故需考虑相应的解决方案,降低尾水排放对湖泊的污染。

表 5.2-7 　　　　　　　　　　汤逊湖污水处理厂出水水质分析

项目	化学需氧量	五日生化需氧量	氨氮	总氮	总磷
数据个数	153	148	153	153	153
最大值/(mg/L)	37.07	9.80	4.71	14.92	0.45
最小值/(mg/L)	11.04	5.09	0.02	4.30	0.02
平均值/(mg/L)	19.80	6.94	0.96	10.35	0.17
85%保障率实测值/(mg/L)	26.52	8.75	1.84	12.80	0.21
90%保障率实测值/(mg/L)	27.90	9.12	2.15	13.20	0.23
95%保障率实测值/(mg/L)	29.97	9.42	2.61	13.74	0.28
一级 A 标准/(mg/L)	50.0	10.0	5.0(8.0)	15.0	0.5
一级 A 标准保障率/%	100	100	100	100	100

(4)评估结论

目前,汤逊湖污水处理厂处理水量已接近三期规模 20 万 m^3/d,进水水质与设计水质差距较大,出水水质可以稳定达到一级 A 标准。

5.2.2.3　豹澥湖污水处理厂

(1)现状概况

豹澥湖污水处理厂服务区域为东湖高新区东扩区,包括佛祖岭一路以东、九峰一路以南、外环线以西的地区,另外未来创新研发区南部地区、书博园地区、环牛山湖地区也纳入豹澥湖污水处理系统服务范围,总服务面积 228km²。

豹澥湖污水处理厂位于光谷七路与神墩五路交叉口东南侧,豹澥湖污水处理厂总占地面积 18hm²,一期占地面积 5.9hm²。豹澥湖污水处理厂规划总规模 38 万 m³/d,一期工程规模 7 万 m³/d,采用改良 A²O 工艺,出水水质执行《城镇污水处理厂污染物排放标准》(GB 18918—2002)一级标准的 A 标准,尾水经两根 DN1000mm 专用排江管经北湖闸排入长江。

(2)实际处理规模

豹澥湖污水处理厂水量从 2021 年开始快速增长,晴天从 2 万 t/d 增长至 4 万~6 万 t/d,7 月中旬已接近满负荷运行。

豹澥湖污水处理厂来水生活与工业污水的比例约 6:4。

豹澥湖污水处理厂已接近满负荷运行,一旦污水设施设备需要停产检修,则会因缺乏富余处理能力导致污水外溢影响水体环境,污水系统运行风险相对较大。

以 2019 年 6 月 16—21 日为例,分析降水量与豹澥污水处理厂处理水量的变化关系(表 5.2-8)。

表 5.2-8　　　　　　　降水量与豹澥湖污水处理厂处理水量的变化情况

日期	降水量/mm	污水处理厂处理水量/m³
2019-06-16	0	18994.52
2019-06-17	23.1	26698.47
2019-06-18	58.7	29589.14
2019-06-19	11.5	27374.44
2019-06-20	0	24484.76
2019-06-21	82.1	36782.61

上述数据表明,6 月 17—19 日均有降雨,豹澥污水处理厂处理水量较无降雨时(6 月 16 日,6 月 20 日)有较为明显的增长。6 月雨天最高污水量 45610m³/d,与 6 月平均值 23839m³/d 相比,污水最大增加量 21771m³/d,占 6 月日均处理污水量的 91.3%,说明服务范围内雨污水管网混错接严重。

(3)进、出水水质

根据 2019 年 1 月 1 日至 9 月 28 日的实测进、出水水质数据,采用数理统计方法对化学需氧量、氨氮、总氮、总磷等指标进行分析。

从表 5.2-9 可见,豹澥湖污水处理厂实际进水水质与设计进水水质存在较大差异,各项指标均明显低于设计值。以 90% 保障率实测值与设计值比较,化学需氧量低于设计值 57.5％,氨氮低于设计值 42.7％,总氮低于设计值 41％,总磷低于设计值 61.2％。由进水水质分析,豹澥湖污水处理厂进水水质距离设计水质要求较远,主要原因为雨污混错接导致雨水混接入污水系统或管道缺陷破损导致外水渗入污水管。

表 5.2-9　　　　　　　　　豹澥污水处理厂进水水质分析

项目	化学需氧量	五日生化需氧量	氨氮	总氮	总磷
数据个数	273	273	273	273	273
最大值/(mg/L)	784.00	302.00	23.80	30.30	4.55
最小值/(mg/L)	28.00	10.70	0.35	3.15	0.16
平均值/(mg/L)	105.01	37.64	12.01	17.59	1.73
85％保障率实测值/(mg/L)	141.00	49.70	16.00	21.60	2.17
90％保障率实测值/(mg/L)	170.00	61.60	17.20	23.60	2.33
95％保障率实测值/(mg/L)	224.00	88.30	19.50	24.50	2.62
设计进水水质/(mg/L)	400	180	30	40	6

豹澥湖污水处理厂实际进水水质低于设计进水水质,且进水水质变化幅度大,污水可生化性较差,需要常年投加碳源以满足生化要求,日均投加量 23t,运行费用较高。

从表 5.2-10 可见,豹澥污水处理厂出水可以稳定达到一级 A 标准。豹澥湖污水处理厂尾水通过 2×DN1000mm 尾水排江管至北湖闸排长江。

表 5.2-10　　　　　　　　豹澥湖污水处理厂出水水质分析

项目	化学需氧量	五日生化需氧量	氨氮	总磷
数据个数	273	273	273	273
最大值/(mg/L)	35.30	8.50	1.04	0.32
最小值/(mg/L)	0.80	2.30	0.00	0.05
平均值/(mg/L)	8.52	4.68	0.10	0.18
85％保障率实测值/(mg/L)	10.40	6.00	0.14	0.22
90％保障率实测值/(mg/L)	10.90	6.30	0.16	0.24
95％保障率实测值/(mg/L)	11.80	7.00	0.18	0.26
一级 A 标准/(mg/L)	50.0	10.0	5.0(8.0)	0.5
一级 A 标准保障率/％	100	100	100	100

（4）评估结论

豹澥湖污水处理厂处理水量已接近现状规模 7 万 m^3/d,扩建工程急需开展。根据上位区级污水专项规划,近期扩建规模至 18 万 m^3/d。进水水质与设计水质差距较大,出水水质可以稳定达到一级 A 标准。

5.2.2.4 王家店污水处理厂

（1）现状概况

王家店污水处理厂服务区域为三环线以东、花山一路以南、花山大道以西、高新大道以北的区域，总服务面积约 20.2km²。

王家店污水处理厂位于九峰乡王家店，光谷三路以东、森林大道南侧，占地面积约 4.06hm²。设计总规模 3 万 m³/d,，一期工程规模 2 万 m³/d，采用 A²O＋高效澄清池＋滤布滤池工艺，出水水质执行《城镇污水处理厂污染物排放标准》(GB 18918—2002)一级标准的 A 标准，尾水全部进入中水回用管网进行回用，主要中水回用用途为市政绿化、道路浇洒、石门峰文化园的绿化用水以及光谷三路湿地公园的补给水。

（2）实际处理规模

王家店污水处理厂 2019 年 1—9 月日均处理水量约为 2.71 万 m³，已超出污水处理厂建设处理规模，污水处理厂满负荷运行。王家店污水处理厂来水生活与工业污水的比例约 9：1。

青王路石门峰附近建设有石门峰一体化污水提升泵站，将青王路两侧零散污水收集提升至王家店污水处理厂，一体化泵站设计规模 0.2m³/s。

由于王家店污水处理厂已满负荷运行，一旦污水设施设备需要停产检修，则会因缺乏富余处理能力导致污水外溢影响水体环境，污水系统运行风险相对较大。

以 2019 年 6 月 16—21 日为例，分析降水量与王家店污水处理厂处理水量的变化情况（表 5.2-11）。

表 5.2-11　　　　　　　降水量与王家店污水处理厂处理水量的变化情况

日期	降水量/mm	污水处理厂处理水量/m³
2019-06-16	0	24232
2019-06-17	23.1	26484
2019-06-18	58.7	22350
2019-06-19	11.5	27909
2019-06-20	0	23108
2019-06-21	82.1	24307

上述数据表明，6 月 17—19 日均有降雨，王家店污水处理厂处理水量较无降雨时（6 月 16 日，6 月 20 日）有较为明显的增长。6 月雨天最高污水量 29974m³/d(6 月 27 日)，与 6 月平均值 24737m³/d 相比，污水最大增加量 5237m³/d，占 6 月日均处理污水量的 21.2%。这说明服务范围内存在雨污水管网混错接情况，降雨时有部分雨水混入污水管道。

石门峰一体化污水泵站从九峰明渠支渠取水,来水中混入大量河水,建议尽快对九峰明渠周边进行雨污分流改造,避免雨水进入污水处理厂。王家店污水处理厂雨季来水量明显增加,说明有雨水管道混接进入污水管,应对污水管网进行混错接改造,以提高污水处理厂运行效率,实现污水处理厂网提质增效。

(3)进、出水水质

根据 2019 年 1—9 月的实测进、出水水质数据,采用数理统计方法对化学需氧量、氨氮、总氮、总磷等指标进行分析。

从表 5.2-12 可见,王家店污水处理厂实际进水水质与设计进水水质存在较大差异,化学需氧量、生化需氧量指标明显低于设计值,总氮、氨氮指标有时高于设计值,总磷指标有时高于设计值。以 90％保障率实测值与设计值比较,化学需氧量低于设计值 38.7％,生化需氧量低于设计值 47.8％,氨氮高于设计值 11.8％,总氮高于设计值 9％,总磷低于设计值 17.1％。由进水水质分析,王家店污水处理厂进水水质距离设计水质要求较远,主要为雨污混错接导致雨水混接入污水系统或管道缺陷破损导致外水渗入污水管。

表 5.2-12　　　　　　　　　王家店污水处理厂进水水质分析

项目	化学需氧量	五日生化需氧量	氨氮	总氮	总磷
数据个数	273	273	273	273	273
最大值/(mg/L)	213.70	90.16	35.56	52.67	4.78
最小值/(mg/L)	52.52	34.12	7.98	10.07	0.85
平均值/(mg/L)	104.40	48.20	20.07	26.90	2.08
85％保障率实测值/(mg/L)	133.32	59.16	26.46	36.14	2.71
90％保障率实测值/(mg/L)	153.31	67.84	27.94	38.16	2.90
95％保障率实测值/(mg/L)	168.34	72.86	30.64	40.02	3.20
设计进水水质/(mg/L)	250.0	130.0	25.0	35.0	3.5

从表 5.2-13 可见,王家店污水处理厂出水可以稳定达到一级 A 标准。王家店污水处理厂尾水原设计进入市政中水回用管,但由于管网破损、压力不足等原因,目前处于停用状态。

表 5.2-13　　　　　　　　　王家店污水处理厂出水水质分析

项目	化学需氧量	五日生化需氧量	氨氮	总氮	总磷
数据个数	273	273	273	273	273
最大值/(mg/L)	42.45	8.36	6.80	14.92	0.49

项目	化学需氧量	五日生化需氧量	氨氮	总氮	总磷
最小值/(mg/L)	8.04	7.28	0.05	0.64	0.12
平均值/(mg/L)	16.30	7.55	0.69	9.88	0.31
85%保障率实测值/(mg/L)	20.68	7.65	1.42	13.67	0.43
90%保障率实测值/(mg/L)	22.24	7.68	1.80	14.16	0.45
95%保障率实测值/(mg/L)	24.94	7.74	2.56	14.68	0.47
一级 A 标准/(mg/L)	50.0	10.0	5.0(8.0)	15.0	0.5
一级 A 标准保障率/%	100	100	100	100	100

（4）评估结论

目前，王家店污水处理厂处理水量已满负荷运行，根据上位区级污水专项规划，王家店污水提升至豹澥污水处理厂合并处理，截至 2019 年核对工程进度配套工程正在建设实施。进水水质与设计水质差距较大，出水水质可以稳定达到一级 A 标准。

5.2.2.5　左岭污水处理厂

（1）现状概况

左岭污水处理厂服务区域为外环线以东、武黄高速公路以北的左岭工业园和未来科技城组团，总服务面积 76km²。

左岭污水处理厂位于左岭新城青化路以北，化工北路以西。污水处理厂总占地面积为 10.05hm²，现状一期、二期、三期工程总处理规模为 7 万 m³/d，采用 MSBR＋D 型滤池工艺，出水水质执行《城镇污水处理厂污染物排放标准》(GB 18918—2002)一级标准的 A 标准，尾水经双排 DN800mm 压力管排入长江。

（2）实际处理规模

2021 年污水处理厂平均处理水量为 8.5 万 m³/d，雨季进水量峰值达 10.8 万 m³/d，已超过满负荷运行。左岭污水处理厂的来水生活和工业污水比例为 2：8。

左岭地区还有一座左岭新城富士康产业园污水处理厂，现状处理规模为 4000m³/d，实际处理水量 3000m³/d。富士康污水处理厂占地面积 4500m²，主要服务于武汉天马电子公司、滨湖双鹤药业公司及光谷智能制造产业园区，服务面积 3～5km²，服务人口近 2 万人。

左岭污水处理厂已接近满负荷运行，一旦污水设施设备需要停产检修，则会因缺乏富余处理能力导致污水外溢影响水体环境，污水系统运行风险相对较大。

以 2019 年 6 月 16—21 日为例，分析降水量与左岭污水处理厂处理水量的变化情况

（表 5.2-14）。

表 5.2-14　　　　　　　　　　降水量与左岭污水处理厂处理水量的变化情况

日期	降水量/mm	污水处理厂处理水量/m³
2019-06-16	0	56025.15
2019-06-17	23.1	59294.59
2019-06-18	58.7	61190.12
2019-06-19	11.5	60505.56
2019-06-20	0	57664.32
2019-06-21	82.1	59826.67

上述数据表明，6月17—19日均有降雨，左岭污水处理厂处理水量较无降雨时（6月16日，6月20日）有较为明显的增长。6月雨天最高污水量69872m³/d（6月22日），与6月平均值54824m³/d相比，污水最大增加量15048m³/d，占6月日均处理污水量的27.4%。这说明服务范围内存在雨污水管网混错接情况，降雨时有部分雨水混入污水管道。

（3）进、出水水质

根据2019年1月1日至9月28日的实测进、出水水质数据，采用数理统计方法对化学需氧量、生化需氧量、氨氮、总氮、总磷等指标进行分析。

从表5.2-15可见，左岭污水处理厂实际进水水质与设计进水水质有所差异，以90%保障率实测值与设计值比较，实际进水水质远低于设计进水水质。化学需氧量低于设计值74%，生化需氧量低于设计值79.6%，氨氮低于设计值60%，总氮低于设计值47.3%，总磷低于设计值48.7%。由进水水质分析，左岭污水处理厂进水水质距离设计水质要求较远，主要为雨污混错接导致雨水混接入污水系统或管道缺陷破损导致外水渗入污水管。特别是生化需氧量浓度与设计进水生化需氧量浓度相差较大，分析主要原因为进水中工业废水占比较大。

表 5.2-15　　　　　　　　　　左岭污水处理厂进水水质分析

项目	化学需氧量	五日生化需氧量	氨氮	总氮	总磷
数据个数	273	273	273	273	273
最大值/(mg/L)	388.00	116.00	20.70	28.20	5.27
最小值/(mg/L)	36.00	17.60	1.31	6.09	0.69
平均值/(mg/L)	81.89	28.84	8.27	16.62	2.16
85%保障率实测值/(mg/L)	96.00	33.50	10.50	20.20	2.81
90%保障率实测值/(mg/L)	104.00	36.80	12.00	21.10	3.08
95%保障率实测值/(mg/L)	117.00	40.70	13.40	22.70	3.60

续表

项目	化学需氧量	五日生化需氧量	氨氮	总氮	总磷
设计进水水质/(mg/L)	400	180	30	40	6

从表 5.2-16 可见,左岭污水处理厂出水可以稳定达到一级 A 标准。左岭污水处理厂尾水通过双排 DN800mm 压力管排入长江。

表 5.2-16 　　　　　　左岭污水处理厂出水水质分析

项目	化学需氧量	五日生化需氧量	氨氮	总磷
数据个数	273	273	273	273
最大值/(mg/L)	26.60	9.80	0.95	0.43
最小值/(mg/L)	5.20	2.80	0.01	0.00
平均值/(mg/L)	11.66	6.80	0.07	0.19
85%保障率实测值/(mg/L)	14.90	8.75	0.14	0.29
90%保障率实测值/(mg/L)	17.30	9.00	0.19	0.30
95%保障率实测值/(mg/L)	19.10	9.40	0.24	0.33
一级 A 标准/(mg/L)	50.0	10.0	5.0(8.0)	0.5
一级 A 标准保障率/%	100	100	100	100

(4)评估结论

目前,左岭污水处理厂处理水量雨季已超满负荷运行,扩建工程急需开展;根据上位区级污水专项规划,近期扩建规模至 25 万 m³/d;进水水质与设计水质差距较大,出水水质可以稳定达到一级 A 标准。

5.2.2.6　花山污水处理厂

(1)现状概况

花山污水处理厂服务区域为严东湖科技生态城的花山地区,服务面积约 28.7km²。

花山污水处理厂位于花山镇后山村,位于青化路和武汉绕城高速交叉口东南侧,占地面积为 9.2hm²,现状一期工程建设规模为 2 万 m³/d,采用 STCC 净化池(碳系载体生物滤池)+纤维转盘滤池工艺,出水水质执行《城镇污水处理厂污染物排放标准》(GB 18918—2002)一级标准的 A 标准,与豹澥排江管合并后经两根 DN1200mm 排江管经北湖闸排入长江。

(2)实际处理规模

2019 年 1—9 月,花山污水处理厂日均处理水量 0.89 万 m³/d,略高于预测污水量 0.74 万 m³/d,未达到 2 万 m³/d 设计规模。经调研,花山污水处理厂来水生活与工业污水的比例约 9∶1。

花山污水处理厂现状处理水量距设计规模相差较远,可正常稳定运行,无扩建要求。

以 2019 年 6 月 16—21 日为例,分析降水量与花山污水处理厂处理水量的变化情况(表 5.2-17)。

表 5.2-17　　　　　　　　　降水量与花山污水处理厂处理水量的变化情况

日期	降水量/mm	污水处理厂处理水量/m³
2019-06-16	0	9829.34
2019-06-17	23.1	10130.27
2019-06-18	58.7	10489.43
2019-06-19	11.5	10308.14
2019-06-20	0	10644.51
2019-06-21	82.1	11131.61

上述数据表明,6 月 17—19 日均有降雨,花山污水处理厂处理水量较无降雨时(6 月 16 日,6 月 20 日)有较为明显的增长。6 月雨天最高污水量 11131.61m³/d(6 月 21 日),与 6 月平均值 9982m³/d 相比,污水最大增加量 1149.61m³/d,占 6 月日均污水处理量的 11.5%。这说明服务范围存在雨污水管网混错接情况,降雨时有部分雨水混入污水管道。

(3)进、出水水质

根据 2019 年 1 月 1 日至 9 月 28 日的实测进、出水水质数据,采用数理统计方法对化学需氧量、生化需氧量、氨氮、总氮、总磷等指标进行分析。

从表 5.2-18 可见,花山污水处理厂实际进水水质与设计进水水质有所差异,实际进水水质高于设计进水水质。以 90% 保障率实测值与设计值比较,化学需氧量高于设计值 16.40%,生化需氧量高于设计值 5.5%,氨氮高于设计值 84.4%,总氮高于设计值 60.9%,总磷高于设计值 70%。由进水水质分析,花山污水处理厂进水水质距离设计水质要求较远,主要为雨污混错接导致雨水混接入污水系统或管道缺陷破损导致外水渗入污水管。

表 5.2-18　　　　　　　　　　花山污水处理厂进水水质分析

项目	化学需氧量	五日生化需氧量	氨氮	总氮	总磷
数据个数	266	106	265	265	266
最大值/(mg/L)	468.00	187.00	52.90	88.10	6.30
最小值/(mg/L)	10.00	4.00	10.96	18.70	0.37
平均值/(mg/L)	200.69	80.00	38.33	46.87	3.26

项目	化学需氧量	五日生化需氧量	氨氮	总氮	总磷
85％保障率实测值/(mg/L)	278.00	111.00	45.20	55.00	4.75
90％保障率实测值/(mg/L)	291.00	116.00	46.10	56.30	5.10
95％保障率实测值/(mg/L)	311.00	124.00	47.30	59.10	5.54
设计进水水质/(mg/L)	250	110	25	35	3

从表5.2-19可见,花山污水处理厂出水可以稳定达到一级A标准。花山污水处理厂部分尾水通过双排DN1200mm压力管与豹澥污水处理厂尾水一起经北湖闸排入长江。

表5.2-19   花山污水处理厂出水水质分析

项目	化学需氧量	氨氮	总氮	总磷
数据个数	273	273	266	273
最大值/(mg/L)	41.00	2.61	13.80	0.49
最小值/(mg/L)	10.00	0.02	5.15	0.04
平均值/(mg/L)	23.74	1.34	10.08	0.19
85％保障率实测值/(mg/L)	27.00	1.78	11.20	0.29
90％保障率实测值/(mg/L)	28.00	1.92	11.60	0.37
95％保障率实测值/(mg/L)	31.00	2.04	12.10	0.42
一级A标准/(mg/L)	50.0	5.0(8.0)	15.0	0.5
一级A标准保障率/％	100	100	100	100

（4）评估结论

目前,花山污水处理厂处理水量暂未达到现状规模;进水水质与设计水质差距较大,出水水质可以稳定达到一级A标准。

5.2.3 污水泵站效能评估

东湖高新区涉及污水处理厂污水管网收集系统配套市政污水提升泵站共24座,东湖高新区内共20座,分布见图5.1-2,具体建设情况及效能评估见表5.2-20。

表 5.2-20　　　　　　　　　　　　污水泵站现状效能评估

序号	一级分区	泵站名称	服务面积/km²	建设规模/(m³/s)	测算规模/(m³/s)	实际运行规模/(m³/s)	是否满足现状需求	备注
1	龙王咀污水处理厂	关东泵站	3.10	0.35	0.230	0.150	满足	
2		虹景泵站	2.60	0.70	0.640	0.440	满足	
3		鲁巷泵站	2.00	0.30	0.570	0.174	不满足	
4		荣军泵站	11.40	3.15	3.220	1.852	不满足	
5		民院泵站	2.10	0.34	0.470	0.313	不满足	
6		湖滨泵站	—	0.70	0.080	0.560	满足	
7		南湖北路泵站	—	0.90	0.860	0.680	满足	洪山区
8		工大泵站	—	0.35	0.280	0.230	满足	洪山区
9		桂子花园泵站	—	0.30	0.230	0.120	满足	洪山区
10	汤逊湖污水处理厂	关南园泵站	12.66	1.30	0.220	0.142	满足	
11		天际路泵站	1.28	0.30	0.200	0.208	满足	
12		南泥湾泵站	5.21	0.80	0.520	0.240	满足	
13		藏龙岛泵站	—	0.45	0.870	0.430	不满足	江夏区
14		流芳泵站	3.97	0.95	0.250	0.250	满足	
15	王家店污水处理厂	青王路一体化泵站	1.30	0.20	0.045	—	满足	
16	豹澥污水处理厂	泉港泵站	15.09	土建1.85,设备0.80	0.400	0.120	满足	
17		豹澥泵站	4.64	3.00	0.120	0.058	满足	
18		星月泵站	—	—	—	—	—	未启用
19		省妇幼泵站	—	—	—	0.100		
20	花山污水处理厂	土桥泵站	1.43	0.25	0.090	—	满足	
21		花山泵站	1.67	0.30	0.250	—	满足	
22	左岭污水处理厂	左岭1#泵站	4.58	一期0.60,二期1.00	1.190	0.190	满足	
23		左岭2#泵站	14.62	0.85	0.540	0.350	满足	远期1.36,不满足
24		左岭3#泵站	4.42	1.00	0.560	0.580	满足	远期2.17,不满足

根据现场调研及收集的相关资料,污水泵站及压力管道主要存在如下几个方面问

题:部分污水泵站现状规模不足;部分规划污水泵站未建,区域内污水无出处;部分污水泵站设施老旧损毁;部分污水泵站出水压力管道规模不足;部分泵站远期规模不足。

锦绣良缘、水蓝郡、南波湾及中南财经大学西南校区污水目前进入天际路泵站,水量增大导致周店社区部分污水无法接入,2019年设置一座临时泵站来解决问题,远期会停止接入,通过中南财经大学污水泵站向北排入南湖大道,经规划绣球山泵站排往龙王咀污水处理厂;流芳泵站由于光谷大道进站污水管道存在问题,目前有一部分污水通过明渠排入了汤逊湖;星月泵站由于下游高新三路管路未建成,暂未启用;省妇幼泵站位于王家店污水片区内,但污水排往光谷三路污水处理站;土桥泵站目前因故未能运行,污水直接排入严东湖。

5.2.4 污水管网效能评估

东湖高新区现状形成了6大污水收集,根据管网排查统计,东湖高新区现状污水管网总长约890km,其中豹澥片区污水管网总长约254km,左岭片区污水管网总长约144km,花山片区污水管网总长约28km,汤逊湖片区污水管网总长约260km,龙王咀片区污水管网总长约186km,王家店片区污水管网总长约18km。

经统计,东湖高新区内管网覆盖面积120km²,约占建成区的90%(未覆盖的10%主要是农村地区),污水收集系统基本覆盖了城市建成区,形成了较为完善的污水收集系统。但根据几大污水处理厂的运行和河湖水质情况来看,东湖高新污水收集系统仍存在污水收集效率低、污水处理厂进水浓度低、污水处理厂流量雨季远高于旱季、污水直排河湖的痛点问题。根据对管网排查结果及计算分析,现状污水管网存在的问题主要可以分为管网不完善、管道过流能力不足、管网混错接、管道缺陷4种情况。

5.2.4.1 龙王咀片区

(1)管网完善情况评估

根据管网排查、污水专项规划及现场调研情况分析,龙王咀片区存在两处污水管道缺失,分别为茅店山中路(茅店山西路东—茅店山西路北)、米兰印象(常青藤路—珞雄路)段。污水管道的不完善,导致周边地块污水混入雨水系统。

(2)污水干管过流能力评估

1)民院泵站片区。

民院泵站片区内的污水主要通过民族大道、南湖大道等市政污水管网收集至民院泵站,经提升后排至康福路 d 1800mm 污水管排往荣军泵站,经荣军泵站提升后进入龙王咀处理厂。

民院泵站片区污水骨干系统过流能力评估结果见表5.2-21。

表 5.2-21 　　　　　　　　　民院泵站片区污水骨干系统过流能力评估

系统名称	管径/mm	管段长度/m	设计流量/(L/s)	过流能力/(L/s)	校核/(L/s)
民族大道	$d500$	1842	167.6	290.4	123.8
南湖大道	$2d600$	2474	626.4	731.6	105.2

评估结果显示民族大道和南湖大道污水干管过流能力均满足设计要求。

2)荣军泵站片区。

荣军泵站位于康福路与天龙路交会处,现状服务面积约为 11.4km² (未计入下级泵站的服务面积)。荣军泵站目前主要收集附近居民小区及高校的生活污水,并转输鲁巷泵站、民院泵站、关泵站东、关南园泵站及虹景泵站的污水,提升后经由 $d1500$~1800mm 的市政污水管道,输送至龙王咀污水处理厂处理。

荣院泵站片区污水骨干系统过流能力评估结果见表 5.2-22。

表 5.2-22 　　　　　　　　　荣院泵站片区污水骨干系统过流能力评估结果

系统名称	管径/mm	管段长度/m	设计流量/(L/s)	过流能力/(L/s)	校核/(L/s)
新竹路	$d1500$	768	1201.7	3008.3	1807.0
雄庄路	$d1200$	814	920.7	1659.2	738.5
关山大道	$d1000$	1123	307.6	1020.3	712.4
康福路	$d1800$	340	2634.1	4891.8	2257.3
民族大道	$d800$	1233	790.6	2364.2	1357.6

评估结果表明荣院泵站片区污水骨干系统的过流能力均满足设计要求。

3)管网混错接评估。

龙王咀片区存在市政雨污混错接总计 168 处,其中污水混排至雨水系统点位 140 处,雨水混排至污水系统点位 28 处。

4)管网缺陷评估。

通过检测和梳理,龙王咀片区已检测段内共有管道缺陷 3656 处,具体情况见表 5.2-23。

表 5.2-23 　　　　　　　　　龙王咀片区管网缺陷统计

缺陷类型	缺陷名称	雨水	污水
结构性缺陷	(AJ)支管暗接	6	1
	(BX)变形	74	88
	(CK)错口	1096	321
	(CR)异物穿入	117	141

续表

缺陷类型	缺陷名称	雨水	污水
结构性缺陷	(FS)腐蚀	30	6
	(PL)破裂	534	246
	(QF)起伏	23	35
	(SL)渗漏	11	15
	(TJ)脱节	151	98
	(TL)接口材料脱落	52	14
功能性缺陷	(CJ)沉积	114	57
	(CQ)残墙、坝根	18	4
	(FZ)浮渣	1	2
	(JG)结垢	5	29
	(SG)树根	5	2
	(ZW)障碍物	212	148
合计		2449	1207

5.2.4.2 汤逊湖片区

（1）管网完善情况评估

根据管网排查、污水专项规划及现场调研情况分析,汤逊湖片区现状管网完善,没有因管网缺失等情况导致的污水直排、混错接等情况。

（2）污水干管过流能力评估

汤逊湖污水系统服务范围内的干管过流能力已在《汤逊湖流域水环境综合治理规划》《东湖新技术开发区汤逊湖流域综合改造工程可行性研究报告》中进行了论证,据《汤逊湖流域水环境综合治理规划》《东湖新技术开发区汤逊湖流域综合改造工程可行性研究报告》,可知汤逊湖片区共有3处污水管道过流能力不足,具体如下:

表 5.2-24　　　　　　　　　汤逊湖片区污水干管过流能力不足管段

路段	管径/mm	管段长度/m	设计流量/(L/s)	过流能力/(L/s)	校核/(L/s)
南园一路	$d1000$	717	594.17	574.21	−19.97
汤逊湖北路	$d600$	646	268.45	150.95	−117.50
大学园路	$d400$	382	137.67	81.15	−56.53

（3）雨污水混错接评估

汤逊湖片区存在市政雨污混错接总计136处,其中污水混排至雨水系统点位97处,雨水混排至污水系统点位39处。

（4）管网缺陷评估

通过检测和梳理，汤逊湖片区范围内共有管道缺陷 2984 处（不含未检测的约 65km 疑难管段），具体情况见表 5.2-25。

表 5.2-25　　　　　　　　　　汤逊湖片管网缺陷统计

缺陷类型	缺陷名称	雨水	污水
结构性缺陷	（AJ）支管暗接	3	2
	（BX）变形	60	63
	（CK）错口	175	317
	（CR）异物穿入	1	1
	（FS）腐蚀	10	5
	（PL）破裂	97	141
	（QF）起伏	2	8
	（SL）渗漏	5	12
	（TJ）脱节	47	54
	（TL）接口材料脱落	17	2
功能性缺陷	（CJ）沉积	1594	131
	（CQ）残墙、坝根	5	5
	（FZ）浮渣	2	4
	（JG）结垢	7	13
	（SG）树根	13	21
	（ZW）障碍物	135	32
合计		2173	811

5.2.4.3　王家店片区

（1）管网完善情况评估

根据管网排查、污水专项规划及现场调研情况分析，王家店片区现状管网较为完善，没有因管网缺失等情况导致的污水直排、混错接等情况。

（2）污水干管过流能力评估

王家店污水主干管沿光谷三路布置，管径为 $d=600$，自南北向收集沿线两侧地块污水，排往王家店污水处理厂。污水骨干系统的过流能力评估结果见表 5.2-26。

表 5.2-26　　　　　　　　　　王家店片区污水干管过流能力评估结果

路段	管径/mm	管段长度/m	设计流量/(L/s)	过流能力/(L/s)	校核/(L/s)
光谷三路(森林大道—污水处理厂)	d600	1371	172	525	353
光谷三路(高新大道—污水处理厂)	d600	2220	566	575	10

评估结果表明王家店片区污水骨干系统的过流能力均满足设计要求。

（3）雨污水混错接评估

王家店片区存在市政雨污混错接总计28处，其中污水混排至雨水系统点位23处，雨水混排至污水系统点位5处。

（4）管网缺陷评估

通过检测和梳理，王家店片区范围内共有管道缺陷2414处，具体情况见表5.2-27。

表 5.2-27　　　　　　　　　　王家店片管网缺陷统计

缺陷类型	缺陷名称	雨水	污水
结构性缺陷	(AJ)支管暗接	8	0
	(BX)变形	20	69
	(CK)错口	254	408
	(CR)异物穿入	17	14
	(FS)腐蚀	75	142
	(PL)破裂	368	457
	(QF)起伏	3	19
	(SL)渗漏	5	31
	(TJ)脱节	35	57
	(TL)接口材料脱落	26	23
功能性缺陷	(CJ)沉积	26	18
	(CQ)残墙、坝根	2	2
	(FZ)浮渣	2	9
功能性缺陷	(JG)结垢	33	14
	(SG)树根	26	5
	(ZW)障碍物	79	167
合计		979	1435

5.2.4.4　豹澥片区

（1）管网完善情况评估

根据管网排查、污水专项规划及现场调研情况分析，豹澥片区存在7处因管网缺失导致污水直排的问题：

    1)绕城高速(G4201)以南,中华大道以西区域因管网缺失导致污水无出路;

    2)神墩四路与神枫路路口因管网缺失导致污水无出路;

    3)高科园三路下游因管网缺失导致污水无出路;

    4)光谷七路与关豹高速路口因局部管网缺失导致污水无出路;

    5)生物园西路下游因管网缺失导致污水无出路;

    6)神光谷七路与虎山一路路口因管网缺失导致污水无出路;

    7)科技二路下游因管网缺失导致污水无出路。

(2)污水干管过流能力评估

1)泉港泵站片区。

片区内的污水主要通过光谷四路、凤凰山街等市政污水管网收集至泉港泵站,提升后进入豹澥污水处理厂。

泉港泵站片区污水骨干系统过流能力评估结果见表5.2-28。

表 5.2-28   泉港泵站片区污水骨干系统过流能力评估结果

系统名称	管径/mm	管段长度/m	设计流量/(L/s)	过流能力/(L/s)	校核/(L/s)
光谷四路	$d400$	1444	92.92	202.22	109.3
	$d600$	1710	538.28	389.00	-149.3
	$d1000$	2840	922.56	1155.47	232.9
凤凰山街	$d800$	2033	273.81	728.46	454.6
	$d1200$	1081	482.96	2589.93	2107.0

评估结果显示光谷四路 $d600$mm 污水干管过流能力不满足规划要求。根据光谷四路(高新二路—高新五路)道路改造工程,光谷四路 $d600$mm 污水管道进行迁改,并改管径为 $d800$mm。另外,根据光谷四路(森林大道—高新二路)道路改造工程,该段进行排水管网及路面改造。

2)豹澥泵站片区。

豹澥泵站片区内豹澥还建楼小区的污水通过神墩一路一体化泵站提升至神墩一路市政污水干管,会同片区内其他地区的污水通过神墩一路、高新六路等市政污水管网收集至豹澥泵站,提升后进入豹澥污水处理厂。

豹澥泵站片区污水骨干系统过流能力评估结果见表5.2-29。

评估结果显示神墩一路和高新六路污水干管过流能力均满足设计要求。

表 5.2-29   豹澥泵站片区污水骨干系统过流能力评估结果

系统名称	管径/mm	管段长度/m	设计流量/(L/s)	过流能力/(L/s)	校核/(L/s)
神墩一路	$d400$	1079	108.40	177.22	68.82
高新六路 （自东侧至豹澥泵站）	$d1000$	684	170.07	1845.14	1675.10
高新六路 （自西侧至豹澥泵站）	$d800$	1898	322.70	1415.20	1092.50

3）流芳园泵站片区。

流芳园泵站片区内的污水主要通过流芳园路、光谷三路等市政污水管网收集至流芳园泵站，提升后进入豹澥污水处理厂。

流芳园泵站片区污水骨干系统过流能力评估结果见表 5.2-30。

表 5.2-30   流芳园泵站片区污水骨干系统过流能力评估

系统名称	管径/mm	管段长度/m	设计流量/(L/s)	过流能力/(L/s)	校核/(L/s)
流芳园路	$d800$	823	269.62	613.67	344.1
光谷三路	$d400$	1268	42.93	284.32	241.4

评估结果显示流芳园路和光谷三路污水干管过流能力均满足设计要求。

4）光谷三路污水处理站片区。

本片区内的污水主要通过高新大道、光谷三路等市政污水管网收集至光谷三路污水处理站。

光谷三路污水处理站片区污水骨干系统过流能力评估结果见表 5.2-31。

表 5.2-31   光谷三路污水处理站片区污水骨干系统过流能力评估结果

系统名称	管径/mm	管段长度/m	设计流量/(L/s)	过流能力/(L/s)	校核/(L/s)
高新大道	$d600$	1246	146.40	166.29	19.9
光谷三路	$d500$	911	84.34	126.26	41.9

评估结果显示高新大道和光谷三路污水干管过流能力均满足设计要求。

5）豹澥污水处理厂片区。

本片区内的污水主要通过光谷七路、高新二路、神墩三路、神墩一路等市政污水管网自流进入豹澥污水处理厂。豹澥污水处理厂片区污水骨干系统过流能力评估结果见表 5.2-32。

表 5.2-32 豹澥污水处理厂片区污水骨干系统过流能力评估结果

系统名称	管径/mm	管段长度/m	设计流量/(L/s)	过流能力/(L/s)	校核/(L/s)
高新二路	$d600$	148	95.12	173.63	78.50
神墩三路	$d500$	1736	91.47	204.63	113.20
神墩一路	$d800$	1244	267.02	539.11	272.09
光谷七路	$d800$	1995	670.48	827.48	157.00

评估结果显示高新二路、神墩三路、神墩一路、光谷七路污水干管过流能力均满足设计要求。

(3)雨污水混错接评估

豹澥片区的混错接点总计 153 处,其中道路污水混排至道路雨水点位 82 处,道路雨水混排至道路污水点位 71 处。

(4)管网缺陷评估

通过检测和梳理,豹澥片区范围内共有管道缺陷 28542 处,具体情况见表 5.2-33。

表 5.2-33 豹澥片区管网缺陷统计

缺陷类型	缺陷名称	雨水	污水
结构性缺陷	(AJ)支管暗接	25	2
	(BX)变形	1365	3249
	(CK)错口	1110	1719
	(CR)异物穿入	101	33
	(FS)腐蚀	683	468
	(PL)破裂	5164	5435
	(QF)起伏	725	2458
	(SL)渗漏	327	935
	(TJ)脱节	212	129
	(TL)接口材料脱落	397	471
功能性缺陷	(CJ)沉积	155	119
	(CQ)残墙、坝根	31	38
	(FZ)浮渣	7	8
	(JG)结垢	66	92
	(SG)树根	840	216
	(ZW)障碍物	957	1005
合计		12165	16377

5.2.4.5 左岭片区

（1）管网完善情况评估

根据管网排查、污水专项规划及现场调研情况分析，左岭片区存在5处管网不完善亟待建设的情况：

1）长江存储、华星光电至左岭污水处理厂压力专管由于责任主体、资金、涉铁等未建设，近期两大企业排污量增加，排水压力大，目前已有相关工程正在前期研究中；

2）三湖街东段道路建设中，管网未贯通，周边地块排水压力大；

3）周庄路道路建设中，管网未贯通，周边地块排水压力大；

4）杨家咀路（吴家桥路—高新大道）段道路未完工，管网未贯通，周边地块排水压力大；

5）九龙湖街（未来二路—左岭大道）段道路未完工，管网未贯通，周边地块排水压力大。

（2）污水干管过流能力评估

1）左岭 1# 泵站片区。

本片区内的污水主要通过三湖街、未来三路等市政污水管网收集至左岭 1# 泵站，提升后进入左岭污水处理厂。左岭 1# 泵站片区污水骨干系统过流能力评估结果见表5.2-34。

表 5.2-34　　　　　　　　　左岭 1# 泵站片区污水骨干系统过流能力评估结果

系统名称	管径/mm	管段长度/m	设计流量/(L/s)	过流能力/(L/s)	校核/(L/s)
三湖街	$d500$	692	121.35	148.25	26.90
未来三路	$d600$	942	189.63	266.48	76.85
	$d800$	342	305.44	537.89	268.45
	$d800$	846	310.58	537.89	263.31

评估结果显示三湖街、未来三路污水干管过流能力均满足设计要求。

2）左岭 2# 泵站片区。

本片区内的污水主要通过左岭大道、科技二路等市政污水管网收集至左岭 2# 泵站，提升后进入左岭污水处理厂，处理达标后排放。左岭 2# 泵站片区污水骨干系统过流能力评估结果见表5.2-35。

表 5.2-35　　　　　　　　左岭 2# 泵站片区污水骨干系统过流能力评估结果

系统名称	管径/mm	管段长度/m	设计流量/(L/s)	过流能力/(L/s)	校核/(L/s)
科技二路 （自东侧至 2# 泵站）	d600	1508	37.047	92.77	55.72
科技二路 （自西侧至 2# 泵站）	d500	697	22.350	226.67	204.32
	d500	1148	74.990	188.61	113.62
	d600	478	104.820	231.80	126.98
	d800	1821	134.600	413.37	278.77
左岭大道	d800	407	365.420	573.89	208.47
	d800	772	371.700	573.89	202.19
	d1200	708	376.920	1315.65	938.72

评估结果显示，科技二路、左岭大道污水干管过流能力均满足设计要求。

3）左岭 3# 泵站片区。

本片区内的污水主要通过科技一路、左岭大道等市政污水管网收集至左岭 3# 泵站，提升后进入左岭污水处理厂。左岭 3# 泵站片区污水骨干系统过流能力评估结果见表 5.2-36。

表 5.2-36　　　　　　　　左岭 3# 泵站片区污水骨干系统过流能力评估结果

系统名称	管径/mm	管段长度/m	设计流量/(L/s)	过流能力/(L/s)	校核/(L/s)
左岭大道 （自北侧至 3# 泵站）	d400	979	155.37	178.62	23.25
	d400	979	6.59	153.92	147.32
左岭大道 （自南侧至 3# 泵站）	d800	1031	526.41	591.87	65.46
科技一路 （自西侧至 3# 泵站）	d800	811	27.67	306.97	279.30
	d800	771	181.17	260.34	79.17
科技一路 （自东侧至 3# 泵站）	d400	1251	18.62	111.56	92.94

评估结果显示左岭大道、科技一路污水干管过流能力均满足设计要求。

4）富士康污水处理站片区。

本片区现有富士康污水处理站，片区内的污水主要通过流港路、流港西路等市政污水管网收集至富士康污水处理站。经核算，富士康污水处理站片区污水骨干系统过流能力均满足设计要求。

5）左岭污水处理厂片区。

本片区内的污水主要通过左岭大道市政污水管网自流进入左岭污水处理厂，处理达标后排放。左岭污水处理厂片区污水骨干系统过流能力评估结果见表 5.2-37。

表 5.2-37　　　　左岭污水处理厂片区污水骨干系统过流能力评估结果

系统名称	管径/mm	管段长度/m	设计流量/(L/s)	过流能力/(L/s)	校核/(L/s)
左岭大道	$d1500$	1407	973.71	1469.02	495.31

评估结果显示左岭大道污水干管过流能力满足设计要求。

（3）雨污水混错接评估

左岭片区的混错接点总计 53 处，其中道路污水混排至道路雨水点位 44 处，道路雨水混排至道路污水点位 9 处。

（4）管网缺陷评估

通过检测和梳理，左岭片区范围内共有管道缺陷 16220 处，具体情况见表 5.2-38。

表 5.2-38　　　　　　　　　　左岭区管网缺陷统计

缺陷类型	缺陷名称	雨水	污水
结构性缺陷	（AJ）支管暗接	1	2
	（BX）变形	761	1631
	（CK）错口	434	463
	（CR）异物穿入	38	20
	（FS）腐蚀	392	327
	（PL）破裂	4398	3708
	（QF）起伏	331	928
	（SL）渗漏	125	400
	（TJ）脱节	32	45
	（TL）接口材料脱落	363	315
功能性缺陷	（CJ）沉积	243	108
	（CQ）残墙、坝根	21	27
	（FZ）浮渣	0	8
	（JG）结垢	7	24
	（SG）树根	179	68
	（ZW）障碍物	384	437
合计		7709	8511

5.2.4.6　花山片区

（1）管网完善情况评估

根据管网排查结果，花山区域存在 7 处污水管道缺失，其中 4 处断头管道相关的道路或泵站在实施中,包括纹璜街、花城大道东段新建项目,另外 3 处断头管道与地铁 19 号线施工相关,正在实施中。

(2)污水干管过流能力评估

1)土桥泵站片区。

本片区内的污水主要通过花福街市政污水管网收集至土桥泵站,提升后进入花山污水处理厂。土桥泵站片区污水骨干系统的过流能力评估结果见表 5.2-39。

表 5.2-39　　　　　　　　土桥泵站片区污水骨干系统过流能力评估

系统名称	管径/mm	管段长度/m	设计流量/(L/s)	过流能力/(L/s)	校核/(L/s)
花福街	d400	1846	74.94	87.42(50%)	12.48
	d500	823	39.45	170.37(50%)	130.92

评估结果显示花福街污水干管过流能力满足设计要求。

2)花山泵站片区。

本片区内的污水主要通过市政污水管网收集至花山泵站,提升后进入花山污水处理厂处理达标后排放。经核算,花山泵站片区污水骨干系统过流能力均满足设计要求。

3)王家桥及李家村片区。

本片区内的污水主要通过花城大道、春和路市政污水管网收集至花山泵站,提升后进入花山污水处理厂处理达标后排放。经核算,花山泵站片区污水骨干系统过流能力均满足设计要求。

(3)雨污水混错接评估

花山片区的混错接总计 23 处,其中道路污水混排至道路雨水点位 16 处,道路雨水混排至道路污水点位 7 处。

(4)管网缺陷评估

通过检测和梳理,花山片区范围内共有管道缺陷 4508 处,具体情况见表 5.2-40。

表 5.2-40　　　　　　　　花山片区管网缺陷统计

缺陷类型	缺陷名称	雨水	污水
结构性缺陷	(AJ)支管暗接	3	1
	(BX)变形	590	482
	(CK)错口	214	121
	(CR)异物穿入	14	7
	(FS)腐蚀	108	10
	(PL)破裂	1536	528

续表

缺陷类型	缺陷名称	雨水	污水
结构性缺陷	(QF)起伏	117	112
	(SL)渗漏	25	27
	(TJ)脱节	23	25
	(TL)接口材料脱落	52	7
功能性缺陷	(CJ)沉积	14	11
	(CQ)残墙、坝根	4	0
	(FZ)浮渣	1	0
	(JG)结垢	25	3
	(SG)树根	241	32
	(ZW)障碍物	129	46
合计		3096	1412

5.2.5 地块雨污分流现状评估

地块雨污混流的问题在东湖高新区普遍存在,特别是阳台洗衣机污水排入雨水立管的问题尤其突出。后续需根据地块内管线的勘测资料进一步明确各片区内地块雨污混流的情况。

5.2.5.1 龙王咀片区

龙王咀片区共有 218 个社区,各平台公司开展了两批社区雨污分流改造工程。经统计除去新建、拆迁型、高校和现状已经运行良好的小区,南湖东湖高新区内总共仍有 34 个社区尚未进行雨污分流改造,17 个社区已实施雨污分流,但仍存在混接。因此,南湖区域共需进行 37 个社区的雨污分流,其中 7 个为环境水务执法自行整改,2 个正在改造,4 个经核实无混流情况;另外柳林雅居为原左开投实施雨污分流及海绵改造社区,但该小区因周边规划道路尚未实施(军区范围),现状雨水通过军区内部临时管涵散排至南湖,已被列入环保督察整改名单,需要进行改造。因此龙王咀片区需要进行地块分流改造的小区共 39 个,改造面积约 202.65hm²。

5.2.5.2 汤逊湖片区

高新区汤逊湖片区共有 70 个社区建成年代相对较早,经排查,36 个社区为混流社区;另外,左开投和智开投前期分别通过不同的工程对相关小区进行了雨污分流改造,但仍存在阳台立管的混接的情况,其中左开投有 16 个小区,智开投有 6 个小区。因此,汤逊湖片区共有 58 个小区存在混流情况需要改造,改造面积约 463.79hm²。

5.2.5.3 豹澥片区

豹澥片区共有 52 个居住小区,其中 8 个为在建小区,1 个属江夏区管辖,其他 43 个均有不同程度的混接。41 个存在混接的社区中,32 个为 2014 年及以后建成,为环境水务执法自行整改,11 个为 2014 年前建成,需要进行工程改造。因此,豹澥片区共有 11 个小区存在混流情况需要改造,改造面积约 193hm^2。

5.2.5.4 王家店片区

经初步筛查,王家店片区共有 11 居住小区存在不同程度的混接,改造面积约 114hm^2。

5.2.5.5 左岭片区

经初步筛查,左岭片区共有 16 居住小区存在不同程度的混接,改造面积约 177hm^2。

5.2.5.6 花山片区

经初步筛查,花山片区共有 21 居住小区存在不同程度的混接,改造面积约 197hm^2。

5.2.6 污泥处置效能评估

目前,东湖高新区范围内 6 座污水处理厂共有现状总产泥量为 347.5t/d,平均产泥率 6.95t 泥/万 m^3/d 污水(80%含水率,下同),最大产泥率为汤逊湖污水处理厂,产泥率达 9.0t 泥/万 m^3/d 污水,最小产泥率为花山污水处理厂,产泥率为 1.5t 泥/万 m^3/d 污水。

各污水处理厂湿污泥产生量见表 5.2-41。

表 5.2-41   东湖高新区污水处理厂污泥产量

序号	名称	现状处理规模/(万 t/d)	设计处理规模/(万 t/d)	规划总规模/(万 t/d)	污泥现状产量/(t/d)	产泥量(t 泥/万 m^3/d 污水)	去向及用途
1	汤逊湖污水处理厂	15.5	20	30(含藏龙岛净水厂)	139.5	9	华新水泥用作建材
2	龙王咀污水处理厂	26.6	30	40	186.2	7	华新水泥用作建材
3	豹澥污水处理厂	4	7	38	24	6	湖北兴田生物科技有限公司/堆肥
4	王家店污水处理厂	2.7	2	—	5.4	2	武汉市熙昊环保有限责任公司堆肥及填埋
5	左岭污水处理厂	8.5	7	30	51	6	湖北兴田生物科技有限公司/堆肥

续表

序号	名称	现状处理规模 /(万 t/d)	设计处理规模 /(万 t/d)	规划总规模 /(万 t/d)	污泥现状产量 /(t/d)	产泥量 (t 泥/万 m³/d 污水)	去向及用途
6	花山污水处理厂	1	2	7	1.5	1.5	武汉方杨实业有限公司堆肥
7	合计	58.3	68	145	407.6		

注:上述污泥产量均按80%含水率计。

(1)汤逊湖污水处理厂污泥处理及处置情况

汤逊湖污水处理厂现状处理规模约为15.5万 t/d,污泥处理工艺为离心浓缩脱水,日处理量约140t,脱水污泥含水率约80%,经龙王咀污水处理厂的板框脱水处理(含水率约60%)后,再集中运至华新水泥厂焚烧处置。

(2)龙王咀污水处理厂污泥处理及处置情况

龙王咀处理厂现状处理规模为26.6万 t/d,污泥处理采用板框压滤脱水工艺,泥饼含水率达到60%,产泥量约为190t/d,再外运至华新水泥厂焚烧处置。

(3)豹澥污水处理厂污泥处理及处置情况

豹澥处理厂现状处理规模为约4万 t/d,污泥处理采用带式浓缩脱水一体机,泥饼含水率达到80%,产泥量约为24t/d,污泥由湖北兴田生物科技有限公司收购,通过污泥堆肥制成有机肥料。

(4)王家店污水处理厂污泥处理及处置情况

王家店污水处理厂现状处理规模为2.7万 t/d,污泥处理采用带式浓缩脱水一体机,泥饼含水率达到80%,产泥量约为5.4t/d,污泥由武汉市熙昊环保有限责任公司收购后运送至江夏,通过污泥堆肥制成有机肥料或者填埋。

(5)左岭污水处理厂污泥处理及处置情况

左岭处理厂现状处理规模约为8.5万 t/d,污泥处理采用带式浓缩脱水一体机,泥饼含水率达到80%,产泥量约为51t/d,污泥由湖北兴田生物科技有限公司收购,通过污泥堆肥制成有机肥料。

(6)花山污水处理厂污泥处理及处置情况

花山处理厂现状处理规模约为1万 t/d,污泥处理采用离心浓缩脱水一体机,泥饼含水率达到80%,产泥量约为1.5t/d,污泥由武汉方杨实业有限公司收购后运送至新洲,通过污泥堆肥制成有机肥料。

目前,龙王咀和汤逊湖 2 座污水处理厂采用华新水泥窑协同焚烧的处置方式。豹澥、左岭、王家店和花山污水处理厂污泥由不同的环保公司收购,运送至武汉周边新洲、江夏进行污泥堆肥,制造有机肥或填埋处理。华新水泥及环保公司污泥收购的价格均为 300 元/t 左右。

水泥窑协同污泥处置"四化"(稳定化、无害化、减量化、资源化)完成度最高,综合来说是一种较为理想的污泥处置方式,污泥堆肥将污泥制作成有机肥二次利用,变废为宝,也是不错的选择。高新区污泥处置主要面临以下问题:

1)水泥窑协同污泥处置,很多情况下为水泥厂在产能过剩的形势下,谋求转型的一种被动行为,较容易受国家行业政策影响。

2)水泥厂及环保公司大多远离污水处理厂,污泥运输距离长,容易造成跨区域污染转移,存在一定的社会稳定风险。

3)污泥收购企业规模有限,处理能力难以满足远期污泥处理需求。

4)处理处置方式欠多样化,远期稳定处理风险较大。

5.2.7 再生水回用效能评估

目前,东湖高新区仅王家店污水处理厂建设有再生水回用设施和管道。根据规划,王家店污水处理厂尾水进行再生水回用。王家店污水处理厂在紫外线消毒渠设置有 3 台再生水回用潜污泵,2 用 1 备,水泵流量 $Q=460 m^3/h$,扬程 $H=55m$。

已建再生水主干管如下:光谷三路(王家店污水处理厂—高新六路),管径 DN500mm,长度约 7.4km;高新大道(光谷三路—光谷七路),管径 DN300mm,长度约 5.1km,光谷七路(高新大道—高新六路)管径 DN300~DN500mm,长度约 4.2km;高新五路(光谷三路—神墩一路),管径 DN250~DN800mm,长度约 7.8km。其中光谷三路—光谷五路段管径为 DN800mm。已建再生水管道沿光谷三路、高新大道、光谷七路和高新五路形成环状管网。高新三路、高新四路局部建设有再生水支管,管径 DN200~DN500mm。

目前,王家店污水处理厂再生水回用主要用于市政杂用、绿化灌溉、道路浇洒等,王家店污水处理厂尾水排放达到一级 A 排放标准,满足市政杂用再生水水质标准。但由于管网不完善,部分路段再生水管网出现破损,导致局部无水供应或供水压力不足,降低了再生水利用率;市政再生水回用受季节及天气影响较大,富余再生水没有出路,导致再生水在管网中循环,内部水压大,对加压水泵损害较大。因此目前正在改造高新五路(光谷五路—光谷七路)和豹澥污水处理厂附近段再生水管道,可将富余再生水排入豹澥污水处理厂尾水排江泵站,经提升后由北湖闸排江。

经实地调研及考察访问,再生水回用还存在以下问题:

1）再生水管网在高新大道和光谷七路（高新大道—高新三路）段管径仅有DN300mm，管径偏小，无法满足高新大道以北和外环以东区域的再生水需求，应趁高新大道改造，同步改造再生水管道。

2）高新三路规划 $DN500\sim DN800mm$ 再生水干管迟迟未建，该再生水管是王家店和豹澥污水处理厂再生水重要联络管，导致再生水向周边路网辐射服务的能力较低。

3）取水栓使用率较低。由于再生水取水栓和阀门破坏严重，另外，再生水取水栓通常设在人行道外侧，绿化洒水车为求使用方便，通常使用人行道非机动车道与机动车侧分带内市政给水取水栓，造成再生水取水栓使用率偏低。

4）由于周边道路及场地的施工，对再生水取水栓、阀门井等破坏较严重，有些取水栓及阀门井被覆土掩埋。特别是高新大道近年来施工频繁，再生水管道被严重破坏，基本无法正常使用。局部再生水管网破损导致再生水管道无法形成环状管网，远端供水水压偏低。

5）由于再生水系统只有使用部门，没有维护部门，已修建的再生水管网系统，缺乏必要的维护和收费管理，加剧了再生水管网系统的损坏程度。

5.3 污染物负荷总量评估

5.3.1 水环境容量核定

5.3.1.1 湖泊水环境容量计算模型

东湖高新区及其周边 11 个湖泊中大中型湖泊（面积超过 $5km^2$）有 8 个，小型湖泊3 个（五加湖、严家湖、车墩湖），大中型湖泊占大多数。按照《水域纳污能力计算章程》（SL 348—2006），结合东湖高新区湖泊特点，本规划计算化学需氧量、氨氮水环境容量时，对五加湖、严家湖和车墩湖 3 个小型湖泊采用均匀混合模型，对严西湖、严东湖、豹澥湖、牛山湖、汤逊湖、南湖、梁子湖、东湖 8 个大中型湖泊采用非均匀混合模型；计算与湖泊富营养相关的总氮、总磷两项指标时采用富营养化模型计算其水环境容量，其中严西湖、严东湖、五加湖、严家湖、豹澥湖、汤逊湖、南湖、东湖 8 个富营养化指数较高的湖泊采用狄龙模型，车墩湖、牛山湖、梁子湖 3 个富营养化指数较低的湖泊采用合田健模型。

（1）化学需氧量、氨氮水环境容量计算模型

化学需氧量和氨氮等有机物的容量计算模型可以用水体质量平衡基本方程计算。

湖泊均匀混合模型计算公式如下：

$$W = C_S(Q_{out} + KV)$$

式中，W——湖库化学需氧量、氨氮水环境容量，t/a。

C_S——湖库功能区化学需氧量、氨氮目标值，mg/L。

Q_{out}——湖库的出流水量，m^3/a。可根据水量平衡原理，等于年入湖（库）水量减去年蒸发量；

K——湖库化学需氧量、氨氮的综合降解系数，1/a。

V——设计水文条件下的湖库容积，m^3。

湖泊非均匀混合模型计算公式如下：

$$M = 10^{-6} \cdot C_S \cdot \exp\left(\frac{K\varphi h_L r^2}{2Q_p}\right) Q_p$$

式中，M——湖泊化学需氧量、氨氮纳污能力，t/a；

C_S——湖泊水质目标浓度，mg/L；

C_0——湖泊水质背景浓度，mg/L；

φ——扩散角，由排放口附近地形决定；

h_L——扩散区湖泊平均水深，m；

r——计算水域外边界到入河排污口的距离，m；

K——污染物综合衰减系数，1/a；

Q_p——废污水排放流量，即设计入湖流量，m^3/a。

湖泊非均匀混合模型计算公式与《水域纳污能力计算规程》(SL 348—2006)略有区别，这里没有考虑湖泊水质背景浓度C_0，主要是由于本规划计算的水环境容量是绝对水环境容量，湖泊的水质背景浓度C_0主要受流域面源污染影响，规划需要按照水环境容量与入湖污染负荷量关系进行削减量计算，削减的污染负荷包括点源、面源、内源，为避免重复计算，故不考虑背景C_0。

（2）总氮、总磷水环境容量采用湖泊富营养化模型

湖泊中氮和磷等营养盐物质随时间的变化率，是输入、输出和在水库内沉积的该种污染物的量的函数，即可以用质量平衡方程表示。本规划采用狄龙和合田健富营养化模型计算湖泊总氮、总磷水环境容量。

狄龙模型计算公式如下：

$$M = 10^{-6} \cdot L_S \cdot A$$

$$L_S = \frac{P_s h Q_{out}}{(1-R)V}$$

$$R = 1 - W_{out}/W_{in}$$

式中，M——湖泊总氮、总磷水环境容量，t/a。

L_S——单位湖水面积总氮、总磷的水环境容量，$g/(m^2 \cdot a)$。

A——湖泊面积，m^2。

P_s——湖泊中总氮、总磷的年平均控制浓度,g/m³。用总氮、总磷的水环境质量标准来衡量。

h——湖泊的平均水深,m;

Q_{out}——湖泊的年出流水量,m³/a。可根据水量平衡原理,等于年入湖水量减去年蒸发量。

R——湖泊中总氮、总磷的滞留系数;

W_{in}——湖泊中总氮、总磷的输入量,t/a;

W_{out}——湖泊中总氮、总磷的输出量,t/a;

V——设计水文条件下的湖泊容积,m³。

合田健模型计算公式如下:

$$M_N = 2.7 \times 10^{-6} C_S \cdot H \left(\frac{Q_a}{V} + \frac{10}{Z} \right) \cdot S$$

式中,M_N——氮或磷的水域纳污能力,t/a;

C_S——水质目标值,mg/L;

H——湖(库)平均水深,m;

$10/Z$——沉降系数,1/a;

S——不同年型平均水位相应的计算水域面积,km²。

5.3.1.2 设计水文条件

(1)水位

采用各相关湖泊的常水位作为设计水位。

(2)降雨

采用年降水量接近多年平均值的 2012 年降水作为设计降雨年份,与设计水位条件相对应。2012 年降水量为 1153mm。

(3)蒸发

蒸发量采用武汉市多年平均水面蒸发量 939.5mm。

5.3.1.3 设计水质条件

根据《环境影响评价技术导则地表水环境》(HJ 2.3—2018),遵循地表水环境质量底线要求,主要污染物(化学需氧量、氨氮、总磷、总氮)需预留必要的安全余量。安全余量可按《地表水环境质量标准》(GB 3838—2002)、受纳水体环境敏感性等确定:受纳水体为《地表水环境质量标准》(GB 3838—2002)Ⅲ类水域,以及涉及水环境保护目标的水域,安全余量按照不低于建设项目污染源排放量核算断面(点位)处环境质量标准的 10%确定(安全余量≥环境质量标准×10%);受纳水体《地表水环境质量标准》(GB 3838—2002)Ⅳ、Ⅴ类水域,安全余量按照不低于建设项目污染源排放量核算断面(点位)处环境质量标准的8%确定(安全余量≥环境质量标准×8%);地方如有更严格的环境管理要求,按地方要求执行。

按要求预留水质目标浓度8%的安全余量。

(1)模型参数

1)衰减系数K。

参考《全国水环境容量核定技术指南》《武汉市东湖水环境综合治理规划》等成果,污染物综合衰减系数K_{COD}取值为$0.02d^{-1}$,K_{NH_3-N}取值$0.06d^{-1}$。

2)氮、磷滞留系数R。

根据滞留系数计算公式$R=1-W_{out}/W_{in}$进行计算,并参照《全国水环境容量核定技术指南》《武汉市东湖水环境综合治理规划》等成果,进行适当调整。

5.3.1.4 湖泊水环境容量

根据各湖泊流域化学需氧量、氨氮、总氮、总磷入湖和出湖关系,以及综合衰减系数、滞留系数等,利用上述公式计算出高新区各湖泊不同规划水平年的水环境容量,见表5.3-1、表5.3-2。

表5.3-1　　　　　　　　　　　　规划2025年水环境容量

序号	湖泊名称	现状水质类别	2025年规划水质目标	2025年水环境容量/(t/a)			
				化学需氧量	氨氮	总氮	总磷
1	严西湖(高新区)	Ⅲ～Ⅳ	Ⅲ	221.03	13.22	21.78	0.91
2	严东湖	Ⅲ	Ⅲ	273.32	14.51	54.98	6.41
3	五加湖	Ⅳ	Ⅳ	72.42	4.27	9.29	0.24
4	严家湖(高新区)	Ⅳ	Ⅲ	226.65	12.25	19.75	1.69
5	车墩湖	Ⅲ	Ⅲ	149.97	8.00	22.02	1.67
6	豹澥湖	Ⅳ	Ⅲ	1520.97	90.00	243.91	25.96
7	梁子湖(牛山湖)			2213.00	121.40	290.54	29.06
7.1	梁子湖(高新区)	Ⅲ	Ⅲ	379.25	26.69	36.68	3.67
7.2	牛山湖	Ⅱ～Ⅳ	Ⅱ	1833.75	94.71	253.86	25.39
8	汤逊湖(高新区)	Ⅴ～劣Ⅴ	Ⅳ	1616.51	103.05	163.56	14.19
9	南湖(高新区)	Ⅴ～劣Ⅴ	Ⅳ	374.70	19.65	34.62	3.25
10	东湖(高新区)	Ⅲ	Ⅲ	348.85	19.10	61.07	6.83
合计				7017.42	405.45	921.52	90.21

表 5.3-2   **规划 2035 年水环境容量**

序号	湖泊名称	2025 年规划水质目标	2035 年规划水质目标	2035 年水环境容量/(t/a)			
				化学需氧量	氨氮	总氮	总磷
1	严西湖(高新区)	Ⅲ	Ⅲ	221.03	13.22	21.78	0.91
2	严东湖	Ⅲ	Ⅲ	273.32	14.51	54.98	6.41
3	五加湖	Ⅳ	Ⅳ	72.42	4.27	9.29	0.24
4	严家湖(高新区)	Ⅲ	Ⅲ	226.65	12.25	19.75	1.69
5	车墩湖	Ⅲ	Ⅲ	149.97	8.00	22.02	1.67
6	豹澥湖	Ⅲ	Ⅲ	1520.97	90.00	243.91	25.96
7	梁子湖(牛山湖)			2213.00	121.40	290.54	29.06
7.1	牛山湖	Ⅱ	Ⅱ	1833.75	94.71	253.86	25.39
7.2	梁子湖(高新区)	Ⅲ	Ⅲ	379.25	26.69	36.68	3.67
8	汤逊湖(高新区)	Ⅳ	Ⅲ	1077.68	68.70	152.66	12.72
9	南湖(高新区)	Ⅳ	Ⅳ	374.70	19.65	34.62	3.25
10	东湖(高新区)	Ⅲ	Ⅲ	348.85	19.10	61.07	6.83
合计				6478.59	371.10	910.62	88.74

5.3.1.5 长江限制排污总量

长江(高新段)涉及的水功能区一级区为长江武汉开发利用区,二级区划为长江武汉葛店饮用水水源、工业用水区,其上下游水功能区分别为长江武汉开发利用区(一级区划)下的长江武汉北湖闸过渡区(二级区划)和长江武汉、鄂州、黄州保留区(一级区划),考虑规划年东湖高新区排污需求,将研究范围向上扩展两个功能区段,分别为长江武汉王家洲工业用水区和长江武汉北湖闸排污控制区(图 5.3-1)。

图 5.3-1 水功能区分布概况

根据《长江干流纳污能力及限制排污总量初步研究报告》(以下简称《报告》)和《北湖污水处理厂入河排污口江段水功能区纳污能力复核论证报告》,梳理各水功能区纳污能力成果见表5.3-3。

表 5.3-3   水功能区纳污能力统计

一级水功能区	二级水功能区	岸别	起始范围	终止范围	长度 /km	水质目标	纳污能力/(t/a)	
							化学需氧量	氨氮
长江武汉开发利用区	长江武汉王家洲工业用水区	右岸	王家洲	北湖闸	6.5	无	21985	1564.0
	长江武汉北湖闸排污控制区	右岸	北湖闸排污口	北湖闸排污口下游1km	1.0	Ⅲ	4449.3	227.0
长江武汉开发利用区	长江武汉北湖闸过渡区	右岸	北湖闸排污口下游1km	西港村	5.0	Ⅲ	1417.1	118.1
	长江武汉葛店饮用水水源、工业用水区	右岸	西港村	武汉葛店	6.5	Ⅲ	1238.0	71.2
长江武汉、鄂州、黄州保留区	/	/	武汉葛店	鄂州临江镇	42.0	Ⅲ	2324.6	193.7

注:长江武汉王家洲工业用水区纳污能力摘自《北湖污水处理厂入河排污口江段水功能区纳污能力复核论证报告》,其余水功能区纳污能力摘自《报告》。

5.3.2　污染物入湖量计算

根据东湖高新区土地利用及城镇开发边界,将城镇开发边界内农林用地、村庄建设用地划分成农村区域,其余区域划分为城镇区域;城镇开发边界以外区域均划分为农村区域。东湖高新区主要湖泊污染物来源包括城镇污水处理厂尾水、工业直排口、生活直排口等形式的点源,城镇和农村面源以及内源。点源污染负荷主要以实测法确定,城镇面源采用SCS径流模型和地表径流污染物浓度计算,农村面源采用源强系数法计算,内源通过实验方法确定。

5.3.2.1 现状年污染负荷估算

（1）点源

1）污水处理厂。

东湖高新区范围内污水处理厂共有 6 座，分别是：龙王咀污水处理厂、汤逊湖污水处理厂、豹澥污水处理厂、王家店污水处理厂、花山污水处理厂和左岭污水处理厂。污水处理厂基本情况见表 5.3-4。

表 5.3-4　　　　　　　　　东湖高新区污水处理厂基本情况

序号	厂名	服务区域	现状规模 /(万 m³/d)	生活、工业污水比例	尾水排放标准	排入水体
1	龙王咀污水处理厂	东湖高新、洪山区	30	9：1	一级 A	南湖连通渠—长江
2	汤逊湖污水处理厂	东湖高新、江夏区	10	7：3	一级 A	长江（5 万 m³/d）、汤逊湖（5 万 m³/d）
3	豹澥污水处理厂	东湖高新区	7	7：3	一级 A	长江
4	王家店污水处理厂	东湖高新区	2	9：1	一级 A	九峰明渠—东湖
5	花山污水处理厂	东湖高新区	2	9：1	一级 A	长江
6	左岭污水处理厂	东湖高新区	7	3：7	一级 A	长江
7	合计		58			

按照表 5.3-4 中各污水处理厂生活、工业污水比例及污水处理厂尾水排入水体，计算东湖高新区各湖泊污水处理厂尾水中生活污水入湖（江）量及污染负荷现状排污负荷量，结果见表 5.3-5。

表 5.3-5　东湖高新区污水处理厂尾水中生活污水入湖（江）量及污染负荷现状排污负荷量

受纳污水体	污水量/(万 m³/a)	化学需氧量/(t/a)	氨氮/(t/a)	总氮/(t/a)	总磷/(t/a)
严西湖（高新区）	0	0	0	0	0
严东湖	0	0	0	0	0
五加湖	0	0	0	0	0
严家湖（高新区）	0	0	0	0	0
车墩湖	0	0	0	0	0
豹澥湖	0	0	0	0	0
梁子湖（牛山湖）	0	0	0	0	0
其中牛山湖	0	0	0	0	0
其中梁子湖（高新区）	0	0	0	0	0

续表

受纳污水体	污水量/(万 m³/a)	化学需氧量/(t/a)	氨氮/(t/a)	总氮/(t/a)	总磷/(t/a)
汤逊湖(高新区)	1314	657.00	65.70	197.10	6.57
南湖(高新区)	0	0	0	0	0
东湖(高新区)	657.00	328.50	32.85	98.55	3.29
长江	13249.5	6624.75	662.48	1987.43	66.25
合计	15220.5	7610.25	761.03	2283.08	76.11

按照表 5.3-4 中各污水处理厂生活、工业污水比例及污水处理厂尾水排入水体,计算东湖高新区各湖泊污水处理厂尾水中工业污水入湖(江)量和污染负荷量,结果见表 5.3-6。

表 5.3-6　　东湖高新区污水处理厂尾水中工业污水入湖(江)量及污染负荷量

受纳污水体	污水量/(万 m³/a)	化学需氧量/(t/a)	氨氮/(t/a)	总氮/(t/a)	总磷/(t/a)
严西湖(高新区)	0	0	0	0	0
严东湖	0	0	0	0	0
五加湖	0	0	0	0	0
严家湖(高新区)	0	0	0	0	0
车墩湖	0	0	0	0	0
豹澥湖	0	0	0	0	0
梁子湖(牛山湖)	0	0	0	0	0
其中牛山湖	0	0	0	0	0
其中梁子湖(高新区)	0	0	0	0	0
汤逊湖(高新区)	511.00	255.50	25.55	76.65	2.56
南湖(高新区)	0	0	0	0	0
东湖(高新区)	73.00	36.50	3.65	10.95	0.37
长江	5365.50	2682.75	268.28	804.83	26.83
合计	5949.50	2974.75	297.48	892.43	29.76

2)城镇生活直排污染负荷量。

东湖高新区共有生活污水排口 29 处(污水处理厂尾水未计入),年排放废污水量约 334.11 万 t,化学需氧量排放量 1262.28t/a,氨氮排放量 160.37t/a,总氮 198.46t/a,总磷 18.71t/a。

表 5.3-7 现状年城镇生活污染负荷量

受纳污水体	排污口个数	污水量/(万 m³/a)	化学需氧量/(t/a)	氨氮/(t/a)	总氮/(t/a)	总磷/(t/a)
严西湖(高新区)	3	4.60	17.38	2.21	2.73	0.26
严东湖	2	32.19	121.63	15.45	19.12	1.80
五加湖	5	2.30	8.69	1.10	1.37	0.13
严家湖(高新区)	0	0.00	0.00	0.00	0.00	0.00
车墩湖	0	0.00	0.00	0.00	0.00	0.00
豹澥湖	8	114.98	434.38	55.19	68.30	6.44
梁子湖(牛山湖)	0	0	0	0	0	0
其中牛山湖	0	0	0	0	0	0
其中梁子湖(高新区)	0	0	0	0	0	0
汤逊湖(高新区)	7	57.49	217.19	27.59	34.15	3.22
南湖(高新区)	4	122.56	463.03	58.83	72.80	6.86
东湖(高新区)	0	0	0	0	0	0
长江	0	0	0	0	0	0
合计	29	334.12	1262.30	160.37	198.47	18.71

3)点源现状污染负荷汇总。

现状年点源污染负荷汇总见表 5.3-8。从表 5.3-8 可以看出,现状年点源废污水排放量约为 21504.17 万 m³/a,入湖(江)污染负荷化学需氧量为 11847.28t/a,氨氮为 1218.81t/a,总氮为 3373.98t/a,总磷为 124.57t/a。其中大部分污染负荷排入长江干流。

表 5.3-8 现状年点源污染负荷汇总

受纳污水体	污水量/(万 m³/a)	化学需氧量/(t/a)	氨氮/(t/a)	总氮/(t/a)	总磷/(t/a)
严西湖(高新区)	4.60	17.38	2.21	2.73	0.26
严东湖	32.19	121.63	15.45	19.12	1.80
五加湖	2.30	8.69	1.10	1.37	0.13
严家湖(高新区)	0	0	0	0	0
车墩湖	0	0	0	0	0
豹澥湖	114.98	434.38	55.19	68.30	6.44
梁子湖(牛山湖)	0	0	0	0	0
其中牛山湖	0	0	0	0	0

续表

受纳污水体	污水量 /(万 m³/a)	化学需氧量 /(t/a)	氨氮 /(t/a)	总氮 /(t/a)	总磷 /(t/a)
其中梁子湖(高新区)	0	0	0	0	0
汤逊湖(高新区)	1882.50	1129.70	118.80	307.90	12.30
南湖(高新区)	122.60	463.00	58.80	72.80	6.90
东湖(高新区)	730.00	365.00	36.50	109.50	3.66
长江	18615.00	9307.50	930.76	2792.26	93.08
合计	21504.17	11847.28	1218.81	3373.98	124.57

东湖高新区各流域江水区点源污染物排放占比见图 5.3-2。由图 5.3-2 可见,长江、汤逊湖和豹澥湖为点源污染负荷的主要受纳水体。

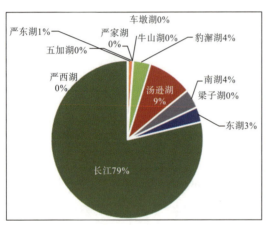
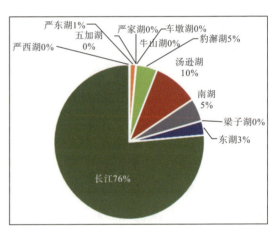
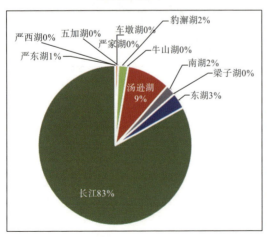
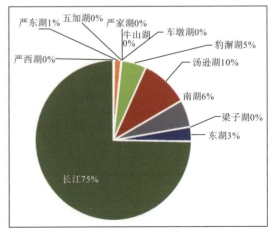

图 5.3-2　东湖高新区各流域汇水区点源污染物负荷排放占比

（2）城镇面源

1）模型原理。

美国水土保持局提出的 SCS 径流曲线数值方程是一种较好净雨量计算方法。该方法综合考虑了流域降雨、土壤类型、土地利用方式及管理水平、前期土壤湿润状况与径流间的关系。经验计算公式为：

$$q = \begin{cases} \dfrac{(P - 0.2S)^2}{P + 0.8S} & (P \geqslant I_a) \\ 0 & (P < I_a) \end{cases}$$

式中，q——1 次净雨量，mm；

S——可能最大滞留量，mm；

P——1 次降水量，mm；

I_a——初损量，mm，取值为 0.2S。

其中，S 按下式计算：

$$q = \left[\frac{25400}{C_N} \right] - 254$$

式中，C_N——径流曲线数值，与下垫面特征有关。

次降雨的径流量按照下式进行计算：

$$V = 10^3 qA$$

式中，V——该次降雨的径流量，m³；

A——产流面积，km²；

q——该次的净雨量，mm。

累积年各次降雨的地表径流量，采用地表径流污染物的平均浓度和径流量进行计算。计算公式为：

$$W_T = \sum C_i V_i$$

式中，W_T——降雨径流面源污染负荷；

C_i——第 i 种土地类型对应的地表径流污染物浓度；

V_i——第 i 种土地类型对应的年地表径流量。

2）计算条件。

①降雨数据。

根据武汉雨量站 1951—2018 年统计，多年平均降水量为 1242mm，其中 2012 年降水量比较接近多年平均，因此以 2012 年作为典型年，地表径流量采用 SCS 径流曲线数值方程进行计算。面源负荷预测以 2012 年作为典型年份，采用其降雨数据进行负荷计算。图 5.3-3 为武汉雨量站 2012 年逐日降雨过程线。

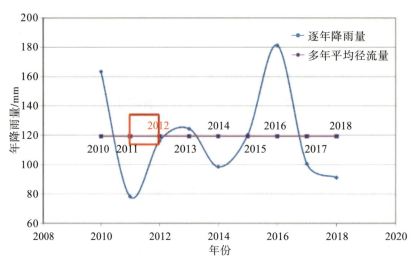

图 5.3-3　武汉市近年年降水量变化

表 5.3-9　　　　　　　　　　　　　武汉市近年降雨场次统计

年份	月份												总场次
	1	2	3	4	5	6	7	8	9	10	11	12	
2010	12	15	16	11	14	11	20	12	12	10	4	6	143
2011	8	8	13	9	10	19	6	12	8	6	6	1	106
2012	11	15	16	11	18	11	5	12	12	13	14		146
2013	5	15	9	10	14	14	10	7	14	2	8	3	111
2014	8	14	15	15	15	10	11	15	8	5	15	2	133
2015	8	14	10	11	17	13	16	9	12	9	20	9	148
2016	16	7	12	13	18	14	13	12	6	16	14	9	150
2017	8	7	13	12	12	14	7	14	15	11	9	2	124
2018	12	7	18	12	10	9	7	10	5	8	11	16	125

②流域土地类型数据资料。

根据面源污染计算需要,将现状土地利用类型,划分为居住用地、建设用地、工业用地、绿地、村镇用地、水域、农林用地、未利用地、道路与交通设施用地等 9 类。各流域内用地类型比例见图 5.3-4。

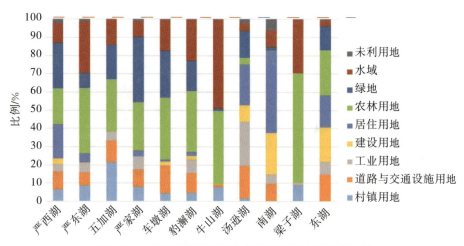

图 5.3-4　东湖高新区各汇水分区内现状土地利用比例

③不同土地类型径流污染物浓度参数。

参考《武汉汉阳地区城市集水区尺度降雨径流污染过程与排放特征》等已有的研究成果及武汉市南湖、汤逊湖及东湖水环境治理相关经验，对不同土地利用类型的径流污染物浓度进行选取，具体见图 5.3-5。

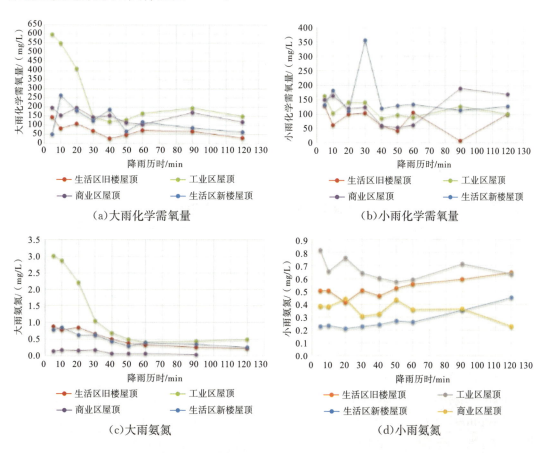

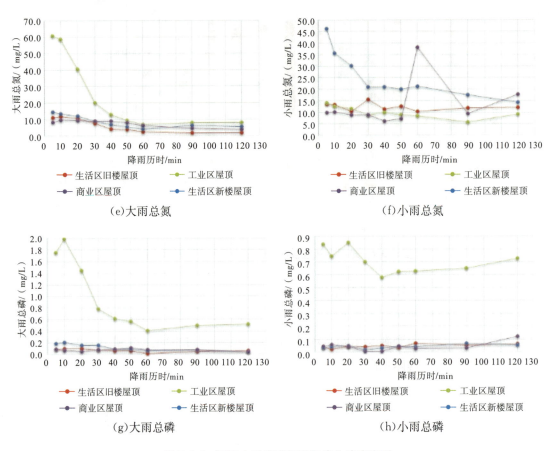

（e）大雨总氮　　　　　　　　　　（f）小雨总氮

（g）大雨总磷　　　　　　　　　　（h）小雨总磷

图 5.3-5　不同土地类型径流污染物浓度序列

3）城镇面源污染负荷。

采用前述面源污染计算方法得出东湖高新区各流域城镇面源污染现状见表 5.3-10。

表 5.3-10　　　　　　　　　　　东湖高新区各流域城镇面源污染现状

受纳污水体	化学需氧量/(t/a)	氨氮/(t/a)	总氮/(t/a)	总磷/(t/a)
严西湖	353.87	3.71	14.37	1.35
严东湖	510.62	5.57	17.5	1.83
五加湖	11.86	0.13	0.51	0.05
严家湖	660.61	6.28	20.4	2.11
车墩湖	383.65	4.56	11.91	1.38
豹澥湖	3179.78	30.21	98.79	10.22
梁子湖（牛山湖）	286.42	3.41	9.1	1.05
其中牛山湖	281.73	3.35	8.94	1.03
梁子湖	4.69	0.06	0.16	0.02

受纳污水体	化学需氧量/(t/a)	氨氮/(t/a)	总氮/(t/a)	总磷/(t/a)
汤逊湖	3903.23	78.19	161.73	13.24
南湖	908.64	9.58	41.83	3.71
东湖	1169.63	11.95	48.28	4.46
合计	11368.31	153.59	424.42	39.4

由表 5.3-10 可知,高新区现状面源化学需氧量、氨氮、总氮和总磷入湖量分别为 11368.31t/a、153.59t/a、424.42t/a 和 39.4t/a。

东湖高新区各流域汇水区城镇面源污染负荷排放占比见图 5.3-6。从图 5.3-6 中可见,东湖高新区城镇面源主要来源于豹澥湖和汤逊湖汇水区,占比超过 60%。

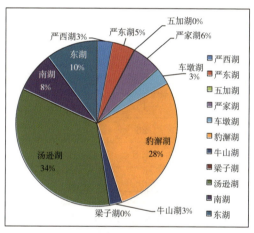

（a）化学需氧量

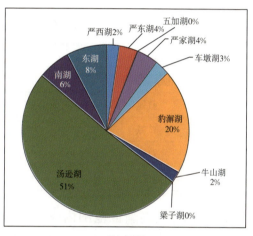

（b）氨氮

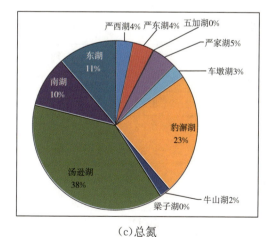

（c）总氮

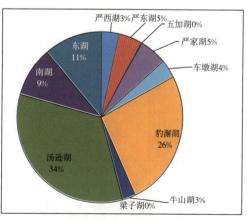

（d）总磷

图 5.3-6　东湖高新区各流域汇水区城镇面源污染负荷排放占比

（3）农村面源

1）农村农业径流污染。

东湖高新区农村农业径流污染主要来源于牛山湖片区、梁子湖片区、豹澥湖片区、严东湖片区和严家湖片区。

农田污染核算按照地表径流核算法核算，核算方法为：

$$Q_i = S_i \alpha_i 10^{-1}$$

式中：Q_i——地表径流的年负荷量，t/a；

S_i——农田面积，km^2；

a_i——各土地类型年负荷污染物浓度参数，kg/hm^2。

a_i 农田参数取值见表 5.3-11。

表 5.3-11　　　　　　　　东湖高新区农村农业面源污染现状

污染物	水田/(kg/hm^2)
化学需氧量	72.8
氨氮	15
总氮	26
总磷	1.8
流失率	0.25

经计算，东湖高新区范围内农村面源污染负荷化学需氧量为 597.81t/a，氨氮为 8.15t/a，总氮为 48.63t/a，总磷为 4.29t/a。各分区污染物负荷见表 5.3-12。

表 5.3-12　　　　　　　　东湖高新区农村面源污染现状

受纳污水体	化学需氧量/(t/a)	氨氮/(t/a)	总氮/(t/a)	总磷/(t/a)
严西湖	17.35	0.23	1.36	0.12
严东湖	69.67	0.94	5.62	0.49
五加湖	7.85	0.10	0.62	0.05
严家湖	44.8	0.56	3.38	0.29
车墩湖	19.54	0.28	1.64	0.15
豹澥湖	155.04	2.2	13.08	1.17
梁子湖(牛山湖)	263.23	3.54	21.11	1.85
其中牛山湖	221.28	2.96	17.65	1.54
其中梁子湖	41.95	0.58	3.46	0.31
汤逊湖	11.73	0.14	0.85	0.07

受纳污水体	化学需氧量/(t/a)	氨氮/(t/a)	总氮/(t/a)	总磷/(t/a)
南湖	0.19	0	0.01	0
东湖	8.41	0.16	0.96	0.1
合计	597.81	8.15	48.63	4.29

2)农村生活污水散排污染。

结合现状调研,东湖高新区内目前仍未拆迁农村和景中村共计31处,现状生活污水均通过自然沟渠散排进入附近水体。根据各街道办提供的常住人口数据,东湖高新区内仍保留的农村常住人口共计25248人,根据《武汉市水质提升工程规划方案编制技术指南》(武汉市水务局,2018),武汉市农村生活散排污水产生量按100L/(人·d),化学需氧量产生量取40g/(人·d),氨氮产生量取4g/(人·d),总氮产生量取5g/(人·d),总磷产生量取0.44g/(人·d),入湖排放系数取0.6,具体取值见表5.3-13。经过计算,得到高新区内农村生活散排负荷为化学需氧量294.89t/a,氨氮29.49t/a,总氮36.87t/a,总磷3.25t/a(表5.3-14)。

表 5.3-13　　　　　　　　　　　农村生活散排污染负荷取值

农村人口	
项目	产污定额
污水产生量 L/(人·d)	100
化学需氧量 g/(人·d)	40
氨氮 g/(人·d)	4
总氮 g/(人·d)	5
总磷 g/(人·d)	0.44
入湖排放系数	0.6

表 5.3-14　　　　　　　　　　　农村生活散排入湖负荷

湖泊名称	农村常住人口(人)	农村生活散排入湖负荷/(t/a)			
		化学需氧量	氨氮	总氮	总磷
牛山湖	18424	215.19	21.52	26.9	2.37
豹澥湖	5834	68.14	6.81	8.52	0.75
严东湖	990	11.56	1.16	1.45	0.13
合计	25248	294.89	29.49	36.87	3.25

3)农村畜禽养殖散排污染。

目前保留的农村中,畜禽养殖以散养家禽为主,散养数量均不多,根据调研统计,散排家禽数量约为 694 只。家禽污染物排放负荷见表 5.3-15。

表 5.3-15　　　　　　　　　　家禽污染物排放负荷

家禽散排	
项目	产污定额
化学需氧量/[kg/(只·a)]	1.134
氨氮/[kg/(只·a)]	0.120456
总氮/[kg/(只·a)]	0.247968
总磷/[kg/(只·a)]	0.135324
入湖排放系数	0.1

根据国家环境保护总局《畜禽养殖排污系数表》(环发〔2004〕43 号)综合计算取值，对临湖畜禽养殖产污量进行测算，污染物排放总量分别为 化学需氧量 0.0787t/a、氨氮 0.0084t/a、总氮 0.0172t/a、总磷 0.0094t/a，结果见表 5.3-16。

表 5.3-16　　　　　　　　　　农村畜禽养殖散排入湖负荷

湖泊名称	家禽散养量/只	畜禽散排入湖负荷/(t/a)			
		化学需氧量	氨氮	总氮	总磷
牛山湖	603	0.0684	0.0073	0.0150	0.0082
豹澥湖	46	0.0052	0.0006	0.0011	0.0006
严东湖	45	0.0051	0.0005	0.0011	0.0006
合计	694	0.0787	0.0084	0.0172	0.0094

4)农业农村面源污染汇总。

农业农村地表径流污染、生活污水散排污染和畜禽养殖散排污染汇总见表 5.3-17。

表 5.3-17　　　　　　　　　　农业农村面源污染负荷现状汇总

受纳污水体	化学需氧量/(t/a)	氨氮/(t/a)	总氮/(t/a)	总磷/(t/a)
严西湖	17.35	0.23	1.36	0.12
严东湖	81.24	2.10	7.07	0.62
五加湖	7.85	0.10	0.62	0.05
严家湖	44.80	0.56	3.38	0.29
车墩湖	19.54	0.28	1.64	0.15
豹澥湖	223.19	9.01	21.6	1.92
梁子湖(牛山湖)	478.49	25.07	48.03	4.23
其中牛山湖	436.54	24.49	44.57	3.92

受纳污水体	化学需氧量/(t/a)	氨氮/(t/a)	总氮/(t/a)	总磷/(t/a)
其中梁子湖	41.95	0.58	3.46	0.31
汤逊湖	11.73	0.14	0.85	0.07
南湖	0.19	0.00	0.01	0.00
东湖	8.41	0.16	0.96	0.10
合计	892.79	37.65	85.52	7.55

东湖高新区各流域汇水区农村农业面源污染负荷排放占比见图 5.3-7。从图 5.3-7 中可见,东湖高新区农村农业面源主要来源于豹澥湖和牛山湖汇水区,占比超过 60%。

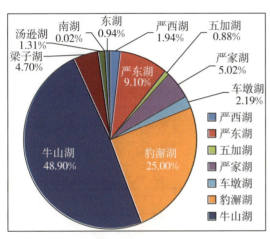

（a）化学需氧量

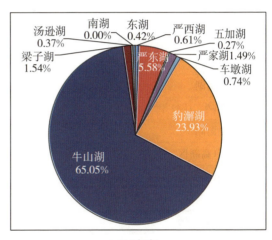

（b）氨氮

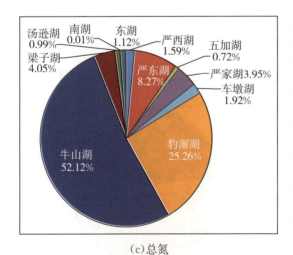

（c）总氮

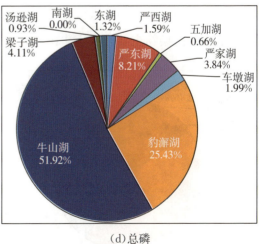

（d）总磷

图 5.3-7　东湖高新区各流域汇水区农村农业面源污染负荷排放占比

（4）内源污染现状

笔者对各湖泊进行了底泥样品采集，并开展了底泥氮磷污染物释放的室内试验。根据实验结果对各湖泊底泥氮磷释放通量进行了计算，结果见表5.3-18。东湖高新区内源释放通量总氮为491.44t/a，总磷为49.18t/a。

表 5.3-18　　　　　　　东湖高新区主要水体内源释污染负荷现状

湖泊名称	高新区内湖面面积/km²	释放速率/[mg/m²·d]		释放通量/(t/a)	
		总氮	总磷	总氮	总磷
严西湖(高新区)	0	—	—	—	—
严东湖	9.110	10.28	1.28	34.18	4.26
五加湖	0.112	26.93	1.26	1.10	0.05
严家湖(高新区)	1.523	31.48	6.91	17.50	3.84
车墩湖	1.740	13.16	1.61	8.36	1.02
豹澥湖	22.940	16.2	0.93	135.64	7.79
梁子湖(牛山湖)	64.840	—	—	235.95	22.25
牛山湖	60.420	9.97	0.94	219.87	20.73
梁子湖(高新区)	4.420	9.97	0.94	16.08	1.52
汤逊湖(高新区)	1.120	114.01	19.89	46.61	8.13
南湖(高新区)	1.830	18.11	2.76	12.10	1.84
东湖(高新区)	0	—	—	—	—
合计	168.055			491.44	49.18

东湖高新区各流域汇水区内源释放占比见图5.3-8。从图5.3-8中可见，东湖高新区湖泊内源污染物主要来源于牛山湖和豹澥湖，占比超过60%。

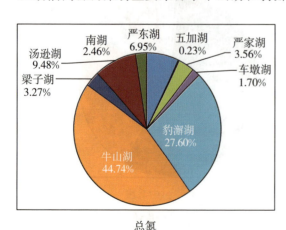

总氮

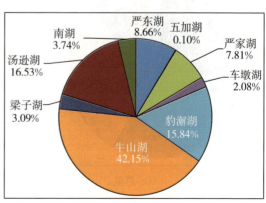

总磷

图 5.3-8　东湖高新区各流域汇水区内源释放占比

(5)现状年污染源结构与空间分布

1)东湖高新区污染源结构分析。

根据汇总结果,东湖高新区现状污染负荷及各污染源贡献率见图5.3-9、表5.3-19。东湖高新区化学需氧量、氨氮、总氮和总磷现状入湖负荷分别为24108.37t/a、1410.12t/a、4375.35t/a、220.71t/a。

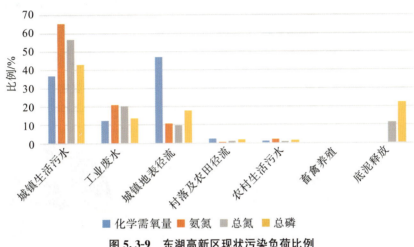

图 5.3-9　东湖高新区现状污染负荷比例

表5.3-19　　　　　　　　　东湖高新区现状污染负荷汇总

类别	化学需氧量/(t/a)	氨氮/(t/a)	总氮/(t/a)	总磷/(t/a)
城镇生活污水	8872.53	921.40	2481.54	94.82
工业废水	2974.75	297.48	892.43	29.76
城镇地表径流	11368.31	153.59	424.42	39.40
村落及农田径流	597.81	8.15	48.63	4.29
农村生活污水	294.89	29.49	36.87	3.25
畜禽养殖	0.0787	0.0084	0.0172	0.0094
底泥释放	0	0	491.44	49.18
合计	24108.37	1410.12	4375.35	220.71

从各类污染源来看,城镇生活污水、工业废水和城镇地表径流是高新区最主要的污染源,底泥释放在总氮、总磷负荷中的比例也不容忽视。

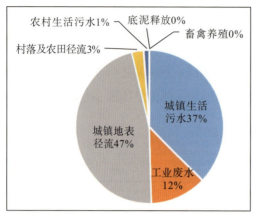

（a）化学需氧量

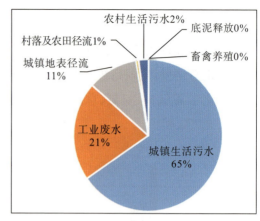

（b）氨氮

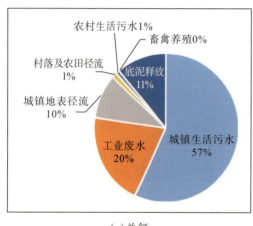

（c）总氮

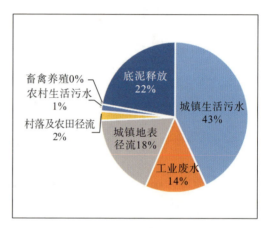

（d）总磷

图 5.3-10　东湖高新区现状污染负荷组成结构

2）东湖高新区污染源空间分布。

结合东湖高新区的水系分布及各子湖汇水区，分析东湖高新区污染负荷空间分布特征，具体情况见表5.3-20。可以看出，长江、豹澥湖和汤逊湖为最主要的污染源受纳水体。

表 5.3-20　　　　　　　　　　东湖高新现状污染负荷受纳空间分布

受纳污水体	化学需氧量/(t/a)	氨氮/(t/a)	总氮/(t/a)	总磷/(t/a)
严西湖（高新区）	388.60	6.15	18.46	1.73
严东湖	713.48	23.12	77.87	8.51
五加湖	28.40	1.33	3.60	0.28
严家湖（高新区）	705.41	6.84	41.28	6.24
车墩湖	403.19	4.84	21.91	2.55
豹澥湖	3837.34	94.41	324.33	26.37
梁子湖（牛山湖）	764.91	28.48	293.08	27.53

续表

受纳污水体	化学需氧量/(t/a)	氨氮/(t/a)	总氮/(t/a)	总磷/(t/a)
其中牛山湖	718.27	27.84	273.38	25.68
其中梁子湖(高新区)	46.64	0.64	19.70	1.85
汤逊湖(高新区)	5044.65	197.17	517.09	33.79
南湖(高新区)	1371.86	68.41	126.74	12.41
东湖(高新区)	1543.04	48.61	158.74	8.22
入湖小计	14800.87	479.36	1583.09	127.63
长江	9307.50	930.76	2792.26	93.08
合计	24108.37	1410.12	4375.35	220.71

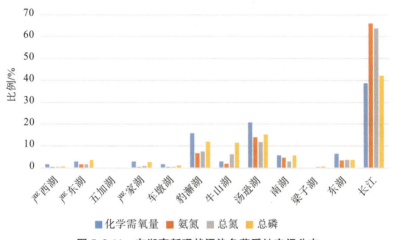

图 5.3-11　东湖高新现状污染负荷受纳空间分布

对于不同的污染物指标,通过图 5.3-12 可以看出,污染物负荷比中,前三位依次是长江、汤逊湖和豹澥湖。

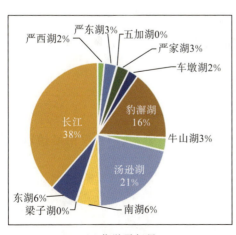

(a)化学需氧量

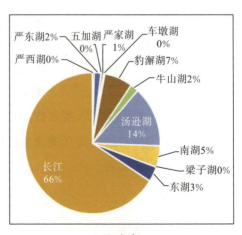

(b)氨氮

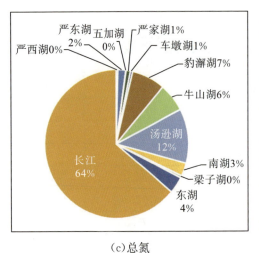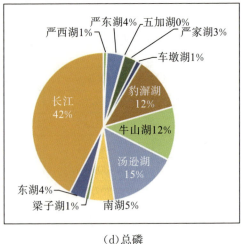

（c）总氮　　　　　　　　　　　　　　（d）总磷

图 5.3-12　东湖高新区现状污染负荷受纳空间分布特征

5.3.2.2　规划年污染负荷预测

（1）城镇生活污染

1）预测方法。

采用产污系数法对城镇居民生活产污量进行预测。根据《东湖新技术开发区分区规划（2017—2035 年）》，东湖高新区总面积为 518km²，规划远期 2035 年常住人口 180 万人。根据人口增长率推算，2025 年高新区常住人口约为 100 万人。

城镇生活污水的污染负荷排放量可根据下式计算：

$$W_{s规划} = W_{s现状} + W_{s新增}$$

$$W_{s新增} = N_{s新增} \times P_{nc} \times K_s \times \frac{365}{10^6}$$

式中，$W_{s规划}$——规划年城镇生活污水污染负荷排放量，t/a；

$W_{s现状}$——现状年城镇生活污水经处理后污染负荷排放量，t/a；

$W_{s新增}$——规划年比现状年新增的城镇生活污水污染负荷排放量，t/a；

$N_{s新增}$——规划年新增城镇人口数量；

P_{nc}——人均产污系数，g/（人·d）；

K_s——生活污水污染物入河系数，取 0.8。

根据《第一次全国污染源普查城镇生活产排污系数手册》确定武汉市城镇居民各污染物产污系数，对应值见表 5.3-21。

表 5.3-21 东湖高新城镇居民生活污水产污系数

污染物指标	产生系数
污水量/[L/(人·d)]	180
化学需氧量/[g/(人·d)]	68
氨氮/[g/(人·d)]	8.64
总磷/[g/(人·d)]	1.00
总氮/[g/(人·d)]	10.0

2)城镇生活污水污染物排放量预测。

根据人口规模预测和人均产污系数,计算得到规划年东湖高新区城镇居民生活污染负荷量,见表 5.3-22 和表 5.3-23。

表 5.3-22 规划 2025 年东湖高新区城镇居民生活污染负荷产生量预测

流域汇水区	人口/万人	化学需氧量/(t/a)	氨氮/(t/a)	总氮/(t/a)	总磷/(t/a)
严西湖(高新区)	1.0	91.84	11.67	14.44	1.36
严东湖	7.0	642.88	81.68	101.08	9.53
五加湖	0.5	45.92	5.83	7.22	0.68
严家湖(高新区)	3.0	223.39	28.38	35.12	3.31
车墩湖	10.0	744.64	94.61	117.08	11.04
豹澥湖	25.0	2295.99	291.71	360.99	34.03
梁子湖(牛山湖)	21	2437.94	291.97	477.11	32.97
牛山湖	8.5	632.95	80.42	99.52	9.38
汤逊湖(高新区)	12.5	1804.99	211.55	377.59	23.59
梁子湖(高新区)	0.5	35.49	4.51	5.58	0.53
南湖(高新区)	26.6	2447.42	310.95	384.80	36.28
东湖(高新区)	5.4	730.61	83.94	161.77	9.25
合计	100.0	9696.10	1205.20	1665.20	139.00

表 5.3-23 规划 2035 年东湖高新区城镇居民生活污染负荷产生量预测

流域汇水区	人口/万人	化学需氧量/(t/a)	氨氮/(t/a)	总氮/(t/a)	总磷/(t/a)
严西湖(高新区)	1.6	258.38	32.83	40.62	3.83
严东湖	13.0	2093.28	265.95	329.12	31.03
五加湖	1.0	160.37	20.38	25.21	2.38
严家湖(高新区)	5.0	762.72	96.90	119.92	11.31
车墩湖	20.0	3033.68	385.43	476.97	44.97
豹澥湖	45.0	7260.15	922.41	1141.49	107.61

流域汇水区	人口/万人	化学需氧量/(t/a)	氨氮/(t/a)	总氮/(t/a)	总磷/(t/a)
梁子湖(牛山湖)	16	2426.94	308.34	381.58	35.98
牛山湖	15.0	2275.26	289.07	357.73	33.73
梁子湖(高新区)	1.0	151.68	19.27	23.85	2.25
汤逊湖(高新区)	21.5	4135.39	507.63	743.99	58.13
南湖(高新区)	47.5	7668.01	974.23	1205.61	113.66
东湖(高新区)	9.4	1752.46	213.77	322.43	24.40
合计	180.0	29551.40	3727.90	4787.00	433.30

（2）工业点源污染

1）预测方法。

工业点源污染负荷排放量可根据下式计算：

$$W_{G规划} = W_{G现状} + W_{G新增}$$

$$W_{G新增} = N_{G新增} \times P_{nc} \times C_i \times K_G$$

式中，$W_{G规划}$——规划年工业废污水污染负荷排放量，t/a；

$W_{G现状}$——现状年工业废污水经处理后的污染负荷排放量，t/a；

$W_{G新增}$——规划年比现状年新增的工业废污水污染负荷排放量，t/a；

$N_{G新增}$——规划年新增工业用地面积，km²；

P_{nc}——工业用地单位面积产水量，m³/(hm²·d)；

C_i——第 i 种污染物的浓度，mg/L；

K_G——工业废污水污染物入河系数，取 1.0。

工业企业废污水产生量预测：按照《城市给水工程规划规范》(GB 50282—2016)给出的用水指标进行工业污水量估算，工业用地单位面积产水量按照 50m³/(hm²·d) 计算。

工业废水浓度：参照左岭污水处理厂等污水进水浓度和东湖高新区现有企业排入污水处理厂的废水中主要污染物及浓度，化学需氧量取 400mg/L，氨氮取 30mg/L，总氮取 40mg/L，总磷取 6mg/L。

2）工业点源污染物产生量预测。

根据工业用地产水量、工业废水排放浓度和各汇水区工业用地规划面积，计算得到东湖高新区各流域 2025 年和 2035 年工业点源污染负荷的产生量，见表 5.3-24 和表 5.3-25。

表 5.3-24　　　　　　　　规划 2025 年东湖高新区工业点源污染负荷产生量预测

流域汇水区	工业用地面积/km²	废污水量/(万 m³/a)	化学需氧量/(t/a)	氨氮/(t/a)	总氮/(t/a)	总磷/(t/a)
严西湖(高新区)	0	0	0	0	0	0
严东湖	0.87	158.78	635.10	47.63	63.51	9.53
五加湖	0.07	13.14	52.56	3.94	5.26	0.79
严家湖(高新区)	3.00	547.50	2190.00	164.25	219.00	32.85
车墩湖	2.12	386.54	1546.14	115.96	154.61	23.19
严西湖(高新区)	0	0	0	0	0	0
严东湖	1.16	211.70	133.70	10.03	13.37	2.01
五加湖	0	17.52	11.06	0.83	1.11	0.17
严家湖(高新区)	4.00	730.00	461.02	34.58	46.10	6.92
车墩湖	2.82	515.38	325.48	24.41	32.55	4.88
豹澥湖	15.00	2737.50	1728.82	129.66	172.88	25.93
牛山湖	0	0	0	0	0	0
汤逊湖(高新区)	9.63	1757.84	1365.63	108.81	187.66	19.21
南湖(高新区)	0.75	137.24	86.67	6.50	8.67	1.30
梁子湖(高新区)	0	0	0	0	0	0
东湖(高新区)	1.45	264.26	203.39	16.17	27.64	2.87
合计	34.91	6371.44	4315.76	330.98	489.98	63.29

表 5.3-25　　　　　　　　规划 2035 年东湖高新区工业点源污染负荷产生量预测

受纳污水体	工业用地面积/km²	废污水量/(万 m³/a)	化学需氧量/(t/a)	氨氮/(t/a)	总氮/(t/a)	总磷/(t/a)
严西湖(高新区)	0	0	0	0	0	0
严东湖	1.45	264.63	288.97	21.67	28.90	4.33
五加湖	0.12	21.90	23.91	1.79	2.39	0.36
严家湖(高新区)	5.00	912.50	996.44	74.73	99.64	14.95
车墩湖	3.53	644.23	703.49	52.76	70.35	10.55
豹澥湖	18.75	3421.88	3736.65	280.25	373.66	56.05
牛山湖	0	0	0	0	0	0
汤逊湖(高新区)	12.04	2197.30	2096.92	163.66	260.79	30.18
南湖(高新区)	0.94	171.55	187.33	14.05	18.73	2.81
梁子湖(高新区)	0	0	0	0	0	0
东湖(高新区)	1.81	330.33	317.50	24.72	39.05	4.58
合计	43.64	7964.30	8351.20	633.64	893.52	123.82

(3)城镇地表径流污染

1)预测方法。

根据《东湖国家自主创新示范区总体规划(2017—2035)》成果,结合面源污染计算需要,将上述地类重新归并,划分为居住用地、建设用地、工业用地、绿地、村镇用地、水域、农林用地、未利用地、道路与交通设施用地等9类。根据土地利用规划数据及现状土地利用数据对比可知,规划年南湖土地利用基本维持现状,汤逊湖及东湖土地利用数据较现状变化较小;而现状存在较大区域农林用地及村庄建设用地的牛山湖、豹澥湖、严东湖、梁子湖、严家湖、车墩湖等湖泊汇水区随着城市的发展,规划年城市建设用地面积较现状年大幅增加,而农林用地及村庄建设用地大幅缩减。各类规划土地利用面积见表5.3-26。

表 5.3-26　　　　　　　　东湖高新区远期规划土地利用统计　　　　　　　(单位:hm²)

土类统计	村镇用地	道路与交通设施用地	工业用地	建设用地	居住用地	农林用地	绿地	水域	未利用地
东湖	0	452	181	623	499	293	861	6	0
汤逊湖	0	850	1204	610	877	71	698	141	0
南湖	0	302	94	523	613	0	263	179	0
牛山湖	0	437	0	2093	40	3499	2038	6413	0
豹澥湖	0	1922	1875	1374	863	2599	3290	2667	116
车墩湖	0	291	353	175	238	497	180	208	0
严家湖	0	322	500	384	183	644	526	176	0
严东湖	0	463	145	580	211	695	1700	948	0
严西湖	0	138	0	520	48	318	447	79	0
五加湖	0	100	21	136	0	37	83	20	0
梁子湖	0	148	0	490	0	941	274	437	0
临江抽排区	0	51	0	0	0	0	134	0	0

以2012年作为典型年,同样采用SCS径流模型和地表径流污染物浓度计算规划年城区地表径流产生的面源污染量。具体计算方法同现状年。鉴于城市建设进度具有较大不确定性,2025年和2035年面源污染负荷均按照规划土地利用类型进行预测。建设用地的建成比例按照近期水平年60%、远期水平年100%进行计算。

2)城镇地表径流污染物产生量预测。

根据土地利用和污染物输出系数,计算得到规划年2025年东湖高新区城市地表径流污染负荷量化学需氧量为11534.36t/a,氨氮为151.61t/a,总氮为444.07t/a,总磷为

40.67t/a;规划年 2035 年高新区城市地表径流污染负荷量化学需氧量为 12815.9t/a,氨氮为 168.46t/a,总氮为 493.41t/a,总磷为 45.19t/a。

表 5.3-27　　　　　　　　　东湖高新区 2025 年地表径流污染负荷预测

流域汇水区	化学需氧量/(t/a)	氨氮/(t/a)	总氮/(t/a)	总磷/(t/a)
严西湖	337.01	3.57	14.66	1.34
严东湖	567.13	6.33	21.23	2.14
五加湖	22.29	0.24	1.10	0.10
严家湖	705.71	6.44	23.20	2.29
车墩湖	454.17	4.80	14.97	1.58
豹澥湖	3347.35	31.55	109.01	10.94
梁子湖(牛山湖)	638.90	7.68	29.73	2.75
其中牛山湖	539.29	6.50	24.85	2.31
其中梁子湖	99.61	1.18	4.88	0.44
汤逊湖	3586.68	71.55	148.68	12.15
南湖	817.78	8.62	37.65	3.34
东湖	1057.35	10.84	43.85	4.04
合计	11534.37	151.62	444.08	40.67

表 5.3-28　　　　　　　　　东湖高新区 2035 年地表径流污染负荷预测

流域汇水区	化学需氧量/(t/a)	氨氮/(t/a)	总氮/(t/a)	总磷/(t/a)
严西湖	374.46	3.97	16.29	1.49
严东湖	630.14	7.03	23.59	2.38
五加湖	24.77	0.27	1.22	0.11
严家湖	784.12	7.16	25.78	2.54
车墩湖	504.63	5.33	16.63	1.76
豹澥湖	3719.28	35.05	121.12	12.15
梁子湖(牛山湖)	709.89	8.53	33.03	3.06
其中牛山湖	599.21	7.22	27.61	2.57
其中梁子湖	110.68	1.31	5.42	0.49
汤逊湖	3985.20	79.50	165.20	13.50
南湖	908.64	9.58	41.83	3.71
东湖	1174.83	12.04	48.72	4.49
合计	12815.96	168.46	493.41	45.19

（4）村落及农田径流污染预测

1）预测方法。

基于规划年东湖高新区农田用地分布面积，依据《全国水环境容量核定技术指南（2003）》中关于农田径流污染物计算方法（具体方法见 6.3.2.1 节中农业农村径流污染计算）。

2）村落及农田径流污染负荷量预测。

经计算，东湖高新区范围内规划年村落及农田径流污染负荷化学需氧量为135.47t/a，氨氮为 2.71t/a，总氮为 15.82t/a，总磷为 1.59t/a。

表 5.3-29　　　　规划年东湖高新区村落及农田径流污染预测（2025 年、2035 年）

流域汇水区	化学需氧量/(t/a)	氨氮/(t/a)	总氮/(t/a)	总磷/(t/a)
严西湖	5.45	0.11	0.63	0.06
严东湖	16.30	0.33	1.90	0.19
五加湖	0.86	0.02	0.17	0.02
严家湖	8.25	0.16	0.96	0.10
车墩湖	5.66	0.11	0.66	0.07
豹澥湖	38.64	0.77	4.49	0.45
梁子湖（牛山湖）	51.97	1.04	6.04	0.60
其中牛山湖	41.36	0.83	4.81	0.48
其中梁子湖	10.61	0.21	1.23	0.12
汤逊湖	0.80	0.02	0.09	0.01
南湖	0.00	0.00	0.00	0.00
东湖	7.54	0.15	0.88	0.09
合计	135.47	2.71	15.82	1.59

（5）农村生活散排污染预测

随着城镇化发展，规划年农村人口基本不再增加。规划年按照现状保留村落不拆迁，当不采取任何治理措施时，各保留村落散排污水基本维持现状的情况考虑，因此设定各汇水区农村生活污水散排污染负荷维持现状年水平（表 5.3-30）。

表 5.3-30　　　　农村生活散排入湖负荷（2025 年、2035 年）

湖泊名称	农村常住人口/人	农村生活散排入湖负荷/(t/a)			
		化学需氧量	氨氮	总氮	总磷
牛山湖	18424	215.19	21.52	26.90	2.37
豹澥湖	5834	68.14	6.81	8.52	0.75

续表

湖泊名称	农村常住人口/人	农村生活散排入湖负荷/(t/a)			
		化学需氧量	氨氮	总氮	总磷
严东湖	990	11.56	1.16	1.45	0.13
合计	25248	294.89	29.49	36.87	3.25

（6）畜禽养殖污染预测

根据《市人民政府关于转批武汉市畜禽禁止限制和适宜养殖区划定及实施方案的通知》，各区禁养限养范围进一步扩大。根据文件精神要求，预计规划年东湖高新区范围内养殖规模不会扩大，污染物总量不增加。规划年按照现状畜禽养殖规模不变，当不采取任何治理措施时，各汇水区农村畜禽养殖散排负荷维持现状年水平（表5.3-31）。

表5.3-31　　　　　农村畜禽养殖散排入湖负荷（2025年、2035年）

湖泊名称	家禽散养量/只	畜禽散排入湖负荷/(t/a)			
		化学需氧量	氨氮	总氮	总磷
牛山湖	603	0.0684	0.0073	0.0150	0.0082
豹澥湖	46	0.0052	0.0006	0.0011	0.0006
严东湖	45	0.0051	0.0005	0.0011	0.0006
合计	694	0.0787	0.0084	0.0172	0.0094

（7）内源污染预测

在不考虑实施内源治理情景下，未来规划年内源氮磷污染释放通量按照现状年水平进行统计，结果见表5.3-32。

表5.3-32　　　　东湖高新区主要水体内源释污染负荷预测（2025年、2035年）

流域汇水区	总氮/(t/a)	总磷/(t/a)
严东湖	34.18	4.26
五加湖	1.10	0.05
严家湖	17.50	3.84
车墩湖	8.36	1.02
豹澥湖	135.64	7.79
梁子湖（牛山湖）	235.95	22.25
其中牛山湖	219.87	20.73
其中梁子湖	16.08	1.52
汤逊湖	46.61	8.13

流域汇水区	总氮/(t/a)	总磷/(t/a)
南湖	12.10	1.84
合计	491.44	49.18

(8)2025年污染源结构与空间分布

1)结构分析。

根据汇总统计,东湖高新区2025年污染负荷及各污染源贡献率见表5.3-33、图5.3-13。东湖高新区化学需氧量、氨氮、总氮和总磷2025年产污负荷分别为25976.68t/a、1720.05t/a、3143.38t/a、296.96t/a。

从各类污染源来看,规划2025年城镇生活污水、工业废水、城镇地表径流污染是高新区最主要的污染源,底泥的氮磷释放污染也不容忽视。

表 5.3-33　　　　　　　　　东湖高新区 2025 年污染负荷汇总

类别	化学需氧量/(t/a)	氨氮/(t/a)	总氮/(t/a)	总磷/(t/a)
城镇生活污水	9696.12	1205.25	1665.19	138.97
工业废水	4315.76	330.98	489.98	63.29
城镇地表径流	11534.36	151.61	444.07	40.67
村落及农田径流	135.47	2.71	15.82	1.59
农村生活污水	294.89	29.49	36.87	3.25
畜禽养殖	0.08	0.01	0.02	0.01
底泥释放	0.00	0.00	491.44	49.18
合计	25976.68	1720.05	3143.38	296.96

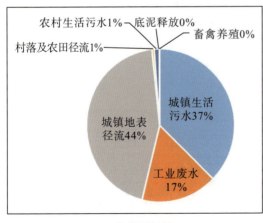

（a)化学需氧量

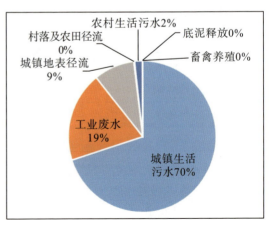

（b)氨氮

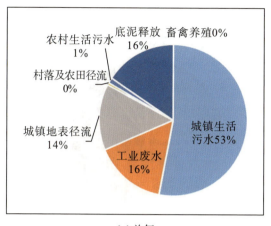
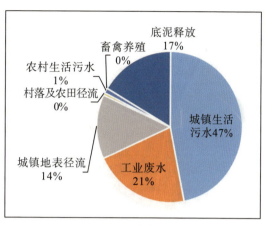

（c）总氮　　　　　　　　　　　　　　　　（d）总磷

图 5.3-13　东湖高新区 2025 年污染负荷组成结构

2）空间分布。

结合东湖高新区的水系分布及各子湖汇水区，分析东湖高新区污染负荷空间分布特征，具体情况见表 5.3-34。可以看出，豹澥湖、汤逊湖、南湖等流域汇水区产污负荷量占比较大。

表 5.3-34　　　　　　　　东湖高新 2025 年污染负荷产生量空间分布

流域汇水区	化学需氧量/(t/a)	氨氮/(t/a)	总氮/(t/a)	总磷/(t/a)
严西湖（高新区）	434.30	15.35	29.73	2.76
严东湖	1371.56	99.52	173.21	18.26
五加湖	80.14	6.93	10.69	1.02
严家湖（高新区）	1398.37	69.56	122.89	16.45
车墩湖	1529.95	123.93	173.61	18.59
豹澥湖	7478.94	460.49	791.53	79.89
梁子湖（牛山湖）	1574.56	115.17	403.73	37.89
其中牛山湖	1428.85	109.27	375.96	35.28
其中梁子湖（高新区）	145.71	5.90	27.77	2.61
汤逊湖（高新区）	6758.10	391.93	760.64	63.09
南湖（高新区）	3351.87	326.07	443.21	42.76
东湖（高新区）	1998.88	111.09	234.14	16.25
合计	25976.67	1720.04	3143.38	296.96

对于不同的污染物指标，通过图 5.3-14 可以看出，占比前三位依次是豹澥湖流域、汤逊湖流域和南湖流域。

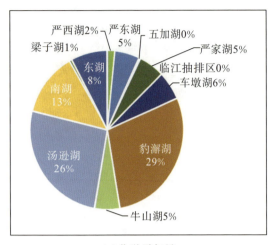

(a)化学需氧量

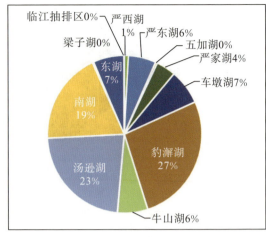

(b)氨氮

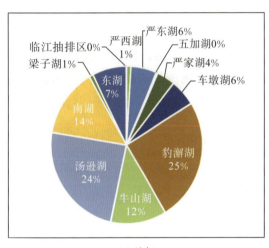

(c)总氮

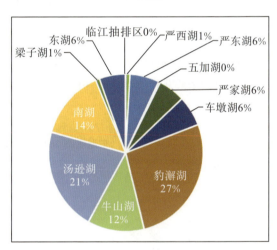

(d)总磷

图 5.3-14　东湖高新区 2025 年污染负荷产生量空间分布特征

(9)2035 年污染源结构与空间分布

1)结构分析。

根据汇总统计，东湖高新区 2035 年污染负荷及各污染源贡献率见表 5.3-35、图 5.3-15。东湖高新化学需氧量、氨氮、总氮和总磷 2035 年污染负荷产生量分别为 49867.39 t/a、4545.36t/a、6668.09t/a 和 651.80t/a。

表 5.3-35　　　　　　　　　东湖高新区 2035 年污染负荷汇总

类别	化学需氧量/(t/a)	氨氮/(t/a)	总氮/(t/a)	总磷/(t/a)
城镇生活污水	29551.38	3727.88	4786.95	433.28
工业废水	8351.20	633.64	893.52	123.82

类别	化学需氧量/(t/a)	氨氮/(t/a)	总氮/(t/a)	总磷/(t/a)
城镇地表径流	11534.36	151.61	444.07	40.67
村落及农田径流	135.47	2.71	15.82	1.59
农村生活污水	294.89	29.49	36.87	3.25
畜禽养殖	0.08	0.01	0.02	0.01
底泥释放	0.00	0.00	491.44	49.18
合计	49867.38	4545.34	6668.69	651.80

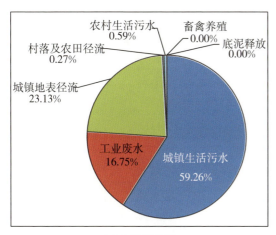

（a）化学需氧量　　　　　　　　　　（b）氨氮

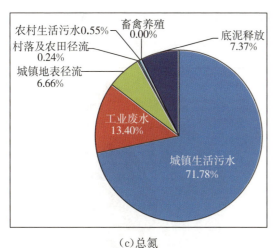

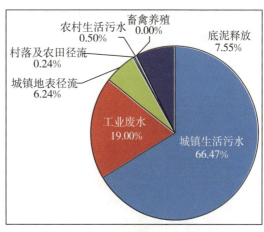

（c）总氮　　　　　　　　　　（d）总磷

图 5.3-15　东湖高新区 2035 年污染负荷组成结构

从各类污染源来看，城镇生活污水、工业废水和城镇地表径流为最主要污染源，湖泊底泥氮磷释放污染也不容忽视。

2)空间分布。

结合东湖高新区的水系分布及各子湖汇水区,分析东湖高新区污染负荷空间分布特征,具体情况见表5.3-36。可以看出,远期2035年豹澥湖、汤逊湖、南湖等流域汇水区的污染负荷产生量占比较大。

表5.3-36　　　　　　　　东湖高新2035年污染负荷产生量空间分布

流域汇水区	化学需氧量/(t/a)	氨氮/(t/a)	总氮/(t/a)	总磷/(t/a)
严西湖(高新区)	600.84	36.51	55.91	5.23
严东湖	2977.23	295.44	416.78	42.09
五加湖	207.44	22.43	29.97	2.90
严家湖(高新区)	2473.11	178.24	261.22	32.48
车墩湖	4196.99	443.10	571.31	58.19
豹澥湖	14450.94	1241.79	1772.81	183.59
梁子湖(牛山湖)	3333.08	338.59	680.21	63.96
其中牛山湖	3071.17	317.93	634.17	59.63
其中梁子湖(高新区)	261.91	20.66	46.04	4.33
汤逊湖(高新区)	9819.79	742.86	1200.17	108.60
南湖(高新区)	8673.12	996.90	1274.09	121.65
东湖(高新区)	3134.85	249.48	406.21	33.11
合计	49867.39	4545.34	6668.68	651.80

对于不同的污染物指标,通过图5.3-16可以看出,占比前三位依次是豹澥湖流域、汤逊湖流域和南湖流域。

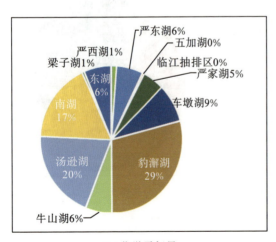

（a）化学需氧量

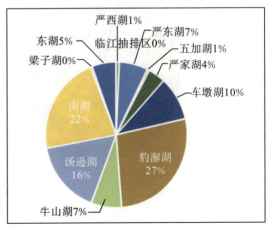

（b）氨氮

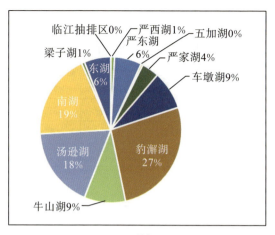
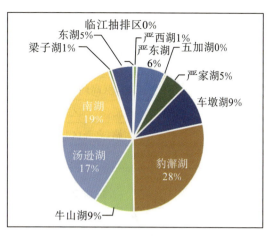

（c）总氮　　　　　　　　　　　（d）总磷

图 5.3-16　东湖高新区 2025 年污染负荷产生量空间分布特征

5.3.3　污染物入湖量削减量确定

高新区各湖泊水域限制排污总量按照水环境容量进行控制。对比各自水环境容量与污染负荷排放量,超过湖泊水环境容量的污染负荷排放量就是需要削减的污染物负荷量。

2025 年污染物削减量＝2025 年污染负荷产生量－水环境容量

2035 年污染物削减量＝2035 年污染负荷产生量－水环境容量

根据计算规划 2025 年、2035 年各流域汇水区污染负荷削减量见表 5.3-37、表 5.3-38。

表 5.3-37　　　　　　　　规划 2025 年各流域汇水区污染负荷削减量

序号	湖泊名称	2025 年污染负荷削减量/(t/a)			
		化学需氧量	氨氮	总氮	总磷
1	严西湖(高新区)	213.27	2.13	7.95	1.85
2	严东湖	1098.24	85.01	118.23	11.85
3	五加湖	7.72	2.66	1.40	0.78
4	严家湖(高新区)	1171.72	57.31	103.14	14.76
5	车墩湖	1379.98	115.93	151.59	16.92
6	豹澥湖	5957.97	370.49	547.62	53.93
7	梁子湖(牛山湖)	0.00	14.56	122.10	9.89
7.1	其中牛山湖	0.00	14.56	122.10	9.89
7.2	其中梁子湖(高新区)	0.00	0.00	0.00	0.00

续表

序号	湖泊名称	2025 年污染负荷削减量/(t/a)			
		化学需氧量	氨氮	总氮	总磷
8	汤逊湖(高新区)	5141.59	288.88	597.08	48.90
9	南湖(高新区)	2977.17	306.42	408.59	39.51
10	东湖(高新区)	1650.03	91.99	173.07	9.42
	小计	19597.69	1335.38	2230.77	207.81

表 5.3-38　　　　　　　　规划 2035 年各流域汇水区污染负荷削减量

序号	湖泊名称	2035 年污染负荷削减量/(t/a)			
		化学需氧量	氨氮	总氮	总磷
1	严西湖(高新区)	379.81	23.29	34.13	4.32
2	严东湖	2703.91	280.93	361.80	35.68
3	五加湖	135.02	18.16	20.68	2.66
4	严家湖(高新区)	2246.46	165.99	241.47	30.79
5	车墩湖	4047.02	435.10	549.29	56.52
6	豹澥湖	12929.97	1151.79	1528.90	157.63
7	梁子湖(牛山湖)	1237.42	223.22	389.67	34.90
7.1	其中牛山湖	1237.42	223.22	380.31	34.24
7.2	其中梁子湖(高新区)	0.00	0.00	9.36	0.66
8	汤逊湖(高新 区)	8742.11	674.16	1047.51	95.88
9	南湖(高新区)	8298.42	977.25	1239.47	118.40
10	东湖(高新区)	2786.00	230.38	345.14	26.28
	小计	43506.14	4180.27	5758.06	563.06

5.3.4　长江污染物排放量调查及需求分析

本规划仅针对东湖高新区内尾水排江的豹澥污水处理厂、花山污水处理厂、左岭污水处理厂进行布局。调研江段涉及长江武汉葛店饮用水水源、工业用水区(长江高新区段)、长江北湖闸过渡区、长江武汉北湖闸排污控制区、王家洲工业用水区,调研排污口为上述 4 个江段上现有排口。

据了解,长江武汉王家洲工业用水区现状有 1 处入河排污口,为北湖污水处理厂排污口;长江武汉北湖闸排污控制区现状共有 6 处入河排污口,分别为汤逊湖污水处理厂排污口、豹澥污水处理厂排污口、花山污水处理厂排污口、中法化工区污水处理厂排污口和乙烯化工污水处理厂排污口,其中,豹澥污水处理厂排污口和花山污水处理厂排污口隶属于高新区。长江武汉葛店饮用水水源、工业用水区现状有 2 处入河排污口,分别为武惠闸排污口和武汉市左岭污水处理厂一、二期工程排污口,均隶属于高新区。各排污口废污水及污染物排放量见表 5.3-39。

表 5.3-39　　　　　　　　　现状条件下研究范围内排水情况统计

序号	排污口	排水水功能区	年排水量 /(万 t/a)	化学需氧量 年入河量 /(t/a)	氨氮年入 河量/(t/a)
1	北湖污水处理厂排污口	王家洲工业用水区	29200.0	11680.00	584.00
	王家洲工业用水区合计		29200.0	11680.00	584.00
2	汤逊湖污水处理厂排污口 （中芯国际 5 万 t）	长江武汉北湖闸排污控制区	1825.0	912.50	91.25
3	豹澥污水处理厂排污口	长江武汉北湖闸排污控制区	2555.0	1277.50	127.75
4	花山污水处理厂排污口	长江武汉北湖闸排污控制区	730.0	365.00	36.50
5	中法化工区污水处理厂排污口	长江武汉北湖闸排污控制区	365.0	108.80	16.30
6	乙烯化工污水处理厂排污口	长江武汉北湖闸排污控制区	613.2	388.80	30.70
	长江武汉北湖闸排污控制区合计		6088.20	3052.60	302.50
7	武惠闸排污口	长江武汉葛店 饮用水水源、工业用水区	73.0	53.81	5.30
8	武汉市左岭污水处理厂 一、二期工程排污口	长江武汉葛店 饮用水水源、工业用水区	3650.0	1168.00	54.75
	长江武汉葛店饮用水水源、工业用水区合计		3723.0	1221.80	60.05

长江武汉王家洲工业用水区现状年化学需氧量年入河量 11680t/a,未超过该水功能区化学需氧量纳污能力上限(11680t/a),该水功能区化学需氧量排量仍有富余;氨氮年入河量 584t/a,未超过该水功能区氨氮纳污能力上限(1564t/a),该水功能区氨氮排量仍有富余。

长江武汉北湖闸排污控制区现状年化学需氧量年入河量 3052.6t/a,未超过该水功能区化学需氧量纳污能力上限(4449.3t/a),该水功能区化学需氧量排量仍有富余;现状年氨氮年入河量 302.5t/a,超过该水功能区氨氮纳污能力上限(227t/a),超标约 1.3 倍。

长江北湖闸过渡区现状未设置排污口,现状年该水功能区化学需氧量剩余纳污容量为 1417.1t/a,氨氮剩余纳污容量为 118.1t/a。

长江武汉葛店饮用水水源、工业用水区现状年化学需氧量年入河量 1221.81t/a,基本达到该水功能区化学需氧量纳污能力上限(1238t/a),现状氨氮年入河量 60.05t/a,未超过该水功能区氨氮纳污能力上限(71.2t/a)。

综上,现状年长江武汉北湖闸排污控制区氨氮容量不足,存在整治需求。

5.4 水环境系统存在的主要问题

5.4.1 污水系统

5.4.1.1 排水管网建设不完善

东湖高新区排水管网普遍存在雨污混接、系统混乱、过流能力不足、管网破损、淤塞、断头等问题,区域局部未建成区还存在管网建设空白区。经摸查,东湖高新区过流能力不足污水干管长度约1745m,市政混错接点561处,同时区域内地块雨污混错接现象十分普遍,特别是阳台污水混接雨水立管的问题尤为突出。

5.4.1.2 尾水排放出路限制

由于长江纳污能力有限,尾水排放出路难,限制了污水处理厂的升级和扩容。经调查,豹澥污水处理厂和花山污水处理厂尾水排口均未取得批复,严重制约区域经济发展。同时由于尾水目标水质的提升要求,污水处理厂的提标升级改造迫在眉睫。

5.4.1.3 污水处理厂运行效率低

雨污水管网混错接严重,雨水进入污水处理厂,雨季进水量激增,尤其豹澥污水处理厂雨天进水量比晴天增加1倍,降低了污水处理厂的运行效率。另外,大部分污水处理厂进厂污染物浓度低于设计进水水质,污水处理厂运行能效低。

5.4.1.4 再生水回用率低

再生水管网在高新大道和光谷七路(高新大道—高新三路)段管径偏小,无法满足高新大道以北和外环以东区域的再生水需求;高新三路规划DN500~800mm再生水干管迟迟未建,导致再生水向周边路网辐射服务的能力较低;由于周边道路及场地的施工频繁,再生水管道被严重破坏,基本无法正常使用。另外,再生水回用用途不明,缺乏有效的监督管理。

5.4.1.5 污泥处置各自为政

龙王咀污水处理厂和汤逊湖污水处理厂污泥主要运往华新水泥厂作为水泥材料,王家店污水处理厂污泥运往武汉熙昊环保公司进行堆肥,豹澥和左岭污水处理厂污泥运往湖北兴田生物科技公司用于堆肥,花山污水处理厂污泥运往武汉方杨实业公司用于堆肥。华新水泥厂消纳污泥量有限,武汉熙昊环保公司、湖北兴田生物科技公司和武汉方杨实业公司近期由于种种原因未能正常收运和处置污泥,高新区污水处理厂污泥出路成难题。

5.4.2 水环境

5.4.2.1 排污需求与区域水环境容量矛盾尖锐

废污水排放出口受限是东湖高新区当前面临的最突出问题之一。东湖高新区长江岸线资源十分有限,唯一的长江水功能区为长江武汉葛店饮用水水源、工业用水区,仅能接纳左岭污水处理一厂(一期、二期、三期)的尾水,未来左岭污水处理二厂扩建后的尾水污染物排放量将超过该水功能区限排总量。豹澥、花山、王家店、龙王咀和汤逊湖等污水处理厂尾水只能借助其他行政区管辖范围内的长江江段进行排污。高新区境内湖泊众多,但是湖泊不允许作为排污受纳水体。因此,东湖高新区目前正面临长江不能排、湖泊不让排的困难境地。

5.4.2.2 各水体污染特点不同,污染源复杂多样

根据调查统计,东湖高新区城镇生活污水、工业废水和城镇地表径流是东湖高新区最主要的污染源,底泥释放在总氮、总磷负荷中的比例也不容忽视。东湖高新区污染负荷收纳水体包括严西湖、严东湖、五加湖、严家湖、车墩湖、豹澥湖、牛山湖、汤逊湖、南湖、梁子湖、东湖和长江,长江、豹澥湖和汤逊湖是最主要的污染物受纳水体。但是各水体污染源和组成结构复杂多样。例如,长江污染负荷主要来源于城镇生活污水和工业废水,豹澥湖污染负荷主要来源于城镇地表径流、城镇生活污水和底泥释放,牛山湖污染负荷主要来源于农村生活污水、底泥释放、地表径流污染。

5.4.2.3 城区径流污染日益突出,雨污混接加剧其控制难度

东湖高新区现状已建成区为 150.4km²,开发利用比例 29.03%,大部分土地已被厂房、楼盘、道路等建筑物覆盖,自然下垫面对降雨的调蓄能力萎缩,清洁基流不断减小,进一步削减了东湖高新区湖泊水体的环境承载力。同时,由于区域污水系统建设滞后、混错接严重,形成了大量的混流排口,近年来东湖高新区对部分湖泊沿线排污口实施了截污,除完全封堵的排口外,一般采用截流方式实施截污,但是受雨污管道混接、截流倍数偏小等因素影响,每逢大雨或暴雨天气,大量污水随着雨水溢出,形成红旗渠、严东湖西渠等大型季节性排污口,进一步加剧了初雨污染控制难度。根据污染源入湖统计结果,雨水径流污染已经成为高新区入湖污染负荷的最主要来源之一。

5.4.2.4 个别湖泊底泥氮、磷释放不容忽视

底泥作为地表水体巨大的潜在污染源,适当条件下污染物释放到上覆水体,造成二次污染源,特别是当外源污染得到有效控制或者完全被截断之后,底泥可能会成为地表水体污染的重要污染源。根据高新区内 6 个湖泊底泥调查和沉积物释放通量分析,严家湖、五加湖和豹澥湖湖泊单位面积日总氮释放通量较高,严家湖、车墩湖、严

东湖单位面积日总磷释放通量较高,其中严家湖远高于其他湖泊,湖泊底泥氮、磷释放不容忽视。

5.5 水环境系统规划思路及目标

5.5.1 规划目标

到 2025 年,主要河湖考核断面水质稳定达标,区域生活污水处理率高于 95％,农村生活污水处理率达 90％,污水处理厂进水生化需氧量浓度达到 80mg/L,年径流污染负荷削减率(以总悬浮物计)≥60％。

到 2035 年,主要河湖水质达标,全面实现污染物排放总量和污染物浓度双控制。

5.5.2 规划思路

治理与控制入江(湖)污染物排放源及内源是水环境治理和保护的关键措施之一。污染源控制涵盖点污染源、面污染源及湖内污染源。

对于长江,以水功能区限制排污总量,优化东湖高新区污水处理厂及其尾水排口布局,结合污水处理厂提标技术可行性和经济可行性,倒逼东湖高新区污水处理厂尾水标准,努力实现长江发展与保护和谐共赢。

对于水质较好的车墩湖(目标水质优于现状的湖泊),以现有排放水平为基准,进一步适度削减入湖污染负荷量,为湖泊水质的保持和改善及生境恢复创造空间,实现湖泊水环境长期稳定维持在较高水平。

对于水质改善型的其他湖泊(目标水质优于现状的湖泊),污染源排放控制基于容量总量控制,以水环境承载力为约束,以环境容量控制为手段,根据水质目标核定入湖污染负荷削减量,协调流域经济社会发展水平和污染治理技术经济可行性,并合理分配污染削减量。

5.6 污染负荷总量控制方案

5.6.1 湖泊污染负荷总量控制

东湖高新区湖泊污染负荷的削减优先考虑城镇生活和工业点源污染负荷削减,剩余待削减的污染负荷由内源污染治理和面源污染措施承担,面源污染负荷的削减量按照城镇面源和农村农业面源负荷排放比例进行再次分配。

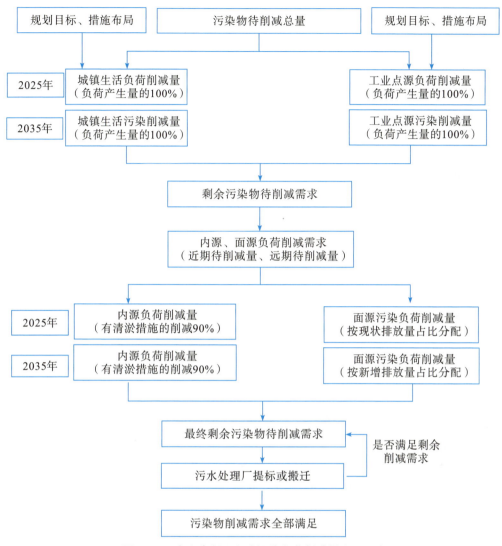

图 5.6-1 东湖高新区湖泊污染负荷削减量分配思路

5.6.1.1 城镇生活污染负荷削减需求

根据规划目标和综合治理措施布局,2025 年实现城镇生活截污比例 90%(车墩湖和南湖截污比例 98%),工业点源污染截污比例 100%,生活排污口、雨污混流排口、工业排口等废污水接入市政污水管网并送至污水处理厂进行处理;远期继续完善管网和污水处理厂等设施,将新增污染负荷全部 100% 截流至污水处理厂。东湖高新区 2025 年、2035 年城镇生活污染负荷具体削减需求量见表 5.6-1 和表 5.6-2。

表 5.6-1　　　　　　　　东湖高新区 2025 年城镇生活污染负荷削减量

流域汇水区	化学需氧量		氨氮		总氮		总磷	
	削减量/(t/a)	削减比例/%	削减量/(t/a)	削减比例/%	削减量/(t/a)	削减比例/%	削减量/(t/a)	削减比例/%
严西湖(高新区)	82.660	90	10.500	90	13.000	90	1.220	90
严东湖	578.590	90	73.510	90	90.970	90	8.580	90
五加湖	41.330	90	5.250	90	6.500	90	0.610	90
严家湖(高新区)	201.050	90	25.540	90	31.610	90	2.980	90
车墩湖	729.747	98	92.718	98	114.738	98	10.819	98
豹澥湖	2066.390	90	262.540	90	324.890	90	30.630	90
梁子湖(牛山湖)	601.596	90	76.437	90	94.590	90	8.919	90
牛山湖	569.660	90	72.380	90	89.570	90	8.440	90
梁子湖(高新区)	31.940	90	4.060	90	5.020	90	0.480	90
汤逊湖(高新区)	1624.490	90	190.400	90	339.830	90	21.230	90
南湖(高新区)	2398.472	98	304.731	98	377.104	98	35.554	98
东湖(高新区)	657.550	90	75.550	90	145.590	90	8.330	90
合计	8981.875	90	1117.176	90	1538.822	90	128.872	90

表 5.6-2　　　　　　　　高新区 2035 年城镇生活污染负荷削减量

流域汇水区	化学需氧量		氨氮		总氮		总磷	
	削减量/(t/a)	削减比例/%	削减量/(t/a)	削减比例/%	削减量/(t/a)	削减比例/%	削减量/(t/a)	削减比例/%
严西湖(高新区)	258.38	100	32.83	100	40.62	100	3.83	100
严东湖	2093.28	100	265.95	100	329.12	100	31.03	100
五加湖	160.37	100	20.38	100	25.21	100	2.38	100
严家湖(高新区)	762.72	100	96.90	100	119.92	100	11.31	100
车墩湖	3033.68	100	385.43	100	476.97	100	44.97	100
豹澥湖	7260.15	100	922.41	100	1141.49	100	107.61	100
梁子湖(牛山湖)	2426.94	100	308.34	100	381.58	100	35.98	100
牛山湖	2275.26	100	289.07	100	357.73	100	33.73	100
梁子湖(高新区)	151.68	100	19.27	100	23.85	100	2.25	100
汤逊湖(高新区)	4135.39	100	507.63	100	743.99	100	58.13	100
南湖(高新区)	7668.01	100	974.23	100	1205.61	100	113.66	100
东湖(高新区)	1752.46	100	213.77	100	322.43	100	24.40	100
合计	29551.38	100	3727.87	100	4786.94	100	433.30	100

5.6.1.2　工业点源污染负荷削减需求

根据规划目标和综合治理措施布局,2025 年实现城镇生活和工业点源污染截污比例 100％,生活排污口、雨污混流排口、工业排口等废污水全部接入市政污水管网并送至污水处理厂进行处理;远期继续完善管网和污水处理厂等设施,将新增污染负荷全部 100％截流至污水处理厂。东湖高新区 2025 年、2035 年工业点源污染负荷具体削减需求量分别见表 5.6-3 和表 5.6-4。

表 5.6-3　　　　　高新区 2025 年工业点源污染负荷削减需求量

流域汇水区	化学需氧量		氨氮		总氮		总磷	
	削减量/(t/a)	削减比例/%	削减量/(t/a)	削减比例/%	削减量/(t/a)	削减比例/%	削减量/(t/a)	削减比例/%
严西湖(高新区)	0	100	0	100	0	100	0	100
严东湖	133.70	100	10.03	100	13.37	100	2.01	100
五加湖	11.06	100	0.83	100	1.11	100	0.17	100
严家湖(高新区)	461.02	100	34.58	100	46.10	100	6.92	100
车墩湖	325.48	100	24.41	100	32.55	100	4.88	100
豹澥湖	1728.82	100	129.66	100	172.88	100	25.93	100
梁子湖(牛山湖)	0	100	0	100	0	100	0	100
牛山湖	0	100	0	100	0	100	0	100
梁子湖(高新区)	0	100	0	100	0	100	0	100
汤逊湖(高新区)	1365.63	100	108.81	100	187.66	100	19.21	100
南湖(高新区)	86.67	100	6.50	100	8.67	100	1.30	100
东湖(高新区)	203.39	100	16.17	100	27.64	100	2.87	100
合计	4315.77	100	330.99	100	489.98	100	63.29	100

表 5.6-4　　　　　高新区 2035 年工业点源污染负荷削减需求量

流域汇水区	化学需氧量		氨氮		总氮		总磷	
	削减量/(t/a)	削减比例/%	削减量/(t/a)	削减比例/%	削减量/(t/a)	削减比例/%	削减量/(t/a)	削减比例/%
严西湖(高新区)	0	100	0	100	0	100	0	100
严东湖	0	100	0	100	0	100	0	100
五加湖	288.97	100	21.67	100	28.90	100	4.33	100
严家湖(高新区)	23.91	100	1.79	100	2.39	100	0.36	100
车墩湖	996.44	100	74.73	100	99.64	100	14.95	100
豹澥湖	703.49	100	52.76	100	70.35	100	10.55	100

流域汇水区	化学需氧量		氨氮		总氮		总磷	
	削减量/(t/a)	削减比例/%	削减量/(t/a)	削减比例/%	削减量/(t/a)	削减比例/%	削减量/(t/a)	削减比例/%
梁子湖(牛山湖)	0	100	0	100	0	100	0	100
牛山湖	0	100	0	100	0	100	0	100
梁子湖(高新区)	0	100	0	100	0	100	0	100
汤逊湖(高新区)	2096.92	100	163.66	100	260.79	100	30.18	100
南湖(高新区)	187.33	100	14.05	100	18.73	100	2.81	100
东湖(高新区)	317.50	100	24.72	100	39.05	100	4.58	100
合计	4614.56	100	353.38	100	519.85	100	67.76	100

5.6.1.3　内源负荷削减需求

结合湖泊清淤后污染物释放规律及规划措施布局,东湖高新区湖泊内源仅考虑严家湖、豹獬湖和五加湖,这 3 个湖泊内源污染负荷占比较大,总氮占比分别为 36.7%、36%、24.8%,总磷占比分别为 56.7%、26.2%、12.8%。严家湖和五加湖内源污染削减量按照 2025 年削减 90%,豹獬湖削减 30%,远期不再安排削减工程措施,具体见表 5.6-5。

表 5.6-5　　　　高新区湖泊内源污染负荷削减需求量(2025 年、2035 年)

流域汇水区	总氮		总磷	
	削减量/(t/a)	削减比例/%	削减量/(t/a)	削减比例/%
严西湖(高新区)	—	—	—	—
严东湖	0.00	0	0.00	0
五加湖	0.99	90	0.05	90
严家湖(高新区)	15.75	90	3.46	90
车墩湖	0.00	0	0.00	0
豹獬湖	40.69	30	2.34	30
梁子湖(牛山湖)	0.00	0	0.00	0
牛山湖	0.00	0	0.00	0
梁子湖(高新区)	0.00	0	0.00	0
汤逊湖(高新区)	0.00	0	0.00	0
南湖(高新区)	0.00	0	0.00	0
东湖(高新区)	0.00	0	0.00	0
合计	57.43		5.85	

5.6.1.4 面源负荷削减需求

（1）面源污染负荷削减需求总量

按照污染物削减量分配思路，在点源和内源负荷削减的基础上，剩余需要削减的污染物量全部由面源治理措施承担，包括城镇地表径流污染、村落和农田径流污染、畜禽养殖污染的削减。剩余需要由面源负荷承担的待削减量见表5.6-6至表5.6-9。

表 5.6-6　　　　　　　　　　规划年面源化学需氧量负荷削减需求量

序号	流域汇水区	2025 年面源化学需氧量负荷			2035 年面源化学需氧量负荷		
		面源负荷排放量/(t/a)	面源负荷削减需求/(t/a)	面源削减比例/%	面源负荷排放量/(t/a)	面源负荷削减需求/(t/a)	面源削减比例/%
1	严西湖(高新区)	342.46	130.61	38	379.91	121.43	32
2	严东湖	594.99	385.95	65	658.01	321.66	49
3	五加湖	23.15	0.00	0	25.63	0.00	0
4	严家湖(高新区)	713.96	509.65	71	792.37	487.30	61
5	车墩湖	459.83	324.75	71	510.29	309.85	61
6	豹澥湖	3454.14	2162.76	63	3826.07	1933.17	51
7	梁子湖(牛山湖)	906.13	0.00	0	977.12	0.00	0.00
7.1	牛山湖	795.91	0.00	0	855.83	0.00	0
7.2	梁子湖(高新区)	110.22	0.00	0	121.29	0.00	0
8	汤逊湖(高新区)	3587.48	2151.47	60	3986.00	2509.80	63
9	南湖(高新区)	817.78	492.03	60	908.64	443.08	49
10	东湖(高新区)	1064.89	789.09	74	1182.37	716.04	61
	合计	11964.81	6946.31		13246.41	6842.33	

表 5.6-7　　　　　　　　　　规划年面源氨氮负荷削减需求量

序号	流域汇水区	2025 年面源氨氮负荷			2035 年面源氨氮负荷		
		面源负荷排放量/(t/a)	面源负荷削减需求/(t/a)	面源削减比例/%	面源负荷排放量/(t/a)	面源负荷削减需求/(t/a)	面源削减比例/%
1	严西湖(高新区)	3.68	0.00	0	4.08	0.00	0
2	严东湖	7.82	1.47	19	8.52	0.00	0
3	五加湖	0.26	0.00	0	0.29	0.00	0
4	严家湖(高新区)	6.60	0.00	0	7.32	0.00	0

序号	流域汇水区	2025年面源氨氮负荷			2035年面源氨氮负荷		
		面源负荷排放量/(t/a)	面源负荷削减需求/(t/a)	面源削减比例/%	面源负荷排放量/(t/a)	面源负荷削减需求/(t/a)	面源削减比例/%
5	车墩湖	4.91	0.00	0	5.44	0.00	0
6	豹澥湖	39.13	0.00	0	42.63	0.00	0
7	梁子湖(牛山湖)	30.24	0.00	0	31.10	0.00	0.00
7.1	牛山湖	28.86	0.00	0	29.58	0.00	0
7.2	梁子湖(高新区)	1.39	0.00	0	1.52	0.00	0
8	汤逊湖(高新区)	71.57	0.00	0	79.52	2.87	4
9	南湖(高新区)	8.62	0.00	0	9.58	0.00	0
10	东湖(高新区)	10.99	0.27	2	12.19	0.00	0
	合计	183.82	1.74		200.67	2.87	

表 5.6-8　　　　　　　　　　　规划年面源总氮负荷削减需求

序号	流域汇水区	2025年面源总氮负荷			2035年面源总氮负荷		
		面源负荷排放量/(t/a)	面源负荷削减需求/(t/a)	面源削减比例/%	面源负荷排放量/(t/a)	面源负荷削减需求/(t/a)	面源削减比例/%
1	严西湖(高新区)	15.29	0.00	0	16.92	0.00	0
2	严东湖	24.58	13.89	56	26.94	3.78	14
3	五加湖	1.27	0.00	0	1.39	0.00	0
4	严家湖(高新区)	24.16	9.68	40	26.74	6.16	23
5	车墩湖	15.63	4.30	28	17.29	1.97	11
6	豹澥湖	122.02	9.16	8	134.13	0.00	0
7	梁子湖(牛山湖)	62.68	32.53	29	65.99	22.58	0.19
7.1	牛山湖	56.57	32.53	58	59.34	22.58	38
7.2	梁子湖(高新区)	6.11	0.00	0	6.65	0.00	0
8	汤逊湖(高新区)	148.77	69.59	47	165.29	42.73	26
9	南湖(高新区)	37.65	22.82	61	41.83	15.13	36
10	东湖(高新区)	44.73	0.00	0	49.60	0.00	0
	合计	496.78	161.97		546.12	92.35	

表 5.6-9   规划年面源总磷负荷削减需求量

序号	流域汇水区	2025年面源总磷负荷			2035年面源总磷负荷		
		面源负荷排放量/(t/a)	面源负荷削减需求/(t/a)	面源削减比例/%	面源负荷排放量/(t/a)	面源负荷削减需求/(t/a)	面源削减比例/%
1	严西湖(高新区)	1.40	0.63	45	1.55	0.49	32
2	严东湖	2.46	1.26	51	2.70	0.32	12
3	五加湖	0.12	0.00	0	0.13	0.00	0
4	严家湖(高新区)	2.39	1.41	59	2.64	1.07	41
5	车墩湖	1.65	1.22	74	1.83	1.00	55
6	豹澥湖	12.14	0.00	0	13.35	0.00	0
7	梁子湖(牛山湖)	5.73	1.45	14	6.04	0.51	0.05
7.1	牛山湖	5.17	1.45	28	5.43	0.51	9
7.2	梁子湖(高新区)	0.56	0.00	0	0.61	0.00	0
8	汤逊湖(高新区)	12.16	8.46	70	13.51	7.57	56
9	南湖(高新区)	3.34	2.66	80	3.71	1.93	52
10	东湖(高新区)	4.13	0.00	0	4.58	0.00	0
	合计	45.52	17.09		50.04	12.89	

从面源负荷削减需求来看,规划年面源污染负荷中主要削减化学需氧量、总氮和总磷,削减比例不超过80%。

(2)按照面源结构组成比例再分配

按照城镇地表径流污染、村落及农田径流污染、农村生活散排和畜禽养殖污染占面源污染的比重,针对11个湖泊片区对面源污染负荷待削减量进行再次分配。分配结果见表5.6-10至表5.6-17。

表 5.6-10   规划年2025年城镇地表径流污染化学需氧量负荷削减需求量   (单位:t/a)

序号	流域汇水区	城镇地表径流	村落及农田径流	农村生活散排	畜禽养殖
1	严西湖(高新区)	128.54	2.08	0.00	0.00
2	严东湖	367.87	10.57	7.50	0.00
3	五加湖	0.00	0.00	0.00	0.00
4	严家湖(高新区)	503.76	5.89	0.00	0.00
5	车墩湖	320.76	4.00	0.00	0.00
6	豹澥湖	2095.90	24.19	42.66	0.00
7	梁子湖(牛山湖)	0.00	0.00	0.00	0.00
7.1	牛山湖	0.00	0.00	0.00	0.00
7.2	梁子湖(高新区)	0.00	0.00	0.00	0.00

序号	流域汇水区	城镇地表径流	村落及农田径流	农村生活散排	畜禽养殖
8	汤逊湖(高新区)	2150.99	0.48	0.00	0.00
9	南湖(高新区)	492.03	0.00	0.00	0.00
10	东湖(高新区)	783.50	5.59	0.00	0.00
	合计	6843.34	52.80	50.16	0.00

表 5.6-11　　　　规划年 2035 年城镇地表径流污染化学需氧量负荷削减需求量　　　　(单位:t/a)

序号	流域汇水区	城镇地表径流	村落及农田径流	农村生活散排	畜禽养殖
1	严西湖(高新区)	119.69	1.93	0.00	0.00
2	严东湖	308.04	8.81	6.25	0.00
3	五加湖	0.00	0.00	0.00	0.00
4	严家湖(高新区)	482.23	5.63	0.00	0.00
5	车墩湖	306.41	3.81	0.00	0.00
6	豹澥湖	1879.22	21.63	38.14	0.00
7	梁子湖(牛山湖)	0.00	0.00	0.00	0.00
7.1	牛山湖	0.00	0.00	0.00	0.00
7.2	梁子湖(高新区)	0.00	0.00	0.00	0.00
8	汤逊湖(高新区)	2509.30	0.44	0.00	0.00
9	南湖(高新区)	443.08	0.00	0.00	0.00
11	东湖(高新区)	711.47	5.07	0.00	0.00
	合计	6759.43	47.32	44.39	0.00

表 5.6-12　　　　规划年 2025 年城镇地表径流污染氨氮负荷削减需求量　　　　(单位:t/a)

序号	流域汇水区	城镇地表径流	村落及农田径流	农村生活散排	畜禽养殖
1	严西湖(高新区)	0.00	0.00	0.00	0.00
2	严东湖	1.19	0.06	0.22	0.00
3	五加湖	0.00	0.00	0.00	0.00
4	严家湖(高新区)	0.00	0.00	0.00	0.00
5	车墩湖	0.00	0.00	0.00	0.00
6	豹澥湖	0.00	0.00	0.00	0.00
7	梁子湖(牛山湖)	0.00	0.00	0.00	0.00
7.1	牛山湖	0.00	0.00	0.00	0.00
7.2	梁子湖(高新区)	0.00	0.00	0.00	0.00
8	汤逊湖(高新 区)	0.00	0.00	0.00	0.00
9	南湖(高新区)	0.00	0.00	0.00	0.00
10	东湖(高新区)	0.27	0.00	0.00	0.00
	合计	1.46	0.06	0.22	0.00

表 5.6-13　　　　　规划年 2035 年城镇地表径流污染氨氮负荷削减需求　　　　（单位：t/a）

序号	流域汇水区	城镇地表径流	村落及农田径流	农村生活散排	畜禽养殖
1	严西湖（高新区）	0.00	0.00	0.00	0.00
2	严东湖	0.00	0.00	0.00	0.00
3	五加湖	0.00	0.00	0.00	0.00
4	严家湖（高新区）	0.00	0.00	0.00	0.00
5	车墩湖	0.00	0.00	0.00	0.00
6	豹澥湖	0.00	0.00	0.00	0.00
7	梁子湖（牛山湖）	0.00	0.00	0.00	0.00
7.1	牛山湖	0.00	0.00	0.00	0.00
7.2	梁子湖（高新区）	0.00	0.00	0.00	0.00
8	汤逊湖（高新区）	2.87	0.00	0.00	0.00
9	南湖（高新区）	0.00	0.00	0.00	0.00
10	东湖（高新区）	0.00	0.00	0.00	0.00
	合计	2.87	0.00	0.00	0.00

表 5.6-14　　　　　规划年 2025 年城镇地表径流污染总氮负荷削减需求　　　　（单位：t/a）

序号	流域汇水区	城镇地表径流	村落及农田径流	农村生活散排	畜禽养殖
1	严西湖（高新区）	0.00	0.00	0.00	0.00
2	严东湖	11.99	1.07	0.82	0.00
3	五加湖	0.00	0.00	0.00	0.00
4	严家湖（高新区）	9.30	0.38	0.00	0.00
5	车墩湖	4.12	0.18	0.00	0.00
6	豹澥湖	8.18	0.34	0.64	0.00
7	梁子湖（牛山湖）	14.29	2.77	15.47	0.01
7.1	牛山湖	14.29	2.77	15.47	0.01
7.2	梁子湖（高新区）	0.00	0.00	0.00	0.00
8	汤逊湖（高新区）	69.55	0.04	0.00	0.00
9	南湖（高新区）	22.82	0.00	0.00	0.00
10	东湖（高新区）	0.00	0.00	0.00	0.00
	合计	140.25	4.78	16.93	0.01

表 5.6-15 　　　　规划年 **2035** 年城镇地表径流污染总氮负荷削减需求量　　　　（单位：t/a）

序号	流域汇水区	城镇地表径流	村落及农田径流	农村生活散排	畜禽养殖
1	严西湖（高新区）	0.00	0.00	0.00	0.00
2	严东湖	3.31	0.29	0.22	0.00
3	五加湖	0.00	0.00	0.00	0.00
4	严家湖（高新区）	5.94	0.25	0.00	0.00
5	车墩湖	1.89	0.08	0.00	0.00
6	豹澥湖	0.00	0.00	0.00	0.00
7	梁子湖（牛山湖）	10.51	1.92	10.74	0.01
7.1	牛山湖	10.51	1.92	10.74	0.01
7.2	梁子湖（高新区）	0.00	0.00	0.00	0.00
8	汤逊湖（高新区）	42.71	0.02	0.00	0.00
9	南湖（高新区）	15.13	0.00	0.00	0.00
10	东湖（高新区）	0.00	0.00	0.00	0.00
	合计	79.49	2.56	10.96	0.01

表 5.6-16 　　　　规划年 **2025** 年城镇地表径流污染总磷负荷削减需求　　　　（单位：t/a）

序号	流域汇水区	城镇地表径流	村落及农田径流	农村生活散排	畜禽养殖
1	严西湖（高新区）	0.60	0.03	0.00	0.00
2	严东湖	1.10	0.10	0.07	0.00
3	五加湖	0.00	0.00	0.00	0.00
4	严家湖（高新区）	1.35	0.06	0.00	0.00
5	车墩湖	1.17	0.05	0.00	0.00
6	豹澥湖	0.00	0.00	0.00	0.00
7	梁子湖（牛山湖）	0.65	0.13	0.66	0.00
7.1	牛山湖	0.65	0.13	0.66	0.00
7.2	梁子湖（高新区）	0.00	0.00	0.00	0.00
8	汤逊湖（高新区）	8.45	0.01	0.00	0.00
9	南湖（高新区）	2.66	0.00	0.00	0.00
10	东湖（高新区）	0.00	0.00	0.00	0.00
	合计	15.98	0.38	0.73	0.00

表 5.6-17 　　　　规划年 **2035** 年城镇地表径流污染总磷负荷削减需求　　　　（单位：t/a）

序号	流域汇水区	城镇地表径流	村落及农田径流	农村生活散排	畜禽养殖
1	严西湖（高新区）	0.47	0.02	0.00	0.00
2	严东湖	0.28	0.02	0.02	0.00

序号	流域汇水区	城镇地表径流	村落及农田径流	农村生活散排	畜禽养殖
3	五加湖	0.00	0.00	0.00	0.00
4	严家湖(高新区)	1.03	0.05	0.00	0.00
5	车墩湖	0.96	0.04	0.00	0.00
6	豹澥湖	0.00	0.00	0.00	0.00
7	梁子湖(牛山湖)	0.24	0.05	0.23	0.00
7.1	牛山湖	0.24	0.05	0.23	0.00
7.2	梁子湖(高新区)	0.00	0.00	0.00	0.00
8	汤逊湖(高新区)	7.56	0.01	0.00	0.00
9	南湖(高新区)	1.93	0.00	0.00	0.00
10	东湖(高新区)	0.00	0.00	0.00	0.00
	合计	12.47	0.19	0.25	0.00

5.6.2 长江限制总量控制

规划条件下,长江武汉北湖闸排污控制区氨氮排放超过本江段的纳污能力上限,存在削减需求,削减量应不小于83.25t/a。长江武汉葛店饮用水水源、工业用水区化学需氧量和氨氮排放均超过本江段的纳污能力上限,存在削减需求,化学需氧量削减量应不小于93.3t/a,氨氮削减量应不小于61.85 t/a。

表5.6-18　　　东湖高新区污水处理厂尾水污染负荷削减需求(2025年、2035年)

受纳污水 功能区	2025年				2035年			
	化学需氧量		氨氮		化学需氧量		氨氮	
	削减量 /(t/a)	削减 比例/%	削减量 /(t/a)	削减 比例/%	削减量 /(t/a)	削减 比例/%	削减量 /(t/a)	削减 比例/%
王家洲工业用水区	0	—	0	—	0	—	0	—
长江武汉北湖闸 排污控制区	0	—	83.25	27	0	—	83.25	27
长江武汉葛店饮用 水水源、工业用水区	93.3	7	61.85	47	93.3	7	61.85	47
合计	93.3		145.1		93.3		145.1	

5.7 污水系统提质增效规划方案

5.7.1 规划目标与技术路线

5.7.1.1 规划目标

到 2025 年,污水处理厂进厂生化需氧量浓度达到 80mg/L,区域污水处理率达到 95％。到 2035 年,污水处理厂进厂生化需氧量浓度达到 100mg/L,区域污水处理率达到 100％。

5.7.1.2 规划技术路线

排水系统提质增效就是要通过对设施质量的提升,保证和促进排水系统多重功能的恢复和效能的进一步发挥。排水系统提质增效需以恢复城镇排水系统功能,提高城市水环境质量,进一步提升设施整体污染收集、处理和减排效果为出发点,从系统问题排查入手,由现象到本质,分析主要原因,追根溯源,找准提质增效的着力点。除工程措施外,还应注重解决管理机制、价格机制及资金保障等方面存在的问题,建立长效机制。排水系统提质增效治理路径主要包括三个方面:

一是"收污水",把未收集的生活污水"收进网"。污水管网未覆盖区域加快管网建设,城市建成区基本消除旱天污水直排,实现管网全覆盖,污水全收集、全处理,实现"应收尽收";积极推进雨污混接改造,将混接、错排的生活污水接入污水管。收集的污水在城镇污水处理厂处理,达标排放。

二是"挤外水",把外水"赶出网"。将河湖等水体倒灌水、地下水等入渗外水、建筑施工排水及施工降水等外水"赶"出污水管网,杜绝"清污不分",腾出污水收纳和处理空间,提高污水浓度,还排水系统"本来面目"。

三是"强管理",保证系统稳定运行和效能稳步提升。强化系统管理、创新管理机制,加强对排查、治理和设施建设的质量控制,强化收集系统运行维护,居民、企事业单位和个人排水与市政排水的接驳,建筑施工排水等管理,以及收集后污水处理、污水再生利用和污泥处理处置管理等。

5.7.2 污水处理厂提质增效

5.7.2.1 污水量预测及规模确定

结合总体规划中对人口规模和用地类别的规划,按照"厂网一体"要求,并充分考虑合流制溢流污染控制的需求,测算近远期污水处理厂的处理能力,合理确定污水处理设施的规模,对污水系统布局进行整合和优化,提高污水处理厂的运行效率。

(1)预测方法及指标

采用城市综合用水量指标法、单位建设用地用水量指标法,以及分类用水量比例法预测污水量。

1)城市综合用水量指标。

根据《城市给水工程规划规范》(GB 50282—2016),武汉市属于一区超大城市,城市综合用水量指标取 0.5～0.8 万 m^3/(万人·d),结合东湖高新区现状用水量指标情况,近期采用 0.55 万 m^3/(万人·d),中期 2025 年及远期 2035 年采用 0.6 万 m^3/(万人·d)。

武汉市综合生活用水量指标 250～480L/(人·d),结合东湖高新区现状用水量指标情况,采用 400L/(人·d)。

2)供水日变化系数。

考虑到东湖高新区人均综合用水量指标呈逐年缓慢上升趋势,日变化系数基本稳定在 1.30。

3)污水排放系数。

根据《城市排水工程规划规范》(GB 50318—2017),污水排放系数采用 80%～90%,本规划取 85%。

4)污水收集率。

近期东湖高新区范围内污水收集率取 90%,南湖、车墩湖流域污水收集率取 98%。远期东湖高新区范围内污水收集率取 100%。

5)地下水渗入系数。

地下水渗入量与地下水位、土质、管材、管道接口形式、检查井材料、施工质量等因素有关,参考武汉市现状地下水入渗情况,本规划按计算污水量的 15% 考虑。

6)分类用地用水量指标。

分类用地用水量指标取值见表 5.7-1。

表 5.7-1　　　　　　　　　　分类用地用水量指标

用地分类	用水量指标/[m^3/(hm^2·d)]	用水量指标范围/[m^3/(hm^2·d)]
居住用地	80	50～130
公共管理与公共服务设施用地	50	30～130
商业服务业设施用地	70	50～200
工业用地	80	30～150
仓储用地	25	20～50
道路与交通设施用地	20	20～80
公用设施用地	25	25～50
绿地与广场用地	10	10～30

7)规划人口。

根据《东湖高新区分区规划(2017—2035 年)》,东湖高新区总面积为 518km^2,规划远期 2035 年常住人口 180 万人,流动人口 50 万人。

(2)污水量预测

城市综合用水量指标法适用于以居住用地为主的区域,对于以工业用地为主的区域,建议以分类用水量比例法来预测污水量。龙王咀污水处理厂、汤逊湖污水处理厂、花山污水处理厂服务范围内以居住用地为主,工业用地占比较小,采用城市综合用水量指标法预测其污水量。豹澥污水处理厂、左岭污水处理厂以工业用地为主,采用分类用水量比例法预测其污水量。对于排水量较大的工业企业,以实际企业调研数据作为企业集中排水量单独计算。根据分类用地用水量预测,豹澥污水处理厂规划工业污水占比约 40%,根据对左岭污水处理厂服务范围内大型工业企业排污量调查,华星光电 T3、T4,天马微电子,长江存储等几个大型企业集中排污总量约 15.43 万 m^3/d。

1)城市综合用水量指标法。

采用城市综合用水量指标法预测东湖高新区各污水分区中期 2025 年及远期 2035 年污水量,见表 5.7-2、表 5.7-3。

表 5.7-2　　　东湖高新区 2025 年污水量预测(城市综合用水量指标法)

污水处理厂	常住人口 /万人	城市综合用水指标/ [万 m^3/(万人·d)]	综合用水量 /(万 m^3/d)	污水量 /(万 m^3/d)	备注
龙王咀污水处理厂	40.2	550	22.11	16.63	东湖高新区部分
汤逊湖污水处理厂	18.2	550	10.01	7.53	东湖高新区部分
花山污水处理厂	5.4	550	2.99	2.25	

表 5.7-3　　　东湖高新区 2035 年污水量预测(城市综合用水量指标法)

污水处理厂	常住人口 /万人	城市综合用水指标/ [万 m^3/(万人·d)]	综合用水量 /(万 m^3/d)	污水量 /(万 m^3/d)	备注
龙王咀污水处理厂	45.3	600	27.18	24.52	东湖高新区部分
汤逊湖污水处理厂	27.5	600	16.50	14.89	东湖高新区部分
花山污水处理厂	10.0	600	6.00	5.41	

2)分类用水量比例法。

采用分类用水量比例法预测东湖高新区各污水分区中期 2025 年及远期 2035 年污水量,见表 5.7-4、表 5.7-5。

表 5.7-4　　　　　东湖高新区 2025 年污水量预测（分类用水量比例法）

污水处理厂	常住人口 /万人	综合生活用水指标 /[L/人·d]	生活污水量 /(万 m³/d)	工业污水量 /(万 m³/d)	污水总量 /(万 m³/d)	备注
豹澥污水处理厂	37.1	400	11.16	7.44	18.60	含王家店
左岭污水处理厂	19.0	400	5.73	8.59	14.31	

表 5.7-5　　　　　东湖高新区 2035 年污水量预测（分类用水量比例法）

污水处理厂	常住人口 /万人	综合生活用水指标 /[L/人·d]	生活污水量 /(万 m³/d)	工业污水量 /(万 m³/d)	污水总量 /(万 m³/d)	备注
豹澥污水处理厂	62.2	400	24.88	22.45	37.42	含王家店
左岭污水处理厂	35.0	400	14.00	12.63	28.06	大型企业 15.43 万 m³/d

3）分类用地用水量指标法。

采用分类用地用水量指标法预测东湖高新区各污水处理厂污水量如下：

表 5.7-6　　　　龙王咀污水处理厂污水量预测（分类用地用水量指标法）

用地性质	用地面积 /hm²	分类用地用水指标 [m³/(hm²·d)]	用水量 /(万 m³/d)	污水量 /(万 m³/d)	备注
居住用地	1878.0	80	15.02	13.56	
公共服务用地	753.3	50	3.77	3.40	
商业服务用地	230.5	70	1.61	1.46	
工业用地	575.5	80	4.60	4.15	
道路交通用地	488.3	20	0.98	0.88	
合计	3925.6		25.98	23.45	东湖高新区范围

表 5.7-7　　　　汤逊湖污水处理厂污水量预测（分类用地用水量指标法）

用地性质	用地面积 /hm²	分类用地用水指标 /[m³/(hm²·d)]	用水量 /(万 m³/d)	污水量 /(万 m³/d)	备注
居住用地	798.1	80	6.38	5.76	
公共服务用地	299.9	50	1.50	1.35	
商业服务用地	146.8	70	1.03	0.93	
工业用地	1000.5	80	8.00	7.22	
仓储用地	2.5	25	0.01	0.01	
道路交通用地	431.2	20	0.86	0.78	
合计	2679.0		17.78	16.05	东湖高新区范围

表 5.7-8　　　　豹澥(含王家店)污水处理厂污水量预测(分类用地用水量指标法)

用地性质	用地面积 /hm²	分类用地用水指标 /[m³/(hm²·d)]	用水量 /(万 m³/d)	污水量 /(万 m³/d)
居住用地	2058.6	80	16.47	14.86
公共服务用地	404.9	50	2.02	1.83
商业服务用地	482.8	70	3.38	3.05
工业用地	1986.2	80	15.89	14.34
仓储用地	108.1	25	0.27	0.24
道路交通用地	1980.0	20	3.96	3.57
合计	7020.6		41.99	37.89

表 5.7-9　　　　左岭污水处理厂污水量预测(分类用地用水量指标法)

用地性质	用地面积 /hm²	分类用地用水指标 /[m³/(hm²·d)]	用水量 /(万 m³/d)	污水量 /(万 m³/d)
居住用地	1235.5	80	9.88	8.92
公共服务用地	127.3	50	0.64	0.57
商业服务用地	78.7	70	0.55	0.50
工业用地	2334.9	80	18.68	16.85
仓储用地	129.7	25	0.32	0.29
道路交通用地	433.4	20	0.87	0.78
合计	4339.5		30.94	27.92

表 5.7-10　　　　花山污水处理厂污水量预测(分类用地用水量指标法)

用地性质	用地面积 /hm²	分类用地用水指标 /[m³/(hm²·d)]	用水量 /(万 m³/d)	污水量 /(万 m³/d)
居住用地	731.0	80	5.85	5.28
公共服务用地	239.6	50	1.20	1.08
商业服务用地	7.2	70	0.05	0.05
工业用地	0	80	0	
仓储用地	8.7	25	0.02	0.02
道路交通用地	265.1	20	0.53	0.48
合计	1251.6		7.65	6.90

表 5.7-11   东湖高新区污水处理厂污水量预测结果

预测方法污水处理厂	人均用水量指标法 污水量/(万 m³/d)	分类用地用水量指标法 污水量/(万 m³/d)	平均值 /(万 m³/d)	备注
龙王咀污水处理厂	24.52	23.45	23.99	
汤逊湖污水处理厂	14.89	16.05	15.47	
豹澥污水处理厂	37.42	37.89	37.65	含王家店
左岭污水处理厂	28.06	27.92	27.99	
花山污水处理厂	5.41	6.90	6.16	
合计	110.3	112.21	111.26	

龙王咀污水处理厂远期规模根据服务范围内东湖高新区部分用地及人口占龙王咀污水处理厂总服务范围比例分析,高新区部分污水预测量 23.99 万 m³/d,适当留有余地,同时根据《东湖国家自主创新示范区污水收集处理专项规划(2020—2035)》中确定龙王咀污水处理厂远期规模 40 万 m³/d(含东湖高新区、洪山区),与南湖流域规划成果相一致。

汤逊湖污水处理厂远期规模根据服务范围内高新区部分用地及人口占汤逊湖污水处理厂总服务范围比例分析,高新区部分污水预测量 15.47 万 m³/d,根据南湖水环境提升攻坚指挥部《关于推进汤逊湖流域水环境综合整治二期工程的会议纪要》,汤逊湖污水处理厂服务范围内雨季处理量 8 万 m³/d,合计总规模 30.0 万 m³/d(含东湖高新区、江夏区)。确定汤逊湖污水处理厂远期规模 20 万 m³/d,新建藏龙岛净水厂,规模 10 万 m³/d,协调汤逊湖污水处理厂处理系统内的污水及初期雨水。

豹澥污水处理厂(含王家店)污水预测量 37.65 万 m³/d,适当留有余地,确定豹澥污水处理厂远期规模 38 万 m³/d。

左岭污水处理厂污水预测量 27.99 万 m³/d,适当留有余地,确定左岭污水处理厂远期规模 30 万 m³/d。

花山污水处理厂污水预测量 6.16 万 m³/d,适当留有余地,确定花山污水处理厂远期规模 7 万 m³/d。

各污水处理厂服务范围内建设发展情况不同,根据污水处理厂已建规模及实际运行情况,结合区域污水专项规划,根据上述水量预测,确定各污水处理厂近、远期规模见表 5.7-12。

表 5.7-12　　　　　　　　　　东湖高新区污水处理厂近远期规模

污水处理厂	2025 年			2035 年			备注
	建设规模/(万 m³/d)	回用规模/(万 m³/d)	外排规模/(万 m³/d)	建设规模/(万 m³/d)	回用规模/(万 m³/d)	外排规模/(万 m³/d)	
龙王咀污水处理厂	40	—	40	40	—	40	
汤逊湖污水处理厂	30	—	雨季 28，旱季 20	30	—	雨季 28，旱季 20	含藏龙岛净水厂
豹澥片区	18	5	雨季 13，旱季 10	38	10	雨季 28，旱季 25	含王家店
左岭片区	25	2	23	30	5	25	
花山片区	4	1	3	7	2	5	
合计	117	8	雨季 107，旱季 96	145	17	雨季 126，旱季 115	

5.7.2.2　污水处理厂尾水排放优化

根据《水功能区管理办法》，经审定的水域纳污能力和限制排污总量意见是县级以上地方人民政府水行政主管部门和流域管理机构对水资源保护实施监督管理，以及协同环境保护行政主管部门对水污染防治实施监督管理的基本依据，东湖高新区污水系统布局优化应遵循该要求。针对 5.7.2 节提出东湖高新区各污水处理厂近远期污水预测规模，扣减规划年区内中水回用规模，讨论污水处理厂尾水排放标准可行性。

(1)中期水平年(2025 年)污水处理厂尾水排放优化

2025 年，预计左岭污水片区规模可达到 25 万 m³/d，回用规模 2 万 m³/d，故外排规模为 23 万 m³/d。其中一厂 10 万 m³/d 尾水就地排江至长江葛店饮用水水源工业用水区(化学需氧量浓度不高于 32mg/L，氨氮浓度不高于 1.5mg/L)，新增的 13 万 t 废污水处理至Ⅳ类标准建议输送至上游北湖闸排污控制区排江。

花山污水系统维持现状扩建至 4 万 m³/d，回用规模 1 万 m³/d，外排规模 3 万 m³/d。豹澥污水片区(合王家店)预计处理规模达到 18 万 m³/d，回用规模 5 万 m³/d，旱季外排规模 13 万 m³/d，两厂需共同提标至准Ⅳ类排入北湖闸排污控制区。考虑到长江北湖闸排污控制区还存在中法化工区污水处理厂排污口和乙烯化工污水处理厂排污口，为满足水功能区总量控制要求，功能区段的汤逊湖污水处理厂需同步提标至Ⅳ类外排。

(2)远期水平年(2035 年)污水处理厂尾水排放优化

2035 年，花山污水系统预计扩容至 7 万 m³/d，扣减中水回用规模 2 万 m³/d，废污水外排规模 5 万 m³/d。豹澥污水系统旱季(合王家店)预计扩容至 38 万 m³/d，扣减中水回用规模 10 万 m³/d,废污水外排规模 28 万 m³/d。故豹澥(含王家店)污水系统和花山污水系统远期废污水外排量共计 33 万 m³/d,相较于中期,远期豹澥、花山污水处理厂新增污水外排规模 20 万 m³/d。

2035 年,预计左岭片区污水预计扩容至 30 万 m³/d,其中中水回用规模 5 万 m³/d,外排规模 25 万 m³/d,其中,一厂 10 万 m³/d 尾水处置达标后排入长江葛店饮用水水源工业用水区,二厂一期 13 万 m³/d 处置达标后排入长江北湖闸过渡区,远期二厂新增 2 万 m³/d 需新增排口。

鉴于本规划报告引用的纳污能力引用自国务院发布的《全国重要江河湖泊水功能区划(2010—2030 年)》中各江段的纳污能力,建议待 2030 年后相关部门重新核定发布更新各江段纳污能力后排入仍有容纳能力的高新区邻近江段。

5.7.2.3 污水系统布局优化

(1)近期污水系统布局优化

根据《王家店污水提升泵站及配套管线工程》,新建王家店污水提升泵站,设计流量 0.55m³/s,将王家店污水提升至豹澥污水处理厂进行处理,新建污水管道约 10.56km,管径 DN800mm。

(2)中远期污水系统布局优化

南湖流域规划及汤逊湖流域规划已对其规划范围内龙王咀污水处理厂及汤逊湖污水处理厂进行了系统论证,且这两座污水处理厂权属属于水务集团,不纳入本次中远期污水系统布局优化。花山污水处理厂相对独立且靠近北湖尾水排放口,也不纳入本次中远期污水系统布局优化。王家店污水处理厂至豹澥的泵站及管线近期实施。因此本次规划仅对豹澥污水处理厂及左岭污水处理厂的中远期系统布局进行优化论证。

经调查,左岭污水处理厂建设有 2×DN800mm 尾水排江管,其过流能力可满足 10 万 t/d 的尾水排放需求;豹澥污水处理厂已建 2×DN1000mm 尾水排放管至北湖排江,其过流能力可满足 15 万 m³/d 尾水排放需求;花山污水处理厂建设有 2×DN1200mm 尾水排江管(与豹澥污水处理厂合建),可满足其 5 万 t/d 的尾水排放需求。

根据长江污水处理厂尾水排口优化建议,结合已建尾水排放管道资源,对豹澥及左岭污水系统布局提出 4 种优化方案,即左岭扩建排江方案、两厂方案、北湖新建厂方案和左岭扩建生态补水方案。

图 5.7-1   王家店至豹澥污水处理厂输送管线布置

1）左岭集中建厂方案。

在左岭集中设置 1 处大型污水处理厂，豹澥片区（含王家店）污水全部提升至左岭污水处理厂集中处理。设置 2×DN1600mm 污水压力管沿九峰一路敷设，长度约为 16km，将污水输送至左岭。左岭污水处理厂扩建至 68 万 m³/d，其中 10 万 m³/d 尾水利用左岭污水处理厂现有排江管道排江，其余尾水经 2×DN2000mm 压力管输送至北湖闸排江（图 5.7-2）。

图 5.7-2   左岭扩建方案布局

豹澥污水处理厂整体搬迁之后,可释放污水处理厂占地面积364亩。根据东湖高新区土地利用规划,豹澥污水处理厂周边用地性质主要为工业用地,高新区工业用地2019年平均土地出让价格为30.11万元/亩。按照35万元/亩计算土地价值,豹澥污水处理厂搬迁,原厂区用地性质改为工业用地,可释放土地价值1.27亿元。豹澥污水处理厂搬迁至左岭,左岭污水处理厂从原规划30万 m³/d增加到68万 m³/d,厂区用地新增面积260亩,按照35万元/亩计算土地价值,新增用地土地价值0.91亿元。左岭集中建厂方案综合释放土地价值0.36亿元(图5.7-3、图5.7-4、表5.7-13)。

污水处理厂范围
邻避效应影响范围
已批租土地
可利用部分

图5.7-3 豹澥污水处理厂周边用地规划及土地批租情况

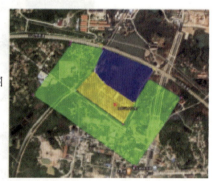

污水处理厂范围
邻避效应影响范围
已批租土地
可利用部分

图5.7-4 左岭污水处理厂周边用地规划及土地批租情况

表5.7-13 左岭扩建方案土地价值平衡

项目	污水处理厂占地面积/亩	污水处理厂土地价值/亿元	备注
豹澥污水处理厂	364	1.27	豹澥污水处理厂搬迁释放土地价值
左岭污水处理厂	增加260	0.91	左岭污水处理厂从30万 t/d扩建至68万 t/d占用土地价值
平衡后		0.36	

2)两厂方案。

考虑将南部环牛山湖及科学岛地区纳入豹澥污水处理厂,豹澥污水处理厂规划处理 38 万 m³/d 规模,10 万 m³/d 尾水通过现状再生水管网回用,15 万 m³/d 尾水通过现状豹澥尾水出江管道排江,13 万 m³/d 尾水通过规划豹澥第二尾水出江管道排江。维持现有左岭污水系统范围不变,左岭污水处理厂规划规模为 30 万 m³/d,5 万 m³/d 尾水通过规划再生水管网回用,15 万 m³/d 尾水通过北湖闸口排江,剩余 10 万 m³/d 需新建出江管道排江。

图 5.7-5　两厂方案布局

该方案分设豹澥和左岭 2 座污水处理厂,污水处理厂建设较为分散,不利于集中管理。但保留了左岭、豹澥污水处理厂现有污水处理设施和排江管道设施,充分利用现状,工程投资最省。豹澥污水处理厂位于城区中心,规划及已建中水回用管以豹澥污水处理厂为中心向周边辐射,便于中水回用。

3)北湖新建厂方案。

豹澥污水处理厂改造为泵站,规模 38 万 t/d,设置 2×DN1600mm 污水压力管沿九峰一路敷设,长度约为 16km,将污水输送至左岭。在左岭设置泵站,规模 68 万 t/d,污水经 2×DN2000mm 污水压力管继续提升至北湖,新建 1 座污水处理厂,规模 68 万 t/d,处理至准Ⅴ类标准后排江。

图 5.7-6　北湖方案布局

该方案释放了豹澥污水处理厂及左岭污水处理厂土地资源。豹澥污水处理厂搬迁释放土地价值 1.27 亿元;左岭污水处理厂占地 350 亩,搬迁可释放土地价值 1.23 亿元。两座污水处理厂搬迁共释放土地价值 2.49 亿元。北湖新建污水处理厂规模 68 万 t/d,新增占地 620 亩,新增占地价值 2.17 亿元。故该方案可综合释放土地价值 0.32 亿元。

新污水处理厂建成之前,近期需要保留左岭污水处理厂现有规模 10 万 t/d 并提标至准Ⅳ类标准,以解决左岭片区近期污水处理需求。

表 5.7-14　　　　　　　　　　　北湖新建厂方案土地价值平衡

项目	污水处理厂占地 面积/亩	污水处理厂土地 价值/亿元	备注
豹澥污水处理厂	364	1.27	豹澥污水处理厂 34 万 t/d 规模 搬迁释放土地价值
左岭污水处理厂	350	1.23	左岭污水处理厂 30 万 t/d 规模 搬迁释放土地价值
新建污水处理厂	615	2.17	新建 64 万 t/d 污水处理厂占用土地价值
平衡后		0.32	

4)五加湖生态补水方案。

豹澥污水处理厂改造为泵站,规模 38 万 t/d,设置 2×DN1600mm 污水压力管沿九峰一路敷设,长度约为 16km,将污水输送至左岭。左岭污水处理厂扩建至 68 万 t/d,并提标至准Ⅳ类,其中11万t/d利用左岭现有排放口排江,其余57万t/d处理至准Ⅲ类作为五加湖补水。

该方案在左岭集中建厂,便于运营管理。且尾水本地消化,不用跨区排放,协调难度小,但左岭污水处理厂57万t/d规模污水需处理至准Ⅲ类标准排放,污水处理厂建设费用高,运行成本也高。

该方案豹澥污水处理厂整体搬迁,总计可释放土地价值1.27亿元。左岭污水处理厂从原规划30万t/d增加到68万t/d,并提标至准Ⅳ类和准Ⅲ类,厂区用地新增面积511亩,工业用地按照35万元/亩计算土地价值,新增占地土地价值1.79亿元。该方案综合释放土地价值-0.52亿元。

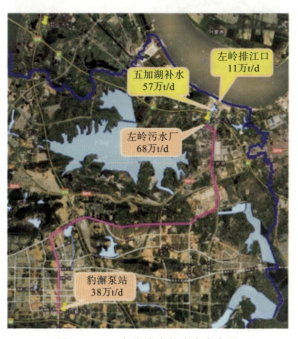

图5.7-7 五加湖生态补水方案布局

表5.7-15 五加湖生态补水方案土地价值平衡

项目	污水处理厂占地面积/亩	污水处理厂土地价值/亿元	备注
豹澥污水处理厂	364	1.27	豹澥污水处理厂38万t/d规模搬迁释放土地价值
左岭污水处理厂	新增511	1.79	左岭污水处理厂从30万t/d扩建至68万t/d并提标占用土地价值
平衡后		-0.52	

表 5.7-16

污水系统方案比较

方案	左岭扩建方案	两厂方案	北湖新建厂方案	互加湖补水方案
方案内容	污水全部集中在左岭处理，规模68万 m³/d，处理至准Ⅳ类排放标准，其中10万 m³/d尾水就地排江，其余58万 m³/d尾水至北湖排江	豹澥污水处理厂总规模38万 m³/d，左岭污水处理厂总规模30万 m³/d，均提标至准Ⅳ类。其中10m³/d尾水就地排江，43万 m³/d尾水通过北湖排江	近期保留左岭污水处理厂10万 m³/d规模并提标至准Ⅳ类。远期豹澥污水全部提升至北湖，新建1座污水处理厂，规模68万 m³/d，处理至准Ⅳ类标准后排江	污水全部集中在左岭污水处理厂处理，规模68万 m³/d，其中，11万 m³/d提标至准Ⅳ类，其余57万 m³/d处理至准Ⅲ类
工程内容	豹澥污水泵站:38万 m³/d；污水输送管:DN1600mm,32km；左岭污水处理厂扩建:58万 m³/d；尾水泵站:58万 m³/d；尾水排放管:DN2000，总长度32km	豹澥污水处理厂提标扩建:38万 m³/d；污水输送管:DN2000mm,24km；左岭污水处理厂提标扩建:30万 m³/d；污水输送管及尾水排放管:DN1200mm(双排),27.2km	豹澥污水泵站:38万 m³/d；污水输送管:DN1600mm,32km；左岭污水泵站:68万 m³/d；新建污水处理厂:68万 m³/d；污水输送管及尾水排放管:DN2000mm,总长度32km	豹澥污水泵站:38万 m³/d；污水输送管:DN1600,32km；左岭污水处理厂提标扩建:68万 m³/d；其中:11万 m³/d(准Ⅳ类)、57万 m³/d(准Ⅲ类)
土地价值平衡	释放豹澥污水处理厂土地价值1.27亿元。左岭污水处理厂新增占用地价值0.91亿元，综合释放土地价值0.36亿元	新增占用土地价值0.22亿元	释放豹澥污水处理厂土地价值1.27亿元。释放左岭污水处理厂土地价值1.23亿元。新建污水处理厂新增占用地价值2.17亿元，综合释放土地价值0.32亿元	释放豹澥污水处理厂土地价值共1.27亿元。左岭污水处理厂新增占用地价值1.79亿元，综合释放土地价值-0.52亿元
优点	利用左岭污水处理厂现有处理设施及尾水排江管道，污水就地处理厂建设不需要跨区域协调，释放豹澥污水处理厂土地资源	利用豹澥和左岭污水处理厂现有处理设施及尾水排江管道，豹澥污水处理厂位于中中水回用核心区，便于中水回用	污水全部集中至北湖处理，释放豹澥及左岭污水处理厂土地资源	利用左岭污水处理厂现有处理设施及尾水排江规模，尾水就地排放，无需长距离输送，污水处理厂建设及尾水排放均就地解决，不需要跨区域协调

续表

方案	左岭扩建方案	两厂方案	北湖新建厂方案	五加湖补水方案
缺点	废弃豹澥污水处理厂及现状尾水管,尾水长距离跨区域输送,需要与青山区协调	尾水长距离跨区输送,需要与青山区协调	废弃豹澥污水处理厂和左岭污水处理厂现有污水处理设施及排江通道,新建污水处理厂位于青山区,需要跨区域协调	废弃豹澥污水处理厂及现状尾水管,污水提标至准Ⅳ类,部分准Ⅲ类,污水处理建设、运行成本很高
工程投资	476300 万元	483600 万元	457600 万元	491000 万元

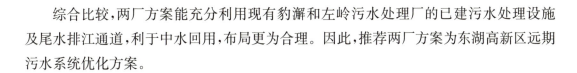

综合比较,两厂方案能充分利用现有豹澥和左岭污水处理厂的已建污水处理设施及尾水排江通道,利于中水回用,布局更为合理。因此,推荐两厂方案为东湖高新区远期污水系统优化方案。

5.7.3 污水泵站提质增效

5.7.3.1 改造泵站

根据前述章节评估,东湖高新区服务范围内还有 6 座污水提升泵站不满足规模要求,具体见表 5.7-17。

表 5.7-17 东湖高新区需改造污水泵站

序号	泵站名称	所属污水处理厂	建设规模/(m³/s)	远期规模/(m³/s)	是否满足要求
3	鲁巷泵站	龙王咀污水处理厂	0.30	0.57	不满足
4	荣军泵站	龙王咀污水处理厂	3.15	3.94	不满足
5	民院泵站	龙王咀污水处理厂	0.34	0.70	不满足
14	藏龙岛泵站	汤逊湖污水处理厂	0.45	0.45	不满足
22	左岭 2# 泵站	左岭污水处理厂	0.85	1.36	不满足
23	左岭 3# 泵站	左岭污水处理厂	1.00	2.17	不满足

(1)鲁巷泵站

已建规模 0.3m³/s,规划规模 0.57 m³/s,考虑与湖滨泵站联动。目前,湖滨泵站主要承担两大部分污水的转输功能:一是西侧武汉体育学院和湖滨花园酒店的污水;二是紫松花园路箱涵内的混流污水,该部分污水本应通过污水管道收集至鲁巷泵站,现通过管网混错接进入雨水系统再截流至湖滨泵站。该地区实现雨污分流后,将出现鲁巷泵站抽排能力不足,湖滨泵站收不到水的情况。考虑到鲁巷泵站周边为城市建成区,已无扩建用地,且出站管道较长,改造难度大,另外下级荣军泵站也存在抽排能力不足的问题。从充分利用现有污水设施的角度出发,维持各泵站建设规模不变,规划打通鲁巷泵站至湖滨泵站污水管道,实现泵站的联合调度运行,共同承担珞喻路、紫松花园路、鲁磨路沿线地区的污水。

(2)荣军泵站

已建规模 3.15m³/s,规划规模 3.94m³/s。荣军泵站转输鲁巷泵站、民院泵站、关泵站东、关南园泵站及虹景泵站的污水,荣军泵站位于建成区,泵站目前已满负荷运行。将鲁巷泵站服务范围内 0.27m³/s 污水单独排放至虎泉街,经楚平路排至龙王咀污水处理厂,将民院泵站服务范围内的茶山刘闸片区污水 0.7m³/s 截流至拟建绣球山泵站,可解决荣军泵站规模不足问题。

（3）民院泵站

已建规模 0.34m³/s，规划规模 0.70m³/s，民院泵站位于建成区，泵站及管道均没有扩建余地。为解决周边污水排放问题，沿南湖大道新建 1.4km 截污管，截流南湖流域茶山刘闸区域污水至拟建绣球山污水泵站（规模 0.7m³/s），将污水提升至龙王咀污水处理厂。

图 5.7-8　民院泵站提质增效

（4）藏龙岛泵站

位于藏龙岛湖东路附近，主要提升藏龙岛片区的污水。藏龙岛泵站服务面积约为 11.21km²。泵站内共有 3 台泵，流量均为 1000m³/h，2 用 1 备。现状规模为 0.45m³/s，片区产生污水量规模约为 0.87m³/s，可通过换泵方式扩大规模，厂外污水管网相应配套扩容。由江夏区负责实施。

（5）左岭 2# 泵站

已建规模 0.85m³/s，规划规模 1.36m³/s，左岭 2# 泵站近期满足污水输送规模要求，远期可通过换泵方式扩大规模，厂外污水管网相应配套扩容。

（6）左岭 3# 泵站

已建规模 1.00m³/s，规划规模 2.17m³/s，左岭 3# 泵站近期满足污水输送规模要求,远期可通过换泵方式扩大规模,厂外污水管网相应配套扩容。

5.7.3.2 规划泵站

根据污水专项规划,东湖高新区远期还需建设污水提升泵站 10 座,具体见表 5.7-18。

表 5.7-18 东湖高新区规划污水提升泵站

序号	泵站名称	所属污水处理厂	规划规模 /(m³/s)	序号	泵站名称	所属污水处理厂	规划规模 /(m³/s)
1	左岭沿江泵站	左岭污水处理厂	0.10	6	科学岛 2# 泵站	豹澥污水处理厂	0.60
2	左岭 5# 泵站	左岭污水处理厂	0.20	7	王家店 1# 泵站	豹澥污水处理厂	0.15
3	牛山湖 5# 泵站	豹澥污水处理厂	1.30	8	郑家畈泵站	豹澥污水处理厂	0.30
4	牛山湖 6# 泵站	豹澥污水处理厂	1.55	9	花湖泵站	花山污水处理厂	0.24
5	科学岛 1# 泵站	豹澥污水处理厂	0.30	10	包山泵站	花山污水处理厂	0.09

5.7.4 污水管网提质增效

5.7.4.1 污水管网提质增效措施

根据前述章节的评估分析,东湖高新区现状污水管网存在的问题可以分为管网不完善、管道过流能力不足、管网混错接、管道缺陷 4 种情况。

(1)污水管网不完善的整治措施

对于污水管网空白的区域,则应该参照该区域的相关污水规划补齐空白;对污水管网不完善的区域,则应根据现状污水管网的分布新建污水管道。

(2)污水干管过流能力不足的整治措施

对于核算出过流能力不足的污水干管应进一步计算出满足要求的管径,并根据计算结果进行更换。

(3)雨污水混错接的整治措施

对于雨污水混错接的情况,应废除错接部分的管道,将污(雨)水接至临近的市政污(雨)水检查井中。

(4)管道缺陷整治措施

对于污水管网 1、2 级涉及渗水问题的结构性缺陷和 3、4 级结构性缺陷,以及 3、4 级功能性损伤,应对损伤管道进行原位修复和更换。

5.7.4.2 各分区污水管网提质增效方案

(1)龙王咀片区

根据前述章节的评估分析,龙王咀片区的污水管网主要存在以下问题:2处污水管网不完善;168个混错接点,其中污水混排至雨水系统点位140处,雨水混排至污水系统点位28处;管道缺陷3656处,其中结构性缺陷3059处,功能性缺陷597处。针对龙王咀片区污水管网,开展管网缺失补全、混错接改造和管道病害修复,具体工程量见表5.7-19。

表 5.7-19 龙王咀片区管网整治工程量

序号	问题类型	整治措施	工程量			备注
			管径	管材	管长/m	
1	管网不完善	补全缺失污水管网	$d400$	球墨铸铁管	527	
			$d800$	球墨铸铁管	553	
2	雨污混错接	废除错接部分的管道,将污(雨)水接至临近正确的市政污(雨)水检查井中	污水			统计的工程量仅为新建部分
			$d300$	球墨铸铁管	1081	
			$d400$	球墨铸铁管	1600	
			$d500$	球墨铸铁管	610	
			雨水			
			$d400$	钢筋混凝土管	878	
			$d600$	钢筋混凝土管	450	
		点修	9247 处			
		整修	75670m			
		水泥基砂浆喷涂	60350m²			
		开挖修复	$d400\sim d1500$	球墨铸铁管	7375	污水

(2)汤逊湖片区

根据前述章节的评估分析,汤逊湖片区的污水管网主要存在如下问题:3处污水管道过流能力不足;136个混错接点,其中污水混排至雨水系统点位97处,雨水混排至污水系统点位39处;管道缺陷2984处(不含未检测的约65km疑难管段),其中结构性缺陷1022处,功能性缺陷1962处。针对汤逊湖片区污水管网,开展污水管网扩容、混错接改造和管道病害修复,具体工程量见表5.7-20。

(3)王家店片区

根据前述章节的评估分析,王家店片区的污水管网主要存在以下问题:28个混错接点,其中污水混排至雨水系统点位23处,雨水混排至污水系统点位5处;管道缺陷2414

处,其中结构性缺陷 2031 处,功能性缺陷 383 处。针对王家店片区污水管网,开展混错接改造和管道病害修复,具体工程量见表 5.7-21。

表 5.7-20　　　　　　　　　　　汤逊湖片区管网整治工程量

序号	问题类型	整治措施	工程量			备注
			管径	管材	管长/m	
1	污水干管过流能力不足	污水管网扩容	$d500$	球墨铸铁管	421	
			$d800$	球墨铸铁管	645	
			$d1200$	球墨铸铁管	717	
2	雨污混错接	废除错接部分的管道,将污(雨)水接至临近正确的市政污(雨)水检查井中	污水			统计的工程量仅为新建部分
			$d300$	球墨铸铁管	810	
			$d400$	球墨铸铁管	1111	
			$d500$	球墨铸铁管	347	
			$d600$	球墨铸铁管	132	
			$d800$	球墨铸铁管	95	
			一体化污水处理设施 1 套			
			雨水			
			$d300$	钢筋混凝土管	1078	
			$d400$	钢筋混凝土管	71	
			$d500$	钢筋混凝土管	112	
3	管道缺陷	点修	2036 处			
		整修	993m			
		开挖修复	$d300\sim1000$	球墨铸铁管	999	污水

表 5.7-21　　　　　　　　　　　王家店片区管网整治工程量

序号	问题类型	整治措施	工程量			备注
			管径	管材	管长/m	
1	雨污混错接	废除错接部分的管道,将污(雨)水接至临近正确的市政污(雨)水检查井中	污水			统计的工程量仅为新建部分
			$d300$	球墨铸铁管	180	
			$d400$	球墨铸铁管	580	
			$d500$	球墨铸铁管	165	
			雨水			
			$d400$	钢筋混凝土管	120	
			$d500$	钢筋混凝土管	145	

序号	问题类型	整治措施	工程量			备注
			管径	管材	管长/m	
2	管道缺陷	点修	143 处			
		整修	417m			
		水泥基砂浆喷涂	500m²			
		开挖修复	$d300\sim600$	球墨铸铁管	3343	污水
			$d400\sim2000$	钢筋混凝土管	5650	污水

（4）豹澥片区

豹澥片区按照高新六路以北的建成区和高新六路以南的未建成区分别提出相应的污水管网提质增效方案。

1）高新六路以北的建成区。

根据管网梳理结果，高新六路以北建成区范围内的污水管网主要存在以下问题：7处污水管网不完善，9.1km²区域管网空白；雨污水混错接153处，其中污水错接至雨水系统的情况82处，雨水错接至污水系统的情况71处；管网缺陷28542处，其中，结构性缺陷25008处，功能性缺陷3534处；针对豹澥片区高新六路以北的建成区，开展管网完善、混错接改造和管道病害修复，具体工程量见表5.7-22。

表 5.7-22　　　　　　　　　　豹澥片区管网整治工程量

序号	问题类型	整治措施	工程量			备注
			管径	管材	管长/m	
1	雨污水混错接	废除错接部分的管道，将污（雨）水接至临近正确的市政污（雨）水检查井中	污水			统计的工程量仅为新建部分
			$d300$	球墨铸铁管	758	
			$d400$	球墨铸铁管	1122	
			$d500$	球墨铸铁管	428	
			雨水			
			$d300$	钢筋混凝土管	1092	
			$d600$	钢筋混凝土管	560	
2	管网不完善	补全缺失污水管网，按照相关污水规划随道路建设污水管网	$d400$	球墨铸铁管	1047	仅为新建工程量
			$d500$	球墨铸铁管	480	
			$d1000$	球墨铸铁管	1375	
			$d400$	球墨铸铁管	29514	随道路建设
			$d500$	球墨铸铁管	23807	
			$d600$	球墨铸铁管	4406	
			$d800$	球墨铸铁管	608	

续表

序号	问题类型	整治措施	工程量			备注
			管径	管材	管长/m	
3	管道缺陷	点修	808 处			
		整修	6013m			
		水泥砂浆喷涂	1677m²			
		开挖修复	$d300\sim800$	球墨铸铁管	29195	污水
			$d300\sim1500$	钢筋混凝土管	24019	雨水

2)高新六路以南的未建成区片区。

豹澥片区中,高新六路以南为未建成区,目前尚未建设污水管网,管网空白区域面积约为106.90km²。根据相关污水专项规划,结合本规划水质目标,补齐区域空白,具体工程量见表5.7-23。

表5.7-23　　　　　　　　　　高新六路以南片区管网整治工程量

序号	名称	规格	材料	单位	数量
远期目标(2035 年)					
1	污水重力管	$d400$	球墨铸铁管	m	110706
2	污水重力管	$d500$	球墨铸铁管	m	52383
3	污水重力管	$d600$	球墨铸铁管	m	7716
4	污水重力管	$d800$	球墨铸铁管	m	19942
5	污水重力管	$d1000$	球墨铸铁管	m	11008
6	污水重力管	$d1200$	球墨铸铁管	m	5889
7	污水重力管	$d1500$	球墨铸铁管	m	3178
8	污水压力管	DN400	球墨铸铁管	m	5491
9	污水压力管	DN600	球墨铸铁管	m	4607
10	污水压力管	DN800	球墨铸铁管	m	6680
14	牛山湖污水泵站一	0.12m³/s		座	1
15	牛山湖污水泵站二	0.15m³/s		座	1
16	牛山湖污水泵站三	0.10m³/s		座	1
17	牛山湖污水泵站四	0.62m³/s		座	1
18	牛山湖污水泵站五	1.20m³/s		座	1
19	牛山湖污水泵站六	1.30m³/s		座	1
20	半岛污水泵站	0.60m³/s		座	1

(5)左岭片区

左岭片区按照建成区和北部未建成区分别提出相应的污水管网提质增效方案。

1)左岭片区建成区。

根据管网梳理结果,左岭片区建成区范围内的污水管网主要存在如下问题:5处管网不完善亟待建设,8.01km²区域管网空白;雨污水混错接53处,其中污水错接至雨水系统的情况44处,雨水错接至污水系统的情况9处;管网缺陷16220处,其中结构性缺陷14714处,功能性缺陷1506处;针对左岭片区建成区,需开展管网完善、混错接改造和管道病害修复,具体工程量见表5.7-24。

表5.7-24 左岭片区管网整治工程量

序号	问题类型	整治措施	工程量			备注
			管径	管材	管长/m	
1	污水管网空白	补全缺失污水管网,按照相关污水规划补齐空白	$d500 \sim d1200$	球墨铸铁管	12711	已有相关工程
			$d400$	球墨铸铁管	7502	随道路建设
			$d500$	球墨铸铁管	4652	
			$d600$	球墨铸铁管	4367	
			$d800$	球墨铸铁管	811	
2	雨污水混错接	废除错接部分的管道,将污(雨)水接至临近正确的市政污(雨)水检查井中	污水			统计的工程量仅为新建部分
			$d300$	球墨铸铁管	24	
			$d400$	球墨铸铁管	415	
			$d500$	球墨铸铁管	57	
			$d600$	球墨铸铁管	500	
			雨水			
			$d400$	钢筋混凝土管	339	
			$d500$	钢筋混凝土管	63	
3	管网缺陷	点修	435 处			
		整修	4478m			
		水泥基砂浆喷涂	2914m²			
		开挖修复	$d300 \sim 800$	34019		污水
			$d300 \sim 1500$	38135		雨水

2)北侧片区未建成区。

左岭片区北侧为未建成区,尚未建设污水管网,管网空白区域面积约为9.28km²。根据相关污水专项规划,结合本规划水质目标,补齐区域空白,具体工程量见表5.7-25。

表 5.7-25   左岭北侧片区管网整治工程量

序号	名称	规格	材料	单位	数量
远期目标(2035 年)					
1	污水重力管	$d400$	球墨铸铁管	m	4178
2	污水重力管	$d500$	球墨铸铁管	m	4177
3	污水重力管	$d600$	球墨铸铁管	m	7313
4	污水重力管	$d1000$	球墨铸铁管	m	758
5	污水压力管	DN500	球墨铸铁管	m	184
6	左岭 5# 污水泵站一	0.40m³/s		座	1

(6)花山片区

花山片区按照武鄂高速以西的建成区和武鄂高速以东的未建成区分别提出相应的污水管网提质增效方案。

1)武鄂高速以西建成区。

根据管网测量及相关污水专项规划梳理结果,武鄂高速以西建成区范围内的污水管网主要存在以下问题:7 处管网不完善亟待建设,2.29km² 区域管网空白;雨污水混错接 23 处,其中污水错接至雨水系统的情况 16 处,雨水错接至污水系统的情况 7 处;管网缺陷 4508 处,其中结构性缺陷 4002 处,功能性缺陷 506 处;针对花山片区武鄂高速以西建成区,针对左岭片区建成区,需开展管网完善、混错接改造和管道病害修复,具体工程量见表 5.7-26。

表 5.7-26   花山片区武鄂高速以西建成区管网整治工程量

序号	问题类型	整治措施	工程量			备注
			管径	管材	管长/m	
1	污水管网完善	补全缺失污水管网,按照相关污水规划补齐空白	$d500\sim800$	球墨铸铁管	4926	已有相关工程
			$d400$	球墨铸铁管	13890	随道路建设
			$d500$	球墨铸铁管	6539	
			$d600$	球墨铸铁管	449	
			$d800$	球墨铸铁管	48	
2	雨污水混错接	废除错接部分的管道,将污(雨)水接至临近正确的市政污(雨)水检查井中	污水			统计的工程量仅为新建部分
			$d400$	球墨铸铁管	38	
			$d500$	球墨铸铁管	95	
			雨水			
			$d400$	钢筋混凝土管	180	
			$d500$	钢筋混凝土管	80	

序号	问题类型	整治措施	工程量			备注
			管径	管材	管长/m	
3	管网缺陷	点修	298 处			
		整修	970m			
		开挖修复	$d300\sim800$		11816	污水
			$d300\sim1500$		18367	雨水

2)武鄂高速以东未建成区。

花山片区武鄂高速以东为未建成区,尚未建设污水管网,管网空白区域面积约6.16km²(表5.7-27)。

表5.7-27　　　　　武鄂高速以东片区管网整治工程量

序号	名称	规格	材料	单位	数量
远期目标(2035 年)					
1	污水重力管	$d400$	球墨铸铁管	m	7958
2	污水重力管	$d600$	球墨铸铁管	m	1879
3	污水重力管	$d800$	球墨铸铁管	m	105
4	污水压力管	DN600	球墨铸铁管	m	781
5	污水压力管	DN800	球墨铸铁管	m	316
7	花湖泵站	0.24m³/s		座	1
8	包山泵站	0.09m³/s		座	1

5.7.5　小区雨污分流改造

雨污分流改造地块根据用地性质分为居民小区、学校、公司和产业园,地块普遍建成时间较早,排水管网问题突出,存在不同程度的混错接及系统性错误。

小区雨污分流改造工程是在对地块内现状管道进行充分测量和检测的基础上,根据管道管材、雨污混错接情况等进行判定后实施的。对于设计容量过小、管材老旧、管道存在 3 级以上结构性缺陷进行翻挖新建,对于过流能力满足要求但淤积严重,存在 2~3级功能性缺陷的管道进行疏通养护。针对不同地块及建筑物情况的改造方案如下:

(1)建筑雨污分流改造

部分老旧小区阳台不设污水立管,有些居民在阳台设置洗衣机和拖把池,污水直接排入地漏进入雨水立管。对存在阳台改变功能的多层建筑,在可以利用现有管道的前提下,将原阳台雨水立管作为污水立管,接入室外污水管道,并设水封装置,另设屋面雨水立管将屋面雨水排至室外雨水管道。改造时新建建筑雨水立管,接入室外雨水管道;原雨水立管在屋面檐口以下截断,屋面雨水接入新建雨水立管,下部作为污水立管,接收阳台污水,排入污水管道。由于涉及产权等问题,阳台立管改造项目设计阶段需与小区业主及物业进行一一确认后实施。

(2)地面管道雨污分流改造

根据地块现状排水体制和排水性质制定不同的改造方案。

1)雨污分流制小区改造方案。

对于小区已建成雨、污两套排水管网,但系统不完善,存在混流、错接、设施破损、管理不善、住户私自错接等问题,应对现状排水系统重新梳理,找出原因后采取局部改造方案。局部改造方案应结合物探、CCTV等前期资料,改造内容包括:对排水能力不足、存在3级以上结构性缺陷的现状管道废弃重建,对满足过流能力要求但存在2~3级功能性缺陷的管道进行修复和疏通维护,清理改造老旧化粪池等。

2)合流制小区改造方案。

雨污合流制小区一般建成年代较早,或者建成时周边雨污水系统不完善,污水一般进入化粪池后,与雨水一起经管道排放至周边水体或管道。合流制地块根据实际情况制定以下3种改造方案。

①新建雨、污水管道系统。

对于现状管道建设年代久远,管道性能不满足要求的小区,按雨、污分流制重建排水系统。新建污水干管、支管,收集上游来自化粪池和每户厨卫、阳台的污废水,接入下游市政污水管道。新建雨水干管、支管,收集来自雨水立管的屋面雨水以及沿线地面雨水,接入下游市政雨水管道。

②利用现状排水管网。

小区管道完好、排水顺畅、与市政管网衔接准确的排水系统,经核算满足排水能力要求的管道,可将其疏通后作为污水或雨水排水系统使用。因为小区内部污水排口数量众多,改造难度较大,且污水管道埋深更大,施工难度大,通常将现状管道保留作为污水系统,新建一套雨水排水系统。此种情况下应对现状管道加强清淤等,保证管道的正常使用。

③独立排水用户改造。

市政管道中的垃圾很多都来源于周边餐饮店铺,部分店主直接将泔水、垃圾等倒往雨水箅子,易堵塞雨水管道。很多洗车店的洗车漫流至地面通过雨水口进入市政雨水管,对水体造成污染。应将废污水通过隔油池、毛发收集器等设施统一收集处理后排放至污水管道。同时加强排水户接驳宣传教育,强化排水户自律排水管理,加强对排水行为的执法检查等方式遏制此类现象的发生。

后续需根据地块内管线的勘测资料进一步明确各片区内地块雨污混流的情况并提出针对性的整改方案。根据实际调研结果梳理确定本次规划近期拟实施雨污分流改造的地块,见表5.7-28。

表 5.7-28　　　　　　　　　近期拟实施雨污分流改造地块一览

序号	地块情况	备注
1	对长航小区等 39 个社区进行雨污分流改造,改造面积约 202.65hm^2	南湖片区
2	对佛祖岭社区等共 58 个社区进行雨污分流改造,改造面积约 463.79hm^2	汤逊湖片区
3	对万年台等 11 个社区进行雨污分流改造,改造面积约 193hm^2	豹澥片区
4	对星德里社区等 11 个社区进行雨污分流改造,改造面积约 114hm^2	王家店片区
5	对左岭还建片区范围社区进行雨污分流改造,改造面积约 117hm^2	左岭片区
6	对花山还建片区范围社区进行雨污分流改造,改造面积约 197hm^2	花山片区

5.7.6　管理机制建设与政策保障

5.7.6.1　健全排水管网长效机制

(1)健全污水接入服务和管理制度

健全污水接入服务和管理制度可以从 5 个方面考虑:加强排水设计方案的审查,规范审查程序,明确审查要点;规范污水接驳管理,规范接驳手续,对临时排口进行管理并合理接驳;严格污水排入排水管网许可管理,对排水分类进行管理,并采取信息化管理的方式;加强污水管网未覆盖地区污水的管理,在空白区及时补建管网,对于分散分布的地区建立分散污水设施并进行达标排放监管;完善管网移交制度,对存量管网确权,新建管网的移交和工程档案的交接制度进一步完善。

建立健全"小散乱"规范管理制度,对沿街商铺信息进行登记,合理实施沿街商铺管网改造。加强排水许可宣传、管理和执法,加强排水户接驳的宣传教育,强化排水户自律排水管理,加强排水行为执法检查。建立健全市政管网私搭、乱接、溯源执法制度,强化多部门联动溯源追查,强化私搭、乱接的联合执法,建立常态化工作机制。

(2)规范工业企业排水管理

对工业企业排水进行规范化管理,严禁直接或通过雨水系统排入环境水体。需通过开展评估,将工业企业排水分为可以继续纳管和不能继续纳管两种情况,并分别采取自建设施或排水/污许可进行处理等措施,通过日常监管,达到对工业企业污水的妥善处置。加强工业废水排放的信息公开和监督评估。采取信息公示,如在废水、雨水排放口,企业门户网站上进行接入市政管网位置、主要污染物类型、允许排放浓度等信息的公示。

对工业企业应严控排水管道养护质量,包括建立日常运行养护制度,保障养护人员和资金的投入,制定日常养护计划和方案,及时治理各种缺陷问题以及保障排水管道畅通等。

(3)健全管网建设质量管控机制

应加强对管材市场监管,严厉打击假冒伪劣管材产品;各级工程质量监督机构要加强排水设施工程质量监督;工程设计、建设单位应严格执行相关标准规范,确保工程质量;严格进行排水管道养护、检测与修复质量管理。按照质量终身责任追究要求,强化设计、施工、监理等行业信用体系建设,推行建筑市场主体黑名单制度。一定要杜绝为追求设计效益,过度采用投资大、技术复杂、效益低的对策措施的行为,有关部门一定要把好工程质量关,不能采用低价中标的方法选择施工企业,更不能让施工企业选择管材。对于管道非开挖修复,其材料厚度必须根据检测结果、问题评判、修复后与原有管道结构的关系、使用寿命等综合计算确定。特别需要强调的是:一定要全过程把住新建管道质量关,必须按照"管材质量要牢靠、管道基础要托底、管道接口要严密、沟槽回填要密实、严密性检测要保证、质量验收要到位"的原则,严格执行涉及管材、施工和验收的相关标准。

(4)完善河湖水位与市政排口协调机制

合理控制城市河湖水体水位,将河湖水体水位恢复至合理水位,保障生态基流,保障雨季蓄水和排涝空间。强化施工降水或基坑排水管理,排入市政排水管网时要实行许可管理,排出水质较差的情况要采取措施处理后排放,施工降水与基坑排水不能进入污水管道与合流制管道。

(5)健全管网专业运营维护管理机制

可通过自行组建或市场化引进的方式,挑选出具有从业经验、人员素质、机具设备、注册资金等一定条件且有责任心、有能力的城镇排水管网专业维护队伍进行管网专业运行维护,并为其提供一定的资金保障,推荐每100km的专业管网维护管理人员可按照20人配置。强化居民小区内部排水管网运维管理,鼓励居住小区外委管网运维工作,明确资金来源和保障机制,建立责权明晰的监管和考核机制,强化源头管理,避免问题传导。

建立厂—网—河(湖)一体运行维护机制,鼓励将污水收集的管网、泵站、污水处理厂等设施的建设运行,连同污水处理设施服务范围内的河、湖等地表水体的运维或相关协调工作委托给一个专业化团队实施。建设、改造和运维管理的目标需明确,政府、行政主管部门及运营维护单位应权责明确,其工作需严格进行考核。明确流域、排水分区和污水处理厂服务范围的边界,保证城市"水"的系统性和完整性。加大资金投入,采用多种渠道筹措资金;完善污水处理收费政策,建立动态调整机制;完善生活污水收集处理设施建设工程保障;鼓励公众参与,发挥社会监督作用;加强组织领导,强化督促指导。

5.7.6.2　周期性进行管网排查

查清、查准问题是为了"对症下药"。以关键问题、影响大的问题为突破口,先重点,后全面。从有旱天出流污水的排水口查起:查清是什么排水口,旱天出流、雨天溢流的水量与水质;查清污水处理厂进水管道有无外水入渗、清污不分;从淹没在水下的排水口、截流管、旱天高水位、满管流的排水管道查起,查清有无倒灌、有无外水入渗和清污不分;从表面肮脏的雨水口查起,查清道路雨水收集口是否在收集路边餐饮、大排档、垃圾站(桶)、洗车等污水;从沟(暗)渠查起,查清是否有污水接入,查清这种沟渠的末端是否截流接入了城镇排水管道系统;从雨天溢流污染严重的排水口查起,查清管道是否存在积泥、清通养护工作是否到位;从居住小区查起,查清雨污混接情况。特别提醒:排水系统排查是需要装备和技术的,是有标准、规程可遵循的,排查中还需要做好安全保障工作,所以排查一定要由真正的专业公司来承担;排水管道排查的不仅是排水管道缺陷,而是整个系统存在的问题,如对排水检查井的属性、接驳状况和淤积情况进行调查,找出存在的错接乱接、淤积及排水不畅等问题;专业公司不但要查问题,还要给出整改方案建议;承担排查的专业公司一定要有责任心,更要用良心做事。另外,排查更是系统性、周期性的工作,所以在发现和整治上述重点和关键问题后,需久久为功,定期做好排水系统排查。

管网排查是管网清淤和修复的基础,应按照设施权属及运行维护职责分工,全面排查市政管网等设施功能状况,依法建立市政管网地理信息系统(GIS),实现管网信息化、账册化管理。落实排水管网周期性检测评估制度,建立和完善基于 GIS 系统的动态更新机制。

参考国内外关于管网排查的规定,以功能性状况为目的的普查周期宜 1～2 年 1 次;以结构性状况为主要目的的普查周期宜 5～10 年 1 次;流沙易发地区的管道、管龄 30 年以上的管道、施工质量差的管道和重要管道的普查周期可相应缩短。德国自 1984 年开始对排水管道状况进行全面的排查,大力推进电视、声呐等检测手段的使用,1995 年后形成了每 3 年进行 1 次排查的制度。日本通过日常巡视,对道路上的检查井和雨水口进行检查,并对管道实施定期的检查和清洗。鉴于上述案例,东湖高新区应逐步建立以

5～10年为一个排查周期的长效机制和费用保障机制。对于排查发现的市政污水管段或设施,应稳步推进确权和权属移交工作。居民小区、公共建筑及企事业单位内部等非市政污水管网,由设施权属单位或物业代管单位及有关主管部门进行排查,逐步完成建筑用地红线内管网混错接排查与改造。对于在排查过程中发现的淤积等问题,应发现一处解决一处,对于排查过程中发现的管网缺陷问题,应发现一处处理一处,保证排水管网的完整与畅通。

5.7.6.3 排水管网的清淤

城市道路污水漫溢、雨水淹没路面的情况,严重地影响了环境,而导致这一现象产生的原因之一就是排水管道堵塞导致的排水不畅。目前,排水管道的疏通与日常养护已成为排水管道管理部门的重大问题。每年雨季的防洪排涝均作为各个城市的首要任务。在深圳,每年夏季来临前,管理部门会相继对市政排水管道疏通养护状况进行检查,确保排水通畅。通过对排水管道进行疏通养护,可有效地避免污水漫溢及道路积水,确保人们正常的生产和生活,同时对城市的雨季抗洪提供重要的基础条件。

排水管道中污水含有大量固体悬浮物,在这些物质中,相对密度大于1的固体物质属于可沉降固体杂质。如大颗粒的泥沙、有机残渣、金属粉末等,其沉降速度与沉降量决定于固体颗粒的相对密度与粒径的大小、水流流速与流量的大小。流速小、流量大且相对密度与粒径均大的可沉降固体杂质沉降速度及沉降量也就大。同时,因为管道中污水的流速实际上不能保持一个不变的理想自净流速或设计流速,且管道及其附属构筑物中存在着局部阻力变化,如管道转向、管道直径的突然变大等。这些变化越大,局部阻力越大、局部水头损失也越大。因此,管道污泥沉积淤塞是不可避免的。

《深圳市排水管网维护管理质量标准》规定,DN600mm以下的管道允许积泥深度为管径的1/4,DN600mm以上的管道允许积泥深度为管径的1/5。《连云港市雨水排水管道养护标准》规定,管道允许积泥深度为管径的1/5。《上海市公共排水管道设施维护检查办法》规定,管道应保持畅通,积泥深度不超过管径的1/5,疏通后积泥深度不超过管径的1/10。日本要求当积泥深度超过管道直径的5%时就要进行管道维护,受餐饮业污染的油垢管道1年冲洗2次。根据现场调查结果,目前,东湖高新区管道淤积情况严重,尤其是南泥湾泵站一带,部分管道淤积高度超过管径的2/3,不利于雨、污水的排放,因此针对东湖高新区现状情况,应提高排水管道疏通的频率,保持管道积泥深度不超过管径的1/5,疏通后积泥深度不超过管径的1/10,以保证雨、污水在管道中流动顺畅。

5.7.6.4 排水管网的修复

随着管网服务年限的增长,部分管道会出现破损、错口、变形、脱节等结构性缺陷,易造成地下水渗入及污水渗出,导致污水管网运行水位高,污水处理厂进水污染物浓度低等问题。地下水入渗除了导致管道高水位运行,污水处理厂低进水浓度外,地下水中含有硝酸盐,在污水输送过程会消耗污水中易生物降解的碳源。所以应结合排水管道问题排查,及时采取措施修复结构性缺陷,堵住地下水入渗通道,不要"小病拖成大病",甚至使上述问题变成道路塌陷的诱因。对于东湖高新区的管网,应在充分排查的基础上对存在结构性缺陷的管道进行修复(图 5.7-9)。

图 5.7-9　排水管道修复

对于缺陷管道应根据实际情况选择针对性的措施对其进行修复,灵活采用紫外光原位固化法、点状 CIPP 法等。同时需将市政管网,尤其是倒虹管的监控和维护纳入长效管理。

5.8　面源污染控制规划方案

5.8.1　规划目标与技术路线

5.8.1.1　规划目标

根据东湖高新区各湖泊水质目标规划要求、参考《农业农村部关于印发农业农村污染治理攻坚战行动计划的通知》(生态环境部,2019 年 11 月)以及前文面源污染入湖复核削减要求,从城市面源及农村农业污染治理等方面,确定高新区面源污染治理主要控制目标及指标。

2025 年规划目标:大力推进源头海绵化改造,有效控制初期雨水污染,分流区面源污染削减率不低于 50%(以总悬浮物计),基本实现"清水入湖";进一步实施农村环境综合整治,推动城镇污水处理设施和服务向农村延伸,加强改厕与农村生活污水治理的有效衔接,将农村水环境治理纳入河长制、湖长制管理,实现城市近郊区的农村生活污水治理率提高,生活污水乱排乱放有效管控,农业农村污染大幅降低。

各汇水区面源治理控制指标,见表 5.8-1。

表5.8-1　　　　　　　　东湖高新区面源治理规划主要控制目标及指标　　　　（单位：％）

湖泊	城区面源削减目标（≥）				
	化学需氧量	氨氮	总氮	总磷	总悬浮物
严西湖（高新区）	42	0	0	41	70
严东湖	58	0	23	20	70
五加湖	0	0	0	0	60
严家湖（高新区）	71	0	33	50	70
车墩湖	71	0	21	64	70
豹澥湖	60	0	0	0	70
牛山湖	0	0	43	14	—
汤逊湖（高新区）	73	14	36	66	70
南湖（高新区）	59	0	46	62	60
梁子湖（高新区）	0	0	0	0	0
东湖（高新区）	70	0	0	0	70

注：总悬浮物指标为《武汉市海绵城市专项规划》（2016—2030）所提出的削减目标。

5.8.1.2　技术路线

　　以新时代治水思路为指导，以上位规划为指引，以问题和目标为导向，结合城市建设进度，在城区和农村采用不同的治理策略。已建城区采取源头削减、过程控制与末端治理全过程防控措施，有效控制雨水径流面源污染；新建城区以海绵城市建设管控为主，最大限度地降低城市开发建设对生态环境的影响；农业农村采取绿色发展的策略，改善农村生态环境（图5.8-1）。

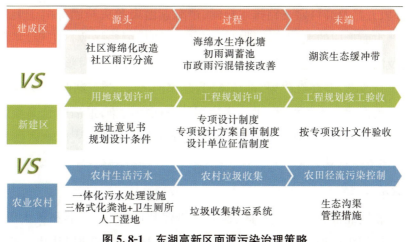

图5.8-1　东湖高新区面源污染治理策略

治理措施上,按照流域污染程度及特点,结合城市功能分区、建设用地分区及建设进度,将全区分为重点治理区、一般治理区和生态控制区。

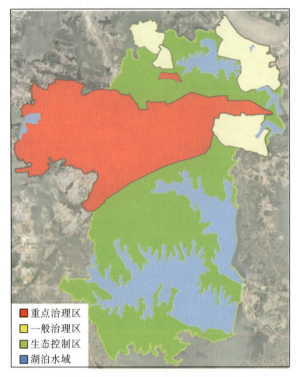

图 5.8-2　东湖高新区面源治理分区

(1)重点治理区

将南湖、汤逊湖、东湖、豹澥湖北部建成区、严家湖谷米河及严东湖花城家园片区作为重点治理区。该区域首先通过社区海绵化改造,从源头控制雨水径流,缓解地表径流的冲击效应;然后针对汤逊湖光谷大道排水走廊及红旗渠、油坊陈河及凤凰园排水箱涵、豹澥河神敦五路及高科园三路排水箱涵、严东湖西渠源头箱涵等由于上游汇水区域雨污混错接严重而形成的大型混流排口,逐步实施源头混错接改造工程,并在末端新建初雨调蓄池及配套处理设施,控制初期雨水污染;对豹澥河、星月溪、九峰明渠城区段沿线雨水排口进行改造,并在红旗渠、油坊陈河、赵家池名渠、严东湖西渠、豹澥河末端等地形条件适合的地方建立人工湿地,进一步控制城市面源污染;最后结合高新区各湖泊环湖绿道建设,生态化改造滨湖驳岸,构造滨岸生态缓冲净化带,从传输途径削减城市面源负荷,并优化道路景观。

(2)一般治理区

将东湖高新区北部花山新城片区、西北部沿江片区、东截流港和黄大堤港建成区、东部玉龙河片区划为一般治理区。该区域整体生态环境及滨湖岸线生态性较好,主要问题为污水管网建设滞后,导致大量污水混入雨水系统直排入湖,加重雨季初雨冲刷负荷。针对污水管网建设滞后,重点开展区域污水系统建设及混错接改造工程,同步开展社区海绵化改造,控制区域面源污染负荷;对黄大堤港、东截流港、花山河及严西湖城区段沿线排口进行改造;在建及待建区域主要采取强化施工作业监督管理和海绵城市建设管控措施。

(3)生态控制区

该区域涉及东湖高新区南部牛山湖、豹澥湖及梁子湖未建成区,北部严东湖、严西湖及严家湖未建成区。区内耕地大量分布,农业面源污染比较突出。针对农田径流产生的营养盐负荷输入问题,重点开展农田缓冲带和农田径流阻控系统构建。根据地形特点,利用和改造现有水塘、湿地、沟道,对农田和村落径流进行净化;保护现有湖滨带湿地,构建湖滨农田植被缓冲带,控制农田径流。针对村落环境脏乱差问题,开展农村环境综合治理,主要包括旱厕改造、生活污水收集处理、垃圾收集转运等,从源头控制面源产生。

5.8.2 城区面源污染控制

5.8.2.1 源头控制要求

根据武汉市海绵城市专项规划分区管控及建设指引,同时结合面源污染控制需求,对东湖高新区范围内已建或新建小区、企事业单位、高校等区域进行海绵化改造工程,逐步推广LID(低影响开发)技术,控制区域年径流量。

(1)海绵化改造控制标准

根据《武汉市海绵城市专项规划(2016—2030年)》要求,东湖高新区年径流总量控制率目标为60%～75%。参考《武汉市海绵城市专项规划(2016—2030年)》,东湖高新区各汇水区海绵化改造工程控制标准见表5.8-2。

表 5.8-2　　　　　东湖高新区各汇水区海绵化改造工程控制标准　　　　　(单位:%)

序号	系统名称	系统目标				
		强制性指标			引导性指标	
		年径流总量控制率	新建项目透水铺装率	下沉式绿地率	水资源回用率	绿色屋顶率
1	东湖汇水区	≥75	≥40	≥25	≥5	≥30
2	南湖汇水区	≥65	≥40	≥25	≥5	≥30
3	汤逊湖汇水区	≥75	≥40	≥25	≥5	≥30
4	严西湖汇水区	≥60	≥40	≥25	≥5	≥30

序号	系统名称	系统目标				
		强制性指标			引导性指标	
		年径流总量控制率	新建项目透水铺装率	下沉式绿地率	水资源回用率	绿色屋顶率
5	严东湖汇水区	≥75	≥40	≥25	≥5	≥30
6	严家湖汇水区	≥75	≥40	≥25	≥5	≥30
7	车墩湖汇水区	≥75	≥40	≥25	≥5	≥30
8	豹澥湖汇水区	≥75	≥40	≥25	≥5	≥30
9	五加湖	≥65	≥40	≥25	≥5	≥30

（2）源头控制方案要求

源头海绵改造工程方案包括：

1）已建区（公建＋小区）源头改造方案；

2）绿地公园和公共广场协同解决周边地块的方案；

3）径流末端集中控制方案；

4）新改扩建区指标控制要求结合水系综合整治方案，通过对近期规划区内的道路、地块等管线普查资料分析以及现场踏勘情况，进行归类。

5.8.2.2 初雨调蓄处理工程

（1）工程布局

高新区雨污混流排口主要集中于汤逊湖、南湖、东湖、豹澥湖、左岭新城及花城家园等存在雨污混流排水系统的城市建成区，大型混流排口主要有茶山刘排口、民院闸排口、龙王咀排口、财大和南湖大道排口、锦绣良缘排口、光谷大道排水走廊、高新四路排水箱涵（红旗渠源头）、赵家池明渠、油坊陈河、湖溪河、湖滨闸排口、豹澥河神敦五路及高科园三路排水箱涵、豹子溪及严东湖西渠、谷米明渠等，规划在上述大型混流排口末端建设集中式初雨调蓄池，作为雨污分流改造的补充措施，解决初期雨水入湖污染问题。截至 2019 年底，南湖初雨调蓄池及初雨厂正在建设，其服务范围包括茶山刘、民院闸、龙王咀及财大和南湖大道排口；赵家池名渠应急治理工程已经实施完毕，其初期雨水及混流污水基本得到解决；湖溪河末端初雨调蓄及处理工程已基本实施完毕，可有效解决湖溪河片区初期雨水污染问题；湖滨闸排口拟建 CSO 调蓄处理系统已纳入《东湖水环境提升工程》，工程初步设计已基本完成；严东湖西渠源头箱涵拟建调蓄池已纳入《严东湖西渠综合治理工程》；豹子溪及谷米明渠已有综合治理安排，其中，豹子溪面源治理相关措施有沿线排口改造、分散式初雨调蓄池、人工湿地工程等，谷米明渠面源相关治理措施有初雨生态调蓄净化塘及智能分流井截流沿线混流排口的旱季污水及初期雨水；汤逊湖在建的黄龙山及秀湖调蓄池由于建设标准较低及临时处理设施尾水排湖问题,无法满足光谷大道排水走廊及高新四路排水箱涵(红旗渠源头)面源污染削减需求,因此红旗湖(汤逊湖)片区初雨处理系统方案需要进行优化,优化方案已纳入《汤逊湖水环境综合治理二期工程》实施;油坊陈河片区有两个较大的混流排口,分别为油坊陈河源头箱涵及凤凰园排水箱涵,服务范围内多为工业用地,初雨污染较为严重,因此规划新建油坊陈河初雨调蓄池系统解决油坊陈河片区初雨污染,该工程目前也已纳入《汤逊湖水环境综合治理二期工程》实施;本次,规划新建神敦五路调蓄池,解决豹獬河神敦五路及高科园三路片区初雨污染;规划新建锦绣良缘调蓄池,解决未纳入在建南湖初雨调蓄处理系统工程的锦绣良缘排口雨季溢流及初期雨水污染问题。工程分布见图5.8-3。

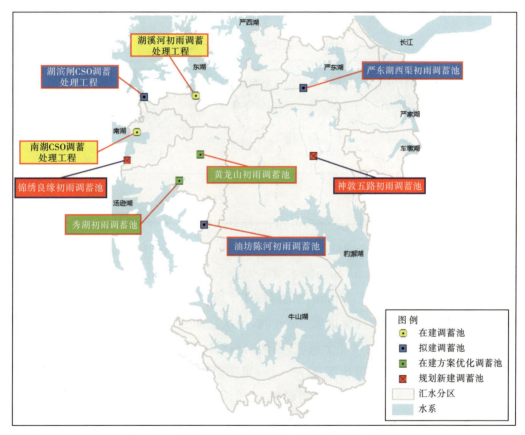

图 5.8-3 东湖高新区涉及初雨/CSO 调蓄处理工程分布

(2)神墩五路调蓄池

1)控制标准。

当前国内对于初期雨水收集的标准问题处于研究阶段,尚无定论。《室外排水设计标准》(GB 50014—2021),用于分流制排水系统径流污染控制时,雨水调蓄池的调蓄容积建议取值 4～8mm;上海市中心城区分流制系统径流控制,对于分流制系统取 5mm,

合流制系统取 11mm。部分研究中根据一场降雨中产生的目标污染负荷量来确定初期雨水。根据《武汉市海绵城市规划设计导则》(试行)5.3.3 节中给定参考数值,降雨前段 40%雨量比例所占污染物负荷比例高达 80%,初期雨水污染严重;根据国家 863 武汉"水专项"对汉阳十里铺的研究成果,需要囤蓄处理的重污染水对应的径流深约为 7mm,确保不入湖的中污染水对应的径流深为 7~15mm;根据滇池"十二五"水专项《滇池流域水环境综合整治与水体修复技术及工程示范项目》的实施方案建议,为控制城市面源污染,要求实现初期雨水的截留量为全年降雨总量的 50%,根据"降雨事件分析法"确定其对应的初雨截流深度为 9.7mm。综上分析可知,国内对于初期雨水截流标准普遍集中在 4~15mm。为了科学地分析神敦五路调蓄池初雨截流标准,本次采用"降雨事件法"及"径流控制率法"对其截流标准进行分析论证。

表 5.8-3 分流制系统初雨调蓄标准一览

规范/地区	《室外排水设计标准》(GB 50014—2021)	上海市中心城区	武汉市海绵城市规划设计导则	国家 863 武汉"水专项"对汉阳十里铺的研究成果	滇池流域水环境综合整治与水体修复技术及工程示范项目
初雨截流标准	4~8mm	5mm	降雨前段 40%雨量	7~15mm	9.7

①降雨事件法。

根据武汉市 2012 年降雨数据分析可知,该年降水接近平水年,全年总降雨场次 146 场(降雨间隔不大于 1h 的视为一场),最大场次降水量 107mm,其中降水量不大于 4mm/场的微雨 89 场,占总降雨场次的 61.0%;降水量不大于 8mm/场的小雨 106 场,占全年降雨总场次的 72.6%;降水量不大于 15mm/场的降雨 121 场,占全年降雨总场次的 82.9%。

由以上可知,当初雨截流标准取 4mm 时,场次降雨强度低于截流标准的降雨共 89 场,全年 61.0%的场次降雨可完全截流;当初雨截流标准取 8mm 时,可实现全年 106 场的降雨完全截流,截流场次降雨频率 72.6%;当初雨截流标准取 15mm 时,可实现全年 121 场的降雨完全截流,截流场次降雨频率 82.9%。武汉市 2012 年场次降水量与降雨频率统计见图 5.8-4。以 4mm/场降雨为起点,图 5.8-5 表示随着初雨截流标准的增加,完全截流场次降雨频率的变化率。由图 5.8-5 可知,随着截流标准的增加,完全截流场次降雨频率不断增加,且增加速率整体呈现为先增加后降低的趋势,当截流标准不超过 8mm 时,场次降雨截流频率增速逐步增加,超过 8mm 之后,场次降雨截流频率增速整体呈现放缓的趋势。

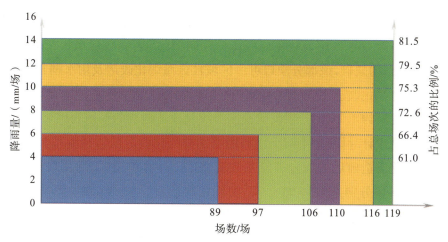

图 5.8-4　武汉市 2012 年场次降水量与降雨频率统计

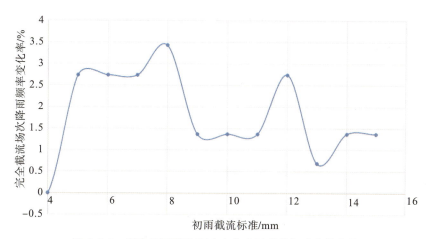

图 5.8-5　场次降雨截流频率变化率随截流标准变化曲线

分析表明,8mm/场的截流标准解决了占全年 72.6% 的小雨的整场雨截流,对占全年降雨 27.4% 的中、大雨的初期雨水也可实现截流,且当截流标准由 8mm 提高到 9~15mm 时,完全截流场次降雨频率仅可提高 1.4%~10.3%,但调蓄及处理设施规模会相应的增加 13%~88%。

综合考虑湖泊水质目标要求、调蓄处理设施的规模、初雨控制效果及城区建设用地情况,8mm/场的初雨截流标准在截流规模、处理规模较小的前提下,仍然可达到较高的场次降雨截流频率,因此确定东湖高新区初雨截流标准为 8mm。

②径流控制率法。

根据《城镇雨水调蓄工程技术规范》(GB 51174—2017)3.1.4 节可知,雨水调蓄池可按照年径流总量控制率对应的单位面积调蓄深度进行计算,根据《武汉市海绵城市专项规划(2016—2030 年)》可知,神敦五路调蓄池服务范围位于豹澥河海绵规划分区内,其对应的年径流污染控制率为 75%,对应设计降水量为 29.2mm。根据区域现状土地利用数据、结合《武汉市海绵城市规划设计导则》中不同地类现状径流系数,计算可得区域现状综合径流系数为 0.6,则现状年径流总量控制率为 40%,较区域年径流总量控制目标 75% 尚有 35% 的缺口,该部分缺口可由区域社区海绵化改造及雨水调蓄池解决。

根据社区海绵化改造工程布局可知,神敦五路调蓄池服务范围内社区海绵化改造地块 36 个,总规模约 1.7km²。根据研究区海绵化改造地块的土地利用类型,参考《武汉市海绵城市规划设计导则》中不同土地利用类别海绵化改造前后径流系数经验值,分析计算地块海绵化改造前后的综合径流系数变化值。计算可得,海绵化改造地块现状及改造后的径流系数分别为 0.75 及 0.55,海绵化改造后汇水区综合径流系数为 0.51,区域的年径流总量控制率达 49%,较径流控制目标 75% 仍有 26% 的缺口,该部分缺口对应的截流雨量便为调蓄池截流标准,即神敦五路调蓄池初雨截流标准为 7.6mm。

汇水区现状土地利用见图 5.8-6,汇水区社区海绵化改造地块土地利用见图 5.8-7,神墩五路调蓄池汇水区内现状及海绵化改造地块土地利用数据见表 5.8-4,现状不同用地类别的径流系数计算取值见表 5.8-5,海绵化改造后不同用地类别的径流系数计算取值见表 5.8-6。

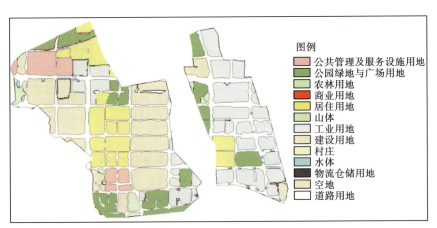

图 5.8-6 汇水区现状土地利用

图 5.8-7 汇水区社区海绵化改造地块土地利用

表 5.8-4　　　　　　　　神墩五路调蓄池汇水区内现状及海绵化改造地块土地利用数据

土地利用类型	汇水区现状土地利用规模/hm²	汇水区社区海绵化改造地块土地利用规模/hm²
道路和交通设施用地	149.7	20.9
工业用地	159.7	79.2
公共服务设施用地	39.4	10.3
建设用地	178.0	0.0
居住用地	95.6	33.6
绿地	82.7	7.6
农林用地	13.7	0.0
其他非建设用地	0.2	0.0
山体	0.4	0.0
商业用地	2.6	18.4
水域	5.3	0.0
村镇用地	0.0	0.0
合计	727.5	170

表 5.8-5　　　　　　　　现状不同用地类别的径流系数计算取值

用地类别	用地代码	径流系数	
		二环以内	二环以外
居住用地	R	0.75	0.65
公共管理与公共服务用地	A	0.70	0.60
商业服务用地	B	0.80	0.75
工业用地	M	0.80	0.70
物流仓储用地	W	0.80	0.70
交通及公用设施用地	S、U	0.85	0.80
绿地	G	0.30	0.25
其他用地		0.30	0.25

表 5.8-6　　　　　　　　海绵化改造后不同用地类别的径流系数计算取值

用地类别	用地代码	径流系数	
		二环以内	二环以外
居住用地	R	0.60	0.50
公共管理与公共服务用地	A	0.60	0.50
商业服务用地	B	0.65	0.60

用地类别	用地代码	径流系数	
		二环以内	二环以外
工业用地	M	0.65	0.60
物流仓储用地	W	0.65	0.60
交通及公用设施用地	S、U	0.65	0.60
绿地	G	0.20	0.15
其他用地		0.20	0.15

综上分析,降雨事件法计算得到区域初雨截流标准为 8mm,径流控制率法计算得到区域初雨截流标准为 7.6mm,两种方法计算结果较为接近,从水环境保护角度考虑,截流标准宜取较大值,因此推荐神墩五路调蓄池初雨截流标准取 8mm。

2)调蓄池规模。

①规模论证思路。

采用 SWMM 模型构建初雨调蓄池汇水区水力模型,依据满足调蓄汇水区内 8mm 初雨的建设标准,确定初雨调蓄池容积及初雨处理厂建设规模,具体思路如下:

a. 根据平水年 2012 年 5min 步长降水数据,筛选具有代表性的典型场次降雨作为设计降雨。

b. 由于区域管网及地表汇流流时差异,为确保调蓄池规模满足收集整个汇水区初雨的条件,对汇水区内初雨全部收集所需的总汇水时间 t_1 进行模拟分析,并以在典型场次降雨条件下前 t_1 时段内的总出流量作为调蓄池及初雨处理厂的规模。

c. 根据城市现状、施工难度、投资等因素确定最终的调蓄容积和初雨处理站规模。

d. 通过典型年降雨进行年初雨削减分析复核。

②SWMM 模型构建。

a. SWMM 模型构建——排水分区概化。

根据地形及雨水汇水的特性,确定高科园三路、神墩五路混流排口的汇水范围,并将其分为若干排水子分区。

高科园三路、神墩五路混流排口的汇水范围分别为 4.93km²、2.34km²,概化排水子分区见图 5.8-8。

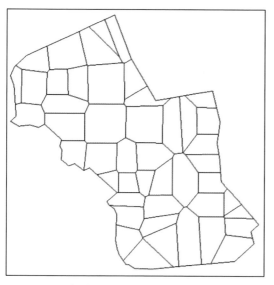 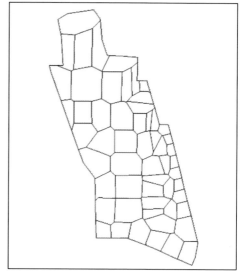

（a）高科园三路出口子汇水区划分　　　　（b）神墩五路出口子汇水区划分

图 5.8-8　混流排口汇水范围排水子分区

b. SWMM 模型构建——管网概化。

根据地形和排水管线资料高科园三路、神墩五路分别概化管网节点 65 个、93 个，分别概化管道长度约 18.01km、12.83km，管网概化见图 5.8-9。

 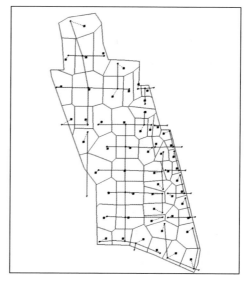

（a）高科园三路片区　　　　　　　　（b）神墩五路片区

图 5.8-9　混流排口上游管网概化

c. SWMM 模型构建——降雨。

根据第 4 章排水防涝规划成果，东湖高新区城区段道路雨水管涵设计标准多为 3 年一遇，因此本小节以 3 年一遇降雨为典型场次降水。

根据武汉市设计暴雨计算公式可知,武汉市对应 3 年一遇的典型降水量约 63mm。根据 2012 年降雨数据,筛选出降水量为 63mm 左右的场次降雨数据。

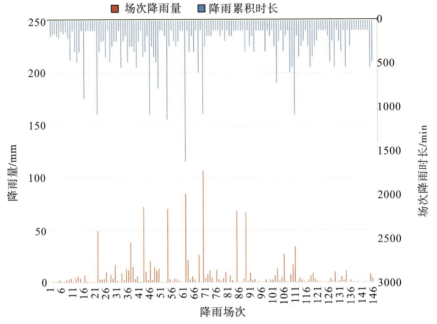

图 5.8-10　2012 年降雨场次特征

以下 3 场降雨为 2012 年的符合降水量约 63mm 的临界场次降雨:

2012 年 9 月 9 日:总降水量 67mm,降雨历时 355min,前 8mm 降雨历时 75min。

2012 年 8 月 26 日:总降水量 68.5mm,降雨历时 115min,前 8mm 降雨历时 8min。

2012 年 5 月 29 日:总降水量 70.5mm,降雨历时 535min,前 8mm 降雨历时 220min。

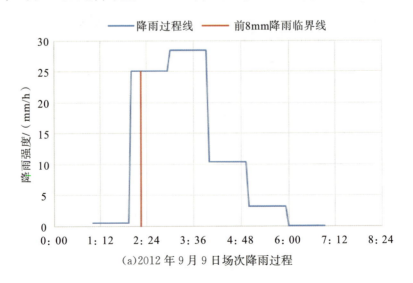

(a)2012 年 9 月 9 日场次降雨过程

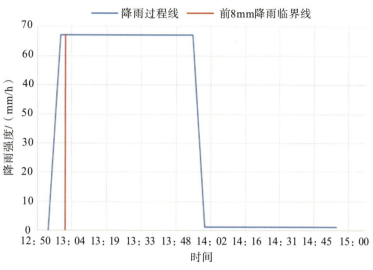

（b）2012 年 8 月 26 日场次降雨过程

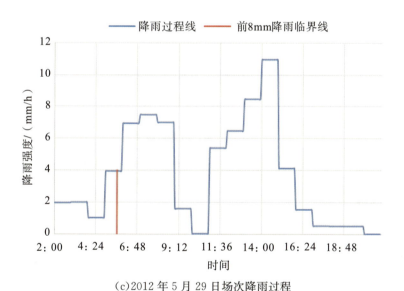

（c）2012 年 5 月 29 日场次降雨过程

图 5.8-11　2012 年 3 场临界场次降雨

进一步分析可知，2012 年 9 月 9 日及 8 月 26 日两场降水历时较短、雨峰靠前，前 8mm 降水临界线均位于雨峰附近，初期雨水不明显，两场降雨均属于短历时极端暴雨，不利用其进行初期雨水控制的研究。因此，推荐以 2012 年 5 月 29 日场次降雨为标准，确定初雨调蓄池容积和设施处理规模。

d. SWMM 模型构建——管道水头损失参数。

排水管道水头损失分沿程水头损失和局部水头损失，其值作为水动力学公式圣维南方程组的重要参数，影响管道内水流的能量变化，是水力模型中的重要参数。管段沿程水头损失系数（n）分为管道顶部损失系数和底部损失系数，均按照管道类型分别进行初始化设置。具体设置参照《室外排水设计标准》(GB 50014—2021)4.2.3 节的规定取值。管道粗糙系数初始设置见表 5.8-7。

表 5.8-7　　　　　　　　　管道粗糙系数初始设置

管渠类别	粗糙系数 n	管渠类别	粗糙系数 n
UPVC 管、PE 管、玻璃钢管	0.009～0.01	浆砌砖渠道	0.015
石棉水泥管、钢管	0.012	浆砌块石渠道	0.017
陶土管、铸铁管	0.013	干砌块石渠道	0.020～0.025
混凝土管、钢筋混凝土管、水泥砂浆抹面渠道	0.013～0.014	土明渠(包括带草皮)	0.025～0.03

局部水头损失系数根据管渠连接处水流流向改变角度值推断局部水头损失类型和系数,同时也受到管渠的破损程度影响而分为 FI 水头损失(破损严重,可以采用固定或自定义的水头损失类型描述)、HIGH(管口与检查井错位达一半,水头损失值较大)、NONE(无水头损失,断面较大的箱涵或河道取此值)、NORMAL(管渠建设情况良好或小断面箱涵采用此值)四级。

5)下垫面。

根据《武汉市海绵城市规划设计导则》,不同用地类别的径流系数推荐计算取值见表 5.8-8。东湖高新区位于武汉市二环线以外,参考表 5.8-8 中相应用地类别取值。

表 5.8-8　　　　　　　　　不同用地类型径流系数取值

用地类别	用地类别代码	径流系数	
		二环以内	二环以外
居住用地	R	0.75	0.65
公共管理与公共服务用地	A	0.70	0.60
商业服务用地	B	0.80	0.75
工业用地	M	0.80	0.70
物流仓储用地	W	0.80	0.70
交通及公用设施用地	S、U	0.85	0.80
绿地	G	0.30	0.25
其他用地		0.30	0.25

d. 规模论证

1)计算方法。

调蓄池的最小调蓄容积为降雨时间内的总进水量－总处理水量,可根据流量随时间的变化曲线方程求解,公式如下:

$$V = \int_0^{t_0} (Q_{in} - Q_{out}) \, dt$$

式中，V——调蓄池容积；

　　t——从调蓄池开始进水至停止进水的时间；

　　t_0——调蓄时间；

　　Q_{in}——入流流量；

　　Q_{out}——初期雨水处理设施的处理能力。

当初期雨水量来水较小时，雨水全部收集到初期雨水处理设施进行处理，调蓄池中不进水。随着降雨强度的变大，来水量增加，大于初雨设施的处理能力，调蓄池开始积水，池中水位不断上升；当来水量减小至等于初期雨水设施处理能力时，调蓄池停止进水，调蓄池的水位达到最高，其存水量即为设计容积。

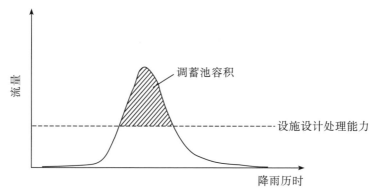

图 5.8-12　雨水调蓄池蓄水容积计算方法

2)神墩五路调蓄池规模计算。

神墩五路调蓄池为高科园三路及神墩五路涵调蓄池合建，服务面积 7.27 km²，其中高科园三路片区 4.93km²，神墩五路片区 2.34km²，下面分别对高科园三路排水箱涵及神墩五路片区出流过程进行分析。

Ⅰ. 高科园三路排水箱涵出流过程

根据 2012 年 5 月 29 日场次降雨的前 8mm 降雨过程及整场降雨过程模拟结果可知，降雨开始时刻为 2:00，排口开始出流时刻为 2:55，前 8mm 降雨终止时刻为 5:40，前 8mm 降雨出流终止时刻为 7:55，则取整场降雨出流过程中 7:55 之前的总流量作为高科园三路调蓄池及处理设施的总规模。根据模拟结果，7:55 之前，区域的出流流量峰值达到 6.71m³/s，如果考虑调蓄池调蓄初雨按照 2d 排空考虑设计处理设施规模，则高科园三路排水走廊调蓄池及处理设施规模分别为 3.3 万 m³ 及 1.7 万 m³/d。

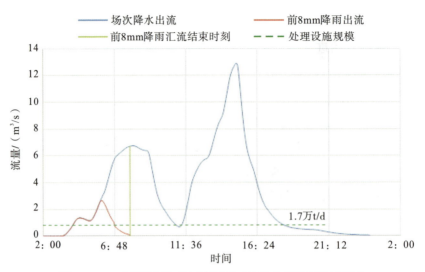

图 5.8-13　典型降雨条件下高科园三路排水箱涵出流过程线

Ⅱ．神墩五路区域出流过程

根据 2012 年 5 月 29 日场次降雨的前 8mm 降雨过程及整场降雨过程模拟结果可知，降雨开始时刻为 2:00，排口开始出流时刻为 2:55，前 8mm 降雨终止时刻为 5:40，前 8mm 降雨出流终止时刻为 7:50，则取整场降雨出流过程中 7:50 之前的总流量作为神墩五路调蓄池及处理设施的总规模。根据模拟结果，7:50 之前，区域的出流流量峰值达到 3.37m³/s，如果考虑调蓄池调蓄初雨按照 2d 排空考虑设计处理设施规模，则神墩五路排水走廊调蓄池及处理设施规模分别为 1.7 万 m³ 及 0.9 万 m³/d。

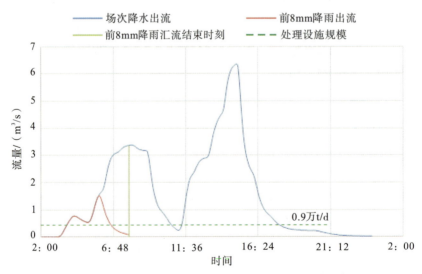

图 5.8-14　典型降雨条件下神墩五路区域出流过程线

Ⅲ．神墩五路调蓄池规模计算

根据高科园三路排水箱涵及神墩五路片区出流过程分析可知，神墩五路调蓄池及处理设施规模分别为 5.0 万 m³ 及 2.6 万 t/d(表 5.8-9)。

表 5.8-9 东湖高新区初雨调蓄池规模及实施安排

项目	项目性质	设计规模/万 m³	处理规模/(万 t/d)	实施安排	
				近期(2019—2021)	远期(2021—2025)
神敦五路初雨调蓄处理系统	新建	5.0	2.6	√	

3)初雨处理方式。

目前,常见的调蓄池初雨处理方式有两种:一种是在原场地新建初雨处理设施,就地处理后尾水就近排入湖泊或河流;另外一种是通过泵站抽排至污水处理厂处理。两种方式各有利弊,第一种方式可以提高初雨的处理效率且不增加处理厂负担,但是存在尾水排放问题,根据《武汉市湖泊保护条例》相关要求,需要将尾水处理至目标水体水质方可排放,运行成本较高;第二种直接输送至处理厂,经污水处理厂处理后排江,污染物削减效果较好,但会增加处理厂处理负担,对于规模较小或者基本满负荷的污水处理厂不适用该方案,对于污水处理厂尚有富余空间的推荐优先使用该方案。

根据《东湖国家自主创新示范区污水收集与处理专项规划(2020—2035)》,豹澥污水处理厂规划规模中考虑了区域的初期雨水处理规模,因此本次规划新建神墩五路初雨调蓄池入豹澥污水处理厂进行处理,处理之后经过豹澥污水处理厂排江管道排江。

图 5.8-15 东湖高新区初雨处理系统总体方案

4)选址方案。

本次规划新建初雨调蓄处理系统工程采用"新建调蓄池＋污水处理厂处理"的方式,根据区域排口分布、土地利用等实际情况对神墩五路初雨调蓄池进行初步选址方案论证。

本次规划在高科园三路及神墩五路排水箱涵末端建设 1 座初雨调蓄池,来解决区域的初雨污染及雨污混流问题。根据排口末端的土地利用情况可知,高科园三路排水箱涵末端规划用地均为工业用地及少量带状分布的防护绿地,无可用于建设调蓄池的用地;神墩五路箱涵末端规划用地包括环卫用地、豹澥污水处理厂用地、防护绿地及规划停车场用地,由于豹澥污水处理厂规划扩建至 38 万 t/d,规划预留用地仅能满足污水处理厂扩建用地,因此,本次规划在现状豹澥污水处理厂北侧规划绿地上建设 1 座初雨调蓄池,来解决区域的初雨污染问题,调蓄池规模 5 万 m³,占地面积约 12000m³,现状豹澥污水处理厂北侧规划可利用绿地面积约 13800m³,该地块满足神墩五路初雨调蓄池的用地需求。

图 5.8-16　神敦五路初雨调蓄池位置

图 5.8-17　神墩五路初雨调蓄池选址

5)工程布置方案。

用于面源污染控制的分流制雨水调蓄池采用与雨水管道离线设置的模式。雨水管道上设置截流井,截流初期雨水,截流雨水通过截流管道流入与雨水管道分离设置的雨水调蓄池进行储存。当降雨大于设定的截流量后,降雨历时中后期的水量将溢过截流井,这部分相对清洁的水量进入下游雨水管道排入受纳水体。

雨水调蓄池进水管道采用中、上部进水形式设置,当池内储存水量到达有效容积后,对截流雨水管形成顶托作用,使截流井内水位增高,从而形成溢流。常规的调蓄池内底部宜设置集砂构造和冲洗设施,以方便排空所容纳污水后沉积泥沙的清洗。

用于面源污染控制的调蓄池,在收集污染程度较重的雨水后,一般采用泵吸的形式进行排空。水泵的布置形式主要分为潜污泵湿式安装和污水泵干式安装两种形式(图 5.8-18)。

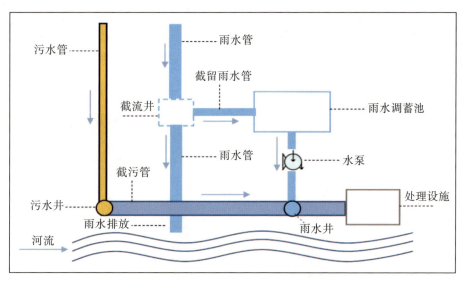

图 5.8-18 雨水调蓄池布置模式

豹澥河沿线有大量排口汇入,经过现状调查,发现两处大型的混流排口,分别为高科园三路排水箱涵及神墩五路排水箱涵,其中高科园三路箱涵位于神墩五路与高科园三路交叉口南侧约 200m 处,神敦五路排水箱涵位于神敦五路与生物园路交叉口西侧约 370m 处,服务范围分别约 4.95km² 及 2.34km²。

服务范围内多为工业及居住用地,是现状豹澥湖汇水区内开发建设程度最高的区域,下垫面硬化严重,同时雨污混错接严重,加剧了初期雨水污染程度。拟在末端新建初雨调蓄池解决区域初雨污染问题,根据区域规划用地情况,规划调蓄池选址位于现状豹澥污水处理厂北侧规划绿地上。

根据区域的雨水排口分布情况,本次规划在神敦五路箱涵、高科园三路箱涵及 9 处较大的雨水排口(直径 800mm 以上)末端建设智能分流井及截流管线将区域初期雨水截流至调蓄池(图 5.8-19 至图 5.8-21)。

调蓄池有效设计容积 5 万 m³,占地面积约 12000m²,池深 4～5m,调蓄池初雨入豹瀌污水处理厂进行处理。

图 5.8-19　高科园三路箱涵现状

图 5.8-20　神敦五路箱涵现状

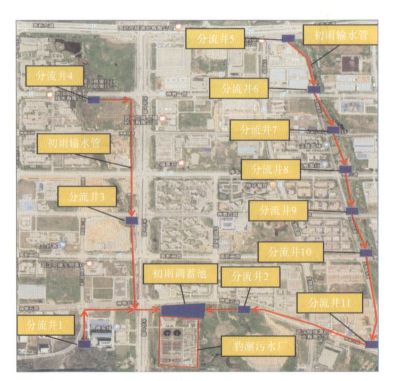

图 5.8-21　神敦五路调蓄池总体布置

（3）锦绣良缘调蓄池

1）控制标准。

根据《南湖流域水环境综合治理规划》，南湖片区需综合收集区域 15mm 初雨，在此条件下配合区域其他水环境治理规划措施方可保证南湖水质达标，考虑到南湖在建的初雨收集及处理工程可综合削减服务区域 15mm 初期雨水污染，因此，从南湖水环境达标角度考虑,本次锦绣良缘调蓄池初雨截流标准仍取 15mm。

2)调蓄池规模。

根据现场调查及区域管网资料分析可知,锦绣良缘片区汇水面积约 1.46km²,根据《城镇雨水调蓄工程技术规范》(GB 51174—2017)3.1.2 节"当汇水面积大于 2km² 时,应考虑降雨时空分布的不均匀性和灌渠汇流过程,采用数学模型法计算雨水调蓄设施的规模",锦绣良缘片区汇水面积仅 1.46km²,汇水面积较小,可采用《城镇雨水调蓄工程技术规范》(GB 51174—2017)3.1.5 节中经验公式计算,计算公式如下:

$$V = 10DF\Psi\beta$$

式中,V——调蓄池有效容积(m³);

D——调蓄量(mm),按降水量计,本次取 15mm;

F——汇水面积(hm²),为 146hm²;

Ψ——径流系数,区域以居住用地、商业用地、公共服务及道路用地为主,综合考虑取 0.7;

β——安全系数,可取 1.1~1.5,本规划取 1.2。

经过计算,锦绣良缘调蓄池有效容积为 18396m³,取调蓄池设计容积 1.80 万 m³。

3)调蓄池初雨处理方式。

本次规划新建锦绣良缘初雨调蓄池污水系统分属汤逊湖污水系统和龙王咀污水系统,其中锦绣良缘排口旱季污水已接入龙王咀污水系统(财大泵站),排口南侧有汤逊湖污水系统天际路泵站,因此若考虑调蓄池初雨入污水处理厂处理,则从地缘上考虑可入汤逊湖污水处理厂或龙王咀污水处理厂,下面分别论述锦绣良缘调蓄池初雨输入汤逊湖污水处理厂及龙王咀污水处理厂的可行性(图 5.8-22)。

图 5.8-22 锦绣良缘调蓄池污水系统

①方案一:出水进汤逊湖污水处理厂。

根据《东湖国家自主创新示范区污水收集与处理专项规划(2020—2035)》,汤逊湖污水处理厂设计规模为20万 m³/d,同时规划新建的藏龙岛净水厂规模10万 m³/d,2座污水处理厂形成联合调度,共同处理整个汤逊湖污水系统服务范围内的污水及初期雨水,其中汤逊湖污水系统旱季水量约21.7万 m³/d,区域规划在建或拟建调蓄池包括秀湖调蓄池、油坊陈河调蓄池、红旗湖调蓄池、光谷大道调蓄池及赵家池调蓄池,初雨调蓄总规模约20.5万 m³/d,调蓄池按照2~3d排空设计,设计初雨处理总规模为10万 m³/d,则区域污水及初雨的总处理量达31.7万 m³/d,已超过汤逊湖污水处理厂及藏龙岛净水厂的总处理能力30万 m³/d,无剩余空间可处理锦绣良缘调蓄池初雨,因此锦绣良缘调蓄池初雨无法输送至汤逊湖污水处理厂处理。

②方案二:出水进龙王咀污水处理厂。

根据《东湖国家自主创新示范区污水收集与处理专项规划(2020—2035)》,龙王咀污水处理厂规划规模为40.0万 m³/d,区域旱季污水预测量为35.7万 m³/d,尚有4.3万 m³/d的富余空间可用于处理区域初期雨水,因此可将锦绣良缘调蓄池调蓄初雨输入至龙王咀污水处理厂处理。

综上,本次规划将锦绣良缘调蓄池调蓄初雨输入至龙王咀污水处理厂处理,调蓄池按3d排空设计,则处理规模为0.6万 m³/d设计。

4)选址方案。

本次规划新建锦绣良缘调蓄处理系统工程采用"新建调蓄池＋污水处理厂处理"的方式,根据区域排口分布、土地利用等实际情况对锦绣良缘调蓄池进行初步选址方案论证。

本次规划锦绣良缘调蓄池主要服务锦绣良缘地块,该地块目前雨污分流不彻底,地块雨水及混接污水主要通过地块西侧两处排口排入南湖,目前排口旱季污水截污工程已实施完毕,污水接入龙王咀污水处理厂处理,本次规划将其初雨接入规划锦绣良缘调蓄池。根据排口末端的土地利用情况可知,目前锦绣良缘西侧有一块空地可考虑设置调蓄池,根据武汉市规划"一张图",此处用地性质为绿地,总面积约8165m²,可将调蓄池布置于地块中间位置,调蓄池拟占地面积约2520m²(长×宽＝56m×45m),调蓄池有效深度8m。

5)工程布置方案。

规划沿湖设置初雨截流管及排扣末端智能分流井,截流锦绣良缘西侧两处排口的初期雨水至锦绣良缘初雨调蓄池(图5.8-23)。

图 5.8-23　锦绣良缘调蓄池选址

调蓄池有效设计容积 1.8 万 m^3，占地面积约 $2520m^2$，池深约 8m，调蓄池初雨经财大泵站、绣球山泵站入龙王咀污水处理厂进行处理(图 5.8-24)。

图 5.8-24　锦绣良缘末端排口现状

5.8.2.3　雨水排口改造工程

（1）总体布局

东湖高新区湖泊、河流众多，水域岸线分布有多个雨污水排口。考虑到陆域污水管网提质增效完善有一定的实施周期，由于施工难度等原因，完全分流前仍然会有一定量的雨水及少量混流污水通过分散排口进入河流或湖泊，加大水域污染负荷压力，规划对东湖高新区流域生态治理区域以外的规模（直径 300mm 以上）排口进行改造。由于汤逊湖沿线排口改造已纳入《汤逊湖水环境综合治理规划》中，南湖沿线排口改造已基本实施完毕，豹澥河、豹子溪、谷米河、玉龙河及湖溪河沿线排口已有相关治理方案，因此，本次主要对星月溪、九峰明渠、黄大堤港、东截流港、花山河及严西湖城区段沿线排口进行改造。由于目前仅有东湖高新区湖泊沿线排口调查数据,河流港渠沿线排口普查工作正在进行,因此港渠沿线排口采用东湖高新区管网规划图中排口数据,严西湖沿线排口采用现状排口调查数据,经统计高新区排口改造共81个(图5.8-25)。

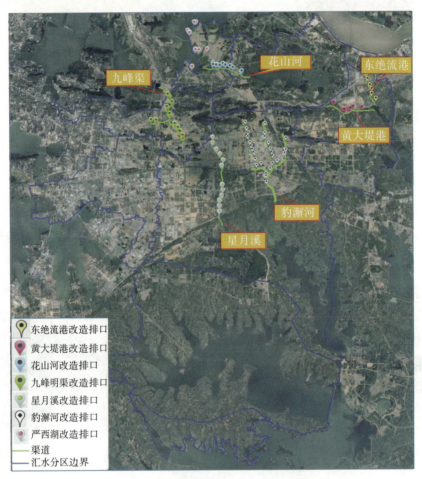

图 5.8-25　东湖高新区雨水排口改造工程布局

(2)工程规模

本方案主要对雨水管道出水口进行改造。针对不同排口尺寸给出不同的改造方案,其中口径500mm以下的小排口推荐使用一体化雨水排口进行改造,对于口径500~800mm排口采用卵石层结构进行改造,对于口径800mm以上的大排口主要采用水平式孔网溢流过滤装置对来水进行污染物初步拦截。结合排口附近实际情况,对有条件的排口末端同步实施生态化改造,如末端雨水湿地、人工浮岛等生态缓冲措施。根据排口大小数据分析,东湖高新区雨水排口改造数目共计81个,其中一体化雨水排口7个、卵石层架构改造排口19个、水平式空网溢流过滤装置改造排口55个。详细排口改造方案及排口统计见表5.8-10。

表 5.8-10   排口改造方案统计

排口尺寸/mm	数目	改造方案	备注
≤500	7	一体化雨水排口	有条件的进行末端生态化改造
≤800	19	卵石层结构	有条件的进行末端生态化改造
>800	55	水平式孔网溢流过滤装置	有条件的进行末端生态化改造

（3）改造方案

对湖泊、港渠沿线雨水排口实施改造，一方面可以通过雨水口的适当拦截减少初期雨水中入湖悬浮物，同时利用生态排口周围形成的生物微环境，利用水生植物与现代微生物技术减少水体中氮、磷含量；另一方面实施雨水口改造可以利用水生植被、卵石等自然要素优化排口视觉效果，提升湖泊、港渠整体景观。

1）一体化雨水排口。

一体化雨水排口（图 5.8-26）适用小口径排水管涵（DN300～500），对现状局部管道及排水口进行部分拆除后，安装一体化排水口并对周边现状岸坡进行稳固。内部主要包括进水管、螺旋挡板、中心轴、出水管、泥沙池、检查口。雨、污水通过螺旋挡板形成旋流，实现垃圾、水、泥沙分离。水通过出水管排出；截留垃圾、泥沙通过检查口由人工清除。一体化排口适用于垃圾、杂物相对较少，排口直径较小的排水口，并应及时进行清理，防止污染物阻塞管道造成上游渍水。

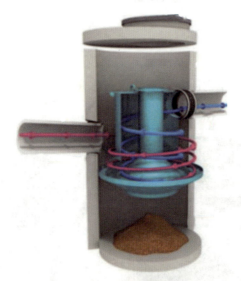

图 5.8-26　一体化雨水排口

2）卵石层结构。

卵石结构层主要配合保留的现状排水口进行布置，卵石层对排水具有一定的过滤

净化作用,部分辅以生态浮岛,增加面源污染的控制性能,同时提升景观效果。卵石堆填要求如下:

①顺岸坡堆叠,卵石层顶部与现状八字口底基本平齐,不得影响现状排口正常排水。

②卵石粒径采用 $d=8\sim20cm$ 均匀配置,颜色以黑、白、灰为主;卵石层厚度为 0.5m。

③卵石层堆填前应对现状岸坡进行清理,如有淤泥应适当进行碎石换填,形成碎石垫层。堆填应保持均匀、整齐、美观。

④卵石层外围设置木桩(直径 150mm,间距 200mm)进行稳固,防止跑石。木桩长为 2.5m,上部高出卵石层 0.2m。木桩间于卵石层部分设钢丝网串联。

图 5.8-27　卵石层结构

3)水平式孔网溢流过滤装置。

水平式孔网溢流过滤装置以水平方式直接安装在雨水排放构筑物的过水堰之前,用于截流排放装置内的固体物质。过滤装置过水量大,水头损失低,其二维过滤及自清洗系统保证了高效的固液分离(图 5.8-28)。

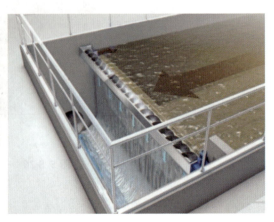

图 5.8-28　水平式孔网溢流过滤装置

相对于传统栏栅设施,外观上不影响景观效果(图 5.8-29)。

图 5.8-29　传统格栅和水平式孔网溢流过滤装置

水平式设置截流井水平式孔网溢流过滤装置的主要优点体现在:

①圆孔型二维过滤能保证最佳固液分离,可有效去除约 85% 的悬浮物;

②栅渣存留在进水侧,下游液位对筛网清理效率不会产生影响;

③可在已建成的构筑物上安装;

④可根据安装地和水力要求进行设计;

⑤紧急情况下雨水完全可以溢越过滤装置排放至受纳水体;

⑥设备拥有自清洗功能,还能通过传送螺杆将滤渣输出渠外,便于作进一步垃圾后处理。

改造后的排放口出水水平式孔网溢流过滤装置可将水中的污染物质拦截,减少进入水体的污染负荷。根据该设备的长期运行经验数据,每年对溢流出水中总磷的去除率为 30%,总氮和化学需氧量的去除率为 20%。

5.8.2.4　面源污染治理管理措施

(1)严格执行海绵城市建设理念

重点落实对已建保留地块海进行绵化改造。由于东湖高新区内存在大量的工业园区以及企事业单位,这些地块的海绵化改造由工业及企事业单位自行实施,推进难度较大,因此需要各区政府部门加强管控,督促工业及企事业单位进行海绵化改造建设,同时设立一定的奖惩制度,鼓励工业及企事业单位大力推进东湖高新区海绵化改造工程建设,源头上减少雨水径流污染入湖。

东湖高新区规划建设用地较大,目前尚有部分建设用地未开展或者正在进行建设,对于这些新建的地块,要严格按照海绵理念进行建设,设计及施工单位需要严格按照《武汉市海绵城市规划设计导则》要求的"三图两表"(下垫面分类布局图、海绵设施分布总图、场地竖向及径流路径设计图、建设项目海绵城市目标取值计算表、建设项目专项设计方案自评表)进行申报及实施,对于不能按照要求执行的设计及施工单位采取一定的惩罚措施,并纳入武汉市相关工程项目设计、施工的黑名单。同时,根据《关于加强我市海绵城市规划管理的通知》(武土资规发〔2016〕113号),规划部门要严格按照"三图两表"完成新建项目审批。

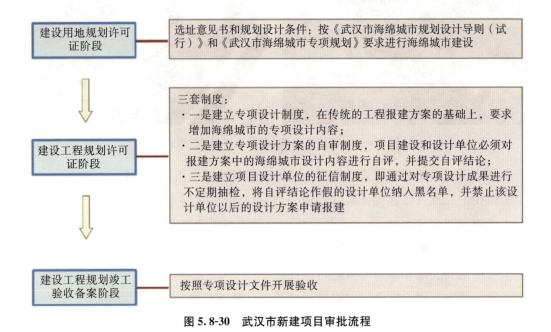

图 5.8-30　武汉市新建项目审批流程

(2)加强工业园区径流污染管控

东湖高新区内涉及多个工业园区,现状工业用地达到城区建设用地的25.88%。通常来讲,工业用地所有者已经针对其工业生产制造过程中产生的污染申请了排污许可,因此对降雨径流造成的污染无需单独申请排污许可,但是需要制定降雨径流污染防治计划。同时各区相关部门需要加强对管业园区的监督及管控,主要包括清理露天环境、减少露天作业、种植植物篱、大力推进海绵化改造等。

(3)地面垃圾清理和卫生管理

首先,重点加强对城中村及大学附近的小吃街上个体经营户的环境卫生管理。临街的机关、团体、部队、学校、企事业单位、个体工商户、集贸市场开办单位、建设工地建设单位、拆迁工地施工单位、居民住户(以下统称责任人),应当在"门前三包"责任的基础上,保证其责任区内污染物"各走各路"(含油渍等污染物的生活污水经下水道排入市政污水管网,生活垃圾经垃圾收运系统进入城市垃圾填埋厂或焚烧厂),从而保证其责任范围内路面无污物、油渍、废弃物和积水。街道办事处应当加强对本辖区内责任人的核查监督,履行监督检查责任,建立巡查和登记制度。城管、工商、卫生计生、食品药品监管、环保等部门互通信息,着力解决小型车辆清洗、维修、餐饮门店占道经营,废水乱排现象。对不能完全落实污染物"各走各路"的经营单位和个体及对路面有经营性污染的单位和个人提出整改意见,对屡教不改的单位和个体停止发放经营证照。

根据《市人民政府关于加强环境监管做好主要污染物减排工作的通知》,东湖高新区人民政府要组织开展"餐饮油烟污染治理示范街道"创建活动,全面调查住宅楼内餐饮经营点环保情况,坚决消除超标排污、无净化设施直接排污、无经营证照排污和占道排污现象。对未经环境影响评价、在环境敏感区新办餐饮项目的,卫生部门不予核发卫生许可证,工商部门不予核发营业执照。

其次,加快环境卫生公共设施建设。实现各街道废物箱等垃圾收集容器配置齐全,无乱扔乱吐现象;进一步改造和完善垃圾收集设施,特别是垃圾中转站的改造升级,做到垃圾密闭收集率达100%,垃圾运输车辆密闭化达100%,生活垃圾日产日清、定时定点收运。加快建成垃圾焚烧发电厂、垃圾卫生填埋场、污泥处理厂,加强垃圾处理场渗滤液处理处置,全面防范城市污染防治设施"二次污染"。

(4)雨水系统维护

为了减少城市径流对污染物的贡献,并确保雨水收集和处理系统按设计运行,维护雨水系统是必要的。及时疏通、清理道路雨水口,通过手动方式或使用真空卡车定期清洗雨水口;及时纠正恶化的路面,防止不稳定的底基层材料暴露在有侵蚀力的水下,从而增加悬浮固体浓度;在公路边沟中,采用拦河坝减少沟道长度和坡度,降低径流速度,有助于防止过度渠化和侵蚀。采取新型方式清扫街道和停车场,防止城市街道和停车场积聚的大量污染物被扫水车水力冲击,进入雨水排放系统;在冬季道路结冰时,使用替代除冰产品,如醋酸酯等除冰,防止高浓度盐水进入排水系统腐蚀管渠。

另外,根据《城镇排水管道检测与评估技术规程》(CJJ 181—2012)进行管渠周期性的普查,及时发现排水管渠中存在的问题,为管渠养护、维修计划和方案的制定提供依据。

5.8.3 农村面源污染控制

5.8.3.1 农村生活污水整治

(1)工程布局

结合现状调研,目前东湖高新区未拆迁村落共有31处村落,除滨湖街联益村配套有化粪池,其余村落均无污水处理设施,污水通过粪坑简单储存后用于浇地或者通过沿屋沟渠汇入附近池塘水域,伴随降雨随地表径流汇入严东湖、豹澥湖、牛山湖等水体。

根据《武汉市农村村庄生活污水治理技术与建设指南(试行)》,结合东湖高新区村庄类型考虑污水处理工艺。靠近城区、镇区且满足城镇污水收集管网接入要求的村庄,建设和完善村庄生活污水收集系统,将生活污水纳入城镇污水管网,进行统一集中处理,结合城区污水管网规划,对龙泉街道营泉村、滨湖街道蔡王村、豹澥街道新力村、新生村、新春村、新光村、滨湖村、马桥村 8 个村庄采取就近纳管措施。

难以接管的村庄,考虑建设村庄生活污水治理独立设施进行就地处理,采用村级独立处理与分散处理相结合的模式,以村级独立处理模式为主。对人口规模较大、聚集程度较高、不具备接管条件的村庄,通过敷设污水管道集中收集、集中处理生活污水,结合东湖高新区未拆迁村落常住人口数量及人口分布状况,针对滨湖街道吴泗村、方咀村、檀树岭村、联益村、张湾村、大屋陈村、星火村、罗立村,龙泉街道升华村、高峰村、覃庙村、福利村、魏集村、江王村、王店村、新胡村 16 个未拆迁村落采取集中收集、集中处理模式;对人口规模较小,居住较为分散,地形地貌复杂的村庄,就地就近收集、分散处理生活污水,针对牛山湖南岸滨湖街道白胡村、牛山村、青山村、何头咀村以及豹澥街道安湖州渔场、严东湖南岸豹澥街道新店村、许店村 7 个人口较少且比较分散的村落,采取就近收集、分散处理模式。具体布局图 5.8-31。

(2)控制标准

根据《武汉市农村村庄生活污水治理技术与建设指南(试行)》,武汉市农村生活污水处理标准按村庄分类执行:

1)重点村庄。

包括街(乡、镇)周边村庄、人口集中的大型村庄和"三沿"地带等生态敏感区域内的村庄。

①街(乡、镇)周边村庄。

武汉市街(乡、镇)污水处理厂主干管周边能自流入主干管或具备转输条件的村庄,应尽量纳入街(乡、镇)污水处理厂市政收集管网,集中处理,污水就近排入市政管网前须达到《污水排入城镇下水道水质标准》(GB 31962—2015)要求。

②"三沿"地带村庄。

沿列入保护名录的湖泊(含水库)保护区外围 500m 范围、沿江河岸线外缘 50m、沿饮用水水源地保护区域的村庄,生活污水实行全收集、全处理,出水达到《城镇污水处理厂污染物排放标准》(GB 18918—2002)一级 A 标准。

③大型村庄。

100 户以上或常住人口 300 人以上集中居住的村庄,农村生活污水接入村庄集中污水处理设施,出水不低于《城镇污水处理厂污染物排放标准》(GB 18918—2002)一级 B 标准。位于"三沿"地带的村庄,按"三沿"地带的出水标准执行。

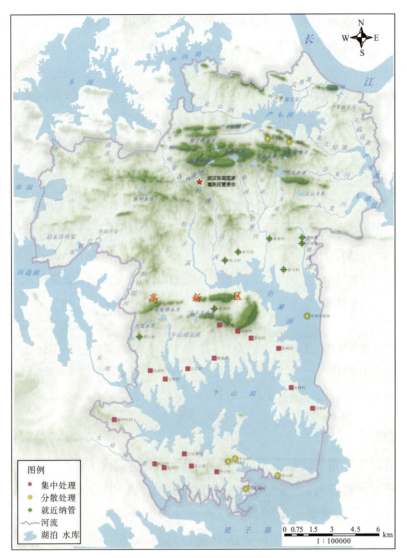

图 5.8-31　东湖高新区农村生活污水处理布局

2）特色村庄。

特色村庄指符合武汉市旅游名村评定规范的旅游村庄、农家乐专业村庄（经营户达
50％以上）、民俗文化专业村庄。生活污水实行全收集、全处理，出水达到《城镇污水处理
厂污染物排放标准》（GB 18918—2002）一级 B 标准。

3）一般村庄。

除重点村庄、特色村庄以外的其他村庄。

①中等村庄。

未紧靠江河湖库周边、常住人口 50～100 户或 100～300 人，村庄生活污水接入村庄
集中污水处理设施，处理后作为灌溉用水的，出水执行《农田灌溉水质标准》（GB 5084—
2021）；回用于渔业用水时，执行《渔业水质标准》（GB 11607—1989）；回用于景观环境用

水时,执行《城市污水再生利用 景观环境用水水质》(GB/T 18921—2019);向自然水体排放时,执行《城镇污水处理厂污染物排放标准》(GB 18918—2002)一级 B 标准。

②小型村庄。

远离生态敏感区、常住人口 50 户或 100 人以下、居住相对分散且污水难以统一收集的,村庄生活污水经联户式三格式成品化粪池或沼气池初级处理后用于农业生产,如需排入自然水体的需经过稳定塘或人工湿地处理。

武汉市农村生活污水处理标准见表 5.8-11。

表 5.8-11　　　　　　　　　　　武汉市农村生活污水处理标准

村庄类别		悬浮物	化学需氧量(COD$_{cr}$)	动植物油[1]	pH 值	氨氮	总氮	总磷
重点村庄	街乡镇周边村庄	(GB/T 31962—2015) C 等级						
	"三沿"村庄	(GB 18918—2002)一级 A						
	大型村庄	(GB 18918—2002)一级 B						
特色村庄		(GB 18918—2002)一级 B						
普通村庄	中等村庄	(GB 18918—2002)一级 B						
	小型村庄	(GB 18918—2002)二级标准						

注:仅针对含农家乐的污水处理设施执行;仅针对"三沿"村庄的污水处理设施执行。

(2)工程规模

农村生活污水分布广泛且分散,污水量与经济发达程度、生活方式、生活习惯与习俗及季节差异等因素有关,水量变化大。因此在确定农村生活污水排放量过程中,应考虑用水量、产污系数和收集率等因素综合确定。根据武汉市农村居民用水定额参照表并结合东湖高新区未拆迁农村实际生活状况,东湖高新区未拆迁农村基本实现全日供水,经济条件较好,室内一般配备有卫生间等卫生设施,因此取用水量 80L/(人·d),产污系数取 0.8,污水收集率取 0.85,根据各村落常住人口核算各村污水处理设施规模,具体见表 5.8-12。

表 5.8-12　　　　　　　　　　　武汉市农村居民用水定额

村庄类别	用水量/[L/(人·d)]	备注
经济条件很好,全日供水,室内厨房、厕所、洗涤、淋浴等卫生设施齐全,旅游区	70~90	有自来水供水地区需按实际管道供水量和地下取水量确定,以旅游为主的特色村庄用水量取值可按发展规划预测取值
经济条件好,全日供水,室内卫生设施较齐全	60~80	
经济条件较好,全日供水,室内有部分卫生设施	50~70	
经济条件一般,非全日供水,室内有部分卫生设施	40~50	
自来水未入户,室内有简单卫生设施	30~40	

（3）工程内容

根据村庄类型，确定处理模式及工艺（表5.8-13）：

1）城乡接合部村庄。

对于具备接入城镇污水处理厂收集管网条件的村庄，优先考虑将村庄生活污水接入市政管网，能接尽接、应接尽接，相应规划措施仅配套化粪池，达到接入市政管网的要求。

2）"三沿村庄"。

江河湖库、饮用水水源地等生态敏感区保护范围以内的村庄采用村级集中处理模式，选用一级＋二级＋三级处理工艺。

3）特色村庄。

符合武汉市旅游名村评定规范的旅游村庄、农家乐专业村庄（经营户达50％以上）、民俗文化专业村庄，采用村级集中处理模式，选用一级＋二级或一级＋二级＋三级处理工艺。

4）大型村庄。

采用村级集中处理模式，选用一级＋二级处理工艺。

5）中等村庄。

根据居住集中度，可采用村级集中处理模式或村级分散处理模式，选用一级＋二级处理工艺。

6）小型村庄。

采用村级分散处理模式，选用一级或一级＋二级处理工艺。

表5.8-13　　　　　　　　　　　东湖高新区农村污水处理规划内容

序号	行政村	所属街道	所属湖泊流域	处理工艺	设计处理规模(t/d)/化粪池配套/个	出水标准
1	蔡王村			化粪池	727	GB 31962—2015 C 等级
1	吴泗村			预处理—组合人工湿地	70	GB 18918—2002 一级 B
2	方咀村	滨湖街道	牛山湖	预处理—组合人工湿地	80	GB 18918—2002 一级 B
3	檀树岭村			预处理—组合人工湿地	90	GB 18918—2002 一级 B
4	联益村			预处理—组合人工湿地	80	GB 18918—2002 一级 B
6	张湾村			预处理—组合人工湿地	60	GB 18918—2002 一级 B

序号	行政村	所属街道	所属湖泊流域	处理工艺	设计处理规模(t/d)/化粪池配套/个	出水标准
7	大屋陈村	滨湖街道	牛山湖	预处理—组合人工湿地	55	GB 18918—2002 一级 B
8	星火村			预处理—组合人工湿地	65	GB 18918—2002 一级 B
9	罗立村			预处理—组合人工湿地	50	GB 18918—2002 一级 B
10	白湖村			化粪池—生物滤池二级处理	25	GB 18918—2002 一级 B
11	牛山村			化粪池—生物滤池二级处理	40	GB 18918—2002 一级 B
12	青山村			预处理—生物滤池—人工湿地	30	GB 18918—2002 一级 A
13	何头咀村			预处理—生物滤池—人工湿地	35	GB 18918—2002 一级 A
14	升华村	龙泉街道		预处理—生物滤池—人工湿地	35	GB 18918—2002 一级 A
15	高峰村			预处理—生物滤池—人工湿地	35	GB 18918—2002 一级 A
16	覃庙村			化粪池—生物滤池二级处理	30	GB 18918—2002 一级 B
17	福利村			预处理—组合人工湿地	40	GB 18918—2002 一级 B
18	魏集村			预处理—生物滤池—人工湿地	40	GB 18918—2002 一级 A
19	江王村			预处理—组合人工湿地	40	GB 18918—2002 一级 B
20	王店村			预处理—生物滤池—人工湿地	30	GB 18918—2002 一级 A
21	新胡村		豹澥湖	预处理—生物滤池—人工湿地	40	GB 18918—2002 一级 A
22	营泉村			化粪池	297	GB 31962—2015 C 等级
23	新力村	豹澥街道		化粪池	173	GB 31962—2015 C 等级
24	新生村			化粪池	160	GB 31962—2015 C 等级
25	新春村			化粪池	210	GB 31962—2015 C 等级
26	新光村			化粪池	211	GB 31962—2015 C 等级
27	安湖州渔场			预处理—生物滤池—人工湿地	25	GB 18918—2002 一级 A
28	滨湖村			化粪池	293	GB 31962—2015 C 等级
29	马桥村			化粪池	223	GB 31962—2015 C 等级
30	许店村		严东湖	化粪池—生物滤池二级处理	25	GB 18918—2002 一级 B
31	新店村			化粪池—生物滤池二级处理	30	GB 18918—2002 一级 B

5.8.3.2 农村垃圾收集完善

（1）工程布局

根据现状调研，东湖高新区未拆迁的 31 个农村，垃圾收集措施有一定缺口，垃圾桶、垃圾箱配套仍有不足，环卫工人配套不足，垃圾车转运不及时仍然存在，同时根据地域需求，垃圾中转站仍不足。

根据《武汉市农村垃圾收集处理三年行动计划》，完善和优化"户分类、组保洁、村收集、街转运、市及区集中处理"的生活垃圾收运处理体系，推进高新区未拆迁村落垃圾收运设施建设和改造升级。需要配套的31个农村分布见图5.8-32。

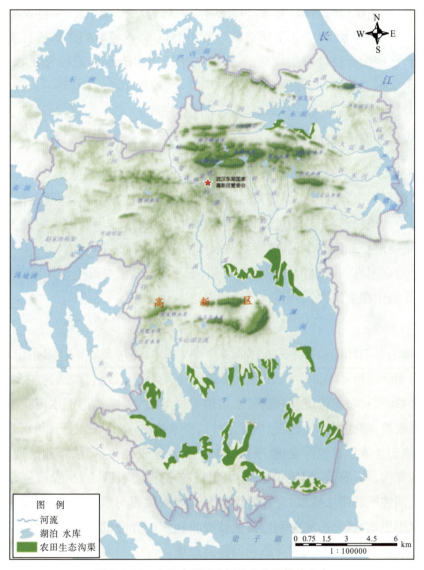

图5.8-32　东湖高新区农田生态沟渠措施分布

（2）控制标准

根据《武汉市农村垃圾收集处理三年行动计划》，通过3年时间（2017—2020年），全市建成完善的农村生活垃圾收运处理长效机制，农村生活垃圾无害化处理率达到90%，到2020年底，全市农村生活垃圾分类覆盖率达到80%以上，结合以上目标，并根据东湖高新区现状，规划在2025年实现东湖高新区未拆迁农村垃圾收集处理设施全覆盖，无害化处理率达到 100%。

(3)工程规模及内容

以东湖高新区未拆迁农村现有垃圾收运设施基础为本底,并结合现有人口数量,针对未设置垃圾收集设施的村落,实现每户配套垃圾桶,3~5 户配套一个垃圾箱,1 村至少 1 辆垃圾转运车,1 村至少 2~3 个保洁员,1 个片区 1 个转运站的原则进行规划配套垃圾收集设施,已经配套垃圾收集设施的,根据各街道提出的缺口进行补充,最终针对高新区内 31 个未拆迁村落,共计配套垃圾桶 2760 个、垃圾箱 263 个、环卫工人 203 人、垃圾车 15 台、垃圾转运站 10 个,于 2025 年全部配套完成。

5.8.3.3　农田径流污染控制

(1)工程布局

农业面源污水主要通过错综复杂的田间沟渠排入周边湖泊水体,优化沟渠形态,充分利用沟渠中的植物与泥土,通过植物的同化吸收、富集等作用及泥土中微生物的氧化作用,对污染物进行截留或净化,减轻受纳水体的污染负荷。

重点针对东湖高新区内传统种植的水稻、玉米田,配套农田生态沟渠,减少农田径流污染,主要集中在牛山湖、豹澥湖、严东湖周边 24 块农田。

(2)控制标准

根据《湖泊生态环境保护系列技术指南——农田面源污染防治技术指南》生态沟渠配套规模为 $100m/hm^2$,同时结合现场地形条件对沟渠进行改造,改造的主要措施为:完善周边汇水系统,对农田沟道和村落排水沟道疏通导流,提高沟道汇水覆盖范围。对排水沟渠适当改造,增加湿地植物,包括岸边种植挺水植物,渠道深水区种植沉水植物。建设生态塘、地表径流集蓄池等设施,净化农田排水及地表径流;无法新建治理设施的,应充分利用现有沟、塘、窖等,配置水生植物群落、格栅和透水坝,减少农田氮、磷、农药排放。针对不同灌区的排水特点,合理设计生态沟渠的规模与形式,根据沟渠中设置的不同植物和水生生物的特性,充分利用其能够吸收径流中养分的特点,对农田损失的氮磷养分进行有效拦截,以控制入河污染物的排放总量。

(3)工程规模

根据东湖高新区传统农业 24 块农田的面积,按照 $100m/hm^2$ 进行配套,最终共计配套生态沟渠长度为 178.20km。

图 5.8-33　典型生态沟渠

5.8.3.4　农业农村面源管控

（1）村庄污水收集系统管护

按照《武汉农村村庄生活污水治理三年行动计划》建立村庄污水收集系统管护机制。以建管并重为原则，由各新城区人民政府负责制定《农村村庄生活污水设施运行维护管理暂行办法》，建立行之有效的运行维护机制，实现长效管理全覆盖。其中，采取接管模式的，可统一委托街道（乡镇）污水处理厂的运行维护单位对管道进行日常维护；采取分散处理模式的，在项目建设招标中应当规定污水收集和处理设施竣工验收后质保期为 2 年，质保期满后，由各新城区人民政府按照"政府采购、专业管护、环保监测、群众参与、财政补助"的运行模式，通过市场化方式推进村庄生活污水治理设施的专业运行维护。

（2）畜禽养殖管理

严格执行《武汉市畜禽禁止限制和适宜养殖区划定及实施方案》。东湖高新区内属于禁养区，在流域内禁养区，除因教学、科研、旅游以及其他特殊需要，经区人民政府批准保留外，其余畜禽养殖场（户）一律限期完成退养，同时要杜绝禁养区复养。农户自养自食的畜禽，实行圈养且控制在合理规模以内。

（3）农业面源控制

1）农业节水。

农业污染多是以地表径流水或地下输水为介质进行迁移，从而污染湖泊水体，不科学的农田灌溉不仅会加大田间肥料的流失，同时也会增加因径流而迁移入湖的污染量。

农业节水是农业面源污染控制中控制"源"的重要措施，以节水增产为目标对灌区进行技术改造、因地制宜加快发展节水灌溉工程、加强用水定额管理、加快田间工程改造、大力推广节水农业技术是实现农业节水的有效手段。

2）科学施肥。

农业种植必须切实贯彻"高产、优质、高效、生态、安全"的指导思想，大力推荐科学施肥，采用测土配方施肥、深施和水肥综合管理技术，区域总量控制与田块适当调整相结合的施氮量推荐技术，有机肥替代化肥等科学施肥技术。

3）科学防治病虫害。

大力推广综合防治技术。研究应用推广生物治虫技术，推广栽培抗病虫品种和轻型栽培技术，运用太阳能杀虫灯、诱蝇板等物理防治措施，降低害虫数量。加强生物农业和高效低毒低残留农药的研制推广，严禁使用国家和地方明令禁止使用的高毒高残留农药，在安全间隔期内不得用药。

4）强化农业废弃物处理。

加强农药包装废弃物回收处理，推广地膜和可降解地膜，建议使用厚度 0.01mm 以上的地膜，建立健全回收贮运和综合利用网络。实施秸秆机械粉碎还田、保护性耕作、快速腐熟还田、堆沤还田以及生物反应，实现秸秆肥料化、能源化利用。

远期建议推广旅游型城市农业，逐步淘汰流域内无序、分散种植模式，打造新型生态农业，与高新区后续的生态发展相适应。

5.8.4　缓冲带功能湿地构建

5.8.4.1　总体布局

面源污染随着降雨的冲刷、雨水径流可进入河湖港渠、水库等水体。利用滨水缓冲带现状坑塘，构建具有良好的氮、磷去除作用的调蓄净化型功能湿地，能够使地表径流先流入湿地内，经净化调蓄后再流入河湖港渠，不仅具备景观效益，而且具有良好的生态价值。

此外，在多雨或涨水的季节，净化型功能湿地还可以发挥调蓄作用，直接减少了进入河湖港渠的洪水压力。雨后再慢慢地释放出来，补充给河流或下渗补充地下水，有效地缓解枯水期河流缺水或断流的问题。

为达到净化地表径流污染、调蓄雨洪流量的目的，利用东湖高新区内河湖水系缓冲带现状圩垸坑塘及地势低洼地，建设调蓄净化型功能湿地，工程布局见图 5.8-34。

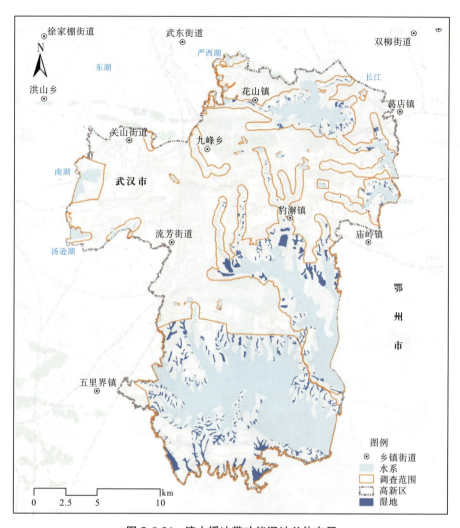

图 5.8-34 滨水缓冲带功能湿地总体布局

5.8.4.2 控制标准

调蓄净化型功能湿地建设标准为有效控制滨水缓冲带范围产生的地表径流污染。根据现状地形,主要对豹澥湖、车墩湖、严家湖、严东湖、牛山湖 5 个湖泊及其入湖河流港渠的滨水缓冲带划分子汇水区域,进而计算各子汇水区的径流总量。子汇水分区划分见图 5.8-35。

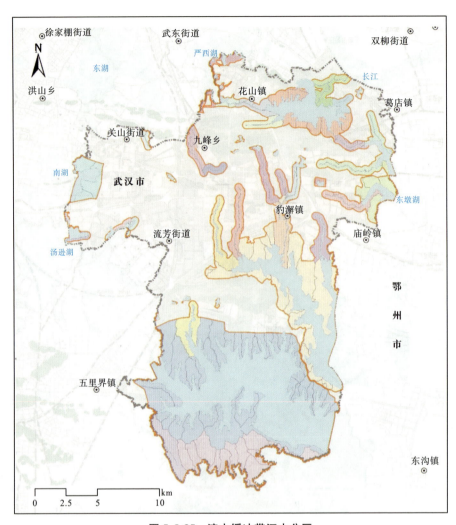

图 5.8-35　滨水缓冲带汇水分区

根据《室外给排水设计规范》(GB 50013—2018),降雨集水水量计算公式如下:

$$Q = 10\Psi h F$$

式中,Q——年平均降水量,m³;

Ψ——雨量综合径流系数;

h——年平均降水量,mm;

F——汇水面积,hm²。

已知东湖高新区年平均降水量 W 为 1150 mm/a;豹澥湖和车墩湖流域基本为农林用地,雨量综合径流系数 Ψ 取 0.3,汇水总面积 F 分别为 3927 万 m² 和 287 万 m²;牛山湖岸带及入湖河流缓冲带用地大部分为绿地,雨量综合径流系数 Ψ 取 0.2,汇水面积 F 为 7857hm²;严东湖和严家湖流域现状用地主要为绿地和农林用地,雨量综合径流系数 Ψ 分别取 0.24 和 0.26,汇水面积 F 分别为 1630hm² 和 747hm²。各湖泊滨水缓冲带和入湖河流缓冲带的集水水量结果见表5.8-14。

表5.8-14　　　　　　　　　　滨水缓冲带汇水区详情统计

湖泊	河流和岸带	面积/hm²	径流量/(万 m³/d)	径流系数
豹邂湖	岸带	2719.82	259	0.3
	豹澥河	443.2	42.2	
	豹子溪	431.42	41.08	
	吴溏湖港	332.34	31.65	
车墩湖	岸带	188	17.9	0.3
	玉龙河	99.49	9.47	
牛山湖	岸带	7030	446.3	0.2
	牛山湖北溪	379.32	24.08	
	大咀海港	447.2	28.39	
严东湖	岸带	732.34	55.79	0.24
	花山河	217.47	16.57	
	武惠港	129.46	9.86	
	严东湖东渠	148	11.27	
	严东湖西渠	190.27	14.49	
	严东湖北渠	212.72	16.2	
严家湖	岸带	39.18	3.23	0.26
	黄大堤港	157.86	13.03	
	谷米河	352.66	29.1	
	东截流港	197.27	16.28	

5.8.4.3　工程规模

滨水缓冲带功能湿地类型为坑塘型表流湿地。湿地占地面积计算公式如下：

$$S = (T \cdot Q)/H$$

式中，S——湿地有效占地面积，m²；

　　　T——水力停留时间，d；

　　　H——湿地深度，m；

　　　Q——湿地设计水量，m³/d。

设计坑塘湿地的进水水量Q即为各子汇水区集水水量；结合湿地处理效果保障及实际用地情况，设计湿地水力停留时间取0.4～2d，依据滨水岸带区现状场地地形，在区域内构建深度范围不同的生态塘，形成厌氧—缺氧—好氧交替的环境，结合高效净化型水生植物,深度净化径流水质,形成多级坑塘湿地净化系统。坑塘湿地设有浅塘和深塘串联净水,其中浅塘深度0.3~1m,深塘深度2~3.5m,平均深度为2.5m。

经测算,滨水缓冲带功能湿地总面积为17km²。设计河流岸带坑塘湿地占地面积为414万m²,其中,豹澥湖、车墩湖、牛山湖、严东湖、严家湖入湖河流坑塘湿地面积分别为178万m²、12万m²、102万m²、64万m²、58万m²,设计种植植物面积约占湿地总面积的30%,即124.2万m²。设计湖泊岸带功能湿地总面积为1251万m²,其中豹澥湖、车墩湖、牛山湖、严东湖、严家湖的岸带功能湿地面积分别为345万m²、30万m²、801万m²、46万m²、20万m²。各湖泊流域湿地占地面积见表5.8-15。

表 5.8-15　　　　　　　　　　　滨水缓冲带汇水区详情统计

湖泊	河流和岸带	处理水量 /[(万 m³)/d]	湿地面积 /(万 m²)	平均停留时间 /d	平均调蓄深度 /m
豹澥湖	岸带	258.98	344.85	1.5	1.88
	豹澥河	42.20	68.43	2.0	2.06
	豹子溪	41.08	69.48	2.0	1.97
	吴溏湖港	31.65	39.74	2.0	2.65
车墩湖	岸带	17.90	39.00	2.0	1.53
	玉龙河	9.47	12.00	2.0	2.63
牛山湖	岸带	446.26	801.47	2.0	1.86
	牛山湖北溪	24.08	28.36	2.0	2.83
	大咀海港	28.39	73.66	2.0	1.28
严东湖	岸带	55.79	45.78	1.3	2.64
	花山河	16.57	10.91	1.3	3.29
	武惠港	9.86	4.53	0.8	2.90
	严东湖东渠	11.27	22.90	2.0	1.64
	严东湖西渠	14.49	9.23	1.3	3.40
	严东湖北渠	16.20	16.20	1.3	2.17
严家湖	岸带	3.23	19.76	2.0	0.55
	黄大堤港	13.03	11.15	1.3	2.53
	谷米河	29.10	29.00	0.4	0.60
	东截流港	16.28	18.00	1.3	1.96
合计		1085.83	1664.45	1.6	2.12

5.8.4.4　工程方案

根据湖泊及河流岸带各子汇水区现状用地、缓冲带宽度等条件的不同,分别针对河流及湖泊构建不同类型的功能湿地。

（1）河流岸带功能湿地

河流岸带功能湿地主要在河流港渠缓冲带利用现状圩垸坑塘和绿地，结合海绵低影响开发模式措施，构建雨水花园、雨水湿地及自然坑塘表流湿地结合的净化功能湿地。主要净化岸带雨水径流，经净化的水汇入河流港渠。具体工艺流程如下：岸带雨水径流顺地形进入沉淀塘，湿地呈链状串联组成，经串联的坑塘湿地多级净化后可拦截去除污染悬浮物；在湿地汇水区域布设雨水坑塘湿地和雨水花园，收集并净化周围汇集的雨水，净化后的水重力自流至就近河坑塘湿地，再进一步净化；河道附近布设河漫滩湿地植被，平水期主要以植被拦截带形式净化和拦截径流雨水，汛期可对主河道水进行净化，暴雨天气时作为行洪河道。

河流岸带功能湿地为了增加生境多样性，设计有深塘和浅塘交替的微地形，同时在部分区域布置浅滩，为湿地动物提供多样的生活和栖息场所，营造不同类型水生植物的生长环境，增加湿地的生物多样性，提高水质净化能力。设计河流岸带坑塘湿地占地面积为 414 万 m^2，设计种植植物面积约占湿地总面积的 30%，即 124.2 万 m^2。其中植物种类有挺水植物千屈菜、荷花、再力花、菖蒲、黄花鸢尾、水葱，浮叶植物睡莲、荇菜，沉水植物金鱼藻、狐尾藻、苦草、黑藻。

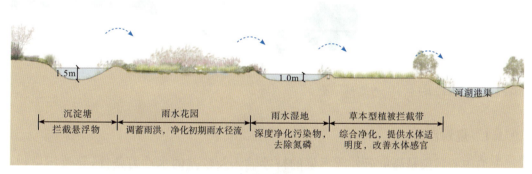

图 5.8-36　河流缓冲带功能湿地剖面

（2）湖泊岸带功能湿地

结合岸带坑塘圩垸，湖泊岸带功能湿地为多级坑塘串联的湿地净化系统。主要形式为深度范围不同的生态植物塘，通过形成厌氧—缺氧—好氧交替的环境，结合高效净化型水生植物、生态砾石填料及附着微生物深度净化岸带面源污染。岸带的雨水径流汇集到梯级湿地中，通过砾石、植物和微生物的物理、化学、生物共同净化，一定程度上拦截雨水径流中的泥沙，削减雨水径流中的污染物，净化后的雨水再汇入湖体。

结合各湖泊岸带的地形条件，构建深度范围不同的挺水植物塘—兼氧生态塘—沉水植物净化塘—芦苇稳定塘—深水厌氧净化塘—生态砾石净化塘。其中，挺水植物塘设计深度为 0.3～1.5m,主要种植片比表面积和根系较粗的挺水植物芦苇、菖蒲,以初步拦截污染悬浮物。兼氧生态塘设计深度为 1.5～2.0m,主要种植香蒲、睡莲等植物,重点实现对有机物和氮磷的进一步净化。沉水植物净化塘,设计深度为 0.3～0.5m,设计种植苦草、金鱼藻,通过浅水好氧条件的设计,实现对污染物的综合净化。芦苇稳定塘,设计深度为 0.3～1.0m,全部种植芦苇,深度净化氮磷污染物。深水厌氧净化塘,设计平均深度为 3.0m,种植黑藻等沉水植物,深度净化污染物。生态砾石塘,平均水深为 1.0m,通过基底铺设砾石,协同水生植物,加强对污染物的去除,同时提高水体透明度,改善水质感官。

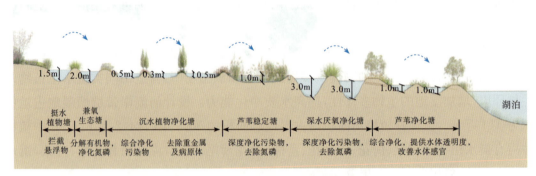

图 5.8-37　湖泊缓冲带功能湿地剖面

5.9　内源污染治理规划方案

5.9.1　规划目标与技术路线

5.9.1.1　规划目标

湖泊内源污染是高负荷外源污染的持续输入及较差的水动力条件,导致污染物沉积形成高内源污染负荷,表现在底泥中具有很高的氮、磷蓄积量。内源治理以减低底泥污染负荷、改善水环境质量为主要目标,针对高新区各湖泊内源污染程度、实际蓄积量和释放速率的分析,对于底泥内源污染负荷较重、释放通量较高的水域,通过构建底泥污染治理技术,削减湖泊内源总磷、总氮含量。根据东湖高新区内湖泊规划水质目标要求,规划 2025 年严家湖、五加湖内源总氮和总磷污染削减率达到 90%,豹澥湖内源总氮和总磷污染削减率达到 30%,结合其他水体污染控制措施,最终达到水质控制目标,并为水生态修复创造良好条件。

5.9.1.2　技术路线

以东湖高新区内主要湖泊内源污染问题和目标为导向,通过湖泊底泥污染物现状监测,结合湖泊外部污染源输入、水产养殖等污染物特征分析,在分析底泥氮磷释放通量变化规律的基础上,针对具有氮磷释放通量高、底泥含量高的湖泊。

通过国内外主要内源先进治理技术优缺点分析和处理效果评估,常用的内源治理包括底泥清淤和原位修复技术两大部分,根据需内源治理湖泊的实际情况,合理选择相应的治理技术。底泥清淤主要针对严家湖底泥污染严重的部分水域,清除悬浮状与流动状的淤泥,去除沉积于底泥中的富营养物质;原位修复主要针对豹澥湖、五家湖和严家湖部分水域,采取投加底泥清淤剂改善底质微环境,在不清除底泥情况下减缓沉积物中磷的释放速率,将对湖泊的生态影响降至最低。本次规划构建生态清淤和底泥原位修复综合治理措施体系,减少底泥中氮、磷在水体释放,有效削减内源负荷,为实现湖泊水质改善和水生态修复提供基础途径。

5.9.2 底泥污染治理

5.9.2.1 内源治理湖泊确定

根据底泥检测结果,东湖高新区主要湖泊牛山湖、严东湖、豹澥湖、严家湖、车墩湖和五加湖的底泥沉积物密度总体在 $1.1\sim2g/cm^3$,严家湖、严东湖、车墩湖和五加湖,相对牛山湖和豹澥湖这两个含水率较高的湖泊,沉积物密度整体上高了 $0.3\sim0.7g/cm^3$。从表征沉积物中有机质含量的烧失重和总有机碳两个指标分析,牛山湖和豹澥湖的沉积物有机质含量最高,严东湖次之,车墩湖、严家湖和五加湖最低。从沉积物总氮和总磷含量分析,湖泊表层沉积物总氮、总磷含量均较低,仅豹澥湖表层沉积物总氮大于 $1mg/g$,严家湖总磷大于 $1mg/g$。从湖泊底泥沉积物释放模拟试验结果分析,各湖泊单位面积日总氮释放通量从高到低依次是严家湖、五加湖、豹澥湖、车墩湖、严东湖和牛山湖,最高达 $31.48mg/(m^2 \cdot d)$,最低为 $9.97mg/(m^2 \cdot d)$。单位面积日总磷释放通量从高到低依次为严家湖、车墩湖、严东湖、五加湖、牛山湖和豹澥湖,其中严家湖远高于其他湖泊水平,达 $6.91mg/(m^2 \cdot d)$,其余均小于 $2mg/(m^2 \cdot d)$,最低为豹澥湖 $0.93 mg/(m^2 \cdot d)$。

根据牛山湖、严东湖、豹澥湖、严家湖、车墩湖、五加湖等湖泊底泥氮磷释放通量和底泥含量的分析,初步确定对豹澥湖、严家湖、五加湖 3 个湖泊进行内源治理。

5.9.2.2 内源治理技术确定

底泥清淤是目前控制内源污染所采取的一种比较普遍的做法,尤其是在富营养化严重的城市浅水湖泊中。传统底泥清淤方法对水体环境扰动较大,清淤过程中容易造成对湖泊水体的二次污染,目前生态清淤措施正被越来越广泛的应用。

生态清淤是为改善水质和水生态而进行的清淤,相比于传统清淤具有以下特点:清除对象主要是悬浮于淤泥表层的胶体状悬浮质及表层污染淤泥;清除表层污染底泥的同时保护下层底泥不被破坏,有利于水生生物种群的恢复;施工过程中对淤泥和尾水妥善处置,不产生二次污染。

与传统清淤疏浚工程相比,底泥原位修复技术具有以下优点:避免了由清淤工程搅动而引起底泥污染物的迁移扩散;避免了施工过程中对河湖底泥生境的破坏;避免了清淤底泥的运输、脱水和处置过程中产生的二次污染;减少了对施工场地和处置设施的需求;减少了构筑物和大型施工设备数量,施工难度低、操作简单。目前,国内应用较多的原位修复技术有原位覆盖技术、化学控制技术、生物修复技术和新型综合治理技术。

(1)原位覆盖技术

原位覆盖修复是指直接在不移动底泥的前提下直接在底泥的上方用一层或者多层覆盖物覆盖,阻止底泥与上覆水直接接触,防止污染底泥营养盐向上覆水体扩散的底泥修复技术。原位覆盖材料有沙粒、石子、炉灰渣、粉尘灰,以及采用特殊材料合成的化学制品。

原位覆盖技术局限性较为明显,一方面,由于投加覆盖材料,会增加湖泊中底质的体积,减小水容量,改变湖底坡度,因而在浅水或对水深有一定要求的水域,不宜采用原位覆盖技术;另一方面,在水体流动较快的水域,覆盖材料易发生变动,影响治理效果。

(2)化学控制技术

底泥化学控制技术是向受污染水体中投加酶制剂或化学药剂来修复底泥,污染物在微生物和化学药剂的双重作用下被逐渐分解。在通常情况下,投加的化学药剂会与污染物发生氧化还原反应,改变原有污染物的性状,为后续的微生物降解作用提供有利条件。目前,使用较多的化学药剂有零价铁、高锰酸盐、双氧水、硝酸钙等。

由于化学控制技术是通过改变受污染底泥的氧化还原电位对其进行治理,这一过程中会对上覆水体和底泥中的各类生物的生长繁殖造成不利影响,治理中常会出现鱼类上浮、水生植物枯萎等问题,湖泊原有水生态平衡被破坏。

(3)生物修复技术

底泥生物修复技术是利用微生物、水生动植物的生命活动,对水体中污染物进行吸附、转移、转化及降解,使水体得到有效净化,创造适宜多种生物繁衍栖息的环境,重建并恢复水生生态系统。该技术具有处理效果好、工程造价相对较低、运行成本低等优点。同时,还可以与绿化环境及景观改善相结合,创造人与自然和谐的优美环境,是水体污染及富营养化治理的主要发展方向。

然而,此项技术修复时间长、见效慢,仅适用于轻度污染水体,且有外来物种入侵风险。此外,生物修复技术对水体环境要求较高,微生物仅在特定温度、pH 值、溶解氧含量的情况下方可达到最佳生长繁殖速率。水生植物在冬季会逐渐枯萎,落叶需及时清理,否则进入水体腐烂后会产生二次污染。

(4)新型综合治理技术

新型综合治理技术结合了现有内源控制技术的优点,第一步采用改性天然矿物质底泥清淤剂改善底质微环境,为微生物提供生长、繁殖空间,激活土著微生物活性,减缓沉积物中磷的释放速率;第二步利用高效微生物菌剂和生物激活剂促使优势微生物种群快速增殖,加快污染的分解。通过简单方便的施工,在物理、化学、生物的三重作用下,对河湖底泥进行原位修复,可以达到降低河湖内源性污染负荷、加速水环境治理与生态修复、帮助恢复生态平衡的效果。新型综合治理技术修复路线见图5.9-1。

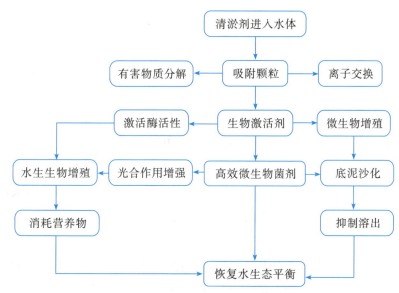

图 5.9-1　新型综合治理技术修复路线

1)技术原理。

①改性天然矿物质底泥修复材料:倍特生态清淤剂。

以倍特生态清淤剂(图 5.9-2)为核心的倍特生态清淤技术是一项水生态治理的新技术,已在日本、韩国注册专利,并入选《2018 年度水利先进实用技术重点推广指导目录》。倍特生态清淤剂是以 40 多种纯天然矿物质为原料,应用特殊离子交换工艺制成的多孔状矿物质综合体,具有组织结构特殊、孔隙发达、生物附着性好、吸附能力强等特点,正负离子交换容量达到 $210 \sim 280 meq/100g$,经处理后,清淤剂永久带电,表面电荷为(+)电离子。清淤剂的主要成分为 SiO_2、Al_2O_3、K_2O、Na_2O、CaO、MgO、Fe_2O_3、TiO_2以及微量 Sr、Rb、Ba、Li 等。

进入水体后,清淤剂巨大的比表面积和电荷间的引力作用,能像磁铁一样吸附水体中的污染物,经吸附、凝聚后并沉淀于水底,逐步降低水体污染物浓度。同时,清淤剂亲水性好、微生物附着率高的特性，为好氧微生物创造了良好的生长附着环境和广阔的代谢增殖空间，可依次激活水体和底泥中土著微生物活性，加快污染物分解和转化。长此以往，有机成分不断被氧化、分解、吸收，无机成分被氧化、吸收或置换，底泥被逐渐消减、沙化并形成沙化层，可有效阻隔下层污染物的溶出，避免再悬浮产生污染。

该技术不仅可用于河流、湖泊、水库、饮用水水源地等流速较低水体底泥污染的治理，还可以用于清淤疏浚工程中产生的余水的处理。可有效去除水体中五日生化需氧量和化学需氧量、总氮、总磷、氨氮及部分重金属等污染物质，降低水体悬浮物含量，提高水体透明度，去除恶臭味，分解底床底泥，改善河湖水质。同时，还具有施工简便、外界干扰小等特点，施工时直接将粉末状清淤剂喷洒于待处理水面即可。

②高效微生物菌剂。

高效微生物菌剂(图 5.9-3)含有多种污水处理微生物，且微生物耐受力强，耐受条件广，对黑臭水体底泥修复作用明显，可综合改善水体底泥化学需氧量、氨氮等指标，对总磷释放有一定的抑制作用，并可以提高底泥有益菌群含量。

③生物激活剂。

生物激活剂(图 5.9-4)是以氨基多糖为载体并配以高分子聚合物及温和氧化剂通过螯合工艺制成，主要改善水体及底泥的氧化还原状态，提供微生物生长繁殖所需部分营养，在激活土著微生物的同时可让优势微生物种群快速生长，帮助提高水体生态性及自净能力，让水体逐渐恢复活力，适用于城市内河、湖泊等流速较缓水体。

2)处理效果和案例。

阿拉尔湿地生态修复及景观提升项目：阿拉尔氧化塘于 2008 年建成，接受阿拉尔经济技术开发区生产、生活废水已有 11 年，逐步形成稳定水面为 5～7km²，现存水量为 1000 万～1400 万 m³，经多年蒸发浓缩，氧化塘水体属重度黑臭水体，色度、化学需氧量、五日生化需氧量、总氮、总磷等污染物含量均超标，底泥污染严重，水生植物生长严重受限。

表 5.9-1 高效微生物菌剂中主要菌种含量

优势菌群	菌种百分比含量/%	菌种密度/(亿/g)
解淀粉酶芽孢杆菌	20	900
纳豆芽孢细菌	10	500
巨大芽孢杆菌	10	400
固磷菌	10	200
反硝化细菌	15	600
载体及培养基	10%氨基多糖＋20%稀土甲壳素＋5%的蛋白质、藻酸盐、动物血清等	

图 5.9-2　倍特生态清淤剂

图 5.9-3　高效微生物菌剂

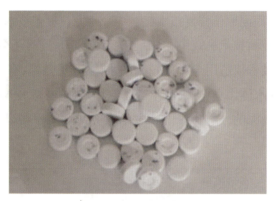

图 5.9-4　生物激活剂

经新型综合治理技术治理后,水体黑臭现象消失,透明度由不足 30cm 提升至 80cm以上,色度降低 4～16 倍,化学需氧量由 143～376mg/L 下降至 24～87mg/L,水质达《污水综合排放标准》(GB 8978—1996)中的一级标准。塘底表层黑色恶臭底泥快速分解、沙化,水生植物生长速度加快,塘内可观察到大量沉水植物生长,生态系统单一性被改变,水体自净能力增强。

(a)治理前

(b)治理后

图5.9-5　阿拉尔湿地生态修复及景观提升项目治理前后对比

（5）治理技术比选

综合比较上述4种底泥原位修复技术(表5.9-2)，原位覆盖技术效果较差，且对水体水力条件要求较高；化学控制技术见效快，但有二次污染风险，同时还会威胁到水体中各类动植物的生存；生物修复技术仅适用于污染较轻的水体，且见效慢、有外来物种入侵风险；新型综合治理技术可消除水体黑臭、解决水体富营养化问题、提高水体透明度、促进河湖土著微生物增殖、加速河底淤泥的分解和沙化，帮助恢复水体生态平衡，具有明显的技术优势。

表5.9-2　　　　　　　　　　　　　　　原位修复技术比选

原位修复技术	处理效果	治理成本	二次污染	见效速度
原位覆盖	较差	较低	无	慢
化学控制	好	较低	有	快
生物修复	较好	较高	有	慢
新型综合治理技术	好	较高	无	较快

根据水质和底泥监测结果，东湖高新区主要湖泊中以严家湖内源污染最为严重，其次为五加湖和豹澥湖。为保证各湖泊水质长期稳定达到《地表水环境质量标准》(GB 3838—2002)中的Ⅲ类标准，需对其内源释放速度实施控制。综合考虑各湖泊水质、底泥污染现状以及污染负荷，拟对严家湖、豹澥湖和五加湖进行底泥污染治理，主要采用新型综合治理技术，辅以部分区域生态清淤，避免大面积清淤对湖泊生态系统造成新的破坏和影响。

5.9.2.3　内源治理方案

为解决各湖泊底泥淤积和水质污染问题，在实施污水管网提质增效、污水处理厂提标改造和面源污染控制等措施的基础上，拟从水体水质改善、内源污染控制两方面着手，采用新型综合治理技术对豹澥湖和五加湖进行底泥原位治理，严家湖采用新型综合治理技术和生态清淤方式处理底泥。一方面，利用新型综合治理技术抑制污染物的溶出，并逐渐消减固化淤泥，控制内源污染；另一方面，运用新型综合治理技术有效改善水质,逐步修复水体生态系统平衡,增加湖泊的生态承载力,从而达到全面改善水质的目的。

本书规划实施范围包括严家湖、豹澥湖和五加湖 3 个湖泊,治理底泥面积约为 992.5hm²。其中,豹澥湖内源治理范围为三汊港水域,原位修复面积约 829 hm²;五加湖全湖进行内源底泥治理,原位修复面积约 11.2hm²;严家湖湖湾湖汊生态清淤面积约 58hm²,原位修复面积约 94.3 hm²。严家湖生态清淤深度按平均 0.3m 估算,清淤量约 17.4 万 m³。治理范围见图 5.9-6,治理面积见表 5.9-3。

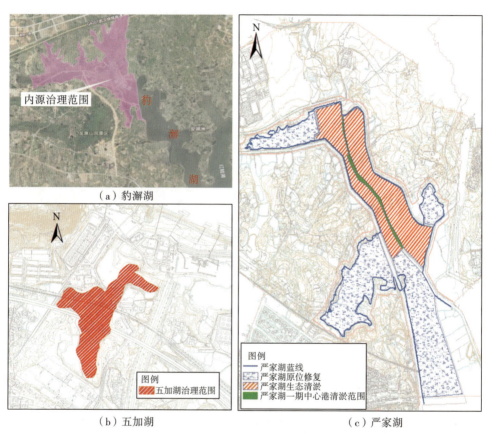

（a）豹澥湖

（b）五加湖

图例
严家湖蓝线
严家湖原位修复
严家湖生态清淤
严家湖一期中心港清淤范围

（c）严家湖

图 5.9-6　湖泊内源治理范围

表 5.9-3　　　　　　　　　　　内源治理面积统计

湖泊名称	严家湖	豹澥湖	五加湖
底泥治理面积/hm²	152.3	829	11.2

为达到最佳的底泥治理效果,新型综合治理工程应在管网改造、面源控制等污染控制措施之后实施。根据《武汉市水功能区划》,严家湖和豹澥湖水质管理目标为Ⅲ类,五加湖水质管理目标为Ⅳ类。根据滨江区生态水网构建成果,拟连通严东湖—五加湖—沐鹅湖,引水期间,五加湖拟按照Ⅲ类水质目标管控。故严东湖、五加湖和沐鹅湖内源治

理后,按水质恢复Ⅲ类提出内源治理方案。

根据污染负荷核算,为达到各湖泊水质长期稳定达到《地表水环境质量标准》(GB 3838—2002)中规定的Ⅲ类标准,在外来污染源得到有效控制的基础上,需消减各湖泊内源污染约90%。

内源污染主要是进入水体中的营养物质沉降至河底表层,在一定条件下向水体释放,底泥沉积物中蓄积的主要是营养元素及难降解有机物等污染物,在外源污染得到控制的基础上,内源污染得不到有效治理,水质仍难以得到有效改善。

为达到长期有效抑制底泥污染物释放、控制内源污染的目的,拟向实施区域依次投放倍特清淤剂(BT-Silt)、高效微生物菌剂、生物激活剂,底泥处理施工采取一次性投加方式,主要对底泥中的有机污染物进行分解,无机污染物进行永久固化(表5.9-4、表5.9-5)。

表 5.9-4 各湖泊治理材料单位投加量

湖泊名称	BT-Silt/(g/mm) (以覆盖厚度计算,mm)	高效微生物菌剂 /(g/m²)	生物激活剂 /(g/m²)
严家湖	1.5	60	80
豹澥湖	0.5	8	4
五加湖	1.0	20	20

表 5.9-5 各湖泊治理材料总投加量

湖泊名称	BT-Silt/t	高效微生物菌剂/t	生物激活剂/t
严家湖	3394.8	56.58	75.44
豹澥湖	9948	66.3	33.2
五加湖	268	2.2	2.2
合计	13610.8	125.08	110.84

上述工程实施后,预计消减内源年释放量90%以上,改善水生动植物生长的环境,促进水质改善目标的实现。

5.9.3 养殖污染治理

5.9.3.1 严格执行"三区"规定

根据《武汉市养殖水域滩涂规划暨水产养殖"三区"划定方案(2018—2030年)》,东湖高新区内所有河流属于禁养区,湖泊中严家湖、豹澥湖、牛山湖属于限养区,车墩湖、五加湖、严东湖、南湖、汤逊湖属于禁养区,仅包含两个养殖区,具体见图5.9-7和表5.9-6。针对"三区"区域,根据其类别执行不同管理规定。

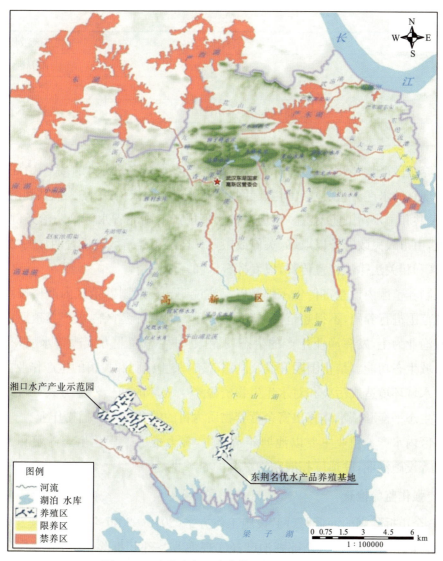

图 5.9-7　东湖高新区水产养殖"三区"划定方案

表 5.9-6　　　　　　　　东湖高新区养殖水域滩涂规划暨水产养殖"三区"划定

序号	水域名称	"三区"划定
1	高新区所有河流港渠	禁养区
2	车墩湖	禁养区
3	严东湖	禁养区
4	严西湖	禁养区
5	南湖	禁养区
6	汤逊湖	禁养区
7	严家湖	限养区

序号	水域名称	"三区"划定
8	豹澥湖	限养区
9	牛山湖	限养区
10	湘口水产产业示范园	养殖区
11	东荆名优水产品养殖基地	养殖区

禁止养殖区严禁开展一切形式的人工水产养殖,严禁办理水域滩涂养殖证,对禁止养殖区内现有的水产养殖(包括围栏、围网、网箱养殖),应依据《中华人民共和国渔业法》《中华人民共和国水污染防治法》《湿地保护管理规定》《湖北省水污染防治条例》等相关法律法规,由市人民政府予以取缔、关停或搬迁。在禁止养殖区内设置明显的"禁止养殖区"标示牌和相关法律法规宣传牌,以发挥警示和宣传作用。

在限制养殖区内设立宣传告示牌予以标注说明。在限制养殖区内严格按照划定批准的养殖范围进行养殖,不得超范围、超面积养殖。限制养殖区内水产养殖业以保水生态型增殖渔业为主,发挥渔业生产的生态功能,通过生态渔业方式改善水质,有效恢复和维持水域生态功能。禁止围网、围栏、网箱养殖,禁止施肥和投饵的生产作业方式。禁止可能对水域环境造成污染和对水生生物资源产生破坏的捕捞作业方式。可以开展以维持水体生态平衡和从水体移出富余营养物质为目的的合法水产捕捞作业。

养殖区内水产养殖业主要以池塘养殖为主,着力推广工程化生态养殖和工厂化循环水养殖等设施渔业,并适度拓展稻渔综合种养产业。

5.9.3.2 强化监督检查

根据《全市拆除湖泊渔业"三网"设施工作方案(2016—2017年)》以及该方案执行状况,2017年7月,东湖高新区全部湖泊已经实现渔业"三网"拆除目标,后续应强化滩涂用途管制,加强禁止养殖区的监督检查,严肃查处禁止养殖区的违规行为。抓好水产种质资源保护,对私自起捕出售的行为要依法从重处罚。

5.9.3.3 完善生态保护

加大水产养殖面源污染防控防治力度,以养殖尾水达标排放为目标,重点抓好健康养殖、污染防治技术创新、重点区域(环节)防控、渔业水域环境监测等工作。引导和鼓励生产主体对养殖区进行节水减排改造,重点支持尾水处理、循环用水等环保设施设备升级改造,以达到进排水分开、养殖尾水达标排放。通过精准管理等技术创新减少由饲料或鱼药引起的养殖水体污染,对养殖水域底质进行生态修复,利用鱼菜共生、生物浮床等技术降低养殖水体中过多的氮磷营养盐,从而全方位减少养殖水体的内源性污染。

5.10 水环境治理目标可达性分析

5.10.1 污染物总量控制目标可达性分析

5.10.1.1 污染物削减效果分析

（1）点源

现阶段点源污染主要包括污水处理厂尾水、生活污水散排和少量工业废水直排。按照规划：

1）根据《王家店污水提升泵站及配套管线工程》，王家店污水处理厂服务范围内污水拟提升至豹澥污水处理厂进行处理，王家店污水处理厂尾水不再通过九峰明渠排入东湖，该区域污水处理厂尾水削减率为100％；经与武汉市排水公司沟通，龙王咀污水处理厂拟提标后尾水排江，南湖高新区水域点源入湖负荷削减率2025年按照98％计算，远期2035年按照100％计算。豹澥污水处理厂、汤逊湖污水处理厂、花山污水处理厂和左岭污水处理厂均排入长江。

2）生活散排污水通过截污纳管送入污水处理厂进行处理，对于生活污水散排的污染物削减量2025年为90％（车墩湖和南湖为98％），2035年为100％。

3）东湖高新区仅有1处工业废水直排口，按照规划措施将其尾水并入污水处理厂进行再处理，工业废水的污染物削减量也为100％。

规划措施实施后，东湖高新区点源污染物削减量可以实现预期目标。

（2）面源

东湖高新区面源污染主要包括以雨污混流带来的污染和地表径流污染两种形式。治理措施包括社区海绵化改造及雨污分流工程、初雨调蓄池及处理设施、雨水排口改造工程、初雨海绵调蓄净化工程、雨水湿地、农村生活污水处理设施、农田径流污染控制和垃圾收集设施等。按照建设进度，面源治理效果评估分为在建或拟建工程和规划新建工程两类。

1）在建或拟建工程削减分析。

东湖高新区6个湖泊流域内已有12个在建或拟建项目，其成果均已获批，削减效果直接引用其成果。在建或拟建工程及其削减效果见表5.10-1和表5.10-2。

表 5.10-1　　　　　　　　　　　东湖高新区在建/拟建面源控制工程

湖泊	在建/拟建工程	工程内容及规模	备注
东湖	湖溪河初雨调蓄处理工程	调蓄池 3 万 m³＋3 万 t/d 处理规模	服务范围 6.5km² 全位于高新区范围内
	湖溪河末端人工湿地	总湿地建设面积 134400m²	处理规模 4 万 m³/d
	湖滨闸 CS0 调蓄处理工程	调蓄池 8 万 m³＋0.3m³/s 处理规模	工程设计标准控制区域年均溢流次数 4～6 次,控制场次降雨 50mm 不溢流,根据 SWMM 模型模拟分析
	森林渠末端人工湿地	总湿地建设面积 72950m²	处理规模 8 万 m³/d
南湖	南湖 CSO 调蓄处理工程	调蓄池 9 万 m³＋25 万 t/d 处理规模	工程设计标准控制区域年均溢流次数 10 次,综合控制区域 15mm 降雨不溢流
汤逊湖	黄龙山初雨调蓄处理工程	调蓄池 3 万 m³＋2.8 万 t/d 处理规模	根据 SWMM 模型模拟分析
	秀湖初雨调蓄处理工程	调蓄池 8.4 万 m³＋4 万 t/d 处理规模	《汤逊湖水环境综合治理二期工程可行性研究》提出优化方案,根据 SWMM 模型模拟分析
	油坊陈河初雨调蓄处理工程	调蓄池 4.6 万 m³＋2.5 万 t/d 处理规模	服务油坊陈河及凤凰园片区,总面积 8.0km²,根据 SWMM 模型模拟分析
豹澥湖	豹子溪面源控制工程	初雨调蓄处理工程＋排口改造＋人工湿地＋滨岸带缓冲带等	初期雨水负荷量占负荷总量的 80%
	豹澥河面源控制工程	海绵调蓄单元＋滨岸带缓冲带等	根据海绵城市措施的相关实验数据,海绵调蓄体对雨水化学需氧量、氨氮、总氮、总磷的去除率分别为 45%、35%、20%、30%
严家湖	谷米河面源控制工程	海绵调蓄净化塘＋排口智能分流井＋活水循环＋滨岸带缓冲带等	初期雨水负荷量占负荷总量的 80%
车墩湖	玉龙河面源控制工程	海绵化改造＋排口改造＋初雨调蓄池＋人工湿地＋滨岸带缓冲带等	初雨面源污染削减率达 82.9%（以 TSS 计）
严东湖	严东湖西渠面源控制工程	严东湖西渠初雨调蓄池＋末端人工湿地	调蓄池规模 1.2 万 m³＋处理规模 4800t/d,采用 SWMM 模拟调蓄池削减效果;根据《人工湿地污水处理工程技术规范》(HJ 2005—2010),湿地入水区比湿地出水区相比,污染物化学需氧量、氨氮、总氮、总磷的平均去除率分别为 50%、40%、25%、35%

表 5.10-2   东湖高新区在建或拟建面源控制工程削减效果统计   （单位：t/a）

湖泊	化学需氧量	氨氮	总氮	总磷
东湖	535.61	6.95	27.11	2.49
南湖	380.37	4.42	18.72	1.77
汤逊湖	2410.31	37.18	48.82	8.28
豹澥湖	826.94	9.15	21.84	3.62
严家湖	265.17	2.72	9.34	0.93
车墩湖	353.07	3.66	11.1	1.21
严东湖	186.6	1.1	4.8	0.6
合计	4958.07	65.18	141.73	18.90

2）社区海绵化改造工程污染物削减分析。

根据海绵化改造地块分布的土地利用数据（表 5.10-3），结合不同地块的产污系数，核算海绵化改造地块改造前的实际面源污染产生量，参考《海绵城市建设技术指南》《武汉市海绵城市规划设计导则》对东湖高新区各汇水区的海绵化改造面源污染控制目标值，综合匡算本次海绵化改造工程的污染物削减量，见表 5.10-4。

表 5.10-3   各子湖海绵化改造地块土地利用数据

土类统计	东湖	汤逊湖	南湖	豹澥湖	严家湖	严东湖	严西湖
村镇用地	0	0	0	0	0	0	0
道路与交通设施用地	52.07	87.74	21.60	78.50	8.33	5.98	3.48
工业用地	0.75	222.45	1.12	258.88	131.25	0.00	0.00
建设用地	296.84	185.74	88.31	52.02	2.81	0.00	160.05
居住用地	177.75	237.45	96.10	110.02	31.82	93.44	8.16
绿地	34.18	96.08	26.77	145.12	11.56	3.54	9.46
水域	0.30	1.18	0.23	0.00	0.00	0.00	0.00
总面积	561.89	830.64	234.13	644.54	185.77	102.96	181.15

表 5.10-4   东湖高新区海绵化改造工程措施削减分析计算

序号	汇水分区	化学需氧量/(t/a)	氨氮/(t/a)	总氮/(t/a)	总磷/(t/a)
1	东湖	287.90	2.15	10.30	0.86
2	汤逊湖	594.18	4.61	18.66	1.86
3	南湖	315.15	2.75	11.23	1.09
4	梁子湖（牛山湖）	0	0	0	0
4.1	牛山湖	0	0	0	0

序号	汇水分区	化学需氧量/(t/a)	氨氮/(t/a)	总氮/(t/a)	总磷/(t/a)
4.2	梁子湖	0	0	0	0
5	豹澥湖	521.02	3.82	14.96	1.53
6	车墩湖	0	0	0	0
7	严家湖	188.46	1.17	5.23	0.51
8	严东湖	104.91	0.45	2.69	0.26
9	严西湖	83.44	0.70	3.15	0.29
10	五加湖	0	0	0	0
11	临江抽排区	0	0	0	0
合计		2095.06	15.65	66.22	6.40

东湖高新区海绵化改造地块土地利用见图 5.10-1。

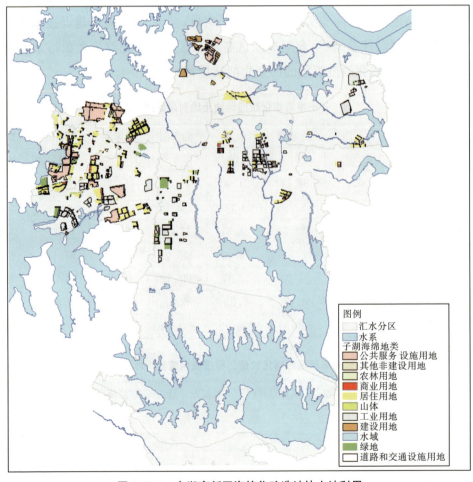

图 5.10-1　东湖高新区海绵化改造地块土地利用

3)初雨调蓄池及处理设施削减效果分析。

本次规划新建的初雨调蓄池主要包括豹澥湖神墩五路初雨调蓄池及南湖锦绣良缘调蓄池,由于锦绣良缘初雨调蓄池服务面积相对较小,其工程目标仍按照《南湖流域水环境综合治理规划》来执行,根据《南湖流域水环境综合治理规划》的效果评估可知,南湖水环境综合治理工程实施之后,可综合控制区域 15mm 初期雨水,作为南湖水环境综合治理规划方案的补充措施,其效果已经在南湖拟建 CSO 调蓄池中综合评估,因此本次不再进行单独评估,仅对神墩五路初雨调蓄池的削减效果进行评估计算。

初雨调蓄池污染物削减量根据工程的规模,并结合 SWMM 模拟结果进行量化分析,各排口现状出流过程及调蓄处理工程实施后的溢流过程见图 5.10-2。

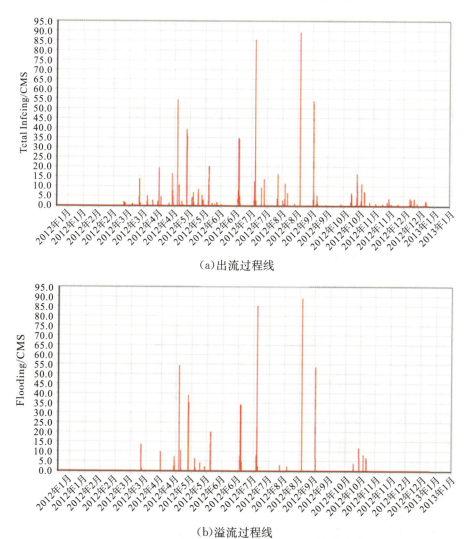

(a)出流过程线

(b)溢流过程线

图 5.10-2 神墩五路出流及调蓄池溢流过程线

豹澥湖城市面源污染负荷经神墩五路调蓄系统调蓄后全部输送至豹澥湖污水处理

厂,处理后排入长江。根据上述排口现状出流序列、调蓄池溢流序列、设计进出水水质及处理程度标准,综合确定调蓄处理系统的污染负荷削减效果。规划调蓄处理系统控制效果见表 5.10-5、表 5.10-6。

表 5.10-5　　　　　　　　　规划调蓄池初期雨水控制效果分析

调蓄池	控制效果		
神墩五路调蓄处理工程	服务范围/km²	7.27	
	调蓄池规模/万 m³	5.0	
	处理规模/(万 t/d)	2.6	
	现状溢流量/(万 m³)	631	
	控制效果	有效溢流次数	12
		削减溢流水量	290
		溢流水量削减率/%	45.96

表 5.10-6　　　　　规划调蓄池污染物削减效果分析计算(2025 年、2035 年)

工程名称	削减量			
	重铬酸盐指数/(t/a)	氨氮/(t/a)	总氮/(t/a)	总磷(t/a)
神墩五路初雨调蓄处理系统	667	5.08	20.3	2.03

4)雨水排口改造工程削减效果分析。

根据水平式孔网溢流过滤装置的长期运行经验数据,每年对溢流出水中总磷的去除率为 30%,总氮和化学需氧量的去除率为 20%,据此可计算排口改造的削减效果(表 5.10-7)。

表 5.10-7　　　　　　　　　排口改造工程削减效果分析计算

工程名称	所属湖泊	削减量/(t/a)			
		化学需氧量	氨氮	总氮	总磷
豹澥河排口改造	豹澥湖	190.57	1.49	4.92	0.72
星月溪排口改造	豹澥湖	108.76	0.79	2.63	0.40
花山河排口改造	严东湖	110.95	0.47	3.82	0.59
黄大堤港排口改造	严家湖	46.34	0.43	1.47	0.22
东截流港排口改造	严家湖	60.09	0.53	2.07	0.29
严西湖排口改造	严西湖	74.89	0.79	3.26	0.45
九峰明渠排口改造	东湖	103.37	1.10	4.05	0.60
合计		694.97	5.60	22.22	3.27

（3）农村生活散排负荷措施削减

东湖高新区农村生活污水整治工程主要针对目前仍未拆迁的31处农村实施，工程的污染物削减量按照处理水量乘以农村生活污水浓度与尾水排放浓度差值计算（表5.10-8）。

表5.10-8　　　　　　　　　东湖高新区农村生活污水入湖负荷削减量统计

所属湖泊流域	污水措施削减负荷/（t/a）			
	化学需氧量	氨氮	总氮	总磷
牛山湖	209.88	20.96	25.92	2.3
豹澥湖	59.81	3.73	4.42	0.55
严东湖	11.47	1.14	1.41	0.13
合计	281.16	25.83	31.75	2.98

（4）农田径流污染控制措施削减。

针对高新区内传统种植的水稻、玉米田，配套农田生态沟渠，减少农田径流污染，主要集中在牛山湖、豹澥湖、严东湖周边。

农田污染核算按照地表径流核算法核算，核算方法为：

$$Q_i = S_i \alpha_i 10^{-1}$$

式中，Q_i——地表径流的年负荷量，t/a；

S_i——农田面积，km²；

a_i——各土地类型年负荷污染物浓度参数，kg/hm²。

根据《湖泊生态环境保护系列技术指南—农田面源污染防治技术指南》，农田生态沟渠对农田面源污染物削减量为60％，按照该削减量结合农田面积计算污染物的削减量，具体计算结果见表5.10-9。

表5.10-9　　　　　　　　　农田径流污染削减量统计

所属湖泊流域	污水措施削减负荷/（t/a）			
	化学需氧量	氨氮	总氮	总磷
牛山湖	13.93	2.87	4.98	0.34
豹澥湖	4.83	1.00	1.73	0.12
严东湖	0.70	0.14	0.25	0.02
合计	19.46	4.01	6.96	0.48

（5）缓冲带面源污染削减效果

河湖缓冲带的净化工程措施主要以构建梯级坑塘湿地、雨水湿地等措施实现对岸带面源污染控制。不同调蓄净化型功能湿地面源污染净化能力不尽相同,各污染物的净化效率为:化学需氧量净化效率为50％～60％,氨氮净化效率为20％～50％,总氮净化效率为40％～60％,总磷净化效率为35％～70％。估算河湖缓冲带湿地净化措施对化学需氧量、氨氮、总氮、总磷入水体负荷的削减效果预测见表5.10-10。

表 5.10-10　　　　　　　　河湖缓冲带对面源污染负荷削减量按湖泊统计　　　　　　　（单位:t/a）

名称	化学需氧量	氨氮	总氮	总磷
严西湖(高新区)	0	0	0	0
严东湖	78.54	0.5	5.07	0.4
五加湖	0	0	0	0
严家湖(高新区)	42.21	0.29	2.99	0.25
车墩湖	26.43	0.2	1.89	0.16
豹澥湖	182.03	1.29	12.48	1.03
梁子湖(牛山湖)	101.48	0.8	6.84	0.57
其中牛山湖	94.1	0.74	6.35	0.53
其中梁子湖	7.38	0.06	0.49	0.04
汤逊湖(高新区)	0	0	0	0
南湖(高新区)	0	0	0	0
东湖(高新区)	2.38	0.02	0.19	0.02
合计	433.07	3.1	29.46	2.43

通过计算可知,河湖缓冲带共计削减面源污染负荷化学需氧量为433.07t/a、氨氮为3.10t/a、总氮为9.46t/a、总磷为2.43t/a。

(6)面源控制措施效果汇总

根据上述拟建/在建工程及本次规划工程削减效果分析计算,可得高新区面源污染削减量(表5.10-11)。

表 5.10-11　　　　　　　　东湖高新区面源削减量统计

序号	湖泊	削减量/(t/a)			
		化学需氧量	氨氮	总氮	总磷
1	严西湖	158.330	1.490	6.410	0.740
2	严东湖	493.125	3.754	17.998	1.988
3	五加湖	0.000	0.000	0.000	0.000
4	严家湖	602.270	5.140	21.100	2.200
5	车墩湖	379.500	3.860	12.990	1.370

续表

序号	湖泊	削减量/(t/a)			
		化学需氧量	氨氮	总氮	总磷
6	豹澥湖	2560.96	26.35	83.28	10.01
7	梁子湖(牛山湖)	325.29	24.63	37.74	3.21
7.1	牛山湖	317.91	24.57	37.25	3.17
7.2	梁子湖	7.38	0.06	0.49	0.04
8	汤逊湖	3004.490	41.790	67.480	10.140
9	南湖	695.520	7.170	29.950	2.860
10	东湖	929.250	10.230	41.650	3.970
合计		9148.74	124.41	318.59	36.49

(7)内源

结合湖泊清淤后污染物释放规律及规划措施布局,高新区湖泊内源仅考虑严家湖、豹澥湖和五加湖,这3个湖泊内源污染负荷占比较大,总氮占比分别为36.7%、36%、24.8%,总磷占比分别为56.7%、26.2%、12.8%。

严家湖和五加湖内源污染削减90%,豹澥湖削减30%,远期不再安排削减工程措施。具体见表5.10-12。

表5.10-12　　　　　2025年(2035年)高新区湖泊内源污染负荷削减需求

受纳污水体	总氮		总磷	
	削减量/(t/a)	削减比例/%	削减量/(t/a)	削减比例/%
严西湖(高新区)	—	—	—	—
严东湖	0.00	0	0.00	0
五加湖	0.99	90	0.05	90
严家湖(高新区)	15.75	90	3.46	90
车墩湖	0.00	0	0.00	0
豹澥湖	40.69	30	2.34	30
梁子湖(牛山湖)	0.00	0	0.00	0
其中牛山湖	0.00	0	0.00	0
其中梁子湖(高新区)	0.00	0	0.00	0
汤逊湖(高新区)	0.00	0	0.00	0
南湖(高新区)	0.00	0	0.00	0
东湖(高新区)	0.00	0	0.00	0
合计	57.43		5.85	

5.10.1.2 入湖污染物总量控制可达性分析

根据水质提升方案的污染减排效果,分析污染负荷总量控制目标的可达性,结果见表 5.10-13、表 5.10-14。

表 5.10-13	近期 2025 年污染负荷总量可达性分析							（单位:t/a）
受纳污水体	2025 年削减负荷预测				可达性分析			
	化学需氧量	氨氮	总氮	总磷	化学需氧量	氨氮	总氮	总磷
严西湖（高新区）	250.17	13.16	20.85	2.1	√	√	√	√
严东湖	1269.71	95.46	132.45	13.53	√	√	√	√
五加湖	56.98	6.66	9.32	0.9	√	√	√	√
严家湖（高新区）	1286.68	68.1	118.07	15.89	√	√	√	√
车墩湖	1449.62	122.88	162.62	17.29	√	√	√	√
豹澥湖	6356.17	418.54	625.16	69.1	√	√	√	√
梁子湖（牛山湖）	993.73	109.56	142.84	13.12	√	√	√	√
牛山湖	950.86	104.99	136.77	12.55	√	√	√	√
梁子湖（高新区）	42.87	4.57	6.07	0.57	√	√	√	√
汤逊湖（高新区）	6175.11	362.15	632.73	52.94	√	√	√	√
南湖（高新区）	3229.61	324.62	423.42	40.44	√	√	√	√
东湖（高新区）	1863.25	110.34	231.06	16.09	√	√	√	√
合计	23924.76	1741.03	2641.36	254.52	√	√	√	√

表 5.10-14	2035 年污染负荷总量可达性分析							（单位:t/a）
受纳污水体	2035 年削减负荷预测				可达性分析			
	化学需氧量	氨氮	总氮	总磷	化学需氧量	氨氮	总氮	总磷
严西湖（高新区）	416.71	34.32	47.03	4.57	√	√	√	√
严东湖	2875.38	291.37	376.02	37.35	√	√	√	√
五加湖	184.28	22.17	28.59	2.79	√	√	√	√
严家湖（高新区）	2361.43	176.77	256.41	31.92	√	√	√	√
车墩湖	4116.67	442.05	560.31	56.89	√	√	√	√
豹澥湖	13557.76	1229.01	1642.54	176.2	√	√	√	√
梁子湖（牛山湖）	2752.23	332.97	419.32	39.19	√	√	√	√
其中牛山湖	2593.17	313.64	394.98	36.90	√	√	√	√
其中梁子湖（高新区）	159.06	19.33	24.34	2.29	√	√	√	√
汤逊湖（高新区）	9236.80	713.08	1072.26	98.45	√	√	√	√
南湖（高新区）	8550.86	995.45	1254.29	119.33	√	√	√	√
东湖（高新区）	2999.21	248.72	403.13	32.95	√	√	√	√
合计	49803.56	4818.88	6479.22	638.83	√	√	√	√

5.10.2 湖泊水质目标可达性分析

基于各类湖泊特点及环境压力差异,水质目标可达性分析重点针对防治结合型和污染治理型湖泊进行。汤逊湖和南湖水质目标可达性已分别在其流域水环境治理规划报告中详尽分析。而五加湖、严家湖、车墩湖均为小型湖,水质空间差异相对较小。本小节选取水质空间差异性较大的严东湖和豹澥湖两个中型湖建立二维水质模型,分析污染物削减措施实施后水质可达性。

5.10.2.1 总体思路

在水环境提升措施(城镇污水系统提质增效、城市面源污染控制、工业点源防治、农村环境综合整治、内源污染防治)实施基础上,结合区域用地性质、降雨径流等参数,预测入湖污染负荷量。然后,结合湖泊水下地形、水文水质监测数据和污染物降解系数等参数,采用MIKE21模型构建二维水量水质数学模型,模拟水环境提升措施实施后湖泊水质状况,分析湖泊水质目标的可达性。水质可达性分析流程见图5.10-3。

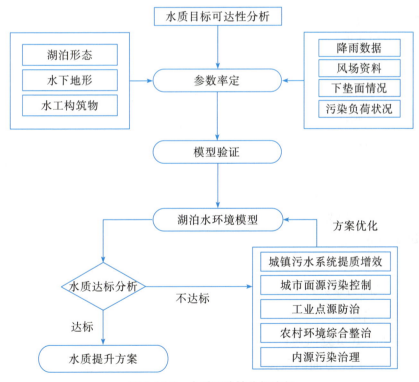

图 5.10-3 水质可达性分析流程

5.10.2.2 模型建立与验证

(1)模型构建

高新区相关湖泊均为典型的浅水型湖泊,风是湖泊水流运动的主要动力,其次是环湖河道进出水水量形成的吞吐流,湖泊水流运动形成以风生流为主、吞吐流为辅的混合流动特性。为建立湖泊流域污染物排放与水域水质之间的输入—响应关系,本书采用二维水动力水质模型进行严东湖水量水质模拟。

1)水动力模型。

描述浅水型湖泊水深平均的平面二维水流运动基本方程为:

$$\frac{\partial \zeta}{\partial t} + \frac{\partial (uh)}{\partial x} + \frac{\partial (vh)}{\partial y} = q$$

$$\frac{\partial (uh)}{\partial t} + \frac{\partial (u^2 h)}{\partial x} + \frac{\partial (uvh)}{\partial y} + gh\frac{\partial \zeta}{\partial x} - fvh = \frac{\tau_{wx}}{\rho} - \frac{\tau_{bx}}{\rho}$$

$$\frac{\partial (vh)}{\partial t} + \frac{\partial (uvh)}{\partial x} + \frac{\partial (v^2 h)}{\partial y} + gh\frac{\partial z}{\partial y} + fuh = \frac{\tau_{wy}}{\rho} - \frac{\tau_{by}}{\rho}$$

式中,h——实际水深;

ζ——平均湖面起算的水位;

q——单位面积上进出湖泊的流量;

u,v——沿 x,y 方向的流速分量;

g——重力加速度;

ρ——水密度;

f——柯氏力系数;

τ_{wx},τ_{wy}——湖面风应力分量。

其中,柯氏系数:

$$f = 2 \cdot \omega \cdot \sin\psi$$

式中,ω——地球自转角速度;

ψ——湖泊所处纬度。

湖面风应力分量:

$$\tau_{wx} = C_D \cdot \rho_a \cdot w \cdot w_x, \tau_{wy} = C_D \cdot \rho_a \cdot w \cdot w_y$$

式中,C_D——风应力系数;

ρ_a——空气密度;

w——离湖面 10m 处风速;

w_x,w_y——x,y 方向的风速。

湖底摩擦力分量:

$$\tau_{bx} = \frac{\rho \cdot g \cdot u \cdot \sqrt{u^2 + v^2}}{C_b^2}, \tau_{by} = \frac{\rho \cdot g \cdot u \cdot \sqrt{u^2 + v^2}}{C_b^2}$$

式中,$C_b = \frac{1}{n}h^{1/6}$,n 为湖底糙率。

2)水质模型。

水质模型采用水深平均的平面二维数学模型,基本方程为:

$$\frac{\partial(hC)}{\partial t}+\frac{\partial(MC)}{\partial x}+\frac{\partial(NC)}{\partial y}=\frac{\partial}{\partial x}\left(E_x h\frac{\partial C}{\partial x}\right)+\frac{\partial}{\partial y}\left(E_y h\frac{\partial C}{\partial y}\right)+S+F(C)$$

式中,h——水深,m;

C——污染物指标的浓度,mg/L;

M——横向单宽流量,m^2/s;

N——纵向单宽流量,m^2/s;

E_x——横向扩算系数,m^2/s;

E_y——纵向扩算系数,m^2/s;

S——源(汇)项,$g/m^2/s$,主要考虑环湖河道的进出水量所携带的污染物量;

$F(C)$——生化项。水体中的生化反应,影响因素很多,在模型中采用$F(C)$生化反应项,是对污染物质在水体中复杂的生化反应过程的简化。

(2)模拟范围及网格划分

模拟范围为严东湖和豹澥湖蓝线以内水域,总水域面积分别为9.11km²和28km²。

湖泊水下地形采用2019年实测1:2000水下地形。湖泊水下地形复杂,为了同时考虑计算量和计算精度,网格划分时,采用非结构三角形网格可以更好地贴合湖泊边界。严东湖中心处采用边长300m三角形网格,贴岸区域采用边长100m三角形网格,共计划分网格567个。豹澥湖湖泊中心处采用边长300m三角形网格,贴岸区域采用边长100m三角形网格,共计划分网格1373个。

湖泊模型边界、水下地形及计算网格见图5.10-4至图5.10-7。

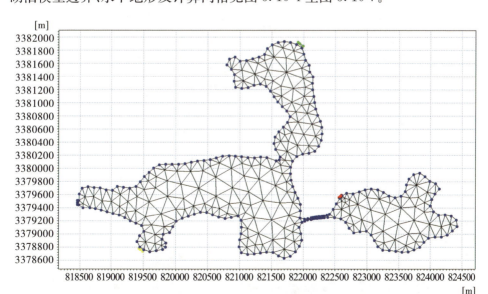

图 5.10-4　严东湖数值模型模拟范围及网格划分

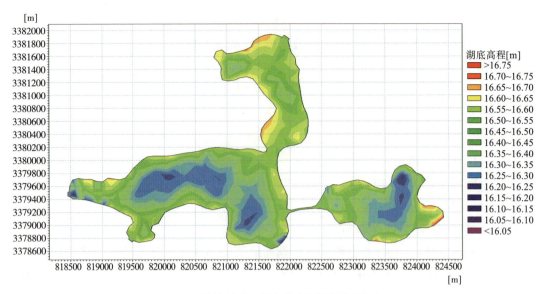

湖底高程[m]
- >16.75
- 16.70~16.75
- 16.65~16.70
- 16.60~16.65
- 16.55~16.60
- 16.50~16.55
- 16.45~16.50
- 16.40~16.45
- 16.35~16.40
- 16.30~16.35
- 16.25~16.30
- 16.20~16.25
- 16.15~16.20
- 16.10~16.15
- 16.05~16.10
- <16.05

图 5.10-5　严东湖水下地形差值

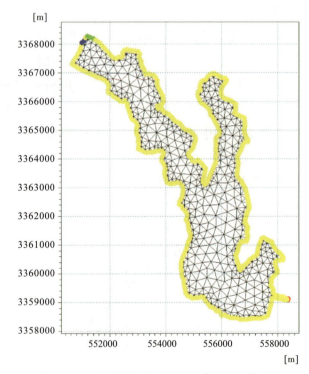

图 5.10-6　豹澥湖数值模型模拟范围及网格划分

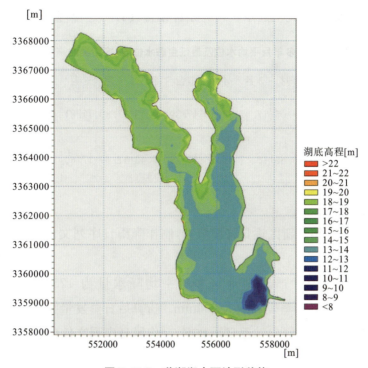

图 5.10-7 豹澥湖水下地形差值

（3）模型计算条件及参数率定验证

模型要求分别设置影响水动力、水质条件的参数。以现状水平年 2018 年水文、水质资料作为模型的输入条件。设置时间步长 $\Delta t = 10\text{min}$，利用模型模拟计算 2018 年全年东湖水动力、水质状况。并根据 2018 年 2 月、5 月、7 月、9 月、11 月严东湖水质实测数据进行模型的率定和验证。

（4）水动力参数

1）入流—流量条件。

严东湖主要入湖河流为严东湖西渠，平均流量约为 $0.25\text{m}^3/\text{s}$，其他入流主要为湖周降水入流。

豹澥湖主要入湖河流为豹澥河、豹子溪、星月溪，平均流量分别约为 $1.02\text{m}^3/\text{s}$、$0.22\text{m}^3/\text{s}$、$0.12\text{m}^3/\text{s}$，其他入流主要为湖周降水入流。

2）出流—水位条件。

严东湖出流主要包括武惠渠和严东湖北渠，模型中出流条件根据 2018 年严东湖实际监测水位进行设定。

豹澥湖出流主要通过车湾新港汇入长港经樊口大闸出江，由于豹澥湖及车湾新港无水位监测站及相关水位实测数据，模型中出流条件根据《湖北省梁子湖水利综合治理规划报告（审定本）》中推求的豹澥湖多年月平均水位进行设置，根据 2018 年降水分析，

2018年较接近平水年,因此上述水位边界条件设置具有一定合理性(表5.10-5)。

表5.10-15　　　　豹澥湖多年月平均水位及最低生态水位表(冻结吴淞高程)　　　(单位:m)

湖泊	水位	1月	2月	3月	4月	5月	6月	7月	8月	9月	10月	11月	12月
豹澥湖	多年月平均水位	17.15	17.05	17.07	17.16	17.39	17.63	17.89	17.81	17.75	17.78	17.75	17.37
	最低生态水位	16.95	16.85	16.87	16.96	17.19	17.42	17.69	17.60	17.54	17.57	17.54	17.17

3)降雨、蒸发、风。

降雨:根据2018年高新区逐日降雨数据,制作降雨日序列文件。2018年,东湖高新区降水量为1184mm。

蒸发:根据资料统计严东湖地区多年平均降水量为1250mm,年均蒸发量为950mm,据此推求2018年蒸发量约为900mm。折算后日蒸发量为2.46mm。

风:根据2018年东湖气象站逐日风数据,制作风日序列文件(表5.10-16)。

表5.10-16　　　　严东湖、豹澥湖区域2018年逐月风速风向统计

项目	1月	2月	3月	4月	5月	6月	7月	8月	9月	10月	11月	12月
风速/(m/s)	2.5	2.5	2.6	2.8	2.5	2.2	2.5	2.6	2.2	1.9	2.4	2.3
风向	NNW	E	E	ESE	E	E	ESE,SE	NNW	ENE,E	E	NNW	NNW

4)湖底糙率。

糙率是主要衡量边壁形状不规则性和河床表面的粗糙程度的一个综合性系数,根据有关的水力学手册加以选取。本模型计算中,浅水区域湖底糙率取值0.032,深槽区域糙率取值0.025。

(5)水质参数

1)模拟指标。

根据严东湖流域水质现状、特征及超标污染物类型,选取化学需氧量、氨氮、总氮和总磷作为模拟指标。

2)扩散系数和降解系数。

水质模型中需要率定的参数有扩散系数E、化学需氧量、氨氮、总氮和总磷降解系数。其中,降解系数受温度影响变化很大,而不同季节湖水温又有明显差异,取$K=K_{20}\times1.047^{T-20}$,式中$K_{20}$为水温等于20℃时水质指标的降解系数,$T$为温度,不同水体$K_{20}$有很大差异见表5.10-17,参照丹江口水库、三峡库区以及汉阳四湖、东湖等研究成果以水质监测资料进行数值模型参数的率定。以实测资料为目标,经参数自动全局寻优,找出最优的参数取值,确定扩散系数 $E=10 \text{ m}^2/\text{s}$,$K_{20.\text{COD}}=0.02$,$K_{20.\text{NH}_3-\text{N}}=0.06$,$K_{20.\text{TN}}=0.05$,$K_{20.\text{TP}}=0.05$。

表 5.10-17　　　　　　　　　　　湖泊水质模型参数 E 和 K 取值

综合衰减系数	鄱阳湖	太湖	巢湖	官厅水库	日本琵琶湖	丹江口水库	三峡水库	本次湖泊
$E/(\text{m}^2/\text{s})$	10	27	15	—	4.15	2		10
$K_{20.\text{COD}}$	0.026	0.02	0.05	0.005	—	0.004	0.02~0.1	0.02
$K_{20.\text{TN}}$						0.015~0.05	0.015~0.08	0.05
$K_{20.\text{TP}}$						0.01~0.04	0.01~0.04	0.05
$K_{20.\text{NH}_3-\text{N}}$						0.001~0.18	0.005~0.06	0.06

3)背景浓度。

根据严东湖近两年水质监测情况,确定化学需氧量背景浓度为 17mg/L,氨氮为 0.3mg/L,总氮为 1.0mg/L,总磷为 0.06mg/L。

根据豹澥湖近两年水质监测情况,确定化学需氧量背景浓度为 22mg/L,氨氮为 0.6mg/L,总氮为 1.0mg/L,总磷为 0.06mg/L。

4)污染物输入条件。

严东湖西渠是严东湖最大的点源污染排口。在面源方面,为方便计算,本次规划将严东湖湖周面源污染概化为 20 个点源雨水排口,沿湖周均匀分布。

豹澥湖、豹子溪、星月溪是豹澥湖 3 个最大的点源污染排口。在面源方面,为方便计算,本次规划将豹澥湖湖周面源污染概化为 25 个点源雨水排口,沿湖周均匀分布(图 5.10-8、图 5.10-9)。

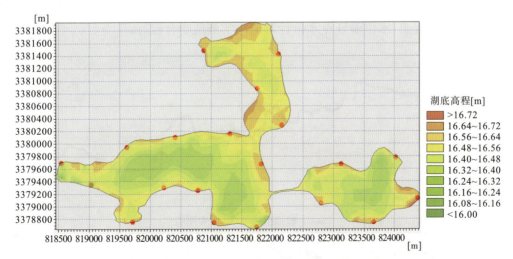

图 5.10-8　严东湖雨水口概化

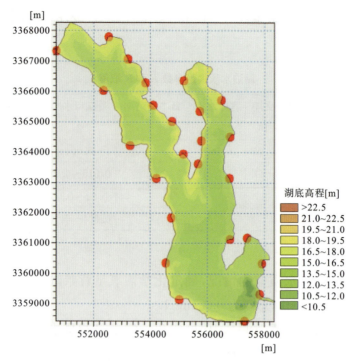

图 5.10-9　豹澥湖雨水口概化

（6）参数率定及模型验证

1）水动力参数率定验证结果分析。

大量的数值试验结果和现场经验表明，风力是湖泊水体运动的主要动力源，湖流流态与进出水流有很大关系。为验证搭建的水动力模型，选择严东湖水位实测点水位序列来验证模型水位计算情况，图 5.10-10 为水位验证点的实测值与计算值的对比。从图 5.10-10 可以看出，水位验证点水位计算值与实测值吻合较好。

图 5.10-10　严东湖水位实测值与模拟值对比

湖泊水动力学研究成果表明:在湖泊的深水区,沿水深方向的平均流速方向与风向相反,在浅水区则与风向相同。图 5.10-11 和图 5.10-12 分别为由模型计算得到的严东湖 2018 年 6 月 19 日和 2018 年 12 月 23 日的风生流场图。图 5.10-13 和图 5.10-14 分别为由模型计算得到的豹澥湖 2018 年 6 月 19 日和 2018 年 12 月 23 日的风生流场图。根据查验模型水动力计算结果,可以看出严东湖和豹澥湖水域流场分布与降雨、风场关系符合以上结论,说明建立的水动力学模型能较好地模拟湖泊的流场。

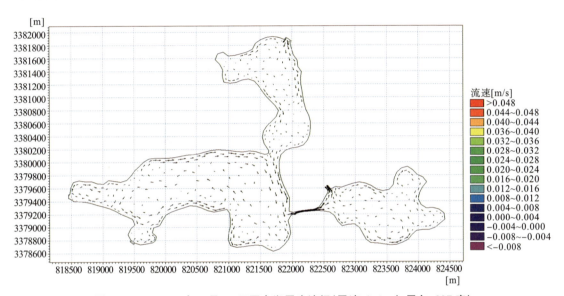

图 5.10-11　2018 年 6 月 15 日严东湖风生流场(风速:2.1m/s 风向:297 度)

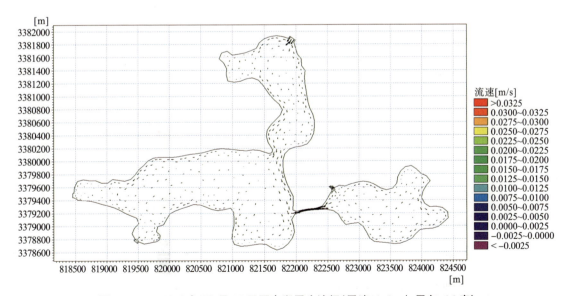

图 5.10-12　2018 年 12 月 15 日严东湖风生流场(风速:1.0m/s 风向:16 度)

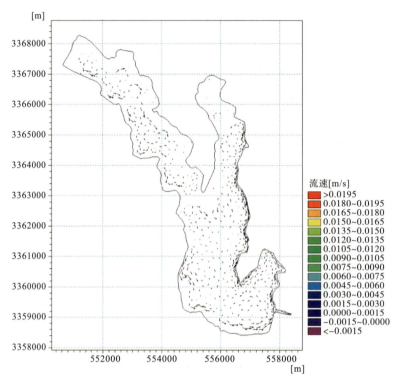

图 5.10-13　2018 年 6 月 15 日豹澥湖风生流场(风速:2.1m/s 风向:297 度)

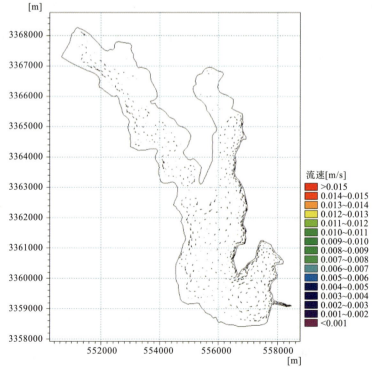

图 5.10-14　2018 年 12 月 15 日豹澥湖风生流场(风速:1.0m/s 风向:16 度)

2)水质率定验证结果分析。

利用武汉市环境监测站在严东湖和豹澥湖的水质监测数据对水质模型进行率定和验证,水质模型验证结果见图 5.10-15 和图 5.10-16。

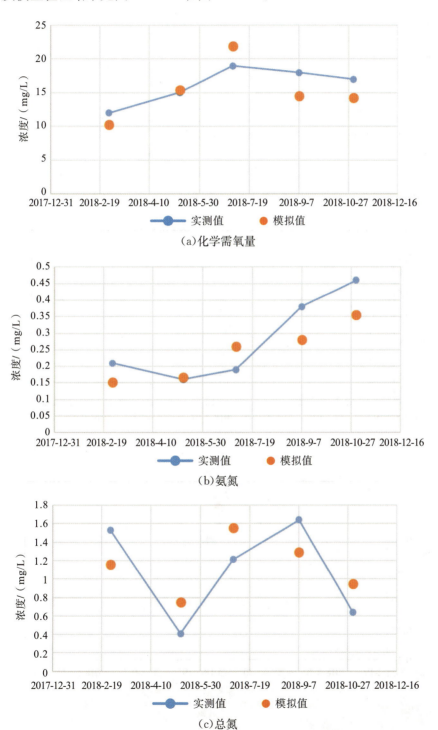

（a）化学需氧量

（b）氨氮

（c）总氮

（d）总磷

图 5.10-15 严东湖湖心化学需氧量、氨氮、总氮、总磷浓度计算值与实测值对比

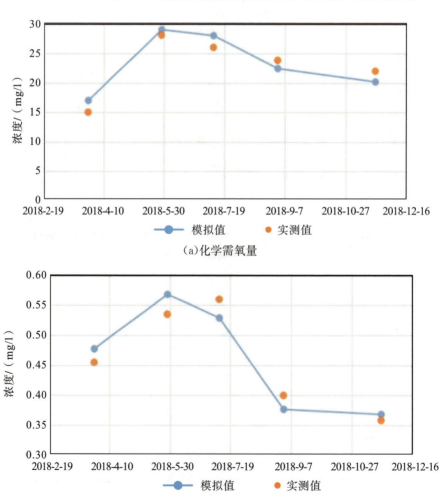

（a）化学需氧量

（b）氨氮

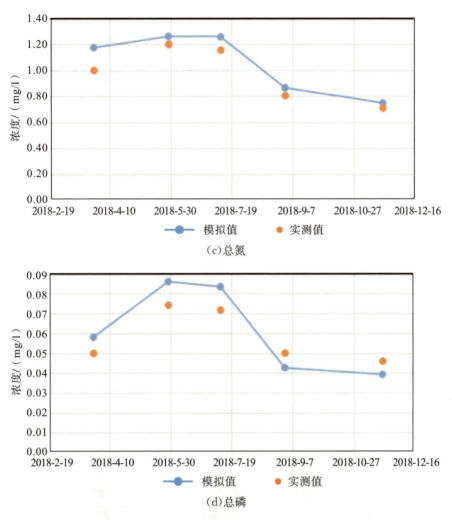

图 5.10-16　豹澥湖湖心化学需氧量、氨氮、总氮、总磷浓度计算值与实测值对比

模拟值与实测值对比可知,污染指标的浓度计算值与实测值吻合较好,大部分点相对误差小于 20%,浓度变化趋势也较为合理,说明模拟结果基本上能反映实际湖泊水质指标的变化特征,本书建立的严东湖和豹澥湖水环境模型可以用于规划措施的预测模拟。

5.10.2.3　严东湖水质目标可达性

(1)计算情景与边界条件

1)计算情景。

严东湖治理措施全部在中期完成,分析中期措施实施后不同季节(旱季、雨季)严东湖的水质目标可达性,远期效果与中期相近。

表 5.10-18   严东湖水质模拟情景

水平年	模拟情景	模拟内容
近期 2025 年/远期 2035 年	污染治理措施	模拟各湖泊在规划污染控制水平,湖泊水质变化过程

2)边界条件。

水位:湖泊的出流水位条件在规划年份统一设定为常水位 17.50m。

降雨:采用 2012 年平水年降雨作为多年平均降雨条件,根据土地利用类型计算湖州汇水区的产流情况,并将其分配至 20 个概化雨水口。

蒸发:采用多年平均蒸发量 950mm,折合至日蒸发量为 2.6mm。

风速风向:采用现状年风速风向作为输入条件。

(2)湖心水质分析

选取严东湖湖心区域进行水质分析,湖心点位置见图 5.10-17。

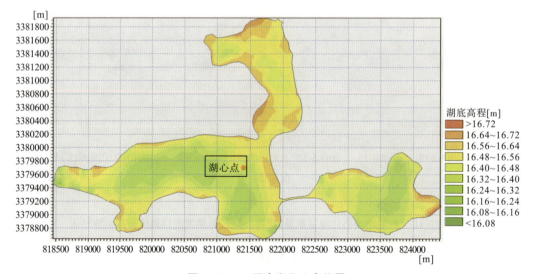

图 5.10-17   严东湖湖心点位置

规划措施实施后,化学需氧量、氨氮、总氮和总磷指标的浓度随时间变化情景见图 5.10-18。从图 5.10-18 中可以看出,汛期水质各指标浓度比枯水期高,主要是受降雨面源影响。

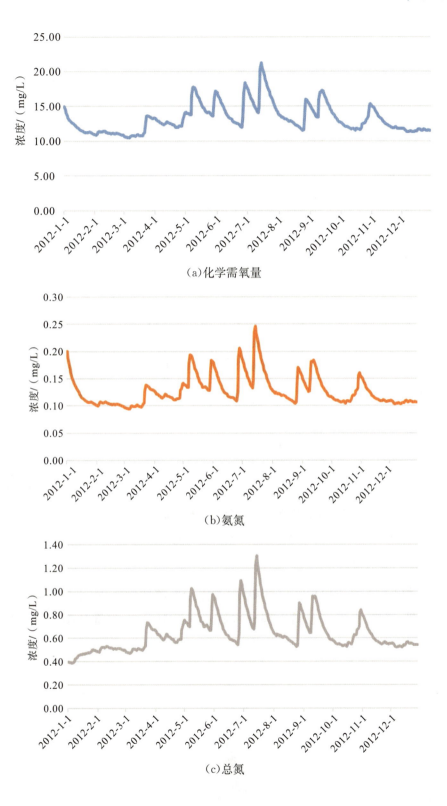

（a）化学需氧量

（b）氨氮

（c）总氮

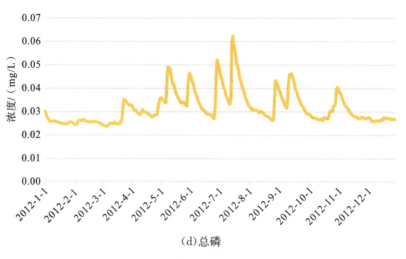

（d）总磷

图 5.10-18　情景 1 严东湖湖心水质变化过程

进一步统计不同情景下各指标全年达标天数占比情况，统计结果见表 5.10-19。从表 5.10-19 中可以看出，化学需氧量、氨氮、总氮和总磷四项指标全年达到和优于Ⅲ类水质目标的天数占比接近 100%，说明污染治理措施实施后，严东湖湖心水质可全年满足水质管理目标要求。

表 5.10-19　　　　　　　　　　严东湖湖心水质全年达标天数占比

指标	化学需氧量	氨氮	总氮	总磷
达标率/%	99.7	99.7	98.4	99.5

从表 5.10-19 中可以看出，以全湖水质达标率不低于 80% 作为考核标准，规划污染防治工作开展以后，严东湖湖心水质全年均可达到管理目标要求。

（3）湖泊整体水质状况

综合旱季和雨季水质模拟结果可知，雨季由于面源冲刷作用，水质较旱季稍差。全湖化学需氧量、氨氮、总氮和总磷大部分水域达到Ⅲ类水质，仅部分湖湾仍为Ⅳ类水质（图 5.10-19、图 5.10-20）。

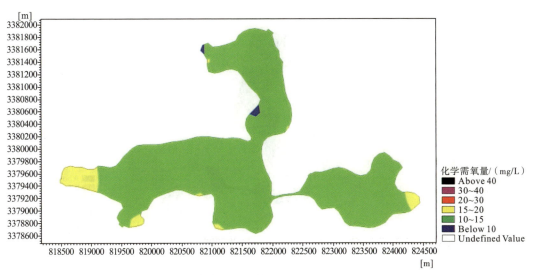

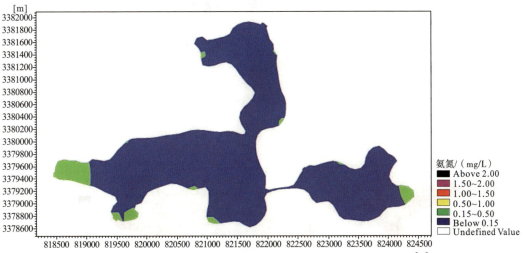

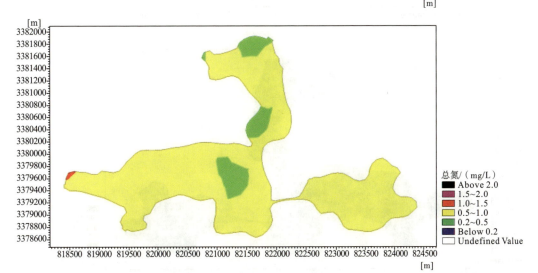

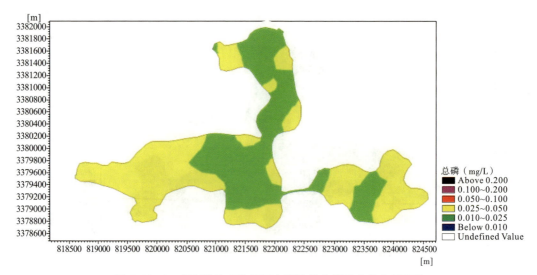

图 5.10-19　规划措施实施后严东湖整体水质浓度分布(旱季)

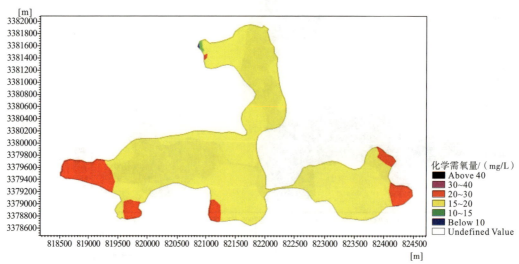

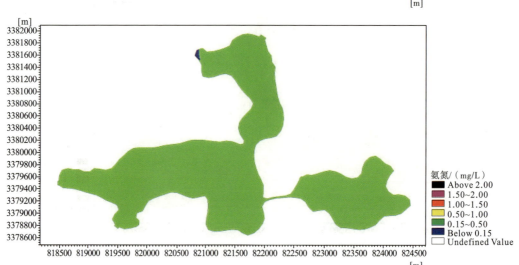

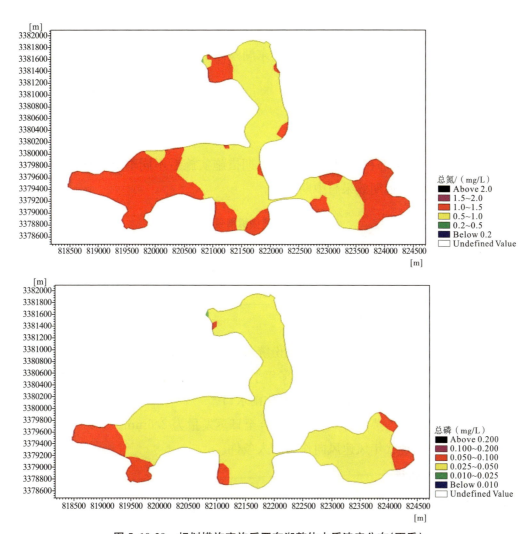

图 5.10-20　规划措施实施后严东湖整体水质浓度分布(雨季)

从表 5.10-20 可知,规划措施实施后,严东湖在旱季化学需氧量、氨氮、总氮和总磷指标达到和优于Ⅲ类的水域面积占比均为 100%,全部水质达标状况较好;雨季化学需氧量、氨氮、总氮和总磷指标达到和优于Ⅲ类的水域面积占比分别为 90%、100%、55%和 88%;从全年平均情况看,化学需氧量、氨氮、总氮和总磷指标达到和优于Ⅲ类的水域面积占比分别为 90%、100%、82%和 89%,基本可满足水功能区达标评价要求。

表 5.10-20　　　　规划措施实施后严东湖全湖达到和优于Ⅲ类水质的面积占比　　　　　　　　(单位:%)

季节	水质目标	化学需氧量	氨氮	总氮	总磷
旱季	Ⅲ	100	100	100	100
雨季	Ⅲ	90	100	55	88
平均值	Ⅲ	90	100	82	89

从表5.10-20中可以看出,按照全湖水质达标率不低于80％作为考核标准的情况下,远期2035年污染防治工作开展以后,严东湖整体水质全年均可达到管理目标要求。

5.10.2.4 豹澥湖水质目标可达性

(1)计算情景与边界条件

1)计算情景。

豹澥湖治理措施全部在中期完成,分析中期措施实施后不同季节(旱季、雨季)严东湖的水质目标可达性,远期效果与中期相近。

表 5.10-21　　　　　　　　　　　　　豹澥湖水质模拟情景

水平年	模拟情境	模拟内容
近期2025年/ 远期2035年	污染治理 措施	模拟各湖泊在近(远)期(2025年/2035年)规划污染控制水平、现状外水系不连通下,湖泊水质变化过程

2)边界条件。

水位:湖泊的出流水位条件在规划年份统一设定为常水位17.0m。

降雨:采用2012年平水年降雨作为多年平均降雨条件,根据土地利用类型计算湖州汇水区的产流情况,并将其分配至25个概化雨水口。

蒸发:采用多年平均蒸发量950mm,折合至日蒸发量为2.6mm。

风速风向:采用现状年风速风向作为输入条件。

(2)湖心水质分析

选取豹澥湖湖心区域进行水质分析,湖心点位置见图5.10-21。

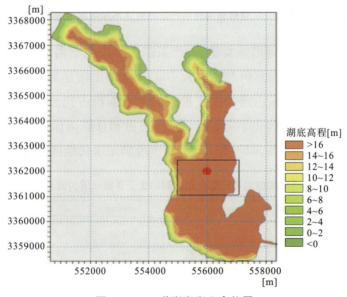

图 5.10-21　豹澥湖湖心点位置

规划措施实施后化学需氧量、氨氮、总氮和总磷指标的浓度随时间变化情景见图 5.10-22。从图 5.10-22 中可以看出,汛期水质各指标浓度比枯水期高,主要是受降雨面源影响。

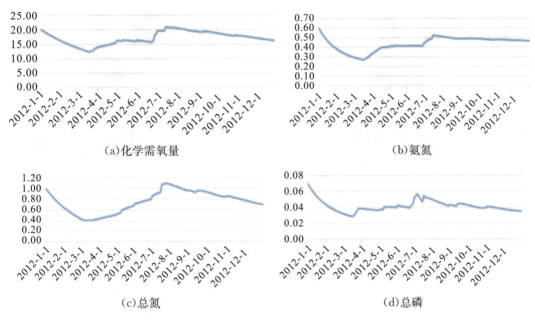

（a）化学需氧量　　　　　　　　　　　　　　　（b）氨氮

（c）总氮　　　　　　　　　　　　　　　　　　（d）总磷

图 5.10-22　情景 1 豹濑湖湖心水质变化过程

进一步统计规划措施实施后各指标全年达标天数占比情况,统计结果见表 5.10-22。从表 5.10-22 中可以看出,化学需氧量、氨氮、总氮和总磷四项指标全年达到和优于Ⅲ类水质目标的天数占比超过 90％以上,说明污染治理措施实施后,豹濑湖湖心水质基本可全年满足水质管理目标要求。

表 5.10-22　　　　　　　　　　　　豹濑湖水质全年达标天数占比

指标	化学需氧量	氨氮	总氮	总磷
占比/％	92.1	100.0	91.5	94.5

（3）湖泊整体水质状况

综合旱季和雨季水质模拟结果可知,雨季由于面源冲刷作用,水质较旱季稍差。全湖化学需氧量、氨氮、总氮和总磷大部分水域达到Ⅲ类水质,仅部分湖湾仍为Ⅳ类水质（图 5.10-23、图 5.10-24）。

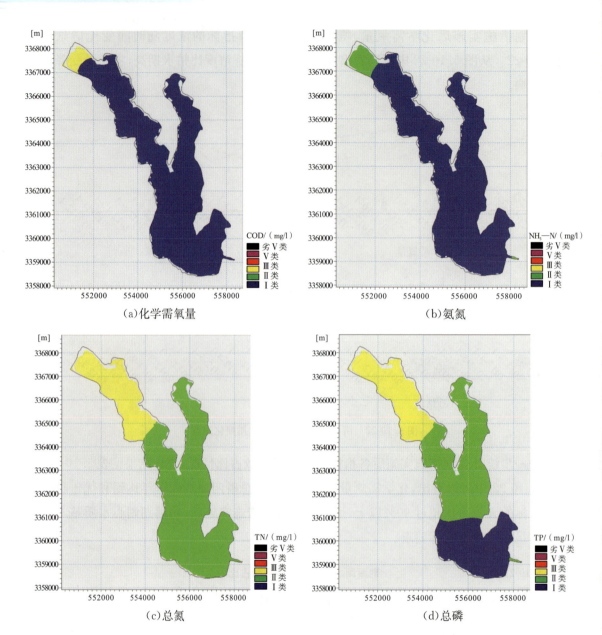

(a)化学需氧量　　　　　　　　　　　(b)氨氮

(c)总氮　　　　　　　　　　　　(d)总磷

图 5.10-23　情景 1 规划措施实施后豹澥湖整体水质浓度分布(旱季)

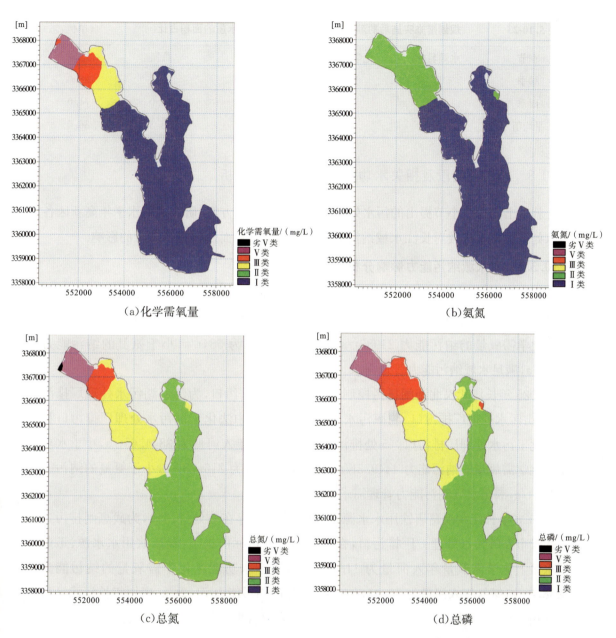

图 5.10-24　情景 1 规划措施实施后豹澥湖整体水质浓度分布(雨季)

　　从表 5.10-23 可知,豹澥湖在旱季化学需氧量、氨氮、总氮和总磷指标达到和优于Ⅲ类的水域面积占比分别为 100%、100%、98.7%和 98%,全部水质达标状况较好;雨季化学需氧量、氨氮、总氮和总磷指标达到和优于Ⅲ类的水域面积占比分别为 78.4%、100%、78.0%和 74.0%,全部水域水质优于Ⅲ类的面积占比超过 70%;从全年平均情况看,化学需氧量、氨氮、总氮和总磷指标达到和优于Ⅲ类的水域面积占比分别为 89.2%、100%、88.3%和 86.0%,全部水域水质优于Ⅲ类的面积占比超过 80%。

表 5.10-23　　　规划措施实施后豹澥湖全湖达到和优于Ⅲ类水质的面积占比　　　（单位：%）

季节	水质目标	化学需氧量	氨氮	总氮	总磷
旱季	Ⅲ	100.0	100.0	98.7	98.0
雨季	Ⅲ	78.4	100.0	78.0	74.0
平均值	Ⅲ	89.2	100.0	88.3	86.0

5.10.3　长江高新段及相关水功能区目标可达性分析

就本书 5.7.2 小节提出的污水处理厂尾水排放优化方案，研究中期水平年高新区各污水处理厂尾水排放对长江水域纳污能力、水质、考核断面及敏感第三者的影响。

5.10.3.1　对水域纳污能力影响分析

规划至 2025 年，王家洲工业用水区上存在 1 处排污口，为北湖污水处理厂排污口，尾水排量为 80 万 t/d。王家洲工业用水区上化学需氧量年入河量为 11680t/a，小于水功能区化学需氧量的纳污能力 21985t/a，氨氮年入河量为 584t/a，小于氨氮的纳污能力 1564t/a，满足水域纳污能力管理需求。

2025 年长江武汉北湖闸排污控制区上存在 5 处排污口，为汤逊湖污水处理厂排污口、花山污水处理厂排污口、豹澥污水处理厂排污口、中法化工区污水处理厂排污口和乙烯化工污水处理厂排污口。5 处排污口化学需氧量年入河量为 3844.65t/a，小于水功能区化学需氧量的纳污能力 4449.3t/a，氨氮年入河量为 216.73t/a，小于氨氮的纳污能力 227t/a，满足水域纳污能力管理需求。

2025 年长江武汉葛店饮用水水源、工业用水区上存在 2 处排污口，为武惠闸排污口和武汉市左岭污水处理一厂排污口，在严东湖治理达标前提下，葛店饮用水水源、工业用水区上化学需氧量年入河量为 1181.87t/a，小于水功能区化学需氧量的纳污能力 1238.0t/a，氨氮年入河量为 55.44t/a，小于氨氮的纳污能力 71.2t/a，规划年长江武汉葛店饮用水水源、工业用水区排水满足水域纳污能力管理需求。各水功能区水域纳污能力和污染入河量见表 5.10-24。

表 5.10-24　　　2025 年各水功能区水域纳污能力和污染入河量统计

水功能区名称	序号	排污口名称	污水量/(万 t/d)	排放负荷/(t/a)		标准排放/(mg/L)		备注
				化学需氧量	氨氮	化学需氧量	氨氮	
王家洲工业用水区化学需氧量 21985t/a，氨氮 1564t/a	1	北湖污水处理厂	80	11680.00	584.00	40	2	Ⅴ类
		小计	80	11680.00	584.00			满足

续表

水功能区名称	序号	排污口名称	污水量/(万 t/d)	排放负荷/(t/a)		标准排放/(mg/L)		备注
				化学需氧量	氨氮	化学需氧量	氨氮	
北湖闸排污控制区,化学需氧量4449.3t/a,氨氮227t/a	2	中法水务化工区污水处理厂	1	108.8	16.3	—	—	排污许可证
	3	乙烯化工新区污水处理厂	1.68	388.8	30.7	—	—	排污口设置论证
	4	汤逊湖污水处理厂(中芯国际5万t)	5	547.5	27.375	40	1.5	Ⅳ类
	5	豹澥	10	1095	54.75	30	1.5	Ⅳ类
	6	花山	3	328.5	16.425	30	1.5	Ⅳ类
	7	左岭二厂一期	13	1376.05	71.18	30	1.5	Ⅳ类
		合计	33.68	3844.65	216.73			满足
葛店饮用水水源工业用水区化学需氧量1238t/a,氨氮71.2t/a	8	武慧闸排污口	0.19	13.87	0.69	20	1	化学需氧量、氨氮按规划Ⅲ类排江
	9	左岭污水一厂	10	1168	54.75	32	1.5	优于一级A(化学需氧量≤32mg/L,氨氮≤1.5mg/L)
		合计	10.19	1181.87	55.44			满足

5.10.3.2 对水质影响分析

为准确反映拟设排污口所在江段水质浓度的变化情况,对2025年污染物影响范围进行计算分析。

(1)计算范围

本次论证计算范围为王家洲工业用水区至长江武汉葛店饮用水水源、工业用水区江段,共计19km的长江干流江段,见图5.10-25。

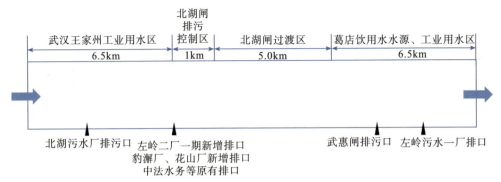

图 5.10-25　论证排污口设置模拟计算范围

（2）模型参数率定与验证

1）计算条件。

本次模型率定依据 2016 年 3 月 29 日在工程河段的北湖闸附近水域同步观测资料，距离模型入口最近的上游水文站为汉口站，测验时的水文条件见表 5.10-25。

表 5.10-25　　　　　　　　　　　模型率定水文条件

测站及模型率定验证条件	流量/(m³/s)	水位(1985 国家高程基准,m)
汉口站	20100	16.72
率定验证输入	20100	15.66

2）模型参数。

①糙率。

天然河道的糙率受河床组成、河床形状、河滩覆盖情况、长江流量及含沙量等多种因素影响，根据三峡论证研究的相关成果（《长江三峡工程泥沙与航运关键技术研究（泥沙数学模型及糙率研究工作总结报告）》），糙率取为 0.03。

②降解系数。

污染物降解系数受水流条件（流速）影响较大，本模型在长江江段进行了多次应用研究，分析借鉴以往的研究（表 5.10-26），确定本河段枯水期化学需氧量的降解系数为 $0.25d^{-1}$，氨氮的降解系数为 $0.30d^{-1}$，总磷的降解系数为 $0.058d^{-1}$。

表 5.10-26　　　　　　　　　　降解吸收系数参考取值　　　　　　　　　　（单位：d^{-1}）

来　源	化学需氧量	氨氮	总磷
《南水北调中线工程对汉江中下游水环境影响与对策研究》	0.25～0.35	0.33～0.35	
《南水北调中线工程环境影响报告书》	0.5	0.2	
《军山泵站排水对下游取水口所在江段水质影响的数值模型研究》	0.3	0.32	0.059

3)验证计算成果分析。

①流速验证。

本次采用 2016 年 3 月 29 日实测的距北湖闸排口右岸不同距离 3 个位置点流速资料进行验证(表 5.10-27)。

表 5.10-27　　　　　　　　　　　　流速验证

起点距/m	实测流速/(m/s)	计算流速/(m/s)	相对误差/%
50	0.83	0.82	0.65
100	0.86	0.91	5.41
200	0.93	1.03	10.80

综合来看,计算结果与实测结果基本吻合,相对误差均在 15% 以内,故本书所采用的平面二维数学模型能较好地模拟本河段的水流运动特性,可以用于水质模拟研究中。

②水质验证。

选取北湖闸排口下游 20m 处断面作为水质验证断面,验证结果见表 5.10-28。

表 5.10-28　　　　　　　　　　　　水质验证

起点距/m	化学需氧量			氨氮		
	实测浓度/(mg/L)	计算浓度/(mg/L)	相对误差/%	实测浓度/(mg/L)	计算浓度/(mg/L)	相对误差/%
50	8.0	6.41	19.88	0.152	0.13	14.04
100	6.8	6.20	8.82	0.133	0.11	16.65
200	6.5	6.10	6.15	0.127	0.10	18.37

综合来看,计算结果与实测结果基本吻合,相对误差均在 20% 以内,故本书所采用的降解系数能较好地模拟本河段的污染物迁移转化特性,可以用于进一步的模拟研究。

4)计算工况与计算条件。

①水文条件。

通常情况下,天然河流中枯水季节是对水质最不利时期,河流水质问题一般出现在枯水期。目前,国内外普遍采用枯水期 90% 保证率最小月均流量作为河流水质规划的控制流量。因此,本书采用工程所在江段 90% 最枯月月均流量作为设计水文条件,计算排水对工程江段水质产生的影响。

模拟河段至汉口水文站之间无大的支流汇入,因此模拟计算时的上边界条件直接采用汉口水文站的 2006—2015 年流量数据,选用近 10 年来最枯月流量 8950m³/s 作为设计流量,再结合水位流量关系及河道比降推求排口断面最枯月平均流量对应水位。

根据汉口站 2006—2015 年最枯月平均流量数据,计算得到最枯月设计流量为

8950m³/s。根据汉口站水位流量关系曲线,计算出汉口站最枯月平均流量对应的水位12.0m。

汉口站距离葛店断面约45km,武汉河段比降取0.0235‰。计算得出葛店断面(模型下边界)近10年的最枯月均流量对应水位为10.94m。

②背景浓度。

根据2016—2018对长江武汉王家洲工业用水区、长江武汉北湖闸排污控制区、长江武汉北湖闸过渡区和长江武汉葛店饮用水水源、工业用水区的监测数据,综合确定模型模拟所需的枯水期(12月至次年3月)背景浓度,确定模型化学需氧量输入背景浓度为12.52mg/L,氨氮输入背景浓度为0.18mg/L,具体水质浓度统计值见表5.10-29。

表 5.10-29　　　　　　　　近 3 年各水功能区化学需氧量、氨氮监测浓度均值统计

水功能区	浓度/(mg/L)	
	化学需氧量	氨氮
长江武汉王家洲工业用水区	12.53	0.17
长江武汉北湖闸排污控制区	12.91	0.19
长江武汉北湖闸过渡区	13.22	0.20
长江武汉葛店饮用水水源、工业用水区	11.41	0.15
最大值	13.22	0.20
最小值	11.41	0.15
平均值	12.52	0.18

③计算工况。

预测模型计算均在最不利水文条件下,具体见表5.10-30。

表 5.10-30　　　　　　　　入河排污口设置论证模拟计算工况

序号	排污口	排水量/(万 m³/d)	排水流量/(m³/s)	排放负荷/(mg/L)		水文条件及背景浓度/(mg/L)
				化学需氧量	氨氮	
1	北湖污水处理厂	80	9.26	40	2	流量:8950m³/s 水位:10.94m 化学需氧量:12.52 氨氮:0.18
2	汤逊湖污水处理厂	5	0.58	30	1.5	
3	中法化工区污水处理厂	1	0.12	100	15	
4	乙烯化工污水处理厂	1.68	0.19	63.4	8	
5	花山污水处理厂	3	0.35	30	1.5	
6	豹澥污水处理厂	10	1.16	30	1.5	流量:8950m³/s 水位:10.94m 化学需氧量:12.52 氨氮:0.18
7	左岭污水处理二厂	13	1.51	30	1.5	
8	武惠闸	0.2	0.02	20	1	
9	左岭污水处理一厂	10	1.16	33	1.9	

5）影响分析。

①化学需氧量影响范围分析。

a. 北湖污水处理厂排口。

在中期水平年条件下，污水与江水掺混后，在排污口下游形成超背景（12.5～15mg/L）的浓度带 3938m×283m（长×宽），其中Ⅲ类浓度带 1360m×209m（长×宽），超过水质管理目标达到Ⅳ类浓度带 476m×162m（长×宽）。

表 5.10-31　　　　　　　　　化学需氧量预测影响范围统计

化学需氧量浓度	类别	长/m	宽/m
超背景（12.5～15mg/L）	Ⅱ类	3938	283
15～20mg/L	Ⅲ类	1360	209
20～30mg/L	Ⅳ类	476	162

b. 北湖闸排口。

在中期水平年条件下，污水与江水掺混后，北湖闸排污口下游形成超背景（12.5～15mg/L）的浓度带 2071m×156m（长×宽），其中Ⅲ类浓度带 398m×87m（长×宽）。

表 5.10-32　　　　　　　　　化学需氧量预测影响范围统计

化学需氧量浓度	类别	长/m	宽/m
超背景（12.5～15mg/L）	Ⅱ类	2071	156
15～20mg/L	Ⅲ类	398	87

c. 左岭污水处理一厂排口。

在中期水平年条件下，污水与江水掺混后，在现有网格尺度下，计算稳定后，左岭污水处理一厂未见化学需氧量浓度带的形成，受上游来流和污染物自身降解规律影响，左岭污水处理一厂排污口处化学需氧量浓度最高约为 11.83mg/L，仍低于背景浓度（12.52mg/L）。分析原因可能是长江流量为 8950m³/s，左岭污水处理一厂排污口流量为 1.16 m³/s，仅占长江流量的 0.013%，且排污口处近岸带水深流急，十分有利于污染物质的稀释扩散。

②氨氮影响范围分析。

a. 北湖污水处理厂排污口。

在中期水平年条件下，污水与江水掺混后，在排污口下游形成超背景（0.18～0.5mg/L）的浓度带 4357m×352m（长×宽），其中Ⅲ类浓度带 900m×190m（长×宽），超过水质管理目标达到Ⅳ类浓度带 108m×51m（长×宽），现有网格尺度下，未见Ⅴ类浓度带（表 5.10-33）。

表 5.10-33 氨氮预测影响范围统计

氨氮浓度	类别	长/m	宽/m
超背景(0.18～0.5mg/L)	Ⅱ类	4357	352
0.5～1.0mg/L	Ⅲ类	900	190
1.0～1.5mg/L	Ⅳ类	108	51

b. 北湖闸排污口。

在中期水平年条件下,污水与江水掺混后,在排污口下游形成超背景(0.18～0.5mg/L)的浓度带 6790m×270m(长×宽),其中Ⅲ类浓度带 369m×90m(长×宽)(表 5.10-34)。

表 5.10-34 氨氮预测影响范围统计

氨氮浓度	类别	长/m	宽/m
超背景(0.18～0.5mg/L)	Ⅱ类	6790	270
0.5～1.0mg/L	Ⅲ类	369	90

c. 左岭污水处理一厂排污口。

在中期水平年条件下,污水与江水掺混后,左岭污水处理一厂在排污口下游形成超背景(0.18～0.5mg/L)的浓度浓度带 344m×80m(长×宽),在现有网格尺度下,未见Ⅲ类和Ⅳ类浓度带。

表 5.10-35 氨氮预测影响范围统计

氨氮浓度	类别	长/m	宽/m	备注
超背景(0.18～0.5mg/L)	Ⅱ类	344	80	左岭污水处理一厂

5.10.3.3 对考核断面影响分析

经梳理,长江王家洲工业用水区上存在 1 处控制断面,为四新村断面,距离长江王家洲工业用水区上游起始断面约 4km(水功能区总长约 6.5km),控制等级为市控断面。长江北湖闸排污控制区上存在 1 处控制断面,为北湖闸断面,距离水功能区上游起始断面约 660m(水功能区总长约 1km),控制等级为市控断面。长江北湖闸过渡区上存在 1 处控制断面,为联丰村断面,位于水功能区末端,控制等级为市控断面。长江武汉葛店饮用水水源、工业用水区上存在 4 处控制断面,从上游至下游分别为东港村断面、白浒山断面、葛店断面和牛家村右断面。东港村断面距离水功能区上游起始断面约 1.6km,控制等级为青山区与高新区生态补偿断面;白浒山断面距离水功能区上游起始断面约 4.3km(水功能区总长约 6.5km),控制等级为国控断面;葛店断面距离水功能区上游起始断面约 5km(水功能区总长约 6.5km),控制等级为市控断面;牛家村右断面距离水功能区上游起始断面约 5.8km（水功能区总长约 6.5km），控制等级为区控断面。敏感断面统计见表 5.10-36，各控制断面相对位置关系见图 5.10-26。

表 5.10-36　　　　　　　　　　　敏感断面统计

水功能区	断面	管理目标	备注
长江王家洲工业用水区	四新村	Ⅲ	市控
长江北湖闸排污控制区	北湖闸	Ⅲ～Ⅳ	市控
长江北湖闸过渡区	联丰村	Ⅲ	市控
长江武汉葛店饮用水水源、工业用水区	葛店	Ⅲ	市控
	白浒山	Ⅲ	国控
	牛家村右	Ⅲ	区控
	东港村	Ⅲ	生态补偿

图 5.10-26　水功能区、排污口与敏感断面区位

　　中期水平年，北湖污水系统以 80 万 t/d 的规模排入长江王家洲工业用水区，水功能区考核目标为Ⅲ类，分布四新村（市控）1 处断面，位于北湖污水处理厂排口上游约 310m 处。在现有计算尺度网格下，北湖污水系统不会对上游四新村的考核造成影响。

　　中期水平年花山污水处理厂外排规模为 3 万 t/d，豹澥污水处理厂的外排规模为 10 万 t/d，废污水从北湖闸排口出江至北湖闸排污控制区。北湖闸排污控制区上敏感断面为北湖闸断面，位于北湖闸出江口处，断面水质管理目标为Ⅲ～Ⅳ。在现有计算尺度网格下，北湖闸排口处未出现Ⅴ类、Ⅳ类浓度带，化学需氧量形成Ⅲ类浓度带长度约为

337m,宽度约为83m,氨氮形成Ⅲ类浓度带长度约为333m,宽度约为79m,化学需氧量形成超背景浓度浓度带(Ⅱ类)长约1593m,氨氮形成超背景浓度浓度带(Ⅱ类)长约1999m。考虑化学需氧量和氨氮两个指标,提标改造后,北湖闸出江口处水质为Ⅲ类,满足北湖闸断面Ⅲ~Ⅳ类的管理目标。

中期水平年左岭污水处理一厂以10万t/d的规模排入长江武汉葛店饮用水水源工业用水区,水功能区考核目标为Ⅲ类,分布着东港村、白浒山(国控)、葛店(市控)、牛家村右(区控)4处断面,其中东港村断面位于左岭污水处理一厂排江口上游约3100m处,白浒山断面位于左岭污水处理一厂排江口上游约350m处,葛店断面位于排江口下游约273m处,牛家村右断面位于排江口下游约1480m处。在现有计算尺度网格下,左岭污水处理厂排江口处未见明显化学需氧量浓度带,氨氮形成的超背景浓度带(Ⅱ类)长约340m,未见Ⅲ类和Ⅳ类浓度带。由于东港村、白浒山断面位于排污口上游350m处,故左岭污水处理厂排污口并不会对其产生影响。氨氮形成的超背景浓度浓度带虽扩散至下游葛店断面,但水质类别仍为Ⅱ类,不会对葛店断面的考核造成影响。超背景浓度带并未扩散至牛家村右断面,故不会影响其考核。

中期水平年,左岭污水处理二厂一期新增排口以13万t/d的外排规模排入长江北湖闸过渡区,该水功能区考核断面为联丰村断面,位于水功能区出口处,距离二厂一期排口约2700m,管理目标为Ⅲ类。在现有计算尺度网格下,左岭污水处理二厂一期排口下游形成化学需氧量超背景浓度浓度带(Ⅱ类)长约468m,氨氮形成超背景浓度浓度带(Ⅱ类)长约4741m,氨氮形成的超背景浓度浓度带虽扩散至联丰村断面,但水质类别仍为Ⅱ类,不会对水功能区的考核造成影响。

5.10.3.4 对敏感第三者影响分析

据调研,长江王家洲工业用水区、长江北湖闸排污控制区和长江北湖闸过渡区内无取水口,长江武汉葛店饮用水水源工业用水区内有1处取水口为白浒山水厂取水口,位于左岭污水处理厂排口同岸上游约510m处,设计取水规模为25.9万t/d,目前其关闭流程正在办理,且规划水平年下该处水质均优于目标Ⅲ类水质,此情境下江段排污并不会对取水口取水造成不利影响。

6 生态水网系统构建规划

6.1 水系连通现状

目前高新区内及跨区水系尚未实现真正的连通,导致水体流动性较差、湖泊调蓄能力减弱,防洪排涝标准降低,水资源统筹调配能力不足,限制区域经济社会发展。

(1)北湖水系

北湖水系中,花山河为严东湖与严西湖间的连通渠道,目前花山河渠道基本形成,但由于船闸的施工建设,节点不通,导致严东湖与严西湖间并没有实现真正的连通。

北湖水系与东沙湖水系之间的连通渠——九峰渠于 2016 年底启动建设,还在实施中。

黄大堤港与严东湖为武九铁路相隔,致使严东湖和严家湖不具备直接连通条件;五加湖位于严东湖东北侧,临近严东湖东渠,但未与严东湖实现连通。

因此,北湖水系内部,以及与相邻的东沙湖水系、梁子湖水系之间,均未实现连通。

(2)梁子湖水系

对于梁子湖水系内部,严家湖为鸭儿湖子湖湖汊,属跨市域湖泊,由武汉市及鄂州市共管。严家湖(武汉部分)、严家湖(鄂州部分)及车墩湖各被一道堤埂分隔,而严家湖(鄂州部分)由于历史上受周边化工厂排污影响,水质情况较差,暂不具备连通条件。

而梁子湖水系与汤逊湖水系间,通过东坝河相连,东坝河是汤逊湖与牛山湖的连通渠。2019 年 6 月应急调水工程试运行,标志着汤逊湖水系与梁子湖水系正式连通,但由于东坝河整治工程并未完成,两岸污染源未得到有效拦截。因此考虑水环境风险问题,应急调水工程并未发挥效益。

因此,梁子湖水系内部,以及与相邻的北湖水系、汤逊湖水系,均未实现真正连通。

(3)汤逊湖水系

对于汤逊湖水系内部,由于水环境风险问题,东湖高新区涉及的南湖连通工程暂未实施。

（4）河湖库连通情况

1）九峰溪、龙山溪、九龙溪上游分别与九峰水库、龙山水库和九龙水库等水库相连，下游汇入豹澥河，由豹澥河汇入豹澥湖。

2）台山溪（含星月溪）、豹子溪、森林渠、九峰河、谷米河和玉龙河是分别汇入豹澥湖、东湖、严家湖和车墩湖的河流。

但由于目前这些港渠被不同程度地侵占，未得到良好的控制，港渠不连通，且生态流量得不到保障，港渠水源时有时无。

东湖高新区水系连通关系见图6.1-1。

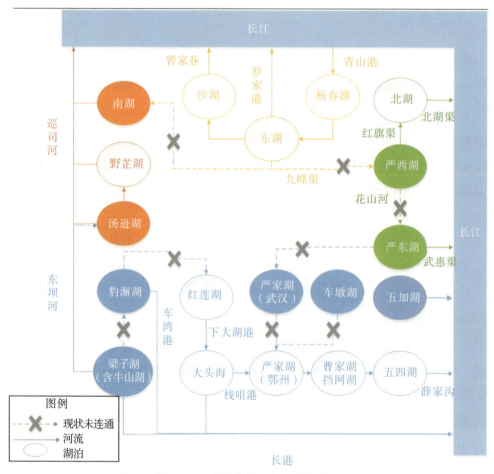

图6.1-1　东湖高新区水系连通关系

6.2　生态水网系统构建必要性

（1）打通河湖水系"经脉"，加强蓄泄雨洪能力的需要

东湖高新区人口密集、经济高速发展，而区内的河湖水体是城市的灵魂，也是区域

发展的基础。目前,东湖高新区河湖水系连通性不强,水体联系的减弱和隔断,既不利于缓解区域水资源分配的不均性的问题,也无法提高对水体的保护利用能力。湖泊调蓄和防洪排涝能力降低的同时,河湖的水质、生态环境、生物多样性、亲水性等方面均受到较大影响。

通过对河湖、湖湖进行连通,打通河湖水系"经脉",加强水资源利用与调配,可畅通洪水、涝水通道,及时调节湖泊汛前水位,并更好地发挥河湖水体的基本功能,保证区域人民生活生产安全。

(2)保障河湖生态用水,修复河湖和区域生态环境的需要

随着水体周边土地开发和水体利用的加剧,区域水环境和水资源现状愈发严峻。为了在保护区域环境生态的基础上,继续深入推动区域经济发展,亟须加快东湖高新区生态水网建设,合理调配水资源,保障河湖生态用水,加强区域生态环境保护。

增强湖与湖、湖与河、河与库之间的有机联系,可加快水体交换,改善水体流动性,并促进水体自净,提高水质,提高水资源承载能力;同时,疏通生物交换通道,改善生境,对于保持生物多样性、塑造良性生态平衡关系具有积极作用。

提高湖泊抗干扰和自然修复能力,合理平衡自然功能与社会功能间关系,是保障水生态安全,实现流域生态发展,改善居民生活环境重要举措。

(3)营造生态宜居环境,增强区域综合竞争力的需要

水是人类赖以生存、社会发展进步的基本条件,水生态环境也直接与人们的生活息息相关。通过构建水网,改善水资源与生产力不匹配的格局,提高水资源统筹调配能力,缓解水资源供需矛盾,合理调配生活、生产、生态用水,提高水资源供给保障能力,是促进经济社会发展的必要条件。

同时,依托河湖滨水生态空间建设,打造区域宜居环境,重新恢复区域河湖水清、水秀、水生态环境良好的面貌,不断提升水体综合服务功能,可满足居民休闲娱乐和公众日益提高的物质文化需求,并促进区域的进一步发展。

6.3 规划原则和思路

6.3.1 规划原则

(1)尊重历史、实事求是的原则

现有水系系统是经自然演变和多年人工改造而形成的,符合自然规律和反映了地区历史发展进程,尽可能多地保留原生符号既是对自然的尊重,也是对地区历史文化内涵的延续。

（2）尊重自然、统筹兼顾的原则

水系的网络化建设与城市建设的许多方面有相互联系，包括道路建设、交通组织、城市景观、用地布局以及防洪排涝等，协调与这些方面的关系是水系网络能否真正实现和发挥作用的关键。因此，需尊重自然规律，尊重水利规律，合理规划湖泊形态，沟通河湖，提高流域、区域防洪和水资源配置能力，落实国家相关政策，并统筹兼顾各方需求，合理规划，使方案具有可操作性。

（3）目标可达、经济合理的原则

水网构建应时刻围绕实现提升水资源利用和调配能力，保证区域水系生态条件优良的目标展开，通过工程的实施，能产生较大的社会效益和生态效益，极大地促进区域建设和经济发展，同时，又应结合客观情况和实际需求，注重方案实施的可行性和经济合理性。

6.3.2 水系连通条件

东湖高新区现状北湖水系与东沙湖水系之间连通渠正在实施中，近期将实现连通；汤逊湖水系和梁子湖水系之间待东坝河整治工程完成后可实现连通。根据上述规划原则，对东湖高新区内水系进行梳理，主要从现状地理位置、实施可行和经济合理上考虑，可借助现有港渠实现北湖水系的严东湖，与梁子湖水系的严家湖、车墩湖、豹澥湖、五加湖及沐鹅湖和东沙湖水系的东湖共"七湖"连通：

1）严东湖利用城区港渠，具备与严家湖、豹澥湖、车墩湖、东湖连通的条件。

2）严东湖利用严东湖东渠，以及《武汉市中心城区排水防涝专项规划（2012—2030）》中临江排水区规划排水明渠，具备与五加湖和沐鹅湖连通的条件。

6.3.3 规划思路

在现状水系的客观条件下，为了提升水体之间的生态联系，改善河湖生境和生态环境，强化水体自我修复能力和恢复生态，促进经济社会持续发展，本着人水和谐发展的治水理念，按"统筹规划、突出重点、分步实施"的思路进行布局，将水系格局优化分为高新区内和跨区的生态水网构建，主要通过江河湖相连，增加水体的连通性，提高水资源调配能力，并保证河湖的生态用水。

1）高新区内生态水网构建：从连通可行性、水体周边生态环境压力，以及实施连通后能否产生更大的综合效益等方面进行考虑，对城区范围的主要水系实现生态补水，构建生态水网。从水网构建的区域上划分，可分为高新区中心城区和滨江区生态水网构建。

2）跨区生态水网构建：根据《武汉市水生态系统保护与修复规划》等市级规划中武昌

江夏片水网的相关内容，主要为实施东沙湖水系、北湖水系、汤逊湖水系、梁子湖水系 4 个水系相连通的江南环状水网构建。

因此，东湖高新区水系格局优化主要包括中心城区生态水网构建、滨江区生态水网构建和江南环状水网构建三部分。

6.3.3.1 中心城区生态水网构建

中心城区水系主要包括豹子溪、豹澥河、台山溪（含星月溪）等 12 条河流，其中九峰溪、龙山溪、九龙溪上游分别与九峰水库、龙山水库和九龙水库等水库相连，下游汇入豹澥河，由豹澥河汇入豹澥湖；台山溪（含星月溪）、豹子溪、森林渠、九峰河、谷米河和玉龙河分别是汇入豹澥湖、东湖、严家湖和车墩湖的河流。严东湖东渠为汇入严东湖的河流；黄大堤港为严东湖和严家湖的连通通道，由于黄大堤港与严东湖为武九铁路相隔，因此严东湖与严家湖尚未连通。各条河流与周边水系的关系见图 6.3-1。

图 6.3-1　高新区各条河流与周边水系的关系

豹子溪、台山溪(含星月溪)拟通过生态大走廊项目实现补水。除豹子溪、台山溪(含星月溪)以外的上述其他河流,存在不同程度的侵占、淤塞等过流不畅的情况,在枯水期的生态流量均难以保证,部分河段断流,水体流动性差,水质无法保障,生态环境恶化,生态系统脆弱,不符合"三个光谷"定位,迫切需要开展中心城区河流生态补水工程。

规划构建中心城区生态水网,以豹澥河、谷米河、玉龙河等 9 条河流为纽带,连接南北两大生态绿楔,穿越光谷发展核心承载区,打造河湖渠相连、产城人相融的高科技新城。

根据城区河流地理位置和附近水源情况,补水备选水源有长江、水库、湖泊、中水(左岭污水处理厂尾水)。城区河流下游为豹澥湖、严家湖、车墩湖和东湖,湖泊水质管理目标均为Ⅲ类。长江水资源量较大,水质管理目标为Ⅲ类,但总磷偏高,要保证入湖的水质不低于Ⅲ类,则需要考虑对引水采取降磷措施。水库水资源量较小,且具有灌溉功能,其水资源优先满足自身功能需求,因此除水库有多余水量下泄的情况外,不具备进行补水的条件。左岭污水处理厂尾水日补水量可满足 10 万 m³/d,但根据《武汉市湖泊保护条例》第二十条,入湖水质需要达到或优于《地表水环境质量标准》(GB 3838—2002)湖泊Ⅲ类,技术和经济均难以支持实施。根据湖泊水资源量和地理位置,可考虑作为引水水源的湖泊主要有东湖、豹澥湖、严东湖;东湖、严西湖枯水期日均水资源量分别为 11.43 万 m³ 和 4.26 万 m³,东湖水源可通过九峰渠自流入严西湖,再通过花山河自流入严东湖,进而对城区水网进行补水,但严西湖水质无法保障,还需跨区协调;豹澥湖满足最低生态水位需求,枯水期日均可利用水资源量为 13.87 万 m³/d,但近年来水质呈下降趋势,2020—2021 年水质检测结果基本为Ⅳ类,通过豹澥湖进行补水,可能会对其他湖泊水质产生不利影响,且其位于需补水港渠的下游侧,与港渠连通的条件不佳;严东湖枯水期水位基本高于常水位,且从地理位置上看,通过严东湖对城区水网进行补水的同时还能实现与梁子湖流域中豹澥湖、严家湖、车墩湖和东沙湖水系中东湖的连通,但由于严东湖枯水期日均可利用水资源量仅 3.77 万 m³/d,因此只能将其作为主水源的补充。因此,补水水源应优先考虑长江和湖泊(严东湖、东湖)。

在 2025 年前,将城区河流与区内湖泊连通后,河流生态流量得以保证,不仅能提高河流的环境生态和景观面貌,还能缓解马驿水库、九峰水库、龙山水库、九龙水库、长山水库等水库下游的用水需求,给予水库的环境和景观用水更多的保障。

同时,到远期 2035 年,将在城区生态水网的基础上,实现跨区水网构建,形成江南环状水网,届时,豹澥湖、东湖和严东湖等湖泊也将间接连通,大水系的水资源利用以及调配的程度和效率更高。

6.3.3.2 滨江区生态水网构建

目前北湖水系中,湖泊之间的连通已实现,或连通工程正在实施中;而北湖水系与梁子湖水系之间,尚未实现连通。根据左岭滨江区本底资源、未来产业发展规划及东湖高新区湖泊生态保护规划,可以以武惠港、严东湖东渠为纽带,串联长江、严东湖、五加湖和沐鹅湖,保证枯水期严东湖向中心城区港渠补水时。既能满足自身生态用水需求,又能实现滨江区水系的连通,结合葛化集团产业转型,打造江河湖相济、人山水相依的"绿色＋智慧"滨江区。

同时,长江水质虽为Ⅲ类,但相对于湖泊而言,总磷偏高,因此需要在江水引入严东湖前新建净水厂降低江水中的磷含量,以达到补水水质标准。

滨江区水系条件见图 6.3-2。

图 6.3-2　滨江区水系条件

6.3.3.3　江南环状水网构建

根据《武汉市水系规划》等市级规划中武昌江夏片水网的相关内容,江南环状水网构建主要为实施东沙湖水系、北湖水系、汤逊湖水系、梁子湖水系 4 个水系的连通。

目前,东沙湖水系与北湖水系的连通渠九峰渠还在实施中,尚未实现连通;严东湖与严家湖不具备直接连通条件,但可以利用中心城区水网构建的便利,为黄大堤港源头进行补水,间接实现严东湖与严家湖的连通;梁子湖水系与汤逊湖水系已通过东坝河实时连通,但由于水环境风险等问题,并未发挥真正效益;而汤逊湖水系和东沙湖水系之间的连通通道并未实施。同时,各水系内部也存在因历史和客观原因,暂未连通或不具备连通条件的情况。

因此,本书主要依据区域地形地质条件,经济社会发展状况,内、外部水系格局以及各连通湖泊之间的水质、生态需求情况,对江南环状水网系统中东湖高新区范围内未连通的水体提出连通方案。

而在滨江区生态水网构建中,通过长江引水,可促进江南环状水网中北湖水系与梁子湖水系的连通效果。

1)通过长江引水到严东湖,可保证严东湖对城区港渠补水量的需求。港渠的水分别汇入到豹澥湖、严家湖和车墩湖,加强了北湖水系和梁子湖水系的水力联系,改善了枯水期及旱季梁子湖水系的水动力条件,是对江南环状水系功能的补充。

2)通过长江引水,经武惠港—净水厂(降磷)—严东湖—港渠—梁子湖水系后,最终回到长江,提高了长江水资源的利用和调配能力,同时,严东湖开展水环境治理后,与梁子湖水系水质均稳定在Ⅲ类及以上,因此回到长江中水体的水质优于现状江水水质,也使长江实现了水体的净化和水资源的保护。

综上所述,目前,东湖高新区内严东湖、五加湖、严家湖、车墩湖、豹澥湖尚未实现连通,生态水网构建主要包括:

1)构建中心城区生态水网,以豹澥河、谷米河、玉龙河等9条河流为纽带,连通严东湖、豹澥湖、严家湖、车墩湖、东湖,实现区域内水系连通。

2)构建滨江区生态水网,以武惠港、严东湖东渠为纽带,串联长江、严东湖、五加湖和沐鹅湖,实现滨江区水系的连通。

3)构建牛山湖—豹澥湖引水工程,改善豹澥湖水质,实现牛山湖与豹澥湖的连通。

4)构建江南环状水网,至2025年,北湖水系可实现连通,花山河受船闸施工影响,严西湖与严东湖暂未连通,待船闸施工完成后即可实现连通;由于黄大堤港与严东湖为武九铁路相隔,因此严东湖与严家湖不具备直接连通条件,但通过实施中心城区水网补水,可为黄大堤港补水创造条件,间接实现严东湖与严家湖的连通。至2035年,实现严家湖(武汉)与严家湖(鄂州)、车墩湖的连通。

6.4 规划目标

在光谷构建的世界级"黄金十字轴"和科技创新大走廊串起三条新千亿大道的基础上,通过生态水网构建和两岸绿化带建设,实现"江河湖相济,河湖渠相连,产城人相融,人山水相依"的总目标,阶段性目标为:

1)到2025年,实现高新区内生态水网构建,形成江河湖相济、河湖渠相连的水系网络,使水资源得到有效利用和控制,枯水期湖泊生态水位和主要河流生态流量保证率100%。

2)到2035年,结合大东湖生态水网和梁子湖生态水网,实现江南环状生态水网构建,湖泊防洪调蓄及水资源调配利用能力进一步增强,湖泊水域面积保证率100%;加强河、湖水体交换能力,提升水体流动性和水质,改善水体及周边环境生态。

6.5　生态水网系统规划方案

6.5.1　中心城区生态水网构建

6.5.1.1　基本参数

一般用水期(年内较枯时段)河内流量达到年平均流量的 30% 时,与鱼类、野生动物、娱乐及相关环境资源关系评价为好,达到年平均流量的 40% 时,评价为很好;丰水期时段河内流量达到年平均流量的 30% 时,评价为一般或较差,达到年平均流量的 40% 时,评价为良好。而不同时段,最佳流量均为 60%~100%。

豹澥河、谷米河、玉龙河等区内港渠径流量较小,枯水期出现断流状况,丰水期流量也不稳定。为保持港渠枯水期的生态优良,并兼顾丰水期的使用需求,港渠生态需水量应不低于多年平均天然径流量的 40%,同时考虑到工程经济合理性,港渠生态需水量应不高于多年平均天然径流量的 60%。

根据武汉市近 68 年(1951—2018 年)各月降水量统计分析,汛期、枯水期水量相差大,多年平均 4—8 月径流量约占全年径流总量的 70%,其中 5—7 月是全年来水的高峰期,其径流量约占全年的 49.9%。年径流量最多的月份是 6 月,单月径流量约占全年的 19.38%,其次是 7 月,单月径流量占全年的 18.13%。全年径流量最少的月份是 12 月,单月径流量仅占全年的 1.62%,其次是 1 月,单月径流量占全年的 2.39%。

表 6.5-1　　　　　　武汉市近 68 年(1951—2018 年)各月降水量统计分析

时段	径流深/mm	占年值比例/%
1 月	14.33	2.39
2 月	21.65	3.61
3 月	39.58	6.6
4 月	64.22	10.71
5 月	74.30	12.39
6 月	116.21	19.38
7 月	108.72	18.13
8 月	60.09	10.02
9 月	34.60	5.77
10 月	33.28	5.55
11 月	22.97	3.83
12 月	9.71	1.62
年合计	599.66	100

注:表中数据来源于武汉站 1951—2018 年实测雨量资料。

中心城区生态补水河流中,九峰河、森林渠汇入东湖,黄大堤港、谷米河汇入严家湖,玉龙河汇入车墩湖,九峰溪、龙山溪、九龙溪、豹澥河均汇入豹澥湖;严家湖、车墩湖、豹澥湖均属于梁子湖水系。考虑到长江汛期为4—10月,为减小下游梁子湖流域汛期排水压力,城区河流补水时间一般在11月至次年3月;当梁子湖水位高于警戒水位时不得向城区河流补水。

综上所述,中心城区生态补水河流补水时间一般在11月至次年3月。

考虑到需补水的港渠均为城区河流,汇水区内建成区面积较大,各港渠径流系数相对较大,本书综合考虑不同地类面积、径流系数、各港渠汇水区面积,计算各港渠多年平均径流量、40%多年平均径流量和60%多年平均径流量,计算结果见表6.5-2。

表 6.5-2　　　　　　　　　　中心城区及相关港渠生态需水量计算

序号	港渠	汇水面积/km²	多年平均径流量/万 m³	40%多年平均径流量/(万 m³/d)	60%多年平均径流量/(万 m³/d)
1	九峰河	22.7	1270	1.39	2.08
2	森林渠	2.86	160	0.17	0.26
3	谷米河	8.87	595	0.65	0.98
4	玉龙河	9.52	671	0.73	1.10
5	九峰溪	11.51	838	0.92	1.38
6	豹澥河	10.43	701	0.77	1.16
7	九龙溪	8.09	544	0.60	0.9
8	龙山溪	2.57	173	0.19	0.28
9	严东湖东渠	2.13	138	0.15	0.22
10	黄大堤港	9.29	652	0.72	1.07
	合计	/	5742	6.29	9.43

东湖高新区生态水网引水量主要满足港渠的生态需水要求,即在正常工况下,九峰溪和龙山溪2条港渠生态引水量考虑生态和景观需求,按最佳流量(年平均流量的60%)考虑,其余港渠按满足生态评价很好的流量要求(40%);不计入豹澥河流量,中心城区10条港渠生态需水量共为6.07万 m³/d。在特殊工况下,若出现严东湖和五加湖等湖泊水位低于生态适宜水位时,可优先对湖泊进行生态补水,补水量主要用于弥补湖泊水体的蒸发量,而港渠引水方面,均按年平均流量的40%考虑;不计入豹澥河流量,中心城区10条港渠生态需水量共为5.52万 m³/d。

可考虑作为东湖高新区水网引水水源的湖泊主要有东湖、豹澥湖、严东湖,其余湖泊水资源量较小,或地理位置上明显无法满足东湖高新区水网补水需求。

由于东湖、豹澥湖、严东湖位于城区，考虑到未来城市建设，建成区面积较现状均有所增大，因此东湖、豹澥湖、严东湖径流系数应根据规划用地类型，按照相应用地类别取用对应的径流系数，按地类面积加权平均计算。经计算，各湖泊11月至次年3月水资源量成果见表6.5-3。

表6.5-3 各湖泊11月—次年3月水资源量成果

序号	名称	枯水期可利用水资源量/万 m³	日均可利用水资源量/万 m³
1	东湖	1612	11.43
2	豹澥湖	1956	13.87
3	严东湖	532	3.77

6.5.1.2 中心城区9条河流补水线路比选

依据中心城区河流所在区域地形地质条件、经济社会发展状况以及各河湖之间的水质、生态需求情况，按照备选水源和城区河流补水位置确定补水方案。

本节主要对豹澥河、谷米河、玉龙河等9条河流补水方案进行比选，该9条河流日需水量为5.92万 m³/d，取水泵站日运行时间按14h控制，并考虑取水和输水过程中的水量损失为10%，日取水规模为6.51万 m³，则泵站引水流量为1.29m³/s。

严东湖东渠是汇入严东湖的港渠，在6.5.1.3中单独论述。

（1）补水位置

为补充城区河流生态流量，达到流水不腐的生态要求，补水点选于各条河流首端或河流上游水库。补水顺序为从湖泊引水至各条河流首端，对于上游接水库的河流，根据水库位置可从湖泊引水至水库，按照水量不变原则由水库放水至河流。

豹澥河上游通过九峰溪与九峰水库连通，通过龙山溪与龙山水库相连，通过九龙溪与九龙水库连通。

由于九峰水库在九峰一路北侧，且距马驿水库较近，为增加水库的水动力，优先考虑从湖泊引水到九峰水库和马驿水库，之后由九峰水库向九峰溪补水、由马驿水库向森林渠和九峰河补水。

九龙水库东侧有谷米河，且九龙水库（正常蓄水位43.80m）和谷米河补水点（高程约30m）间沿科技二路段最高点高程约50m。若从湖泊引水到九龙水库，将需在九龙水库设一泵站引水至谷米河补水点，投资增大，后期运行管理复杂，因此，规划从湖泊引水到谷米河补水点，不考虑从湖泊引水到九龙水库。

根据相关资料和现场调研，龙山水库在溢洪道右侧新建了输水管，由闸室、管身组成，管身采用 Φ600mm 钢筋混凝土管，出口接溢洪道消力池。溢洪道消力池后为尾水渠（龙山溪）。龙山水库位于九峰一路和福银高速交叉处，该处高程约60m，高于龙山水库正常蓄水位 53.10m,因此,规划从湖泊引水到龙山水库,之后由龙山水库通过输水管向龙山溪补水。

补水水源(湖泊)及补水河流分布见图 6.5-1。

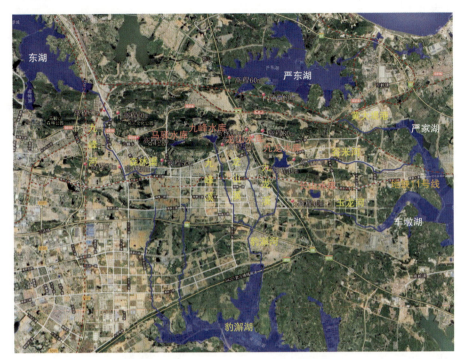

图 6.5-1　补水水源(湖泊)及补水河流分布

(2)东湖水源方案

东湖湖泊常水位 19.15m,中心城区补水河流补水点高程 16~44m。根据东湖和中心城区补水河流位置,规划采用泵压引水方式,管道输水。线路布置方案拟定时尽量利用现有道路和避开城区建筑物密集地带。

具体为在九峰河汇入东湖处附近设置取水口和取水泵站,泵站引水流量 1.29m³/s,扬程 105m,引水管道全长 24.5km,泵压输水,各管道引水流量 0.04~1.29m³/s,线路走向见图 6.5-2。

(3)严东湖水源方案

严东湖湖泊常水位 17.50m,中心城区补水河流补水点高程 16~44m。根据严东湖和中心城区补水河流位置,规划采用泵压引水方式,管道输水。线路布置方案拟定时尽量利用现有道路和避开城区建筑物密集地带。

图 6.5-2　东湖水源线路布置

　　在严东湖南岸潘家湾附近设置取水口和取水泵站,泵站引水流量 1.29m³/s,扬程 95m,引水管道全长 20.1km,泵压输水,各管道引水流量 0.06~1.29m³/s;森林渠连通工程全长 1.2km(森林渠连通工程,整治长度 1.2km,整治后实现马驿水库下游和森林渠连通),设计流量 9.24 m³/s。线路走向见图 6.5-3。

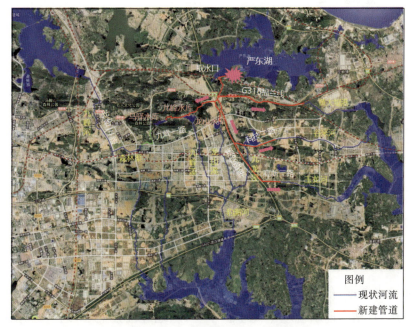

图 6.5-3　严东湖水源线路布置

（4）方案比选

对湖泊水源方案的枯水期水资源量、水质、线路布置、施工条件、水系连通、工程投资、优缺点等方面进行比较，见表6.5-4。

表6.5-4　　　　　　　　　　　湖泊水源方案综合比较

水源	东湖水源	严东湖水源（长江引水）	比较结果
枯水期水资源量	11.43万 m³/d	3.77万 m³/d＋长江引水	相当
水质	Ⅲ类	Ⅲ类	相当
长度/扬程	24.5km管道/105m扬程	20.1km管道/95m扬程＋1.2km河道	严东湖较优
施工条件	①线路主要沿现有道路铺设，施工方便；②建设难度较高，穿2次铁路、1次地铁（轨道交通11号线）	①线路主要沿现有道路铺设，施工方便；②建设难度较高，穿3次铁路、1次地铁（轨道交通11号线）	东湖较优
水系连通	连通了严家湖、车墩湖、豹澥湖，未连通严东湖	连通了严家湖、车墩湖、豹澥湖、东湖，实现了区域内水系连通	严东湖较优
土建投资（不含运行费用）	10000万元	8500万元	严东湖较优
运行成本	550万元/年	450万元/年	严东湖较优
优点	①水质满足要求；②连通了严家湖、车墩湖、豹澥湖	①水质满足要求；②位于高新区，调水协调难度较小；③连通了严家湖、车墩湖、豹澥湖、东湖，实现了区域内水系连通；④投资较小	
缺点	①权属问题，东湖为国家重点风景名胜区，调水协调难度大；②未连通严东湖；③建设难度较高，穿2次铁路、1次地铁（轨道交通11号线）；④投资较大	①建设难度较高，穿3次铁路（武九线和武石城际铁路）、1次地铁（轨道交通11号线）	
综合比较	经综合比选，规划推荐严东湖水源（长江引水）为城区河流补水水源		

（5）引水水源适宜性论证

1）严东湖水源：严东湖规划功能定位为生态调节、雨水调蓄和渔业养殖，湖泊现状周边无取水设施，且枯水期水位基本高于常水位，从地理位置上看，通过严东湖对东湖高新区水网进行补水的同时，还能实现对梁子湖流域中豹澥湖、严家湖和车墩湖的补水。

但由于严东湖自身水资源量有限(枯水期日均可利用水资源量仅 3.77 万 m³/d),因此只能将严东湖作为主要水源的补充。主要水源可考虑大东湖水源或长江水源。

根据严东湖 2010—2020 年水质变化呈先下降,后好转趋势(Ⅳ类降到Ⅴ类,后逐渐恢复至Ⅲ类、Ⅳ类),2020—2021 年其水质基本达到Ⅲ类。考虑到豹澥湖、严家湖和车墩湖等湖泊的水质管理目标为Ⅲ类,因此,若通过严东湖对高新区水网补水的工程,应结合严东湖水环境综合治理同步进行,以保证补水对象的水质。

目前,严东湖水环境综合治理已开展规划设计工作,将与水网构建工程同步实施退垸还湖、污染源治理、岸坡治理和水生态修复等相应治理措施,因此,将严东湖作为主要水源的补充,并通过严东湖对高新区水网进行补水,是能够保证水质需求的。

2)大东湖水源:通过大东湖水系水源,可直接从东湖取水,或者利用已实施完成的九峰渠和花山河,从东湖引水自流入严西湖,再自流入严东湖,进而对东湖高新区水网进行补水。

大东湖水系设计引水流量 40m³/s,东湖、严西湖枯水期日均可利用水资源量分别为 11.43 万 m³/d 和 4.26 万 m³/d,且九峰渠、花山河的过流能力均能满足流量要求,因此,花山河完工后,东湖和严西湖对严东湖的水资源可产生较好的补充作用。但是,根据近两年武汉市生态环境局公布的地表水环境质量状况数据,严西湖水质长期处于地表水Ⅳ类标准,而根据东湖高新区实测数据,2021 年 1—3 月严西湖水质为Ⅲ~Ⅳ类,超标月份为 2 月,超标指标为总磷(0.064mg/L,超标 0.28 倍),由此可见,严东湖若要从严西湖获取水资源,需采取一定的水质净化措施。同时,严西湖的水面由洪山区管理,而东湖为国家重点风景名胜区,有独立的管理机构,因此,利用东湖和严西湖水源需要开展一定的协调工作。

3)长江水源:长江水资源量较大,水质管理目标为Ⅲ类,但总磷偏高,要保证入湖的水质不低于Ⅲ类,则需考虑对引水采取降磷措施。

综上所述,从水质水位条件、地理位置等方面考虑,严东湖是对中心城区港渠补水的最佳水源,但为保证枯水期补水量的需求,需要从其外部补充水资源。根据严东湖周边水源分析,规划从长江引水至严东湖。

6.5.1.3 严东湖东渠补水线路

参考前面水源比选,严东湖水质管理目标为Ⅲ类,五加湖水质管理目标为Ⅳ类,不考虑从五加湖引水,本书采用严东湖补水,同时可较好地改善五加湖水动力条件,有效提高湖泊水质。

规划将严东湖东渠进行清淤整治,河底高程降至严东湖常水位以下,并在严东湖东渠首段设置取水口和泵站,泵压管道引水跨油库专线,之后沿现有道路铺设管道引水至五加湖,引水管道长约 0.76km,最大引水流量 0.03m³/s,PE100 管 DN200,0.6MPa,扬程 25m(图 6.5-4)。

图 6.5-4　严东湖东渠补水线路布置

6.5.1.4　中心城区生态水网构建方案总体布置

中心城区生态水网构建方案总体布置情况如下。

在严东湖南岸潘家湾附近设置取水口和取水泵站,泵站引水流量 $1.29m^3/s$,扬程 95m,线路走向如下:

1)干管:取水泵站后接一条干管沿着 002 县道铺设至福银高速与 G316 福兰线交叉处,沿福银高速向南铺设至福银高速与高新二路交叉处,沿高新二路向东铺设至玉龙河,向玉龙河补水。

2)支管 1:在福银高速与 G316 福兰线交叉处分出一条支管,沿 G316 福兰线和武石城际铁路铺设至黄大堤港,向黄大堤港补水。

3)支管 2:在福银高速与 G316 福兰线交叉处向南 150m 分出一条支管,通过涵洞后再分成 2 条管道,1 条铺设至龙山水库向龙山溪补水,另 1 条先铺设至九峰水库向九峰溪补水,之后铺设至马驿水库(同时实施森林渠连通工程,缓解区域渍水问题,整治长度 1.2km,设计流量 $9.24\ m^3/s$,整治后实现马驿水库下游和森林渠连通),向森林渠、九峰河补水。

4)支管 3:在福银高速与科技二路交叉处分出一条支管,沿科技二路铺设至谷米河,向九龙溪和谷米河补水。

引水管道全长 20.1km，泵压输水，各管道引水流量 0.06～1.29m³/s，管材为球墨铸铁管 DN500～DN1200，K9 级；PE100 管 DN280～DN400，1.25MPa。森林渠连通工程全长 1.2km，设计流量 9.24 m³/s。

6.5.2 滨江区生态水网构建

6.5.2.1 基本参数

东湖高新区中心城区 10 条港渠正常工况下生态需水量共为 6.07 万 m³/d，在特殊工况下生态需水量共为 5.52 万 m³/d。将严东湖作为中心城区河流的补水水源，在对中心城区河流进行补水的同时，还能实现对梁子湖流域中豹澥湖、严家湖和车墩湖的补水，改善湖泊水质，增加湖泊流动性。但由于严东湖水资源量有限（枯水期水资源量 3.77 万 m³/d），只能将其作为主要水源的补充。因此，为保证严东湖在枯水期的水资源量，需要进一步规划严东湖的补水水源，补水时段为 11 月至次年 3 月。

6.5.2.2 规划方案

根据严东湖、五加湖的地理位置、地形条件、区域可利用水源、连通渠道现状，规划采用长江水源对严东湖进行补水，主要有 2 种线路布置方案。

（1）长江—五加湖—严东湖—城区生态水网

五加湖位于长江和严东湖之间，可考虑由长江引水至五加湖，之后由五加湖向严东湖引水。

线路布置方案拟定时尽量利用现有道路和避开建筑物密集地带，具体如下。

1）长江—五加湖：在白浒山外贸港附近设置取水口和泵站，泵压管道引水，沿牧江街铺设管道引水至五加湖。

2）五加湖—严东湖：在武鄂高速附近设置取水口和泵站，泵压管道引水和河道引水，沿油库专用线和现有道路铺设管道引水至严东湖东渠，之后由严东湖东渠引水至严东湖。

本书从长江引水至五加湖，之后由五加湖向严东湖引水，再由严东湖向城区生态水网补水。严东湖水质管理目标为Ⅲ类（湖泊），五加湖水质管理目标为Ⅳ类（湖泊）。由于五加湖水质管理目标低于严东湖，为防止引水后影响严东湖水质，需要将五加湖水质提标到Ⅲ类（湖泊）。同时，引水段长江水质管理目标为Ⅲ类（江河），虽然现状可稳定为Ⅱ类（江河），但总磷仍高于Ⅲ类（湖泊）的标准，因此需要新建水质提升工程（表面流湿地和生态降磷设施）来净化从长江引入五加湖的水。

根据五加湖水质检测数据，五加湖水体除总磷外，其余指标均可达地表水Ⅲ类水质（湖泊）标准。由于五加湖周边污染源基本得到控制，因此具备开展水质提升工作的条件,让其水质整体达到Ⅲ类的条件。但经调研,五加湖周边用地现状及规划无法为(长江引水)水质提升工程提供可利用的布置空间,不能保证生态补水的水质条件,只能利用五加湖附近现有祥龙电业水厂从长江引水。经水质检测,祥龙电业水厂供水水质满足地表水Ⅲ类水质(湖泊)标准,但日供水量不稳定,需要视企业用水量而定,枯水期能有效利用严东湖和五加湖水资源量(合计 3.89 万 m^3/d),无法同时满足补水港渠需求。因此,若采用该方案,则近期无法保证持续满足东湖高新区港渠的补水需求。

图 6.5-5　长江—五加湖—严东湖线路布置

(2)长江—严东湖—城区生态水网和五加湖

严东湖现状通过武惠港与长江相连,武惠港沿线与武惠堤和花山港堤相交,两堤堤顶高程分别约为 29.2m 和 26.6m,交汇处均有一座涵闸与两堤正交,分别为武惠闸和外江排水闸。根据严东湖周边港渠现状,可考虑利用武惠港由长江引水至严东湖,之后由严东湖向五加湖引水。

根据相关资料,武惠闸闸底板顶高程为 17.0m,武惠港纵坡较缓,约为 0.5‰,且与严东湖连接位置渠道底高程为 16.0m,武惠港两岸高程基本高于 19.0m,因此,可采取引水方式如下。

1)长江—严东湖:在外江排水闸临江侧附近设置取水口和泵站,引水时,外江排水闸门关闭,将江水引至外江排水闸临岸侧武惠港内,通过武惠港引水至严东湖。

2)严东湖—五加湖:将严东湖东渠进行清淤整治,河底高程降至严东湖常水位以下,并在严东湖东渠首段设置取水口和泵站,泵压管道引水跨油库专线,之后沿现有道路铺设管道引水至五加湖。

本书是从长江引水至严东湖,之后由严东湖向城区生态水网和五加湖补水。严东湖水质管理目标为Ⅲ类(湖泊),长江水质为Ⅲ类(江河),但总磷高,要保证入湖的水质不低于Ⅲ类(湖泊),需新建水质提升工程来净化从长江引入严东湖的水。

为保证长江引水全部经水质提升工程处理后再进入严东湖,需要增设控制闸坝进行调控:在武惠港汇入严东湖处新建1座挡水坝拦截武惠港水流,使其进入水质提升工程处理后,再引水至严东湖。

长江—严东湖—五加湖线路布置见图6.5-6。

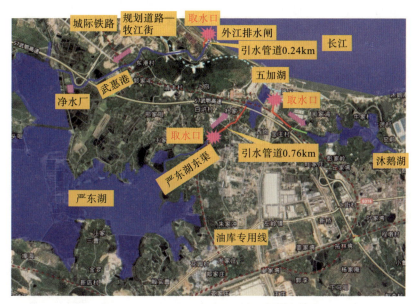

图 6.5-6　长江—严东湖—五加湖线路布置

(3)方案比选

对长江水源两种补水方案的引水方式、水质水量、工程投资、优缺点等方面进行比较,见表6.5-5。

表 6.5-5　　　　　　　　　　　　长江水源方案综合比较

水源	长江		比较结果
	方案1:长江—五加湖—严东湖—城区生态水网补水方案	方案2:长江—严东湖—城区生态水网和五加湖补水方案	
引水方式及水质	周边无用地布置提水泵站及水质净化工程,只能利用祥龙电业水厂引至五加湖,祥龙电业水厂供水水质满足补水需求	泵压管道引水,利用武惠港引水,需新建水质提升工程保证引水水质	两个方案水质均可满足补水需求,但在水量方面,方案1水量难以保证,方案2更优
水量	近期水量不足,祥龙电业水厂供水量难以保证	按需要新建泵站引水,可满足补水需求	

水源	长江		比较结果
	方案1:长江—五加湖—严东湖—城区生态水网补水方案	方案2:长江—严东湖—城区生态水网和五加湖补水方案	
水系连通	连通严东湖、五加湖、沐鹅湖,使五加湖水质稳定在Ⅲ类	连通严东湖、五加湖、沐鹅湖	方案1较优
工程投资	1500万元(五加湖水质提升工程)	8100万元(长江引水泵站和水质提升工程,不含运维及占地费用)	方案1无须新建泵站和水质提升工程,投资成本及运维费用均较低,方案2在补水保证率上可达95%,因此投资及运维成本较高
运行成本	900万元/年(祥龙电业水厂水处理费及五加湖维护费用)	1000万元/年(长江引水泵站和水质提升工程运维费)	
优点	①连通了五加湖、严东湖、沐鹅湖,实现了水系连通,且可提升五加湖水质条件,改善区域生态环境; ②有效利用现有供水设施,建设难度小,投资及运维成本较低	①连通了五加湖、严东湖、沐鹅湖,实现了水系连通; ②补水水量有保障	①从补水功能来看,两个方案水质均满足要求,但近期方案2可保证补水需求; ②从水系连通来看,方案1、方案2均连通了五加湖、严东湖、沐鹅湖,实现了水系连通,方案1可实现五加湖提标,相对较优; ③从工程投资及实施难度来看,方案1建设难度较低,投资及运维费用较低 综上所述,方案2在枯水期对港渠补水的保证性较高,优于方案1
缺点	五加湖周边无空间布置水质提升工程,现有供水设施补水水量有限,枯水期补水量难以保障	长江水质为Ⅱ~Ⅲ类,但需降磷处理,修建水质提升工程,建设投资及运维成本较高,且严东湖及武惠渠周边用地协调存在一定难度	

综上所述,滨江区生态水网构建推荐采用长江水源方案2:长江—严东湖—城区生态水网和五加湖。

6.5.2.3 滨江区生态水网构建方案总体布置

滨江区生态水网构建方案总体布置情况如下:

(1)长江—严东湖

在外江排水闸临江侧附近设置取水口和泵站,引水时,外江排水闸门关闭,将江水引至外江排水闸临岸侧武惠港内,通过武惠港引水至严东湖,引水管道长约0.24km,引水流量 1.32m³/s,球墨铸铁管 DN1200,K9 级,扬程 25m。

(2)严东湖—五加湖

在严东湖东渠首段设置取水口和泵站,泵压管道引水跨油库专线,之后沿现有道路铺设管道引水至五加湖,引水管道长约 0.76km,最大引水流量 0.03m³/s,PE100 管 DN200,0.6MPa,扬程 25m。

(3)五加湖—沐鹅湖

在五加湖东北侧湖汊(靠近化工北路位置)设置五加湖控制闸,并通过连通管和连通港渠,连接五加湖和沐鹅湖。连通管长 0.6km,采用 DN2000 的钢筋混凝土管;连通港渠长 0.15km,采用格宾石笼+草皮护坡+景观植物的复式断面。

滨江区线路全长 1.75km,其中,引水管道 1.6km,连通港渠 0.15km,新建泵站 2座、控制闸 1座、净水厂 1座和钢坝 1座。

6.5.2.4 长江引水降磷方案

(1)净水厂布置

长江白浒山断面近 3 年总磷浓度为 0.08~0.17mg/L,均值 0.11mg/L;湖泊Ⅲ类总磷限制浓度为 0.05mg/L。长江水质为Ⅲ类,但总磷高,要保证入湖的水质不低于Ⅲ类,需要新建净水厂来净化从长江引入严东湖的水。根据严东湖用地现状,可在武鄂高速南侧武惠港汇入严东湖前的湖泊控制区新建 1 座净水厂,并在武惠港汇入严东湖处新建1 座钢坝拦截武惠港水流使其进入净水厂,之后由净水厂引水至严东湖(图 6.5-7)。

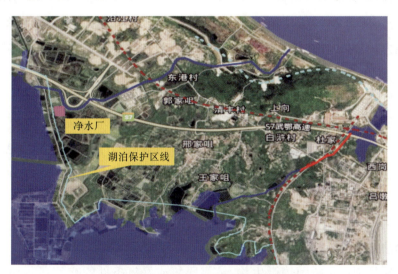

图 6.5-7　净水厂布置位置

(2)水体磷处理技术比选

含磷水体的处理技术按其除磷理论可分为物理化学法、生物法和人工湿地法三大类。

1)物理化学法。

物理化学法是通过吸附、结晶、沉淀等物理化学作用将水中的可溶性的磷转变成不溶于水的磷或置换为其他离子,从而达到除磷目的。

①吸附法。

吸附法是依靠吸附剂与磷之间的物理化学反应来达到去除磷的目的。传统的吸附剂如工业炉渣、粉煤灰等都对水体中的磷有一定的吸附作用,其建设成本低、设施简单,但存在吸附容量低,吸附剂替换费用过高等缺点。近年来,为寻求造价、适用度等方面均衡的新型吸附剂,众多学者将研究重点放在改性沸石等矿物质材料上。以矿物质为原料制成的新型吸附剂。

②化学沉淀法。

化学沉淀法除磷工艺的原理是向含磷污水中投加合适的化学试剂,使废水中的磷酸根转化为相应的沉淀物,再经过沉淀过滤等工序,将产生的沉淀物从水中分离出来,从而达到除磷的目的。常用的试剂有钙盐、铝盐、铁盐和新型复合阳离子絮凝剂等。化学沉淀法的效果受水体 pH 值影响较大,且普遍存在影响水体生态、二次污染严重等问题,一般多用于磷含量较高废污水的处理。

③离子交换法。

离子交换法是选择相应的离子交换树脂,利用离子交换剂和溶液中的磷发生交换反应,从而将磷从溶液中分离置换的过程,根据所选离子交换树脂交换能力的强弱有针对性地去除污水中的磷。但使用离子交换法除磷易发生树脂药物中毒现象,导致树脂失去交换能力,同时还存在树脂交换容量低、选择性差、投资高等问题,在实际推广中的应用有限。

④电渗析法。

电渗析法是一种利用施加于阴阳膜对之间的电压去除水溶液中的溶解物质的膜分离技术。该方法对预处理要求较为严格,且在离子选择性方面较为狭窄。电渗析设备的基建费随着水厂的规模等因素有较大波动,一般基建费用约为 100 美元/m^3,运行管理费用约 0.5 美元/m^3,且后续对磷的回收工作量和投资金额也较大,目前在我国尚未出现大规模应用实例。

2)生物法。

生物除磷是利用聚磷菌等微生物,依靠厌氧或好氧条件的交替运行而达到除磷目的。聚磷菌在厌氧或缺氧状态下会释放出磷,在好氧条件下会大量吸收水体中的磷,通过污泥的排出实现水体中磷的去除。生物法是一种较为经济的除磷工艺。在合理控制反应条件下,对污水中磷的去除效率可达到 90% 以上。但生物法除磷对污水中有机物含量要求较高,碳源不足会导致生物活性降低,影响磷的吸收,且剩余污泥问题较大,使得出水水质很难达到排放标准。此外,生物法一般用于磷含量较高废污水的处理,微污染地表水体的治理效果较差。

3)人工湿地法。

人工湿地技术是以生态净化循环系统为依托,利用基质填料、植物根系和微生物的协同作用去除水体中的污染物,该技术成本较低、工艺简洁。对于磷的去除可概括为三个方面:

①基质对磷的物理化学吸附沉淀作用。

②聚磷菌等微生物的同化、积累作用。

③水生植物的吸收作用,其中基质的吸附为人工湿地除磷作用的主要来源。因此,在设计人工湿地时,需要有效选择吸附容量高、化学吸附为主的基质,从而发挥出最大功效。根据经验数据,传统的人工湿地除磷效率有限,为40%~60%,且占地较大,一般不作为水体单独除磷工艺使用。

4)水体除磷技术小结。

结合水质特点、处理对象、现场条件等,从适用范围、成本、处理效果、运行维护等多方面进行综合对比,见表6.5-6。

表 6.5-6 水体除磷技术比较(一)

处理工艺	物理化学法				生物法	人工湿地
	吸附法	化学沉淀法	离子交换法	电渗析法		
适用范围	高浓度和低浓度均适用	高浓度和低浓度均适用	高浓度和低浓度均适用	高浓度和低浓度均适用	高浓度	低浓度
处理成本(元/m³)	0.4~1.5,根据吸附剂种类不同,变化较大	0.2~0.8	5~8	3~5	0.1~0.2	0.1~0.2
投资成本(元/m³)	500~1200	500~1200	1800~3000	800~2000	500~800	500~800
去除效果	Ⅲ类或以上	Ⅲ类或以上	Ⅲ类或以上	Ⅳ~Ⅴ类	Ⅳ~Ⅴ类	Ⅲ类或以上,吸附饱和后需更换填料
占地面积	一般	一般	较小	较小	一般	较大
技术成熟度	高	高	一般	一般	高	高
运行管理	简单	简单	较难	较难	简单	简单
系统稳定性	稳定	稳定	一般	一般	一般	一般

根据表6.5-5,可满足Ⅲ类水体目标的技术有吸附法、化学沉淀法、离子交换法、生物法和人工湿地法。

由于长江中下游段水质为地表水Ⅲ类,水体中化学需氧量、总磷含量均较低,且总磷中的绝大部分为溶解性磷酸根,在自然条件下很难靠生化反应去除,不建议采用生物法进行处理。再者,典型人工湿地除磷效果介于$40\%\sim60\%$,工程设计补水量$1.29m^3/s$,流量较大。若采用人工湿地技术,对于大流量目标一般选择表面流人工湿地,根据估算,所需场地面积为15万 m^2 以上,目前的引水路线无法满足上述场地要求。同时,由于每年引水时间为当年11月至次年3月,冬季气温较低、水生植物活性减弱,人工湿地除磷能力受到影响。物理化学处理法中较为成熟的技术为吸附法和化学沉淀法,后者一般用于工业废水磷的处理,除磷剂的使用对水体 pH 值有一定要求,且生物毒性较强,若水体中残留部分未完全反应的除磷剂,进入湖泊会影响水生态系统平衡,不建议用于地表水体的治理。此外,离子交换法对进入处理单元的水质要求较高,若水体中杂质含量较高,会极大地影响离子交换膜的效率和寿命,且该技术投资和运行费用均较高,不建议用于江水的处理。吸附法应用广泛、除磷效率高,随着近年材料科学的发展,多种新型吸附剂陆续诞生,其中有代表性的为 Si-Al 骨架的改性矿物质材料,普遍具有吸附效果好、生物无毒性等特点,可用于具有生态功能水体的治理,适用于江水的处理。

综上所述,生物法无机磷处理能力较差,人工湿地法占地面积过大、效果不稳定,化学沉淀法二次污染可能性大,离子交换法投资过高,建议选择技术成熟度较高、处理效果稳定的吸附法作为长江引水总磷治理技术。

(3)除磷工艺设计

根据引水水质总磷含量低、可生化性差、流量大等特点,选取两类吸附材料及工艺,即传统聚合高分子吸附材料结合高效沉淀池工艺和新型矿物质吸附材料结合高速离子气浮工艺进行比选。

1)高效沉淀池工艺。

①工艺原理。

高效沉淀池工艺是快速混凝+慢速絮凝+高效沉淀的组合型反应器,基本原理是在原水中投加混凝剂,在混合池内通过搅拌器的搅拌作用,保证一定的速度梯度,使混凝剂与原水快速混合;然后在絮凝池中投加絮凝剂,池内的搅拌机可实现多倍循环率的搅拌,对水中悬浮固体进行剪切,重新形成大的易于沉降的絮凝体。沉淀池由隔板分为预沉区及斜管沉淀区,在预沉区中,易于沉淀的絮体快速沉降,不能沉淀以及不易沉淀的微小絮体被斜管捕获,最终高质量的出水通过池顶集水槽收集排出。高效沉淀池具有占地面积小,处理效率高,抗冲击负荷强等优点。典型高效沉淀池工艺见图 6.5-8。

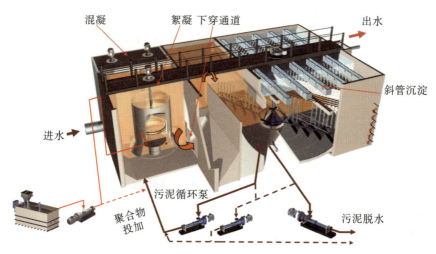

混凝　絮凝　下穿通道　出水

斜管沉淀

进水

污泥循环泵

聚合物投加

污泥脱水

图6.5-8　典型高效沉淀池工艺

②工艺流程(图6.5-9)。

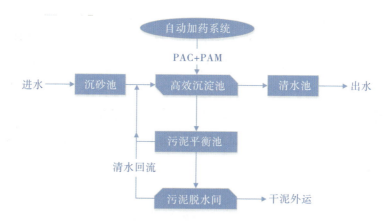

自动加药系统

PAC+PAM

进水 → 沉砂池 → 高效沉淀池 → 清水池 → 出水

污泥平衡池

清水回流

污泥脱水间 → 干泥外运

图6.5-9　高效沉淀池工艺流程

高效沉淀池的主要工艺设计首先经过沉砂池处理,然后添加PAC和PAM混凝沉淀,通过高效沉淀池高效化学除磷,高效沉淀池出水经清水池后流入湖泊。高效沉淀池的剩余污泥经由离心机脱水后以泥饼的形式外运。

③投资与运行费用估算。

a. 工程投资。

按单位流量1.29m³/s、日均流量6.51万m³计算,本工艺以土建费用为主,设备费用为辅。经测算,所需土建费用约14000万元,设备费用约1500万元,总投资为15500万元,净水厂占地面积约14000m²。

b. 运行费用。

本工艺运行费用由材料费、电费、人工费、污泥处理费组成,由于干化污泥外运费用与距离相关,暂不考虑污泥外运产生的费用。

材料费:高效沉淀池药剂选择投加 PAC,用量 $60g/m^3$,投加 PAM,用量 $3g/m^3$,材料费为 0.30 元$/m^3$。

电费:根据湖北省工商业及其他$(1\sim10kV)$费用计算,电费单价为 0.61 元$/(kW \cdot h)$,单位电费约为 0.05 元$/m^3$。

人工费:高效沉淀池工艺占地面积较大,运行管理难度一般,单位人工费约为 0.05 元$/m^3$。

污泥处理费:本工艺污泥量较少,按污泥脱水费 100 元$/m^3$ 计算,单位污泥处理费约为 0.01 元$/m^3$。

每 m^3 水运行费用合计=材料费+电费+人工费+污泥处理费=$0.30+0.05+0.05+0.01=0.41$ 元$/m^3$。

2)高速离子气浮工艺。

①工艺原理。

a. 复合矿物质水处理材料。

复合矿物质水处理材料是一种生态治水的新材料,已在日本、韩国注册专利,并入选《2017 年度水利先进实用技术重点推广指导目录》。复合矿物质水处理材料以多种纯天然矿物质为原料,应用特殊离子交换工艺制成多孔状矿物质综合体,具有组织结构特殊、孔隙发达、生物附着性好、吸附能力强等特点,正负离子交换容量达到 $210\sim280meq/100g$,其主要成分为 SiO_2、Al_2O_3、K_2O、Na_2O、CaO、MgO、Fe_2O_3、TiO_2 以及微量 Sr、Rb、Ba、Li 等,正常形态为固体粉末(图 6.5-10)。

图 6.5-10 复合矿物质水处理材料

复合矿物质水处理材料表面携带正电荷,进入水体后,首先对水体中的磷酸根进行物理吸附,使得有害含磷污染物聚集到处理材料晶格骨架周围。由于处理材料是由特殊的阳离子交换技术制得,表面和内部微小孔道中均带电荷,随后立即发生化学吸附反应,将游离的磷酸根污染物转化难溶于水、稳定的无机离子络合物,从而迅速降低水体总磷含量。

复合矿物质水处理材料兼具物理与化学吸附性能,尤其适用于地表水等低浓度磷含量的大型水体,对磷同族元素 As,其他重金属如 Fe、Mn 等也有显著的去除效果。此外,复合矿物质水处理材料具有很好的安全性。经有关机构多项严格检测表明:该材料可以在饮用水或天然水体处理工艺过程中使用。

b. 高速离子气浮。

由于吸附材料产生的絮体与水中的磷形成络合物,需要进行固液分离。本技术形成的絮体较小,建议采用较为方便且自动化程度较高的气浮工艺进行固液分离,减少人工及控制成本。本方案采用新型高速离子气浮机,尤其适用于规模较大、流速较快来水的处理。

MST 高速离子气浮集絮凝、气浮、撇渣、沉淀、刮泥于一体,利用微米级空气集成喷射系统,尽可能地提高水中溶气饱和度,使得黏附于水中的疏水性基团、胶体颗粒和水气颗粒形成三相结合体,该结合体为密度小于水的絮凝体,上浮至水面表层形成浮渣被移除,从而达到清除水体中杂质或吸附材料的目的。高速离子气浮运行工艺如下:待处理的原水通过布水系统均匀分配到气浮池内,布水管的移动速度和出水流速相同、方向相反,由此产生了"零速度",进水扰动降至最低,絮体静态下垂直上浮。撇渣装置略低于表层液面,浮渣随撇渣装置移动被收集起来,通过中央泥管排出池外。池中的清水通过清水收集管从池底排走,清水管与布水管被隔板隔开,彼此互不干扰。池底的沉积物被刮板收集进排放槽,定期排放。高速离子气浮机结构见图 6.5-11。

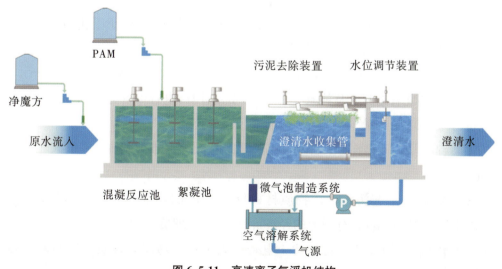

图 6.5-11　高速离子气浮机结构

②工艺流程图(图 6.5-12)。

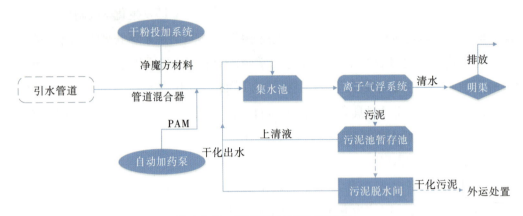

图 6.5-12　高速离子气浮工艺流程

高速离子气浮的主要工艺设计是将来水与材料通过管道混合器均匀混合后,进入高速离子气浮机,分离的固相污泥进入污泥平衡池等待脱水,澄清水体直接进入引水渠道。污泥脱水后以泥饼的形式外运,由于其主要成分为无机矿物质,含植物生长所需微量元素,可用于矿山修复和园区绿化。

③投资与运行费用估算。

a. 工程投资。

按单位流量 1.29m³/s、日均流量 6.51 万 m³ 计算,本工艺以设备费为主,土建费用为辅。经测算,净水厂需安装 4 台处理能力 0.42m³/s 的高速离子气浮机,最大处理能力为 1.68m³/s。该工艺设备费用约 3500 万元,土建费用约 1500 万元,总投资为 5000 万元,净水厂占地面积约 6000m²。

b. 运行费用。

本工艺运行费用由材料费、电费、人工费、污泥处理费组成,由于干化污泥外运费用与距离相关,暂不考虑污泥外运产生的费用。

材料费:材料投加量为 50g/m³,PAM 投加量为 2g/m³,材料费为 0.64 元/m³。

电费:根据湖北省工商业及其他(1~10kV)费用计算,电费单价为 0.61 元/(kW·h),单位电费约为 0.03 元/m³。

人工费:高速离子气浮技术自动化程度高,运行管理难度简单,单位人工费约为 0.03 元/m³。

污泥处理费:本工艺污泥为矿物质材料吸附少量总磷,脱水干化后可与种植土混合,为植物提供微量元素,具有一定的经济价值,污泥处理费用约为 0.01 元/m³。

每 m³ 水运行费用合计＝材料费＋电费＋人工费＋污泥处理费＝0.64＋0.03＋0.03＋0.01＝0.71 元/m³。

3)工艺比选小结。

与高效沉淀池工艺相比,高速离子气浮工艺具有处理效果稳定、材料效率高、占地面积小、自动化程度高、运行管理维护方便等特点。同时,产生的污泥以无机矿物质成分为主,黏性低、易脱水,且可回收与种植土混合,为植物提供微量元素,促进生长。因高速离子气浮工艺中以设备投资为主,整体工艺成熟度较高,土建费用较少,整体投资较低,但该工艺所用吸附材料为新型改性矿物质材料,材料单价较高导致单位运行费用较传统方法高(表6.5-7)。综合各因素考虑,建议采用高速离子气浮工艺降低引水中的磷含量。

表 6.5-7 水体除磷技术比较(二)

项目	高效沉淀池+PAC/PAM工艺	高速离子气浮+材料工艺
工艺优势	工艺简单、运行费用低	投资较低、占地面积小、自动化程度高、运维管理简单
工艺劣势	投资较高、占地面积大	新型矿物质吸附材料单价较高,运行费用偏高
投资估算	15500万元(其中土建14000万元,设备1500万元)	2200万元(其中土建1500万元,设备3500万元)
占地估算/m²	14000	6000
运行费用估算/(元/m³)	0.41	0.71
规划2035水平年总费用估算/万元	23357.5	18606.9

注:总费用为投资和运行费用之和,运行费用按每年补水150d,日均补水14h,运行时间为2023—2035年。

6.5.3 中心城区及滨江区水网运行调度

生态水网运行调度原则如下,优先级别分别为长江、严东湖、港渠及其他湖泊,补水期为枯水期(11月至次年3月)。

(1)长江—严东湖补水

严东湖适宜生态景观水位为17.3～17.4m,最低生态水位为17.0m,因此当严东湖水位低于适宜生态景观水位17.30m时,启动长江—严东湖补水,其运行调度方案为:

1)当长江—严东湖取水点水位低于9.412m(90%日最低水位,黄海高程系统,对应吴淞高程11.5m)时,长江停止向严东湖补水;

2)当长江水位高于9.412m时,可以向严东湖补水,而当严东湖水位逐渐升高,高于17.5m时,长江停止向严东湖补水;

3）长江向严东湖补水期间，启动水质提升工程。

（2）严东湖—港渠

1）当严东湖水位低于17.0m（最低生态水位）时，不向港渠或者湖泊补水；

2）当严东湖水位高于17.0m，低于17.3m时，需要长江对严东湖补水（必须满足长江补水条件），严东湖可以同时向港渠和其他湖泊补水；

3）当严东湖水位高于17.5m时，长江停止向严东湖补水，严东湖可以向其他港渠和湖泊补水。

（3）港渠及湖泊

1）各港渠缺水（枯水期不降雨）时，严东湖向港渠补水（必须满足严东湖向外补水条件）；

2）当五加湖水质不达标（管理目标为地表水Ⅳ类标准）或存在水质风险时，由严东湖向五加湖补水（必须满足严东湖向外补水条件）；

3）当豹澥湖水质不达标（管理目标为地表水Ⅲ类标准）或存在水质风险时，可以由牛山湖向豹澥湖补水，而根据《湖北省梁子湖保护规划报告》，牛山湖最低生态水位为14.92m，考虑牛山湖自身用水需求，牛山湖水位低于15.0m时，停止向豹澥湖补水。

生态水网调度运行见图6.5-13。

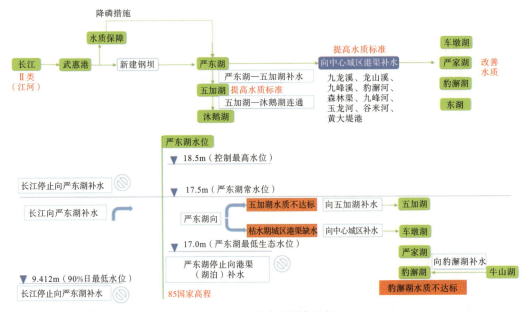

图6.5-13　生态水网调度运行

6.5.4　牛山湖—豹澥湖引水工程

根据《湖北省梁子湖保护规划报告》及东湖高新区一湖一策等相关资料的说明,豹澥湖基本满足最低生态水位需求。豹澥湖水质管理目标为Ⅲ类(湖泊),但近年来豹澥湖水质呈下降趋势,2020—2021 年水质检测结果基本为Ⅳ类(湖泊)标准,为改善豹澥湖水质,拟对豹澥湖进行补水。

牛山湖枯水期日均来水量约 11.02 万 m³/d,根据水质监测数据,除 2020 年汛期由于豹澥湖水位较高进入牛山湖而造成其短期水质超标外,其余时段均能稳定为Ⅱ类水质,因此牛山湖可作为水源改善豹澥湖的水质。但根据牛山湖近年来水位变化数据,枯水期(11 月至次年 3 月)牛山湖水位多低于 16.40m,接近《武汉市牛山湖一湖一策实施方案(2018 年 11 月)》确定的牛山湖最低生态水位 16.20m。考虑到牛山湖自身用水需求,因此,只能在丰水期(4—10 月),利用牛山湖水源对豹澥湖进行补水。

在牛山湖罗家咀附近设置取水口和取水泵站,泵站最大引水流量 2.0m³/s,扬程 20m。取水泵站后接 1 条干管沿着现有道路铺设铺设至豹澥湖,引水管道长约 2.5km,采用球墨铸铁管 DN1200(K9 级),扬程 20m(图 6.5-14)。

图 6.5-14　牛山湖—豹澥湖引水线路布置

6.5.5　江南环状水网构建

江南环状水网构建主要是东沙湖水系、北湖水系、汤逊湖水系、梁子湖水系 4 个水系内部，以及彼此间的连通，各水系连通实施情况如下：

1）东沙湖水系和北湖水系的连通通过武汉大东湖生态水网构建水网连通工程实施，该工程于2009年立项，分两期实施，近期工程主要实现引江济湖，恢复江湖的联系，新开东沙湖渠连通东湖、沙湖，新开新东湖港连通东湖、杨春湖，新开九峰渠连通东湖、严西湖，而远期新开花山河连通严西湖、严东湖，实现湖泊之间的有机联系。目前近期工程已完成，远期花山河工程也已基本实施完成，待船闸完工后，即可实现严西湖与严东湖的直接连通。

2）汤逊湖水系与东沙湖水系之间的连通目前暂未实施，待汤逊湖和南湖实施水环境治理，水质稳定后，才具备连通条件；而汤逊湖水系与梁子湖水系现状由东坝河相连，但由于东坝河两岸面源污染严重，暂未发挥连通效益，目前已启动东坝河整治工程勘察设计工作。

3）根据《梁子湖湖泊保护规划》，梁子湖水系内连通将形成"一主两翼多支"的生态水网连通方案，与江南环状水网相关的主要为西翼通道，即打通牛山湖—梁子湖—豹澥湖—红莲湖—大头澥—曹家湖、垱网湖—五四湖、四海湖—薛家沟—长江通道。目前，西翼自红莲湖至长江的通道已连通，牛山湖因防汛需要，已于2016年与梁子湖连通，而梁子湖—豹澥湖—红莲湖，以及梁子湖水系与北湖水系之间的连通工程将于近期实施，但梁子湖水系与北湖水系之间由于严家湖（鄂州部分）的历史污染问题，近期无法实现完全连通。

各水系水网连通现状见图6.5-15。

图6.5-15　各水系水网连通现状

6.5.5.1 环状水网构建工程(东湖高新区以外部分)

该部分水网构建工程主要包括在鄂州市境内梁子湖流域连通工程,以及武汉市洪山区的汤逊湖—南湖—东湖连通工程。

其中,根据《梁子湖湖泊保护规划》,梁子湖流域连通将形成"一主两翼多支"的生态水网连通方案,与江南环状水网相关的主要为西翼通道,即打通牛山湖—梁子湖—豹澥湖—红莲湖—大头澥—曹家湖、垱网湖—五四湖、四海湖—薛家沟—长江通道,通过引入上游湖泊水质良好的湖水,改善梁子湖流域下游瓜圻塘、五四湖、四海湖等湖泊港渠的水质。疏浚薛家沟,配合樊口泵站、新建的樊口二站,增加流域排水能力。

而曹家湖可与严家湖相连,进而形成曹家湖—严家湖—严东湖的连通通道,将梁子湖水系与北湖水系连通。

6.5.5.2 环状水网构建工程(东湖高新区内部分)

1)至 2025 年,环状水网构建工程中北湖水系可实现连通,其中花山河受船闸施工影响,暂未连通严西湖与严东湖,待船闸施工完成后即可实现连通;由于黄大堤港与严东湖为武九铁路相隔,不具备直接连通条件,但通过实施城区水网补水后,严东湖通过玉龙河、谷米河,便可实现和车墩湖、严家湖的连通。

北湖水系实现连通后,枯水期可对严家湖(武汉)和车墩湖进行补水,保证湖泊水位不低于最低生态水位。

2)至 2035 年,实现严家湖(武汉)与严家湖(鄂州)、车墩湖的连通。

严家湖(武汉)和车墩湖现状通过截流港相连,而两湖与严家湖(鄂州)则处于被分隔状态。

由于历史上严家湖(鄂州)被葛店化工厂尾水污染,水质长期处于劣V类,实施连通后会对相连湖泊的水环境造成影响,因此需要对其进行系统的水环境治理,并在严东湖(鄂州)水质稳定达标后,才能实现严家湖(武汉)、车墩湖与严家湖(鄂州)的连通。考虑严家湖(鄂州)水环境治理的难度,规划远期 2035 年完成该处连通。

现状严家湖(武汉)与严家湖(鄂州)之间为 1 道长约 840m 的土堤路相隔,由于靠堤路西侧部分段的范围将作为湖泊堆泥场,因此远期连通需要拆除东侧 520m 范围的土堤路;严家湖(鄂州)与车墩湖之间则存在 2 道圩堤,远期连通需要对 2 道总长 1120m 的圩堤,及圩堤上的违章建筑进行拆除。远期连通拆除段位置见图 6.5 -16。

严家湖(武汉)与严家湖(鄂州)之间土堤路堤顶高程范围为 20.1~20.9m(吴淞高程,下同),严家湖(鄂州)与车墩湖之间 1# 、2# 圩堤堤顶高程范围分别为 18.8~20.0m、20.4~21.0m。根据《武汉市中心城区排水防涝规划(2012—2030)》,严家湖最低生态水位为 16.35m,常水位为 17.0m,并根据《湖北省退垸(田、渔)还湖技术指南(试行)》中的要求,远期规划年拆除堤路和圩堤共计 1.64km,除堤中心段位置 30m 范围拆除至湖底高程外,其余土堤均拆除至高程 16.05m,拆除土方就近用作湖泊护岸整坡。

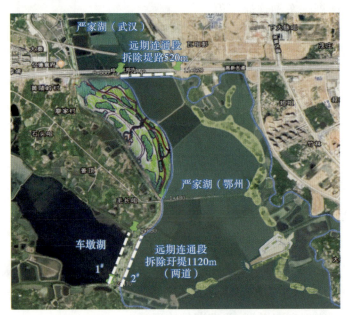

图 6.5-16　严家湖(鄂州)远期连通拆除段位置

6.5.6　生态水网构建效果分析

6.5.6.1　总体思路

在系统控源的基础上,本书提出逐步推进江河湖相济、河湖渠相连的生态水网建设,不仅加强雨洪滞蓄和承泄能力,优化水资源配置,还可保障河湖生态用水,提升城市景观效果。为科学量化评估分析生态水网构建效果,以中心城区河道、严东湖、豹澥湖、严家湖、车墩湖、五加湖等水域为关键水域,构建适宜模型分析水系连通对水量、水质的影响,辩证地阐述了生态水网构建可能潜在的风险,并逐一提出了应对的策略。

6.5.6.2　生态水网构建效果分析方法

河流港渠的水深是影响生态景观的重要因素之一,构建东湖高新区内河流港渠一维水动力模型,分别模拟水系连通前后河流港渠水深的变化情况,可为水系连通对生态景观的影响分析提供依据。

严东湖及豹澥湖等大中型湖泊的引水效果采用丹麦水资源及水环境研究所(DHI)开发的 MIKE21 二维水动力水质模型构建,分别模拟水系连通前后湖心水质年度变化情况及全湖水质的变化情况。严家湖(区内)、车墩湖和五加湖等小型湖泊的引水效果采用湖库均匀混合模型构建,分别模拟水系连通前后湖泊水质年度变化情况。

城区河流多为湖泊补水的通道,故各湖泊补水时段为 11 月至次年 3 月。严东湖作为区内严家湖、车墩湖、豹澥湖和五加湖的补水水源,保障严东湖水质达标是构建区内环状水网的前置条件。

(1)模拟条件

1)城区河流模拟条件。

上边界:城区河流模拟条件的上边界采用 2012 年平水年降雨作为多年平均降雨条件,根据土地利用类型计算各个河流汇水区的产流情况,同时考虑各个河流的补水水量。

下边界:城区河流模拟条件的下边界出流水位采用湖泊的常水位。

各河流港渠补水流量及起推水位基本情况见表 6.5-8。

表 6.5-8　　　　　　　　各河流港渠补水流量及起推水位基本情况

序号	港渠名称	补水流量/(m³/s)	控制常水位/m	所入湖区
1	森林渠(含九峰河)	0.34	19.15	东湖
2	谷米河	0.14	17	严家湖
3	玉龙河	0.16	17	
4	黄大堤港	0.16	17	
5	九峰溪	0.30	17	豹澥湖
6	豹澥河	0.49	17	
7	九龙溪	0.13	17	
8	龙山溪	0.06	17	

注:补水流量按补水泵站日运行时间 14h 计算。

2)区内湖泊水网构建模拟条件。

降雨采用 2012 年平水年降雨作为多年平均降雨条件,结合土地利用类型计算湖泊汇水区的产流情况,并将其分配至概化雨水口,其中严东湖共概化雨水口 20 个,豹澥湖概化雨水口 25 个。

蒸发采用多年平均蒸发量 950mm,折合至日蒸发量为 2.6mm。

风速风向采用现状年风速风向作为输入条件。

扩散及降解系数采用水质目标可达小节中率定的最优参数:$E=10 \text{ m}^2/\text{s}$,$K_{20,\text{COD}}=0.02$,$K_{20,\text{NH}_3-\text{N}}=0.06$,$K_{20,\text{TN}}=0.05$,$K_{20,\text{TP}}=0.05$。

各区内湖泊补水水量依据生态水网引水流量确定,湖泊出流条件设定为常水位,各湖泊背景浓度采用近两年水质监测数据确定,严东湖的补水水源水质采用严西湖近期实测平均水质(不低于Ⅲ类),豹澥湖、严家湖、车墩湖和五加湖补水水源水质采用规划年严东湖预测水质(不低于Ⅲ类),见表 6.5-9。

表 6.5-9

各区内湖泊补水流量及控制水位基本情况

序号	湖泊名称	补水河流	补水流量 /(m³/s)	控制常水位 /m	背景浓度 /(mg/L)				补水水源水质 /(mg/L)			
					化学需氧量	氨氮	总氮	总磷	化学需氧量	氨氮	总氮	总磷
1	严东湖	武惠渠	1.32	18.63	17	0.3	1.0	0.06	12	0.18	1.0	0.05
2	豹澥湖	豹澥河	0.49	17	22	0.6	1.0	0.06	15.98	0.19	0.86	0.04
3	严家湖	谷米河	0.14	17	23.74	0.68	1.2	0.08				
		黄大堤港	0.16									
4	车墩湖	玉龙河	0.16	17.65	17.71	0.33	1.04	0.05				
5	五加湖	严东湖东渠	0.03	19.5	19.63	0.29	1.3	0.09				

（2）模拟情景

1）严东湖。

模拟武惠渠从长江引水作为严东湖入流,然后向南在潘家湾处出流补给中心城区港渠,向东在严东湖东渠出流补给五加湖,具体工况见表6.5-10。

表6.5-10 严东湖模拟工况

模拟内容	入流—武惠渠引水流量/(m³/s)	出流1—补中心城区港渠流量/(m³/s)	出流2—补五加湖流量/(m³/s)
模拟各湖泊在规划污染控制水平、规划外水系连通下,湖泊水质变化过程	1.32	1.29	0.03

根据前文分析可知,严东湖推荐引水方案为从长江引水经武惠渠入湖,引水规模为1.32m³/s,引水时段为枯水期11月至次年3月。

2）豹澥湖。

①豹澥河引水规模。

根据前述分析可知,豹澥河通过严东湖进行引水进行河流生态补水,补水流量为0.49m³/s,补水时段为11月至次年3月。

②梧桐新城引水规模。

根据《梧桐湖新城水系整治工程可行性研究报告》,为了改善梧桐新城水系水质状况,拟新建梧桐湖引水闸、一号港引水闸及梁子湖引水闸实现梧桐湖、梁子湖与新城水系的连通,其中梧桐湖引水闸及一号港引水闸属于梧桐湖(豹澥湖)引水闸,梧桐湖引水闸、一号港引水闸及梁子湖引水闸引水规模分别为8m³/s、6m³/s及8m³/s,引水时间基本集中在汛期3—10月,年均引水天数14.2d。根据《梧桐湖新城水系整治工程可行性研究报告》,梧桐湖新城年均引水量2003.55万m³,1月、4—8月、11月的月均引水量分别为0.12万m³、247.06万m³、317.53万m³、917.98万m³、158.54万m³、324.98万m³及37.36万m³,根据梧桐湖引水闸、一号港引水闸及梁子湖引水闸的引水规模对逐月引水量进行分配,得到梧桐湖引水闸及一号港引水闸的引水序列,作为模型输入的边界条件(表6.5-11)。

表6.5-11 平水年(P=50%)梧桐新城引水规模分析 （单位:万m³）

时段	港渠水量	来水量	各类污染物达标需补充水量			总引水量	梧桐湖引水闸引水量	一号港引水闸引水量	梁子湖引水闸引水量
			化学需氧量	总磷	总氮				
1月	540.4	86.19	0	0.12	0	0.12	0.04	0.03	0.04
2月	540.4	53.32	0	0	0	0	0.00	0.00	0.00
3月	540.4	57.7	0	0	0	0	0.00	0.00	0.00

时段	港渠水量	来水量	各类污染物达标需补充水量			总引水量	梧桐湖引水闸引水量	一号港引水闸引水量	梁子湖引水闸引水量
			化学需氧量	总磷	总氮				
4月	540.4	243.59	0	247.06	0	247.06	89.84	67.38	89.84
5月	540.4	288.51	17.42	317.53	5.22	317.53	115.47	86.60	115.47
6月	540.4	671.25	174.58	917.98	191.38	917.98	333.81	250.36	333.81
7月	540.4	187.17	0	158.54	0	158.54	57.65	43.24	57.65
8月	540.4	293.26	19.37	324.98	7.53	324.98	118.17	88.63	118.17
9月	540.4	31.41	0	0	0	0	0.00	0.00	0.00
10月	540.4	0.73	0	0	0	0	0.00	0.00	0.00
11月	540.4	109.93	0	37.36	0	37.36	13.59	10.19	13.59
12月	540.4	45.29	0	0	0	0	0.00	0.00	0.00
合计(年)	2068.35	211.37	2003.57	204.13	2003.57	728.57	546.43	728.57

③梁子湖西翼引水规模。

根据《湖北省梁子湖水利综合治理规划》,梁子湖西翼水系连通工程为打通"牛山湖—豹澥湖—红莲湖—大头澥—瓜圻塘—五四湖通道",经过四海湖、薛家沟入长江,该通道建设主要以生态为主,通过引入上游湖泊水质良好的湖水,来改善下游瓜圻塘、五四湖、四海湖等湖泊港渠的水质,推荐该引水通道生态补水流量为 $30m^3/s$,年引水日数20d,由于汛期湖泊水质普遍较非汛期差,因此引水主要集中于汛期(5—10月)。

豹澥河、豹子溪及台山溪根据其水质考核目标或水功能定位所需水质目标进行设置水质边界条件,根据《豹澥河综合治理方案》可知,豹澥河水质目标为Ⅳ类;根据《豹子溪一河一策》及《台山溪一河一策》可知,豹子溪及台山溪的水质管理目标均为Ⅳ类。牛山湖与豹澥湖连通工程根据牛山湖水质目标Ⅱ类进行设置,豹澥湖(梧桐湖)与红莲湖连通工程根据豹澥湖水质目标Ⅲ类进行设置,梧桐新城引水工程按照梧桐湖(豹澥湖)水质目标Ⅲ类进行设置。

综上,豹澥湖水质模拟情景见表6.5-12。

3)严家湖。

严家湖引水水源为严东湖,引水通道为谷米河和黄大堤港,补水流量为 $0.14m^3/s$ 和 $0.16m^3/s$。

4)车墩湖。

车墩湖引水通道为玉龙河,补水流量为 $0.16m^3/s$。

5)五加湖。

五加湖引水通道为严东湖东渠,补水流量为 $0.03m^3/s$。

表 6.5-12 豹澥湖水质模拟情景

模拟情景	模拟内容	豹澥河 /(m³/s)	梧桐新城引水 /(万 m³/a)	梁子湖西翼连通工程/(m³/s)
污染治理措施＋水网连通	模拟各湖泊在规划污染控制水平、规划外水系连通下,湖泊水质变化过程	0.45	2003.55	30
引水时长		11月至次年3月	4—8月	20d/a

注:表中外水系连通是指严东湖与豹澥湖依靠豹澥河连通;豹澥湖和梧桐新城水系依靠1号港及梧桐湖引水闸连通;模型中豹澥河根据其水质考核目标或水功能定位所需水质目标进行设置,根据《豹澥河综合治理方案》可知,豹澥河水质目标为Ⅳ类;从豹澥湖出流至梧桐新城水系的水质按照豹澥湖实际模拟水质统计。

6.5.6.3 城区河流生态水网构建效果

高新区补水港渠均为中、小型河流,选取化学需氧量和氨氮为研究对象,应用零维混合模型和一维稳态水质模型探究补水对水质改善作用。补水点下游某处的水质浓度如下:

$$C' = C'' \exp\left(-\frac{k}{86400 \cdot u} x\right)$$

式中,C'——混合后水质浓度,按零维模型求解

$$C' = \frac{C_0 Q_0 + C_1 q}{Q_0 + q}$$

C_1、q——补水点补水浓度,mg/L,补水水量,m³/s;

C_0、Q_0——河水本底浓度,mg/L,流量,m³/s;

k——水质降解系数,1/d;

x——距补水点的距离,m;

u——流速,m/s。

在高新区港渠水环境治理达标的前提下,河流本底浓度按其水质目标(地表水Ⅳ类)考虑,补水水源水质按地表水Ⅲ类考虑,化学需氧量和氨氮的降解系数按经验 $0.2d^{-1}$ 及 $0.1d^{-1}$ 考虑,计算各港渠入湖断面水质,结果见表 6.5-13。

表 6.5-13 城区河流水质变化情况

序号	名称	补水流量/(m³/s)	化学需氧量/(mg/L) 补水前	化学需氧量/(mg/L) 补水后	氨氮/(mg/L) 补水前	氨氮/(mg/L) 补水后
1	九峰河	0.34	29.160	26.383	1.479	1.338
2	森林渠	0.14	29.508	26.698	1.488	1.346
3	谷米河	0.16	29.060	26.293	1.476	1.336
4	玉龙河	0.16	28.584	25.862	1.464	1.325

续表

序号	名称	补水流量/(m³/s)	化学需氧量/(mg/L)		氨氮/(mg/L)	
			补水前	补水后	补水前	补水后
5	九峰溪	0.30	29.473	25.789	1.487	1.301
6	豹澥河	0.49	28.753	26.015	1.469	1.329
7	九龙溪	0.13	29.690	26.862	1.492	1.350
8	龙山溪	0.06	29.601	25.901	1.490	1.304

由表 6.5-13 可知,河流生态补水对港渠水质有一定的改善作用。

6.5.6.4 严东湖生态水网构建效果

分析在规划污染治理措施实施、生态水网构建条件下,严东湖湖心水质及不同季节(旱季、雨季)水质变化过程。其中生态水网构建主要指严东湖通过武惠渠从长江引水,同时向中心城区港渠和五加湖补水。分析严东湖年度湖心水质及不同季节(旱季、雨季)严东湖的水质目标可达性(表 6.5-14)。

表 6.5-14　　　　　　　　　　　　　　　严东湖水质模拟情景

模拟情景	模拟内容	武惠渠入流/(m³/s)	潘家湾出流/(m³/s)	严东湖东渠出流/(m³/s)
污染治理措施＋水网连通	模拟各湖泊在规划污染控制水平、规划外水系连通下,湖泊水质变化过程	1.32	1.29	0.03

(1)湖心水质分析

规划治理措施与补水同步实施后,化学需氧量、氨氮、总氮和总磷指标的浓度随时间变化情景见图 6.5-17。

进一步统计不同情景下各指标全年达标天数占比情况,统计结果见表 6.5-15。从表 6.5-14 中可以看出,化学需氧量、氨氮、总氮和总磷 4 项指标全年达到和优于Ⅲ类水质目标的天数占比接近 100%,说明污染治理措施及水系连通实施后,严东湖湖心水质可全年满足水质管理目标要求。

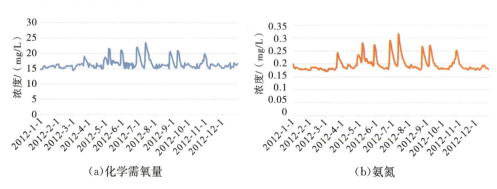

(a)化学需氧量　　　　　　　　　　　　(b)氨氮

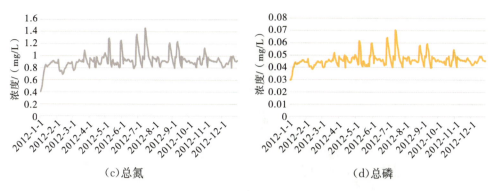

（c）总氮

（d）总磷

图 6.5-17　严东湖湖心水质变化过程

表 6.5-15　　　　　　　　　　　严东湖水质全年达标天数占比　　　　　　　　（单位：%）

季节	水质目标	化学需氧量	氨氮	总氮	总磷
旱季	Ⅲ	100	100	100	100
雨季	Ⅲ	98	100	90	96
平均值	Ⅲ	98	100	95	96

（2）湖泊整体水质状况

情景：外水系连通、规划污染治理措施实施。

综合旱季和雨季水质模拟结果可知，雨季由于面源冲刷作用，水质较旱季稍差。全湖化学需氧量、氨氮、总氮和总磷大部分水域达到Ⅲ类水质，仅部分湖湾仍为Ⅳ类水质（图 6.5-18、图 6.5-19）。

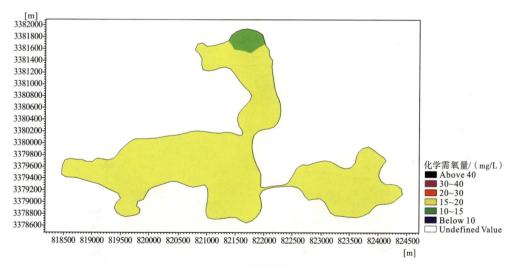

（a）化学需氧量

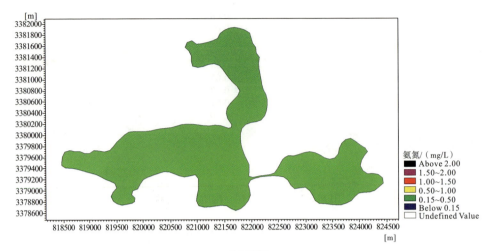

(b)氨氮

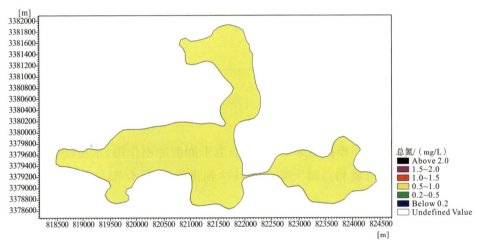

(c)总氮

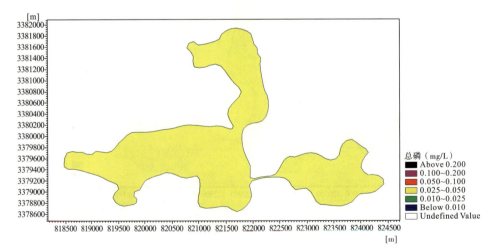

(d)总磷

图 6.5-18　水网构建情景下严东湖整体水质浓度分布(旱季)

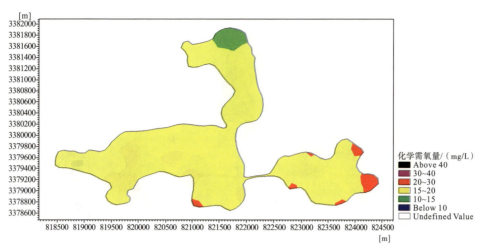

(a)化学需氧量

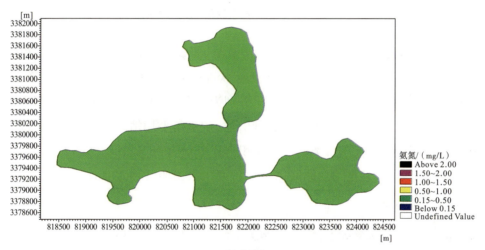

(b)氨氮

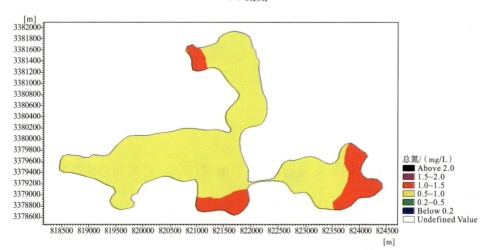

(c)总氮

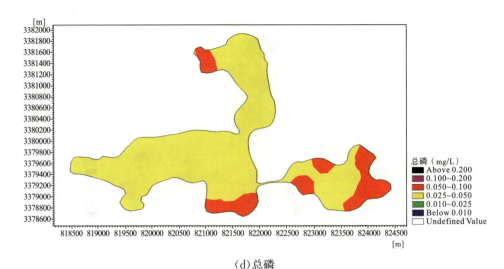

（d）总磷

图 6.5-19　水网构建情景下 严东湖整体水质浓度分布（雨季）

从表 6.5-16 可知，严东湖在旱季化学需氧量、氨氮、总氮和总磷指标达到和优于Ⅲ类的水域面积占比均为 100％，全部水质达标状况较好；雨季化学需氧量、氨氮、总氮和总磷指标达到和优于Ⅲ类的水域面积占比分别为 91％、100％、85％和 83％，调水后总氮和总磷指标的水域达标面积比不补水明显增加；从全年平均情况看，化学需氧量、氨氮、总氮和总磷指标达到和优于Ⅲ类的水域面积占比分别为 96％、100％、93％和 92％，基本上达到水质目标要求，满足水功能区达标评价要求。说明开展水系连通工程是必要的，对水质改善效果明显。

表 6.5-16　　　　　水网构建情景下严东湖达到和优于Ⅲ水质的面积占比　　　　　（单位：％）

季节	水质目标	化学需氧量	氨氮	总氮	总磷
旱季	Ⅲ	100	100	100	100
雨季	Ⅲ	91	100	85	83
平均值	Ⅲ	96	100	93	92

6.5.6.5　豹澥湖生态水网构建效果

（1）湖心水质分析

规划治理措施与调水同步实施后，化学需氧量、氨氮、总氮和总磷指标的浓度随时间变化情景见图 6.5-20。

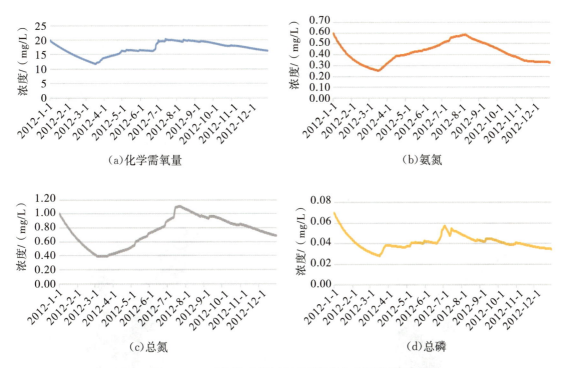

（a）化学需氧量 （b）氨氮

（c）总氮 （d）总磷

图 6.5-20 水网构建情景下豹澥湖湖心水质变化过程

进一步统计不同情景下各指标全年达标天数占比情况，统计结果见表 6.5-17。从表 6.5-16 中可以看出，化学需氧量、氨氮、总氮和总磷四项指标全年达到和优于Ⅲ类水质目标的天数占比超过 90％以上，说明污染治理措施实施后，豹澥湖湖心水质基本可全年满足水质管理目标要求。

表 6.5-17　　　　水网构建情景下豹澥湖水质全年达标天数占比　　　　（单位：％）

模拟情景	化学需氧量	氨氮	总氮	总磷
污染治理措施＋水网连通	94.5	100.0	93.2	95.3

（2）湖泊整体水质状况

外水系连通、规划污染治理措施实施后，综合旱季和雨季水质模拟结果可知，雨季由于面源冲刷作用，水质较旱季稍差。全湖化学需氧量、氨氮、总氮和总磷大部分水域达到Ⅲ类水质，仅部分湖湾仍为Ⅳ类水质。

从图 6.5-21、图 6.5-22 和表 6.5-18 可知，豹澥湖在旱季化学需氧量、氨氮、总氮和总磷指标达到和优于Ⅲ类的水域面积占比接近 100％，全部水质达标状况较好；雨季化学需氧量、氨氮、总氮和总磷指标达到和优于Ⅲ类的水域面积占比分别为 88.6％、100％、86.3％和 83.9％；从全年平均情况看，化学需氧量、氨氮、总氮和总磷指标达到和优于Ⅲ类的水域面积占比分别为 94.3％、100％、93.2％和 92.0％。由引水前后数据对比可知，由于豹澥湖引水分为三部分,一部分从严东湖引水,主要用于豹澥河、豹子溪及星月溪生态补水;一部分为梧桐新城引豹澥湖水体改善新城水系水环境,引水主要集中于汛期;最后一部分为梁子湖水系连通西翼工程,主要用于改善下游五四湖、瓜圻塘等湖泊水质,同时兼顾排涝,综上,引水对豹澥湖雨季整体水质的改善有一定作用。旱季引水主要为严东湖引水,引水流量较小,对豹澥湖整体水质改善效果影响较小,但引水更为重要的作用是保证东湖高新区城区河流旱季不断流、逐步恢复城区河流水功能定位及改善区域整体环境状况,因此豹澥湖引水工程具有重要意义。

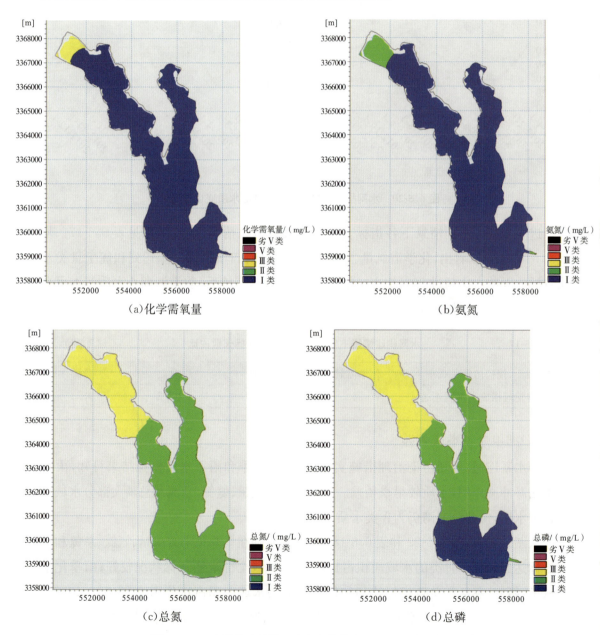

图 6.5-21　水网构建情景下豹澥湖整体水质浓度分布(旱季)

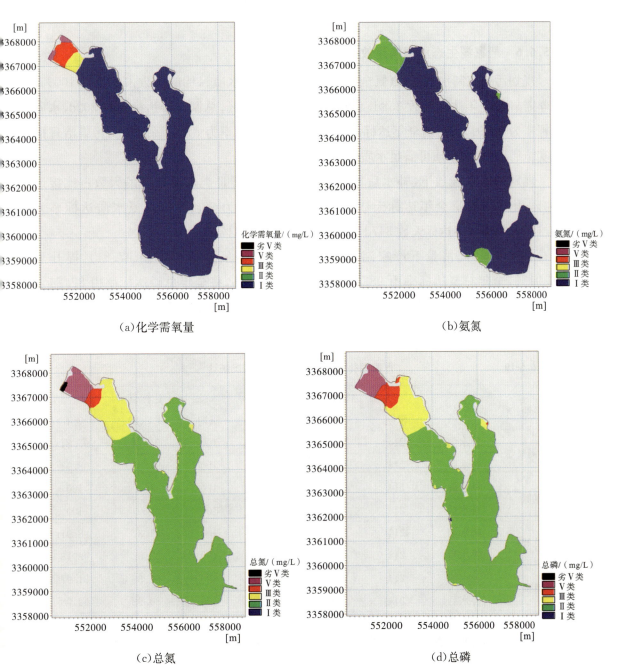

（a）化学需氧量　　　　　　　　　　　　　（b）氨氮

（c）总氮　　　　　　　　　　　　　（d）总磷

图 6.5-22　水网构建情景下豹澥湖整体水质浓度分布（雨季）

表 6.5-18　　　　水网构建情景下豹澥湖达到和优于 Ⅲ 水质的面积占比　　　　（单位：%）

季节	水质目标	化学需氧量	氨氮	总氮	总磷
旱季	Ⅲ	100.00	100.00	100.00	100.00
雨季	Ⅲ	88.60	100.00	86.30	83.90
平均值	Ⅲ	94.30	100.00	93.20	92.00

6.5.6.6 严家湖生态水网构建效果

规划污染控制水平下,氨氮全年达到和优于Ⅲ类水质目标的天数占比接近100％;化学需氧量全年达标天数358d,水质达标率为97.81％;总氮全年达标天数362d,水质达标率为98.91％;总磷全年达标天数300d,水质达标率为81.97％。说明污染治理措施实施后,严家湖水质可满足水质管理目标要求。

规划外水系连通下,补水后氨氮全年达到和优于Ⅲ类水质目标的天数占比接近100％;化学需氧量全年达标天数362d,水质达标率为98.91％;总氮水质达标率为99.18％;总磷全年达标天数347d,水质达标率为94.81％。

对比可知,此情景下严家湖补水将全年化学需氧量达标率由97.81％提升至98.91％,全年总氮达标率由98.91％提升至99.18％,将全年总磷达标率由82.24％提升至94.81％,补水对全年氨氮无明显改善作用,但整体上氨氮仍处于达标状态(表6.5-19)。

表6.5-19 严家湖补水前后年水质达标情况统计

指标	情境	达标天数/d			达标率/％		
		汛期	非汛期	全年	汛期	非汛期	全年
化学需氧量	补水前	214	144	358	100	94.74	97.81
	补水后	214	148	362	100	97.37	98.91
氨氮	补水前	214	152	366	100	100	100
	补水后	214	152	366	100	100	100
总氮	补水前	214	148	362	100	97.37	98.91
	补水后	214	149	363	100	98.03	99.18
总磷	补水前	214	86	300	100	56.58	81.97
	补水后	214	123	337	100	80.92	92.08

6.5.6.7 车墩湖生态水网构建效果

规划污染控制水平下,化学需氧量、氨氮、总氮和总磷四项指标达到和优于Ⅲ类水质目标的天数占比均接近100％,说明污染治理措施实施后,车墩湖水质可满足水质管理目标要求。

规划外水系连通下,补水后化学需氧量、氨氮、总氮和总磷四项指标达到和优于Ⅲ类水质目标的天数占比仍均接近100％。

补水后车墩湖化学需氧量、氨氮、总氮和总磷四项指标水质改善效果不十分明显,四项指标补水前后基本一致,总体上车墩湖水质达标,考虑玉龙河枯期生态流量需得到满足,建议保留车墩湖枯期补水措施。

6.5.6.8　五加湖生态水网构建效果

规划污染控制水平下,化学需氧量、氨氮、总氮和总磷四项指标达到和优于Ⅳ类水质目标的天数占比均接近100%,说明污染治理措施实施后,五加湖水质可满足水质管理目标要求。

规划外水系连通下,补水后化学需氧量、氨氮、总磷和总氮四项指标枯水期达到和优于目标的天数占比100%。

6.5.6.9　生态水网构建风险分析

开展生态水网构建,可以提高水资源调配能力,改善城市生态环境,促进区域发展,但对水系现状和关系会产生一定影响。为了保证规划实施后,在实现水安全、生态环境和景观文化等功能的基础,避免不利影响的产生,现从排水防涝、水环境和水生态方面分析生态水网构建可能产生的风险和应对措施。

（1）排水防涝风险

1）区域排水防涝现状。

目前东湖高新区城区内的排水通道主要包括豹澥河、豹子溪等10条河流,其中,豹澥河、九峰溪、龙山溪、九龙溪上游分别与九峰水库、龙山水库和九龙水库等水库相连,下游汇入豹澥湖;豹子溪、台山溪(含星月溪)、森林渠、九峰河、谷米河和玉龙河分别为汇入豹澥湖、北湖(东湖子湖)、严家湖和车墩湖的排水通道。

东湖高新区城区内河流目前均存在排涝能力不足的问题,其中,豹澥河、九峰溪、九龙溪等河流主要存在排水通道过流断面较小、河道堵塞断流等问题。九龙溪及龙山溪等河流主要存在淤积严重问题,导致东湖高新区内河流过流能力不足,排水不畅,排涝标准不达标。

本次规划对东湖高新区内河流实施了港渠综合整治,其中对过流不足的河流港渠实施了渠道扩建工程措施、对淤积的河流港渠实施了清淤等工程措施,规划实施后可以保证东湖高新区城区内河流港渠的过流能力,达到50年一遇的排涝标准,可以满足《武汉市中心城区排水防涝规划》以及《东湖国家自主创新示范区排水专项规划》中对东湖高新区排涝标准的要求。

2）对现有排涝格局的改变。

东湖新技术开发区内环状水系以及城区水网的构建将东湖新技术开发区城区内湖泊、河流港渠及水库进行连通,规划实施后,将实现东湖新技术开发区内东沙湖水系、北湖水系、汤逊湖水系以及梁子湖水系间的河湖库连通,分散的湖泊、港渠以及水库将形成整体的东湖新技术开发区排水防涝体系。

同时,仅在枯水期通过严东湖对城区水系进行补水,水体最终流入豹澥湖,进入梁子湖水系,可使枯水期豹澥湖水位偏低的现状得以缓解,也不会增加汛期梁子湖水系的排水压力。

3)风险分析及防控措施。

东湖新技术开发区内水网的构建形成了整体的排水防涝格局,增强了区内水系调蓄能力,提高了排水防涝能力。同时由于水网连通后,区内水系的水文情势将发生较大变化,水力联系更为复杂,因此也加大了流域内河湖库之间的水量调配和综合利用难度。需要针对东湖新技术开发区内河湖库的水量分配制定详尽的调度方案,同时需加强东湖高新区内河湖库水量的监测,以保障水量的合理利用及分配。

(2)水环境风险

水网构建可能产生的水环境风险包括以下三个方面:

1)对湖泊进行退垸还湖,拆除湖泊蓝线范围内鱼塘、藕塘的圩堤,虽然使现状被分隔的水体回归湖泊,但由于长期养殖和种植,水塘底泥污染负荷较大,内部水系连通后可能成为湖泊水体新的内源污染源,污染水环境,影响湖泊水质。

2)城区内水网构建水源多为严东湖,从水质目标角度来说,严东湖与其补水对象严家湖、车墩湖、豹澥湖水质目标一致,均为地表水Ⅲ类,因此优先保障严东湖水质达标是城区生态水网构建的前提。在湖泊水质同时达标的前提下,将水质相对较差的水引向水质相对较好的水体中也会增加被补水对象水质变差的风险,因此要尽量保障上游补水水源的水质优良。

3)严东湖补水部分城区河流时要先经过水库,再对九峰河、九峰溪等河道进行生态补水,严东湖—严家湖、严东湖—车墩湖、严东湖—豹澥湖、严西湖—严东湖水网构建均需通过城镇河渠。在补水过程中,河道经过城区,两岸存在带入污染风险。

针对上述三项风险,可采取如下方式消除:

1)开展退垸还湖时,考虑通过生态清淤、妥善处理淤泥,或采取原位修复、水生植被恢复等处理方式,消除污染,再实现圩堤内区域与湖体的内部连通。

2)优先完成对严东湖的水环境治理,提升湖泊水质后,再实现城区内水网构建,对城区河道进行补水。

3)加强水库和各河流港渠的水污染防治工作,并对引水管道进入水库的出水点和水库出口设置拦污措施,同时,加强对补水对象河道的水环境治理,避免补水过程产生污染。

4)加强水库、各港渠、湖泊的水质监测,搭建信息共享平台,畅通信息传递渠道,做好监测预警工作,对水体水位、流量和水质等水情信息数据进行自动收集和智能分析,降低水网构建对水环境可能产生的潜在不利风险。

（3）水生态风险

生态水网构建后,随着河湖的连通湖泊与外界发生联系,不同生态类型的湖泊能量流动、物质循环、生物交流均发生相应变化,原与外界联系较弱的湖泊逐渐打通能量传递和物质循环过程,湖泊生态系统动态平衡被打破,来自水流、水质、生物等方面的干扰将削弱水生态系统的自我保护功能,降低抵御生态风险的能力,主要面临浮游生物、富营养化加剧、水生植物暴发和物种入侵等生态风险。

根据严东湖、严家湖、车墩湖和豹澥湖等湖泊水生态现状监测,浮游植物种类差异不大,但严东湖藻类密度明显高于其他湖泊,水系沟通后,以蓝藻为优势种的浮游植物随港渠进入其他湖泊,可能引起严家湖、车墩湖和豹澥湖等蓝藻密度升高,在温度适宜等环境条件下,造成藻类聚集大量繁殖后加剧富营养化风险。由于严东湖在低于生态低水位时从长江补水,一定程度上能够缓解藻类密度的影响。

水生植物易于生长,挺水植物根系发达,沉水植物在流水和静水环境均可良好生长。在生态水网构建中,各个湖泊主要依靠港渠连通,港渠淤泥沉积、营养富集等为水生植物创造了良好生长条件,随着港渠通水生境条件改善,水生植物可能长满整个港渠,影响连通港渠的流速和流量,降低各港渠的过水能力,水生植物腐烂后影响水质和沿岸景观。同时,由于东湖高新区内湖泊尤其是豹澥湖水葫芦泛滥,极易随水流侵入其他湖泊,可能造成水葫芦外来物种入侵风险。

针对可能产生的水生态风险,建议建立生态水网水生态监测系统,长期跟踪监测主要水生态指标,掌握水系连通后水生态系统的动态过程及长周期变化规律,及时连续获取原始资料,结合水系调度运行特点,研究水生生物生态转移特性,为防范水生态风险提供基础数据;制定防范水生态风险的突发应急预案,加强水系连通的水生态管理,构建完善高效的突发污染事件预警监测体系,提升应急队伍应急监测的能力,预防水华暴发等水生态突发事件。同时加强水生植物的管理管护,密切关注水葫芦等外来物种的入侵,及时清理、打捞,避免大范围扩散,对港渠等容易淤积的水域及时清淤、整治,对疯长的水生植物收割和清除,保证港渠通水顺畅。

7 资源综合利用规划

7.1 资源综合利用必要性

(1)是优化能源结构,提高资源利用率的需要

将城市建设过程中产生的污水,经过净化后,一部分能够回用于城市发展,剩余部分减量排放,固体废弃物(简称"固废")经过安全处置和资源化利用后,可再回用到城市建设中。通过固废安全处置及资源化、再生水回用,布局分布式光伏,有利于保证东湖高新区实现污泥安全处置和资源化利用率提高。优化能源结构,打造安全稳定、环境和谐、运维可持续、能源自给、出路可靠的循环经济产业园。

(2)是实现循环经济,体现可持续发展的需要

对固废垃圾进行收集和无害化处置,是人类经济社会良性发展的基础,而进一步通过资源化,使固废产生的资源化产品或资源化产品的组成物质,重新回归到城市的建设和发展中去,是实现循环经济,体现可持续发展的重要方式。

7.2 资源综合利用规划思路及目标

7.2.1 规划思路

为解决区域发展与环境容量不足的矛盾,消除固废污染,实现其资源化利用,并提高水资源利用效率,改善长江水质,可通过"固废""水""光伏能源"三方面,打造循环经济,促进区域经济社会可持续发展。

1)固废循环:固废的产生源于城市的建设和发展,主要包括污水输送和处理过程中产生的通沟、市政污泥,由于人类活动而加剧的河湖污泥,以及随着人口集聚增长而剧增的餐厨垃圾、建筑垃圾等。固废处置工艺上,结合国内外固废处置及资源化利用技术,通过分析各种固废特性,按照集约、循环、共建、共享的原则,优选兼具技术先进性和可落地性的循环利用技术,将市政污泥、餐厨垃圾、建筑垃圾、通沟污泥、河湖底泥和槽罐车清

洗物按照特性的不同分类协同处置,从而解决区域污泥无稳定出路的显著矛盾,实现污泥的减量化、资源化和无害化处置。

2)水循环:东湖高新区污水处理厂的尾水仅有两条可行出路,一是用长距离输水管道排入长江,二是建设再生水管网进行尾水利用。大规模的尾水排江工程不仅耗资巨大,而且运行费用高昂,同时随着长江大保护战略的实施,长江入河排污口监管管理大幅增强,排口审批难度加大。随着东湖高新区高速发展,需在现有基础上,进一步增加水资源利用效率,保证东湖高新区工业冷却和市政杂用等方面的再生水利用,并结合湿地生态景观用水(沐鹅湖湿地),提升排江尾水水质,以实现对水循环路线的丰富和延伸。

7.2.2　规划目标

打造安全稳定、环境和谐、运维可持续、能源自给、出路可靠的循环经济产业园,通过固废安全处置及资源化、再生水回用,生态湿地建设,提高东湖高新区水污染及固废污染处置能力,实现区域生产、生态、生活的共生,人与自然和谐发展,促进经济社会良性发展。具体目标如下:

1)到 2025 年,东湖高新区市政污泥、餐厨垃圾、通沟污泥、河湖底泥、建筑垃圾及槽罐车罐内残留杂质等固废无害化处置率 100%;区管污水处理厂中水利用率达到 16%;导入光伏清洁能源,优化能源结构。

2)到 2035 年,根据东湖高新区建设发展需求对固废处置及资源化工程进行扩建,区内固废无害化处置率保持 100%,区管污水处理厂中水利用率达到 24%,提高能源利用效率,助建绿色低碳、安全高效的现代能源体系。

7.3　资源综合利用规划方案

7.3.1　污泥处置及资源化规划

7.3.1.1　规模论证

(1)市政污泥

东湖高新区范围内目前共有污水处理厂 6 座:龙王嘴污水处理厂、汤逊湖污水处理厂、豹澥污水处理厂、王家店污水处理厂、花山污水处理厂和左岭污水处理厂。其中龙王嘴、汤逊湖污水处理厂归属武汉水务集团管理;花山污水处理厂归属青山区管理;豹澥、王家店、左岭污水处理厂归属东湖高新区管理。

本书服务对象为东湖高新区管理的城镇污水处理厂。根据东湖高新区污水处理厂的监测数据,污水处理厂污泥产量现状见表 7.3-1。

表 7.3-1   东湖高新区部分污水处理厂污泥产量预测

序号	名称	现状设计污水处理规模/（万 t/d）	现状平均处理水量/（万 t/d）	现状峰值水量/（万 t/d）	污泥现状平均产量/（t/d）	产泥率/（t/（万 m³/d）污水）	去向及用途
1	豹澥污水处理厂	7.00	4.00	7.10	23.80	5.95	湖北兴田生物科技公司/堆肥
2	左岭污水处理厂	7.00	8.59	10.78	50.00	5.82	
3	王家店污水处理厂	2.00	2.30	2.60	4.14	1.80	武汉熙昊环保公司/堆肥
	合计	16.00	14.89	20.48	77.94		

目前从东湖高新区的整体情况来看，污水处理厂处理总量接近满负荷状态（约为 83%），上述污水处理厂产泥率在 1.80～5.95t/（万 m³/d）污水，除去王家店污水处理厂，豹澥及左岭污水处理厂的产泥率在 5.82～5.95t/（万 m³/d）污水，且污泥量有增长趋势。左岭片区污水处理系统规划接收污水以工业污水为主，左岭片区三大排污企业为华星光电、天马微电子、长江存储，工业污水排放量及污水水质见表 7.3-2。

表 7.3-2   左岭片区主要排污企业情况一览

企业名称	2025 年水量/（m³/d）	pH 值	化学需氧量/（mg/L）	五日生化需氧量/（mg/L）	总磷/（mg/L）	总氮/（mg/L）	氨氮/（mg/L）	悬浮物/（mg/L）
华星光电 T3	17720	6～9	400	180	6	40	30	200
华星光电 T4	32000	6～9	400	180	5	40	30	200
天马微电子	27175	6～9	400	180	6	40	30	200
长江存储	60600	6～9	320	140	4	32	28	160
加权平均值	137445	6～9	364.73	162.36	4.89	36.47	29.12	182.36

注：1. 华星光电 T3 水量、水质数据来源《武汉华星光电技术有限公司第 6 代 LTPS（OXIDE）LCD/AMOLED 显示面板生产线扩产项目（二）环境影响报告表》；

2. 华星光电 T4 水量、水质数据来源《武汉华星光电半导体显示技术有限公司第 6 代柔性 LTPS-AMOLED 显示面板生产线项目环境影响报告书》；

3. 天马微电子水量、水质数据来源《武汉天马微电子有限公司第 6 代 LTPS-AMOLED 生产线项目（重新报批）环境影响报告表》；

4. 长江存储水量、水质数据来源《长江存储科技有限责任公司回复函》。

而据前所述，武汉水务管辖的 10 余座污水处理厂，产泥率约为 6.5t/（万 m³/d）污水,考虑到东湖高新区实际情况,以及远期城市雨污分流情况的改善和污水处理厂提质增效的实施规划,本书规模近期和中远期产泥率分别按照 6.0t/(万 m³/d)污水和 6.5t/(万 m³/d)污水考虑。本书近期(2025 年)预计达不到满负荷运行状态,参考现状按水量 83%取值,污泥产量预测见表 7.3-3。

表 7.3-3　　　　　　　　　　　东湖高新区污泥量预测

序号	名称	污水处理规模/(万 t/d)				产泥率/(t/(万 m³/d)污水)		污泥产量/(t/d)	
		现状处理量	现状设计规模	近期扩建规模	远期扩建规模	近期	远期	近期	远期
1	豹澥污水处理厂(现状)	4	7.0	7.0	7.0	6.0	6.5	42	42
2	左岭污水处理厂(现状)	8.6	7.0	10.0	10.0	6.0	6.5	60	65
3	豹澥污水处理厂扩建(待建)	—	—	11.0	31.0	6.0	6.5	66	201.5
4	左岭污水处理二厂(待建)	—	—	15.0	22.0	6.0	6.5	90	143
	合计	12.6	14.0	43.0	70.0			258	451.5
	预测规模							214	451.5

目前东湖高新区污泥大多分散到不同的中小型公司进行处理,处理方式以堆肥为主。从武汉市污泥处置现状来看,污泥堆肥处理的工艺水平参差不齐,堆肥产品的质量无稳定保证,难以满足污泥规模化、稳定化、无害化的处理需求。因此,本书近期污泥处理规模考虑全量接纳东湖高新区范围污水处理厂污泥。

综合上述预测结果和实际情况,市政污泥处理规模确定为:

近期(2025 年):近期规模 215t/d;

远期(2035 年):远期规模 450t/d。

(2)餐厨垃圾

根据《餐厨垃圾处理技术规范》(CJJ 184—2012),餐厨垃圾包括餐饮垃圾和厨余垃圾。餐厨垃圾为餐馆、饭店、单位食堂等的饮食剩余物以及后厨的果蔬、肉食等废弃物。厨余垃圾为家庭日常生活中丢弃的果蔬及食物下脚料、剩饭剩菜等易腐有机垃圾。

1)人口数据来源。

根据武汉市统计局网站发布数据,2018 年东湖高新区常住人口 63.92 万人,比 2017年增长约 13.9%。

根据《武汉市国土空间规划(征求意见稿)》和武汉市新版总体规划,规划到 2025 年东湖高新区常住人口为 94.73 万人,到 2035 年常住人口为 183.83 万人。

2)餐饮垃圾产量及预测。

根据《餐厨垃圾处理技术规范》(CJJ 184—2012),餐饮垃圾日产生量宜按下式估算:

$$M_C = Rmk$$

式中,M_C——某城市或区域餐饮垃圾日产生量,kg/d;

R——城市或区域常住人口;

m——市人均餐饮垃圾产生量基数,kg/(人·d);

k——餐饮垃圾产生量修正系数。

人均餐饮垃圾日产生量基数 m 宜取 0.1kg/(人·d),餐饮垃圾产生量修正系数 k 的取值可按以下要求确定:经济发达城市、旅游业发达城市、沿海城市可取 1.05～1.10;经济发达旅游城市、经济发达沿海城市可取 1.10～1.15;普通城市取 1.00。

东湖高新区人均餐饮垃圾日产生量基数取 0.1kg/(人·d),修正系数取 1.15。餐饮垃圾产量预测见表7.3-4。

表 7.3-4　　　　　　　　　东湖高新区餐饮垃圾产量预测

序号	年份	常住人口/(万人)	餐饮垃圾日产生量 基数/[kg/(人·d)]	修正系数	餐厨垃圾 处理量/(t/d)
1	2018	56.14	0.1	1.15	64.6
2	2019	60.91	0.1	1.15	70.0
3	2020	66.09	0.1	1.15	76.0
4	2021	71.71	0.1	1.15	82.5
5	2022	76.88	0.1	1.15	88.4
6	2023	82.42	0.1	1.15	94.8
7	2024	88.36	0.1	1.15	101.6
8	2025	94.73	0.1	1.15	108.9
9	2026	101.23	0.1	1.15	116.4
10	2027	108.16	0.1	1.15	124.4
11	2028	115.58	0.1	1.15	132.9
12	2029	123.50	0.1	1.15	142.0
13	2030	131.96	0.1	1.15	151.8
14	2031	141.01	0.1	1.15	162.2
15	2032	150.67	0.1	1.15	173.3
16	2033	161.00	0.1	1.15	185.2
17	2034	172.04	0.1	1.15	197.8
18	2035	183.83	0.1	1.15	211.4

预测到 2025 年,东湖高新区所需的餐饮垃圾终端处置量为 125t/d(考虑 1.15 的冗余系数);到 2035 年,东湖高新区所需的餐厨垃圾终端处置量为 242t/d。

3)厨余垃圾(湿垃圾)产量及预测。

根据武汉市厨余垃圾占比现状(武汉市环境卫生科学研究院和武汉深能环保新沟垃圾发电有限公司提供数据的平均值为51.53%)和厨余垃圾占比发展趋势,考虑武汉市垃圾分类政策严格执行,厨余垃圾沥干水再投放等分类措施实施后,厨余垃圾占比会小幅降低,故厨余垃圾占比取值为46%,收集分类比例为44%。在此基础上对东湖高新区厨余垃圾产量进行预测(表7.3-5)。

表 7.3-5 东湖高新区厨余垃圾产量预测

序号	年份	生活垃圾总日均产量/(t/d)	分类收集比例/%	进入终端系统占比/%	厨余垃圾产量/(t/d)
1	2020	827.6	46	30	114.2
2	2021	914.9	46	33	138.9
3	2022	1005.4	46	36	166.5
4	2023	1104.4	46	40	203.2
5	2024	1204.1	46	44	243.7
6	2025	1312.7	46	44	265.7
7	2026	1435.6	46	44	290.6
8	2027	1542.7	46	44	312.2
9	2028	1653.4	46	44	334.6
10	2029	1778.2	46	44	359.9
11	2030	1917.8	46	44	388.2
12	2031	2080.5	46	44	421.1
13	2032	2250.9	46	44	455.6
14	2033	2439.1	46	44	493.7
15	2034	2646.4	46	44	535.6
16	2035	2874.1	46	44	581.7

预测到2025年,东湖高新区厨余垃圾处置量为300t/d(考虑1.15的冗余系数),到2035年,厨余垃圾处置量为670t/d。

4)武汉市餐厨垃圾处置现状及缺口。

①餐饮垃圾。

根据各区主管部门提供的数据,自2013年开展餐饮垃圾专项收运处理工作以来,餐饮垃圾清运量逐年增长,至2019年底已达28630t/a,约785t/d。主城区餐饮垃圾资源化集中处理率达到94.6%。

武汉市已初步建立起覆盖全市的餐饮垃圾收运体系和管理体系,餐饮垃圾采取以巡回直运为主的收运方式，即餐饮垃圾产生单位将其暂存于收集容器内，由专业收运队伍巡回上门收集后直运至废弃物处理厂，大部分区域餐饮垃圾收运已实现市场化。

武汉市建成了"3+1"餐饮垃圾处理厂，分别为汉口西部餐厨废弃物处理厂、汉口东部餐厨垃圾集中处理厂、武昌地区餐厨废弃物处理厂和陈家冲餐厨垃圾应急处理厂，餐厨废弃物处置总能力为800t/d。

根据武汉市新版总体规划，规划到2035年，武汉市常住总人口为1660万人、城镇人口1450万人（城镇化率90%）。

由表7.3-6可知，武汉市目前餐饮垃圾处置基本无缺口，近期武汉市除原有的800t/d处置设施外，还将新增200t/d处置设施（位于蔡甸千子山），因此近期武汉市餐厨垃圾处置缺口为250～300t/d，本书协同处置餐饮垃圾既能满足东湖高新区区内就地处置的条件，也是对武汉市餐厨垃圾近期处置缺口的补充。

表7.3-6　　　　　　　　　　武汉市餐饮垃圾产量预测

序号	分区	人口/万人		餐厨垃圾日产量/(t/d)	
		2025 年	2035 年	2025 年	2035 年
1	江岸区	100.93	114.93	116.07	132.16
2	江汉区	62.54	57.46	71.93	66.08
3	硚口区	88.83	94.03	102.16	108.13
4	汉阳区	65.71	94.03	75.57	108.13
5	武昌区	141.59	146.27	162.82	168.21
6	青山区（含化工区）	58.50	67.69	67.27	77.84
7	洪山区	103.14	120.15	118.61	138.17
8	东湖风景区	7.40	5.22	8.51	6.01
9	东西湖区	81.26	127.66	93.44	146.81
10	蔡甸区	63.34	91.91	72.85	105.70
11	江夏区	93.33	127.66	107.33	146.81
12	黄陂区	123.99	163.40	142.58	187.91
13	新洲区	111.72	142.98	128.48	164.43
14	武汉开发区（含汉南区）	67.84	122.55	78.01	140.94
15	东湖高新区	94.73	183.83	108.94	211.40
	全市合计	1264.85	1659.77	1454.57	1908.73

②厨余垃圾。

武汉市委、市政府于2017年12月出台《武汉市生活垃圾分类实施方案》，方案要求武汉市城区生活垃圾干湿分类收集、分类收运、分类处理。

武汉市人民政府于 2018 年 5 月出台《武汉市城乡生活垃圾无害化处理全达标三年行动实施方案》,方案提出要形成全市生活垃圾从产生到终端处理全过程、全方位覆盖的城乡生活垃圾管理体系。

2020 年 5 月,武汉市人民政府发布消息,《武汉市生活垃圾分类管理办法》将于 7 月 1 日起施行,规定个人未将生活垃圾分类投放至相应收集容器的,经责令改正且拒不改正的,将处 50 元以上 200 元以下罚款。违反规定的单位,最高将受到 5 万元的处罚。

目前武汉市生活垃圾分类覆盖率逐步提升,2020 年底计划全市生活垃圾分类覆盖率达到 85%,单位(公共机构和相关企业)垃圾强制分类全覆盖,生活垃圾回收利用率达到 38% 以上。厨余废弃物收运体系逐步开始建立。

武汉市分类垃圾产量预测见表 7.3-7。

表 7.3-7　　　　　　　　　　　武汉市厨余垃圾产量预测

序号	分区	2035 年分类垃圾产量/(t/d)			
		厨余垃圾	可回收物	有害垃圾	其他垃圾
1	武汉市	11713	7028	70	4615

根据规划期末城市生活垃圾量预测结果,近期武汉市厨余垃圾处理需求为 5927t/d (考虑 1.15 冗余系数)。

目前武汉市除建设局部厨余系统协同焚烧处理设施外,尚未建成厨余垃圾末端资源化处理设施,亟须新建。

5)餐厨处理规模分析。

①餐厨垃圾性质指标。

目前武汉市已建设有较成熟的餐厨垃圾收运体系和处理设施,对有机质固废的组分及性质已有一定认识。根据武汉市环境保护科学研究院提供的资料,武汉市餐饮垃圾组分及理化性质见表 7.3-8。

表 7.3-8　　　　　　　　　　　餐饮垃圾组分、理化性质分析

厨余/%	纸类/%	竹木/%	橡胶塑料/%	纺纤/%	玻璃/%	金属/%	灰土砖石/%	果类/%	其他(油水)/%	合计/%
44.75	0.39	0.6	—	0	0.63	0.05	—	0.4	53.57	100.00

含水率/%	低位热值	容重/(kg/m³)	脂肪	有机质	生物降解度	含盐量(油脂混合物)	蛋白质	C/N	含油率(游离态)/%
81.4	—	787	9.47			0.31	4.4	15.94	3.84

根据上述数据及各运营单位反馈情况,武汉市餐饮垃圾性质主要有以下特点:

a. 进场餐厨垃圾含固率相对较高,平均含固率约 18%;

b. 油脂含量为 3%~4%,具有一定经济价值;

c. 垃圾中脂类和蛋白质含量相对较高,有利于后端厌氧资源化处理;

d. 杂质含量有下降趋势;

e. 进一步加强前端收运系统管理,垃圾含固率将在一定程度上降低。

目前武汉市生活垃圾分类措施还在不断推进中,且尚未建成厨余垃圾末端资源化处理设施,因此对本市域厨余垃圾组分及性质尚无较统一的认识。

武汉市环境卫生科学研究院对武汉市厨余垃圾进行了持续调查,2017—2019 年武汉市厨余废弃物组分表和各城区厨余废弃物组分见表 7.3-9 和表 7.3-10。

表 7.3-9　　　　　　　　　　武汉近三年厨余废弃物组分

年份	厨余/%	纸类/%	草木/%	橡胶塑料/%	纺纤/%	玻璃/%	金属/%	灰土砖石/%	小计/%
2019	57.58	13.88	3.61	18.02	2.25	3.14	0.76	0.76	100.00
2018	60.26	13.45	3.83	15.77	2.45	3.04	0.53	0.67	100.00
2017	62.52	13.62	3.56	12.90	3.23	2.90	0.91	0.36	100.00
平均值	60.12	13.65	3.66	15.56	2.64	3.03	0.74	0.60	100.00

表 7.3-10　　　　　　　　　　武汉各城区厨余废弃物组分

城区	厨余/%	纸类/%	草木/%	橡胶塑料/%	纺纤/%	玻璃/%	金属/%	灰土砖石/%	小计/%
蔡甸区	68.38	1.61	21.55	7.60	0.22	0.45	0.14	0.04	100.00
东湖风景区	73.53	2.81	12.73	9.44	0.46	0.37	0.08	0.57	100.00
东湖高新区	51.17	8.86	14.98	21.36	1.91	1.29	0.39	0.04	100.00
东西湖区	59.32	7.23	11.57	17.96	2.05	0.53	0.31	1.02	100.00
沌口区	48.85	10.35	17.53	19.19	1.34	0.82	0.85	1.08	100.00
汉阳区	43.93	13.09	4.75	30.96	4.16	0.97	1.12	1.02	100.00
洪山区	71.91	4.44	13.40	9.11	0.24	0.63	0.10	0.15	100.00
江岸区	55.22	3.21	27.84	10.47	0.54	0.66	0.45	1.61	100.00
江汉区	51.02	8.39	14.13	20.40	0.96	1.54	1.26	2.29	100.00
江夏区	79.80	2.44	6.31	9.97	0.35	0.41	0.61	0.12	100.00
硚口区	41.41	10.59	3.93	30.80	7.19	3.16	1.23	1.69	100.00
青山区	68.55	5.18	8.29	13.72	1.86	1.21	0.29	0.91	100.00
武昌区	52.98	8.13	9.65	22.29	1.89	2.20	0.51	2.35	100.00
平均值	58.93	6.64	12.82	17.17	1.78	1.10	0.56	0.99	100.00

根据上述数据情况,武汉市厨余垃圾性质主要有以下特点:

a. 杂质含量相对较高,超过 20%;

b. 原生厨余垃圾(含杂质)含固率较高,平均含固率超过 30%,但随着杂质含量降低,含固率会降低至 18%~20%;

c. 垃圾中油脂和蛋白质含量较低,纤维素和木质素含量相对较高;

d. 非中心城区垃圾组分中厨余组分含量较中心城区更高;

e. 2020 年 7 月后武汉市已加大垃圾分类处理政策的执行力度,厨余垃圾组分中杂质含量会持续降低。

②协同处理规模分析。

本项目餐厨垃圾进料性质设计参数见表 7.3-11 和表 7.3-12。

表 7.3-11　　　　　　　　　餐饮垃圾进料性质设计参数

序号	项目	数值
1	含水率/%	82
2	食物残渣/%	13
3	油脂/%	2
4	其他/%	3
5	垃圾分拣去除率/%	20
6	预处理后餐厨有机物 VSS 含量/%	90

表 7.3-12　　　　　　　　　厨余垃圾进料性质设计参数

序号	项目	数值
1	含水率/%	75
2	食物残渣/%	15
3	其他/%	10
4	垃圾分拣去除率/%	25
5	分拣后厨余有机物挥发性悬浮固体含量/%	60

有机质固废的接纳主要是为了调节厌氧消化系统,使发酵基的有机质含量大于 50%。

③协同处理规模确定。

根据物料产量、用地面积、协同效果等多方面统筹考虑,本项目对餐饮厨余的接纳思路如下:

a. 东湖高新区餐饮垃圾缺口到 2035 年为 242t/d,缺口规模与本项目的建设情况匹配,餐饮垃圾的厌氧消化工艺经过十几年的发展已经较为成熟,经济性较好,本项目可以考虑全量接收东湖高新区近远期的餐饮垃圾。

b. 东湖高新区厨余垃圾缺口 2025 年为 300t/d,2035 年为 670t/d,缺口规模较大,现状用地制约,不建议全量接收;根据前期镇江、九江等项目的调研情况以及本项目多源污泥处置的定位,建议按市政污泥:有机质固废设计规模约 1:1 考虑,考虑近期部分接纳东湖高新区厨余垃圾,远期根据近期项目运行情况和用地情况进行适度扩建。因此确定:

近期(2025 年):250t/d(其中,餐厨垃圾 150t/d,厨余垃圾 100t/d);

远期(2035 年):暂定新增 250t/d,远期扩建规模根据实际情况进行调整。

(3)建筑垃圾

根据武汉市轨道交通近期建设计划及其他工程弃土测算,"十三五"期间需消化的存量弃土和新增弃土累计将达到 6500 万 m³,每年平均新增工程弃土近 900 万 m³。

根据《武汉"三旧"改造规划》,"十三五"期间中心城区弃料总规模达到 2450 万 t/a,弃料主要集中在洪山(17.4%)、江岸(16.5%)、硚口(15.2%)、汉阳(14.9%)、青山(14.4%)和武昌(12.4%)等 6 个中心城区。拆迁弃料量较少的区域是东湖风景区(1.7%)、江汉区(7.5%)。

按照武汉市建筑垃圾规划,弃料处理厂拟采用分阶段发展模式。第一阶段处理规模 1000 万 t/a,其中,武昌地区 450 万 t/a。

根据东湖高新区发展特点及人口、经济占比,预测东湖高新区建筑垃圾产量占武昌地区总产量的 8%,约为 1001t/d。

根据《武汉市人民政府关于做好全市建筑弃料弃土消纳处置工作通知》,经管委会 2018 年第 210 次专题会研究决定,引进湖北欣新蓝环保科技有限公司推进新蓝循环经济产业园建设,已建的湖北欣新蓝环保公司,建筑垃圾处理一期建设规模 500t/d。2020 年 11 月,东湖高新区城市管理局拟依托原新蓝循环经济产业园,结合东湖高新区建筑垃圾环保类固废的处理处置需求,对产业园进行横向拓展,规划建设凤凰山产业园。

因此,建筑垃圾已考虑纳入凤凰山产业园处理处置。

(4)通沟污泥和河湖底泥

1)通沟污泥。

东湖高新区现状排水管道约 2500km,其中,雨水管道 1702km,污水管道 848km,目前东湖高新区辖区内无通沟污泥处理设施。通沟污泥处理方式主要是将排水管网的污泥清掏后运送至偏僻处内,存放一段时间后再进行外运焚烧或填埋处置,资源化利用率不高。

对通沟污泥采用两种方法进行预测(表 7.3-13),如下:

表 7.3-13　　　　　　　　　　东湖高新区排水管网淤泥清掏量预测

	中心区建设用地面积/km²	日常维护清掏规模/(t/d)	通沟污泥年清掏总量/(t/d)
东湖高新区(近期)	134	170	210

方法一：通沟污泥产量取值参考汉阳沌口区，通沟污泥日常维护清掏产量为 463m³/km²，年清掏总量为 574m³/km²。

方法二：根据对高新区全区管网修复(一期)项目管道淤积检测数据进行分析：

①对武黄大道、大昌路、佛祖岭路、高新四路、九龙湖街等不同街道多条雨水管通沟污泥数据进行计算，污泥单位长度指标为 7.11～186.44t/km，根据分析，虽然东湖高新区每年都会开展污泥清捞工作，但清捞覆盖范围有限，以致局部管道淤积严重，而不考虑局部严重淤积段，雨水管污泥单位长度指标为 7.11～20t/km。参考上海市 2015—2018 年排水管道污泥清理指标为 13.11～10.34t/(km·a)，且呈逐年下降趋势，因此，在全区管网修复后(修复中会对淤泥进行清理)，建议东湖高新区雨水管污泥产生单位指标取 8～13t/km。

②对高新区已完成探测污水管数据进行分析，管径 DN400～DN500 污水管长度占东湖高新区所有污水管长度约 80%，污泥单位长度平均指标约 60t/km。考虑到污水管现状普遍淤积严重，且全区管网修复项目实施过程会对污水管中污泥进行彻底清理，而现状污水管淤积面积占比约 30%，根据污水管的淤积不超过 20% 为标准，则按最不利工况考虑(清捞 10%)，东湖高新区污水管污泥产生单位指标取 20t/(km·a)。

③根据上述建议数据计算，现状排水管道约 2500km，其中雨水管道 1702km，污水管道 848km，则通沟污泥年处置规模为 3.05 万～3.9 万 t/a，则日处理量范围为 84～108t/d。

综上，考虑到目前高新区全区管网修复(一期)项目管道采用 CCTV 检测的同时，进行管道清淤并已将淤泥运至豹澥临时污泥处理站进行处理，左岭循环产业园建成运行时高新区管网内污泥淤积量会有削减；结合方法一的预测，综合考虑，取较低值，确定 2025 年东湖高新区通沟污泥处置规模为 80t/d，近期实际处理规模可根据调整具体设备的运行时间来适当调整(设备运行时间暂定为 8h/d)。远期规模根据实际运行情况及改变设备运行时间逐步调整确定。

根据武汉市目前的排水管网清淤疏浚现状，武汉市中心城区的排水管网清淤主要采用的是人工疏捞和吸污车疏通两种方式，人工清淤清捞出来的淤泥含水率变化大，和各个工人的工作方式和清捞地点都有很大关联，一般含水率多在 40%～90%；而吸污车清淤清捞出来的淤泥则普遍含水率较高，多在 90% 及以上。已建成的青山区通沟污泥处理站其进场污泥平均含水率为 60%～80%，而汉阳区的清淤污泥经储存池存放后实测含水率多在 50% 以下，其清淤方式即为人工疏捞和吸污车疏通两种方式，考虑到国家经济技术发展情况，和"以人为本"的政策，未来排水管网清淤势必会向机械化吸污车或其他机械疏捞装备发展,淤泥的含水率则会比人工清淤更高,整体通沟污泥含水率会上升。本工程综合考虑近远期城市机械化收运程度的发展,进场处理的通沟污泥含水率拟定为80%。结合干底泥和泥沙比重一般为2.65,故本工程进场通沟污泥比重＝0.80×1.0+0.20×2.65＝1.33t/m³。

2)河湖底泥。

根据内源治理污染规划成果,严家湖湖湾湖汊生态清淤面积约58hm²,原位修复面积约94.3hm²,严家湖生态清淤按平均0.3m估算,清淤量约17.4万 m³。

(5)槽罐车

根据武汉市交通运输局提供数据,武汉槽罐车登记数量3600辆,平均每辆的清洗频次为2次/a,年清洗总量为7200车次/a,考虑一定的波动因素,规划槽罐车清洗规模:

中期(2020—2025年):50车次/d;

远期(2026—2035年):100车次/d。

7.3.1.2 污泥处理处置规划

长期以来,我国污水处理存在着"重水轻泥"现象,污泥中富集了污水30%～50%的污染物,而安全处理处置率却仅为20%～30%,污水处理仅是将污染物从污水中转移到了污泥中,环境效益大打折扣。2016年《国务院关于印发"十三五"生态环境保护规划的通知》,要求各地大力推出污泥稳定化、无害化、资源化处理处置,计划到2020年,地级及以上城市污泥无害化处理处置率应达到90%,污泥行业面临前所未有的机遇和挑战。

表 7.3-14　　　　　　　　　　关于污泥处置的相关政策要求

时间	发布单位	政策名称	政策内容
2011-03	住建部、发改委	《关于进一步加强污泥处理处置工作组织实施示范项目的通知》	要求地方人民政府及相关部门重视污泥处理处置工作
2011-11	财政部、国税局	《关于调整完善资源综合利用产品及劳务增值税政策的通知》	对污泥处理处置劳务免征增值税;对销售利用特定种类污泥作为生产原料的自产货物试行不同程度增值税即征即退政策
2011-12	国务院	《国务院关于印发国家环境保护"十二五"规划的通知》	推进污泥无害化处理处置和污水再生利用;开展工业生产过程协同处理污泥试点;将污泥处理处置作为环境保护重点工程;提出收费标准逐步满足污水处理设施稳定运行和污泥无害化处置要求

续表

时间	发布单位	政策名称	政策内容
2012-05	国务院	《"十二五"全国城镇污水处理及再生利用设施建设规划》	污泥处理处置设施建设投资约347亿元
2013-08	国务院	《国务院关于加快发展节能环保产业的意见》	鼓励开发新型污泥减量化、无害化、资源化技术装备;将污泥处理费纳入污水处理成本
2013-10	国务院	《城镇污水与污水处理条例》	鼓励污泥资源化,污泥排放不合规的,对单位处10万元以上50万元以下罚款
2014-05	国务院	《2014—2015年节能减排低碳发展行动方案的通知》	完善污水处理费政策,研究将污泥处理费纳入污水处理成本中
2014-12	财政部、住建部、发改委	《污水处理费征收使用管理办法》	正式将污泥处理处置费用纳入污水处理费用中,为污泥处理处置的正常运营提供了资金支持
2015-04	国务院	《水污染防治行动计划》,即"水十条"	现有污泥处理处置设施于2017年完成达标改造,2020年地级市达到污泥无害化
2015-10	国务院	《中共中央　国务院关于推进价格机制改革的若干意见》	明确提到合理提升污水处理收费标准,城镇污水处理收费标准不应低于污水处理和污泥处理处置成本
2016-12	国务院	《国务院关于印发"十三五"生态环境保护规划的通知》	大力推出污泥稳定化、无害化、资源化处理处置,地级及以上城市污泥无害化处理处置率达到90%

(1)市政污泥处理处置

1)处理工艺比选。

影响选择污泥处理工艺的因素很多,除要满足"无害化、减量化、资源化"的基本原则外,还应考虑以下因素:

①处理后污泥符合污泥农用指标;

②技术可靠程度;

③地区经济发展水平对投资和处理费用适应能力;

④环境污染风险性;

⑤其他特殊的制约因素。

热水解—厌氧消化工艺具有减少污泥体积、稳定污泥性质、提高污泥的脱水效果、产生可利用的甲烷气体、消除恶臭、通过前端高温预处理过程提高污泥消化性能等优点，在处理过程中可以实现污泥的减量化、稳定化、无害化和资源化，符合我国"十三五"期间污泥处理处置的技术发展方向，同时本工程采用厌氧消化处理方法可以将产生的沼气一部分利用于本厂的沼气锅炉，能够节约能源，达到节能减排作用（表 7.3-15）。

表 7.3-15　城镇污水处理厂污泥处理工艺比选

项目	热水解—厌氧消化	常规厌氧消化	好氧发酵	石灰稳定	污泥干化焚烧
投资（万元/t 污泥 80%含水率）	40～60	30～50	30～50	15～30	50～80
运行成本（元/t 污泥 80%含水率）	60～100	100～150	120～160	50～150	200～260
政策性	推荐	推荐	推荐	仅为阶段性应急备用方案	推荐
能耗	低	较高	较高	较高	高
碳排放	负碳排放	负碳排放	低水平碳排放	中等水平碳排放	中等水平碳排放
占地	小	较大	大	较大	较小
减容率	＞90%	＞40%	＞40%	＞50%	＞80%
技术性	较先进	一般	一般	落后	一般
减量化	好，剩余污泥经机械脱水后含水率可降至65%以下	一般，剩余固体含水率仍然较高，不满足焚烧、堆肥、填埋等后续处理要求	一般，需添加骨料，干固体量增加，产品销路存疑	需添加大量生石灰，干固体量增加	好，仅剩余灰渣和飞灰需要处理
无害化	好，经水热后有毒有害微生物和病菌均已灭活	一般，经消化后沼液中仍存在有毒有害微生物和病毒	一般，若运行管理不当，易造成二次污染，且环境卫生质量极为恶劣	易造成二次污染，环境卫生质量恶劣	好，有毒有害微生物均已灭活，但易产生烟气、飞灰等二次污染问题
资源化	厌氧消化产沼气量大，沼气可上网发电或提纯生物质天然气	沼气产率低，资源化效果不佳	产品可用于改良土壤，但肥效有限，存在重金属超标等问题	产品可用于制砖，但销路存疑	需补充大量热源，无职业化产品

项目	热水解—厌氧消化	常规厌氧消化	好氧发酵	石灰稳定	污泥干化焚烧
工作环境	优良	较好	恶劣	恶劣	优良
管理操作	自动化程度高	自动化程度较高	需较多人工维护	运作简单,自动化程度低	自动化程度高
二次污染	需要处理脱水滤液	需要处理脱水滤液和脱水泥饼	需严格控制臭气污染和渗沥液	需控制粉尘及有毒有害气体污染	需要处理焚烧尾气

厌氧发酵一般分为常温厌氧发酵、中温厌氧发酵和高温厌氧发酵。常温厌氧发酵受气候影响,产气量波动较大,不易控制,转化率较低,同时厌氧时间较长,需要投入的设备和设施较多。因此工业化的厌氧发酵一般不采用该工艺。

中温厌氧的温度控制在 35～40℃,沼气产气量稳定,转化效率较高;高温厌氧的温度控制在 53～60℃,分解速度快,产气量高,处理时间短,能有效杀死寄生虫卵。基于以上原因,对中温和高温厌氧发酵的优缺点分析见表 7.3-16。

表 7.3-16　　　　　　　　　　　　　中温和高温厌氧发酵的比较

类别	中温	高温
优点	①应用广泛; ②能耗低; ③运行稳定	①发酵时间短; ②产气率稍高; ③对寄生虫卵的杀灭率在数小时内就可达到 90%
缺点	①消化时间长; ②对寄生虫卵的杀灭率低,无害化低	①需要的热量多,运行费用高; ②高温条件下自由 NH_3 的浓度比中温高,沼气中的氨浓度高

高温厌氧相比中温厌氧,反应器中有机物分解速率快,产气速率高,所需的消化时间短,消化池容积小,对寄生虫卵的杀灭率可达 90% 以上。但高温消化加热耗热大,耗能高。

根据本项目工艺运行的特点,污泥经过热水解,反应温度为 150℃,在热水解反应过程中包括升压、升温、泄压、降温、在线稀释过程,出料温度为 100℃,在经过进入泥水换热单元后为 60～70℃;与厨余垃圾混合后,物料温度为 35～40℃。若采用高温厌氧,需要外供热源对物料进行升温;若采用中温厌氧,可不供热源或少供热源对物料进行升温即可满足中温厌氧温度条件。目前国内污泥处理中温厌氧占主导优势。本工程为力争厂内能量平衡,推荐污泥厌氧发酵采用中温,推荐温度为 35～37℃。

厌氧发酵可分为单相和两相两种,单相厌氧只设置单座反应器,污泥在反应器中完成消化过程,而两相厌氧过程分在两个串联的反应器内进行。在两相厌氧的一级反应器内主要进行有机物的分解,运行过程中对一级反应器进行混合搅拌和加热,不排上清液和浮渣,污泥经一级反应器排入二级反应器。在运行过程中二级反应器不进行混合搅拌和加热,主要目的是使污泥在低于最佳温度的条件下完成进一步消化。在单相厌氧发酵工艺中,产酸相和产甲烷相在同一个处理单元中进行。两相厌氧发酵本质特征是实现了生物相的分离,即产酸相和产甲烷相分成两个独立的处理单元,通过调控两个单元的运行参数,形成产酸发酵微生物和产甲烷发酵微生物各自的最佳生态条件,从而形成完整的发酵过程,大幅度提高了废物的处理能力和工艺运行的稳定性。单相厌氧发酵和两相厌氧发酵的比较见表7.3-17。

表 7.3-17　　　　　　　　　　　单相和两相厌氧发酵的比较

类别	单相	两相
优点	①投资少; ②易控制	①系统运行稳定; ②提高了处理效率(如减少了停留时间); ③加强了对进料的缓冲能力
缺点	①反应器可能出现酸化现象导致产甲烷菌受到抑制,厌氧发酵过程正常进行受到影响	①投资较高; ②运行维护相对复杂,操作控制困难

从技术应用方面,目前国内有机废弃物两相厌氧与单相厌氧都有应用,其中单相厌氧应用多于两相厌氧,没有统一的评判标准衡量两种厌氧方式。参照我国餐厨垃圾应用两相厌氧技术的工程实例运行表明:采用两相厌氧对于继续消化和提高沼气产量的效果均不明显,但其造价和运转管理工作量增加却是显而易见的。因此,本项目厌氧方式选择单相厌氧发酵工艺。

在本次方案比选中为了提高厌氧处理效率,增加产沼率,达到最大程度的污泥资源化利用。综合考虑后本项目厌氧污泥处理工艺采用热水解—中温厌氧工艺。

目前国内大型污泥主工艺为热水解—中温厌氧工艺,其已通过相关部门的评审,技术成熟。比如北京市小红门污水处理厂污泥处理中心、高碑店污泥处理中心,可大大提高厌氧产沼效率和有机物去除率,并且通过高温热水解和厌氧处理后的产物完全可以达到无害化。因此本项目采用热水解—中温厌氧处理工艺。

其中热水解国内外应用业绩主要有:

①北京市北排污水处理厂,规模6000t/d,全部采用热水解预处理工艺。

②长沙污水处理厂污泥集中处置工程,规模500t/d,采用热水解+厌氧消化+干化工艺(其中协同处置餐厨垃圾66t/d)。

③西安污水处理厂污泥集中处置项目,规模1000t/d,采用热水解预处理工艺。

2)处置工艺比选。

垃圾主要处置工艺有土地利用、焚烧、建材利用、填埋和碳化,其优缺点比较见表 7.3-18。

表 7.3-18　　　　　　　　　城镇污水处理厂污泥处置方式比较

项目	土地利用	焚烧	建材利用	填埋	碳化
投资	中	高	中	低	高
运行费	低	高	低	低	高
能耗	低	高	低	低	一般
占地	大	小	小	大	小
减容率	低	高	高	中	高
环境影响	臭气、重金属、病原物污染较难控制	具有先进的污染物净化和监测装置污染容易控制	烟气、重金属和放射性物质污染,不易控制	存在二次污染隐患,较易控制	不存在二次废渣,废水排放量小

2016 年 5 月发布的"土十条"提出,鼓励将处理达标后的污泥,用于园林绿化,热水解厌氧处理后,沼渣干化后园林绿化利用或者进入生活垃圾焚烧发电厂协同焚烧处置,工艺符合国家政策导向。

根据《东湖国家自主创新示范区总体规划(2017—2035)——东湖新技术开发区分区规划》,东湖高新区规划到 2035 年全区绿地面积为 16km²。根据《城镇污水处理厂污泥处理处置技术指南》消纳量绿化用泥量年用量＜4～8kg/m²,公路绿化和树木类可适当提高至 8～10kg/m²。施用方式以沟施和穴施为主。按 8kg/m² 计算,绿地施用量可达到 175～350t/d(含水率＜40％)。

根据《城镇污水处理厂污泥处置园林绿化用泥质》(GB/T 23486—2009),污泥园林绿化利用时,含水率＜40％,有机物含量≥25％。《城镇污水处理厂污泥处置制砖用泥质》(GB/T 25031—2010),污泥用于制砖时,含水率≤40％。当前污泥低温干馏及碳化含水率要求一般在 35％。

根据相关研究和行业内实际生产经验,在不影响焚烧系统正常生产的前提下,垃圾焚烧污泥掺烧比例不应大于 5％,故干污泥最大掺烧量为 1050×5％＝52.5t/d(含水率 40％),也即可处置污泥量 132t/d(含水率 80％)。

综合考虑城镇污水处理厂污泥去向,当作园林绿化使用或焚烧时,设计污泥含水率为 35％。

综合以上各种污泥处理方式比较,根据前期分析,同时考虑武汉市东湖高新区地产的价格、土地资源紧张、处理过程中对环境的污染问题,为确保东湖高新区污水处理厂的安全稳定运行,减轻东湖高新区城镇污水处理厂污泥对周边环境的严重威胁,本工程推荐采用"热水解＋厌氧消化＋干化"的技术路线,处理后污泥进入生活垃圾焚烧发电厂焚烧处置。

3)市政污泥、餐厨垃圾协同处置可行性。

厨余垃圾和城镇污水处理厂污泥共消化有着独特的优势,两者之间可以建立一种良性互补,这种互补作用主要体现在以下几个方面:

①厨余垃圾与污泥共同消化可以稀释污泥中重金属浓度和厨余垃圾中盐分浓度,减小厌氧消化过程中有毒物质对厌氧微生物的抑制作用,降低消化底物中油分浓度,减少"油粒"形成风险。

②厨余垃圾和污泥共消化可以相互补充各自成分中缺少的营养成分,调节消化底物的 C/N 至厌氧消化的适宜范围。

③与单独处理相比,厨余垃圾与污泥共消化可以降低基建和运营成本,具有更好的经济效益。

4)市政污泥、餐厨垃圾协同处置设施规划。

①建设规模。

市政污泥、餐厨垃圾协同处置工程设计日处理总规模900t/d,近期处理规模465t/d,其中,餐厨垃圾250t/d(餐饮垃圾150t/d,厨余垃圾100t/d),市政污泥规模215t/d(含水率80%)。

项目建设内容包括餐厨预处理系统、市政污泥预处理系统、联合厌氧消化系统、沼气净化及利用系统、沼渣脱水系统、污水处理系统、臭气处理系统和配套工程。

②项目占地120亩。

③工艺流程:市政污泥和厨余协同厌氧消化工艺流程见图7.3-1。

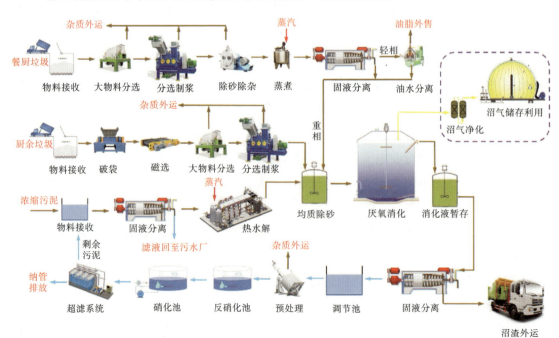

图 7.3-1 市政污泥和厨余协同厌氧消化工艺流程

5）沼气利用方案。

市政污泥和餐厨垃圾协同厌氧发酵，可产生沼气。沼气是一种混合气体，主要成分是甲烷（CH_4）和二氧化碳（CO_2）。甲烷占 60%～70%，二氧化碳占 30%～40%，还有少量氢、一氧化碳、硫化氢、氧和氮等气体。由于含有可燃气体甲烷，故沼气可做燃料。

沼气利用的方式主要有三种方案：第一种是利用沼气发电产热，第二种是将沼气制成天然气出售，第三种是将沼气提纯制天然气后液化，另外还有沼气锅炉和沼气火炬。

①沼气热电联供。

2006 年，国家发改委发布了《可再生能源发电价格和费用分摊管理试行办法》，该办法规定，沼气发电电价标准由各省（自治区、直辖市）2005 年脱硫燃煤机组标杆上网电价加补贴电价组成。补贴电价标准为 0.25 元/（$kW \cdot h$）。发电项目自投产之日起，15 年内享受补贴电价，电力部门都应允许并网，签订并网协议，并在核定的上网电量内优先购买。

项目工艺生产中需要给厌氧消化过程中的有机废弃物加热。而热电联产过程中将产生大量的余热，该部分余热将满足工厂生产过程的供热需求，并可供应生活区作供暖之用；另外，发电除部分供应工厂自用外，多余部分可以用于上网。从这点考虑，选择采用热电联产符合国家的政策与法规，且有一定的经济效益。

为了达到能够满足这些标准，采取干燥、脱硫等措施。首先，采用冷凝法干燥沼气，使得沼气的湿度控制在 80% 以下。

再采用高效氧化铁脱硫剂干法脱硫，硫化氢浓度可以由 $1000mg/m^3$ 减少到 $100mg/m^3$ 以下。该处理方式脱硫精度高，可以达到 $1mg/m^3$ 以下，经过脱硫处理后的燃气经过沼气内燃机燃烧后排放的尾气中二氧化硫浓度小于 $350mg/m^3$。

沼气热电联供的工艺流程为：

从消化器出来的沼气通过砂砾滤层以除去残余的冷凝物。这些气体中会有一部分通过鼓风机注入消化器的导流管。储气罐可平衡沼气系统的产气量波动，并装备有一个冷凝水收集系统。储气罐的压力和充气水平值皆由自动控制系统进行实时监视。

当沼气在流经接管、过滤器、气体容器、放空燃烧装置等过程中冷却时，冷凝水被收集到管道，然后被收集到冷凝凹坑中，以回用于生产车间的用水系统。

储气罐器可提供作为干式贮存系统，罐体为钢结构，内部设有隔层。

沼气系统及相关设备的维护在紧急状况下，多余的气体可以由火炬燃烧处理。在紧急情况下，贮气罐的充气达到一定水平后，将启动沼气火炬燃烧装置，该装置备有自动操作的设施。沼气燃烧器设计可满足全部气体产量的处置需要，避免出现整个沼气利用单元都失败而导致沼气外漏的情况。

沼气经过干燥、脱硫塔脱硫进入沼气发电系统。

发电系统由沼气内燃机组成。处理厂所需的供热由内燃机余热利用所提供，为确保热电联产发电站正常运作,选用沼气锅炉作为备用供热设备。鼓风机产生必需的输送压力,以提供内燃机所需的工作压力。

上述供热设备可保障启动运转或在满负荷运转状况下的热量供应,包括供给发酵过程和其他单元。

沼气输送至热电联产发电站后被转换成电能和热能。该系统包括隔音进气或排气闸、尾气排气管、备用冷凝器、废气换热交换器和润滑油自动供应器。煤气锅炉可采用天然气启动直至沼气产量达到一个稳定水平。

沼气发电技术将有机质厌氧处理后产生的沼气转变为电能,降低了污染物处理的成本,并产生了高效清洁的能源,集环保和节能于一体。采用沼气发电时,一般沼气热能中 20%～30%转化为机械能发电,30%～40%以热量形式转化到冷却水中,30%～35%以热量形式随烟气带走,10%左右为机体本身热损耗和振动能耗。目前一些国外先进的沼气发电机能量利用率已可达到 41%。

厌氧消化系统产生沼气中 CH_4 含量在50%～65%,$1m^3$ 沼气可发电 $1.6～2kW \cdot h$,按电价 0.8 元$/(kW \cdot h)$计算,$1m^3$ 沼气发电直接经济效益为 $1.28～1.6$ 元。

②沼气精制天然气。

厌氧消化过程中产生的沼气是一种混合气体,主要成分是 CH_4、CO_2 和 H_2S。沼气通过提纯处理之后可以作为天然气。天然气和沼气的成分对比见表 7.3-19。

表 7.3-19　　　　　　　　一般厌氧反应器产生的沼气与天然气成分的比较

成分	天然气	沼气
CH_4/Vol%	85	55～70
CO_2/Vol%	0.89	30～45
C_2H_6/Vol%	2.85	—
C_3H_8/Vol%	0.37	—
C_4H_{10}/Vol%	0.14	—
N_2/Vol%	14.35	—
O_2/Vol%	<0.5	—
H_2S/(mg/m³)	<5	0～15
NH_3/(mg/m³)	—	0～450
湿度	露点 10℃	饱和
热值/(MJ/m³)	32～35	20～28

厌氧消化系统产生沼气 CH_4 含量在 50%～65%,$1m^3$ 沼气提纯能产生 $0.55m^3$ 的燃气,按天然气价格 3.0 元$/m^3$ 计算,每立方米沼气提纯直接经济效益 1.65 元。

③沼气提纯液化天然气(LNG)。

该工艺是直接由储气罐引入已储存的沼气,经预置净化、压缩、脱除硫化氢和饱和水蒸气;然后进行工艺增压、预冷降温,低温分馏分离出二氧化碳;深度纯化、深冷液化,精制加工甲烷含量＞96%的液化天然气产品。该产品作为工业、交通和民用燃料的高端清洁气体能源,"以气补油、以气代煤、小区气化、管网调峰",就地就近供车辆及高端、管网外的终端用户消费。

其工艺流程是:沼气→物理分离→脱硫、脱水、脱 CO_2、压缩增压→深冷液化→低温贮存,即"沼气预处理＋天然气液化"。

沼气的预处理指脱除沼气中的硫化氢、二氧化碳、水分和汞等杂质,以免这些杂质腐蚀设备及在低温下冻结而堵塞设备和管道。

天然气液化系统主要包括天然气的预处理、液化、储存、运输、利用这 5 个子系统。一般生产工艺过程是:将含甲烷 90%以上的天然气,经过"三脱"(即脱水、脱烃、脱酸性气体等)净化处理后,采取先进的膨胀制冷工艺或外部冷源,使甲烷变为−162℃的低温液体。目前天然气液化装置工艺路线主要有 3 种类型:阶式制冷工艺、混合制冷工艺和膨胀制冷工艺。

液化天然气(Liquefied Natural Gas,LNG)是天然气资源应用的一种重要形式,2002 年世界 LNG 贸易增长率为 10.1%,达到 1369 亿 m³(1997 年 956 亿 m³),占国际天然气总贸易量的 26%,占全球天然气消费总量的 5.7%。LNG 主要产地分布在印度尼西亚、马来西亚、澳大利亚、阿尔及利亚、文莱等地,消费方主要是日本、法国、西班牙、美国、韩国等。我国 LNG 应用刚刚起步,目前国内 LNG 工厂有中原油田 LNG 工厂、上海浦东 LNG 工厂和新疆广汇 LNG 工厂采用天然气液化技术。

④沼气锅炉。

操作简单易行,安全可靠,节能效果明显,每立方米沼气完全燃烧,能产生相当于 0.7kg 无烟煤提供的热量。沼气锅炉可以最大程度地回收沼气中的热值,一般回收率能够达 80%~87%以上,产生的热量供厌氧反应系统所需。

⑤沼气火炬。

沼气直接燃烧,相对沼气直接排放来说具有提高场所安全,减少恶臭污染,减少温室效益等作用,但火炬燃烧不能回收能源。

沼气利用方案比较见表 7.3-20。

表 7.3-20   沼气利用方案比较

利用方式	优点	缺点
热电联供	①工艺应用较多,相对成熟; ②工艺相对简单; ③发电机烟气余热可以回收利用; ④国家对上网电价有补贴	①发电利用方式不确定; ②发电上网配套设备投资大; ③能源利用效率相对较低; ④沼气发电电量不稳定,并网困难
锅炉燃烧	①工艺设备简单,投资较小; ②产生的蒸汽可以直接使用	①产生的蒸汽要有合适的去向; ②能源利用效率低
精制天然气	①项目不受地域限制; ②产品利用方式灵活; ③能源利用效率较高,能量丧失最小,盈利空间大; ④天然气属于清洁能源,有效减轻环境污染; ⑤替代石油等,降低对石化能源依赖	①工艺设备安全要求较高; ②工艺操作要求高; ③运输困难
天然气液化（LNG）	①将沼气精制成高端液体产品,便于储运、利用,提高产品附加值; ②采用冷分离的方法,直接在同向降温流程中脱除并回收液态二氧化碳; ③微量组分、再生残气残液少,实现沼气减量化无害化处理和资源化利用; ④运输灵活、储存效率高,用作城市输配气系统扩容、调峰等方面,与地下储气库、储气柜等其他方式相比更具优势; ⑤具有建设投资小、建设周期短、见效快、受外部影响因素小; ⑥作为优质的车用燃料,与汽车燃油相比,LNG具有辛烷值高、抗爆性好、燃烧完全、排气污染少、发动机寿命长、运行成本低等优点; ⑦与压缩天然气(CNG)相比,LNG则具有储存效率高、续驶里程长、储瓶压力低、重量轻、数量小、建站不受供气管网的限制等优点	①工艺设备安全要求较高; ②工艺操作要求高; ③投资较高

根据上述方案的比较,热电联产和精制天然气都属于成熟的工艺,都可以作为利用沼气的出路,但是考虑到规划固废处置及资源化用地面积较小,沼气近期宜采用热电联产＋备用燃气锅炉的工艺进行利用。

6)沼渣处理处置方案。

沼渣中含有较全面的养分和丰富的有机物,主要养分含量有:30%～50%的有机质、

10％～20％的腐殖酸、0.8％～2.0％的全氮、0.4％～1.20％的全磷、0.6％～2.0％的全钾。

目前,因技术所限,国内对市政污泥及餐厨发酵后沼渣的处理主要有四种模式:一是通过特殊的消毒工艺,制成富含生物蛋白质的饲料;二是制生物肥料;三是制营养土;四是与其他终端处置设施协同。

①生产饲料。

沼渣生产饲料,一般采用分选、蒸煮、压榨、脱油工序进行处理,但因餐厨垃圾的特殊性质,仍然存在一定的安全隐患:一是由于其蛋白质结构极其复杂,高温无法保证杀灭所有病毒;二是高温加热后,餐厨沼渣中的各种油脂中酸价与过氧化值并未得到有效降低;三是餐厨沼渣含有动物源性成分,科学资料表明,使用同源性动物蛋白质饲喂同种动物,将会有传播疾病的风险。因此利用沼渣生产饲料不宜作为餐厨垃圾厌氧发酵后沼渣的处理技术。

②制生物粉料。

餐厨沼渣生产的生物肥料有多项优点:一是加速土壤有机质的提高,恢复地力,恢复土壤自净功能,防止土壤板结和沙化;二是形成强势的土壤益生菌环境,提高抗病虫害的能力,减少农药使用,使农产品符合出口标准;三是提高有机肥转化率,减少化肥施用,改善农产品品质,增产增效;四是采用餐厨垃圾生产肥料,成本较低,农民用得起。

a. 应用机理。

沼渣堆肥特别是加入秸秆的混合堆肥是利用沼渣中残存的发酵微生物对秸秆进行降解,同时,提供必要的氮源以平衡碳氮比,分解逐步释放出的水溶性氮、磷、钾被沼渣基质吸收,减少养料损失。沼渣堆肥后的腐熟肥料可以直接作为基肥使用也可用作种肥和追肥。

b. 堆肥方法。

将把秸秆树叶等粉碎或铡成 5～12cm 长的小段,与沼渣按 1∶1 比例混合备用,沼肥加入量要浸透,不渗水,然后压紧捂实。

选择地势高且平坦向阳地作为堆肥地,起堆时先用沼渣铺成 20cm 厚的底层,上面铺设混合均匀的堆肥料,每铺 30cm 厚时用沼液喷洒至下部微有液体渗出为宜。

一般肥堆高度在 1.5m、宽度在 1m 左右,顶部凹陷,铺料完成后顶部和四周表面用稀泥抹光,表面抹泥厚度约为 1.5cm。

堆肥完成后,在肥堆周围沿底部挖深 5cm、宽 10cm 左右的环沟以防水分外流。

堆肥时间视当地气温条件确定,以堆肥秸秆变为褐色且基本腐烂为准,一般春秋季需要 20d 左右。

③制营养土。

利用沼渣堆肥制营养土是一项成熟的技术,沼渣堆肥制营养土具有产品生产周期短、占地面积省的优点。

a. 沼渣堆肥制营养土原理。

沼渣除了含有丰富的氮、磷、钾和大量的元素外,还含有对作物生长起重要作用的硼、铜、铁、锰、锌等微量元素。好氧高温堆肥沼渣处理技术,对其中的有机物进行生物化学降解,形成一种类似腐殖质土壤的物质(营养土),并可有效灭病原菌、寄生虫卵和杂草种子,从而达到减量化、稳定化、无害化处理的目的。当堆内温度达 60℃左右保持一个星期后,蛔虫卵杀死率为 98%～100%,大肠杆菌菌值上升,完全达到了无害化标准要求。

b. 沼渣堆肥制营养土步骤。

新鲜沼渣经过脱水机房,出料含水率降至 75%,物料由带式输送机送至堆肥车间布料机。

物料堆积厚度为 1.5m,宽度为 1m,间隙为 1m,翻抛机定期翻抛。由于初期含水率较高,堆肥初期需要加快翻抛频率,当含水率降为 60%以后停止翻抛,厌氧堆肥。当堆体温度高达 70℃时开始翻抛,翻抛频率为每 1～2d 一次。

堆肥完成后,在肥堆周围沿底部挖深 5cm、宽 10cm 左右的环沟以防水分外流。

堆肥时间视当地气温条件确定,以堆肥物料变为褐色且基本腐烂为准,一般春秋季需要 25d 左右,冬季 35d 左右。

c. 技术分析。

厌氧发酵沼渣含有丰富的氮、磷、有机质等营养物质,以餐厨垃圾沼渣为主体的堆肥,可以调配成一系列营养土产品,产品的剂型分为粉状或颗粒状,产品结构或定型可以分为四个层次:

粗堆肥:用于种草、种树。

精细堆肥:供应给复合肥厂,作为有机复混肥的有机质原料。

通用型生态有机肥或土壤改良剂:通用型产品。

生态有机基质:作为大棚无土栽培、苗圃、空中花园施用。

以上四种产品的销售基于直销路线,面向大客户,利润相对高些。从产品定型即可看出,本项目产品已满足了不同层次客户的需求。粗堆肥适用于大面积的绿化,成本低、价格便宜;精细堆肥卖给肥料厂作原料,供应数量大、销售好管理;通用型生态有机肥或土壤改良剂主要是针对大面积菜场、果场;有机基质供高档次城区用户,适用于无土栽培、空中花园、花卉等,成本低,但价格高。

④与其他终端处置设施协同。

产业园外围拥有鄂州电厂、高新热电厂、青山热电厂和长山口垃圾焚烧热电厂等城市供电、供热设施,利用干化后沼渣的热值与煤或垃圾混烧,在电厂实现能源利用是国家鼓励的固废处理处置技术路线。这种处置方式成立的前提是电厂愿意接受掺烧沼渣,并且掺烧比控制在不影响现有系统正常运行和达标排放的范围内,同时沼渣干化成本控制在可接受程度。距离本项目最近的热源为鄂州电厂,距离本项目约3km,可初步考虑向本项目提供协同处置。

⑤沼渣处置方案选择。

市政污泥、餐厨垃圾协同处置沼渣产量约180t/d(含水率80%)。

餐厨沼渣生产饲料存在一定的安全隐患,不宜作为餐厨垃圾厌氧发酵后沼渣的处理技术。

采用秸秆沼渣混合堆肥,可产生有机生物肥,肥效好见效快,但是该技术减量化效果差且投资和运行成本较高,项目占地大,与本工程用地紧张相矛盾;另外,堆肥过程中产生的臭气难以控制,而本项目所在区域周边环境对大气环境要求比较高,在厂内贸然采用堆肥方式处置沼渣存在极大的环境风险及社会风险;堆肥产品也需要找寻稳定的接纳途径。采用干化后进电厂与煤混合掺烧,运行能耗和成本较高,脱水干化后沼渣的物料性质是否符合电厂掺烧要求需要进一步按鄂州电厂要求检测后确定。

通过对东湖高新区园林部门的走访了解,东湖高新区有园林绿化用土的需求,可考虑将脱水沼渣制成园林绿化用土。根据《城镇污泥处理厂污泥处置 园林绿化用泥质》(CJ 248—2007),污泥园林绿化利用时,其含水率<40%。

据调查,鄂州电厂有一定富余能力接受污泥类物料,对来料性质的要求主要包括:含水率40%左右,物料易破碎,无毒物质,氯和硫含量低等。

综上,考虑到沼渣处理的安全性,制营养土和进电厂掺烧都具有可行性,采用以上两种处置模式均需将沼渣含水率降至40%以下。由于目前鄂州电厂尚无接纳外来污泥沼渣掺烧的经验,接纳能力以及是否需要对相关设备进行技改目前无法确定,因此规划在厂区内将沼渣脱水至35%后,优先考虑作为园林绿化用土消纳,同时将进鄂州电厂掺烧作为应急或备用途径。若远期鄂州电厂明确接收沼渣的掺烧量、性质等条件,再考虑进一步调整沼渣的处置途径。

(2)清淤底泥、通沟污泥协同处置

1)清淤底泥处理处置工艺比选。

本项目前期清淤底泥主要来自严家湖,因此以严家湖清淤底泥为例进行分析。根据前期现场查勘、样品分析、资料收集等,严家湖清淤量确定为17.4万m³。水下方含水率介于20%~40%,表层底泥含水率为38%~40%。以含水率40%估算,水下方淤泥密度约1.8t/m³。同时,严家湖淤泥有机质含量较低,烧失重介于2.5%~5%,氮磷含量偏高,无重金属超标情况。

①处理工艺比选。

清淤底泥的处理方法是指对底泥进行稳定化、减量化和无害化处理的过程,方法有自然脱水法、传统机械脱水法、真空预压法、化学固结法、土工管袋法和淤泥脱水固结一体化法。

a. 自然脱水法。

自然脱水法的施工工艺简单,直接处理成本低,适合处理少量的、中低含水率的、无污染的原状淤泥。但该方法一般需设置较大面积的堆场,占用大量土地,底泥中的污染物可能渗入地表土层,会在雨水的冲刷下进入地表水系统或影响地下水,引起二次污染的问题(图7.3-2)。同时,淤泥的干化过程需要较长的时间,而且容易受到天气条件的影响,一般实施较为困难。

图7.3-2 淤泥自然干化场

b. 传统机械脱水法。

淤泥机械脱水使用的设备主要有离心机、带式压滤机和板框压滤机等。此方法脱水效果差、能耗大、产量低,一般只是应用于污水处理厂的少量污泥处理。但对于处理量大、施工周期短的河道淤泥处理工程,传统的机械脱水方式并不适合。并且,简单的机械脱水只能脱去淤泥中的表面水,处理后的淤泥含水率仍在60%以上,同时由于没有对淤泥进行固结和无害化处理,淤泥遇水会再次泥化,产生二次污染(图7.3-3)。

c. 真空预压法。

真空预压法是通过在处理池中铺设防渗膜、真空管道、沙滤层和土工布等设施,对打入处理池中的淤泥进行覆膜、抽真空,营造有利于淤泥脱水的环境,利用真空压力和淤泥自重对淤泥进行脱水处理的方法(图7.3-4)。

真空预压法工艺简单、直接处理成本较低,多用于施工作业面大、工期进度宽松、处理要求不高的无污染淤泥处理工程,尤其适用于有机质含量低、含沙量高、透水性好的淤泥脱水。但该工艺施工周期较长,需要长时间占用大量场地,且处理含泥量大、细颗粒多、有机质高的淤泥往往会造成土工布孔径堵塞,致使污泥长时间无法脱水干燥,且由于没有对淤泥的有害物质进行固封和无害化处理,存在污染转移的潜在风险。

图 7.3-3　传统机械脱水

图 7.3-4　真空预压脱水

d. 化学固结法。

化学固化处理是指用物理—化学方法将淤泥颗粒胶结、掺合并包裹在密实的惰性基材中,形成整体性较好的固化体的一种过程。固化所用的惰性材料叫固化剂,淤泥经过固化处理后所形成的固化产物为固化体。淤泥化学固化技术成本较高,若用于处理污染较轻的淤泥,处置的经济效益一般。

e. 土工管袋法。

土工管袋是一种由聚丙烯纱线编织而成的具有过滤结构的管状土工袋,其直径可根据需要变化,为 1～10m,长度最大可达到 200m,强度高、过滤性能和抗紫外线性能好。该技术脱水效率高、操作简单,特别是便于运输组装,环境效益、经济效益很大。此类工法对于有机质含量低、含沙量高、透水性好的淤泥脱水比较有效,但是该方法脱水所需的时间较长,而且施工现场占地面积较大,在一定程度制约了其应用。且处理含泥量大、有机质多的淤泥往往会造成管带孔径堵塞,致使淤泥长时间无法脱水干燥,且由于没有对淤泥的有害物质进行固封和无害化处理,存在污染转移的潜在风险(图7.3-5)。

图7.3-5 土工管袋法施工实景

　　f. 淤泥脱水固结一体化法。

　　淤泥脱水固结一体化法是一套完整的清淤—脱水工艺,通过移动式脱水站与淤泥接驳管直接相连,在一套脱水站中完成淤泥输送与干泥输出。移动式脱水站由砂水分离设备、垃圾分拣设备、淤泥脱水设备、加药设备、泥水处理设备及干淤泥输送设备等组成,均采用可移动平台结构。绞吸船把吸入的淤泥经管道泵送至岸上移动式脱水站的淤泥脱水设备,分离出来的砂石、垃圾以及经脱水后的干泥由皮带输送机输送至运泥车,由运泥车将脱水后的干泥运往指定地点进行后续处理。淤泥脱水过程中分离出来的水经处理达到排放标准回用于稀释药剂和冲洗设备,其余排入河道(图7.3-6)。

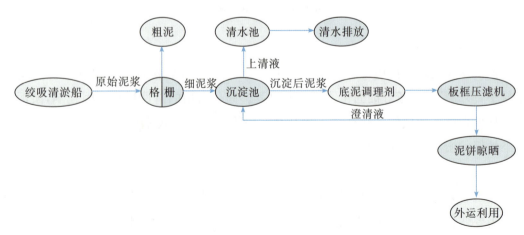

图7.3-6 典型河湖淤泥脱水固结一体化处理工艺流程

淤泥处理工艺对比见表 7.3-21。

表 7.3-21 淤泥处理工艺对比

比较项目	淤泥脱水固结一体化法	自然脱水法	真空预压法	土工管袋法	传统机械脱水法（离心机、带式机）	化学固结法
减量化	利用材料和机械配合快速脱去淤泥水分，含水率降至 35% 左右，相对水下方体积、质量减量 65% 以上，效果明显	淤泥在自然状态下脱水效率低，干燥周期很长，减量不明显	利用真空压力和淤泥自重去除淤泥中的自由水，含水率降至 60% 以后脱水困难，减量缓慢，处理周期数周甚至数月	利用淤泥自重压密脱水，脱水效果不佳，减量缓慢，处理周期长达数月甚至数年	利用机械压力挤压使淤泥脱水，含水率可降至 60% 左右，但脱水能耗高、产量低	直接加入添加剂进行"增量处理"，淤泥无减量或仅有少量水在搅拌固结后自然渗出
无害化	淤泥脱水固结处理后呈硬塑状泥饼，对有害物质实现固封和钝化	没有对淤泥进行无害化处理，有污染转移的风险	没有对淤泥进行无害化处理，存在污染转移的风险	没有对淤泥进行无害化处理，存在污染转移的潜在风险	没有对淤泥进行无害化处理，存在污染转移的风险	处理后淤泥含水率高，呈流塑状或软塑状，难以迅速实现对有害物质固封
稳定化	硬塑状泥饼，固结过程不可逆，遇水不泥化，无二次污染	高含水淤泥，遇水泥化，容易产生二次污染	含水 60% 左右的淤泥，遇水泥化，容易产生二次污染	高含水淤泥，遇水泥化，容易产生二次污染	含水 60% 左右的淤泥，遇水泥化，容易产生二次污染	含水 60% 左右的淤泥，遇水泥化，容易产生二次污染
资源化	硬塑状泥饼，有一定强度且持续增长，可立刻用作工程回填土	高含水淤泥，基本无强度，难以利用，需长期堆放或摊晒	含水 60% 左右的淤泥，强度低且增长慢，难以利用，需长期堆放或摊晒	高含水淤泥，基本无强度，难以利用，需长期堆放	含水 60% 左右的淤泥，基本无强度且增长慢，难以利用，需长期堆放或摊晒	高含水淤泥，基本无强度且增长慢，难以利用，需经过 1～2 周的堆放后才能利用

比较项目	淤泥脱水固结一体化法	自然脱水法	真空预压法	土工管袋法	传统机械脱水法（离心机、带式机）	化学固结法
运行费用	较高	低	较低	较高	高	较低
设备投资	较高	低	较高	较高	高	较低

城市清淤工程中，淤泥堆场用地困难，淤泥处理宜选用占地面积较小，能连续操作运行的快速固结工艺，在最大程度上减少占地面积及对周边污染。严家湖周边场地有限，且清淤量较大，淤泥脱水固结一体化在一套脱水站中完成淤泥输送与干泥输出，同时实现淤泥的污染控制、脱水、固结，淤泥处理效率较高，各组成设备的移动也较灵活，能适用于空间有限的施工场地，处理后的淤泥也具备了很好的抗压强度，减量化明显。因此，推荐使用脱水固结一体化工艺对淤泥进行处理。

②处置工艺比选。

底泥的处置是指对处理后的底泥进行消纳的过程，涉及稳定、无害底泥的最终去向，是根本性、关键性问题，决定前端处理技术的选择。底泥的最终消纳方式有填埋、堆肥、焚烧和建筑材料四大类，其中底泥作为建材利用可分为烧结制砖和免烧结制砖两种资源化利用方式。

a. 淤泥填埋。

淤泥填埋是指运用一定工程措施将淤泥埋于天然或人工开挖坑地内的处置方式（图 7.3-7）。填埋处置场投资较省、建设期短，但占地大、有二次污染风险。淤泥填埋必须满足相应的填埋操作条件，考虑病原体和其他污染物扩散、渗漏等问题，一般要求淤泥含水率在 65% 以下。

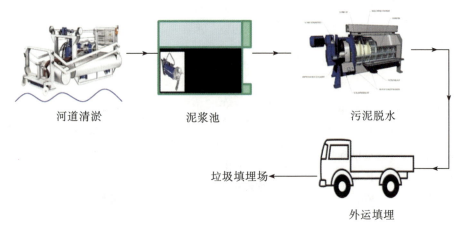

河道清淤　　　　泥浆池　　　　污泥脱水

垃圾填埋场　　外运填埋

图 7.3-7　典型淤泥填埋处置流程

b. 淤泥堆肥。

淤泥堆肥是利用自然界广泛存在的微生物,使固废中可降解有机物转化为稳定腐殖质的生物化学过程。淤泥中含有丰富的有机物和氮、磷、钾等营养元素以及植物生长必需的各种微量元素钙、镁、锌、铜、铁等,可用于改良农田土壤结构、增加土壤肥力、促进作物的生长。然而,淤泥也含大量病原菌、寄生虫,以及铜、铝、锌、铬、汞等重金属和多氯联苯、二恶英、放射性元素等难降解的有毒有害物,处置不当会对人体及土地产生毒副作用。作土地利用处置时,必须根据淤泥的污染物含量,依照相关标准进行处置,否则淤泥中的有毒有害物会导致水体或土壤二次污染。

c. 淤泥焚烧。

淤泥焚烧是一种高温热处理技术,利用高温氧化燃烧反应,在过量空气的条件下,使淤泥中全部有机质、病原体等物质在850～1100℃下氧化、热解并被彻底破坏,最大限度地减少污泥体积,并尽可能回收淤泥中贮藏的能量。淤泥焚烧的优点是占地小、处理快速、处理量大、减量明显。然而,该工艺能耗大、处理费用高,且河道清淤底泥有机物含量较低,燃烧率偏低,不适合采用该方法处置。

d. 淤泥烧结建材制作。

淤泥烧结建材制作工艺是淤泥资源化方式的一种,相对填埋、焚烧等处置方式,更符合可持续发展战略。河道底泥除含有机物外,主要成分为硅铝质无机物,与建筑材料常用的黏土原料组分相近。目前,污泥建材化利用可直接利用脱水淤泥(含水率80%左右),也可利用干化后的淤泥和淤泥焚烧后的灰渣。将干化底泥与黏土混合后,压模造粒,再干燥烧结,将底泥中的有机质成分烧结掉,无机质成分在高温下玻璃化,形成具有一定强度的结构。但该工艺淤泥掺量小,生产的烧结砖抗压强度较低。数据表明淤泥掺量为5%时,烧结砖的抗压强度可达15MPa,但继续增加添加量,砖块强度迅速下降。

e. 淤泥免烧结建材制作。

免烧结建材制作工艺是利用河道底泥的无机矿物成分含量大(南方城市一般达80%以上)、主体成分化学组成与混凝土构成材料的细砂高度一致的特点,将底泥替代部分砂,用作底泥混凝土砌块原材料生产砌块的一种处置方式。

原位免烧结建材制作工艺是将受污染的底泥钝化处理后,经脱水并强制搅拌分散成微颗粒,然后与水泥等建材混合生成水化物,利用混凝土的强碱性消解有机污染物,利用水泥的水化产物 $CaO\text{-}SiO_2\text{-}H_2O$ 凝胶、吸附、层间置换方式进一步固封底泥中的重金属等污染物。清淤底泥添加量为20%左右,可生产抗压强度达60MPa的砌块,典型产品有路砖、路缘石、挡土墙、管材等,可应用于河道绿道、护坡等铺设用材,从而实现河道清淤底泥安全低能耗资源化再生利用。

淤泥资源化利用制作混凝土砌块的同时,还可以处置建筑垃圾。底泥和建筑垃圾分别替代砂与石子,与水泥混合后用作混凝土原料,制作可用于建设海绵城市、河道生态护岸和城市综合管廊等的建材(透水砖、地砖、挡土墙、花坛、路缘石、各种管材等),进行废弃物安全、低成本、高效、资源化利用(图7.3-8)。

图 7.3-8　免烧结建材制作产品示例

相对于其他的淤泥处置方式,原位免烧结建材制作工艺处置成本低,效率高,无二次污染风险。制作生态环保材料,不仅可高效处置淤泥,节省淤泥堆放空间,还可以起到生态环保的作用。通过淤泥双重钝化固封工艺,可以对淤泥中污染物进行稳定的固封和降解,消除淤泥二次污染风险。在河道清淤现场原位处置淤泥,可以节省运费,同时将淤泥资源化产品原位用于河道护坡、景观铺设,完全契合可循环经济理念,各种生态砌块,结合植被可以有效地缓解城市"热岛效应"。

淤泥原位免烧结资源化利用虽然相对其他处置方式有诸多优势,但是仍然面临一些问题:首先,淤泥原位资源化利用对技术以及设备要求较高,对淤泥的无害化技术和微颗粒分散技术,以及振动成型设备要求较高,目前能够胜任的公司较少。其次,淤泥资源化产品的消纳问题,淤泥资源化产品需要大量应用,才能大量地处置淤泥,因此需要政府出台相关政策,鼓励市政项目优先采用淤泥再生砌块,推动循环经济发展。也需要业主单位将淤泥资源化砌块消纳与河道整治工程结合起来,实现砌块原位消纳。

淤泥处置工艺对比见表7.3-22。

表 7.3-22　　　　　　　　　　　　　　淤泥处置工艺对比

技术方案	淤泥填埋	淤泥堆肥	淤泥焚烧	淤泥烧结资源化	淤泥免烧结资源化
占地、选址	占地面积大,需要专门填埋场,选址困难	占地面积大,处理速度慢,选址困难	占地小,处理快速,可持续强,选址容易	占地较小,可持续性强,选址容易	占地较小,处理快速,可持续性强,选址容易

续表

技术方案	淤泥填埋	淤泥堆肥	淤泥焚烧	淤泥烧结资源化	淤泥免烧结资源化
无害化	污泥脱水后外运,潜在二次污染风险	污泥堆肥,存在污染转移的潜在风险	彻底杀灭病菌,降解有机物,存在尾气污染	彻底杀灭病菌,降解有机物,存在尾气污染	重金属双重固封,有机质高效降解,无二次污染
资源化	无	初级资源化,产品出路严重受限	飞灰、残渣外运	烧结后砖块用于项目工程,产品强度较低,适用范围窄	高频振动成型,压制成生态砌块,产品强度高,原位回用于项目内工程
环境影响	威胁地下水安全,污染周边环境	污染物土壤中累计,最终进入食物链	尾气含有挥发的重金属、二噁英等空气污染物,对周边居民生活造成较大影响	尾气含有挥发的重金属、二噁英等空气污染物,对周边居民生活造成较大影响	污染物全部固封,产品浸出液达到地标III类水限值,生态砌块回用河道,利于生态河道建设
适用条件	适用范围较广	对重金属、病原体等有一定要求	不适合河道污泥	不适合河道污泥	适用范围广
其他	工序简单,现场环境差,适用于经济落后地区	时间长,现场环境差,受天气影响,不适合于城市	工序复杂,能耗高人员、设备要求高,适用度有限	工厂化流水作业,适用度有限,能耗高	工厂化流水作业,处理周期短,免高温烧结,现场环境好,适应性强
推荐指数	★★	★★	★★★	★★★	★★★★★

通过技术方案比选,淤泥填埋与淤泥堆肥都不适宜在经济发达、区域定位较高的东湖高新区使用;且武汉地区天气潮湿,污泥焚烧和污泥烧结建材产生污染尾气难以扩散,容易引发群众反对,环评选址困难;淤泥原位资源化工艺低成本、低能耗,零二次污染,高效资源化利用后原位回用,符合循环经济发展理念。

通过综合考虑技术方案优缺点、东湖高新区左岭片区情况和严家湖表层淤泥有机质含量较低的特性,淤泥原位免烧结资源化处置方式较其他四种方式有明显优势,推荐采用。严家湖清淤量约17.4万 m³,生产制作的免烧结砖可用于地区管网建设、生态岸坡改造以及景观铺设等。

2)通沟污泥处理处置工艺比选。

污水管网内的沉积物主要是随污水进入管道的泥沙、垃圾和杂质。污水管道疏浚产生的通沟污泥所含成分与污水处理厂污泥性质差别较大,微生物、有机质含量较低,生物稳定性好;一般情况下,有毒害有机物和重金属等有害物质含量极低;砂砾含量高,力学性能好,经过物理脱水后大部分可以直接利用。

表 7.3-23 典型通沟污泥组分 （单位:%）

组分		通沟污泥 1	通沟污泥 2	通沟污泥 2	通沟污泥 2
有机质		20.8	6.2	6.26	4.84
无机质粒度分布/mm	>1	12.3	20.8	31.9	35.5
	0.5~1	17.1	24.6	21.9	18.5
	0.25~0.5	6.1	8.2	7.1	8.1
	0.1~0.25	24.9	20.5	20.7	18.5
	<0.1	39.6	25.9	18.4	19.5

城市管网清淤的方式可分为人工疏通和水力疏通两种。人工清淤产生的污泥含水率变化大,与清淤方式、地点有很大关联。一般含水率多在 40%～90%;而吸污车水力抽吸出来的污泥则普遍含水率较高,多在 90% 及以上。通沟污泥的处理是将垃圾、石块从泥浆中分离,再进行粒径筛分和脱水,使其满足后续处置和资源化要求。通沟污泥的处理应根据现场条件和后续处置工艺选择合适工艺。

①处理工艺比选。

目前,国内通沟污泥的处理方式有以下几种:自然干化法、简易机械脱水法、污泥固化系统处理以及湿法分离脱水减量化法。

a. 自然干化法。

自然干化法是将通沟污泥泥浆堆积在农用地或者鱼塘上,利用重力下渗和太阳蒸发作用进行脱水,干化后的泥土运输至填埋场进行卫生填埋。自然干化法可以避免添加辅助絮凝剂,但该方法占地面积大,易对周边环境产生污染。

b. 简易机械脱水法。

简易机械脱水法是利用通沟污泥砂石含量高、持水力较差等特点,采用离心、压榨等方式去除污泥中的自由水和部分间隙水。但由于我国通沟污泥成分较复杂,碎石、卵石、大块垃圾含量偏高,易造成脱水设备的磨损、降低其使用寿命。综合考虑设备损耗和工艺的经济性,不建议采用此方法处理通沟污泥。

c. 污泥固化处理法。

通沟污泥经格栅(3mm)过滤去掉垃圾、大颗粒物等杂质后进入调节池,泥浆经提升泵进入一体化斜板沉淀池。在斜板沉淀池反应区加入絮凝剂,反应 2min 后溢流入斜板沉淀区沉淀浓缩,浓缩污泥进入浓缩池,上清液进入曝气生物滤池(BAF)经处理后排放。浓缩污泥经带式压滤机压滤后含水率降至 70% 左右,滤出水回流至曝气生物滤池处理。压滤后污泥由传输系统进入固化搅拌系统,经加入一定比例固化剂后进一步脱水固化减量,经堆置养护后,含水率降至 40%,运送出场再利用。该工艺产生的泥饼可作为回填土再利用,但需满足抗压强度≥30kPa、抗剪强度≥25kPa、含水率≤40%,对各工艺环节要求较高。

d. 湿法分离法。

湿法分离法是根据通沟污泥特性,将其按照粒径大小、有机物和无机物进行分级分类筛分处理,后续资源化利用程度高,具体工艺如下:

污泥车入料后,先通过一道除杂格栅将大块垃圾杂物分离出来,后由抓斗抓取至进料系统后输送至清洗分离设备,粒径大于30mm的碎石、砖块等在清洗分离机被清洗干净并分离出来;粒径小于30mm的物料进入振动筛,在高频振动筛的作用下,3~30mm的物料被分离出来;小于3mm的物料则通过旋流筛分,将浆液中的砂分离出来,有机物进入有机物分离设备筛分脱水;小于0.1mm的泥浆进入浓缩池,经浓缩压滤进行脱水处理。

此工艺在减量化脱水处理的同时,对处理后的渣料进行分级、分类、分离,使渣料中的矿化物质、有机物质、泥、砂等分离开来,可以有效实现资源化利用,更加符合环保理念。

通沟污泥处理工艺对比见表7.3-24。

表7.3-24 通沟污泥处理工艺对比

技术方案	自然干化法	简易机械脱水法	污泥固化处理法	湿法分离法
投资	低	较低	较高	高
运行管理	机械设备少,运行费用低,管理难度简单	工艺流程短,设备损耗大,运行费用较高,设备需频繁维护,管理难度一般	传统污泥处理工艺,絮凝剂用量较大,运行费用较高,管理难度一般	工艺自动化程度高,电耗高,运行费用较高,管理难度较小
占地选址	占地面积大,二次污染风险大,选址困难	占地面积小,有二次污染风险,选址难度一般	占地面积较大,有二次污染风险,选址难度一般	占地面积较小,二次污染风险低,资源化利用程度高,选址简单
工艺优点	工艺简单、成本经济、施工简便	实时处理,效率较高	效率较高	①排水排渣均能达到相应标准;②适应性强,处理效率高,渣料分类,产物干净;③减量化、资源化效果明显,能做到有用物质回用,具备资源化条件;④来料污泥可立即处理,污泥储存时间短,对环境影响小

续表

技术方案	自然干化法	简易机械脱水法	污泥固化处理法	湿法分离法
工艺缺点	①场地面积大,臭气扩散不好控制,易外溢,影响周边环境;②脱水能力差,干化速度慢,受天气情况影响大;③渣料无分类,无法做到有用物质回用	①对来料污泥组成成分较敏感,设备适应性差;②系统稳定性较低,设备故障率、维护频率较大;③渣料分类差,无法做到有用物质回用;④排水水质不稳定	①药剂投加量大;②渣料分类差,回收利用率低;③工艺较复杂、运行管理不便,泥饼养护周期较长	①电耗较高;②长期运行后需进行设备维护,存在维护费用

根据东湖高新区的地理位置、规划定位,不建议使用占地面积大且二次污染风险大的自然干化法和简易机械脱水法;污泥固化处理法与传统河湖底泥、污水处理厂污泥处理方法类似,工艺针对性不强,处理后产物的处置方法有限;湿法分离法虽投资较高,但自动化程度高、无二次污染风险,处理后的通沟污泥资源化利用程度高,符合东湖高新区循环经济发展理念。

综合考虑技术方案优缺点和通沟污泥特性,建议采用湿法分离法对左岭片区通沟污泥进行处理。

②处置工艺比选。

通沟污泥的处置途径由处理工艺决定,可分为简单处置和资源化处置两大类。

a. 简单处置。

经自然干化法、简易机械脱水法和污泥固化处理法处理的通沟污泥一般经简单处置途径,运输至填埋场进行填埋处置或作为回填土应用在市政建设或园林绿化中。污泥填埋占用大量土地资源,且运输成本较高,过程中易产生二次污染。作为回填土使用时,由于各个地区通沟污泥性质不均匀,污泥容重和孔隙度难以达到统一的应用标准。此外,通沟污泥有机质含量低,园林绿化利用适用性较低,难以进行盐碱地改良以及滩涂填埋等处置利用。

b. 资源化处置。

为实现通沟污泥的减量化、资源化的综合处置,需采用湿法分离法对污泥中的颗粒物进行粒径分级,根据各级颗粒物的理化生性状及特点,选择相应的处置出路。典型资源化处置工艺可将通沟污泥分为以下四类物质:

粗大物质,可外运作为建筑垃圾进行填埋或再利用;

沉砂和粉砂,直接作为低档建材回收或与其他成分混合后制作成新型建材;

污泥泥饼,无机大颗粒物质筛分后剩下的污泥脱水后制成泥饼,与清淤底泥泥饼成分类似,可采用与清淤底泥类似的资源化处置方法;

冲洗泥浆,无机大颗粒物质冲洗后产生的泥水,含水率一般在95%以上,含有少量颗粒性和溶解性有机物,排入下水道后进入城镇污水处理厂再处理。

与城镇污水处理厂污泥不同,通沟污泥中有机成分含量低,以无机物为主,后续资源化空间大。结合本方案中选择的湿法分离法,推荐采用最大化资源化处理工艺。

3)清淤底泥、通沟污泥协同处置可行性。

结合东湖高新区场地利用情况和区域整体规划,推荐采用以生产建材等循环资源化产品对建筑垃圾进行资源化利用,淤泥脱水固结一体化法对严家湖清淤底泥进行处理,随后采用淤泥免烧结建材制作工艺对干化污泥进行资源化再利用。根据严家湖底泥监测情况,清淤底泥中含有一定量的有机质,在进行免烧结建材制作时需额外添加建筑垃圾、砂石等无机材料,增加产出建材强度,扩大其应用范围。通沟污泥经湿法分离法筛分出的粗大物质、沉砂和粉砂满足免烧结建材添加物要求。同时,通沟污泥处理过程中分离的泥饼与清淤底泥泥饼成分相似,也可通过免烧结建材制作工艺消纳。因此,建议对片区的建筑垃圾、清淤底泥和通沟污泥实施协同处理和处置,一方面减少免烧结建材制作工艺中建材砂石等材料的添加量,降低生产成本;另一方面将污泥处理过程中产生的不可回收组分降至最低,实现污泥的最大化资源化再利用。

尽管污泥制免烧结建材产品成本低、性能佳,市场竞争优势明显,但考虑到建材市场需求存在淡旺季等因素,为了保证污泥资源化处置系统的稳定运行,在资源化工序中引入行星式搅拌机。在建材需求较低时,可用于将预处理后的建筑垃圾、通沟污泥和清淤底泥拌和加工生产工程用土。工程用土可用于东湖高新区湖泊和港渠的生态景观建设中。

4)清淤底泥、通沟污泥协同处置设施规划。

①建设规模:

清淤底泥处理总规模为17.4万 m³,通沟污泥近期处理规模为80t/d。

主要建设内容包括清淤底泥脱水基地、通沟污泥的筛分和脱水系统、资源化工厂及其他配套设施。

②项目占地26.5亩。

③工艺流程见图7.3-9。

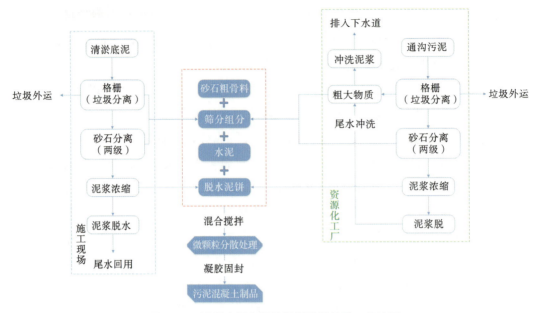

图 7.3-9　清淤底泥和通沟污泥协同处置工艺流程

（3）槽罐车清洗工艺论证

1）槽罐车清洗工艺介绍。

槽罐车根据其运送产品不同分为不同类别，其中以石油化工类居多。槽罐车清洗分为两种：一种是以水和蒸汽为主的清洗方法，另一种是借助清洗剂进行清洗的方法。在工程设计中，要以其适用性和经济性来选择罐车清洗工艺，避免造成对环境的破坏和经济的浪费。

根据国家专用标准《石油及相关产品包装、储运及交货验收规则》（NB/SH/T 0164—2019），罐车的清洗分为普洗和特洗。普洗比较简单，平均操作时间为每车 10～20min，其质量要求仅是达到无明水油底、油泥及其他杂物；而特洗相对于普洗更复杂，其质量要求是达到无杂质、水及油垢和纤维，并无明显铁锈，目视或用抹布检查不呈现锈皮、锈渣及黑色。

特洗有如下三种工艺：

①以水和蒸汽为主的特洗。

对于残存介质为易溶于水或组分较轻的油品罐车，可采用先向罐车内鼓热风，然后加水溶洗的方式；对于残存介质为不易溶于水或较黏稠以及有可发生聚合的罐车，通常采用蒸汽蒸煮后再加水刷洗的方法，通过蒸汽蒸煮，使罐壁上残余介质的一部分受热溶化沉积于罐车底部或漂浮在水面上，同时又有部分挥发性介质随蒸汽逸出罐车外，而部分黏稠物质由于挥发物的蒸发而聚结，以便后续的人工清理。一般的油品罐车蒸煮时间为 30～60min；对于某些易于聚合的化工产品（如丙烯、酸、甲醋等），罐车蒸煮时间需长达 8h。机械洗车是用置入车内的洗罐器向罐车四壁喷射高速热水流,使油污沿车壁随热水流至罐车底部,同时将污水全部从罐车口抽出,以达到罐车特洗的要求(图 7.3-10)。

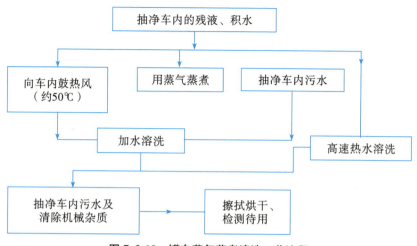

图 7.3-10 罐车蒸气蒸煮清洗工艺流程

②以清洗剂为清洗手段的特洗。

此种特洗工艺流程与前者不同之处仅在于用清洗剂刷洗代替了蒸汽蒸煮,清洗液的浓度一般为 0.1%~0.2%。它是利用清洗剂的表面活性及其水溶性,使罐内壁上附着的物质脱离并溶于水,达到特洗的目的。这种清洗法一般为人工完成,其劳动强度与第一种人工清洗方法基本相同,效率有所提高,但由于需要消耗大量的清洗剂,增加了污水的处理量和处理难度,同时也增加了费用。因此这种方法一般仅适用于清洗盛装食品、化妆品、医药以及某些附着性极强的产品罐车(图 7.3-11)。

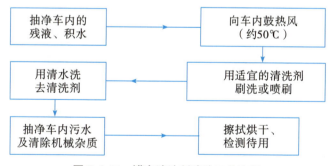

图 7.3-11 罐车清洗剂清洗工艺流程

③以高压水位清洗手段的智能化特洗。

其原理是利用高压水的动能将罐壁上的残存介质、聚合物及机械杂质等剥离,然后通过机械及人工清除,达到罐车特洗的目的。高压水洗车是利用柱塞式高压泵将水压升至 20~50MPa(对于比较黏稠的残存介质,需将水温适当提高),然后通过带密封的全自动三维清洗装置对罐车进行清洗。该清洗装置的清洗过程是：弯管带动三维自动洗罐器分别定位于罐体 4 点，三维自动洗罐器连续旋转，其上的高压水喷嘴又在自转，因此形成球面清洗轨迹，由喷嘴喷射出的高速水流能够穿透 20cm 厚的水层，并冲击掉水层下面罐壁上的聚合物及机械杂质等。在洗车的同时，真空抽水系统将车内污水排出，使车内积水不超过 10～15cm，因此清洗效果非常好。整个清洗过程采用计算机控制，高压水清洗的时间一般为 20～40min，整个清洗过程一般为 40～70min。所有需要特洗的罐车都可用此种工艺清洗完成，更由于其配备了废气密闭抽吸系统及微正压供气系统，极大地改善了操作环境（图 7.3-12）。

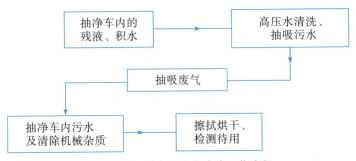

图 7.3-12　罐车智能化清洗工艺流程

2）槽罐车清洗工艺比选。

三种槽罐车特洗工艺比较见表 7.3-25。

表 7.3-25　　　　　　　　　　　　　　　槽罐车清洗工艺对比

清洗方式	蒸汽蒸煮方式	清洗剂为主方式	高压水清洗方式
是否需要人工清洗	需要	需要	不需要
清洗时间（min/台）	60	45	30
洗车成本（元/辆，以汽油罐车为例）	200	220	220
环保安全性	较差	较差	优良
适用性	聚合化工产品的罐车适用性差	适用于清洗盛装食品、化妆品、医药等附着性极强的罐车	适用于所有罐车

由表 7.3-25 所知，蒸汽蒸煮和清洗剂为主的罐车清洗方式耗时长、需要人工清罐、工作环境较差且具有一定局限性。与之相比，智能化的高压水清洗方式不仅可以实现计算机的智能清洗控制、缩短清洗时间，而且系统配置了废气抽吸系统，清洗过程的环保及安全都得到了极大保证，结合本项目的设计定位，推荐采用以高压水为清洗手段的智能化清洗工艺。槽罐车清洗产生的废水进入园区污水处理系统进行处置。

(4)园区臭气收集处理规划

园区臭气规划统一收集处理。园区臭气频发点分为两块:市政污泥、餐厨垃圾协同处理区餐厨垃圾易腐发臭、易生物降解的特点容易产生恶臭气体;通沟污泥及河湖污泥处理区污泥堆存产生的臭气。

1)臭气处理规模。

市政污泥、餐厨垃圾在进入厌氧发酵之前的整个预处理阶段均会产生恶臭气体,其中以卸料区域、破碎分拣区域产生的臭气较多,在此重点区域采取工作期间 12 次/h 的换气次数;此外,调节池 4 次/h 进行换气,污水处理区域 AO 及浓液池按 2 次/h 换气处理,保证构筑物内处于负压状态,避免恶臭气体逸散。

污泥堆存区采用 6 次/h 进行换气,局部点位(如河湖污泥湿法分离处理后的浆液池)臭气浓度较高采用 12 次/h 的换气次数。

臭气量计算结果见表 7.3-26,经计算全厂臭气处理总量 115000m³/h,臭气处理系统按照 120000m³/h 设计。

表 7.3-26　　　　　　　　　全厂臭气处理计算

序号	名称	数量	换气次数/(次/h)	气量/(m³/h)	备注
1	卸料大厅	1	12	50000	整体换气
2	预处理车间	1	2	45000	整体换气
3	预处理设备	1	12	5000	定点收集
4	调节池	1	4	8900	整体换气
5	AO 池及浓缩液池	1	4	6100	整体换气
6	通沟河湖污泥处理区	1		30000	整体+定点换气
合计				145000	

2)臭气排放标准。

除臭系统排气按《恶臭污染物排放标准》(GB 14554—1993)中新建二级标准执行(表 7.3-27)。

表 7.3-27　　　　　　　　　恶臭污染物排放标准

序号	项目	恶臭污染物厂界标准(新扩改建)		恶臭污染物排放标准(15m 高空排放)	
		单位	二级标准	单位	标准
1	氨	mg/m³	1.5	kg/h	4.9
2	三甲胺	mg/m³	0.08	kg/h	0.54
3	硫化氢	mg/m³	0.06	kg/h	0.33

序号	项目	恶臭污染物厂界标准(新扩改建)		恶臭污染物排放标准(15m 高空排放)	
		单位	二级标准	单位	标准
4	甲硫醇	mg/m³	0.007	kg/h	0.04
5	甲硫醚	mg/m³	0.07	kg/h	0.33
6	二甲二硫	mg/m³	0.06	kg/h	0.43
7	二硫化碳	mg/m³	3.0	kg/h	1.5
8	苯乙烯	mg/m³	5.0	kg/h	6.5
9	臭气浓度	无量纲	20	无量纲	2000

3)臭气处理工艺选择。

目前国内常用的污染气体处理技术有:活性炭吸附法、热氧化法、离子除臭法、生物洗涤过滤法、植物提取液除臭法、洗涤法、光催化法等。

①活性炭吸附法:利用活性炭吸附污染气体中的污染物质,达到消除污染物的目的。通常针对不同气体采用各种不同性质的活性炭进行吸附。当污染气体和活性炭接触后,污染物质被活性炭吸附,最后将清洁气体排出吸附塔。污染物经解吸附后,需要进行再处理。

②热氧化法:利用高温下的氧化作用将臭气分解成其他元素对应的氧化物的方法,也是从一种气体转变为另一种气体的过程。该方法的优点是对可燃污染物有效;缺点是运营成本高,适合重度污染的大型设施的高流量。焚烧过程对大气有二次污染。

③离子除臭法:是利用高压静电装置(离子发射电极)使双离子管产生正、负离子,在常温常压下将臭气分解成 CO_2、H_2O 或是部分氧化的化合物的方法。该方法的优点是对臭气和挥发性有机化合物效果明显,设备占地小,投资中等,设备无需满负荷运行,用户可根据自身的情况选择。

④生物洗涤过滤法:采用液体吸收和生物处理的组合作用。废气首先被液体(吸收剂)有选择地吸收形成混合污水,再通过微生物的作用将其中的污染物降解。该方法的优点是对中、低浓度有机废气进行处理,具有适应性强,投资、运行费用低,但对气体水溶性和生物降解性有要求。

⑤植物提取液除臭法:利用臭气中的某些物质和药液产生中和反应的特性,利用液滤或者喷淋的形式进行污染气体处理的一种方法,其优点是见效快,易于控制,初次投资费用低,占地面积小。

⑥洗涤法:水清洗是利用臭气中的某些物质能溶于水的特性,使臭气中的氮气、硫化氢气体和水接触,溶解,达到脱臭的目的。药液清洗法是利用臭气中的某些物质与药液产生中和反应的特性,如利用呈碱性的苛性钠和次氯酸钠溶液,去除臭气中硫化氢等

酸性物质,运行管理相对复杂,但是效果有保障。

⑦光催化法:其原理主要是紫外线照射二氧化钛,产生自由基将臭味分子分解。在价带的电子被光量子所激发,跃迁到导带形成自由电子,而在价带形成一个带正电的空穴,这样就形成电子—空穴对。利用所产生的空穴的氧化及自由电子的还原能力,二氧化钛和表面接触的 H_2O、O_2 发生反应,产生氧化力极强的自由基,这些自由基可分解几乎所有的有机物质,将其所含的氢(H)和碳(C)变成水和二氧化碳。

针对本项目的情况,单一的处理工艺无法满足本项目的需求,借鉴国内大规模污泥及餐厨垃圾中的除臭案例,采用"化学(碱洗)洗涤＋生物过滤＋光催化"组合除臭工艺。

4)除臭系统工艺说明。

①碱洗。

碱洗的主要作用是将进入的废气进行洗涤,通过添加碱性化学药剂,去除气体中含酸成分的恶臭气体,碱液对油脂还具有皂化和乳化作用,可以去除废气中的含油成分。碱洗液采用 10%氢氧化钠溶液。气体通过酸洗塔处理后,进入碱洗塔,废气中的含酸成分、油脂与碱性吸收液进行气液两相充分接触吸收后发生中和反应、皂化和乳化反应,除去含酸性成分的恶臭气体及油脂。

②生物过滤。

生物除臭法就是将微生物固定附着在多孔性介质填料表面,并使污染物在填料床层中进行生物处理,挥发性有机污染物等吸附在空隙表面,被空隙中的微生物所耗用,利用微生物新陈代谢生命活动将废气中的有害物质转变为简单的无机物及细胞质并降解成 CO_2、H_2O 和中性盐。

恶臭废气被微生物菌种分解吸收在生物体内,在微生物大量繁殖的同时达到了去除恶臭废气的目的。在生物填料上,微生物菌种吞食了恶臭废气后大量生长繁殖,给大量的微生物原生动物造了大量养料,促进了原生动物的生长繁殖:细菌—藻类—原生动物,从而形成了一条食物链,保持了系统的良性循环。

③光催化氧化装置。

光催化氧化是在外界可见光的作用下发生催化作用,光催化氧化反应是以半导体及空气为催化剂,以光为能量,将有机物降解为 CO_2 和 H_2O 及其他无毒无害成分。

④植物液雾化除臭装置。

植物液雾化除臭装置是将植物除臭液通过专用设备喷洒成雾状,在微小的液滴表面形成极大的表面能。液滴在空间扩散的半径≤0.04mm。液滴有很大的比表面积,形成巨大的表面能,能有效地吸附住空气中的异味分子,同时也能使吸附的异味分子立体结构发生改变,变得不稳定,此时,溶液中的有效分子可以向臭气分子提供电子,与臭气分子发生氧化还原反应,同时,吸附在液滴表面的臭气分子也能与空气中氧气发生反应。经过植物作用,臭气分子将生成无毒无味的分子,如水、无机盐等,从而消除臭气。

⑤臭气监测。

在本项目的实施过程中,臭味的监测和控制十分重要,臭味对周边大气环境和居民产生的影响最为直接(图7.3-13)。

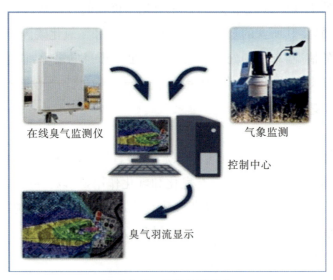

在线臭气监测仪　　　控制中心　　　气象监测

臭气羽流显示

图 7.3-13　臭气监测系统

臭味的浓度及扩散程度取决于温度、空气湿度、挖掘作业面、风向和风速四大因素,需要指定专门人员每日进行监测和控制。臭味的监测应采用仪器设备监测和人工监测相结合的方式进行,臭气监测仪主要设置在园区周边及距离居民区较近的区域,根据监测的结果决定是否对除臭系统进行调整和是否启动应急响应模式。

臭味监测系统应至少包括:现场臭味监测仪、气象仪表(监测风速、风向、湿度、气压等)、数据处理及结果模拟终端系统。采用该系统可对臭气污染物的种类、浓度、扩散方向和趋势等进行实时的监控和模拟,并根据该结果对作业方式和各项除臭措施进行实时的调整。

(5)经济效益分析

根据规划规模测算,市政污泥及餐厨协同处置年总成本约4714万元,建筑垃圾、清淤底泥、通沟污泥协同处置年总成本为3883万元,槽罐车清洗及罐内残留杂质处置年总成本为1091万元。

产生效益情况主要包括:

1)市政污泥及餐厨协同处置。

①毛油:餐厨垃圾毛油产量约3t/d,按照单价3000元/t计,年收入约328万元。

②沼气:有机固废综合产气率约60m³/t,沼气发电量约1.75(kW·h)/m³,本项

目沼气发电优先供给自用,有多余的电量考虑上网,根据测算,年可上网电量为402.41 万 kW·h,电价按照 0.65 元/(kW·h)计,则年发电收入约为 260 万元。

③市政污泥及餐厨垃圾接收费用:通过对餐厨垃圾及市政污泥处理的无害化、规范化处理,接收价格按 340 元/t 计,年收入 6168 万元。

2)清淤底泥、通沟污泥协同处置。

考虑到建材市场需求存在淡旺季等因素,因此经济效益按生产免烧结砌块和工程土时间比例各占 50% 计。

经估算,建筑垃圾、清淤底泥、通沟污泥协同处置 1d 可生产污泥再生砌块 300m³ 或工程土 200m³,协同资源化处置通沟污泥 80t(含水率 80%),处理淤泥 180m³(每立方米混凝土砌块处理含水率 40% 水下方淤泥 0.6m³)。

参考类似工程经验,本工程清淤底泥、通沟污泥接收价格以及再生砌块和工程土价格暂定如下(图 7.3-28):

①清淤底泥。

资源化中心接收湖泊清淤淤泥免烧结资源化利用。根据污泥的性状,先进行垃圾分拣、泥沙分离,再针对性进行污泥无害化处理、污泥改性和泥饼分散处理,最后再进行资源化处置。清淤底泥接收价格按 274.96 元/m³ 计。

②通沟污泥。

资源化中心接收城市通沟污泥进行免烧结资源化。对于通沟污泥,根据污泥的性状,先进行垃圾分拣、泥沙分离,再针对性进行污泥无害化处理、污泥改性和泥饼分散处理,最后再进行资源化处置。接收通沟污泥价格按 180 元/t 计。

③再生砌块和工程土销售价格。

每立方混凝土砌块按照 600 元计算(表层彩色步砖 6cm 厚,标准定额 45 元/m²,每立方米砌块价格约 750 元,按照市场指导价下降 20% 计算)。工程土外售价格按10 元/m³ 计。

表 7.3-28　　　建筑垃圾、清淤底泥、通沟污泥协同处置工程年收入计算

项目		年处理量或产品量	接收价或销售单价(元)	数量(万元)
年接收固废收入	清淤淤泥/m³	54000	275	1485
	通沟污泥/t	24000	180	432
	小计	—		1917
年产品销售收入	工程土/m³	30000	10.00	30
	再生砌块/m³	45000	600(市场下降 20%)	2700
	小计	—		2730
年收入合计				4647

3)槽罐车清洗及罐内残留杂质处置。

对槽罐车清洗及废弃物处置,单位车次处置成本约 600 元,国内发达城市单位车次处置收费为 1200~1500 元,本工程暂按 1000 元估算,规划日维护量约 50 台,考虑不确定性,按平均日维护量 40 台保守估计,年收入约 1460 万元。

综上所述,固废处置及资源化工程建成后年总成本 9688 万元,总收益约为 12146 万元,可以实现微利保本。

7.3.2 再生水利用规划

再生水主要供给绿地浇撒、道路广场清扫及工业用水。根据《城市给水工程规划范》(GB 50282—2016)确定各项用水额以及花山、豹澥及左岭污水系统内各类需求主体用地规模,预测再生水总需水量为 17 万 m³/d,其中花山系统 2 万 m³/d,用于道路清扫、绿化浇洒及环境用水;豹澥系统 10 万 m³/d,左岭系统 5 万 m³/d,用于道路清扫、绿化浇洒及工业用水(表 7.3-29)。

表 7.3-29　　　　　　　　　　再生水远期需求预测

用水类别	道路		绿化		环境用水	工业	合计
	用地规模 /hm²	用水量 /(m³/d)	用地规模 /hm²	用水量 /(m³/d)	用水量 /(m³/d)	用水量 /(m³/d)	用水量 /(m³/d)
花山	1701	0.5	301	0.3	1.2	—	2
豹澥	1608	3.2	1215	1.2	—	5.6	10
左岭	760	1.5	267	0.3	—	3.2	5
合计	4069	5.2	1783	1.8	1.2	8.8	17

7.3.2.1　再生水水源及水厂规划

再生水水源主要来自高新区内豹澥污水处理厂、左岭污水处理厂及花山污水处理厂,近期尾水排放总量为 47 万 m³/d,远期尾水排放总量为 75 万 m³/d。根据污水专项规划及再生水需求分析,高新区再生水需求量近期为 8 万 m³/d,规划回用率为 17%;高新区再生水需求量远期为 17 万 m³/d,规划回用率为 22.6%。

豹澥污水处理厂再生水供给量近期为 5 万 m³/d,远期为 10 万 m³/d;左岭污水处理厂再生水供给量近期为 2 万 m³/d,远期为 5 万 m³/d;花山污水处理厂再生水供给量近期为 1 万 m³/d,远期为 2 万 m³/d。

7.3.2.2　再生水管网规划

结合现有再生水设施建设情况向东、北扩大再生水管网覆盖范围,直接再生水服务对象,连片成环。

豹澥再生水系统内按照现有再生水系统不变,主要供给东湖高新区中部地区的道路清扫、绿化浇洒及工业用水。服务具体范围为光谷二路以东,九峰山森林公园、石门峰纪念公园以南,沪渝高速公路围合的区域,规划服务面积 91km²。再生水管网以现状高新大道—光谷三路—高新五路—光谷七路合围的环状主干管为基础,向环状内外加密再生水管网,通过光谷八路再生水管道连通科学岛地区。

左岭再生水系统主要供给高新区东部左岭地区的道路清扫、绿化浇洒及工业用水。服务具体范围为外环线以东、区界以西、科技五路以北、武鄂高速公路以南的左岭工业园和未来科技城组团,规划服务面积 45.2km²。规划再生水沿未来三路布设再生水主干供水管道,通过高新大道、高新二路及未来一路二路再生水管与豹澥再生水系统连通,通过青化大道及花城大道二级再生水管与花山再生水系统连通。

花山再生水系统主要供给高新区北部花山地区的道路清扫、绿化浇洒及环境用水。具体服务范围为由白武鄂高速、严东湖、严西湖及森林大道所围合的区域,规划服务面积 46km²。系统内保持现状常家山路再生水主干管道不变,沿花城大道及春和路向东南片延伸再生水主干管道,通过光谷八路二级再生水管道与豹澥再生水系统连通。

左岭污水处理厂规划中期对现有排江管道进行改造,对港口物流园和循环经济产业园固废处理及资源化工程提供再生水,并根据《武汉市中心城区排水防涝专项规划(2016—2030)》,规划建设临江排水区排水明渠(图 7.3-14)。在 5 号点对已有排江管道进行改造,将再生水引入排水明渠,通过排水明渠进入沐鹅湖湿地,作为其生态景观用水。2 号点拟作为湿地出水端,通过排水泵站和出水管将左岭污水处理厂经湿地净化后的多余尾水,接至原葛化排江接口排江,出水管道约 1.1km。

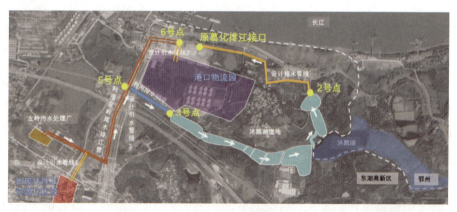

图 7.3-14 左岭污水处理厂再生水回用规划

沐鹅湖(武汉区域)未纳入《湖北省湖泊保护名录》,现状全部被围隔成鱼塘,规划对其进行生态化改造,中期拆除部分圩堤,实现水面的连通性,并进行岸坡清理。远期与临江排水区排江泵站和排水渠的建设统筹考虑,并协同鄂州市沐鹅湖湿地建设工作的推进,同步提升武汉地区沐鹅湖的生态景观效果。

7.3.3 光伏能源综合利用规划

7.3.3.1 太阳能资源

(1)区域太阳能资源概况

我国太阳能资源非常丰富,理论储量达到 17000 亿 t 标准煤。我国太阳能资源特征主要受地理纬度、地形和大气环流条件所决定,具有明显的地域特色。中国气象局风能太阳能评估中心依据全国 655 个国家基本气象站 1961—1990 年 30 年的资料,按照总辐射的经验关系式采用空间内插值等方法绘制的全国太阳能资源分布见图 7.3-15。从我国太阳能资源的年分布总体来看,具有高原大于平原、内陆大于沿海和干燥区大于湿润区等特点。青藏高原为一稳定的高中心,高达 10100MJ/(m² · a)。高值带由此向东北延伸,内蒙古高原也为一相对的高值区,等值线在高原东部边缘密集。低值中心在四川盆地,只有约 3300MJ/(m² · a)。

湖北省位于我国中部腹地,地跨东经 108°21′42″~116°07′50″、北纬 29°01′53″~33°6′47″,东西长约 740km,南北宽约 470km,总面积 18.59 万 km²,地貌类型多样,山地、丘陵、岗地和平原兼备,其中山地占 56%,丘陵占 24%,平原湖区占 20%。湖北太阳能资源南部少北部多,同纬度相比,山区少平原相对较多;太阳能资源夏季最丰富,尤其是 8 月太阳总辐射量、日照时数、晴天日数等均为全年最高,湖北东部秋季大气层结稳定,太阳能资源仅次于夏季,冬季虽然晴天较多,但由于太阳直射南半球,昼短夜长,总辐射量全年最低。

根据气象部门研究成果,湖北省太阳能资源较为丰富,各地年太阳总辐射量在 3450~4800MJ/m²(图 7.3-15),年日照时数在 1100~2000h(图 7.3-16),年日照百分率在 26%~46%,通过换算可得到年峰值日照时数在 960~1330h。湖北各地太阳总辐射量空间分布总体上呈现两大特点:北多南少,以西部山区最显著,其南北相差约 1200MJ/m²,而中东部变化相对较小;同纬度相比,平原多山区少。年太阳总辐射量高值区主要分布在三北岗地(鄂东北、鄂西北、鄂北)和鄂东南、江汉平原北部区域,低值区主要集中于鄂西南山区(含三峡河谷)。

根据《太阳能资源评估方法》(GB/T 37526—2019),以太阳能总辐射量为指标,对太阳能的丰富程度划分为 4 个等级,见表 7.3-30,根据其分类方法,除鄂西南南部外,湖北绝大部分地区年太阳总辐射量在 3780~5040MJ/m²,水平面总辐射量等级属于太阳能资源"丰富区"(等级符号为 C 类)。

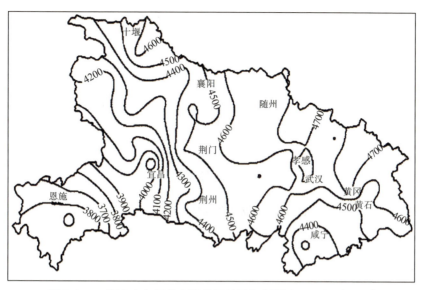

图 7.3-15　湖北省年平均太阳总辐射量分布[单位:MJ/(m² · a)]

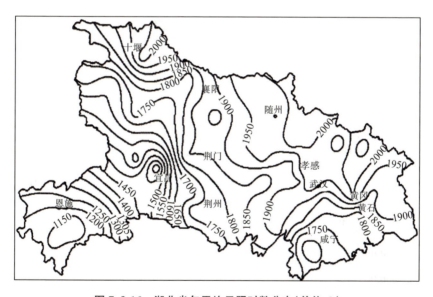

图 7.3-16　湖北省年平均日照时数分布(单位:h)

表 7.3-30　　　　　　　　　　　年水平面总辐射量(GHR)等级

等级名称	分级阈值/(MJ/m²)	分级阈值/(kW·h/m²)	等级符号
最丰富	GHR≥6300	GHR≥1750	A
很丰富	5040≤GHR<6300	1400≤GHR<1750	B
丰富	3780≤GHR<5040	1050≤GHR<1400	C
一般	GHR<3780	GHR<1050	D

　　本工程项目所在地为武汉市,武汉市位于湖北省太阳能资源较为丰富的区域,年平

均太阳总辐射量和日照时数在全省处于中上水平。初步判断太阳能资源具有一定开发价值，适宜进行大型光伏电站项目建设。

（2）太阳能总辐射数据分析

按照《太阳能资源评估方法》(GB/T 37526—2019)，太阳能资源丰富程度应采用太阳总辐射的年总量为指标。太阳总辐射是指水平面上，天空 2π 立体角内所接收到的太阳直接辐射和散射辐射之和。

Solargis 数据的多年太阳总辐射强度逐月累计平均值结果见表 7.3-31 和图 7.3-17。

表 7.3-31　　　　　　　　　　Solargis 多年太阳总辐射逐月累计平均值

月份	水平面年总辐射/(MJ/m²)
1月	205.1
2月	226.3
3月	303.4
4月	403.7
5月	475.0
6月	464.6
7月	589.1
8月	557.5
9月	417.2
10月	324.3
11月	257.6
12月	200.5
年总量	4424.3

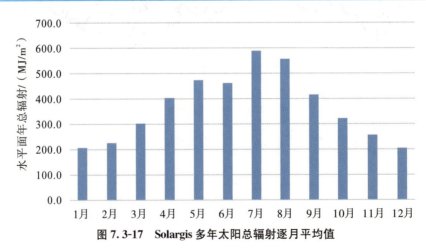

图 7.3-17　Solargis 多年太阳总辐射逐月平均值

由表 7.3-31 和图 7.3-17 可见，地区太阳总辐射为 4424.4MJ/m²，在 5—9 月最高，冬季较低。7月为589.1MJ/m²，达到全年最大值；12月为200.5MJ/m²，为全年最低值。从季节分析看出，春季太阳辐射量比冬季多，主要是春季3月以后太阳直射北半球，白昼时间长，日照时数增加较快，9月后直射南半球，昼短夜长所致。

（3）太阳能资源评价

根据《太阳能资源评估方法》（GB/T 37526—2019），太阳能资源丰富程度的评估以太阳能总辐射的年总量为指标，其评估等级见表7.3-32。

表 7.3-32　　　　　　　　　　　　　太阳能资源丰富程度等级

太阳总辐射年总量	资源丰富程度
≥1750kW·h/(m²·a)	资源最丰富
6300MJ/(m²·a)	
1400～1750kW·h/(m²·a)	资源很丰富
5040～6300MJ/(m²·a)	
1050～1400kW·h/(m²·a)	资源丰富
3780～5040MJ/(m²·a)	
<1050kW·h/(m²·a)	资源一般
<3780 MJ/(m²·a)	

综上所述，本项目所在地区区域日照较充足，光伏场区范围Solargis数据年太阳辐射量为1229kW·h/m²，即4424.4MJ/m²。太阳能资源按分类属资源丰富地区，具有一定的开发利用价值，适合建设大型光伏发电系统。

（4）拟建光伏电站处太阳能资源综合评价

1）本项目利用Solargis数据的太阳辐射资料统计数据等相关已知条件推算项目所在地区的太阳辐射，用此辐射量作为本项目所在地区的代表年太阳辐射量是合理的。

2）根据Solargis数据的太阳辐射资料统计数据为依据，项目所在地区太阳总辐射为4424.4MJ/m²，在5—9月最高，冬季较低。7月为589.1MJ/m²，达到全年最大值；12月为200.5MJ/m²，为全年最低值。

年太阳辐射量为1229kW·h/m²，太阳能资源按分类属资源丰富地区，具有一定的开发利用价值，适合建设光伏发电系统。

（5）系统效率计算

光伏电站发电系统交流输出功率主要取决于太阳总辐射强度及逆变器效率，同时又受组件工作温度、组件安装方位角及倾角、线路损失等多种因素的影响。光伏发电系统的总效率主要由光伏阵列效率、逆变器的转换效率、交流并网效率三大部分组成。

1）光伏阵列效率。

光伏阵列在 1000W/m² 太阳辐射强度下，实际的直流输出功率与标称功率之比，光伏阵列在能量转换与传输过程中的损失主要包括有：

①组件匹配损失：对于精心设计、精心施工的系统，约有 4% 的损失；

②太阳辐射损失：包括组件表面尘埃遮挡及不可利用的低、弱太阳辐射损失，取值 3.5%；

③温度的影响等造成的损失，取值 3%；

④直流线路损失，取值 2%；

⑤阴影损失，取值 2%。

综合上述各分项损失，光伏阵列效率取 86.3%。

2）逆变器的转换效率。

逆变器的转换效率：逆变器输出的交流电功率与直流输入功率之比。主要包括逆变器的转换损失、最大功率点跟踪（MPPT）精度等损失。本阶段中所选用的逆变器的转换效率取 98.5%。

3）交流并网效率。

交流并网效率：从逆变器输出至高压电网的传输效率，其中包括升压变压器的效率和交流电气连接的线路损耗等。本阶段中交流并网效率取 97%。

综上所述，光伏发电系统的总效率等于上述各部分效率的乘积，即 82.46%。

（6）光伏安装总容量

根据现有已收资料，豹澥二厂一期可利用布置面积 38120m²，左岭污水二厂一期可利用布置面积 34080m²，循环产业园可利用布置面积 20262m²，豹澥二厂二期可利用布置面积 69000m²，左岭二厂二期可利用布置面积 11200m²，见表 7.3-33 及图 7.3-18。

表 7.3-33　　　　　　　　豹澥二厂一期可利用面积

序号	名称	规格	结构型式	单位	数量
1	应急池	93.1m×53.8m	钢筋混凝土	座	1
2	多段 AAO 生物池	123.8m×92.8m	钢筋混凝土	座	2
3	二沉池	Φ42m(内径)	钢筋混凝土	座	4
4	中水回用泵房	30.1×10.4m	钢筋混凝土	座	1
5	综合加药间	42.9×16.4m	框架	座	1
6	鼓风机房及变配电间	55.9×14.5m	框架	座	1
7	污泥脱水车间	29.4×12.8m	框架	座	1
8	综合楼	S=2174.3m²	框架	座	1
9	机修、仓库及车库	S=197.1m²	框架	座	1

| (a)循环产业园红线布置 | (b)左岭二厂红线布置 |

图 7.3-18　各厂区红线布置

根据光伏布置规划设计经验,考虑组件间前后间距及检修通道等因素,分布式光伏容量按照 $10000m^2$/MW 进行估算,故每个光伏电站可布置容量见表 7.3-34。

表 7.3-34　　　　　　　　　　光伏电站容量估算统计

	豹澥二厂一期	豹澥二厂二期	左岭二厂一期	左岭二厂二期	循环产业园
本期面积/m²	38120	69000	34080	11200	20262
计划装机容量/MWp	3.81	6.9	3.4	1.12	2

（7）发电量估算

太阳能光伏发电工程发电量主要与装机容量、电站所在地的太阳能资源和光伏电站发电系统的发电效率有关。下面结合本光伏电站所在地的太阳能资源并通过分析太阳能光伏发电系统的发电效率对光伏电站年上网电量进行预测(表 7.3-35)。

表 7.3-35　　　　　　　　　　25 年各年平均上网发电量统计

	豹澥二厂一期	豹澥二厂二期	左岭二厂一期	左岭二厂二期	循环产业园
本期面积/m²	38120	69000	34080	11200	20262
计划装机容量/MWp	3.81	6.90	3.40	1.12	2.00
首年等效运行小时数/h	1012				
25 年等效运行小时数/h	959.19				
25 年平均发电量/[万/(kW·h)]	365.451	661.84	326.125	107.43	191.84

参照收集的太阳能辐射资料,对太阳能光伏电站发电量进行分析估算。经 SolarGis

数据计算,该地水平面太阳辐射年总量为 1276kW·h/m²。

光伏组件在使用过程中会有一定的衰减,本项目所选用的光伏组件除首年按照 2％ 衰减以外,后 24 年按每年 0.45％ 衰减计算。

从年上网电量的估算过程中可知,系统设计完毕后,运行期间的损耗是固定存在不可减少的。要提升上网电量必须在系统设计时选用损耗低的设备,提升检修能力、缩短设备检修时间,积极除尘、扫雪,提升辐射利用率等。

7.3.3.2 电气设计

(1)接入系统方案

豹澥二厂一期拟规划装机 3.81MWp,豹澥二厂二期拟规划装机 6.9MWp,左岭二厂一期拟规划装机 3.4MWp,左岭二厂二期拟规划装机 1.12MWp,循环产业园拟规划装机 2MWp,各项目通过组串式逆变器并入 0.4kV/10kV 并网柜,然后通过厂内 0.4kV/10kV 接入电网,实现"自发自用,余量上网"。

(2)过电压保护与接地

1)光伏组件过电压保护及接地。

①过电压保护。

本系统中,支架、太阳能板边框以及连接件均是金属制品,每个子方阵自然形成等电位体,所有子方阵之间都要进行等电位连接并通过引下线与接地网就近可靠连接,接地体之间的焊接点应进行防腐处理。

②接地。

本工程利用原有建筑防雷接闪器,太阳能电池组件支架连成电气通路,根据现场实际情况,用 Φ10mm 圆钢与屋面原有接地体连接在一起。

③防雷接地施工方案。

光伏场区接地线与设备基础位置发生矛盾时,接地线应绕过基础进行敷设。接地线中的每一个连接点均应牢固焊接,保证电气连通。若施工中有接地线被打断,应将其重新牢固焊接。

户外电缆槽盒应每 20～30m 与主接地网可靠连接一次,连接导体与水平接地体相同。

2)光伏配电设备过电压保护及接地。

①侵入雷电波保护。

每台逆变器的交流输出侧设防雷保护装置,可有效避免雷击和电网浪涌导致的设备损坏,所有的机柜要有良好的接地。

低压防雷主要防止低压设备受到过压干扰(过压类别 Ⅲ 依据 DIN VDE 0110-1:

1997-04;C 级过压保护器,依据 EDIN VDE 0675-6:1989-11,-6/A1:1996-03 和-6/A2:1996-10)。低压系统经绝缘配合逐级加避雷器或其他保护设备。

②接地装置。

设备接地端子需采用接地干线就近接入主地网内,总的工频接地电阻根据入地电流大小及《交流电气装置的接地设计规范》(GB 50065—2011)要求最终确定。

7.3.3.3　土建工程

(1)工程等级

设计参数取值:

50 年一遇风压:0.30kN/m²;

50 年一遇雪压:0。

光伏支架结构设计使用年限为 50 年,±0.000m 以上为二类环境,按《混凝土结构设计规范》(GB 50010—2010)控制指标。抗震设防类别属于乙类,抗震设防烈度为Ⅵ度,设计基本地震加速度值为 0.05g,设计地震分组第一组,抗震设防措施按Ⅵ度处理。

本工程重要性等级为二级;光伏支架结构安全等级采用二级,结构重要性系数取1.0。光伏基础按 50 年一遇设计。地基基础设计等级为丙级。防洪等级按Ⅲ级设计。

(2)光伏组件阵列布置及基础设计

1)混凝土屋顶光伏阵列支架与基础(图 7.3-19):平屋面光伏组件通过独立基础的支架固定,光伏支架与基础采用螺栓连接,螺栓施工安装方便。原有屋面已破损的防水层应补强,施工中应避免破坏屋面防水层。若有损坏应及时进行修补,可采用涂防水涂料措施保护。

图 7.3-19　混凝土屋顶分布式光伏

2)钢结构屋顶光伏阵列支架与基础(图 7.3-20、图 7.3-21):压型钢板钢屋面采用夹具夹紧压型钢板波峰部位,以夹具为支座,利用螺栓连接上下支架结构,夹具需根据压型钢板型号进行选取。

图 7.3-20　钢结构屋顶分布式光伏

图 7.3-21　屋顶分布式光伏效果

8 水生态空间保护及滨水景观系统规划

8.1 水生态空间现状及主要问题

8.1.1 河湖空间管控现状

8.1.1.1 河湖岸线管理现状

九峰河东湖高新区段长 4.7km，根据《武汉市主城区控制性详细规划导则》，九峰河（高新大道—群英路）控制了宽度 15m 的排水走廊，九峰河（群英路—珞喻东路）控制了宽度 40m 的排水走廊，九峰河（珞喻东路—区界）控制了宽度 60m 的排水走廊。九峰河已定期开展岸线巡查维护工作，但由于渠道权属不明，对于侵占岸线的现象，执法力度不足。

豹子溪全长 7.5km，排水走廊控制宽度为 200m，廊道范围内规划控制用地主要为渠道水域及绿地。由于豹子溪尚未按规划形成，目前渠道岸线权属不明。豹子溪岸线虽有维护管理，但由于渠道权属不明，在日常巡查中仍然会遇到岸坡种植、临渠违建等情况。

吴潆湖港全长 5.7km，现状水面宽度为 15～20m。吴潆湖港已定期开展岸线巡查维护工作，但由于渠道权属不明，对于侵占岸线的现象，执法力度不足。

大咀海港东湖高新区段长 3.2km，沿线无堤防，渠道以自然边坡为主。港渠西南侧为梁子湖湖汊，湖汊分割情况严重；东北侧零散分布少数水塘。

牛山湖岸线长度为 165.2km，沿湖基本为非建设用地，且湖泊岸线多维持原生态的自然岸坡。由于湖泊保护力度加大，管理更加严格，沿湖岸线侵占问题基本得到遏制，但是局部区域仍存在农村生活垃圾或杂物临湖堆放现象，影响湖泊岸线整洁和水质。

汤逊湖岸线长度为 122.8km，其中东湖高新区 18.8km。湖泊沿线开发建设强度大，周边基本建成，现状用地以居住用地、工业用地及公共管理与公共服务工地为主。2015—2017 年，先后实施了武汉市汤逊湖大桥两侧汤逊湖岸线整治工程、藏龙岛环汤逊湖绿道工程等。

南湖岸线长度为23.00km,其中东湖高新区8.26km。其中北岸局部区域存在约3.05km未建成区。针对南湖的湖泊岸线监测,目前已初步形成市—区—街道三级巡查机制。街道负责人根据区级水政监察工作安排,对湖泊岸线进行日常巡查;区级水政监察大队按照督查计划表对街道级湖泊巡查工作进行抽查;市级湖泊执法总队不定期对区级工作进行督查。

严西湖岸线长度约为72.73km,其中东湖高新区16.47km。湖泊沿线已修建环湖绿道,湖泊岸线形态良好。

严东湖岸线长度为41.2km,以堤埂、自然缓坡等岸线形式为主。湖泊滨湖景观尚未开发,但部分岸线由于水生经济作物种植或水产养殖需求,对岸线进行了土堤加固,导致湖泊岸线缺少自然平缓的过渡区域。目前,严东湖严格按照《武汉市中心城区湖泊"三线一路"保护规划》进行岸线管理,保证了湖泊的面积和容积不减小。

五加湖岸线长度为2.99km,湖泊周边建设较少,现状岸线均为未开发的生态岸线,且湖泊的北岸、南岸及东岸的南段均分布有宽度不小于10m的绿带,发挥了一定的生态缓冲作用。目前,五加湖严格按照《武汉市中心城区湖泊"三线一路"保护规划》进行岸线管理,保证了湖泊的面积和容积不减小。

严家湖岸线长度为13.4km,根据调查,严家湖在"退塘还湖综合治理一期工程"中对东西两岸的岸线堤坝进行了拓宽加高加固,达到设计防洪要求,总体岸线整治长度3350m,其余范围保持原始状态。湖泊岸线以人工巡查进行控制。目前,严家湖严格按照《武汉市中心城区湖泊"三线一路"保护规划》进行岸线管理,保证了湖泊的面积和容积不减小。

车墩湖岸线长度为9.2km,以堤埂、自然缓坡等岸线形式为主,湖泊岸线景观性较差,湖泊岸线以人工巡查进行控制。目前,车墩湖严格按照《武汉市中心城区湖泊"三线一路"保护规划》进行岸线管理,保证了湖泊的面积和容积不减小。

豹澥湖岸线长度74km,岸线基本维持自然状态,仅部分岸线可通过村落道路到达,湖泊岸线的可达性及连贯性较差。湖泊岸线目前主要依靠自然岸坡、定期巡查进行控制,对于豹澥湖这类大型郊野型湖泊,细微的岸线变化难以被及时发现。目前,豹澥湖严格按照《武汉市中心城区湖泊"三线一路"保护规划》进行岸线管理,保证了湖泊的面积和容积不减小。

8.1.1.2 河湖管理范围划定工作现状

武汉市从2007年开始对全市166个湖泊编制"三线一路"保护规划,东湖高新区辖区范围内湖泊"三线一路"划定以及界桩工作已经完成,湖泊形态得到初步稳定。湖泊"三线一路"控制指标见表8.1-1。

表 8.1-1 东湖高新区湖泊"三线一路"控制指标一览

序号	名称	蓝线长度/km	蓝线控制面积/hm²	绿线控制面积/hm²	灰线控制面积/hm²
1	牛山湖	165.2	6042.1	4224.6	2564.0
2	汤逊湖	122.8	4762	1626.4	2750.5
3	南湖	23.0	767.4	191.9	885.4
4	严西湖	72.73	1423.07	1822.33	1000.13
5	严东湖	41.2	916.5		
6	五加湖	2.99	15.78		
7	车墩湖	9.2	173.5	228.5	
8	严家湖	13.4	162.0		
9	豹澥湖	74	2293.5	1898.3	163.4

《湖北省梁子湖湖泊保护规划》中根据 1：10000 地形图按照湖泊设计洪水位已对梁子湖、豹澥湖、严家湖划定了湖泊保护区和湖泊控制区，并沿保护区边界设置了界桩。其中，梁子湖设计洪水位 21.36m（吴淞高程），湖泊保护区岸线长 1136.9km，湖泊保护区面积 478.0km²，界桩 3428 个（该处桩为牛山湖、鄂州市梁子湖界桩，不含武汉市东湖高新区、江夏区辖区内梁子湖界桩）；豹澥湖设计洪水位 20.00m（吴淞高程），湖泊保护区岸线长 138.3km，湖泊保护区面积 45.9km²，界桩 1361 个；严家湖设计洪水位 20.00m（吴淞高程），湖泊保护区岸线长 60.4km，湖泊保护区面积 12.1km²，界桩 905 个。根据《湖北省梁子湖湖泊保护规划》和豹澥湖、严家湖、车墩湖的一湖一策，东湖高新区内豹澥湖湖泊保护区全长约 80.85km，湖泊保护区面积约 31.34km²，湖泊控制区全长约 49.72km，湖泊控制区面积约 19.03km²；严家湖湖泊保护区全长约 9.88km，湖泊保护区面积约 2.25km²，湖泊控制区全长约 11.2km，湖泊控制区面积约 2.51km²；车墩湖保护区全长约 17.81km，湖泊保护区面积约 3.68km²，湖泊控制区全长约 9.92km，湖泊控制区面积约 2.82km²。

根据《省人民政府办公厅关于印发湖北省河湖和水利工程划界确权工作方案的通知》（鄂政办函〔2018〕106 号）、《市河湖长制工作领导小组办公室关于推进河湖和水利工程划界确权工作的通知》（武河湖办〔2019〕2 号）、《市河长制工作领导小组办公室关于转发〈省人民政府办公厅关于印发湖北省河湖和水利工程划界确权工作方案的通知〉的通知》（武河办〔2019〕26 号）、《市水务局关于开展水利普查名录以外河流划界工作的通知》（武水办〔2021〕67 号）、《湖北省河湖及水利工程划界确权技术指南（试行）》、《武汉市河湖及水利工程划界工作技术指南（试行）》等文件要求，东湖高新区已完成本辖区范围内长江（高新区段）、九峰明渠、大咀海港、豹子溪、台山溪（含星月溪）、豹澥河、九峰溪、吴瘘湖港、谷米河、黄大堤港、光谷大道排水走廊、红旗渠、九龙溪、梁子湖（牛山湖）、汤逊湖、南湖、严西湖、严东湖、五加湖、车墩湖、严家湖、豹澥湖共 13 条河流和 9 个湖泊的管理范围划定工作。

8.1.1.3 湖泊水生态空间现状

东湖高新区内湖泊局部水域分割严重,被若干个渔田、堤埂分隔成块状。此外,跨湖道路也影响湖泊内部水体的流动性,导致湖泊内部连通性差,降低了湖泊的调蓄能力。

根据《市河湖长制工作领导小组办公室关于全面完成全市十大湖泊退垸(田、渔)还湖工作的通知》(武河湖办〔2021〕10 号)文件要求,东湖高新区已完成本辖区范围内汤逊湖退垸还湖工作。其他湖泊尚未完成退垸还湖工作,区内湖泊鱼塘、藕塘分隔和堤埂分隔现象普遍,各湖泊分隔情况统计见表 8.1-2,由表中数据可知,严家湖、豹澥湖湖面分隔占比在 50% 以上,而严东湖和车墩湖约为 30%。五加湖被南顺储油路分隔,仅靠东侧一处 Φ1.6m 管道连通,湖区水体交换不畅,影响湖泊水质环境,也导致上游湖区(南部湖区)更易形成淤积。

表 8.1-2　　　　　　　　　鱼塘、藕塘分隔和堤埂分隔侵占湖面面积情况

序号	湖泊名称	蓝线控制面积/hm²	鱼塘(藕塘)分隔面积/hm²	湖面分隔侵占比例/%
1	严东湖	911.1	286.3	31.4
2	严家湖	162.0	89.94	55.5
3	车墩湖	173.5	65.05	37.5
4	豹澥湖	2293.5	1152.72	50.3

湖面分隔现象使湖泊水体支离破碎,严重影响了生态调节、景观娱乐、雨水调蓄等湖泊功能发挥,破坏了湖泊的自然生态系统,不利于湖泊的可持续利用。

8.1.2 水生态系统现状

东湖高新区湖泊众多,严东湖、五加湖、严家湖、车墩湖、豹澥湖、牛山湖等区内湖泊水面面积较大,均为典型长江中下游浅水湖泊,豹澥湖、牛山湖等岸线曲折,湖湾湖汊众多,在湖泊调蓄、生物多样性维持、水生态景观等方面发挥了重要生态功能。多年来区内湖泊由于水产养殖、圩垸田埂等人类活动影响,湖泊面积逐渐减少、生境萎缩、水面割裂、水质下降、生物入侵等造成生态功能下降、生态系统结构失衡、富营养化风险加大等,部分湖泊水生植物稀少,尤其是豹澥湖及其入湖处水葫芦入侵,大面积繁殖后侵占水面,对水生态系统造成较大影响。

为掌握东湖高新区湖泊水生态现状,2019 年 11—12 月,研究团队对区内湖泊进行了详细的水生态现状调查和监测,调查包括生境条件、水生生物样品采集、室内样品鉴定等工作,监测内容包括浮游植物、浮游动物、底栖动物、鱼类、水生植物、岸线和水生生

境等,同步对监测水体富营养化评价水体理化指标进行了分析。调查布点主要考虑区内各湖泊大小、湖泊形状、湖湾湖汊分布等特点,调查监测布点见图 8.1-1。

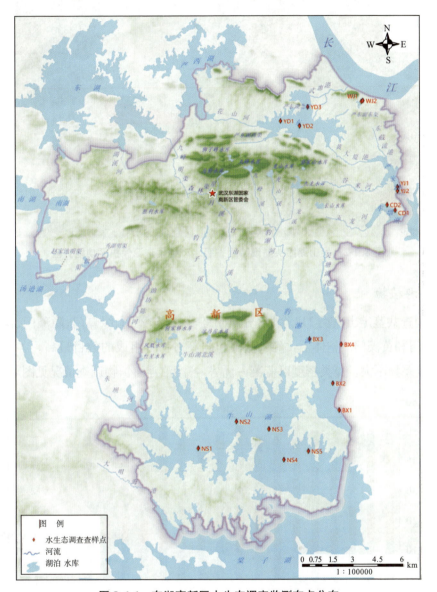

图 8.1-1　东湖高新区水生态调查监测布点分布

（1）生态敏感区

东湖高新区内有生态敏感区 1 处,为牛山湖团头鲂细鳞鲴省级水产种质资源保护区（图 8.1-2）,主要保护对象是团头鲂、细鳞鲴等及其生境,其中,核心区面积约 315hm²,实验区面积约 598hm²。

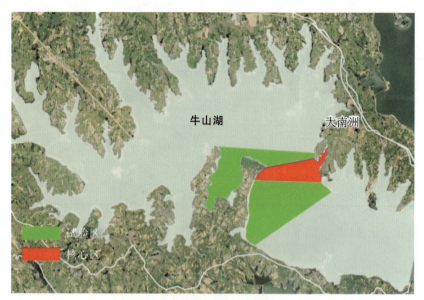

图 8.1-2 牛山湖团头鲂细鳞鲴省级水产种质资源保护区功能分区

（2）浮游植物

本次调查共鉴定出藻类 116 个属，分属于蓝藻门、硅藻门、绿藻门、隐藻门、裸藻门、甲藻门、金藻门和黄藻门。整体上，绿藻、蓝藻和硅藻占物种组成的数目最高。各湖泊之间，物种的数量差异不大。藻类密度以蓝藻占优势，各湖泊浮游植物调查情况见图 8.1-3。

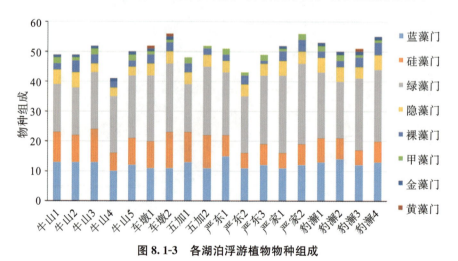

图 8.1-3 各湖泊浮游植物物种组成

从藻类密度上来看，蓝藻所占个数比例最大。严东湖藻细胞个数相较其他湖泊最高，最高点超过 600×10^6 个/L。而车墩湖、五加湖以及牛山湖的部分点位藻细胞个数含量较低（图 8.1-4）。

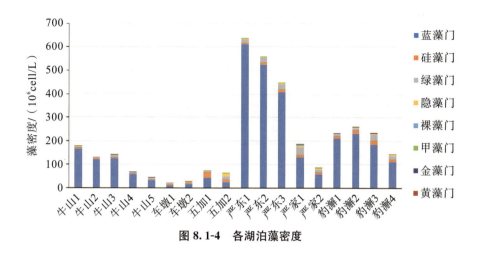

图 8.1-4　各湖泊藻密度

浮游植物生物量方面,硅藻的含量控制了藻类生物量的大小。五加湖和豹澥湖的藻细胞个数虽然不及其他湖泊,但是由于特定的硅藻含量,生物量最高超过了 70mg/L,远远高于藻细胞密度较高的严东湖(图 8.1-5)。

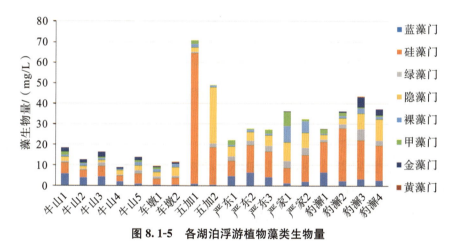

图 8.1-5　各湖泊浮游植物藻类生物量

(3)浮游动物

据调研,东湖高新区湖泊浮游动物种类共 63 种,其中,原生动物 17 种,轮虫 28 种,枝角类 10 种,桡足类 8 种。车墩湖检测到的浮游动物种类最多,共 41 种。其中原生动物 6 种,轮虫 21 种,枝角类 9 种,桡足类 5 种。五加湖种类最少,仅 21 种(图 8.1-6)。

浮游动物的密度在 1739.5～23292.4 个/L。平均 12605.9 个/L。从密度上看,各点位的原生动物种类最多,其次为轮虫、枝角类和桡足类的含量则较少。牛山湖的浮游动物密度整体上较其他湖泊高。车墩湖的浮游动物密度最低,平均密度 2907 个/L(图 8.1-7)。

图 8.1-6　各湖泊浮游动物物种组成

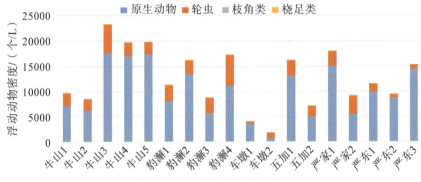

图 8.1-7　各湖泊浮游动物密度

（4）底栖动物

底栖动物共检测到 22 个种属。其中环节动物 7 种，软体动物 7 种，节肢动物 8 种。各湖泊中发现的底栖动物仍以较为耐污的寡毛类水丝蚓和摇蚊幼虫为主。湖泊中都发现了死亡的螺类残体，新鲜存活的螺类极少。调查中未发现贝类。种类组成见图 8.1-8。

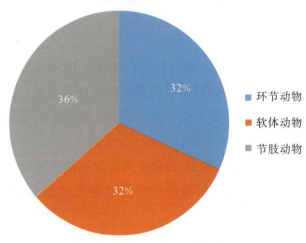

图 8.1-8　底栖动物种类组成

底栖动物密度在 48～1008ind. /m²，平均 339ind. /m²。除严家湖外，底栖动物密度均以节肢动物门占优势，其中五加湖密度最大，达到 960ind. /m²，其次是环节动物，软体动物密度最低(图 8.1-9)。严家湖仅有软体动物，密度为 96ind. /m²。

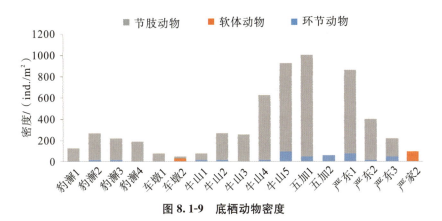

图 8.1-9　底栖动物密度

在生物量方面，严家湖底栖动物生物量最高，软体动物生物量达到 279.2g/m²，车墩湖次之，生物量达到 39.9 g/m²，其他湖泊生物量均不高，在 4g/m² 以下(图 8.1-10)。

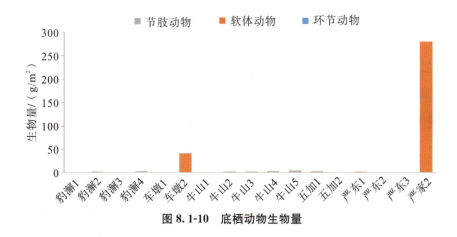

图 8.1-10　底栖动物生物量

(5)鱼类

根据 6 个湖泊鱼类调查，共有 56 种鱼类，其中，牛山湖种类最丰富，有 56 种鱼类；五加湖鱼类种类最少，有 12 种鱼类。鳘、红鳍原鲌、团头鲂、鲢、鳙、麦穗鱼、大鳍鳉、黄颡鱼、鲤和鲫在 6 个湖泊中都存在，这种渔业结构与历史上人类的水产养殖活动密切相关。历史上这 6 个湖泊与长江相通，由于江湖隔离，鱼类种群逐步成为人工放养和定居性鱼类。总体上，小型鱼类在湖泊鱼类组成中比例超过 60%，"四大家鱼"主要靠禁止养殖前的人工投放，定居性鱼类如鲤、鲫、乌鳢、红鳍原鲌等种群数量较大。

牛山湖鱼类种类最为丰富，共发现了 13 科 56 种鱼类，种质资源丰富，物种数量多，所有种类牛山湖中都有发现。豹澥湖共 10 科 39 种，少于牛山湖；严东湖在调查中共发现 10 科 31 种不同鱼类，物种数少于牛山湖和豹澥湖；车墩湖共 7 科 21 种，严家湖共 8 科 21 种；五加湖共 3 科 12 种，种类最少。

8.1.3　水生态健康评估

8.1.3.1　湖泊营养状态评价

（1）评价方法

采用综合营养状态指数法评价营养状态方法，选取反映水体营养程度的主要指标包括：叶绿素 a、总磷、总氮、透明度、高锰酸盐指数 5 项。综合营养状态指数为：

$$TLI(\sum) = \sum_{j=1}^{m} W_j \cdot TLI(j)$$

式中，$TLI(\sum)$——综合营养状态指数；

W_j——第 j 种参数的营养状态指数的相关权重；

$TLI(j)$——第 j 种参数的营养状态指数。

以叶绿素 a 作为基准参数，则第 j 种参数的归一化的相关权重计算公式为：

$$W_j = \frac{r_{ij}^2}{\sum_{j=1}^{m} r_{ij}^2}$$

式中，r_{ij}——第 j 种参数与基准参数叶绿素 a 的相关系数；

m——评价参数的个数。

对于我国湖泊常规的 r_{ij} 值见表 8.1-3，并由此确定本次评价参评参数的归一化权重 W_j 值。

表 8.1-3　　　　　　　中国湖泊(水库)r_{ij} 值及 W_j 值

参数	叶绿素 a	总磷	总氮	透明度	高锰酸盐指数
r_{ij}	1	0.84	0.82	−0.83	0.83
W_j	0.27	0.19	0.18	0.18	0.18

各项目营养状态指数计算公式为：

TLI(叶绿素 a)＝10(2.5＋1.086ln 叶绿素 a)

TLI(总磷)＝10(9.436＋1.624ln 总磷)

TLI(总氮)＝10(5.453＋1.694ln 总氮)

TLI(透明度)＝10(5.118−1.94ln 透明度)

TLI(高锰酸盐指数)＝10(0.109＋2.661ln 高锰酸盐指数)

采用 0～100 的一系列连续数字对湖泊营养状态进行分级：$TLI(\sum)$<30 为贫营养；

30≤TLI(∑)≤50 为中营养；TLI(∑)>50 为富营养，其中，50<TLI(∑)≤60 为轻度富营养，60<TLI(∑)≤70 为中度富营养，TLI(∑)>70 为重度富营养。

（2）评价结果

从湖泊富营养状态评价结果看，牛山湖的营养状态最低，总体处于轻度—中营养的水平，各参数基本处于中营养和轻度富营养的临界线（图 8.1-11）。豹澥湖营养状态稍高，基本处于轻度富营养状态。车墩湖属于轻度富营养状态，五加湖属于中度富营养状况。严家湖由于鱼塘化现象严重，样点间差异极大，呈轻营养和重度富营养。严东湖富营养状态较高，总体处于中度—重度富营养之间。根据汤逊湖 2014—2018 年湖泊营养状况，汤逊湖为中度富营养状态，2017 年、2018 年暴发严重蓝藻水华，局部水域水面蓝藻大量聚集覆盖，多处湖湾湖汊蓝藻聚集；南湖 2018—2019 年民大片为中度富营养状态，4—7 月为重度富营养状态，财大片为中度富营养状态，夏季为重度富营养状态。

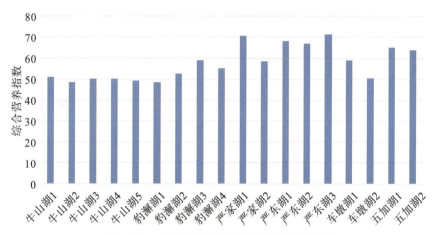

图 8.1-11　东湖高新区主要湖泊综合营养指数

8.1.3.2　水生生物评价

（1）评价方法

水生生物评价以浮游动物和底栖动物的群落多样性为依据，按不同类群分别计算，采用 Shmμnnon-Wiener 指数（H'），公式为：

$$H' = -\sum_{i=1}^{s} \frac{N_i}{N} \times \ln \frac{N_i}{N}$$

式中，N——总个体数；

　　N_i——第 i 物种的个体数；

　　S——物种数目。

水生生物污染评价标准：$H'>3$，清洁；$2<H'≤3$，轻污染；$1<H'≤2$，中污染；$0<H'≤1$，重污染。

（2）评价结果

各湖泊浮游动物多样性指数总体处于1～2.5，属于中污染到轻污染水平（图8.1-12）。其中，牛山湖、豹澥湖和车墩湖大部分样点为轻污染水平，其他湖泊基本为中污染水平，五加湖1号点为重污染水平。根据有关资料，南湖浮游动物多样性指数平均为1.01，为中污染水平。汤逊湖内汤平均1.05，为中污染水平，外汤平均0.96，为重污染水平。

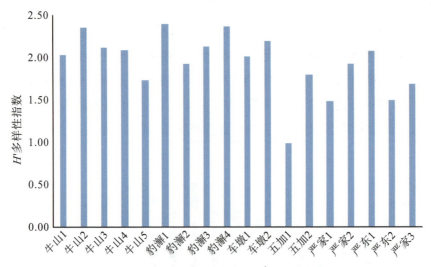

图 8.1-12　各湖泊浮游动物 H' 多样性指数

各湖泊除了部分样点底栖动物多样性指数大于1处于中污染状态外，其他样点多样性指数基本都小于1，处于重污染状态（图8.1-13）。汤逊湖内汤底栖动物多样性指数为0.92，外汤为0.98，较其他湖泊高，但整体底栖动物健康状况较差。

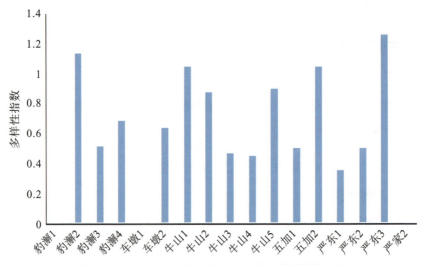

图 8.1-13　各湖泊各点底栖动物生物多样性指数分布

8.1.4　水生态空间存在的主要问题

（1）湖泊生态空间受损导致生境退化

东湖高新区内湖泊圩垸开发、围网养殖等长期侵占水面，湖泊生境受损严重，丧失自然形态，生态空间萎缩。严东湖、车墩湖、严家湖、豹澥湖等湖泊蓝线以下退垸退塘退渔还湖面积分别达到 2.86km²、0.65km²、0.97km²、11.52km²，湖泊面积减小对湖泊生态系统健康运转、水质改善、湖内水系连通等削弱作用明显，水面分割对湖泊调蓄、自净能力造成较大影响，湖内水体无法交换，部分湖湾湖汊水动力条件差，不能发挥湖泊应有的生态功能。区内 15 条河流、9 个湖泊虽列入河湖划界管理目录，但确权划界管理、退垸还湖等未全面实施，河湖水生态空间仍未得到有效保护。

（2）水生态结构失衡制约生态服务功能

目前仅有牛山湖为草型湖泊，藻型湖泊占大多数，水体多处于中度营养状态，有富营养化风险，湖泊水质达标率低，城区港渠水质大多为Ⅴ类或劣Ⅴ类，水质恶化加剧生态功能下降；湖泊生境退化使得生境基础条件变差，生物多样性下降，破坏生态系统结构，健康生态系统食物链断裂；水体透明度普遍不高，在 20～50cm，限制水生植物尤其是沉水植物的存活和生长；藻类密度过大，水生植物稀少，尤其是严东湖、严家湖、豹澥湖等沉水植物覆盖度低，无法抑制藻类的生态功能，难以向清水型湖泊转变。另外，豹澥湖水葫芦入侵，大量繁殖覆盖水面后破坏生态系统平衡，难以实现自我恢复。

8.2　滨水缓冲带现状及主要问题

8.2.1　滨水缓冲带现状

8.2.1.1　现状调查范围

东湖高新区滨水缓冲带是河湖水系与滨水用地之间的一个过渡带，也是促进河湖水系与滨水用地在生态、生产、生活等方面协调发展的重要纽带。滨水缓冲带现状调查范围主要依据"三线"划定的相关法律法规、政策，湖泊管理条例，《湖北省河湖和水利工程划界确权工作方案》等确定，最终将河流蓝线外两侧 30～300m，湖泊蓝线外 50～500m，水库蓝线内空间作为调查与研究主要区域（图 8.2-1）。

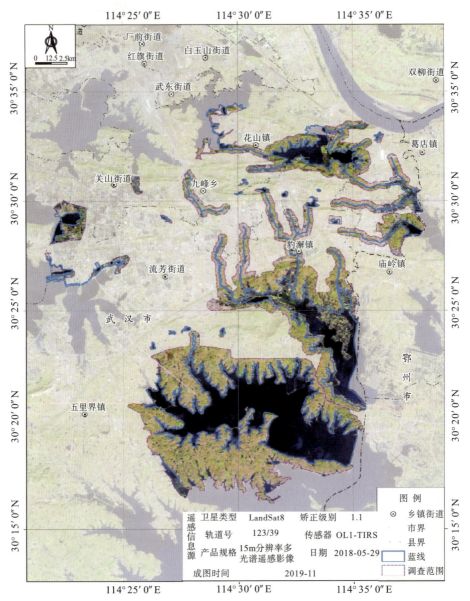

图 8.2-1 滨水缓冲带调查范围

8.2.1.2 现状用地

滨水缓冲带用地类型主要分为林地、草地、建设用地、湿地以及耕地。其中林地面积约 3707hm²、草地约 4606hm²、建设用地约 2303hm²、湿地约 9883hm²、耕地约 7128hm²，各河湖库滨水缓冲带用地类型见表 8.2-1 和图 8.2-2。

表 8.2-1　　　　　　　　　　　　东湖高新区滨水缓冲带现状用地状况分析

水系名称	用地状况
牛山湖	该区域湖泊滨水缓冲带主要以草地、林地、耕地为主,有部分苗圃和少量村庄等建设用地,另外区域内有少量鱼塘
豹澥湖	该区域湖泊滨水缓冲带范围内以农林用地为主,有较多的村庄等建设用地,农林用地主要为林地、草地和耕地
严东湖	该区域湖泊滨水缓冲带基本以草地和林地为主,有部分村庄等建设用地,以及少量农田
严家湖	该区域湖泊滨水缓冲带范围内基本以林地、耕地为主,有部分城镇居住用地,现状开发较为严重
车墩湖	该区域湖泊滨水缓冲带范围内以村庄、城镇等居住地、林地为主,有部分农田、鱼塘,周边开发程度较高
五加湖	该区域湖泊靠近长江,其滨水缓冲带范围内以林地、居住地和工业用地为主,有少量耕地
南湖	该区域湖泊滨水缓冲带范围内以城镇居住地、公园绿地与广场绿地等建设用地为主,湖体区域内正在施工
汤逊湖	该区域湖泊滨水缓冲带范围内以公园绿地与广场用地、居住地为主,周边林地、草地主要为人为景观
严西湖	该区域湖泊滨水缓冲带范围内以居住地、林地和荒地为主,开发程度较高
湖溪河	该河流滨水缓冲带范围内以学校、居住地等用地类型为主,河体正在施工
九峰明渠	该河流滨水缓冲带范围内以居住地、道路等用地类型为主,林地、草地中有较多的自然荒地
森林渠	该河流滨水缓冲带范围内以草地、城镇居住地、公园绿地与广场用地等类型为主
花山河	该河流滨水缓冲带范围内以城镇居住地、草地为主,有部分荒地
武惠港	该河流滨水缓冲带范围内主要以林地、草地为主,有少量菜地和村庄等居住用地
严东湖西渠	该河流滨水缓冲带范围内主要以建设用地为主,主要为公园绿地与广场用地,有部分养殖塘
严东湖北渠	该河流滨水缓冲带范围内主要以林地和草地为主,有部分公园绿地与广场用地和其他建设用地,存在少量耕地
严东湖东渠	该河流滨水缓冲带范围内主要以林地和耕地为主,有部分村庄、公园绿地与广场用地等
东截流港	该河流靠近道路,调查范围内用地类型主要为道路和城镇居住地,有少量荒地,目前河流正在施工治理
黄大堤港	该河流滨水缓冲带范围内以耕地、林地、草地为主,水域面积较小,有较多居住用地及商业用地
谷米河	该河流滨水缓冲带范围内以居住地为主,有部分荒地和少量菜地

水系名称	用地状况
玉龙河	该河流滨水缓冲带范围内以荒地和林地为主,有较多的居住用地
吴凇湖港	该河流滨水缓冲带范围内以自然荒地为主,开发建筑较少,基本保持原始生态
豹子溪	该河流滨水缓冲带范围内以建设用地和自然荒地为主,建设用地类型包括农林用地、道路用地和工业用地,周围高压走廊环绕
台山溪＋星月溪	该河流滨水缓冲带范围内以不同功能的城市用地为主,经过城市开发用地较多,有部分草地和自然荒地
九峰溪	该河流滨水缓冲带范围内以不同功能的城市用地为主,有部分自然荒地
豹澥河	该河流滨水缓冲带范围内以林地、草地及自然荒地为主,有部分耕地,尚未进行开发
龙山溪	该河流穿过城市,滨水缓冲带范围内以城市用地为主,已完成开发建设
九龙溪	该河流滨水缓冲带范围内以不同功能的城市用地和自然荒地为主
牛山湖北溪	该河流滨水缓冲带范围内以村庄、林地和耕地为主
秀湖明渠	该河流滨水缓冲带范围内以道路、城市用地等建设用地为主,河体周围正在施工
红旗渠	该河流滨水缓冲带范围内以道路、城市用地等建设用地为主,有部分耕地
赵家池明渠	该河流滨水缓冲带范围内以城市用地、荒地和水体为主,有少量菜地
大咀海港	该河流滨水缓冲带范围内以耕地、荒地为主,有部分苗圃和村庄
凤凰水库	该水库调查范围内以荒地为主,附近有国家电网等工业用地,较多特高压输电线路
何家桥水库	该水库调查范围内以林地、荒地为主,有部分村庄等建设用地和部分商业用地,水库旁边有垃圾处理厂
红星水库	该水库调查范围内以村庄、道路及高铁用地为主,附近有较多高压线路
凉马房水库	该水库调查范围内以苗圃、林地为主,有部分菜地和户外基地、农家乐等商业用地
长山水库	该水库调查范围内以林地为主,有部分道路、村庄等建设用地
岱家山水库	该水库调查范围内主要以苗圃、林地为主
龙山水库	该水库调查范围内主要以城市用地和林地为主,附近正在施工
九峰水库	该水库调查范围内主要以林地为主,有部分城市和商业用地
九龙水库	该水库调查范围内主要以林地、道路等交通运输用地和居住地为主
马驿水库	该水库调查范围内主要以林地、苗圃为主,有墓地等服务设施用地
胜利水库	该水库调查范围内主要以城市用地等建设用地为主,有部分林地
狮子峰水库	该水库调查范围内主要以林地、居住地为主,有部分苗圃

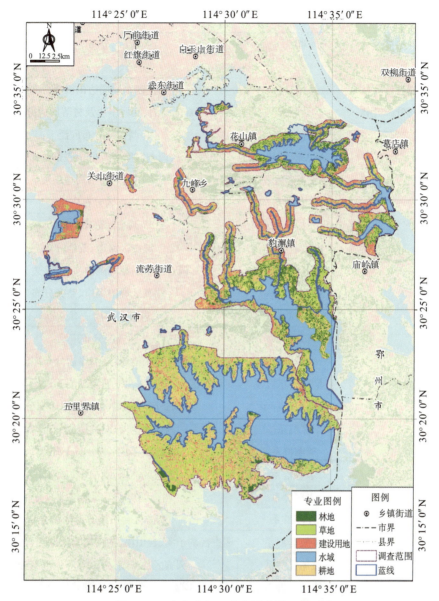

图 8.2-2　东湖高新区滨水缓冲带现状用地

8.2.1.3　植被资源

（1）植被类型及分布

根据《中国植被》的分类原则，缓冲带内的自然植被可划分为 4 个植被型组、6 个植被型、25 个群系。由于东湖高新区内人口密集和长期经济活动，缓冲带内人为干扰较大，原生植被多为栽培植被所取代，以人工栽培、景观绿化的植物广泛分布，自然植被以沼生和水生植被为主。调查范围内的主要植被类型及其分布见表 8.2-2。

表 8.2-2　　　　　　　　　　调查区内主要植被类型及分布

植被型组	植被型	群系	分布
自然植被			
一、针叶林	暖性针叶林	马尾松林	调查区水库周边山坡上分布
二、阔叶林	落叶阔叶林	旱柳林	调查区湖泊、池塘岸边及村落周边分布广泛
三、灌丛和灌草丛	灌丛	构树灌丛	调查区分布广泛
		插田泡灌丛	调查区路旁及低山底部分布
		小果蔷薇灌丛	牛山湖等湖泊周边山坡
	灌草丛	狗尾草灌草丛	调查区分布广泛
		狗牙根灌草丛	调查区分布广泛
		白茅灌草丛	调查区路边、荒地分布
		茵陈蒿灌草丛	调查区牛山湖等湖泊滩地、路边分布
		野菊灌草丛	调查区湖泊堤岸、路旁分布
		五节芒灌草丛	凤凰水库周边有分布
四、沼泽和水生植被	沼泽植被	芦竹群系	调查区分布广泛
		香蒲群系	调查区池塘、湖泊岸边分布广泛
		喜旱莲子草群系	调查区分布较多，在池塘及湖泊等近岸水流缓慢处
		双穗雀稗群系	调查区严东湖、牛山湖岸边有分布
		菰群系	调查区池塘、湖泊岸边分布广泛
		芦苇群系	调查区呈小片状分布于湖周岸边
		水葱群系	调查区池塘、湖泊岸边分布广泛
		水蓼群系	调查区豹子溪等地滩地有分布
	水生植被	浮萍群系	调查区台山溪等地池塘分布
		凤眼蓝群系	调查区豹子溪、台山溪、豹澥湖等地湖边、池塘分布较多
		狐尾藻群系	调查区豹澥湖、牛山湖等地池塘分布
		槐叶苹群系	调查区豹澥湖、牛山湖等地静水处分布
		金鱼藻群系	调查区西边方牛山湖边有分布
		苹群系	调查区花山河、严东湖等地有分布
人工植被			
人工林	用材林	池杉林、水杉林、樟树林、栾树林等	调查区广泛分布
	经济林	桃、李、柑橘等	调查区广泛分布
农作物	粮食作物	水稻、玉米、红薯等	调查区村落周边分布
	经济作物	油菜、芝麻、莲等	

（2）国家重点保护植物

根据《国家重点保护野生植物名录》（第一批）（农业部、国家林业局令2001年8月4日调整），参考《湖北珍稀濒危植物区系特征分析》（贺昌锐等，1997年）、《湖北珍稀濒危野生保护植物物种多样性及地理公布》（葛继稳等，1997年）、《湖北省珍稀濒危植物现状及其就地保护》（葛继稳等，1998年）、《湖北省国家重点保护野生植物名录及特点》（方元平等，2000年）、《湖北省珍稀濒危植物》（科学出版社，2017年）及本规划区内关于重点保护野生植物的相关资料，调查区可能分布有银杏、水杉、樟、莲、野大豆、野菱等国家重点保护野生植物。结合国家重点保护野生植物对海拔、生境等的要求进行了实地调查，发现银杏、水杉、樟、莲、菱系栽培种。根据访问调查及现场调查，在调查区发现国家Ⅱ级重点保护野生植物野大豆，在牛山湖、豹澥湖、严东湖、豹子溪等湖岸边分布广泛。

（a）牛山湖东边方附近野大豆

（b）牛山湖夏家村附近野大豆

（c）牛山湖白家咀附近野大豆

（d）豹子溪附近野大豆

（e）豹澥湖鲍家咀附近野大豆　　　　　　　（f）严东湖缪肖村附近野大豆

图 8.2-3　野大豆现场照片

（3）外来入侵种

根据《中国外来入侵物种名单》（第一批，2003 年）、《中国外来入侵物种名单》（第二批，2010 年）、《中国外来入侵物种名单》（第三批，2014 年）、《中国自然生态系统外来入侵物种名单》（第四批，2016 年），参考《湖北省外来物种入侵问题研究》（俞红等，2011 年）、《湖北省外来入侵生物及其与社会经济活动的关系》（喻大昭等，20011 年）、《湖北省外来入侵植物研究》（章承林等，2012 年）等规划区内关于外来入侵植物的相关资料，结合现场实地调查，在调查区有一年蓬、喜旱莲子草、钻叶紫菀、小蓬草、凤眼蓝、加拿大一枝黄花、垂序商陆、野燕麦等外来入侵种。其中喜旱莲子草、凤眼蓝分布最为广泛，多分布于路边和沟边、池塘及湖泊等近岸水流缓慢处。在台山溪与豹澥湖交汇处凤眼莲已完全覆盖整条河流，龙山溪与九龙溪交汇口喜旱莲子草分布较多；加拿大一枝黄花多零星分布于荒地、河岸等地，仅在黄大堤港在失马港附近荒地成片分布；小蓬草、一年蓬、钻叶紫菀、野燕麦多呈小片状分布于路旁、荒地等处；垂序商陆多零星分布于荒地、林下等地。

（a）加拿大一枝黄花　　　　　　　　　（b）喜旱莲子草

(c)凤眼蓝

(d)钻叶紫菀

(e)小蓬草

(f)一年蓬

图 8.2-4　部分外来入侵植物现场照片

8.2.1.4　动物资源

（1）动物类型

根据《中国动物地理》（张荣祖，2011 年）的中国动物地理区划，调查区动物区划属于东洋界—华中区—东部丘陵平原亚区—长江沿岸平原省—农田湿地动物群。

根据实地调查及对相关资料进行综合分析，调查区内分布有陆生脊椎动物 4 纲 25 目 67 科 203 种，其中，东洋种 71 种，古北种 56 种，广布种 76 种。调查区内未发现国家Ⅰ级重点保护野生动物分布，但分布有国家Ⅱ级重点保护野生动物 17 种，湖北省级重点保护野生动物 56 种。调查区内野生动物的种类组成、区系和保护等级具体见表 8.2-3。

表 8.2-3　　　　　　　　　　调查区内野生脊椎动物种类组成情况

种类组成				区系			保护等级		
纲	目	科	种	东洋种	古北种	广布种	国家Ⅰ级	国家Ⅱ级	湖北省级
两栖纲	1	5	12	9	0	3	0	0	8
爬行纲	2	6	14	11	0	3	0	0	3
鸟纲	17	49	163	44	55	64	0	17	45
哺乳纲	5	7	14	7	1	6	0	0	0
合计	25	67	203	71	56	76	0	17	56

根据调查区域内已发表的相关著作、文献和实地访问、调查后发现,调查区域内有国家Ⅱ级重点保护野生动物 17 种,全部为鸟类,包括鸳鸯、小鸦鹃、灰鹤、白琵鹭、黑鸢、凤头蜂鹰、雀鹰、苍鹰、白尾鹞、鹊鹞、普通鵟、红角鸮、斑头鸺鹠、游隼、红隼、燕隼和灰背隼,除鸳鸯、小鸦鹃、灰鹤、白琵鹭外,其余 13 种均为猛禽,活动范围较广。其中,鸳鸯、灰鹤、白琵鹭、雀鹰、白尾鹞、鹊鹞、普通鵟和灰背隼为冬候鸟,主要分布于东湖高新区内的牛山湖、豹澥湖等自然植被丰富、人为景观少的区域。

调查区域内有湖北省级重点保护野生动物 56 种,其中,两栖类有 8 种,包括中华蟾蜍、镇海林蛙、黑斑侧褶蛙、沼蛙、泽陆蛙、棘腹蛙和饰纹姬蛙,主要分布于调查区域内的灌草地、农田、湿地等区域;爬行类有 3 种,包括王锦蛇、黑眉锦蛇和乌梢蛇,主要分布于调查区域内的林地、灌草地、农田等区域,其中,乌梢蛇在调查区内丰富度较高;鸟类有 45 种,常见种类包括环颈雉、凤头鹏鹏、凤头麦鸡、矶鹬、红嘴鸥、黑水鸡、白鹭、戴胜、棕背伯劳、喜鹊、八哥等。湖北省级重点保护鸟类类群多样,主要为喜湿地鸟类,其中,鸻形目、鹈形目广泛分布于调查区内的各类型湿地环境中。

8.2.2　岸线与景观风貌

东湖高新区内现状缓冲带岸线主要分为 4 类,分别为天然生态岸线、天然侵蚀岸线、人工亲水岸线、人工硬化垂直岸线(表 8.2-4)。湖泊中除汤逊湖、南湖、严西湖的岸线为人工型,其余湖泊大多为自然岸线或未开发状态,基本为自然景观风貌。区内河流大多为天然生态岸线,部分城区内河流港渠如森林渠、秀湖明渠以排水为主,岸线硬化。河流岸带缺少景观设施,无法满足人们的亲水需求。城市大多小型水库景观风貌单一,与周边城市发展融合性低。

表 8.2-4 缓冲带岸线风貌情况

类别	河流	湖泊	水库
天然生态岸线（为主）	武惠港、严东湖北渠、豹子溪、九峰河、台山溪＋星月溪、九峰溪、豹澥河、九龙溪、龙山溪、严东湖北渠、黄大堤港、玉龙河、赵家池明渠、大咀海港、吴溏湖港、牛山湖北溪	严东湖、车墩湖、严西湖、严家湖、五加湖、牛山湖	长山水库、胜利水库、龙山水库、九龙水库、自然岸线、狮子峰水库、何家桥水库、凉马坊水库、红星水库
人工亲水岸线（为主）	森林渠、东截流港、九峰溪、龙山溪、花山河	汤逊湖、严西湖	九峰水库
人工硬化,垂直（为主）	森林渠、秀湖明渠、湖溪河、红旗渠	南湖	胜利水库、狮子峰水库、九峰水库、马驿水库、凤凰水库
天然侵蚀岸线（为主）	严东湖西渠、豹子溪、谷米河	豹澥湖	—

8.2.3 生态环境质量状况评估

采用国家环境保护部 2015 年 3 月 13 日发布的《生态环境状况评价技术规范（发布稿）》(HJ 192—2015)和环境保护部 2011 年 9 月 9 日发布的《区域生物多样性评价标准》(HJ 623—2011)提供的方法对调查范围内的生态环境进行定量评价,评价指标包括生物丰度指数和植被覆盖度指数(NDVI),各归一化系数均采用全国归一化系数标准(归一化系数＝100/A 最大值,A 最大值指某指数归一化处理前的最大值)。

8.2.3.1 生物丰度指数评估

(1)评估方法

生物丰度指数＝(生物多样性指数＋生境质量指数)/2;

生物多样性指数(BI)＝0.2×野生动物丰富度＋0.2×野生维管植物丰富度＋0.2×生态系统类型多样性＋0.2×物种特有性＋0.1×受威胁物种的丰富度＋0.1×(100－外来物种入侵度);

生境质量指数(HQ)＝A_{bio}×(0.35×林地面积＋0.21×草地面积＋0.28×水域湿地面积＋0.11×耕地面积＋0.04×建设用地面积＋0.01×未利用地面积)/区域面积。式中,A_{bio}——生境质量指数的归一化系数,参考值为 511.2642131067。

(2)生物多样性指数

依据《区域生物多样性评价标准》(HJ 623—2011),调查区生物多样性指数评价指标归一化处理结果见表 8.2-5。

表8.2-5　　　　　　　　调查区生物多样性指数评价指标归一化处理结果

评价指标	野生动物丰富度	野生维管植物丰富度	生态系统类型多样性	物种特有性	受威胁物种丰富度	外来物种入侵度
数值	40.79	15.02	12.09	22.80	12.72	7.37

根据上述公式结果计算得出：

调查区生物多样性指数(BI)＝428.73。

东湖高新区主要河湖滨水缓冲带生物多样性指数见图8.2-5。

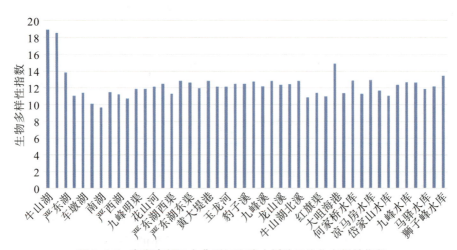

图8.2-5　东湖高新区内典型河湖滨水缓冲区生物多样性指数

生物多样性状况的分级标准见表8.2-6。

表8.2-6　　　　　　　　生物多样性状况的分级标准

生物多样性等级	生物多样性指数	生物多样性状况
高	BI≥60	物种高度丰富,特有属种多,生态系统丰富多样
中	30≤BI<60	物种丰富,特有属种多,生态系统类型较多,局部地区生物多样性高度丰富
一般	20≤BI<30	物种较少,特有属种不多,局部地区生物多样性较丰富,但生物多样性总体水平一般
低	BI<20	物种贫乏,生态系统类型单一、脆弱,生物多样性极低

综上,规划区生物多样性一般,物种较少。

(3)生境质量指数评估

根据2018年5月卫片解译结果,蓝绿空间内水域面积最大,面积为9889.11hm²,占蓝绿空间总面积的35.76%;其次为耕地,面积分别为7128.39hm²,占蓝绿空间总面积的25.78%;针叶林、阔叶林、灌丛、草丛和建设用地面积较小。土地利用类型现状见表8.2-7。

表8.2-7 蓝绿空间内土地利用现状

序号	类型	面积/hm²	占评价范围百分比/%	斑块数	占评价范围百分比/%
1	针叶林	271.24	0.98	1247	3.08
2	阔叶林	623.01	2.25	3168	7.83
3	灌丛	2840.51	10.27	6648	16.43
4	草丛	4600.23	16.63	9170	22.67
5	建设用地	2303.47	8.33	5302	13.10
6	水域	9889.11	35.76	194	0.48
7	耕地	7128.39	25.78	14729	36.41
合计		27655.96	—	40458	—

根据相关公式,生境质量指数(HQ)=102.06。

蓝绿空间内生境质量指数为102.06。

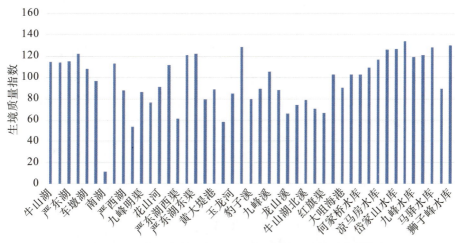

图8.2-6 东湖高新区典型河湖滨水缓冲区生境质量指数

(4)生物丰度指数

根据规划区生物多样性指数 BI 和生境质量指数 HQ 结果,计算生物丰度指数为 65.39。

典型河湖滨水缓冲区生物丰度指数见图8.2-7。

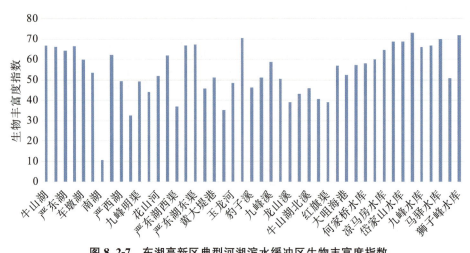

图 8.2-7　东湖高新区典型河湖滨水缓冲区生物丰富度指数

8.2.3.2　植被覆盖度指数(NDVI)评估

Deering 于 1978 年提出 NDVI 指数,是表征植物生长状态和空间分布的最佳指示因子,具有覆盖度检测范围大、植被指示灵敏度高、稳定性高、能部分减弱地形因素影响等显著优势,已获得广泛应用。

NDVI 计算公式为:NDVI/100=(PNIR-PR)/(PNIR+PR),式中,PNIR、PR 分别代表进红外波段和可见光波段表观反射值。在 Landsat-8°OLI 影像中两波段分别为 Band4、Band5,后经 ENVI 5.3 遥感影像处理软件得出东湖高新区区域平均植被覆盖度指数为 36.02。植被覆盖度指数分布见图 8.2-8 和图 8.2-9。

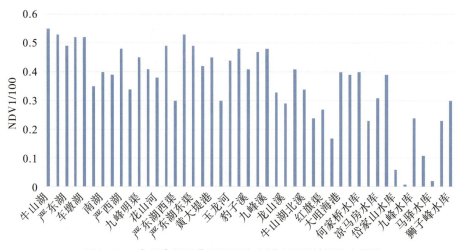

图 8.2-8　东湖高新区典型河湖滨水缓冲区植被覆盖度指数

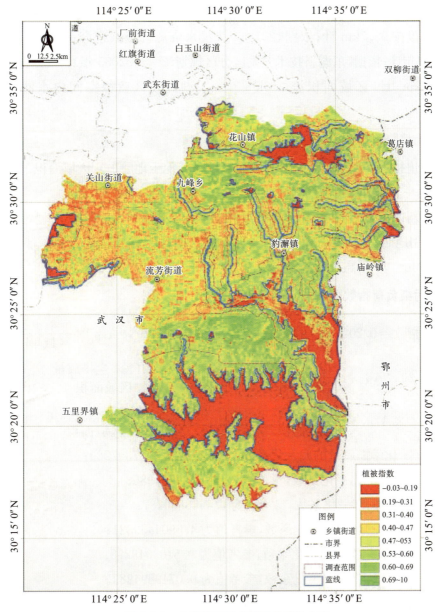

图 8.2-9　东湖高新区植被覆盖指数分布

注:$-1 \leqslant NDVI/100 \leqslant 1$,负值表示地面覆盖为云、水、雪等,对可见光高反射;0 表示有岩石或裸土等,NIR 和 R 近似相等;正值表示有植被覆盖,且随覆盖度增大而增大。

8.2.3.3　水网密度指数评估

水网密度指数＝(A_riv×河流长度/区域面积＋A_lak×水域面积(湖泊、水库、河渠和近海)/区域面积)＋A_res×水资源量/区域面积)/3

式中,A_riv——河流长度的归一化系数,参考值为 84.3704083981;

A_lak——水域面积的归一化系数,参考值为 591.7908642005;

A_{res}——水资源量的归一化系数,参考值为 86.3869548281。

河流长度按 95.7km 计;依据《2018 年武汉水资源公报》,东湖高新区水资源量按 2.13 亿 m^3/年计;依据《东湖新技术开发区分区规划(2017—2035 年)》,规划区内水域面积按 76.14km^2 计,区域面积按 518km^2 计,东湖高新区蓝绿空间内水网密度指数为 45.82。

8.2.3.4 土地胁迫指数评估

土地胁迫指数$=A_{ero}$(0.5×建设用地+0.5×其他土地胁迫)/区域面积

式中,A_{ero}——土地胁迫指数的归一化系数,参考值为 236.0435677948。

东湖高新区滨水缓冲带内土壤状况相对较好,本规划中,中、重度侵蚀面积计为 0hm^2,建设用地面积约 2303hm^2,其他土地胁迫类型用地包括耕地以及岸带坑塘圩垸,约为 12073hm^2。东湖高新区蓝绿空间内土地胁迫指数计为 61.35。

8.2.3.5 污染负荷指数评估

$$污染负荷指数 = 0.20 \times A_{COD} \times \frac{COD\,排放量}{区域年降水总量} + 0.20 \times A_{NH_3} \times \frac{氨氮排放量}{区域年降水总量}$$

$$+ 0.20 \times A_{SO_2} \times \frac{SO_2\,排放量}{区域面积} + 0.10 \times A_{YFC} \times \frac{烟(粉)尘排放量}{区域面积} + 0.20$$

$$\times A_{NOX} \frac{氮氧化物排放量}{区域面积} + 0.10 \times A_{SOL} \times \frac{固体废物丢弃量}{区域面积}$$

式中:A_{COD}——化学需氧量的归一化系数,参考值为 4.3937397289;

A_{NH_3}——氨氮的归一化系数,参考值为 40.1764754986;

A_{SO_2}——SO_2 的归一化系数,参考值为 0.0648660287;

A_{YFC}——烟(粉)尘的归一化系数,参考值为 4.0904459321;

A_{NOX}——氮氧化物的归一化系数,参考值为 0.5103049278;

A_{SOL}——固体废物的归一化系数,参考值为 0.0749894283。

根据《武汉东湖新技术开发区湖泊保护总体规划》所述,东湖高新区年平均降水量为 1260~1350mm,区域年降水量按最大值为 1350mm 计。由于东湖高新区内排入水体中的二氧化硫、烟(粉)尘、氮氧化物、固体废物等污染物数量较少,暂忽略不计。

根据公式计算,东湖高新区蓝绿空间污染负荷指数为 24.29。

8.2.3.6 环境限制指数评估

环境限制指数约束内容见表 8.2-8。

表 8.2-8　　　　　　　　　　　　　　　　　环境限制指数约束内容

分类		判断依据	约束内容
突发环境事件	特大环境事件	按照《突发环境事件应急预案》，区域发生人为因素引发的特大、重大、较大或一般等级的突发环境事件，若评价区域发生一次以上突发环境事件，则以最严重等级为准	生态环境不能为"优"和"良"，且生态环境质量级别降1级
	重大环境事件		
	较大环境事件		生态环境级别降1级
	一般环境事件		
生态破坏环境污染	环境污染	存在环境保护主管部门通报的或国家媒体报道的环境污染或生态破坏事件（包括公开的环境质量报告中的超标区域）	存在国家环境保护部通报的环境污染或生态破坏事件，生态环境不能为"优"和"良"，且生态环境级别降1级；其他类型的环境污染或生态破坏事件，生态环境级别降1级
	生态破坏		
	生态环境违法案件	存在环境保护主管部门通报或挂牌督办的生态环境违法案件	生态环境级别降1级
	被纳入区域限批范围	被环境保护主管部门纳入区域限批的区域	生态环境级别降1级

东湖高新区在 2018 年未发生国家生态环境部通报的水环境污染或水生态破坏事件，因此环境限制指数为 0。

8.2.3.7　生态环境状况分级

生态环境状况指数(EI)＝0.35×生物丰度指数＋0.25×植物覆盖指数＋0.15×水网密度指数＋0.15(100＋土地胁迫指数)＋0.10×(100＋污染负荷指数)＋环境限制指数。

根据生态环境状况指数，将生态环境分为 5 级，即优、良、一般、较差和差(表 8.2-9)。

表 8.2-9　　　　　　　　　　　　　　　　　生态环境状况分级

级别	指数	描述
优	EI≥75	植被覆盖度高，生物多样性丰富，生态系统稳定
良	55≤EI＜75	植被覆盖度较高，生物多样性较丰富，适合人类生活
一般	35≤EI＜55	植被覆盖度中等，生物多样性一般水平，较适合人类生活，但有不适合人类生活的制约性因子出现
较差	20≤EI＜35	植被覆盖度较差，严重干旱少雨，物种较少，存在着明显限制人类生活的因素
差	EI＜20	条件较恶劣，人类生活受到限制

东湖高新区现状生态环境质量指数为 46.34,水生态环境状况为一般级别,植被覆盖度中等,生物多样性为一般水平,较适合人类生活,但有不适合人类生活的制约性因子出现。

因此,为恢复东湖高新区良好的生态本底,创造适宜人类居住、动植物生存栖息的自然环境,使生态环境状况达到优良水平,生态环境状况指数 EI 至少达到 55。因此,应采取恰当、适合的生态治理措施减少或消除水生态环境污染源,改善及提升东湖高新区的水域及岸带空间生态环境。

8.2.4　生态景观格局指数分析

景观是多个相互作用的生态系统所构成的、异质的土地嵌合体。景观格局的复杂程度与社会的发展阶段是紧密相连的,运用景观生态学理论,对水系及周边生态缓冲带内景观类型特征、景观格局指数及生态功能开展定量化分析,判定不同景观要素以及整个景观的稳定性。结合 Arcgis10.2 以及 Fragstats4.2 软件计算斑块类型指数和景观水平指数,对滨水缓冲带和水域的蓝绿空间景观格局进行分析。

8.2.4.1　现状景观斑块类型分析

根据遥感解译和资料数据,规划区现状生态景观类型有水域、林地(针叶、阔叶林地)、草地、灌丛、农田、沼泽、道路及建设用地 7 类,见图 8.2-10。

斑块类型指数:包括斑块类型面积、斑块类型百分比、斑块类型密度、斑块数目、平均斑块面积、景观形状指标、最大斑块指数和蔓延度指数共 8 个参数,各参数描述详见表 8.2-10。

景观水平指数:包括景观面积、斑块数目、斑块密度、平均斑块面积、最大斑块指数、优势度、多样性指数等 7 个参数,参数描述详见表 8.2-11。

根据调查发现,滨水缓冲带内现状景观斑块面积最大的是水域斑块,面积是 8476.85hm²,其次为耕地和草地,分别为 5523.45hm² 和 5350.73 hm²(表 8.2-12)。其余景观斑块面积均较小,按面积大小依次为道路及建设用地(3072.18hm²)、沼泽(1548.68hm²)、阔叶林地(1433.13hm²)、灌丛(1367.56 hm²)针叶林地(900.67hm²)。这说明水系岸带周边农田以及草地等是规划区优势斑块,道路及村庄等建设用地等也是具有较大优势的斑块。而岸带周边林地和沼泽斑块优势相对较低。

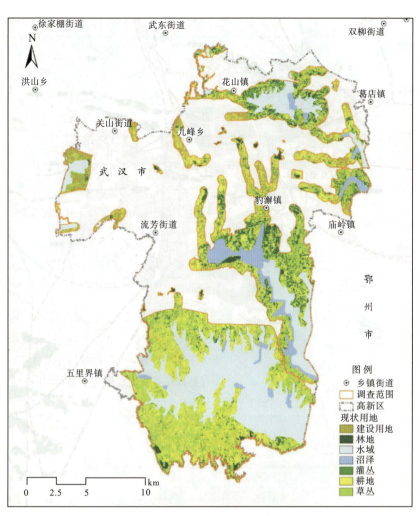

图 8.2-10　蓝绿空间现状生态景观格局

表 8.2-10 斑块类型指数

序号	景观指数	计算公式	描述
1	斑块类型面积/hm²	$CA = S_i = \sum_{i=1}^{n} A_i$	A_i 为某斑块类型单个面积;S_i 为某类景观类型的总面积
2	斑块类型百分比/%	$PLAND = \dfrac{S_i}{S} \times 100\%$	S_i 是某斑块类型总面积;S 为研究区总面积。指示斑块类型面积占总面积的大小
3	斑块类型密度/(个/ km²)	$PD = \dfrac{n_i}{S}$	n_i 为 i 类型斑块总数;S 为研究区总面积。用于描述景观孔隙度,在一定意义上揭示景观破碎化程度。值越大,表明该景观类型被分割的程度越高
4	斑块数目/个	$NP = n_i$	某类景观类型的数目。NP 反映景观的空间格局,经常被用来描述整个景观的异质性

续表

序号	景观指数	计算公式	描述
5	平均斑块面积 /(hm²/个)	$MPS=\dfrac{S_i}{N}$	S_i 为某斑块类型总面积；N 为斑块数。指示景观类型间的差异及景观的聚集和破碎程度。斑块的大小直接影响单位面积的事物量、生产力和养分贮量及物种组成和多样性
6	景观形状指标	$LSI=\dfrac{0.25E}{\sqrt{A_i}}$	反映斑块形状的复杂程度。其中，E 为正方形校正常数；A_i 为斑块类型面积。即形状指数越大，说明边缘所占比例越大，边缘效应也就更为明显
7	最大斑块指数 /%	$LPI=\dfrac{\max\limits_{j=1}^{n}(a_{ij})}{S}\times 100$	a_{ij} 斑块 ij 的面积。有助于确定景观的模地或优势类型等。显示最大斑块对单一类型或整个景观的影响程度
8	蔓延度指数 /%	根据 FRAGSTATS 4.2 计算生成	CONTAG 指标描述的是景观里不同拼块类型的团聚程度或延展趋势。高蔓延度值说明景观中的某种优势拼块类型形成了良好的连接性；反之则表明景观是具有多种要素的密集格局，景观的破碎化程度较高

表 8.2-11 景观水平指数

序号	景观指数	计算公式	描述
1	景观面积/hm²	$TA=S$	规划区整个景观的面积
2	斑块数目/个	N	整个景观的斑块个数
3	景观多度	PR	景观中所有斑块类型的总数，反映景观组分以及空间异质性的关键指标之一，并对许多生态过程产生影响
4	最大斑块指数/%	$LPI=\dfrac{\max(a_{ij})}{S}\times 100$	显示最大斑块对整个景观的影响程度
5	Shannon 均度指数	$SHEI=\dfrac{\sum\limits_{j=1}^{m}\left[Pjln(Pj)\right]}{lnm}$	反映景观的均匀度和优势度。SHEI 值较小时优势度一般较高，可以反映出景观受到一种或少数几种优势拼块类型所支配；SHEI 趋近 1 时优势度低，说明景观中没有明显的优势类型且各拼块类型在景观中均匀分布
6	Shannon 多样性指数	$SHDI=-\sum\limits_{i=1}^{m}(p_i\times \ln p_i)$	反映景观要素或者生态系统在结构、功能及随时间变化方面的多样性，描述景观的复杂性。值越大，表示多样性越大

表 8. 2-12 滨水缓冲带现状景观斑块类型指数统计结果

景观类型	CA 面积 hm²	NP 斑块数 个	MPS 平均斑块面积 hm²/个	PLAND 斑块所在面积比例 %	LSI 景观形状指数 —	PD 斑块类型密度 个/km²	LPI 最大斑块指数 %	CONTAG 斑块蔓延度 %
水域	8476.85	6166	1.37	30.63	23.76	22.28	22.28	99.71
针叶林地	900.67	7171	0.13	3.25	87.49	25.91	25.91	89.59
草丛	5350.73	25702	0.21	19.34	239.14	92.88	92.88	97.98
灌丛	1367.56	17726	0.08	4.94	171.90	64.05	64.05	87.76
耕地	5523.45	23972	0.23	19.96	258.69	86.63	86.63	97.68
道路及建设用地	3072.18	16882	0.18	11.10	157.81	61.00	61.00	97.13
阔叶林地	1433.13	11834	0.12	5.18	146.95	42.76	42.76	90.55
沼泽	1548.68	24	64.53	5.60	7.45	0.09	0.09	99.67

斑块数(NP)的大小与景观的破碎度也有很好的正相关性,一般规律是 NP 大,破碎度高;NP 小,破碎度低。斑块数对许多生态过程都有影响,如可以决定景观中各种物种及其次生种的空间分布特征;改变物种间相互作用和协同共生的稳定性。蓝绿空间中斑块数值较大的有,草地(25702 个)、耕地(23972 个)、林地(19005 个)、灌丛(17726 个)、道路及村庄等建设用地(16882 个),说明这些景观斑块分布范围比较广。水系总斑块共6166 个、湖泊周边沼泽斑块有 24 个。结合现场调查得知,湖泊被圩垸分割破碎度较高。

斑块类型密度(PD)可说明景观破碎化程度,值越大,破碎化程度越高。蓝绿空间范围内 PD 值较大的有草地(92.88 个/km²)、耕地(86.63 个/km²)、林地(67 个/km²)、灌丛(64.05 个/km²)、道路及村庄等建设用地(61 个/km²)、水域(22.28 个/km²),表明这些景观类型被分割的程度高;沼泽(0.09 个/km²)表明水系周边沼泽被分割的程度低。

平均斑块面积(MPS)代表一种平均状况,可以指征景观的破碎程度。平均斑块面积值的变化能反馈更丰富的景观生态信息,它是反映景观异质性的关键。规划区现状平均斑块面积最大的是有沼泽(64.53hm²/个),其次是湖泊等水域(1.37hm²/个)等,表明这些景观类型的聚集度高,单位面积的生物量、生产力和养分储量及物种组成和多样性高;较小的是林地(0.26 hm²/个)、耕地(0.23hm²/个)、草地(0.21hm²/个)、道路及建设用地(0.18 hm²/个)、灌丛(0.08 hm²/个),表明这些景观类型的破碎度高,单位面积的生物量、生产力和养分贮量及物种组成和多样性低。

最大斑块指数(LPI)值的变化可以改变干扰的强度和频率,反映人类活动的方向和强弱。最大斑块指数从高到低依次是草丛(92.88%)、耕地(86.63%)、林地(67%)、灌丛

（64％）、道路及建设用地（61％）和水域（1.21％），说明景观中的优势斑块耕地、水域以及岸带周边草地的人类活动干扰的强度和频率高。

景观形状指数（LSI）反映斑块形状的复杂程度，形状指数越大，说明边缘所占比例越大，边缘效应也就更为明显，例如边缘区比相邻生态系统具有更为优良的特性，如生产力提高、物种多样性增加等。LSI值从高到低依次为耕地、草地和林地以及灌丛。而水域和沼泽的LSI相对较低。

斑块蔓延度（CONTAG）反映的是景观里不同斑块类型的团聚程度或延展趋势。高蔓延度值说明景观中的某种优势斑块类型形成了良好的连接性；反之则表明景观是具有多种要素的密集格局，景观的破碎化程度较高。现状各斑块蔓延度值较高，水域和沼泽最高，灌丛最低，整体连接度较好。

8.2.4.2　现状景观水平分析

从整个景观水平看，蓝绿空间范围内景观斑块较多，为109477个，最大斑块指数为21.19％，平均斑块面积为0.25 hm²/个，斑块密度395个/km²，表明斑块受分割和受破碎程度极大。多样性指数（SHDI）为1.82，表明区域现状景观斑块类型多样性一般。均匀度指数（SHEI）值为0.88，反映景观的均匀度和优势度，SHEI趋近1时优势度低，说明景观中没有明显的优势类型且各斑块类型在景观中均匀分布。现状最佳优势斑块为水域，其余斑块分布相对均匀（表8.2-13）。

表8.2-13　　　　　　　滨水缓冲带内现状景观水平指数统计结果

景观指数	TA	N	MPS	PD	PR	LPI	SHDI	SHEI
	面积	斑块数	平均斑块面积	斑块密度	景观多度	最大斑块指数	多样性指数	均匀度指数
	hm²	个	hm²/个	个/km²	个	%	—	—
数据	27673.25	109477	0.25	395	8	21.19	1.82	0.88

8.2.4.3　现状生态景观格局

现状蓝绿空间范围内的生态景观格局，以水域、草地和耕地为主，水域为最佳优势斑块，聚集度相对较高，但破碎化和分割程度严重，并且受人为活动干扰强烈，水系边缘效应相对较低。水域缓冲带内耕地和草地的PD和LPI也较高，说明分割程度和人为干扰程度也较为明显。评价范围内整体生态景观格局分布相对较为均匀，除水系外，缓冲带天然植被类型斑块优势不明显，岸带受人为干扰严重。

8.2.5 河滨缓冲带存在的问题

8.2.5.1 河滨缓冲带生态斑块破碎化问题突出

目前湖泊蓝绿空间被大片圩垸农田侵占,甚至侵入湖泊蓝线范围内,且蓝线外缓冲带500m范围内基本为农林用地和村镇用地,滨水缓冲带内天然植被的优势斑块不明显,生态斑块破碎化程度高,岸带割裂严重。河湖岸带周边大面积农田和圩垸存在,滨水缓冲带和湖滨水域蓝绿空间生态结构退化,不能充分发挥蓝绿空间拦截和净化等生态功能,化学需氧量、总磷等面源污染负荷随地表径流直接进入水系,污染湖体水质。

8.2.5.2 景观风貌无特色难以适应城市发展

目前湖泊的滨水缓冲带的自然肌理形态大多遭到破环,尤其郊野的区域湖泊,堆土侵占严重,植被杂乱,视线单一,景观变化少,且大多数湖泊岸线亲水可达性较低,缺少展现区域特色的风貌,靠近城区的湖泊大多成为私享空间,共享性差,缺少公共开放空间的湖泊风貌也难以适应城市发展需求。

8.2.5.3 产业传统粗放不符合光谷战略定位

目前,仅龙山溪、九峰溪、星月溪、台山溪、严东湖等河湖岸带空间资源进行了部分开发利用和城市公共空间营造,形成了现代水岸社区服务、滨水商务服务、城市郊野休闲服务等生态滨水业态的发展。总体上,东湖高新区岸带资源开发利用滞后,还处于传统的农业种植、林果种植、水产养殖、自然荒地等村镇经济发展阶段,不符合光谷"全球领先的高科技新城、具有世界影响力的创新创业中心"的战略定位和高质量发展的要求。

8.3 水空间保护规划

8.3.1 规划思路

结合东湖高新区湖区内现状情况,进行分类治理。对于大型子湖或湖汊分割情况,可采用人工挖除的方式进行整治;对于功能性较弱、分割水域较小、或具备行政区划分界的堤埝,建议依靠自然环境演变为主,实现自然消亡;对过流能力不足的路堤,拟通过路堤改涵或路堤改桥的方式,增强水系内部特别是湖湾水动力,从而改善湖泊水质。

8.3.2 技术要求

按照湖泊保护规划的要求,圩堤、塘埝挖除高程及长度按照以下原则执行:
1)挖除高程:余留堤埝高程不得高于湖泊最低生态水位以下0.3m,且须有一段不少于30m的圩堤挖除至设计湖底高程;若圩堤高程与设计湖底高程相差不足0.3m时,圩堤应全部挖除至设计湖底高程；塘埂应全部挖除至设计湖底高程。

2)挖除长度：长度小于500m的圩堤，应全部挖除；500~1000m的圩堤，挖除长度不得小于500m；大于1000m的圩堤，挖除长度不得小于50%。挖除土方建议就地处理，作为附近岸坡整坡的土方使用。

8.3.3 规划方案

根据《武汉市湖泊保护条例》、《武汉市湖泊保护总体规划》(2018年)，湖泊蓝线以下水域对湖泊保护有重要作用，加以严格保护以维持湖泊生态空间。高新区内五加湖、豹澥湖、严东湖、严家湖、车墩湖等湖泊蓝线以下多为鱼塘、垸埂等，对湖泊蓝线以下的这部分实施退垸退渔还湖，蓝线以下进行永久退垸。

(1)五加湖

五加湖蓝线范围内现有1条穿湖公路，为南顺储油路，长约140m，路面高程约25m。为提升南北两个湖区的水体交换能力，规划将该路改建为跨湖桥梁。考虑到五加湖现状湖底高程整体偏高，为尽量释放五加湖的生态调蓄空间，计划将南顺储油路全部挖除至湖底高程(18.5m)，挖除土方量约94.25m³。改建桥梁桥面面积约1800m²，桥梁需同时满足车行及人行要求。

(2)严家湖

严家湖已完成退塘还湖综合治理(一期)工程。本方案主要针对东湖高新区严家湖(一期)工程外蓝线区域进行退垸还湖。

严家湖退垸还湖区域多为成片鱼塘，塘埂长度均不足500m，顶宽2~3m，塘埂宜全部拆除至设计湖底高程(16m)。据统计，拆除鱼塘圩埂长度约11.89km，预估挖一般土方工程量约14.99万m³。

现状条件下严家湖水域西侧有1穿湖路堤，连通大堤熊与科技一路，长约240m，路宽约8m，高程19.5m，计划将此辅路整体挖除至湖底，挖除土方量约5005m³。改建桥梁桥面面积约1920m²，桥梁需同时满足车行及人行要求。

(3)车墩湖

车墩湖退垸还湖范围内多为鱼塘、藕塘，位置多处于湖湾中，塘埂长度多不足500m，顶宽2~3m，宜全部挖除至设计湖底高程(14.15m)。拆除鱼塘圩埂长度约8.94km，预估挖一般土方工程量约21.91万m³。

车墩湖内部存在1处路堤，为左庙路路堤(长约320m，宽约9m，高程20.7m)，规划将其改建成湖面连通桥，改造后桥面面积约2880m²，桥梁需同时满足车行及人行要求。

（4）严东湖

现状严东湖湖区中部存在大片鱼塘，南北向长约1.6km，东西向宽约600m。鱼塘将湖区分为东、西两片，中间仅靠一段长约200m、宽约25m的天然连通渠相连，出于运输成本的经济角度考虑，规划将这一部分圩垸全部拆除至湖底高程（16.3m），将开挖土方集中到湖心形成滩地，既可以保障通航功能又可以兼具景观性与生态性。中心滩地的形成需开挖拆除鱼塘埂约17.82km，挖除土方量约29.64万m³。中心岛东西向长约600m，南北向宽约250m，占地面积约225亩，滩地中心混合种植乔灌木，岸坡坡比不陡于1∶10，沿岸采用格宾网挡墙（工程量约77000m³），临岸水域岸坡位置主要种植挺水植物，考虑到水生植物生长对水深的需求，回填的湖心岛设16.3m、17.5m、18m三个控制高程，形成高水位时"现湖"，低水位时"露滩"的景象。

除中部大片鱼塘外，严东湖湖汊中仍存在成片鱼塘（藕塘），塘埂长度多不足500m，顶宽2～3m，宜全部挖除至设计湖底高程（16.3m）。据统计，拆除鱼塘圩埂长度约16.13km，预估挖一般土方工程量约23.74万m³。

（5）豹澥湖

对于湖区北部湖湾内部的大片鱼塘（藕塘），推荐塘埂全部拆除至湖底高程（14.7m），拆除长度约151.42km，挖除土方量约269.21万m³，挖除土方宜用于平整岸坡。

对于湖区西南侧存在的沿岸圩堤和安湖洲沿岸圩堤，由于其功能性较弱、分割水域较小，可考虑将圩堤拆除至16.7m，且须保证有一段不少于30m的圩堤挖除至设计湖底高程（14.7m）。据统计，拆除长度约40.48km，挖除土方量约16.74万m³，挖除土方宜用于平整岸坡。在原有圩垸拆除后的湖岸带适宜植物生长的区域布设前置库，湖岸带水域水深较浅，约0.8m，选择能够承受水淹或干旱情况变化的挺水植物，种植面积约68.7hm²。

豹澥湖内部存在3处路堤，分别为陶马—郭家畈连通路堤（长约860m，宽约7m，高程约19m）、陶马—柳家连通路堤（长约1km，宽约3m，高程约19m）和鲍家咀—吴塘咀连通路堤（长约560m，宽约5m，高程约19.6m）。规划将3处路堤全部改建成湖面连通桥，其中陶马—郭家畈连通桥桥面面积约6020m²，陶马—柳家连通桥桥面面积约3000m²，鲍家咀—吴塘咀连通桥桥面面积约2800m²，桥梁需同时满足车行及人行要求。

各湖泊退垸还湖工程规模及布局见表8.3-1和图8.3-1。

表 8.3-1   退垸还湖工程规模一览

措施	湖泊	还湖面积/堤改桥长度
退垸还湖	五加湖	140m
	严家湖	89.94hm²
	车墩湖	65.05hm²
		320m
	严东湖	171.17hm²
		115.13hm²
	豹澥湖	924.12hm²
		228.6hm²
		2420m

各湖泊退垸还湖工程布局见图 8.3-1。

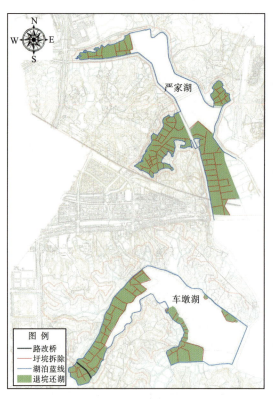

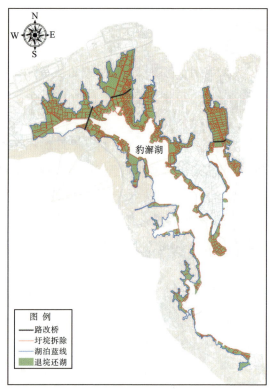

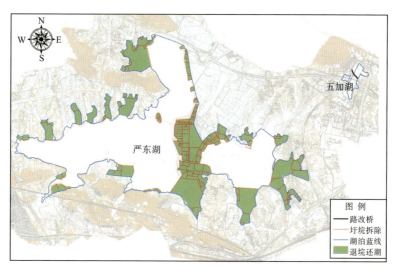

图 8.3-1　各湖泊退垸环湖工程布局

8.4　水生态修复规划

8.4.1　规划思路

湖泊水生态系统是以水为媒物质循环和能量流动,水生生物与环境相互作用,由生物与生境共同构成的有机整体,具有资源供给、洪水调蓄、水体净化、生命支持、景观美化等多重功能。良好的水生态系统具有以下几个特征:平面形态多样;原生或近自然;具有生物多样性和本土化特征;生态系统稳定和可持续发展;具有自然景观美学价值;能够满足人类社会的需求。

水生态保护与修复要尊重湖泊生态系统自然演变规律,以人工诱导促进自然恢复,针对高新区重点湖泊,对湖泊周边及水下地形、生态水位、水质现状、岸线底质生境、水生动植物、生物入侵等自然现状调查评估,结合周边土地利用类型、人口分布、鱼塘养殖等人类活动,对湖泊水生态现状进行全面问题分析,重点针对入湖污染、湖泊侵占等人为活动的影响,结合湖泊生境萎缩、生物入侵、富营养化风险、水生态功能下降等问题,提出河湖水生态空间保护恢复措施,分析植物恢复条件、生态系统修复方向,明确水生态修复的重难点和总体目标,针对湖泊特点、功能定位分类施策,划定生态保护与修复治理分区。

通过湖泊生态水位调控、入湖污染缓冲净化、湖泊湿地构建与修复、水生动植物群落结构优化等措施,逐步恢复健康水生态系统,同时结合湖泊生态水网增强湖泊水力联系和水动力条件,增强水体自净能力、降低水体富营养化风险,防止生物入侵,制定湖泊水生态管理和维护方案,实现湖泊水生态系统健康和良性循环。技术路线见图 8.4-1。

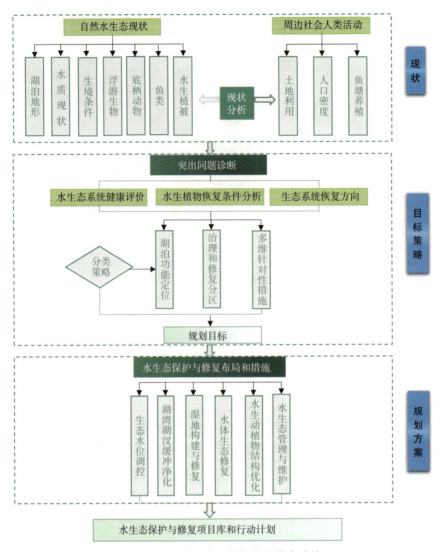

图 8.4-1　水生态保护与修复技术路线

8.4.2　分类治理与总体布局

水生态保护与修复根据湖泊分类和功能定位,从生态和社会功能、现状水质、湖泊生态类型、周边区域发展等方面,在现状调查评价基础上,针对各个湖泊特点和指向性问题采用不同的策略,治理和保护类型可分为自然保育型和污染防治型,分类策略如下。

（1）自然保育型

湖泊受污染程度较轻,总体水质尚好,一般处于Ⅲ类或优于Ⅲ类水质,湖泊整体营养程度较低,无显著水华发生;生态系统结构比较完整,生物类型丰富,生物服务功能稳定;汇水区域产生的污染负荷尚在环境承载力范围内,对湖泊的生态环境造成胁迫较小。牛山湖现状水质较好,鱼类资源丰富,受周边环境污染较小,属于生态系统良好水体,作为自然保育型湖泊,治理策略和方向为:以自然恢复和生态保护、提升湖泊生态功能为主,注重生物多样性保护和修复。

(2)污染防治型

湖泊受到一定程度的污染,湖泊水质总体在Ⅲ～Ⅳ类;湖泊富营养化程度较轻,一般为中营养或轻度富营养化,局部有水华发生;湖泊环境压力较大,对生态系统产生直接干扰,生态系统结构不合理,生物多样性受到一定程度的威胁;生态服务功能受到削弱。严东湖、五加湖、严家湖、车墩湖、豹澥湖等,总体水质较差,属于受损水体、以藻型湖泊为主,治理策略和方向为:以提高污染净化能力,水质控制为重点修复方向,结合生态修复和生态景观建设,逐步恢复和增强湖泊生态社会服务功能,促进湖泊生态系统向健康方向发展。

东湖高新区湖泊分类情况见表8.4-1。

表8.4-1 东湖高新区湖泊分类情况

名称	现状水质	营养状态	水生态类型		治理和保护类型	周边绿地功能定位
			草	藻		
严西湖	Ⅲ～Ⅳ	轻度—中度富营养	√		自然保育型	郊野型
严东湖	Ⅲ	轻度—中度富营养		√	污染防治型	生态型
五加湖	Ⅳ	轻度富营养		√	污染防治型	生态型
严家湖	Ⅳ	轻度—中度富营养		√	污染防治型	城市型
车墩湖	Ⅲ	中营养		√	污染防治型	城市型
豹澥湖	Ⅲ～Ⅳ	中营养		√	污染防治型	郊野型
牛山湖	Ⅱ～Ⅳ	中营养	√		自然保育型	郊野型
梁子湖	Ⅱ～Ⅳ	中营养	√		自然保育型	郊野型
汤逊湖	Ⅴ～劣Ⅴ	中度富营养		√	污染治理型	郊野型
南湖	Ⅴ～劣Ⅴ	中度富营养		√	污染治理型	城市型

本次规划主要针对东湖高新区内湖泊牛山湖、严东湖、五加湖、严家湖、车墩湖、豹澥湖的功能定位,提出分类治理类型,对每个湖泊考虑分类治理需求和重点措施,分区布局水生态修复,突出分区实施特点和措施。主要治理功能分区可分为缓冲净化区、生态治理区、生态景观区、湖心提升区。在退垸退渔还湖、保证湖泊水生态空间基础上,分区治理总体布局如下:

缓冲净化区以湖湾为重点,降低入湖污染负荷,提高湖泊缓冲净化能力(图8.4-2)。缓冲净化区包括严东湖花山河汇入口处湖湾缓冲净化,豹澥湖豹子溪汇入口三汊港、豹澥河汇入口湖湾缓冲净化。严东湖花山河汇入口周边用地规划为居住用地,人口密度大,人为活动强烈,同时花山河水质为Ⅳ类,面源污染负荷和入湖污染负荷较大,作为缓冲净化区,发挥污染拦截屏障作用,降低入湖污染,同时改善周边居住条件和湿地生态。豹澥湖豹子溪汇入口三汊港,由于生物入侵,水葫芦铺满水面,濒临综合保税区、佛祖岭产业园区等产业规划区,该区域是豹子溪、台山溪入湖处,入湖支流水质均为Ⅴ劣类,豹澥河水系连通后,入湖污染物负荷对湖泊水环境产生影响,缓冲净化的生态屏障将进一步净化该区域水质,降低和减轻豹澥湖污染压力。

图 8.4-2　缓冲净化区

生态治理区:人工引导湖泊水生态修复、内源治理,辅以水生动物结构优化(8.4-3)。生态治理区主要包括严家湖内源治理,五加湖人工湿地、豹澥湖水葫芦、牛山湖湖湾湖汊湿地治理;严家湖西侧高新大道沿线为左岭新城社区、新店站、科技一路等,区域开发力度较大,农业排灌渠众多,同时是内源污染较严重区域,生态治理主要任务是内源治理、削减污染;五加湖面积较小,南侧为左岭污水处理厂,有白浒山社区、南顺储油公司、临湖居住点等排口,点源、面源污染源较多,生态治理任务是恢复人工湿地,清除内源污染,增强水体净化能力。豹澥湖三汊港水域及南部沿岸水葫芦泛滥,生态治理任务是通过水葫芦清理,逐步恢复原有湖泊生态系统;牛山湖湖湾湖汊生态治理任务主要是增强湖泊湿地生态净化和生物栖息地功能。

图 8.4-3　生态治理区

生态景观区:湿地生态修复,同时注重生态景观效果(图8.4-4)。生态景观区主要是严东湖—严家湖—车墩湖沿岸湿地生态景观;根据大东湖生态绿楔和大东湖湿地公园系统规划,打造成为大东湖绿楔的一个主要湿地景区,发挥大东湖区域的资源优势,提升武汉市生态环境,使之成为区域范围内的绿色中心,城市自然生态之翼,国家级生态绿楔示范区、城市休闲旅游之所。总体布局结构为一环四湖串五珠,严东湖是重要一环,因此通过严东湖景观打造和湿地公园建设,结合东湖高新区区域发展需求,串联严家湖、车墩湖,通过水生态修复和生态景观建设,提升湖泊湿地景观质地,形成良好休闲景观。

图8.4-4　生态景观区

湖心提升区:拟对牛山湖、豹澥湖实行湖心生态结构优化和提升,促进水生态系统健康。对严东湖实行水生动植物关键类群恢复。牛山湖水质良好,生态系统较为完善,通过水生植物配置和生物链结构优化,提升牛山湖团头鲂、细鳞鲴省级水产种质资源保护区功能。豹澥湖、严东湖在控制外源和内源污染情况下,通过构建沉水植物—底栖动物—鱼类完整食物链功能群,向清水草型湖泊生态系统转变。

湖泊水生态修复布局见图8.4-5。

根据湖泊水生态修复总体布局和主要治理分区,规划方案主要包括生态水位调控、入湖污染缓冲净化、水生态保护修复等,水生态保护修复规划措施见表8.4-2。

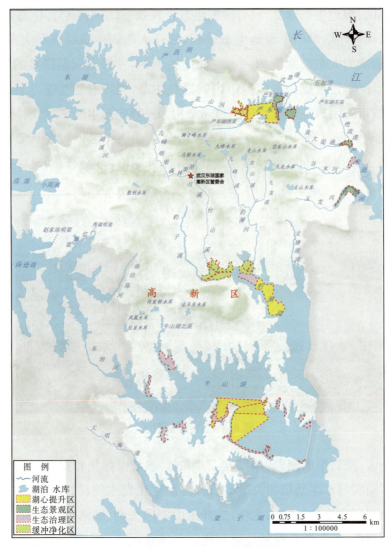

图 8.4-5　湖泊水生态修复布局

表 8.4-2　　　　　　　　　　　水生态修复分区和措施

名称	治理分区	主要措施
严东湖	缓冲净化区	退塘退鱼还湖,湖岸地形改造与重塑,水体透明度提升,强净化水生植物构建,水生动物功能群优化
	生态景观区	湖岸地形改造与重塑,水体透明度提升,景观型水生植物恢复
	湖心提升区	水生植物恢复
豹澥湖	缓冲净化区	退塘退渔还湖,湖岸地形改造与重塑,水葫芦防治,水体透明度提升,强净化水生植物构建,水生动物功能群优化
	生态治理区	水葫芦防治,湖岸地形改造与重塑,水体透明度提升,水生植物恢复
	湖心提升区	水生植物恢复,食物链功能群恢复,水生动物功能群优化

续表

名称	治理分区	主要措施
严家湖	生态治理区	水体透明度提升,内源治理,水生植物恢复
	生态景观区	湖岸地形改造与重塑,水体透明度提升,景观型水生植物恢复
车墩湖	生态景观区	湖岸地形改造与重塑,水体透明度提升,景观型水生植物恢复
五加湖	生态治理区	湖岸地形改造与重塑,水体透明度提升,水生植物恢复
牛山湖	生态治理区	湖岸地形改造与重塑,水生植物恢复
	湖心提升区	鱼类结构优化,水生植物恢复,食物链功能群恢复

8.4.3 生态水位调控

8.4.3.1 水生植物适宜水深

水生植物恢复是水生态修复的核心,湖泊水深和水位变动决定着各类水生植物分布格局、生物量和物种结构,各种生活型植物对水深的耐受性和沿水深梯度的分布有差异。根据国内湖泊水生植物恢复经验和相关研究,挺水植物适宜在浅水区域生长,水深一般在 10~50cm,水深加大长时间的高水位产生胁迫,对其不利;浮叶植物如荇菜、菱、莲等一般适宜水深在 0.5~1.5m,对水位变化不如挺水植物敏感;沉水植物一般适宜水深在 0.5~2m,水深太深导致光照衰减从而影响沉水植物光合作用,制约其生长,各类水生植物适宜水深见图 8.4-6。

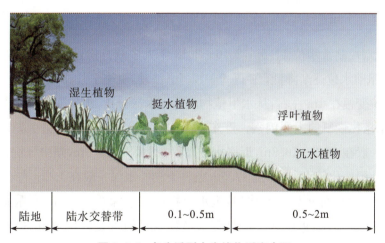

图 8.4-6 各生活型水生植物适宜水深

8.4.3.2 湖泊生态水位及调控

湖泊最低生态水位作为允许的最低水位,长期维持低水位将减小湖滨带面积,对水生植物恢复产生不利影响。计算方法通常采用湖泊形态法,由于湖泊水位和面积之间为非线性的关系,当水位不同时,湖泊水位每减少一个单位,湖面面积的减少量是不同的。采用实测湖泊水位和湖泊面积资料,建立湖泊水位和湖泊面积的减少量的关系线,湖面面积变化率为湖泊面积与水位关系函数的一阶导数。在此关系线上,湖面面积变化率有一个最大值。若此最大值相应的水位在湖泊天然最低水位附近,表明此最大值向下,湖泊水文和地形系统功能出现严重退化。因此,此最大值相应水位为最低生态水位。

在分析湖泊最低生态水位时,综合考虑湖泊形态法、满足水生生物的最低生态水位,同时 90%保证率水位或最低年平均水位作为参考,最终确定湖泊最低生态水位。高新区内湖泊普遍缺乏长系列水位资料,本次主要根据已有水下地形、规划运行水位、水生植物适宜水深以及现状生态生境调查等提出水生态修复所需的湖泊生态水位。

根据高新区湖泊一湖一策、武汉市中心城区排水防涝专项规划等相关内容,规划湖泊控制运行水位,主要规划控制常水位和最高水位见表 8.4-3。

表 8.4-3　　　　　　　　　　　高新区主要湖泊控制水位　　　　　　　　　（单位:m)

序号	名称	控制常水位	控制最高水位	最低水位
1	严东湖	17.5	18.5	16.9
2	豹澥湖	17	18.5	14.62
3	严家湖	17	18	15.8
4	车墩湖	17.65	19.65	—
5	五加湖	19.5	20.5	19.12
6	牛山湖	17	18.5	16.02

严东湖规划控制常水位 17.5m,2016—2018 年大多数月份运行水位普遍高于规划常水位,2018 年汛前水位逐渐降低,在 17.9~17.5m 波动,夏季 7 月、8 月和 10—12 月低于常水位,年内水位变幅在 1m 左右,从水生植物的适宜水深分析,水位变幅较大是影响水生植物尤其是挺水植物恢复的主要因素。严东湖湖岸高程在 20m 以上,整个湖区水下地形较缓,湖心高程一般在 16.2~16.3m,近岸水下高程在 16.8~16.9m,湖中圩垸内高程在 17m 左右,至湖岸地形变化较大,常水位 17.5m 条件下湖心水深一般在 1.2m 左右。

严东湖湖体水深分布相对和均匀,沉水植物适宜水深 0.5~2m,严东湖大部分区域满足沉水植物水位需求,近岸区一般是挺水植物恢复的重点区域,根据挺水植物适宜水深 0.1~0.5m 推算严东湖适宜生态水位在 17.3~17.4m,维持挺水植物最低水深不低于 0.1m,避免低水位对挺水植物造成影响,生态低水位不低于 16.9m,湖泊形态分析法计算的最低生态水位为 16.94m,参考严东湖近年来最低水位 16.9m,综合考虑生态低水位取 16.9m。在汛期高水位条件下,为避免长期淹没导致挺水植物生长受限甚至死亡,挺水植物不宜维持在 1.5m 以上太长时间,生态高水位取 18.4m,在该水位下,满足沉水植物最大 2m 的水深限制。适宜生态水位下水深条件图 8.4-7。

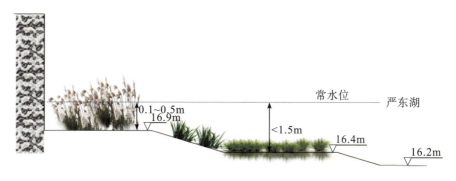

图 8.4-7　严东湖适宜生态水位

豹澥湖规划控制常水位 17m，2016—2017 年实际运行水位在 16m 左右，汛期水位较高，不超过 18.5m，根据豹澥湖沿岸水下地形分析，近岸高程在 16.5～16.7m，地形起伏较大，湖心高程在 14.5m，实际运行水位下水深约 1.5m，规划控制常水位下水深在 2.5m 左右。根据挺水植物、沉水植物的适宜水深和湖泊地形情况，生态适宜水位建议取 17.0～17.2m，生态低水位综合考虑湖泊形态法、最低水位法等，取不低于 16.85m，生态高水位不高于 18.2m。

同样，严家湖、车墩湖、五加湖根据水下地形、湖泊形态和运行水位，结合近岸区域挺水植物和沉水植物的适宜水深和耐受水深，生态适宜水位分别为 16.9～17.1m、17.1～17.2m、19.2～19.3m，生态低水位分别为 16.35m、16.6m、19.1m，生态高水位分别为 18.1m、18.2m、20.3m。

牛山湖 2016 年破垸实现永久性退垸还湖，与梁子湖实现连通，同时牛山湖通过东坝河与汤逊湖连通，2019 年对汤逊湖进行了补水，湖泊调蓄通过百里长渠在非汛期由位于鄂州的樊口闸自排入长江。根据牛山湖近三年实际运行水位情况和沿岸高程分布，生态适宜水位取 16.9～17.2m，生态低水位 16.79m，生态高水位 18.2m。

生态水位计算成果汇总见表 8.4-4。

表 8.4-4　　　　　　　　东湖高新区湖泊建议控制生态水位　　　　　　　　（单位：m）

序号	名称	控制常水位	生态适宜水位	生态低水位	生态高水位
1	严东湖	17.5	17.3～17.4	16.9	18.4
2	豹澥湖	17	17.0～17.2	16.85	18.2
3	严家湖	17	16.9～17.1	16.2	18.1
4	车墩湖	17.65	17.1～17.2	16.6	18.2
5	五加湖	19.5	19.2～19.3	19.1	20.3
6	牛山湖	17	16.9～17.2	16.79	18.2

生态水位调控是在满足湖泊排水排涝等防汛安全前提下,按照水生植物生长规律,在水生植物春季萌发生长期和夏季高水位运行期,尽量通过调控手段,为水生植物群落构建和恢复提供条件。

春季2—4月温度升高,促进水生植物种子的产生和萌发,温度升高显著增加酶的活性,启动许多生理生化过程,水位的降低导致更多的底泥暴露在阳光中,促进底泥中的种子库萌发,提高种子的萌发率。对挺水植物代谢作用较强的萌发期幼苗来说,及时长出水面与空气接触,能够进行正常的光合作用,根系不会缺氧而受到损害,有利于构建种群。因此,春季调控适宜水生植物萌发和生长的生态水位是水生植物恢复的关键因素。

建议春季湖泊生态水位适当进行控制,以不低于生态低水位为控制条件,随挺水植物植株高度逐渐达到提升水位,但不高于生态适宜水位上限区间,满足水生植物正常生长、快速恢复的需求。

汛期生态水位调控,对有排水防涝任务的湖泊首先满足湖泊防洪排涝的安全,汛前排空预降时尽量不低于生态低水位,尽量减少生态低水位下运行时间,汛期湖泊水位高于生态高水位时,通过防汛和生态联合调度,尽量控制生态高水位持续时间,避免长期高水位淹没条件下水生植物光合作用减弱导致生长缓慢或死亡,尽快降低水位在适宜生态水位范围内。

8.4.4 入湖污染缓冲净化

入湖湖湾湖汊是影响湖区水质的重要区域,水系连通后入湖口区域水文水动力学条件复杂,同时带来污染物入湖。根据现状分析,花山河现状水质为Ⅳ类,花山河汇水区居住人口多,面源污染控制措施实施后,城市发展带来的面源污染仍可能对严东湖带来影响;豹子溪、台山溪现状水质为劣Ⅴ类,流经区域多为居住用地,汇入口豹澥湖的三汊港,现状水葫芦大面积入侵。根据水生态修复总体布局,选择严东湖和豹澥湖入湖湖湾湖汊构建整体湿地缓冲净化系统,发挥污染拦截、湿地生态景观等服务功能。

8.4.4.1 定位与原则

选择严东湖花山河汇入口、豹澥湖豹子溪台山溪豹澥河汇入口构建湖湾缓冲净化湿地,建设缓冲净化湿地系统,减轻入湖污染负荷,提升湖泊水环境质量,充分发挥湿地景观等湖泊生态服务功能,满足周边城市宜居品质需求。主要原则是:净化优先,以水质净化、提升水环境质量为目的恢复水生植物;兼顾景观,创造环境优美,实用舒适,具有宜人尺度的户外活动空间,满足湿地休闲观光活动需求;自然生态,遵循湿地自然规律,在不同地形和水深条件下合理配置物种组成与比例,为水生植物和鸟类等湿地生物提供栖息地。

8.4.4.2 严东湖花山河湖湾缓冲净化方案

严东湖入湖港渠花山河及入口湖区大面积成片退垸还湖后,鱼塘圩埂拆除,短期内陆域城市面源污染治理后仍会存在一定量的径流污染进入严东湖。花山河作为严东湖和严西湖水系连通通道,周边建成区域花城家园区域和花山河沿线区间径流的入湖污染负荷仍有一部分,因此,近东湖花山河湖湾缓冲净化区主要入湖连通港渠的污染净化功能。

为实现水质强净化处理,规划沿入湖水扩散方向构建湿地缓冲净化区,根据沿湖高程分布、水下地形等合理布置分区,共分为 3 个区,总面积 81.75 万 m^2,浅滩湿地区面积为 36.05 万 m^2,湿地净化区面积为 15.4 万 m^2,湿地涵养区面积为 30.3 万 m^2,见图 8.4-8。

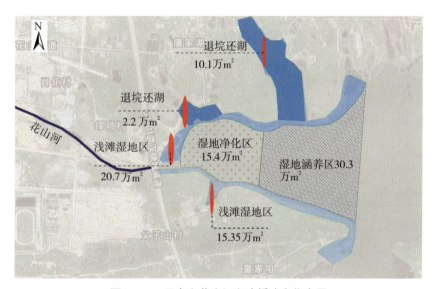

图 8.4-8 严东湖花山河湖湾缓冲净化布局

浅滩湿地区:选择挺水植物适宜水深在 0.1～0.5m 沿岸浅滩范围,通过沿岸湖底微地形塑造,以高效净化吸收去除氮、磷等效果好的挺水植物进行恢复,如芦苇、香蒲、千屈菜等。

湿地净化区:通过恢复涵养湖泊湿地的污染自净能力,增强营养物质的吸收,搭配部分具有景观效果的荷花等,使湖泊水质进一步得到改善。

湿地涵养区:选择苦草、狐尾藻等较高耐受性沉水植物进一步去除氮、磷,构建底栖动物—沉水植物功能群落,进一步优化水生动植物结构,发挥湿地涵养、生物多样性支持等功能。

通过湖岸地形改造与重塑及水体透明度提升等工程措施,构建强净化型水生植物群落,投放底栖动物优化水生动物功能群,逐步形成完善的净化型湿地生态系统结构,提升严东湖入湖水质。

8.4.4.3 豹澥湖三汊港湖湾缓冲净化方案

豹澥湖豹子溪汇入口三汊港,由于生物入侵,水葫芦铺满水面,濒临综合保税区、佛祖岭产业园区等产业规划区,该区域是豹子溪、台山溪、豹澥河入湖处,入湖支流水质均为劣Ⅴ类,入湖污染物负荷对湖泊水环境产生影响,缓冲净化的生态屏障将进一步净化该区域水质,降低和减轻豹澥湖污染压力。因此,在清除该区域水葫芦泛滥、退垸还湖完成恢复湖泊水域空间后,通过构建净化湿地和湿地涵养功能型湖泊湿地,降低入湖污染负荷。

为实现水质净化功能,规划沿豹子溪、台山溪入流构建湿地缓冲净化区(图 8.4-9),总面积 178.1 万 m²,其中净化湿地区面积为 139.7hm²,湿地涵养区面积为 38.4hm²。在豹澥河入湖处沿豹澥河入流方向构建湿地缓冲净化区,总面积 79.15hm²,其中,净化湿地区面积为 49.5hm²,湿地涵养区面积为 29.6hm²。

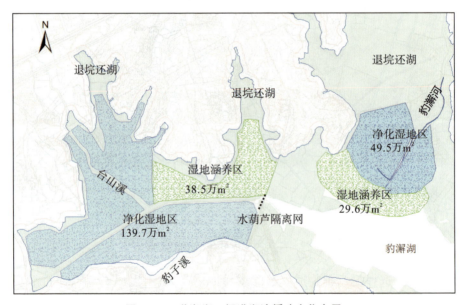

图 8.4-9　豹澥湖三汊港湖湾缓冲净化布局

8.4.5 水生态保护修复

8.4.5.1 湖泊生境修复

湖泊生态系统由生活在湖泊中的各种水生生物和外在环境即生境共同组成,生境影响生物生存、繁衍的空间及其所需资源和环境条件。生境修复是根据水生生态学和恢复生态学的基本原理,采用生态友好工程技术和生态修复方法,加强水生态系统的自维持、自净化、自调节等自然恢复功能,形成结构优化、复杂多样生境,最终通过层次丰富、配比合理的生物群落,使水生态系统能够遏制退化趋势、抵抗外界干扰。

根据东湖高新区内湖泊滨岸水下地形和水生植物生长水深的需求,开展湖岸地形改造与重塑,为水生植物营造适宜的生境条件。光作为影响植物生长发育和分布的重要环境因素,除了通过光强因素影响光合作用外,光周期也是影响植物生长和发育的重要因素。由于太阳光线到达水面时有一部分被水面反射,当水面由于波浪运动而被扰动时,反射量更大;加之进入水体的光线有一部分在水中散射,被水分子、溶解的有机物及无机物和悬浮颗粒吸收,真正能被水体中植物吸收的光能要比在陆地上少得多。因此水体透明度是限制水生植物恢复的重要生境因子之一,现状监测的高新内各湖泊水体透明度见图 8.4-10。

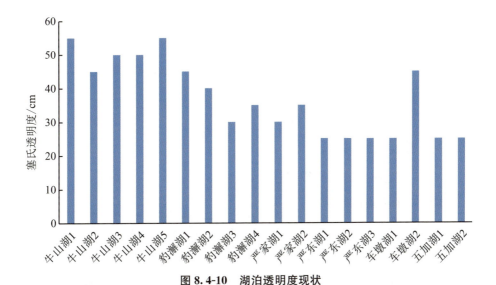

图 8.4-10　湖泊透明度现状

整体上 6 个湖泊透明度均不高,牛山湖整体水体透明度最高,为 51cm,其次为豹澥湖 37.5cm。严家湖在 30~40cm,严东湖、五加湖透明度最低,在 30cm 以下。生境营造重要措施之一是提高水体透明度,促进水生植物的生长和繁衍。另外,针对豹澥湖三汊港水域水葫芦布满水面,水下透明度受到严重影响的情况,开展水葫芦防治后再提升水体透明度。

(1)湖岸地形改造与重塑

湖岸地形改造尽量保持原有湖泊自然岸线形态,由湖岸向湖心高程逐渐降低,营造由浅到深的自然过渡地形,充分适应水生植物配置模式,若原有湖底形状单一规则、水体孤立零散分布、地形过陡或过高的水域则进行平缓改造,对地形过低的水域结合退垸还湖、圩埂拆除等湖泊形态恢复措施,充分利用原土石方对地形进行重塑,湖岸地形改造与重塑的同时符合防洪的要求。

（2）水体透明度提升

水生植物的分布与真光层深度有很大关系。真光层深度是指水柱中支持净初级生产力的部分，其底部为临界深度，即水柱的日净初级生产力为零值的深度也就是光合作用和呼吸作用达到均衡的补偿深度，也称光补偿深度。光补偿深度一般是水体透明度的 1.5 倍，或光照强度约为表面光强 1‰处的水深。

只有在实际水深小于光补偿深度的水域，沉水植物才能生长，在那些实际水深大于光补偿深度的水域，沉水植物则无法生长。牛山湖、豹澥湖、严家湖、严东湖、车墩湖、五加湖的平均光补偿深度分别为 76.5cm、56.25cm、48.75cm、37.5cm、52.5cm、37.5cm，均小于湖泊实际水深，要恢复沉水植物多样性，必须将水体透明度提高到一定程度，使水体底层有足够强度的光照，使沉水植物的光补偿深度增加。

依据国际生物学规划（IBP）测试结果，水面反射率按平均为 10％计算，进入水下的有效辐射能占全部辐射能的 39％～49％，由于水和水中微粒物质的吸收，其辐射强度随水的深度的增加而迅速下降，关系式为：

$$I_Z^{\Lambda} = I_0^{\Lambda} \times e^{-\epsilon z}$$

式中，I_0^{Λ}——水表面的太阳辐射强度；

I_Z^{Λ}——水体一定深度的太阳辐射强度；

Z——水层中距离表面的深度；

$\in$——水体中垂直消光系数，可由透明度换算得出，塞氏盘测量透明度（SD）时的可见深度处的光辐射量约为表面的 15％左右。

根据国内其他湖泊相关试验研究经验，在实际水深为 200cm 左右的水域要有沉水植物种群生长，水体的透明度必须达到 67cm 左右；要形成拥有一定生物量的沉水植物群落，水体的透明度则须达到 78cm 左右。建立的水深与最低透明度的关系见图 8.4-11。

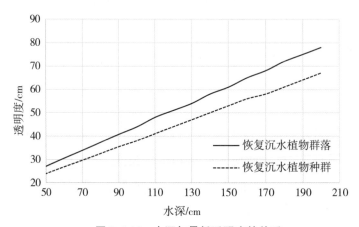

图 8.4-11　水深与最低透明度的关系

根据牛山湖、豹澥湖、严家湖、严东湖、车墩湖、五加湖适宜生态水位下水深换算,满足沉水植物生长的透明度应分别达到 80cm、80cm、80cm、50cm、55cm、37cm,本次规划拟在湖湾和沉水植物恢复区域,在水质强化改善、底泥污染治理和控制内源污染负荷释放的同时,提升水体透明度,为沉水植物生存营造合适的生境,主要措施包括投加生物絮凝剂、食藻虫控藻,辅以强化曝气设施,后期通过水生植物的恢复保持湖泊较高透明度。

采用食藻虫摄食水体中的浮藻类植物、有机颗粒等,降低水体中叶绿素 a 的含量,从而达到提升水体透明度的目的,前期为防止鱼类扰动底泥、吞噬食藻虫,保证实施的效果,临时可将水生态修复区域进行拦截隔离,打捞清除滤食性鱼类和肉食性鱼类,在满足水生植物恢复透明度后,继续投放食藻虫和絮凝剂加速水体净化和透明度提升。在严东湖、严家湖、车墩湖等沿岸景观要求高的恢复水域适当布设曝气设施,加速水体交换、抑制藻类、增加湖水含氧量。

(3)水葫芦防治

水葫芦原产于南美洲的热带和亚热带地区,又称凤眼莲,是世界上危害最严重的 10 种草科植物之一,也是我国公布的第一种入侵有害植物,在 20 世纪初引入我国,目前已广泛分布在全国各地,由于其繁殖速度快、生物量大,对生态系统造成极大破坏。根据高新区内湖泊现状调查,水葫芦主要在豹澥湖泛滥,本次规划主要针对豹澥湖实施水葫芦防治措施,以促进生态系统修复。

目前水葫芦防治措施主要有物理法、化学法和生物法,主要以物理法最为普遍。

物理法即人工打捞、机械打捞,人工打捞法见效快,但劳动强度大,治理成本高,并且难以清除水中的种子。机械法主要是打捞船结合粉碎机,费用亦比人工经济低,对大面积清除效率高。

化学法是采用除草剂等化学药物杀灭水葫芦,使用方便,作用迅速,但效果有限,因为水葫芦能够对铅、汞等有害重金属进行有效吸收,所以有很强的抗药性,虽一时被除草剂控制,但只要有合适的环境,根部还会长出新的叶子。除草剂费用较低,但容易对水环境产生污染。

生物法无污染、成本低、效果持久,但见效慢。当前生物除草剂的真菌有:尾孢菌属的 WH9BR 菌株、链格孢 C416 菌株等,细菌有炭疽菌等,植物源制剂有马缨丹叶提取物机器酚类化合物等,对葫芦生长有显著的抑制作用。国际上最为成功的控制水葫芦的天敌昆虫是水葫芦象甲(鞘翅目,象甲科),在国外有 30 个国家和地区引种释放,在其中 26 个国家建立了种群,在 13 个国家成功控制了水葫芦带来的危害。

针对豹澥湖水葫芦防治,建议采取人工打捞结合机械打捞方案,规划打捞面积约 107hm²,对三汊港大面积水葫芦覆盖水面采用打捞船和粉碎机予以机械清除,沿岸小面积零散分布的水域人工打捞,对豹子溪、台山溪河流内水葫芦彻底清理,杜绝随水流散播。清除的水葫芦利用沿岸凹地就地填埋,有条件的用于制作有机肥料或禽畜饲料,实现综合开发利用。

8.4.5.2 水生植被恢复

水生植物是生态系统最重要的生产者和基础营养级,属于生态系统核心的维持功能群,水生植物可以稳定和改善底质,增加溶氧,过滤水中悬浮物,吸收或降解水体中的污染物质,具有显著的生态环境净化功能。对健康的湖泊生态系统来说,一个主要特征是大型水生维管束植物,尤其是沉水植物是湖泊中的主要生产者。由于水生植物在健康湖泊生态系统中具有重要地位,水生植被修复也就成为湖泊特别是富营养化湖泊水生态修复的关键和核心。

基于高新区内湖泊水生植物普遍较少的现状,构建完整有效的水生植物配置模式,针对大多数藻型湖泊豹澥湖、严家湖、严东湖、车墩湖、五加湖,遵循湖泊水生植物自然分布规律,通过修复形成稳定的水生植物功能群落,针对草型湖泊牛山湖,以自然恢复为主,人工引导水生植物群落构建。水生植物建群后,可为多种动物提供栖息、繁殖或避难场所,具有栖息地提供和生命支持功能。

水生植物功能群包括挺水植物、浮叶植物、沉水植物,其不同的群落结构具有不同的功能。根据地形逐级配置,一般采用浅水区配置挺水植物,搭配浮叶植物,呈条带状分布,向湖心深水区逐渐配置沉水植物,形成挺水植物—浮叶植物—沉水植物模式,物种上尽量选择本地物种,对兼顾生态净化和景观的区域增加景观性水生植物(图8.4-12)。

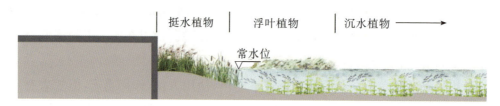

图8.4-12　典型的湖泊水生植物配置模式

(1)沉水植物群落恢复

沉水植物对湖泊中氮、磷等污染物有较高的净化率,可固定沉积物、减少再悬浮,降低湖泊内源负荷,为浮游动物提供避难所,从而增强生态系统对浮游植物的控制和系统的自净能力;另外,其根茎叶均可为微生物提供良好的附着环境,从而在植物体上形成高净化效率的微生物,在植物叶片、根际光合作用下,植物体周围及根际处形成厌氧—好氧微环境,最终形成具有强大净化效能的水生植物—微生物"生物膜"系统。

目前,高新区主要湖泊的透明度均不高,沉水植物群落恢复宜在湖泊生境修复后实施,恢复水域选择水深小于1.5m的区域,物种选择原则是:物种多样,增加抗逆性及稳定性促进悬浮物沉降;净化能力强,四季净化;选择安全的本地物种。根据武汉市沉水植物常见种类,拟选择苦草、菹草、微齿眼子菜、黑藻、狐尾藻、金鱼藻等,见图 8.4-13。

(a)菹草　　　　　　　　　　　　　(b)苦草

(c)微齿眼子菜　　　　　　　　　　(d)黑藻

(e)狐尾藻　　　　　　　　　　　　(f)金鱼藻

图 8.4-13　建议选用沉水植物

　　沉水植物功能群配置原则是:优势种＋伴生种群落式片植;沉水植物生态为由高到低,由近及远的分带种植;成丛按随机方式植物混植,群落式配置。

　　(2)挺水植物和浮叶植物群落恢复

　　挺水植物是水生植物的主要组成部分,根系发达,对水体的净化作用很大,如通过根系向沉积物输送氧气,改善沉积物氧化还原条件,减少磷等营养盐的释放;给微生物提供良好的根区环境,增加了微生物的活性和生物量,增加了对水体的净化作用;固定湖泊沉积物,减少沉积物再悬浮;可直接吸收营养盐,增加水体的净化能力;给许多其他生物提供生境,维持景观湖泊内部湖区的稳定环境,使湖区内部沉水植物旺盛生长,增加生态系统的多样性和稳定性,还具有阻止水流和减少风浪的作用。

　　根据湖泊生态水位调控和沿岸地形条件,挺水植物主要恢复在湖泊沿岸浅水区,以及具有景观需求的湖湾和岸线内,采用点缀布置的方式种植。挺水植物拟选择芦苇、香蒲、水葱、慈姑、千屈菜等(图8.4-14)。

(a)芦苇	(b)香蒲
(c)水葱	(d)慈姑
(e)千屈菜	(f)芦苇

图8.4-14　建议选用挺水植物

浮叶植物是根系生长于水底底泥中,叶片和花朵出水漂浮于水面,其在水体中的生长停留时间不超过 3 天为宜。主要在景观要求高的水域恢复,面积不宜太大,与挺水植物一起沿湖岸条带间隔布置。代表物种如睡莲、荇菜、莼菜等(图 8.4-15)。

(a)睡莲　　　　　　　　　　　　　　(b)荇菜

图 8.4-15　建议选用浮叶植物

(3)湖泊水生植物恢复方案

根据以上原则和水生植物配置模式,结合分类策略和分区治理特点,分类分区制定水生植物恢复方案,针对严东湖、豹澥湖湖湾湖汊缓冲净化区,配置净化能力强、藻类化感作用的水生植物,发挥水生植物的水质净化能力,对于生态景观区,如严东湖、严家湖、车墩湖生态湿地景观带的恢复,结合沿岸景观打造,满足景观建设需求,选择颜色绚丽的景观型水生植物作为恢复物种,突出景观功能、生物栖息地功能,对于牛山湖等自然生态湖泊,主要以土著种自然恢复,辅以人工引导。

根据严东湖湖湾湖汊缓冲净化区布置,沿岸主要布置强净化型挺水植物,选择去污效果、防护效果均较好的乡土种芦苇、香蒲等,在湖湾条带间隔点缀布置,避免大面积生长繁殖后形成沼泽;严东湖、严家湖、车墩湖是大东湖绿楔湿地景区的重要一环,通过水生植被恢复构建沿岸湿地景观带,同时考虑水生植被覆盖率满足生态系统维持要求。

严东湖结合湖心岛退垸还湖和湖心生境营造,打造魅力湖心生态岛,通过水生态修复形成城市湿地公园,吸引人气,增加严东湖的人气和知名度,同时带动周边产业发展。在湖心岛沿岸浅水区斑块化布置景观效果好的挺水植物,向湖心逐渐形成浮叶植物、沉水植物配置模式,湖心岛沿岸形成挺水植物景观条带,同时建设生态岛景观,包括环岛生态绿道、广场、观赏园等,提升严东湖生态景观品质。规划水生植被恢复规模109.8hm²,其中,挺水植物浮叶植物带面积 16.8hm²,沉水植物 93hm²。

严家湖在退垸还湖、内源治理的基础上,水生植被恢复规模 32hm²,沿岸恢复景观效果好的挺水植物和浮叶植物条带约 12hm²,沿挺水植物景观区向湖心布置沉水植物,加强湿地涵养,提升严家湖水质净化能力,面积约 20hm²。

车墩湖在退垸还湖、恢复湖泊水生态空间的基础上，水生植被恢复规模67.5hm²，沿岸恢复景观效果好的挺水植物带约23.59hm²，搭配一定睡莲、芡实等景观浮叶植物，沿挺水植物景观区向湖心布置沉水植物，面积约43.89hm²，提升车墩湖水质净化能力。

五加湖为轻度富营养化湖泊，位于左岭污水处理厂北部，宜采取生态治理，发挥水质净化功能，构建以净化左岭污水处理厂尾水为主的湖泊湿地，恢复规模约14.02hm²，水生植物均采用去污能力强的种类。湖岸边微地形塑造后环湖布置挺水植物区，适宜水深小于0.5m，面积约6.58hm²。沿挺水植物区向湖心布置沉水植物区，适宜水深小于1m，采用水下满植方式，面积约7.44hm²。

豹澥湖三汊港湖湾湖汊缓冲净化工程和水葫芦清除后，水环境将进一步改善，但距离草型湖泊还有一定距离，为满足植被覆盖需求，实现豹澥湖整体由藻型向草型湖泊转变，对水葫芦清除水域实施沉水植物群落构建，逐步引导沉水植物群落自然恢复，提高覆盖面积，规划沉水植物群落规模89hm²。

牛山湖生态系统较好，水生植被有一定覆盖度，主要在湖湾湖汊等水域，通过水生植物恢复，人工引导恢复逐渐形成自然植被模式，用于水质净化和水生动物栖息地营造，恢复规模约3km²。

各湖泊水生植被恢复布局见图8.4-16。

（a）严东湖

（b）严家湖

（c）车墩湖

（d）牛山湖

（e）五加湖

图 8.4-16　各湖泊水生植被恢复布局

8.4.5.3　水生动物功能群优化

水体中的悬浮物容易导致沉水植物附着物过厚而影响沉水植物光合作用,使得沉水植物生长减缓,净化效果降低。底栖动物分布广、种类多、食性杂,从水体中大量摄取营养物质、积累污染物质,通过配合附着物清除系统的构建,可与其他多种净化措施加以组合形成高效的复合净化系统,有效降低水体中有毒物质和营养元素的含量,如螺类主要摄食附着物、有机碎屑等,可显著降低附着物和有机物质,促进沉水植物生长,进一步提高植物的净化效果。

东湖高新区内湖泊现状底栖动物均为耐污的寡毛类水丝蚓和摇蚊幼虫为主,生物量极低,新鲜存活的螺类极少,生物多样性水平不高。本次规划利用底栖动物摄食有机颗粒的食性,以沉水植物—中间营养级的小型底栖动物从属功能群,控制附着物、有机质等,同时增加湖泊生物多样性。针对豹澥湖、牛山湖投放本地土著螺类、贝类等,分别以刮食功能为主的螺类底栖动物类群和滤食性摄食功能贝壳类,根据豹澥湖、牛山湖投放面积估算每年分别投放 6t/a、8t/a,连续 3 年,生态系统逐步稳定后,投放肉食性鱼类,调控水体中的杂食性鱼类和底栖动物。

8.4.5.4　鱼类结构优化

鱼类处于高营养级,即食物链顶端,通过食物链影响生态系统中较低生物类群,如藻类等,水生植物、底栖动物、虾类及鱼类等水生动植物组成水体物质循环和能量流动过程的食物链,健康湖泊生态系统拥有健康完整的食物链,物种丰富多样,形成复杂的食物网结构。在水生植物恢复后,对藻类形成强劲竞争,并为藻类的天敌(滤食性水生动物)创造良好的繁育环境,通过水生植物、浮游动物、鱼类和底栖动物等水生物类群的合理搭配和人工调控,水生动物群落结构达到高效控制藻类,最终形成自我维持的草型清水稳态。

鱼类结构的调整是生物操纵技术的核心。高新区内几个湖泊中,牛山湖历史上鱼类种类相对最丰富,食物网复杂,既包括肉食性鱼类(如:乌鳢、红鳍原鲌和河川沙塘鳢等),碎屑食性鱼类(如:彩副鱊和高体鳑鲏等),杂食性鱼类(如:鳘、麦穗鱼和黑鳍鳈等),草食性鱼类(如:草鱼和团头鲂),底栖动物食性鱼类(如:棒花鱼、小黄黝鱼和子陵吻鰕虎鱼等)。由于水产养殖、捕捞等,湖泊中现存定居性鱼类如鲤、鲫、乌鳢、红鳍原鲌等种群数量较大,另外还有投放的鲢鳙等,鱼类结构成为食物链较薄弱环节。

本次规划针对牛山湖、豹澥湖实施鱼类结构调整,完善形成复杂完整的食物链,为保护山湖团头鲂细鳞鲴省级水产种质资源保护区功能,适当恢复保护对象团头鲂、细鳞鲴的种群数量(图8.4-17)。种类主要依据湖泊历史上已有土著鱼类,以滤食性鱼类为主,适当放养肉食性鱼类。

图 8.4-17　鱼类结构调整

滤食性鱼类投放以鲢鳙为主,用于控制浮游生物,肉食性鱼类以翘嘴鲌、鳜、黄颡鱼等为主,用于控制小杂鱼。同时牛山湖投放团头鲂和细鳞鲴,尤其是细鳞鲴,以着生藻类及水生高等植物碎屑为食,可以清除湖底有机质和腐殖碎屑,减少底层营养物质的释放,人工增殖恢复团头鲂、细鳞鲴等种群,适当控制牛山湖养殖鱼类规模,通过沉水植物恢复和鱼类结构优化,提升牛山湖团头鲂、细鳞鲴省级水产种质资源保护区生态功能。

放入湖泊中的苗种质量为是本地种的原种子一代,放流的苗种应当依法经检验检疫合格,确保健康无病害、无禁用药物残留。鱼类规格的确定根据苗种生长、苗种来源、水域生态环境状况以及凶猛性鱼类资源等综合考虑。根据我国水库湖泊放养经验,规格一般应达到 8～10cm,大型水生动物放养 13～17cm 的大规格苗种。根据东湖鲢鳙围栏放养量与水华之间的关系,以及国内其他鲢鳙控制富营养化相关研究经验,鲢鳙密度在 $50g/m^3$ 左右,搭配比例 4:1,控制水华发生的效果最好。对于肉食性鱼类比例在 10% 左右,可达到控制底层鱼类和小型鱼类的目的,团头鲂、细鳞鲴等控制在 10%,主要用于控藻的鲢鳙投放比例为 80%。

根据牛山湖、豹澥湖湖心提升区水域面积,有效投放面积约有 22km²、9.5km²,连续投放 3 年,密度在 1 尾/10m² 估算,投放规模分别为 756.36t/a、323t/a,见表 8.4-5。

表 8.4-5　　　　　　　　　　　　　　鱼类结构调整

	种类	全长/cm	牛山湖/(万尾/年)	豹澥湖/(万尾/年)	备注
1	鲢	8～10	140.8	60.8	按 400g/尾
2	鳙	8～10	35.2	15.2	按 400g/尾
3	鳜	8～10	11	4.75	按 200g/尾
4	翘嘴鲌	6～12	11	4.75	按 200g/尾
5	团头鲂	10～13	13.2	0	按 50g/尾
6	细鳞鲴	4～8	8.8	0	按 20g/尾
	合计		220	85.5	

8.4.5.5　生态管理与维护

东湖高新区湖泊众多,水生态系统重建和恢复又是一个长期的动态复杂过程,开展水生态要素监测,掌握湖泊生物群落的动态变化,及时反映水生态系统变化规律和趋势,构建常态化、智慧化生态管理体系,加强水生动植物管理管护,将为湖泊的科学管理和生态维护提供有力支撑。

(1)水生态监测和研究

水生态监测是湖泊后期维护必不可少的重要工作之一。通过生态调查,及时了解和掌控湖泊生态系统现状,对生态系统及时微调和干预,保障湖泊生态系统向健康稳定方向发展。

水生态监测包括水生生物、鱼类、湿地等监测,水生生物监测包括水生维管束植物、浮游植物、浮游动物、底栖动物等,监测内容包括位置、地形地貌、河湖形态、水流状态、底质等监测点生境信息,水生生物种类、组成、密度、生物量等,监测点布设能够反映湖泊或河流的典型性,湖泊监测点尽量远离湖岸,选择人为活动干扰少的水域。水生生物监测主要在严东湖、豹澥湖、严家湖、车墩湖、五加湖、牛山湖等区内湖泊进行。

鱼类监测主要包括湖泊鱼类种群动态、群落结构、渔获量等,获取鱼类种类组成、优势鱼类及种群群落特征。由于规划范围内分布有牛山湖团头鲂、细鳞鲴省级水产种质资源保护区,鱼类监测点主要布设在牛山湖,通过对鱼类结构调整的跟踪监测,评估湖泊内的鱼类群落密度,及时合理调整鱼类结构。

湖泊湿地监测主要包括湿地面积、湿地植被、湿地鸟类等,湿地面积通过卫星遥感影像解译分析,掌握湿地面积、类型的动态变化。通过设置监测样地,掌握湖泊湿地的典型植物群落的物种组成、多样性、生长情况、生物量等。主要在夏季和冬季鸟类迁徙高峰期,监测鸟类资源分布、栖息地等。

高新区内湖泊资源丰富,通过水生态监测,加强原始监测数据的长期收集整理,吸引国内外高校、科研机构、研究院所设立各类生态监测站,建立湿地监测、研究示范基地,逐渐形成生物多样性监测网络,为水生态动态监测评估、科学研究提供基础支撑。

(2)智慧化管理体系

综合运用物联网、云计算和大数据技术,提高湖泊生态治理的科技含量,构建科技创新体制。通过"互联网+生态",建设"生态云"大数据平台,整合水环境、污染源、气象、土壤、水文、农业、旅游、林业、湿地等数据资源,实现相关部门资源数据的交换共享,建立集采集、交互、分析、对比、预警、发布和快速响应于一体的科学决策体系。开发高新区生态智能管理 APP,提供线上线下的生态资源采集展示、生态环境监测查询等信息化服务,增强信息透明度,加大信息公开度,让信息化惠及社会公众。

建立科学高效湖泊管理、监督体系是湖泊保护工作有效开展的组织保证。根据其湖泊数量及具体实际情况,建议设立专门队伍,具体负责湖泊巡查、执法、监督管理等各项工作。

加强水生动植物的养护和管理。对于挺水植物养护,日常巡查,及时修剪枯黄、枯死和倒伏植株,及时清理滨岸带挺水植物周围的杂物或垃圾。种植植物后,每半月检查一次植物的生长情况,并及时补植缺损植株。定期去除杂草,除草时注意不要破坏植被根系,在生长季节,每月至少除草一次。冬至至立春萌动前应对枯萎枝叶进行删剪。植物更换,挺水植物 1 年更换 2 次,时间为 7 月和 11 月;植物更换后每周检查 1 次,如有坏死及时将根系全部取出并补种同种植物;更换下的植株要及时清除,并适当修剪、挖除过密植株,修剪下的植株要及时清除,防止蚊蝇滋生和影响景观。对于因病虫害等原因造成某个或某些植被死亡时,应将植被撤出,并进行相应的补种;当植物有严重病虫害时,应撤出后再喷洒杀虫剂。

对于浮水植物养护,及时打捞枯黄、枯死和倒伏植株,及时清除浮水植物上的枯枝落叶。打捞出的植物残体及时运走。同时及时捞除漂浮的水草和矿泉水瓶等白色垃圾,保持湖泊水体良好景观效果。

对于沉水植物养护,及时清除水体表面的植物及非目的性沉水植物。沉水植物长出水面影响景观时,应进行人工打捞或机割。对于浮出水面的死株,应及时清除。对于成活率不能达到设计要求的要进行补植。根据沉水植物种类的不同,1 年收割 1 次,收割方式为机收割或人工打捞。

8.5 滨水缓冲带系统修复规划

8.5.1 规划思路

(1)优化生态空间格局

分析生态景观指数,明确蓝绿空间生态斑块破碎度及优化方式,针对优化后的生态空间格局,分析和预测规划后生态环境质量指数和生物丰度指数,以指引滨水缓冲带生态结构和功能提升。

(2)恢复水系滨水缓冲带生态结构和功能

恢复破碎化缓冲带基底、植被等结构,发挥缓冲带生物栖息等生态功能,提升岸带空间稳定性。

(3)修复不同水系滨水缓冲带生态结构

分别针对湖泊、河流以及水库的滨水缓冲带,提出具体的生态修复措施。

总体规划思路见图 8.5-1。

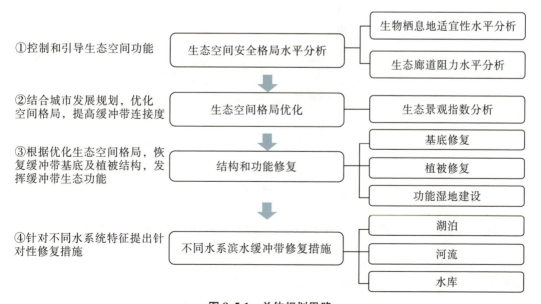

图 8.5-1　总体规划思路

8.5.2 滨水缓冲带范围

根据"三线"划定的相关法律、法规、政策,湖泊管理条例,《湖北省河湖和水利工程划界确权工作方案》等要求,东湖高新区水系岸带划分为"蓝、绿、灰"三线。其中,"蓝线"是指城市江河湖泊水域控制线,"绿线"是指城市公园绿地、防护绿地、道路绿地等用地,"灰线"是水域外围建设控制范围。三线主要功能为:"蓝线"护水域,"绿线"搞绿化,"灰线"控外围。蓝线内水域为生态保护区,蓝线和绿线之间为生态控制区,由于"灰线"的控制区未在滨水缓冲带规划范围内,"蓝线"与"绿线"的划定范围为此次滨水缓冲带修复范围(图 8.5-2、表 8.5-2)。

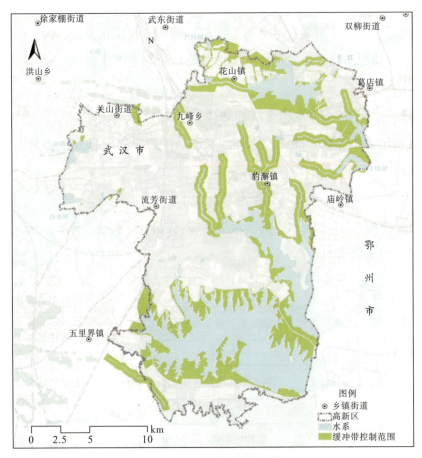

图 8.5-2 滨水缓冲带修复范围

根据东湖高新区各水系缓冲带平均宽度,规划缓冲带功能等级,见表 8.5-1。

表 8.5-1　　　　　　　　　　　　　　　滨水缓冲带功能等级

功能等级	滨水缓冲带宽度	生态廊道特点	生态廊道功能
Ⅰ级	≥600	草本植物和鸟类多样性非常高	能够有效防止水土流失,控制径流沉积物,生物迁徙、栖息的功能
Ⅱ级	100≤d<600	草本植物和鸟类具有较高的多样性和内部种	能满足生物迁徙、传播和生物多样性保护的功能
Ⅲ级	30≤d<100	具有相对较好的植物多样性	可有效减少水土流失,截流入河径流中的70%的沉积物
Ⅳ级	12≤d<30	草本物种多样性为廊道外部的2倍以上	防止水土流失,过滤污染物
Ⅴ级	d<12	物种多样性低,且随宽度变化不明显	无明显的生态服务功能

表 8.5-2　　　　　　　　　　　　　　东湖高新区滨水缓冲带修复范围

水体类型	序号	水系名称	缓冲带平均宽度/m	缓冲带面积/hm²	水域面积/hm²	缓冲带等级
河流港渠	1	豹子溪	300	435.73	54.68	Ⅱ～Ⅲ级
	2	豹澥河	300	263.14	22.04	Ⅱ～Ⅲ级
	3	九峰溪	300	352.92	13.05	Ⅱ～Ⅲ级
	4	台山溪+星月溪	300	383.82	12.49	Ⅱ～Ⅲ级
	5	龙山溪	300	159.31	5.76	Ⅱ～Ⅲ级
	6	九龙溪	300	199.62	5.83	Ⅱ～Ⅲ级
	7	吴溏湖港	300	326.08	40.86	Ⅱ～Ⅲ级
	8	玉龙河	300	253.27	9.66	Ⅲ级
	9	湖溪河	300	116.69	0.88	Ⅴ级
	10	森林渠	20	8.20	4.75	Ⅴ级
	11	大咀海港	300	470.29	16.94	Ⅰ～Ⅱ级
	12	牛山湖北溪	20	4.55	0.23	Ⅰ～Ⅱ级
	13	秀湖明渠	20	2.85	0.20	Ⅴ级
	14	红旗渠	20	10.08	0.43	Ⅴ级
	15	花山河	300	216.24	14.14	Ⅱ～Ⅲ级
	16	武惠港	300	193.22	14.28	Ⅱ～Ⅲ级
	17	严东湖东渠	20	5.47	6.44	Ⅱ～Ⅲ级
	18	严东湖西渠	20	9.03	9.30	Ⅱ～Ⅲ级
	19	严东湖北渠	20	9.78	10.26	Ⅱ～Ⅲ级
	20	黄大堤港	300	256.37	13.74	Ⅲ级

水体类型	序号	水系名称	缓冲带平均宽度/m	缓冲带面积/hm²	水域面积/hm²	缓冲带等级
河流港渠	21	谷米河	300	367.05	23.78	Ⅲ级
	22	赵家池明渠	20	3.26	0.16	Ⅴ级
	23	东截流港	300	164.94	7.62	Ⅲ级
	24	九峰溪	300	365.43	14.30	Ⅱ～Ⅲ级
湖泊	1	严东湖	340	1381.98	911.10	Ⅱ级
	2	严西湖	623	1026.35	—	Ⅲ级
	3	严家湖	258	342.70	160.90	Ⅲ级
	4	汤逊湖	59	111.06	97.50	Ⅳ～Ⅴ级
	5	南湖	39	32.12	180.00	Ⅳ～Ⅴ级
	6	牛山湖	233	3853.41	6042.10	Ⅰ～Ⅱ级
	7	豹澥湖	230	1698.76	2293.50	Ⅰ～Ⅱ级
	8	车墩湖	255	234.55	173.50	Ⅲ级
	9	五加湖	27	9.59	12.50	Ⅳ～Ⅴ级

8.5.3　滨水缓冲带生态系统格局优化

8.5.3.1　生态景观格局优化

（1）优化策略

生态景观优化以减少斑块破碎度,提高生态空间基底连续性和生境质量为目标,结合总体规划用地要求,对缓冲带内的生境斑块类型和连续性进行优化(表8.5-3)。

表8.5-3　　　　　　　　　格局斑块优化和引导方式

序号	现状生境斑块类型		规划后生境斑块类型	格局斑块优化方式
1	林地		林地	保留
2	灌丛		灌丛	保留
3	草地		草地	保留
4	建设用地	村庄	草地	基本农田范围内村庄修复为草地
			林地	基本农田范围外村庄修复为林地
			建设用地	规划为远期建设用地
		道路	道路	保留现状道路
5	耕地		耕地	保留基本农田
			林地	非基本农田,修复为林地

序号	现状生境斑块类型	规划后生境斑块类型	格局斑块优化方式
6	沼泽	沼泽湿地	保留
7	水域	坑塘湿地、入湖河口湿地、湖泊水域、河流水域	岸带坑塘及河口修复为湿地，水域空间予以保留

现状缓冲带范围内斑块类型主要为林地、灌丛、草地、耕地、村庄、道路、坑塘水域。为满足生物生境、生物支持等生态功能，优化现状生境斑块为林地、灌丛、草地、耕地、沼泽湿地、坑塘湿地、入湖河口湿地、湖泊水域、河流水域。

其中，现状沼泽生境斑块破碎度相对低，是部分水鸟等生物喜栖生境，予以保留和生态恢复。而林地、草地、灌丛现状生境斑块，由于破碎度较大，但对缓冲带水土保持等功能有显著作用，因此林、灌、草地斑块在予以保留的基础上进行植被结构和群落的优化。水域斑块主要为岸带坑塘，修复为可调蓄、净化面源污染的坑塘型湿地以及入湖河口湿地。对于现状村庄及耕地，尚未总体规划为非基本农田的现状村庄及耕地，需先清退，后修复为功能性林地和草地，以满足缓冲带生态功能。规划为基本农田的耕地予以保留，村庄进行清退，修复为草地。

(2)生态景观格局指数分析

优化后生态景观斑块面积最大的仍是水域斑块，通过优化割裂的水域空间，水域斑块面积增至 10234hm²，其次为林地和草地，分别为 6847hm² 和 4701hm²。其余景观斑块面积，按面积大小依次为湿地(2058hm²)、耕地(1153hm²)、灌丛(1041 hm²)、建设用地(876 hm²)、沼泽(784 hm²)。这说明水系岸带周边的优势斑块从农田和草地优化为林地和草地，而湿地和耕地为优化后具有较大优势的斑块。建设用地和沼泽斑块优势相对较低(图 8.5-3)。

斑块数(NP)的大小与景观的破碎度也有很好的正相关性，一般规律是 NP 大，破碎度高；NP 小，破碎度低。规划后，斑块数值较大的有，草地(10822 个)、林地(8144 个)、灌丛(6599 个)、耕地(3228 个)、道路及村庄等建设用地(1342 个)、湿地(568 个)、水域斑块(220 个)，其斑块数值比优化前均有明显降低，说明这些景观斑块破碎度降低。水系总斑块从 6166 个降低至 220 个，湖泊水域被圩垸分割破碎度程度降低，斑块连续度增加。

斑块类型密度(PD)说明景观破碎化程度，值越大，破碎化程度越高。规划后各斑块类型的 PD 值除沼泽外，均有明显的下降，表明这些景观类型被分割的程度明显降低。而沼泽斑块密度的提高主要是由于部分湖泊周边的割裂的岸带修复和优化为沼泽型斑块。

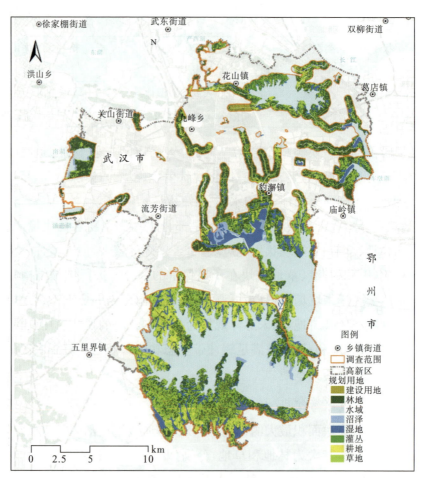

图 8.5-3　规划后生态景观格局

平均斑块面积(MPS)代表一种平均状况,可以指征景观的破碎程度。规划后平均斑块面积最大的是水域($46.52hm^2$/个),比现状年($1.37hm^2$/个)有大幅提高,表明规划后水域斑块的聚集度提高,单位面积的生物量、生产力和养分贮量及物种组成和多样性增加;其他斑块类型林地从 $0.26hm^2$/个增加至 $0.84hm^2$/个、耕地从 $0.23hm^2$/个增加至 $0.36hm^2$/个、草地从 $0.21hm^2$/个增加至 $0.43hm^2$/个、道路及建设用地从 $0.18hm^2$/个增加至 $0.65hm^2$/个、灌丛从 $0.08hm^2$/个增加至 $0.16hm^2$/个,表明这些景观类型的破碎度降低,单位面积的生物量、生产力和养分储量及物种组成和多样性提高。

景观形状指数(LSI)反映斑块形状的复杂程度,形状指数越大,说明边缘所占比例越大,边缘效应也就更为明显。规划后 LSI 值从高到低依次为草地和林地以及灌丛,说明规划后缓冲带边缘效应提高,生物多样性和复杂性提高。

块蔓延度(CONTAG)反映的是景观里不同斑块类型的团聚程度或延展趋势。规划后各斑块连接度提高,水域蔓延度值较高,各类型斑块整体连接度有所提升。

因此规划后蓝绿空间的生态景观格局,以水域、草地和林地为主,水域为最佳优势斑块,聚集度提高(图8.5-4)。各类型斑块破碎化和分割程度降低,人为干扰程度也有所降低。

表 8.5-4　　　　　　　　　　　　　规划后生态景观格局指数

景观类型	CA	NP	MPS	PLAND	LSI	PD	CONTAG
	面积	斑块数	平均斑块面积	斑块所在面积比例	景观形状指数	斑块类型密度	斑块蔓延度
	hm²	个	hm²/个	％	—	个/km²	％
水域	10235.34	220	46.52	36.96	16.42	0.79	100％
沼泽	784.03	2402	0.33	2.83	47.11	8.67	95％
草地	4701.48	10822	0.43	16.98	167.44	39.07	97％
林地	6847.16	8144	0.84	24.72	140.47	29.40	98％
灌丛	1041.14	6599	0.16	3.76	107.78	23.83	89％
耕地	1153.08	3228	0.36	4.16	86.98	11.66	95％
建设用地	875.90	1342	0.65	3.16	73.10	4.85	97％
湿地	2058.21	568	3.62	7.43	32.13	2.05	97％

8.5.3.2　生态环境质量指数预测

基于规划后生态景观格局的优化调整,分析和预测规划远期2035年生态环境质量指数,以判断生态景观格局优化效果。

(1)生境质量指数

到2035年,远期规划后蓝绿空间的生境斑块类型为水域、沼泽、草地、林地、灌丛、耕地、建设用地和湿地共8类。

生境质量指数(H_Q)=A_{bio}×(0.35×(林地面积+灌丛面积)+0.21×草地面积+0.28×(水域湿地面积+沼泽面积+湿地面积)+0.11×耕地面积+0.04×建设用地面积+0.01×未利用地面积)/区域面积。

式中,A_{bio}——生境质量指数的归一化系数,参考值为511.2642131067。

根据公式计算规划后生境质量指数 H_Q=119.39,相对于现状生境质量指数 H_Q=102.06,提升17％。

(2)生物多样性指数

根据《区域生物多样性评价标准》(HJ 623—2011),生物多样性指数 BI 的评价值需从文献及实地调查中获取。由于现状 BI 值为28.73,处于生物多样性状况分级标准的一般等级。而达到生物多样性较高的丰富度,BI 值至少达到30。因此,对2035年生物多样性指数进行预测,BI 值≥30。

（3）生物丰度指数

根据公式生物丰度指数＝(生物多样性指数＋生境质量指数)/2。

预测 2035 年生物丰度指数至少达到 74.69。

（4）植被覆盖度指数

由于植被覆盖度指数需经遥感影像处理软件对实际植被覆盖度进行解译，经规划后增加草地、湿地、沼泽、林地等植被斑块面积，因此预测东湖高新区区域 2035 年植被覆盖度指数至少高于现状 36.02。

（5）水网密度指数

规划后水网密度指数至少高于现状水网密度指数 45.82。

（6）土地胁迫指数

规划后土地胁迫类型用地为耕地和建设用地，其中耕地面积为 $1153.08hm^2$，建设用地为 $875.90hm^2$，根据计算规划后土地胁迫指数为 0.03。

（7）污染负荷指数

东湖高新区实施滨水缓冲带建设后，面源污染可得到一定程度的削减，污染浓度将有所下降，经缓冲带治理后的污染负荷分别为：化学需氧量污染负荷为 433.15t/a，氨氮污染负荷为 12.46t/a。根据计算规划后污染负荷指数为 0.35。

（8）生态环境状况指数

生态环境状况指数(EI)＝0.35×生物丰度指数＋0.25×植被覆盖指数＋0.15×水网密度指数＋0.15×(100－土地胁迫指数)＋0.10×(100－污染负荷指数)＋环境限制指数。

预测到 2035 年，规划后生态环境状况指数 EI 至少大于 66.97。

规划后生态环境状况变化情况见表 8.5-5。

表 8.5-5　　　　　　　　　　规划后生态环境状况变化情况

指标	现状	规划(2035 年)	规划后指标变化情况
生境质量指数	102.06	119.39	提升 17%
生物多样性指数	28.72	＞30	提升 4%
生物丰度指数	65.39	＞74.69	提升 14%
植被覆盖度指数	36.02	＞36.02	提升
水网密度指数	45.82	＞45.82	提升
土地胁迫指数	66	0.03	降低 68%
污染负荷指数	24.29	0.35	降低 99%
生态环境状况指数	52.14	66.97	22%

8.5.4 滨水缓冲带生态结构和功能提升

8.5.4.1 修复策略

缓冲带结构和功能的提升,主要以生态系统格局优化为规划前提和功能性引导方向,对缓冲带生态基底环境进行修复。滨水缓冲带是位于水系与建设区之间的过渡地带,不同缓冲带宽度范围内的功能不同。纵向空间上基于缓冲带宽度和功能进行修复。横向空间上,通常连续、稳定的基底斑块会满足和保障缓冲带的生境支持、水土保持等功能,在实现斑块异质性的同时,对破碎化的斑块进行修复(表8.5-6)。

表 8.5-6 缓冲带空间生态修复策略

名称	宽度	区域	主要功能	主要干扰因子	修复策略
滨水缓冲带	水域蓝线外 0~50m	生态保护区	生物栖息及径流污染拦截	基底结构不稳定,岸带植被功能性低	恢复自然基底,构建功能性植被群落
	水域蓝线外 50~300m	生态控制区	径流污染控制、生物廊道、水土保持、滨水景观	人为干扰水体污染,自然基底斑块破碎度高,被割裂成圩垸、耕地等形式	恢复自然基底特征,构建调蓄、净化型功能湿地,构建功能性植被群落结构

8.5.4.2 修复方式

(1)基底修复

基底的恢复主要通过对岸带地形及现状斑块进行改造,降低斑块破碎度,维持基底的稳定性,增强岸带基底的连接度。同时,通过创建和改造岸带的微地形环境,恢复缓冲带净化水质、生境支持、水土保持等功能。由于东湖高新区内湖泊、河流、水库缓冲带的基底情况不同,针对不同水域的基底类型,采取针对性的修复模式,见表8.5-7。

(2)植物修复

滨水缓冲带植被修复以保障水系水质、拦截岸带面源污染以及保护和恢复自然岸带功能为目标。根据滨水岸带不同基底环境条件,构建"乔—灌—草"不同演替结构的植被(图8.5-4)。同时结合岸带功能,构建功能性植物群落,实现滨水缓冲带生态系统自我调节与可持续发展。

表 8.5-7　　　　　　　　　　　　　　　基底修复模式

水系类型	修复模式	现状基底	修复后基底
湖泊	模式一：现状耕地修复为林地或草地	现状耕地	草地/林建地
		现状耕地	草地
	模式二：现状荒地修复为自然湿地和草地	现状荒地	草地　草地　调蓄坑塘
	模式三：现状果林地修复为生态林地	现状果林	生态林地
	模式四：现状村庄修复为林地		小型雨水湿地　林草地　林草地
	模式五：现状圩垸坑塘修复为功能性湿地	现状圩垸	功能性湿地

续表

水系类型	修复模式	现状基底	修复后基底
河流	模式六：岸带耕地修复为雨水湿地	现状湿地 现状林地	林草地+雨水净化塘 林草地+雨水净化塘
河流	模式七：现状坑塘修复为功能性湿地	现状圩垸 现状圩垸	调蓄净化湿地 调蓄净化湿地
河流	模式八：河口修复为河口三角洲		
水库	模式九：水库裸地修复为雨水湿地	现状裸地	林草地+调蓄坑塘

1）根据环境条件，选择本土适宜性的植被。

在自然条件，河湖水域及岸带植被演替通常包括沉水植物阶段—漂浮植物阶段—浮叶根生植物阶段—挺水植物群落阶段—湿生草本植物群落阶段—陆生草本植物阶段—灌木—乔木。针对河、湖及水库陆域植被按照湿地的演替规律进行修复和补植建设，构建以陆生植物为主的植物带，同时结合岸带坑塘湿地构建以湿生与陆生为主，以及部分水生植物结合的植被群落结构。

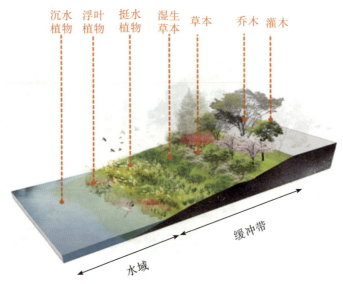

沉水植物　浮叶植物　挺水植物　湿生草本　草本　乔木　灌木

缓冲带

水域

图 8.5-4　植被结构恢复

2)根据基底条件情况,优化植被结构。

根据湖泊、河流、水库岸带基底类型、土壤、水文条件的不同,构建与恢复的目标植物主要以陆生—湿生—水生三类梯度植物群落为主。其中,陆生类植物通常按照"乔—灌—草"形式的完全演替序列或"乔—草""乔—灌""灌—草"等不完全演替结构构建。湿生植被则通常分为"湿生乔木型""湿生乔草型"和"湿生草本型"。水生植物则分为"挺水—漂浮—沉水"植物。

陆生植物构建:主要按照"乔—灌—草"形式的完全演替序列形式,以 3∶3∶4 的种植比例进行配置,可形成相对稳定的演替结构。一般在湿地陆域从近水端到远水端的水平空间上,依次配置草本—灌木—乔木植物。而对于林地山区来说,在垂直空间上,从上到下分为阔叶林、针阔混交乔林,并且林下构建亚乔木或灌木林以及地被草本,形成层次丰富的植物群落结构。此外,陆生植物可根据目标及环境需求,营造不同郁闭度空间,适当营造疏密林结构。

湿生植物构建:从湿地近水端到远水端,同样依次构建湿生草本—湿生乔木。

水生植物构建:"挺水植物—浮叶植物—漂浮植物—沉水植物"的优化组合,形成良好生态群落,防止单一种群的侵害,也可抑制低等藻类植物的水体富营养化,合理的植物构建,避免产生化感作用,抑制植物的生长。

各基底类型下植被结构的适宜模式见表8.5-8。

表 8.5-8   各基底类型下植被结构的适宜模式

群落类型	植被结构	基底类型							
		耕地（非基本农田）	拆迁村庄	坑塘	沟渠	沼泽	草地	林地	灌丛
陆生类植物	乔灌草型	○	●	○	○	○	◎	●	●
	乔灌型	○	●	○	○	○	◎	●	●
	乔草型	○	●	○	○	○	◎	●	●
	草本型	◎	●	○	○	○	●	●	●
湿生类植物	湿生乔木型	○	◎	◎	◎	●	●	◎	○
	湿生乔草型	○	◎	◎	◎	●	◎	◎	○
	湿生草本型	◎	◎	◎	●	●	●	◎	○
水生植物	挺水型	○	○	●	●	●	●	○	○
	浮叶型	○	○	●	●	●	◎	○	○
	沉水型	○	○	●	●	○	◎	○	○

注：●较适宜；◎适宜；○不适宜

3）根据岸带功能导向，构建功能植被。

缓冲带生态廊道结构功能的恢复，主要以最大限度恢复植被为主。由于不同宽度的缓冲带可承载的生态廊道功能不同，因此，缓冲带植物群落的恢复需要根据不同宽度下缓冲带廊道的功能，选择功能性植被（图 8.5-9）。

表 8.5-9   功能导向性恢复策略

区域	范围	功能导向目标	恢复策略
生态保护区	水域蓝线外 0～50m	生物多样性保护与生态完整性恢复功能	构建优势植物群落，恢复植被覆盖度，考虑生物栖息生境植物群落特点，构建具有多样性的植物群落结构
生态控制区	水域蓝线外 50～300m	面源污染拦截、过滤、净化功能	根据缓冲带宽度，针对性地结合周环境条件和基底条件，构建坑塘湿地，配置湿生—沼生—陆生结合型植被
		水土保持功能	构建土壤根系发达植被乔、灌、草植被群落进行构建
		生物廊道功能	根据不同生物廊道宽度的功能需求和生物喜栖树种构建成片的植被群落
		固碳释氧功能	构建绿化释氧能力高的植被群落

对于水域蓝线外围50m区域的缓冲带,由于近水陆交错区,生物多样性相对较高、生态功能性较高,缓冲带植被应以恢复适宜生物栖息、觅食、避难等功能需求为主,以生物生境支持的功能性植被进行构建。

水域蓝线外围50～300m区域的缓冲带,多以发挥水土保持、固碳、污染物拦截净化以及生物迁徙等廊道功能为主。因此,选择适宜不同廊道功能为主导的植物群落,构建特异性植物群落,以充分发挥缓冲带生态服务功能。

4)控制外来物种入侵,保护本土植被。

根据现场调查,在滨水缓冲带有一年蓬、喜旱莲子草、钻叶紫菀、小蓬草、凤眼蓝、加拿大一枝黄花、垂序商陆、野燕麦等外来入侵种。

其中,喜旱莲子草、凤眼蓝分布最为广泛,多分布于路边和沟边、池塘及湖泊等近岸水流缓慢处;加拿大一枝黄花多零星分布于荒地、河岸等地;小蓬草、一年蓬、钻叶紫菀、野燕麦多呈小片状分布于路旁、荒地等处;垂序商陆多零星分布于荒地、林下等地。由于外来入侵种一方面可癌变土壤中生物群落,另一方面通过与其他植物群落抢夺土壤养分、阳光、空间等资源影响本土植物个体生长,进而影响水系生态系统中群落的构成,带来了明显的生态、经济及社会后果,因此,植物构建和恢复的同时,需要对外来入侵种进行管理和控制。

通过采用人工拔除幼苗、织物覆盖、连续刈割以及围堤,结合生物控制等方式,综合控制互花米草等外来入侵物种。尽量避免采用化学方法,以免药剂对环境和生物多样性产生较大的破坏。通过综合考虑环境因子、植物的生物学与生态学特性对治理效果的影响,综合管理实现各种技术与方法进行有机结合控制。

(3)湿地生境

为提升滨水缓冲带生物多样性和生境质量,在恢复岸带基底及植被功能的基础上,采用生境营造、自然吸引的方式,建设以鸟类适宜生物栖息、生存的湿地生境,丰富湿地动物群落(图8.5-5)。

考虑鸟类湿地生境水文条件、人为干扰情况、基底环境状况以及鸟类生境需求,在牛山湖水域岸滩利用现状圩垸构建1处鸳鸯喜栖的湿地生境。满足生物栖息的最小湿地面积为20万 m^2,因而构建牛山湖岸滩湿地生境20万 m^2。

对鸟类生境的构建,主要是恢复水鸟生境所需基底微地形以及植物,同时辅以微生境构建措施,尽量丰富和营造多样性的生境斑块为水鸟提供多样的觅食、栖息、避难所。

1)入湖河口湿地。

由于河口处水资源较为充沛,且水文条件变化多样,生物资源相对丰富,多以涉禽为主。因此需要构建一部分浅水区(0～0.5m,水位逐渐变化),形成大小不同的碟形洼地,分别以种植芦苇、香蒲、蘸草为主,辅以部分菱角和芡实,以吸引涉禽类在此觅食栖息,形成涉禽类栖息繁殖的鸟类景观。同时规划一定面积的芦苇湿地区,为水鸟提供理想的栖息地;此外,构建一部分高于洪水位的陆域空间和介于常水位和洪水位之间的间歇性淹水区,以形成多样性的生境。

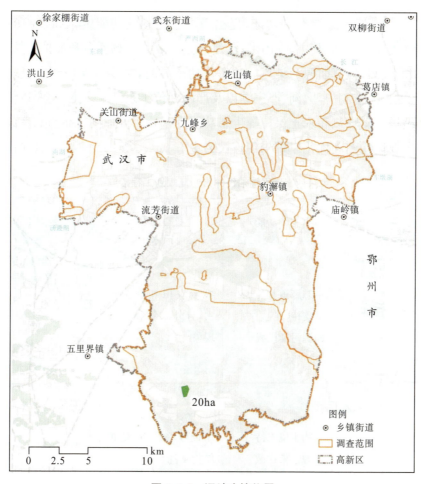

图 8.5-5 湿地生境位置

2)水鸟湿地生境。

牛山湖水鸟湿地生境是主要以恢复鸳鸯为主的游禽生境,因此湿地需构建游禽喜栖的开阔深水区(水深 2~3.5m),形成水鸟栖息景观。设计深水区面积约为总湿地面积的 60%,深水区的堤岸应该采用缓坡(有一定的裸露滩涂区域)和软坡(泥岸,并生长灌丛和芦苇等)。在宽阔水域中央,设置几个供鸟类栖息的生境岛,设计单个生境岛面积约1500m²。生境岛同样留有一定面积的裸露泥涂,部分区域种植水生植物及少量树木,以及种植少量树木。

8.5.4.3 滨水缓冲带生态修复措施

（1）湖泊

湖滨缓冲带位于水域和建设区的过渡地带，主要具有拦截、净化入湖面源污染功能。根据湖滨缓冲带规划等级和功能，提出考虑不同湖泊功能定位和核心问题的针对性修复方案（表8.5-10）。其中，牛山湖、豹澥湖是主要的生物栖息和保护的核心区域，生物多样性相对较高，恢复面源污染拦截和净化功能同时，主要以保护和恢复缓冲带生物生境功能为主。严东湖、车墩湖、严家湖以及严西湖位于东湖绿楔上，主要以恢复植被覆盖率、提升植被固碳释氧和水土保持等生态功能为主。而五加湖、汤逊湖、南湖为景观功能性湖泊，主要以构建和优化岸带景观植被为主。

表 8.5-10　　　　　　　　　东湖高新区湖泊缓冲带修复规划工程措施

序号	湖泊名称	缓冲带等级	主导功能	核心问题	规划工程措施
1	牛山湖	Ⅰ～Ⅱ级	生态廊道和生物生境支持 面源污染拦截	岸带农田和圩垸侵占，有外来物种入侵现象	近期：结合岸带保留坑塘圩垸，构建湿地生境 远期：植被恢复工程，构建"乔＋灌＋草"、"乔＋草"结合型的功能性疏、密林带 外来入侵物种控制
2	豹澥湖	Ⅰ～Ⅱ级	生物生境支持 面源污染拦截	岸带圩垸侵占，植被结构杂乱	近期：结合水生态修复方案，构建入湖河口湿地 远期：构建"乔＋灌＋草""乔＋草"结合型的功能性疏、密林带
3	严东湖	Ⅱ级	面源污染拦截 生态景观 生境支持	岸带圩垸侵占，部分区域植被结构杂乱，覆盖率低	远期：构建"乔＋灌＋草""乔＋草"结合型的功能性疏、密林带
3	严家湖	Ⅲ级	面源污染拦截 生态景观	岸带圩垸割裂，部分岸带裸露，面源污染入湖，外来物种入侵	远期：恢复裸露岸带植被，构建"乔＋灌＋草""乔＋草"结合型林地 控制外来入侵物种

续表

序号	湖泊名称	缓冲带等级	主导功能	核心问题	规划工程措施
4	车墩湖	Ⅲ级	面源污染拦截生态景观	岸带圩垸割裂,水系连通性低	远期:恢复裸露岸带植被,构建"乔+灌+草""乔+草"结合型林地
6	严西湖	Ⅲ级	景观绿化	岸带为绿化用地	远期:提升植被覆盖率,构建景观观赏性植被
7	五加湖	Ⅳ~Ⅴ级	面源污染拦截景观绿化	岸带空间狭窄,周边有部分居住区,植被杂乱	远期:提升植被覆盖率,优化植被结构,构建景观观赏性植被
8	汤逊湖	Ⅳ~Ⅴ级	面源污染拦截景观绿化	岸带植被有待优化	暂不规划,与汤逊湖水环境综合治理工程统一
9	南湖	Ⅳ~Ⅴ级	面源污染拦截景观绿化	岸带植被有待优化	暂不规划,与南湖水环境综合治理工程统一

（2）河流

河流廊道的缓冲带修复主要根据廊道类型和廊道等级,构建不同宽度的缓冲带,进行功能性修复。

河流水系生态廊道包括河流本身以及沿河分布河漫滩、河岸植被缓冲带、洪泛区、湿地等,可以净化河流污染、提高水环境质量,为水生、陆生生物提供生境,维持生物多样性,在保护河岸,调节小气候,提高河岸带景观多样性等方面发挥重要的生态功能。

河流廊道所具备的生态功能,能够为人类提供一定的生态服务产品和功能,称为河流生态系统的服务功能。根据东湖高新区内河流生态系统组成特点、水系分布区域、汇入目标湖体功能,区域内河流生态系统服务功能的类型可划分为:城市功能型、生态景观型、生态控制型、生境支持和生态调节型以及景观廊道型5个类型。

针对城市功能型河道,如湖溪河、森林河、九峰河、秀湖明渠、赵家池明渠、红旗渠,主要为城市排水、生态、景观功能,河道两侧岸带较窄,主要以构建植被拦截带拦截和控制径流面源污染。

生态景观型河道,主要为台山溪+星月溪、九峰溪、豹澥河、九龙溪、龙山溪主要位于城区,中上游段基本与周边产业用地相结合,已完成岸带的建设,主要针对下游入豹澥湖区域,建设入湖口湿地,提升入湖水质。

生态控制型河道,主要为严东湖、车墩湖、严家湖的入湖河道,一方面恢复岸带植被,优化岸带生态景观,另一方面结合面源污染控制中湿地建设工程建设入湖口湿地,深度净化入湖水质。

生境支持和生态调节型河道,如吴凇湖港、大咀海港、牛山湖北渠,则以恢复岸带植被结构、生物生境及生态廊道功能为主。

对于景观廊道型的豹子溪,是城市的主要轴线,在恢复岸带自然生态结构的同时,还需要提升岸带生态景观功能。

东湖高新区河流缓冲带修复规划措施见表8.5-11。

表 8.5-11　　　　　　　　　　　东湖高新区河流缓冲带修复规划措施

序号	河道类型	河道名称	规划措施
1	城市功能型	湖溪河 九峰河 森林渠 秀湖明渠 红旗渠 赵家池明渠	近期:结合城市面源污染控制方案建设植被拦截带、小型雨水花园
2	生态景观型河道	台山溪＋星月溪、九峰溪、豹澥河、九龙溪、龙山溪	近期:结合水生态保护修复方案,在豹邀湖入湖口构建入湖河口湿地
3	生态控制型河道	花山河 武惠港 严东湖西渠 严东湖东渠 严东湖北渠 东截流港 黄大堤港 谷米河 玉龙河	近期:结合城市面源污染控制方案建设植被拦截带;入湖口湿地
4	生境支持、生态调节型河道	大咀海港 吴凇湖港 牛山湖北渠	远期:岸带功能性植被恢复与构建
5	景观廊道型	豹子溪	近期:结合水生态修复等方案构建入湖口湿地、岸带功能性湿地、岸带调蓄湿地

（3）水库

水库滨水缓冲带的恢复,同样以拦截和净化岸带面源污染为主,由于现状水库岸带多数为裸露的岸带,因此水库主要构建功能性植被,进而恢复水库岸带水源涵养、水环境维护、生境支持功能。

8.5.5 滨水缓冲带生态管理与维护

为保障东湖高新区各湖泊水系岸带结构和功能的稳定发挥,确保岸带植物群落的健康生长,以及岸带功能湿地的正常运行,需要加强滨水缓冲带的日常管理与维护。

(1)建立科学高效的监督管理体系

水行政相关部门应组织专门队伍,负责滨水缓冲带的日常保护、管理、监督等各项工作。制定相关的管理制度,加强对公众宣传教育,实现对滨水岸带空间的保护和管理。

(2)加强岸带功能湿地的管理与维护

岸带功能湿地主要为坑塘型自然湿地,其运营维护的内容主要包括植物养护、湿地的清淤、水面垃圾打捞清运等。

水生植物的养护管理,主要对枯死和倒伏植株及时清理,同时要定期清除周围的杂物或垃圾。对于新种植植物,每半月检查一次植物的生长情况,并及时补植缺损植株。为发挥水生植物最佳净化效果,减缓水体富营养化,防止水生植物腐烂,避免发生水体二次污染,需要及时对湿地水生植物进行收割。其中,挺水植物和浮叶植物一年收割一次,修剪下的植株要及时清除,防止蚊蝇滋生和影响景观。沉水植物需要根据其生长周期,合理确定收割频率。夏季高温时增加收割频率,及时进行收割,人工打捞或机割,以防止水体富营养化。

对于地形较陡的区域,在地表径流作用下,所携带土壤、泥沙颗粒可能造成岸带坑塘湿地的淤泥沉积,导致坑塘有效容积降低,因此需要定期对岸带坑塘湿地进行清淤。对于清除淤泥可作为岸带微地形,表面种植植物,通过植物根系进行固定。

(3)岸带植被的保护与管理

对于滨水缓冲带的绿地维护,主要针对岸带公园节点绿地进行维护管理,主要包括乔、灌木、草本的修剪、灌溉、施肥、补植、病虫害防治及创伤修复、清洁、保洁、清运、监管、保护、维护等方面。

8.6 滨水缓冲带景观规划

8.6.1 规划思路

打造成具有生态性、观赏性并富有活力的自然水系,沿河流、湖泊形成富有新区特色的滨水湿地景观带。根据东湖高新区总体规划中规划用地性质与现状条件,将东湖高新区划分3种功能区域:中部水城融合区、南部生态保护区、北部生态控制区(图8.6-1)。

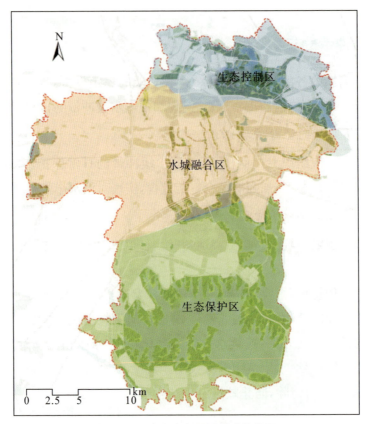

图 8.6-1　东湖高新区景观功能分区

水城融合区主要为光谷开发建设区,城市与水系紧密融合,人流集中。该区域规划打造城市亲水、休闲、娱乐的滨水景观。

生态控制区主要为大东湖水网的重要组成部分,连接长江的重要通道。该区域规划打造以防护为主的自然、游憩景观。

生态保护区主要为梁子湖生态文明示范区的重要组成部分,规划以水质保护和生物多样性提升为主要任务。该区域在景观打造上以采取保留及保护原始的自然景观为主。

8.6.2　规划策略

(1)策略一:稳固水系岸线,对水系岸线进行类型划分

对于现状已经建设的河流、湖泊水系自然亲水岸线予以保留;同时结合现状用地情况对垂直硬化的水系岸线改造提升为多层的亲水岸线;尽可能保留原始的生态岸线,适当建设环湖景观步道。

结合岸线现状、用地规划及区域特点,将水系岸线划分自然亲水、硬化亲水和生态保育3种岸线类型。分区水系的岸线类型规划分类见表8.6-1及岸线类型的分布见图8.6-2。

自然亲水岸线:整体为一段缓坡,临路区域种植乔灌木,滨水区域种植草本地被和水生植物,绿地中架设栈道。护岸结构采用自然护岸,可置石抗冲刷。

硬化亲水岸线:通过多层硬质平台设计,在下一层预留较平坦的场地,采取硬质铺装,形成滨水活动空间。护岸通过石笼护岸软化岸线。

生态保育岸线:以保护自然岸线为主,设置湿地、生态岛,堤顶和湿地之间为浅滩种植水生植物,上架设栈道。护岸结构采用自然护岸。典型断面见图8.6-3。

表 8.6-1　　　　　　　　　　　　　　规划水系岸线类型

功能分区	岸线类型	典型河道		典型湖泊		典型水库	
		正在/已经建设	待建设	正在/已经建设	待建设	正在/已经建设	待建设
水城融合区	自然亲水岸线	规划水系岸线类型龙山溪 星月溪	豹子溪上游 台山溪 玉龙河 豹澥河下游 赵家池明渠 谷米河西端 豹澥河上游 九龙溪 九峰溪	南湖 汤逊湖	豹澥湖 车墩湖 严家湖	九峰水库 狮子水库 马驿水库	胜利水库 龙山水库 九龙水库 长山水库
	硬化亲水岸线	九峰明渠 谷米河东段	湖溪河 秀湖明渠 红旗渠				
生态保护区	生态保育岸线		吴淀湖港 牛山湖北溪 大咀海港		牛山湖 梁子湖 豹澥湖		何家桥水库 凉马坊水库 红星水库 凤凰水库
生态控制区	硬化亲水岸线	黄大堤港	花山河 武惠港				
	自然亲水岸线		严东湖西渠 严东湖北渠 东截流港		严东湖 五加湖		岱家山水库

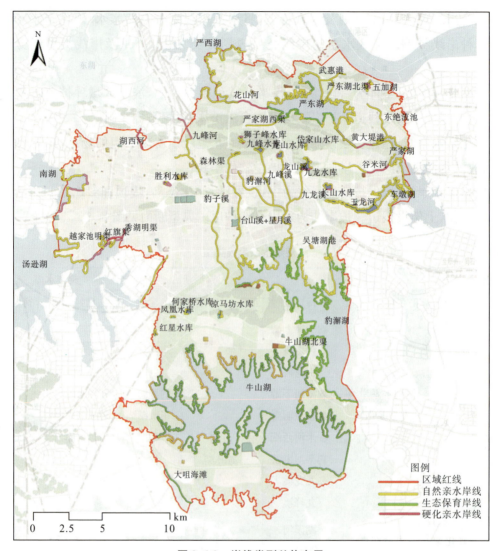

图 8.6-2　岸线类型总体布局

（a)河流自然亲水驳岸

（b）湖泊/水库自然亲水驳岸

（c）河流硬化亲水驳岸

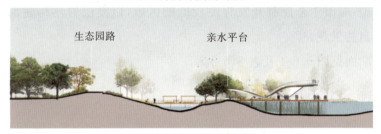

（d）湖泊/水库硬化亲水驳岸

（e）河流生态亲水驳岸

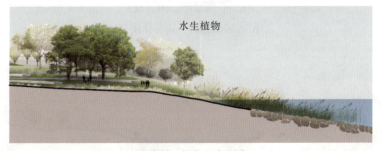

（f）湖泊/水库生态驳岸

图 8.6-3　岸线类型断面

(2)策略二:提升水域对城市面貌的形象作用,营造不同的景观风貌

结合用地规划及区域特点,将水系划分为生活游憩型、商业休闲型、工业展示型、郊野原生型和自然防护型等5种景观风貌。

生活游憩型:水系主要集中分布在城区的居住区,周边生活居民众多,为满足周边居民休闲活动、健身娱乐、儿童活动,在景观打造上主要以休闲廊道、景观小品、体育设施为主,营造适合居民生活的景观风貌。

商业休闲型:河流主要分布在城市商业区和中心商务区,结合购物、文娱、服务等配套设施,营造适合商务休闲的水景观。

工业展示型:城市高新技术产业园区,结合园区特色,以休闲配套设施、文化元素,营造绿色产业与自然环境相融合的水景观。

郊野原生型:城市范围内自然景物比较集中的区域。注重生态保护,以原生自然景观为主,布置各种适合游人徒步休闲、野营垂钓的场所,使居民体味到归回自然的舒适感。

自然防护型:城市生态控制开发程度较低的区域,以复层群落构建河岸防护绿地,形成河岸防护自然景观。

风貌类型断面见图 8.6-4 及表 8.6-2。

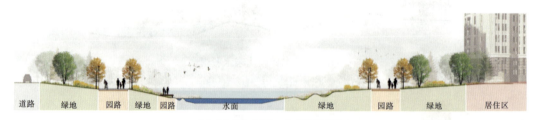

(a)水城融合区——生活游憩型

(b)水城融合区——商务休闲型

(c)水城融合区——工业展示型

（d）生态保护区—郊野原生型

（e）生态控制区—自然防护型

图 8.6-4　水系岸线景观风貌断面分区

表 8.6-2　　　　　　　　　　　　　　　　水系景观风貌

功能分区	景观风貌	典型河道		典型湖泊		典型水库	
		正在/已经建设	待建设	正在/已经建设	待建设	正在/已经建设	待建设
水城融合区	生活游憩型	九峰明渠 谷米河东段	豹子溪上游 台山溪 玉龙河 豹澥河下游 赵家池明渠 谷米河西端 湖溪河	南湖 汤逊湖	豹澥湖 车墩湖 严家湖		胜利水库 龙山水库
	商业休闲型	星月溪	豹澥河上游			九峰水库 狮子水库 马驿水库	
	工业展示型	龙山溪	秀湖明渠 红旗渠 九龙溪 九峰溪				九龙水库 长山水库

功能分区	景观风貌	典型河道		典型湖泊		典型水库	
		正在/已经建设	待建设	正在/已经建设	待建设	正在/已经建设	待建设
生态保护区	郊野原生型		吴溏湖港 牛山湖北溪 大咀海港		牛山湖 梁子湖 豹澥湖		何家桥水库 凉马坊水库 红星水库 凤凰水库
生态控制区	自然防护型	黄大堤港	花山河 武惠港 严东湖西渠 严东湖北渠 东截流港		严东湖 五加湖		岱家山水库

(3)策略三:增加游憩可达性,构建环湖、环城的绿道体系实现共享

根据规划交通绿道依托城市绿地、道路、水系增加街区绿道、郊野绿道完善可亲近水、亲近自然的绿道体系,实现水城共生、城景交融蓝绿道网络。

街区绿道:由于目前居民到达水岸活动没有便捷的交通通道,为更好地组织线路,充分利用现有的城市道路肌理,结合规划的城市绿道,依托河流水系绿带及路侧绿带,结合市民广场、居住区步行系统、公共绿地等活动空间,增加街区绿道与城市绿道衔接,创造畅通、安全、便捷、舒适的步行、骑行道路,满足居民亲近水的需求。

郊野绿道:根据已经规划的环湖滨水绿道,选择主要的村庄路口,结合村庄道路、顺应地形地貌、田埂堤坝等资源,与环湖绿道衔接,满足游人亲近水需求。增加的绿道体系见图8.6-5。

根据已规划绿道驿站结合增加的郊野绿道、社区绿道完善服务设施,增加城街区型三级驿站和郊野型三级驿站。

街区型绿道三级驿站:设置点主要围绕城区内水系岸带结合公园绿地,主要承担绿道卫生间、休憩座椅、无障碍设施、垃圾箱等设施。

郊野型绿道三级驿站:设置点结合村庄、观光农业园,主要承担休憩点、科普牌、垃圾箱等设施。

服务设施布点见图8.6-6。

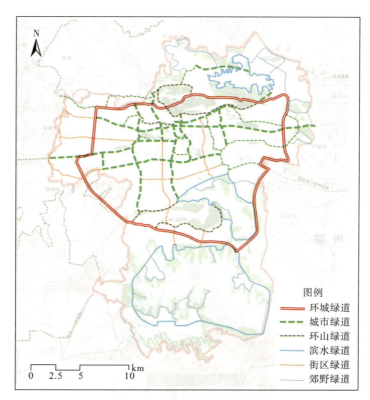

图例
—— 环城绿道
--- 城市绿道
--- 环山绿道
—— 滨水绿道
···· 街区绿道
—— 郊野绿道

0 2.5 5 10 km

图 8.6-5　水系岸带绿道规划

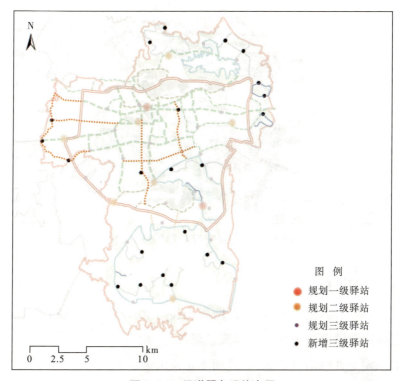

图　例

● 规划一级驿站
● 规划二级驿站
● 规划三级驿站
● 新增三级驿站

0 2.5 5 10 km

图 8.6-6　绿道服务设施布局

8.6.3 总体规划

8.6.3.1 景观系统规划

依据东湖高新区基本的生态控制线,结合高新区生态绿楔廊道,构建环湖湿地带,建设高新区特色湿地景观,打造城市休闲、湿地特色游憩体验区,同时整合高新区水域绿地、山体绿地、农林绿地和公园绿地等各类绿地资源,在沿各河流绿地散点式建设各类小型斑点滨水公园,打造城市河流景观游憩特色景观,构建高新区完整景观绿地体系(图 8.6-7)。

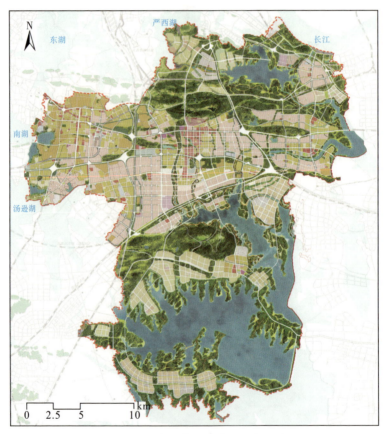

图 8.6-7 东湖高新区景观系统规划

8.6.3.2 景观空间结构

景观岸带空间结构,主要形成一带、两廊、五区、十二脉、多园的结构(图 8.6-8)。

一带:链接南北城区豹子溪城市河流景观带。

两廊:大东湖+九峰山生态廊、汤逊湖+龙泉山生态廊。

五区:严东湖、五加湖生态景观防护控制区;严家湖、车墩湖生态景观休闲区;豹澥湖生态景观郊野区；牛山湖生态景观保育区；南湖、汤逊湖生态景观活力区。

十二脉：星月溪＋台山溪绿脉；九峰溪＋豹澥河绿脉；龙山溪绿脉；九龙溪绿脉；谷米河绿脉；玉龙河绿脉；花山河绿脉；武惠港绿脉；吴溏湖港绿脉；湖溪河绿脉；九峰渠绿脉；黄大堤港绿脉。

多点：豹子溪公园；九峰山公园；牛山湖郊野公园；严东湖郊野公园；南湖公园；汤逊湖公园；严家湖郊野公园；安湖州郊野公园；东湾郊野公园；胜利水库；九峰水库；狮子峰水库；何家桥水库；梁子湖湿地保护区；星月溪公园；车墩湖郊野公园；九龙水库；凤凰水库。

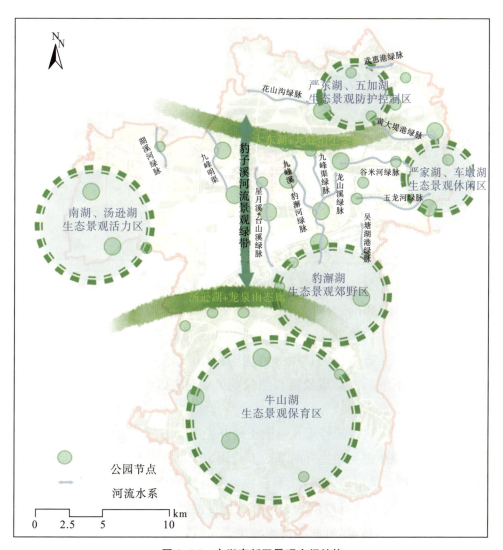

图 8.6-8　东湖高新区景观空间结构

8.6.4 重点区域规划

8.6.4.1 豹澥湖节点景观规划方案

结合岸线现状及周边资源、相关用地规划以及区域特点,打造拟形成"一带两廊多节点"的空间结构(图8.6-9)。

图8.6-9 豹澥湖景观空间结构

"一带"为构建生态良好、生境复合、植被特色彰显的环豹澥湖生态缓冲带。

"两廊"为构建绿道贯通、空间交融、特色分明的城南郊野游憩廊道与山林风景游赏廊道。城南郊野游憩廊道临近城区,与周边地块功能布局及路网结构充分衔接,通过完善的服务设施配套及生态空间营造服务周边居民;山林风景游赏廊道紧邻龙泉山风景区,廊道与景区绿道衔接,并形成景区自然景观风貌向湖区开放岸线的延伸,构建环豹澥湖滨水绿道45km。

"多节点"为结合湖区资源特质及远期土地开发所形成的功能性主题开放空间。景观节点空间打造可在生态品质提升的基础上与周边土地开发协同实施。对于豹澥湖待开发区域,水岸线可多采用环湖道路、平台栈道等自然亲水形式,在靠近城区的河流入湖口建设湿地公园,建成具有高度活力性和开放度的湖泊岸线。对于其他相对安静或原始自然状态的岸线区域,尽可能保持原始生态岸线,适当结合村庄道路、田埂设置景观步道等,营造幽静的环境(图8.6-10)。

图 8.6-10　豹邂湖景观节点意向

8.6.4.2　牛山湖节点景观规划方案

　　牛山湖沿湖岸线多为原生态的自然岸坡。相关用地规划要求控制沿线的开发利用，主要加强保护保持原始生态岸线，依据上位规划要求，将该区域打造为湖泊自然生态区。结合村庄道路、顺应地形地貌、田埂堤坝林地、鱼塘等资源，建设郊野公园与环湖绿道衔接，沿湖主要建设的郊野公园有 4 处，分别为牛山湖郊野公园、西湾郊野公园、东湾郊野公园、滨湖郊野公园,总面积约 852hm²,主要包含部分绿化、道路系统、少量广场铺装及简约休憩驿站,为市民提供极富自然原始生态的空间(图 8.6-11、图 8.6-12)。

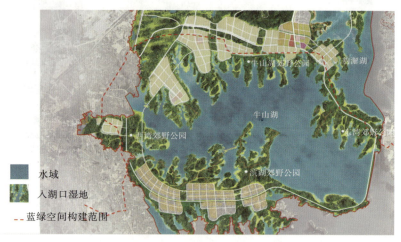

图 8.6-11 牛山湖景观规划节点平面

图 8.6-12 牛山湖景观节点意向

8.6.4.3 严东湖节点景观规划方案

结合岸线现状、相关用地规划以及区域特点，打造集植物观赏、郊野休闲、文化传承、乡村振兴的魅力湖心岛—严东湖区域绿心，整体湖心岛景观结构形成"一环""两景""六园"的空间结构，"一环"为环岛生态绿道，"两景"为凤起广场、点睛广场，"六园"包含桂园、梅园、柳园、海棠园、荷园、樱园，总面积约 10.74hm² (图 8.6-13)。

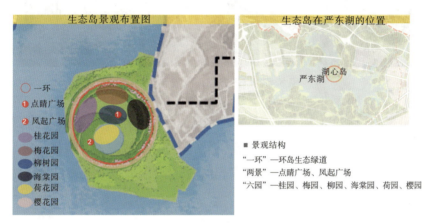

图 8.6-13　严东湖景观规划节点平面

结合岸线现状、相关用地规划以及区域特点，严东湖西侧、北侧区域正处于开发阶段，人口较为密集，可多采用湖泊广场、环湖道路、亲水平台等自然亲水的水岸线。南侧结合九峰山资源建设严东湖郊野公园，东侧链接河道主要以打造防护林为主(图 8.6-14)。

图 8.6-14　严东湖景观节点意向

结合湖岸规划、周边用地规划及驳岸特点,选用 4 种驳岸形式,总长约 40.7km (图 8.6-15)。A 型驳岸长 1.658km,布置于紧邻道路的湖岸段;B 型仿木桩驳岸、C 型叠石驳岸布置于西北侧规划小区的湖岸段,分别长 3.51km、3.37km;D 型自然缓坡驳岸布置在临山体绿地的湖岸段,长 33.16km。

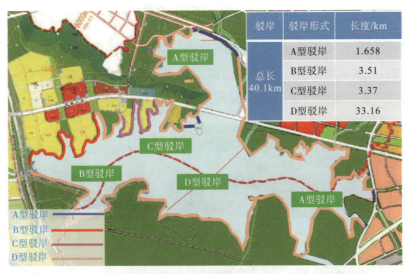

驳岸	驳岸形式	长度/km
	A型驳岸	1.658
总长	B型驳岸	3.51
40.1km	C型驳岸	3.37
	D型驳岸	33.16

图 8.6-15　严东湖岸线布局

8.6.4.4　五加湖节点景观规划方案

结合岸线、湖泊围隔现状,以及规划光谷大桥穿湖而过的条件,可将五加湖分为南北两个部分,其中北湖以郊野滨水休闲为主,南湖以湿地生态科普展示为主,通过设置滨湖空间入口广场、停车场、湿地休闲栈道、阶梯净化湿地、生态环境科普展示中心、生态岛、活动开放空间、公共服务设施等,实现不同形态的融合与交流,形成五加湖湿地公园,改善湖体水质,提升五加湖生态景观服务功能(图 8.6-16、图 8.6-17)。湿地公园建设面积 20hm²,包含净化湿地水域面积约 14.02hm²。

图例
1 主入口、湿地管理服务中心
2 停车场
3 岸带坑塘湿地
4 水上观景平台
5 趣味人工湿地
6 生态科普体验中心
7 花田大地景观
8 智慧活力谷
9 调蓄湿地
10 服务驿站
11 阳光草地阶梯
12 生态浮岛
13 次入口
14 现状建筑

图 8.6-16　五加湖景观规划节点平面

图 8.6-17　五加湖景观规划节点意向

8.7　滨水缓冲带产业系统规划

8.7.1　规划思路

在生态敏感地区用科学生态的综合治理模式是保证可持续发展的必然选择。遵循可持续发展的理念，围绕打造高品质的生态环境，基于水生态发展导向（WEOD），统筹"一水三生"发展，构建形成可持续的滨水缓冲带岸带发展系统。具体而言：

思路一：实施治水、亲水、兴水，推进"三位一体"发展。遵循自然生态，借鉴共生城市发展理论，全面实施东湖高新区水环境综合治理，在保障水资源、完善水安全、治理水环境基础上，着力提升滨水生态、塑造滨水景观、打造滨水平台，营造滨水生活空间；植入现代滨水业态、导入现代滨水产业、发展现代滨水经济，加快滨水缓冲带生产转型升级，构建形成从治水到亲水，再到兴水的"三位一体"发展格局。

思路二：统筹生态、生产、生活，推进"三生融合"发展。遵循功能复合，统筹滨水缓冲带生态环境资源，采取"水生态＋"的发展路径，在湖泊、河流水系节点，统筹生态、生产、生活功能空间共生融合,打造功能更为复合的生态据点,提升 WEOD 发展;链接社区、园区、街区需求发展,加快完善光谷城市服务功能,营造滨水生活;对接产业区、功能区、风景区产业发展,完善产业集群服务环境,发展滨水生产,形成生态、生产、生活"三生融合"发展格局。

思路三:打造美丽、幸福、绿色光谷,推进高品质发展。遵循自然平衡,围绕生态优先、绿色发展,在水环境综合治理基础上,通过水景观、水生态建设,推动蓝绿系统向功能园区渗透,导入滨水生态友好型业态功能,建设美丽光谷、幸福光谷、绿色光谷,打造宜居、宜业、宜游的滨水岸带,整体提升光谷副中心新城生态环境服务品质。

8.7.2 业态体系与重点

8.7.2.1 产业体系

以打造高品质的服务环境为导向,从延伸滨水区产业链、把握政策趋势、促进水系综合治理、对接光谷产业发展、适配滨水缓冲带基底条件、借鉴世界发展经验等维度,采用分类、分层引导发展的模式,以美丽产业为先导,幸福产业、绿色产业为重点,构建"1+2"的滨水缓冲带产业体系,加快形成世界级的活力滨水岸带区(表 8.7-1)。

表 8.7-1　　　　　　　　　滨水缓冲带滨水产业体系发展一览

产业体系	重点业态
美丽产业	河湖湿地观光、自然山水观光、滨水休闲观光、生态农业观光、影视外景拍摄
幸福产业	文化娱乐、康养度假、健康休闲、时尚体育、水上休闲、养生养老、科普教育
绿色产业	生态会展、滨水商业、滨水商务、创新创意

美丽产业。积极挖掘滨水生态环境资源价值,发展以滨水自然生态为载体要素的美丽产业,营造高新区滨水生态文化休闲场景,打造高新区滨水生态休闲观光链。重点导入河湖湿地观光、自然山水观光、滨水休闲观光、生态农业观光、影视外景拍摄等业态发展。

幸福产业。重点挖掘蓝线、绿线空间,发展以滨水自然生态为空间基底的幸福产业,延伸高新区滨水岸带生态价值链。重点导入文化娱乐、康养度假、健康休闲、时尚体育、水上休闲、养生养老、科普教育等业态发展。

绿色产业。着力拓展延伸滨水生态环境价值,发展以滨水自然生态为增值要素的绿色产业,促进新区空间增值发展、业态集群完善,提升高新区发展价值链。重点导入生态会展、滨水商业、滨水商务、创新创意等业态发展。

8.7.2.2 园区指引

根据产业布局模式和产业园区建设,按照"符合滨水缓冲带的用地要求、高效利用滨水生态资源的产业导入、蓝绿系统渗透发展的空间引导、打造 WEOD（水生态导向）的有机生长组团"的原则，拓展光谷各园区发展定位、产业发展目标、滨水岸带条件、集群发展需求，确定各园区滨水缓冲带滨水产业功能发展正负面清单。

（1）实施正面清单引导

围绕各园区发展定位，结合滨水岸带条件，围绕各园区高质量发展的产业链延伸需求和高品质服务的客群需求，区分光谷生物城、光谷未来科技城、光谷中心城、光谷综合保税区、光谷光电子信息园、光谷现代服务园、光谷智能制造园、光谷中华产业园等光谷八大园区，加强东湖高新区滨水业态布局引导，推进滨水缓冲带滨水健康、休闲、体验、度假和滨水生态商务、商业、会议、创新、创意等不同类型的服务功能发展，提升东湖高新区园区发展的聚集引力。

（2）加快负面清单腾退

紧紧围绕东湖高新区的发展定位和高质量发展的业态落地，对于不符合高新区世界级发展高端定位和生态优先、绿色发展需求的传统农业种植、林果种植、水产养殖和传统村庄、自然荒地，及其他不符合光谷定位的传统经济业态，采取土地获取管控、项目建设拆迁、组团发展腾退、业态升级转型等方式，加快腾退发展（表 8.7-2）。

表 8.7-2　　　　　　　　光谷各园区滨水缓冲带滨水产业发展正负面清单一览

光谷园区	正面清单		负面清单
	业态引导	布局引导	
光谷生物城	大健康服务、养生养老、健康休闲、健康运动、健康管理	豹澥湖北岸、豹澥河—龙山溪滨水廊道等	传统的农业种植、传统的林果种植、传统的水产养殖、传统的村庄荒地、不符合光谷定位的传统经济业态
光谷未来科技城	滨水科技商务、滨水休闲体验、创新创意服务、生态会议	豹澥湖北岸（科学半岛）、严东湖南岸	
光谷中心城	滨水文化娱乐、滨水商业、滨水商务、水岸时尚体育	豹子溪—九峰明渠、星月溪—台山溪滨水廊道	
光谷综合保税区	滨水保税商业、滨水科普展示、滨水观光休闲、滨水生活休闲	豹子溪、台山溪滨水廊道	传统的农业种植、传统的林果种植、传统的水产养殖、传统的村庄荒地、不符合光谷定位的传统经济业态
光谷光电子信息园	滨水休闲、体育休闲、生态体验、文化娱乐	南湖东岸、汤逊湖北岸	
光谷现代服务园	湿地休闲、文化旅游、体育休闲、主题游乐、生态休闲农业	严东湖西岸、北岸	

续表

光谷园区	正面清单		负面清单
	业态引导	布局引导	
光谷智能制造园	滨水休闲、体育休闲、生态体验、文化娱乐、滨水智造服务	沿严东湖东岸—黄大堤港—严家湖滨水岸带	传统的农业种植、传统的林果种植、传统的水产养殖、传统的村庄荒地、不符合光谷定位的传统经济业态
光谷中华产业园	健康运动、水上休闲、时尚体育、文化旅游、滨水观光 康养度假、生态养生、生态会展、生态商务、生态农业	豹澥湖南岸、环牛山湖龙泉半岛、枫树岭半岛	

8.7.3　功能分区与布局

8.7.3.1　分层引导

借鉴世界级创新型区域滨水区治理保护与岸带利用发展的经验,落实武汉市三河三湖流域治理、湖泊周边用地规划与建设管控、湖泊生态保护规划等相关规定,实施"水—岸—产—城"联动的综合治理,按照蓝线空间、绿线空间、外围生态发展用地三个空间圈层,实施分层的产业发展引导、业态功能导入和空间布局管控,促进滨水缓冲带岸带资源的高效利用,实现人与自然的和谐共生。

第一层:"蓝线"空间发展。以蓝绿系统为发展基底,主要依托河湖湿地、岸带公园、生态景观、文化景点、山水湖泊,打造蓝绿交织的公共开放空间、滨水游憩空间,重点布局导入滨水休闲观光、河湖湿地观光、自然山水观光、影视外景拍摄等美丽业态,水上休闲等幸福业态发展。

第二层:"绿线"空间发展。依托蓝绿节点(WEOD)、生态发展用地,打造生态、生产、生活功能复合型的生态化发展据点空间,重点布局导入滨水休闲观光、生态农业观光等美丽业态,健康休闲、时尚体育、科普教育等幸福业态发展。

第三层:外围生态发展空间。依托蓝绿基底、外围发展用地,对接园区节点,促进水城一体,打造低碳、绿色的新兴服务、生活服务发展据点空间,重点布局导入文化娱乐、康养度假、养生养老、科普教育等幸福业态,生态会展、滨水商业、滨水商务、创新创意等绿色业态发展。

8.7.3.2　功能分区

按照"与光谷蓝绿系统和生态控制的诉求相衔接、与光谷组团建设和产业发展的需求相衔接、与光谷总体规划和土地利用的要求相衔接"的原则,结合光谷副中心新城发展、产业园区组团建设与河流港渠、湖泊、水库的依存发展关系,将东湖高新区滨水缓冲带产业功能发展划分为"北部·国际滨水休闲游乐区、中部·国际滨水休闲宜居区、南部·国际滨水休闲度假区",统筹推进滨水缓冲带发展,塑造高品质的生态环境(图8.7-1)。

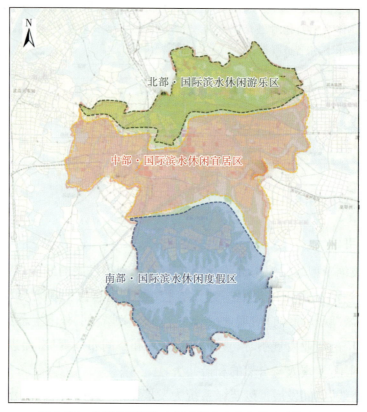

图8.7-1 东湖高新区滨水缓冲带滨水产业发展功能分区

(1)北部·国际滨水休闲游乐区

主要位于九峰山以及以北片区,涵盖现代服务业园、智能制造园,包括严东湖、九峰山的北部绿心(图8.7-2)。

发展目标:围绕都市客群,打造集运动、观光、娱乐、摄影、科普、探索等功能于一体的滨水休闲游乐区。

功能业态:发展文化旅游、主题娱乐、休闲农业、体育休闲、观光休闲等滨水业态。

(2)中部·国际滨水休闲宜居区

主要位于九峰山和龙泉山之间片区,光谷实施"五谷"共建战略核心承载区,城市型河流港渠集中区(图8.7-3)。

发展目标:围绕商务客群,打造集商务、商业、健康、展示、娱乐、生活等功能于一体的滨水休闲宜居区。

功能业态:发展商务商业、文化娱乐、健康服务、创新创意、生态体验、科普教育等滨水业态。

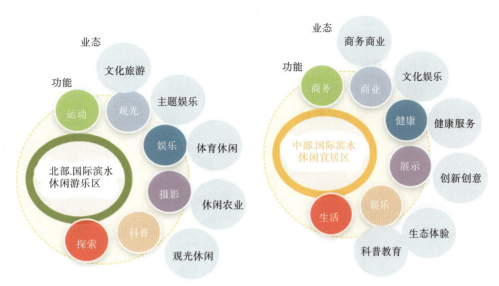

图 8.7-2　北部·国际滨水休闲游乐区功能
发展与重点业态

图 8.7-3　中部·国际滨水休闲宜居区功能
发展与重点业态

（3）南部·国际滨水休闲度假区

主要位于豹澥湖以南,涵盖中华科技产业园,包括豹澥湖、牛山湖以及龙泉山的南部绿心(图 8.7-4)。

发展目标:围绕度假客群,打造集度假、养生、体育、会展、培训、摄影等功能于一体的滨水休闲度假区。

功能业态:发展康养度假、生态养生、生态会展、时尚体育、生态农业、健康运动等滨水业态。

图 8.7-4　南部·国际滨水休闲度假区功能发展与重点业态

8.7.4　发展途径

围绕导入美丽业态、幸福业态、绿色业态发展,按照"水城一体,串珠式、廊道有机生长;水园互动,多样化、功能融合发展;统筹联动,复合型、生态据点建设"的原则,结合滨水缓冲带基底条件和土地利用要求,重点布局"三湖、三轴、三岛",推进核心功能项目建设,加快滨水区功能业态聚集发展(图8.7-5)。

图 8.7-5　光谷滨水缓冲带"三湖、三轴、三岛"生态据点布局

8.7.4.1　三湖:蓝绿渗透、服务延伸

"三湖"是指重点布局严东湖、豹澥湖、牛山湖三大湖泊滨水生态区发展。重点以健康、运动、游乐、体验功能为核心突破点,对接光谷园区组团的建设发展,挖掘湖泊蓝绿系统、基本农田的基底特质和优势条件,推进环湖绿道、滨水乐园、健康小镇等项目建设,导入美丽、幸福业态发展,促进蓝绿渗透(图8.7-6、表8.7-3)。

(1)严东湖片区

湖畔乐园。围绕严东湖东岸、黄大堤港周边的都市和院校客群需求,形成光谷智能制造园与未来科技城的生态结合区。以水域岸线、生态草甸为基底,以滨水、绿色、文化和时尚创意为主题,植入游乐设施、游乐活动、互动体验,包括:自然探险区、无动力乐园、时尚水乐园、人水互动区、商业休闲区等,以提供多样的游乐选择。将湖畔乐园打造为集自然野趣、亲子探秘、无动力娱乐、生态体验、合家欢乐等功能于一体的滨水乐园,成为大都市滨水娱乐休闲目的地。

严东湖
① 湖畔乐园
② 未来水世界
③ 健身休闲绿道
④ 生态农庄
豹澥湖
① 生命健康小镇
② 健康绿道
牛山湖
① 幸福绿道
② 渔人码头

图 8.7-6　光谷滨水缓冲带滨水产业发展"三湖"重点项目布局

表 8.7-3　　　　　　　　严东湖滨水缓冲带重点建设项目一览

序号	项目名称	项目选址	项目目标	项目内容
1	湖畔乐园	严东湖东岸,沿黄大堤港延伸	打造集自然野趣、亲子探秘、无动力娱乐、生态体验、合家欢乐等功能于一体的湖畔乐园,成为大都市滨水娱乐休闲目的地	自然探险区、无动力乐园、时尚水乐园、人水互动区、商业休闲区
2	未来水世界	严东湖东岸,花山中心组团西部	以长江水生态文化为主题,打造集长江水生物展示、科普以及游乐、休闲等功能于一体沉浸式水生物主题水世界娱乐综合体,成为长江生态文化休闲目的地	长江水族馆、长江科普馆、器械游乐园、未来水剧场、商业休闲区
3	健身休闲绿道	环严东湖滨水岸线	打造集体育、健跑、骑行、休闲、观光等功能于一体的健身休闲绿道,成为健身休闲目的地	健跑、骑行绿道,健身服务驿站,绿道观光
4	生态农庄	严东湖北岸、长江南岸南部的基本农田片区	打造集会议、采摘、展销、体验、教育等功能于一体的生态农庄,成为生态田园休闲目的地	农业种植采摘园、农庄产品展销区、生态农业展示区、农耕体验教育区、生态会议中心、农业嘉年华

未来水世界。围绕大都市休闲客群,在严东湖东岸,花山中心组团西部,以长江水生物为特色主题,植入游乐设施、公共服务设施,包括:长江水族馆、长江科普馆、器械游乐园、未来水剧场、商业休闲区等,提供多样的休闲娱乐服务。以长江水生态文化为主题,打造集长江水生物展示、科普、游乐、休闲等功能于一体的沉浸式水生物主题水世界娱

乐综合体,成为长江生态文化休闲目的地。

健身休闲绿道。在环严东湖滨水岸线,对接东湖高校区、花山组团、左岭组团发展,围绕都市健康休闲客群需求,提供骑行、慢跑等休闲场景,带动光谷健身运动发展,落实健跑、骑行绿道、健身服务驿站、绿道观光等设施与服务,串联严东湖沿线景观节点。打造集体育、健跑、骑行、休闲、观光等功能于一体的健身休闲绿道,成为健身休闲目的地。

生态农庄。在严东湖北岸、长江南岸南部的基本农田片区及混合部分的建设用地区域,以片区的基本农田为基底,结合周边组团和发展用地,围绕一、二、三产业融合,植入休闲、体验、教育、会议等功能,包括:农业种植采摘园、农庄产品展销区、生态农业展示区、农耕体验教育区、生态会议中心、农业嘉年华等,以推动传统农业向生态农业转型升级,发展新兴产业。打造集会议、采摘、展销、体验、教育等功能于一体的生态农庄,使之成为生态田园休闲目的地。

(2)豹澥湖片区

生命健康小镇。在光谷生物城南部、豹澥湖北岸、光谷科学城西部区域,对接光谷生物发展,通过生物产业链延伸,建设生命健康小镇,包括:大健康数据中心、智慧医疗康养区、健康会议中心、健康休闲中心、颐养花园公寓、老年大学等,以带动生物产业向健康服务、康养、养生、颐养等消费环节拓展。打造集健康管理、智慧医疗、康养、颐养、休闲、娱乐、休闲等功能于一体的生命健康小镇。

健康绿道。环绕豹澥湖北岸、西岸和南岸的滨水岸线,与生命健康小镇发展相衔接,串联豹澥湖沿线景观、湿地、文化节点,带动滨水岸带转型升级发展,形成基于健康服务驿站、以绿道观光为特色的环湖绿道系统。打造集体育休闲、驿站服务、自然观光等功能于一体的健康绿道,成为生物友好、健康休闲的目的地。

豹澥湖滨水缓冲带重点建设项目见表8.7-4。

表8.7-4 豹澥湖滨水缓冲带重点建设项目

序号	项目名称	项目选址	项目目标	项目内容
1	生命健康小镇	光谷生物城南部,豹澥湖北岸	打造集健康管理、智慧医疗、康养、颐养、休闲、娱乐、休闲等功能于一体的生命健康小镇	大健康数据中心、智慧医疗康养区、健康会议中心 健康休闲中心、颐养花园公寓、老年大学
2	健康绿道	环豹澥湖北岸、西岸和南岸的滨水岸线	打造集体育休闲、驿站服务、自然观光等功能于一体的健康绿道,成为生物友好、健康休闲的目的地	绿道系统、健康服务驿站、绿道观光

（3）牛山湖片区

幸福绿道。环绕牛山湖北岸、西岸、南岸的滨水岸线,与环牛山湖生态度假村、养生庄园、生态会议中心、文化风景区、湿地等发展相衔接,建设幸福绿道,串联环湖发展节点,整体带动滨水岸线升级发展,形成基于幸福驿站、以绿道观光为特色的环湖绿道慢行系统。打造集滨水漫步、驿站服务、滨湖观光等功能于一体的幸福绿道。

渔人码头。在牛山湖北岸、豹澥湖南岸、龙泉半岛东端、鄂州梧桐湖新城西部等区域,充分挖掘牛山湖的滨水资源优势,借鉴旧金山渔人码头发展经验,以渔人码头为带动,推进建设游艇小镇,具体项目包括:游艇码头、商业购物区、休闲娱乐区、沙滩亲子区、美食餐饮区等,以满足大都市客群水上运动休闲服务需求。打造集江南美食、滨湖美景、水上运动、文化娱乐、亲子休闲、商业购物等功能于一体的渔人码头,成为水上休闲的目的地。

牛山湖滨水缓冲带重点建设项目见表8.7-5。

表 8.7-5　　　　　　　　　　　牛山湖滨水缓冲带重点建设项目

序号	项目名称	项目选址	项目目标	项目内容
1	幸福绿道	环牛山湖北岸、西岸、南岸的滨水岸线	打造集滨水漫步、驿站服务、滨湖观光等功能于一体的幸福绿道	绿道慢行系统、幸福驿站、绿道观光
2	渔人码头	牛山湖北岸、豹澥湖的南岸,龙泉半岛东端	打造集江南美食、滨湖美景、水上运动、文化娱乐、亲子休闲、商业购物等功能于一体的渔人码头,成为水上休闲目的地	游艇码头、商业购物区、休闲娱乐区、沙滩亲子区、美食餐饮区

8.7.4.2　三岛:生态据点、有机生长

"三岛"是指重点布局科学半岛、龙泉半岛、枫树岭半岛三大滨水生态半岛区发展。重点以健康、度假、体育、国际交往为核心功能突破点,对接未来科技园、中华产业园建设发展,挖掘半岛的自然山水优势和生态型开发边界的基底条件,推进庄园、田园、公园、花园等项目建设,导入美丽、幸福、绿色三大业态发展,促进产业发展有机生长,加快形成区域融合发展组团(图8.7-7)。

图8.7-7 滨水缓冲带滨水产业发展"三岛"重点项目布局

（1）科学半岛

位于未来科技城南端，处于光谷东部，由北向南延伸入豹澥湖的生态半岛。

未来科学公园。在豹澥湖北岸、未来科技城南部、光谷科学半岛南部区域，以山水、湿地、花草树木为基底，融入科学文化元素，通过公共文化设施的建设，包括：盼海归来广场、全息科学剧场、科技会议中心、科学酒店、科学众智空间、科学科普长廊等，来带动科学休闲业态的发展。打造集科学交流、交往、娱乐、休闲、科普等功能于一体的未来科学公园，成为科学科普休闲的目的地。

国际科学家社区。在豹澥湖北岸、未来科技城南部、光谷科学半岛北部区域，围绕光谷高层次人才集聚，对接未来科技城高端人才发展，充分考虑世界级科学家的宜居需求，推进科学家社区建设，包括：科学家公寓、科学家活动中心、科学家部落街区等，以提高光谷对世界级人才聚集的吸引力。打造集宜居、休闲、娱乐、交流等功能于一体的科学家社区，成为全球顶级科学家的聚集地。

独角兽社区。在豹澥湖北岸、未来科技城南部、光谷科学半岛北部区域，围绕独角兽企业孵化、成长的发展需求，打造全要素服务功能的独角兽社区，包括：科技总部花园、科技创新中心、文化娱乐中心、高端人才公寓、体验商业中心等，以提升光谷高科技企业的孵化能力。打造集企业办公、孵化、创新服务、文化娱乐、休闲宜居等功能于一体的独角兽企业社区，成为光谷独角兽企业孵化地、生成地、成长地。

科学半岛重点建设项目见表8.7-6。

表8.7-6　　　　　　　　　　　　　　　科学半岛重点建设项目

序号	项目名称	项目选址	项目目标	项目内容
1	未来科学公园	豹澥湖北岸,未来科技城南部,光谷科学半岛南部	打造集科学交流、交往、娱乐、休闲、科普等功能于一体的未来科学公园,成为科学科普休闲的目的地	盼海归来广场、全息科学剧场、科技会议中心、科学酒店、科学众智空间、科学科普长廊
2	科学家社区	豹澥湖北岸,未来科技城南部,光谷科学半岛北部	打造集宜居、休闲、娱乐、交流等功能于一体的科学家社区,成为全球顶级科学家的聚集地	科学家公寓、科学家活动中心、科学家部落街区
3	独角兽社区	豹澥湖北岸,未来科技城南部,光谷科学半岛北部	打造集企业办公、孵化、创新服务、文化娱乐、休闲宜居等功能于一体的独家兽企业社区,成为光谷独角兽企业孵化地、生成地、成长地	科技总部花园、科技创新中心、文化娱乐中心、高端人才公寓、体验商业中心

(2)龙泉半岛

位于光谷中华产业园,处于光谷南部,牛山湖与豹澥湖之间的生态半岛。

太极养生庄园。在龙泉半岛西部、牛山湖北岸的基本农田和混合建设用地区,紧抓大健康快速发展的机遇,将健康养生与现代农业发展结合,以太极文化为内涵,以养生度假为核心,融入中医养生文化,构建健康消费服务圈,兴建太极禅修文化苑、中医药养生园、康复疗养社区、太极养生服务中心等,形成与旅游关联互动的发展模式。打造集太极禅修、中医药养生、康复疗养、健康管理、中医药休闲科普等功能于一体的太极养生庄园,成为健康度假的目的地。

普罗旺斯庄园。在龙泉半岛东部(北临豹澥湖、南临牛山湖),以婚庆产业为切入口,将都市休闲农业与婚庆休闲体验活动相结合,充分挖掘乡村文化元素,兴建普罗旺斯庄园酒店、文化创意产业园(幸福大讲堂、婚礼堂)、草坪婚礼服务区(婚礼广场)、薰衣草观光园、荷兰农场(有机农业发展)、爱情许愿树、薰衣草之约等,形成集庆典、休闲、观光、产业发展于一体的农业庄园发展。打造集婚庆策划、婚礼宴会、婚纱摄影、体验观光、休闲采摘等功能于一体的、最浪漫的一站式婚庆基地,成为爱情的见证地。

国际会议培训中心。在龙泉半岛西部的建设组团片区,基于"华创会"的永久落户中华产业园,结合片区周边的基本农田、建设用地要求,围绕会议＋培训＋休闲的需求,推进国际生态会议培训中心建设,包括:国际会议培训中心、生态度假酒店、生态采摘园、生态蓝心等。挖掘大都市区企业会议培训服务需求，打造集生态、会议、培训、度假、休闲、观光等功能于一体的生态会议培训中心，成为生态会议休闲度假目的地。

主题创意农场。在牛山湖北岸、龙泉半岛南部基本农田区域，围绕龙泉半岛基本农田的高效发展，借鉴台湾创意农业发展经验，统筹挖掘农业的生态、生产、生活功能，在发展现代农场的基础上，引入文化创意、家庭亲子等元素，包括：亲子农园、田园民宿、农夫市集、创意农业区等，让游客在参与中体验农事、享受田园。以长江农耕文明为主线，打造集现代农业、农业景观、亲子游戏、田园体验、农业市集等功能于一体的光谷特色创意农场，成为田园休闲目的地。

生态商务花园。在龙泉半岛东部建设用地组团片区，围绕光谷总部经济发展趋势进程，发挥光谷南部山水生态环境优势，采取总部社区的方式，推进生态商务花园建设，包括：低密度的总部办公区、生态会议会展中心、总部企业创新服务中心、国际商务酒店、总部公寓等，以带动中华产业园产业落地发展。把握高科技企业总部社区化、生态化、园区化的办公需求，打造集办公、交流、文化、娱乐、宜居等功能于一体的生态商务花园，成为光谷高科技企业总部社区聚集地。

龙泉半岛重点建设项目见表8.7-7。

表8.7-7　　　　　　　　　　　　　龙泉半岛重点建设项目

序号	项目名称	项目选址	项目目标	项目内容
1	太极养生庄园	龙泉半岛西部、牛山湖北岸的基本农田和混合建设用地区	打造集太极禅修、中医药养生、康复疗养、健康管理、中医药休闲科普等功能于一体的太极养生庄园，成为健康度假目的地	太极禅修文化苑、中医药养生园、康复疗养社区、太极养生服务中心
2	普罗旺斯庄园	龙泉半岛东部，北临豹澥湖、南临牛山湖	打造集婚庆策划、婚礼宴会、婚纱摄影、体验观光、休闲采摘等功能于一体的、最浪漫的一站式婚庆基地，成为爱情的见证地	普罗旺斯庄园酒店、文化创意产业园（幸福大讲堂、婚礼堂）、草坪婚礼服务区（婚礼广场）、薰衣草观光园、荷兰农场（有机农业发展）、爱情许愿树、薰衣草之约
3	国际生态会议中心	龙泉半岛西部建设组团片区	挖掘大都市区企业会议培训服务需求，打造集生态、会议、培训、度假、休闲、观光等功能于一体的生态会议培训中心，成为生态会议休闲度假目的地	国际会议培训中心、生态度假酒店、生态采摘园、生态蓝心

续表

序号	项目名称	项目选址	项目目标	项目内容
4	主题创意农场	牛山湖北岸,龙泉半岛南部基本农田区	以长江农耕文明为主线,打造集现代农业、农业景观、亲子游戏、田园体验、农业市集等功能于一体的光谷特色创意农场,成为田园休闲目的地	亲子农园、田园民宿、农夫市集、创意农业区
5	生态商务花园	龙泉半岛东部建设用地组团片区	把握高科技企业总部社区化、生态化、园区化的办公需求,打造集办公、交流、文化、娱乐、宜居等功能于一体的生态商务花园,成为光谷高科技企业总部社区聚集地	低密度的总部办公区、生态会议会展中心、总部企业创新服务中心、国际商务酒店、总部公寓

(3)枫树岭半岛

位于光谷中华产业园,处于光谷南部,牛山湖与梁子湖之间的生态半岛。

国际露营公园。在枫树岭半岛中部、牛山湖南岸,深入挖掘半岛的自然山水优势,充分结合武汉大都市区露营客群需求和中华院落文化元素,考虑周边用地要求,采取装配、临建、移动建设等方式,兴建项目包括:露营服务中心、拼装墅院、房车露营地、机车民宿、移动木屋区、帐篷露营地、亲子游乐区等,以推进露营公园建设。按照国际标准,打造集旅游观光、露营住宿、餐饮娱乐、儿童乐园、会议休闲等功能于一体的国际露营公园,成为露营度假的目的地。

CSA未来田园。在枫树岭半岛西部、牛山湖西岸,以大数据为基础,借鉴日本共享农业发展经验,采取菜地租种、托管代种、自行耕种、种植专属管家等方式,运用会员制、订单制等模式,提供种、养、售全过程解决方案,兴建项目包括:共享农场、一米菜园、互动园艺馆(自然教育)、农家采摘区、农产品服务中心、中央厨房区、共享民宿小院等,为都市人带去绿色健康的生活方式,带动村民增收、致富。围绕大都市居民归田园、绿色有机农产品的朴素需求,打造集农业认养、农副产品认购、院落共享、乡村餐饮休闲等功能于一体的共享田园,成为共享农业发展的典范。

农业科技小镇。在枫树岭半岛中部、梁子湖北岸,结合乡村振兴,围绕片区用地混合发展,采取与农业院校、国家及省级农业产业化龙头企业合作的方式,兴建现代科技农业园、农业科技小院(科技农业发展的新形式)、农业会展中心、农业科技创新总部花园、农业商品服务中心、农业研学教育基地等,以推进农业科技小镇建设。以科技农业发展为主线,打造集先进农业科技推广、农业企业生成、特色农产品展示、农业研学教育等功能于一体的农业科技小镇,带动光谷成为国际农业硅谷。

枫树岭半岛重点建设项目见表8.7-8。

表8.7-8　　　　　　　　　　　　　　枫树岭半岛重点建设项目

序号	项目名称	项目选址	项目目标	项目内容
1	国际露营公园	枫树岭半岛中部，牛山湖南岸	按照国际标准，打造集旅游观光、露营住宿、餐饮娱乐、儿童乐园、会议休闲等功能于一体的国际露营公园，成为露营度假目的地	露营服务中心、拼装墅院、房车露营地、机车民宿、移动木屋区、帐篷露营地、亲子游乐区
2	CSA 未来田园	枫树岭半岛西部，牛山湖西岸	围绕大都市居民归田园、绿色有机农产品的朴素需求，打造集农业认养、农副产品认购、院落共享、乡村餐饮休闲等功能于一体的共享田园，成为共享农业发展典范	共享农场、一米菜园、互动园艺馆（自然教育）、农家采摘区、农产品服务中心、中央厨房区、共享民宿小院
3	农业科技小镇	枫树岭半岛中部，梁子湖北岸	以科技农业发展为主线，打造集先进农业科技推广、农业企业生成、特色农产品展示、农业研学教育等功能于一体的农业科技小镇，带动光谷成为国际农业硅谷	现代科技农业园、农业科技小院（科技农业发展的新形式）、农业会展中心、农业科技总部花园、农业商品服务中心、农业研学教育基地

8.7.5　发展策略

按照"先蓝绿系统后滨水产业、先滨水生态后生产生活、先蓝绿节点后生态廊道、先据点建设后组团发展"的原则，加强产业布局引导与空间管控，分期、分步推进传统业态腾退、加快滨水项目建设、引导功能业态发展。

（1）总体控制策略

实行多维度同步推进的路径：生态治理与产业策划同步、产业策划与景观设计同步，确保滨水生态、景观、产业、功能发展的连续性；项目规划与项目设计同步、项目设计与实施建设同步，确保项目规划、设计、建设、落地效果的连续性。

（2）建设控制策略

实行协调配合的控制路径：国土空间规划管控与土地指标获取协调配合控制，强化土地利用、公共开放空间营建的长效控制。

（3）项目控制策略

实行项目分期的控制路径：对于先期的取地建设区域，打造功能小而全、精而美的项目。对于后期的取地建设区域，要保持项目发展的连续性、景观的连续性、生态的连续性。

9　区域水管理控制规划

　　基于东湖高新区水管理现状与问题，分析研判区域水管理需求，结合新时代水利高质量发展要求，围绕东湖高新区水管理、水环境发展目标，提出"透彻地全面感知（眼）、科学地预测预警（脑）、及时地联动响应（手）"的智慧水务建设体系和"监管中心、运营中心、控制中心、移动终端"四大用户体系的区域水务集控运行管理新模式，通过建立虚拟与现实一体化、发现与处理一体化的生产运行体系，全面提升东湖高新区防洪排涝能力、污水收集处理设施效能和水环境监管水平。

9.1　区域水管理维护现状

9.1.1　水管理主体

　　东湖高新区水管理涉及的政府部门主要为武汉东湖新技术开发区生态环境和水务湖泊局（以下简称"高新区环境水务局"）。

　　高新区环境水务局负责区内生态环境保护和水资源保护开发利用的统筹协调和综合管理工作，优化提升生态环境质量；负责生态环境综合治理工作，做好环境污染防治、生态保护修复、核与辐射安全等监督管理；负责生态环境保护宣传教育工作，推动社会组织和公众参与生态环境保护；负责建设项目环评、环保竣工验收、企业污染设施闲置与拆除、危废转移处置等工作；负责水务水利工程设施、水域及其岸线的管理、利用和保护工作，承担水情旱情监测预警和水务突发事件应急处置工作；负责水资源的开发、利用和保护工作，监督管理供排水行业、再生水行业利用。负责城镇生活污水的处理工作；负责节约用水工作；负责河湖长制工作，推进跨区域河湖联防联控；负责河道采砂的监督管理工作；负责生态环境保护、水务水政等领域的行业监管和行政执法工作，依法查处环境污染、生态破坏事件及其他违纪违规行为，协调解决跨区域、跨流域生态问题；承担党工委、管委会和上级有关部门交办的其他工作。

9.1.2　管理维护现状

9.1.2.1　河湖管理现状

为推动解决我国复杂水问题、维护河湖健康,深入贯彻落实新发展理念,推进生态文明建设,2016 年 10 月 11 日,习近平总书记主持召开中央全面深化改革领导小组第 28 次会议,审议通过《关于全面推行河长制的意见》(以下简称《意见》),决定在全国全面推行河长制。2016 年 11 月 28 日,中央办公厅、国务院办公厅联合印发《意见》,对推行河长制工作做出总体部署,提出明确要求。2016 年 12 月 13 日,水利部、环境保护部等十部委联合召开贯彻落实《意见》视频会议,总结交流各地河长制成功经验,部署全面推行河长制各项工作,会后水利部、环境保护部联合印发《贯彻落实〈关于全面推行河长制的意见〉实施方案》(以下简称《实施方案》),对各地贯彻落实《意见》提出了具体要求。2016 年 12 月 31 日,习近平总书记在发表 2017 年新年贺词时强调:通过改革,每条河流要有"河长"了。2017 年 1 月 1 日,中央一号文件明确要求全面推行河长制,确保 2018 年底前全面建立省、市、县、乡四级河长体系。

全面推行河长制,是党中央全面深化改革的重大决策,是落实新发展理念、推进生态文明建设的内在要求,事关武汉市长远发展和人民根本利益。2017 年 1 月 21 日,湖北省委办公厅、政府办公厅印发《湖北省关于全面推行河湖长制的实施意见》,随后省、市(地)、县(区)、乡(镇)四级河长制办公室陆续挂牌运作,全面推行河长制。2018 年 11 月 30 日,再次出台《湖北省全面推行河湖长制实施方案(2018—2020 年)》。这是一个重要标志,标志着湖北省河湖长制工作已加快从"全面建成"向"提档升级"转变,从"有名"向"有实"转变,从"见河长、见行动"向"见行动、见成效"转变。

除此之外,武汉市行政区内的河湖按照《武汉市水资源保护条例》《武汉市湖泊保护条例》规定进行河道、湖泊的保护、管理和监督。市水行政主管部门负责全市湖泊的保护、管理和监督。各区水行政主管部门负责本辖区内河湖的日常保护、管理和监督。市、区水行政主管部门所属的河湖保护机构,承担河湖日常保护工作。

东湖高新区针对区域内主要河流与湖泊已建成了全面完整的河湖长制体系,建立健全了以各级党政领导负责制为核心的区、街道两级河湖长责任体系,形成一级抓一级、层层抓落实的工作格局。河湖长制落实以来,东湖高新区立足于区内河湖实际,统筹上下游、左右岸,做到一河湖一档、一河湖一策,统筹解决好河湖管护中的突出问题。

如今河湖长制已全面落地生根,形成了河湖长制办公室总体协调、各成员单位各司其职的河湖管理局面,但是还存在河湖水环境监测能力不够、预警与应急功能不足等一些问题。

9.1.2.2 泵站管理现状

本次调研了东湖高新区环境水务局管理的 31 个污水泵站、7 个雨水泵站,均由高新区环境水务局管理,运营维护单位有武汉光谷城市运营管理有限公司、湖北乐投建设发展有限公司、武汉鑫胜通市政工程有限公司、三峡光谷水环境投资有限公司、武汉合力春建筑工程有限公司、武汉鑫昊义达建设工程有限公司等,运营维护单位主要负责泵站的运行和维护管理(表 9.1-1、表 9.1-2)。

表 9.1-1 高新区环境水务局管理的污水泵站信息

序号	泵站名称	地址	管理现状
1	中芯国际尾水排江 1 号泵站	光谷大道汤逊湖污水处理厂内	高新区环境水务局
2	中芯国际尾水排江 2 号泵站	高新大道与光谷三路交会处	高新区环境水务局
3	中芯国际尾水排江 3 号泵站	花山街土吴路	高新区环境水务局
4	中芯国际尾水排江 4 号泵站	青山区建设乡北湖闸口	高新区环境水务局
5	泉岗污水泵站	东园南路与豹子溪相交处	高新区环境水务局
6	凤凰山污水泵站	流芳园路和凤凰山二路交叉口	高新区环境水务局
7	左岭 2 号泵站	左岭大道科技二路	高新区环境水务局
8	左岭 3 号泵站	左岭大道左庙路	高新区环境水务局
9	中南财大泵站	中南财经政法大学内	高新区环境水务局
10	流芳园路污水泵站	高新二路流芳园路路口	高新区环境水务局
11	豹澥泵站	高新六路生物园路路口	高新区环境水务局
12	神墩一路一体化泵站	神墩一路	高新区环境水务局
13	未来三路 1 号泵站(左岭 1 号泵站)	左岭大道未来三路	高新区环境水务局
14	洪山高中泵站	洪山高中内	高新区环境水务局
15	玉龙岛花园一体化泵站	玉龙岛花园内	高新区环境水务局
16	水蓝郡小区污水泵站	水蓝路	高新区环境水务局
17	蓝波湾小区污水泵站	水蓝路	高新区环境水务局
18	锦绣良缘小区污水泵站	水蓝路	高新区环境水务局
19	茶山刘应急抽排泵站	中南民族大学南三门附近	高新区环境水务局
20	民院闸截污抽排泵站	中南民族大学北二门附近	高新区环境水务局
21	南湖社区排污口截污站运行服务	水蓝路、龙城西路附近	高新区环境水务局
22	中国地质大学(未来城校区)污水泵站	地质大学锦程街	高新区环境水务局
23	楚平路临时泵站	楚平路中国建设银行武汉生产园区对面	高新区环境水务局
24	光谷三路省妇幼泵站	湖北省妇幼保健院光谷院区附近	高新区环境水务局
25	青王路一体化泵站	珞瑜东路光谷三路路口附近	高新区环境水务局

续表

序号	泵站名称	地址	管理现状
26	新竹路一号泵站	新竹路青年广场西南门	高新区环境水务局
27	新竹路二号泵站	新竹路与雄庄路路口	高新区环境水务局
28	新竹路三号泵站	保利时代西南门	高新区环境水务局
29	未来三路二期污水提升泵站（左岭1号泵站2期）	未来三路与三湖街路口	高新区环境水务局
30	石门峰泵站	石门峰公园附近	高新区环境水务局
31	保利东路排口抽排泵站	保利东路	高新区环境水务局

表 9.1-2   高新区环境水务局管理的雨水泵站信息

序号	泵站名称	地址	管理现状
1	佛祖岭一路泵站	佛祖岭一路	高新区环境水务局
2	高新大道光谷一路泵站	高新大道交光谷一路涵洞处	高新区环境水务局
3	两湖雨水泵站	民族大道与水蓝路交会铁路桥下	高新区环境水务局
4	光谷四路雨水泵站	关豹高速桥下光谷四路	高新区环境水务局
5	金融港雨水泵站	光谷大道高架与滨湖路路口附近	高新区环境水务局
6	光谷转盘鲁磨路雨水泵站	光谷转盘鲁磨路出口	高新区环境水务局
7	光谷转盘珞喻路雨水泵站	光谷转盘珞喻路出口	高新区环境水务局

9.1.2.3 涵闸管理现状

东湖高新区范围内主要包括 11 个涵闸，均由高新区环境水务局管理，其中长江上的重要涵闸由左岭堤防所运营维护，其余涵闸的运营维护单位为湖北乐投建设发展有限公司、武汉市三峡光谷水环境投资有限公司等（表 9.1-3）。

表 9.1-3   现状涵闸信息

序号	涵闸名称	地址	管理现状	备注
1	茶山刘闸	南湖大道湖边	高新区环境水务局	代为管理，未签订维护合同
2	民院闸	中南民族大学校内南湖边	高新区环境水务局	代为管理，未签订维护合同
3	南湖大道排口截污闸（4座）	南湖大道湖边	高新区环境水务局	
4	新竹闸	中南民族大学校内南湖边	高新区环境水务局	代为管理，未签订维护合同
5	秀湖闸门	光谷大道武大园三路路口	高新区环境水务局	
6	水蓝郡雨水箱涵闸	水蓝郡小区旁	高新区环境水务局	

续表

序号	涵闸名称	地址	管理现状	备注
7	锦绣良缘雨水箱涵闸	锦绣良缘小区旁	高新区环境水务局	
8	武家湖闸	白浒山西南侧	高新区环境水务局	已由葛化自动化改造
9	何湖闸	高新区与葛化交界	高新区环境水务局	已由葛化自动化改造
10	武惠闸	阳逻大桥过长江附近	高新区环境水务局	
11	汤逊湖137闸	华工园二路	高新区环境水务局	

9.1.2.4 管网管理现状

武汉市水务局指导监督排水设施建设、运营和维护管理，并统筹中心城区排水防涝调度管理。东湖高新区管网由高新区环境水务局统一管理，承担管网日常巡查、维护及抢修工作、水质水量异常变化的调查工作、应对降雨排渍和闸口调度工作。

9.1.2.5 污水处理厂管理现状

东湖高新区范围内已建11个污水处理设施（厂、站），包含豹澥污水处理厂、左岭污水处理厂、王家店污水处理厂等（表9.1-4）。

表 9.1-4　　　　　　　现状污水处理厂信息

序号	污水处理设施（厂、站）名称
1	豹澥污水处理厂
2	左岭污水处理厂
3	王家店污水处理厂
4	武汉市东湖高新区光谷三路污水处理站
5	武汉市二妃山垃圾渗滤液处理厂
6	左岭新城富士康产业园临时污水处理站
7	花山污水处理厂
8	汤逊湖污水处理厂
9	富士康产业园临时污水处理站
10	龙王嘴污水处理厂
11	汤逊湖污水处理临时设施

9.1.2.6 水文监测现状

目前东湖高新区内有10处现状水文监测点，除南湖区域有4处水文监测点外，严加湖、牛山湖、豹澥湖、严东湖、车墩湖、五加湖均建有1处水文监测点（表9.1-5）。

表 9.1-5 　　　　　　　　　东湖高新区水文监测点信息

序号	位置	数量（座）
1	严加湖	1
2	牛山湖	1
3	豹澥湖	1
4	南湖	4
5	严东湖	1
6	车墩湖	1
7	五加湖	1

水文站分布位置见图 9.1-1。

图 9.1-1　东湖高新区水文站分布位置

9.1.2.7　水质监测管理现状

东湖高新区现状水质监测点包括 2 个国考断面、19 个市考断面、13 个区考断面。其中武汉市生态环境局已在国考断面(长江白浒山、牛山湖湖心)建设水质自动监测站点,主要监测指标为水温、pH 值、溶解氧、电导率、浊度、高锰酸盐指数、氨氮、总磷、总氮、叶绿素 a,同时也在区考断面(南湖 3#、南湖 4#)及花山河、九峰明渠建设水质自动监测站,主要监测指标为水温、pH 值、溶解氧、电导率、浊度、高锰酸盐指数、氨氮、总磷、总氮等参数。考核断面具体信息及信息化现状见表 9.1-6 及图 9.1-2。

表 9.1-6 东湖高新区水质考核断面信息

序号	断面类型	断面名称	现状监测
1	国考	长江白浒山断面	已建水质自动监测站,监测参数包括水温、pH 值、溶解氧、电导率、浊度、高锰酸盐指数、氨氮、总磷、总氮、叶绿素 a
2		牛山湖湖心断面	
3	市考	牛家村右	
4		牛山湖湖心	
5		南湖 1#	
6		南湖 2#	
7		南湖 3#	
8		严西湖湖心	
9		内汤心	
10		外汤心	
11		武大分校	
12		观音像	
13		工业园	
14		洪山监狱	
15		焦石咀	
16		豹澥湖 1#	
17		豹澥湖 2#	
18		车墩湖	
19		五加湖	
20		严东湖	
21		严加湖湖心	
22	区考	牛家村右	
23		牛山湖湖心	
24		汤逊湖 10#	
25		高新玉龙岛	
26		南湖 3#	已建水质自动监测站,监测参数包括水温、pH 值、溶解氧、电导率、浊度、高锰酸盐指数、氨氮、总磷、总氮
27		南湖 4#	

序号	断面类型	断面名称	现状监测
28	区考	严西湖南	
29		豹澥湖 1#	
30		豹澥湖 2#	
31		车墩湖	
32		五加湖	

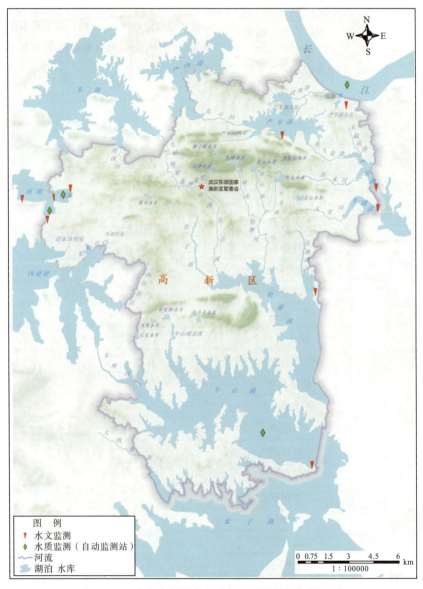

图 9.1-2　东湖高新区水质考核断面分布（自动测站）

9.1.3 信息化设施现状

9.1.3.1 闸泵信息化现状

高新区已有闸泵站的信息化水平尚可,部分闸泵已建自动化控制系统,部分已实现远程控制。高新区环境水务局目前还未建成统一的闸泵自动化控制系统。

东湖高新区内 31 个污水泵站中 14 个泵站实现了现地控制、10 个泵站实现了现地自动控制、7 个泵站达到了远程自动控制水平;7 个雨水泵站中,佛祖岭一路泵站已实现远程控制,高新大道光谷一路泵站正在进行自动化控制升级改造,其余雨水泵站均为现地自动控制;11 个涵闸中,已有 6 座闸门实现了远程控制,1 座闸门实现了现地自动控制,其余 4 座闸门均为现地控制(表 9.1-7 至表 9.1-9)。

表 9.1-7 东湖高新区污水泵站信息化现状

序号	名称	地址	自动化现状
1	中芯国际尾水排江 1 号泵站	光谷大道汤逊湖污水处理厂内	现地自动控制
2	中芯国际尾水排江 2 号泵站	高新大道与光谷三路交会处	现地自动控制
3	中芯国际尾水排江 3 号泵站	花山街土吴路	现地自动控制
4	中芯国际尾水排江 4 号泵站	青山区建设乡北湖闸口	现地自动控制
5	泉岗污水泵站	东园南路与豹子溪相交处	现地控制
6	凤凰山污水泵站	流芳园路和凤凰山二路交叉口	远程控制
7	左岭 2 号泵站	左岭大道科技二路	现地控制
8	左岭 3 号泵站	左岭大道左庙路	现地控制
9	中南财大泵站	中南财经政法大学内	现地自动控制
10	流芳园路污水泵站	高新二路流芳园路路口	远程自动控制
11	豹澥泵站	高新六路生物园路路口	现地自动控制
12	神墩一路一体化泵站	神墩一路	远程自动控制
13	未来三路 1 号泵站	左岭大道未来三路	现地自动控制
14	洪山高中泵站	洪山高中内	现地控制
15	玉龙岛花园一体化泵站	玉龙岛花园内	现地控制
16	水蓝郡小区污水泵站	水蓝郡小区旁	现地控制
17	蓝波湾小区污水泵站	蓝波湾小区旁	现地控制
18	锦绣良缘小区污水泵站	锦绣良缘小区旁	现地控制
19	茶山刘应急抽排泵站	中南民族大学南三门附近	远程自动控制
20	民院闸截污抽排泵站	中南民族大学北二门附近	远程自动控制
21	南湖社区排污口截污泵站	水蓝路、龙城西路附近	现地自动控制
22	中国地质大学污水泵站	地质大学锦程街	远程自动控制
23	楚平路临时泵站	楚平路中国建设银行武汉生产园区对面	现地控制

序号	名称	地址	自动化现状
24	光谷三路省妇幼泵站	湖北省妇幼保健院光谷院区附近	现地自动控制
25	青王路一体化泵站	珞瑜东路光谷三路路口附近	远程自动控制
26	新竹路一号泵站	新竹路青年广场西南门	现地控制
27	新竹路二号泵站	新竹路与雄庄路路口	现地控制
28	新竹路三号泵站	保利时代西南门	现地控制
29	未来三路二期污水提升泵站（左岭1号泵站2期）	未来三路与三湖街路口	现地控制
30	石门峰泵站	石门峰公园附近	现地控制
31	保利东路排口抽排泵站	保利东路	现地自动控制

表 9.1-8 　　　　　　　　　东湖高新区雨水泵站信息化现状

序号	名称	地址	自动化现状
1	佛祖岭一路泵站	佛祖岭一路	已实现远程控制
2	高新大道光谷一路泵站	高新大道交光谷一路涵洞处	正在进行自动化控制升级改造
3	两湖雨水泵站	民族大道与水蓝路交会铁路桥下	现地自动控制
4	光谷四路雨水泵站	关豹高速桥下光谷四路	现地自动控制
5	金融港雨水泵站	光谷大道高架与滨湖路路口附近	现地自动控制
6	光谷转盘鲁磨路雨水泵站	光谷转盘鲁磨路出口	现地自动控制
7	光谷转盘珞喻路雨水泵站	光谷转盘珞喻路出口	现地自动控制

表 9.1-9 　　　　　　　　　东湖高新区涵闸信息化现状

序号	名称	地址	自动化现状
1	茶山刘闸	南湖大道湖边	已实现远程控制
2	民院闸	中南民族大学校内南湖边	已实现远程控制
3	南湖大道排口截污闸（4座）	南湖大道湖边	现地自动控制
4	新竹闸	中南民族大学校内南湖边	已实现远程控制
5	秀湖闸门	光谷大道武大园三路路口	已实现远程控制
6	水蓝郡雨水箱涵闸	水蓝郡小区旁	现地控制
7	锦绣良缘雨水箱涵闸	锦绣良缘小区旁	现地控制
8	武家湖闸	白浒山西南侧	现地控制
9	何湖闸	高新区与葛化交界	已实现远程控制
10	武惠闸	阳逻大桥过长江附近	已实现远程控制
11	汤逊湖137闸	华工园二路	现地控制

9.1.3.2 管网信息化现状

武汉市水务局指导监督排水设施管理、运营和维护管理,并统筹中心城区排水防涝调度管理。东湖高新区管网由高新区环境水务局统一管理,目前还未建设管网相关信息化平台。

9.1.3.3 污水处理厂信息化现状

目前高新区内 11 座污水处理设施(厂、站)均已建水质、流量监测,武汉市生态环境局在线监测系统可以在线监测厂内水质与流量等信息。

9.1.4 信息化管理现状

9.1.4.1 东湖高新水务局智慧水务系统(微信公众号)

目前东湖高新区环境水务局使用的信息化系统包括武汉市水务通 APP 和水务局自建的微信公众号系统,包括首页、信息公开、防汛动态、智慧监测、个人中心等模块。系统界面见图 9.1-3。

(a)首页 (b)智慧监测

图 9.1-3 微信公众号系统界面

9.1.4.2 易渍水点管理现状

东湖高新区已建设易渍水点监测站点 14 处，对桥隧、涵洞、地势低洼地段等历史易渍水点进行液位监测，并设户外 LED 大屏用于向市民通报渍水信息（图 9.1-4）。

图 9.1-4 东湖高新区易渍水点 LED 大屏现场照片

9.1.4.3 湖泊管理现状

东湖高新区已建设湖泊监测站点 11 处，对梁子湖、严东湖、严西湖、南湖、汤逊湖等湖泊水位进行监测（图 9.1-5）。

图 9.1-5 东湖高新区南湖监测站现场照片

9.1.4.4 水库管理现状

水库管理方面，东湖高新区已通过数据共享，获取胜利、九龙等 12 座水库水位、雨量监测数据，通过东湖高新区环境水务局智慧水务微信公众号实现数据集成展示（图 9.1-6）。

（a）胜利水库　　　　　　　　　（b）狮子山水库

图 9.1-6　东湖高新区胜利水库、狮子山水库监测站点现场

9.1.4.5　长江防洪管理、涵闸管理、雨量监测管理现状

东湖高新区环境水务局已通过数据共享方式获取长江东湖高新区段水位数据,武惠闸闸前、闸后水位监测数据,东湖高新区政务中心雨量监测数据,并在智慧水务微信公众号中对这些信息进行数据展示(图 9.1-7)。

长江水位测点分别位于东湖高新段与长江汉口站,主要测量水位;涵闸测站位于武惠闸处,主要测量闸内外水位;降雨测站位于政务中心,主要测量降水量。

（a）长江水位信息　　　　　　（b）涵闸信息　　　　　　（c）降雨信息

图 9.1-7　东湖高新区智慧水务微信公众号截图—长江水位、涵闸、降雨信息

9.2　区域水管理存在的问题

9.2.1　感知采集能力、综合数据服务能力有待提高

高新区范围内共有 9 个湖泊、28 条河流港渠和 12 个水库,截至 2022 年各管理单位根据各自的业务管理需要,分别对河道水质、水利设施运行状况等进行了部分监测。但覆盖面有限,高新区范围内仅 4 个断面建有水质自动监测站,部分污染严重河道、河段、管网的感知能力十分薄弱,仅 8 个泵站、6 个闸门实现了远程控制,水利设施自动化监控能力有待加强。在充分利用已有监测设施、监测数据的基础上,需要全面加强对河道、闸站、泵站、管网等要素的实时监测与监控,实现研究范围内的涉水情况的全面感知。

此外,各类监测监控数据尚未汇集、整合,数据仅能反应单方面的问题,数据之间的关联关系弱、数据分析能力不足,综合数据服务能力有待提高。

9.2.2　"厂、网、河、湖、站"一体化运行模式尚未形成

东湖高新区水系发达,水利工程措施较为完备,但由于目前各污水处理厂、闸泵等要素分属不同运营管理单位管理,其运营目标和管理考核不同,且目前未形成对"厂、网、河、湖、站"统一监测、统一调度的信息化系统,导致信息获取不及时,因此厂网河统筹建设及协调运行方面难以同步进行,水务系统不能完全发挥其应有的功能。

9.2.3　综合管控效率低,管网运维管理难度大

东湖高新区现状管网覆盖率较高,但多数污水处理厂生化需氧量进水浓度低,管网高覆盖率情况下的污染物收集效能低,主要与排水管网破损、混错接等因素有关,传统管网运维管理多是事后处置,主要依靠人工巡查来进行故障排除和诊断,费时费力。

9.2.4　应急指挥协同能力差,防汛力量效能发挥不充分

东湖高新区位于长江中游,区域内暴雨洪水频发,高度的城镇化程度导致洪涝灾害时常发生。洪涝灾害发生时,现有防汛抗洪方式主要为电话沟通、现场指挥等方式,防汛人员、车辆、物资的指挥主要通过电话和人工等方式进行指挥,信息传达不全面、信息掌握不及时,防汛力量及防汛指挥效能发挥不充分。

9.3　区域水管理系统需求分析

9.3.1　"三中心一终端"的区域水务集控运行管理新模式

东湖高新区智慧水务系统用户主要为项目运营公司和高新区环境水务局,项目运

营单位主要承担着项目的建设管理、项目结束后对东湖高新区智慧水务系统及设备的运营维护管理等工作,高新区环境水务局的职责主要是监督管理。因此,根据用户职责和工作性质,规划东湖高新区智慧水务建设工程具有项目的建设管理、运行维护管理、水环境监督、防汛排涝调度等功能。结合东湖高新区水务集控运行需求,提出"监管中心、运营中心、控制中心、移动终端"四大用户体系的区域水务集控运行管理新模式。

(1)监管中心(政府主管部门)

上级政府主管部门为高新区环境水务局,智慧水务系统面向政府主管部门,围绕水质安全、防洪安全和生态监控的监督管理职责,为政府监管部门提供监管依据或监管平台,全面掌握流域全要素状态,实现各业务的动态监管。具体涉及:供水管理、节水管理、水资源管理、水环境监管、水利工程建设管理、河湖长监管、质监安监管理、水行政执法管理、排水系统运维管理、防洪排涝管理等方面的内容。

(2)运营中心(具体运营单位)

面向运营单位,围绕智能调度、精准截污、安全运行和高效管理需求,为运营单位提供科学高效的运营管理工具。具体包括排水防涝应急指挥、排水防涝调度决策等内容。

(3)控制中心(现地控制厂站)

现地控制厂站由一系列的计算机、显示屏幕、控制台和其他设备组成,可以实时收集和处理厂站(污水处理厂、泵站)的各种信息,包括泵机、设施的运行状态,安全系统的状态,生产情况等,同时可以实时收集厂站各种系统的运行数据,经由控制台统一处理,由上级运营单位统一调控,同时还具有预报预警等功能。

(4)移动终端(手机 APP、微信公众号)

结合布设的智能感知设备并配套专用手机 APP 等移动处置终端手段,使城市排水设施的管控突破了空间距离的束缚,让运营中心可以随时掌握城市实时涝情和现场处置情况,为精准调配抢险资源提供有力支持。

(5)运行管理体制机制

现有运行管理体机制按照领导机构与运维机构相结合,运维机构服从领导管理的原则,高效推进东湖高新区智慧水务运行管理。

1)建立专门的智慧水务领导队伍使用智慧水务监管中心。围绕水质安全、防洪安全和生态监控的监督管理职责,全面掌握流域全要素状态,实现各业务的动态监管,负责具体日常工作。

2)建设智慧水务运营中心。为做好智慧水务运行管理工作,组建区智慧水务运营中心,主要职责:基于智慧水务管理平台各基础功能模块,对水厂、管网、泵站运行情况,水资源开采使用、水质监测、河道管理等情况进行综合指挥调度,确保智慧水务建得成、用得好、可持续。

3)建立健全智慧水务运管机制。智慧水务具有跨学科、多专业、高集成等特点,涉及到软件、硬件、网络等方方面面,因此需要具备一套专业的运营管理机制。保障智慧水务项目建成长期、稳定运行。按照统一规划布局、统一实施建设、统一组织运营、统一政府监管的"四统一"工作机制,进一步加强对智慧水务运行监管。制定出台智慧水务运行管理制度从岗位职责、管理制度、运行标准、综合成效等方面,切实加强智慧水务运行管理。

4)开展数字化管理模式,通过前端感知体系监测区域内所需的水务信息,将数据进行统一的收集、整理并通过这些数据信息建立了大数据库,通过对东湖高新区城区智慧水务涉及的数据资源进行整合,实现对核心业务、核心资源的综合管控。制定专门的水务模型平台进行分析比对。依靠智慧监管、运营、自动控制实现全面掌握流域全要素状态,实现各业务的动态监管,满足智能调度、精准截污、安全运行和高效管理需求。最后通过系统集成使整个工程各个方面的建设协调一致,充分发挥工程投资效益,加强水务的智能化管理。实现政府和相关水务企业的数字化管理模式。

9.3.2 业务功能分析

智慧水务信息服务包括各类基础信息服务、监测信息服务,极大地丰富了水务数据资源,为大数据应用和应用系统提供数据基础,由于智慧水务体系内各大应用系统之间有内部衔接关系,如流域综合管理涉及水库、河道、及引水工程等的管理,因此建立起水库、河道、引水工程的管理系统后,运行过程中可发布重要预警信息,与气象等部门进行共享交换,系统内部融合多源数据,实现智慧应用的指挥调度。业务功能主要有五大块,分别是基础信息服务、监测信息服务、信息发布服务、信息交换服务以及信息融合服务。

9.3.2.1 基础信息服务

基础信息分为两类,其中一类为智慧水务各大应用系统所需要的"一张图"展示底图数据,即基础地理空间数据包括水利工程及水利设施空间数据等,另一类为基础业务属性数据,包括水务工程档案、设施设备资产清单、建设项目过程信息、各类执法监督文书、音视频记录、河长信息等不具备空间属性的数据。

基础信息服务应具备以下功能:

(1)数据输入输出

支持对静态地理信息数据以通用格式导入、检查、添加和确认;支持三维模型的几何数据和属性数据以通用格式导出;支持基础业务数据的批量上传、下载,并按照数据类型、数据时相或用户需求进行产品制作,内容提取、导出和分发。

(2)数据编辑及修改

支持坐标及投影变换、高程换算、数据裁切、数据格式转换以及影像数据的对比度、灰度(色彩)、饱和度一致性调整等;支持对二维矢量数据的图形编辑;支持对三维模型数据模型替换、模型空间位置修改、纹理编辑、属性编辑、元数据编辑等;支持对基础业务数据内容编辑、修改、同步保存等。

（3）地理信息服务功能

基于统一地图服务,利用GIS分析技术,搭建图形化分析平台,为流域管理、智慧水库管理、水资源调度管理和水务设施监测等智慧决策提供智慧水务GIS主题分析展示服务,实现"以图说数据、以图管业务、以图看分析、以图做决策"的地理信息服务体系。支持三维模型的替换、模型属性的更新和局部区域模型的整体更新;支持对地图瓦片数据及三维缓存数据的整体更新、按层更新和局部更新。

（4）数据可视化

支持将多时相数据(包括三维BIM数据)组合、图层叠加、符号化显示和放大缩小、漫游、前视图、后视图等浏览功能,并可通过动画、动态符号和颜色模拟变化;支持三维模型数据的显示,为提高系统性能宜支持模型动态加载。

（5）查询统计

应具有按时间、属性和空间或其组合条件,查询与检索不同时相、不同类型和不同区域时空信息的能力,并可提取与统计;应具有对三维模型数据进行查询的功能;应具有对数据及服务资源进行目录检索的功能;应具有根据检索结果进行快速定位的功能。

9.3.2.2 监测信息服务

智慧水务的业务决策离不开对水务设施及业务的全面智能感知,通过智能感知体系获取水务工程实时运行数据、水情水质实时数据、现场视频数据等,为水务事件判断提供有力的数据支持,以期达到更快速准确获取相应处置对策的目的。智慧水务建设内容中的智能感知体系所获取监测信息在系统中应满足以下功能需求:

（1）动态数据获取

物联网智能感知设备采集的流式数据,种类繁多、数量庞大,应该分层次管理,将各类感知数据生成的多层次摘要数据主动推送至相应节点,这些节点不仅能够接收,而且可动态积累。物联网智能感知设备采集的水位、流量、降水和蒸发等水情信息,常规五参数、化学需氧量、氨氮、总磷和重金属等水质信息,渗流或渗压、表面变形和内部变形等工情信息,视频图像等信息应事先设置好数据格式与标准,保证设备感知的实时数据进入到不同的数据库和数据表保存,应设置实时数据表和历史数据表。

（2）监测信息动态更新

应具有流式数据或者多层次摘要动态追加和积累功能;支持数据索引的实时修正;

支持数据按范围、时间、类型以及整体的更新；由于智能感知设备本身的误差，具备监测数据的校核功能，并设置相应的权限修改传输错误数据，并保存至历史数据库。

（3）可视化展示功能

水务业务监测因子众多、数据结构复杂、呈现形式多样。应根据不同监测数据制定不同可视化展示方式，按照相关规程规范设计水位数据的涨平落，采用分级分层设色显示不同类型的监测数据的变化趋势，让领导和管理人员时刻了解数据的历史、动态变化、发展规律和演变趋势。

（4）查询统计

包括水雨情、水质、管网等各类水务监测要素的统计图表展示，可按类型、时间、区域进行组合查询统计，查询结果以不同图表展示。

9.3.2.3　信息发布服务

信息发布服务的功能需求应充分考虑智慧水务项目的各类用户群体需求，增加水务业务的公开透明程度，更好地服务社会企业及公众，同时提升政府的服务能力。信息发布服务具体功能需求如下：

（1）信息编辑

考虑到水务诸多业务信息对外发布的服务需求，如：政策法规、水务工程施工信息、供水水量报告、设施设备档案、执法文书、行政检查通知、行政审批流程等的档案文书信息的录入和下达，应针对不同水务业务文书设定不同模板，提供可批量编辑和导入的功能。

（2）信息审核

为保证信息发布的准确权威性，水资源调度公报，供水公报，用水量、水资源费征缴情况、网上办公的处理流程等水务公开信息在由发布人编辑完成后，应具备审核机制和流程，设定相应的人员对内容审核，审核通过后即可发布至智慧水务平台。

（3）信息发布

信息发布主要分为政务业务信息类发布、实时监测数据发布和预警信息发布等。

政务业务信息发布包括政策法规的发布、水务安全知识普及等。实时监测数据发布可为预警信息发布提供依据，包括水情、工情、水质、视频等监测数据，由于这些监测数据与水务设施工程监测变量具有较强的时变性和突发性，如突发洪水事件、水污染事件等，且不同程度的设施损伤都可能会引发不同程度的灾难事件。智慧水务平台应根据对不同指标的不同影响等级进行阈值设定，当监测信息在某一时段内持续线性变化时，会发出预警信息并显示于GIS图上，同时可通过系统发送消息给特定的管理人员；当监

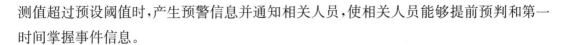

测值超过预设阈值时,产生预警信息并通知相关人员,使相关人员能够提前预判和第一时间掌握事件信息。

(4)信息发布浏览

信息发布后,用户可通过 PC 端和移动端不同方式查看浏览,也可提供用户对发布的信息提出反馈或质疑的入口。

9.3.2.4　信息交换服务

信息交换服务的功能需求主要能通过建立在市、区局、其他协同部门、相关企业之间,多级网络间的不同应用系统、不同数据库之间的数据互联互通,实现数据及时、高效地上传下达。统一提供包括外部接入、内部对外的数据接口和数据交换等多种数据共享和交换方式,在保证数据传输安全、便捷、顺畅的同时,保证数据的一致性和准确性。从而打破信息流通的传输与获取壁垒,避免重复建设,减少资源浪费。

信息交换服务具体功能需求如下:

(1)水务系统之间的信息交换

水务系统包括水务局上级主管部门、水务局内部系统、各区水务局系统,其间信息交换应实现对局内各单位的数据共享服务、对外通过政务资源中心为区水务局、相关涉水企业提供数据服务。

提供各类监测数据交换的接口,如水务系统自建的监测数据,包括水情、雨情、水质、工情等实时监测数据。

(2)外部系统之间的信息交换

外部系统之间的信息交换主要指与气象部门、规划部门、公安部门、住建部门等非水务部门实现信息共享。

1)共享水体水质监测数据、其他水环境监测数据等;

2)共享气象部门的卫星、雷达等气象数据,包括风速、风向、降雨等各类天气预报数据;

3)共享规划部门统一建设的地理信息服务数据,包括全市基础地理空间数据、三维倾斜摄影数据、相关专题数据等;

4)共享交通运输部门的视频、图像等数据;

5)与住建部门交换工程建设类项目信息。

9.3.2.5　信息融合服务

需统一按照国家和省水利方面要求和规范,梳理现有各业务系统与监测数据之间的关系,实现各类信息融合。具体功能需求如下:

（1）数据可视化工具

具备数据可视化功能，对水务多源数据进行快速获取、筛选、整合、分析、归纳，展现决策者所需要的信息，并根据新增的数据进行实时更新。

（2）决策会商

为提升区水务管理中相关决策会商过程和应急事件处置过程的科学性和高效性，需要建设决策会商与应急处置系统，以各类监测数据和业务数据作为基础数据源，针对会商主题和应急事件的类型，采用科学的数据组织处理方法和预测、预报技术，结合丰富的报表、多维分析等方法对水资源分配调度、防汛抗旱、工程安全、工程运行等各类主题进行科学的分析，为决策者提供及时、准确、科学的辅助决策依据。

业务管理的功能需求梳理决定了智慧水务应用层的功能架构，本次智慧水务建设应用层功能主要包括水安全应急防汛排涝、水环境管理、水工程管理。

9.3.3　业务流程分析

监测预警、防汛排涝、水环境监管、建设管理、运行管理、移动应用等功能形成闭环处理，各个环节人员对系统输入数据进行核对，并定期对前端感知体系设备进行检修维护，确保数据基础扎实可靠。此外各个系统功能无缝衔接，对基础数据进行自动化处理，此外各个系统协同运作，监测预警系统对异常数据做出预警后，数据中心通过模型判定异常情况属性。若异常情况为降雨引起河道、管网水位超高，则防汛排涝系统对异常数据进行调取并输入模型进行计算，预测降雨引起的易涝点位置以及积水深度等相关数据，而后对该情况进行调控，通过对排水沿途水工设施的调控，减少易涝点个数，降低积水深度或防止城市内涝；若水质情况异常，则对沿途水道水质数据进行调取，首先缩短水质异常研究段，而后寻找水质异常突变点，点位污水排放点，进行巡查确定后对相关排放源进行处理。

水情数据由前端感知体系收集并进行异常提醒，通过数据中心对异常情况进行判定，而后相应系统调取数据进行模拟处理综合决策，并通过运行管理系统对相关设施进行动作，消除安全隐患，并由前端感知系统对处置后的水情数据进行收集反馈，与模型模拟结果进行对比，通过模型学习加大模型调控精度，进一步提升整个系统的监测调控能力。

9.3.4　信息量分析与预测

本项目主要是将东湖高新区智慧水务有关数据进行有限整合，并通过水务"一张图"进行展示，针对各类数据进行分析研究，对高新区城市防汛调度、水环境问题处理等

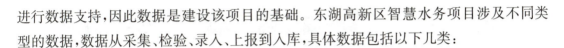

进行数据支持,因此数据是建设该项目的基础。东湖高新区智慧水务项目涉及不同类型的数据,数据从采集、检验、录入、上报到入库,具体数据包括以下几类:

(1)基础信息数据

包括东湖高新区基本属性信息,排涝泵站及排水闸信息,水位站、水质站、视频站及水量站基本信息。

(2)监测信息数据

包括水位监测信息、水质信息、水量监测信息、闸泵站设备运行信息等监测数据。

(3)视频或图像信息数据

包括闸泵站、易涝点等各重要位置的视频或图像信息。

(4)自动化控制信息

各闸泵站自动化控制信息。

(5)历史资料收集

对东湖高新区历史发生的造成较大影响的内涝进行资料调查与收集,包括:场次洪水过程的降雨过程、湖泊水位过程及最高水位调查、河道水位过程及最高水位调查、积水点淹没水深和淹没历时调查,为易涝点的内涝成因分析、模型的参数率定提供支撑。

东湖高新区智慧水务项目主要数据包括前端数据采集的原始数据、数据库数据及业务应用系统数据量。其中水质、流量、水位气象监测数据每次产生的数据量为 1kB,按照 5min 采集一次计算;视频按 800 万像素,每台每天产生的视频数据量为 42.18GB,按照存储 7d 计算;系统每年需要共享数据记录 100000 次,每次共享数据量大小约为 100kB;应用模型每次计算过程中,会产生大量的数据缓存,按类似项目经验,全年最大的并发计算量 100 次,每次计算产生的数据缓存记录 200000 条,每条记录数据量约为 100kB;系统每年产生的记录达 1000000~5000000 条,每天记录数据量约为 50kB,根据相应的监测站点数量和系统类型,确定本系统相应的存储量。

9.3.5 系统功能和性能需求分析

本项目本着充分结合东湖高新区管理单位职责及智慧水务建设管理需要,围绕着监测监控、信息服务、安全评估、建设管理、运行管理、防汛调度、水环境监督及移动应用等业务,加强业务协同,支撑业务工作开展,规划建设系统模块包括:综合监管中心、智慧运营中心、现地控制中心和移动应用终端四大部分,其功能架构见图 9.3-1。

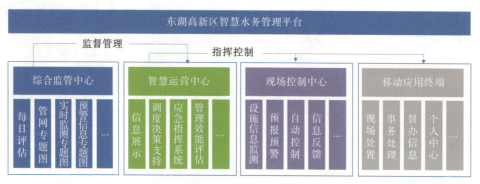

图 9.3-1　系统功能架构

9.3.6　网络需求

项目依托东湖高新区内使用成熟的云计算中心资源进行信息化核心应用系统建设,构建东湖高新区"监管中心""运营中心""控制中心"的"一云三中心"整体架构,在充分利用现有政务网资源的基础上,对水务信息化通信网络进行补充;通过冗余负载均衡等方式,建立"云"和各"中心"间可靠通信专线网络;通过有线、无线冗余的形式构建"控制中心"向下延伸至各泵闸厂站的自动化控制系统专用网络;以 VPDN 无线专网的形式构建分散的水雨情、水质监测站点与"控制中心"间的通信网络,通过本期项目网络系统建设,对现有东湖高新区政务服务网络进行延伸,构建智慧水务"办公、工控"两套专网,为智慧水务信息化系统的数据采集、日常办公及排水设施智能管控运行提供可靠的网络覆盖。

9.3.7　安全需求

东湖高新区智慧水务信息化项目在保证稳定高效运行的情况下,在人员安全、设备安全、软件安全、网络安全、数据安全等方面需满足《信息安全技术—网络安全等级保护基本要求》(GB/T 22239—2019),依托云计算服务中心、东湖高新区政务网络现有信息安全系统资源,对信息安全系统进行完善和补充、构建以云计算中心、控制中心为主要数据交换节点的信息安全系统。

9.3.8　信息资源共享需求

目前武汉市、东湖高新区已建多个水务信息化系统,存在服务目标相对单一,业务条块分割,尚未全局统筹,市、区两级水务信息化系统存在数字鸿沟、信息壁垒问题,不利于水务信息资源的共享和交换,亟须将地理空间框架数据、水务设施资产数据、水环境综合数据、监测和监控等信息进行有效整合、管理,利用物联网、大数据、云计算、人工智

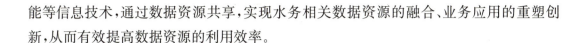
能等信息技术,通过数据资源共享,实现水务相关数据资源的融合、业务应用的重塑创新,从而有效提高数据资源的利用效率。

9.4 区域水管理系统规划思路及目标

9.4.1 规划目标

围绕东湖高新区防汛排涝压力大、污水收集效能低、水环境监管能力有待提升三方面难题,以完善水务监测体系、构建决策支撑体系、提高设施自控水平为抓手,构建调度在线化、决策科学化、分析智能化、管控高效化的智慧水务管控体系,提高排水防涝调度、污水管网收集效能以及关键断面水质预测和运行管理等能力,支撑高新区实现水务现代化。

近期完成全区降雨信息、渍水点信息全收集,完善南湖、汤逊湖汇水片区雨水管网监测信息,构建相应的排涝模型提前预报内涝险情、智能化调度内涝洪水,有效减轻高新区排涝压力;针对左岭污水处理厂污水收集效能低的问题,完善左岭污水处理厂服务范围内污水管网监测信息,收集监测重点排水户排水数据,构建污水管网溯源诊断模型,基于污水管网中的监测信息进行拟合反演,溯源其异常排放来源,及时采取应对措施,保障污水管网的长效稳定运行;针对高新区内最主要的污染受纳水体长江与豹澥湖,完善河湖水情、水质监测信息,同时覆盖高新区所有受控断面,构建水环境模拟模型,全面掌握河湖水环境现状,有效提高河湖水环境质量监管水平。

远期,前端感知体系覆盖全区雨水系统、污水系统以及河湖水情水质系统,辅以无人机、无人船等现代化监测手段,完善全区井盖监控,实现污水处理厂远程区域集控;新增构建东湖、豹澥湖、严东湖排涝模型,豹澥污水处理厂污水溯源诊断模型,严东湖、牛山湖水环境模拟模型,多个排涝系统联排联调;实现两大污水处理厂污水收集来源解析,区内重点河湖及控制断面水质水情全掌控,极大地缓解高新区防汛排涝压力,有效提升污水收集效能,全面提高高新区水环境监管水平。

9.4.2 规划思路

东湖高新区智慧水务建设是基于东湖高新区水务管理部门的具体行政职能划分,充分利用新一代信息技术,建立东湖高新区智慧水务透彻的感知体系、互联互通的网络环境、快速高效的数据处理分析平台、智能多样的应用系统,并在标准规范体系、安全标准体系下,采用松耦合架构模式,构建从数据采集—数据分析—综合应用—科学决策四个维度的水务一体化管控平台,实现高新区排水、水环境的感知、数据处理及应用决策的全过程智能管控(图9.4-1)。

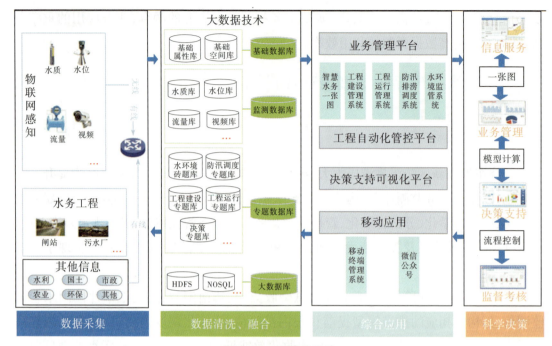

图 9.4-1　总建设思路

9.4.3　系统架构

在面向服务的体系架构下,结合目前最新的信息化技术,同时兼顾未来的技术发展,保证技术的可持续演化,构建东湖高新区智慧水务管控一体化平台。该平台总体架构包括感知层、网络层、基础设施层、数据资源管理层、模型支撑层、应用支撑层、应用层以及交互层共 7 个层次,此外,该平台具备良好的实用性、先进性、扩展性、移植性及开放性。总体框架见图 9.4-2。

(1)感知采集层

充分利用物联网、互联网等传输技术,无人机、摄像头、智能传感器、水质自动监测站等新型监测设备应用,构建以水文监测体系、水环境监测体系、视频监测、闸泵自动化监控体系为核心的空天地网立体感知体系。监测对象包括河道、湖泊、水库、管网、污水处理厂、闸泵、易涝点、井盖等,监测指标包括水质、视频、水位、流量,同时共享其他行业的气象、环保、人口、经济等信息,监测收集互联网舆情等,为智慧水务运行管理提供支撑。

(2)网络层

构建东湖高新区水务专项网络、控制中心工控专网,同时配合互联网,组成高新区水务系统网络层,负责信息传输,通过专网、公网,利用传输控制技术,充分利用冗余交换机、安全防火墙等安全设备实现智慧水务系统数据间高效、安全交互,实现数据信息安全稳定传输。

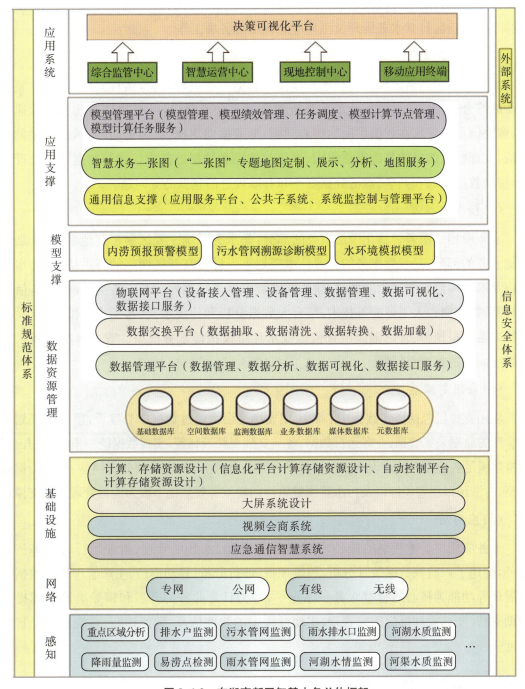

图 9.4-2 东湖高新区智慧水务总体框架

（3）基础设施层

围绕东湖高新区智慧水务建设需求,建立东湖高新智慧水务信息化各项应用系统运行环境。合理利用现有基础设施,对现有的计算存储设施、视频会商设施以及应急通信指挥设施进行功能升级改造或新建。通过建设视频会商、应急通信等辅助系统,全面支撑东湖高新区日常水务管理及汛期应急调度等各项工作。

(4)数据资源管理层

通过对东湖高新区城区智慧水务涉及的数据资源进行整合,实现对核心业务、核心资源的综合管控。通过体系化的数据资源管理平台的建设,可有效打通数据的流通渠道,解决信息化管理在数据层面的核心问题,形成横向集成、纵向贯通的高效、有序的信息流,发挥数据信息的基础支撑作用,满足对信息和数据的需求。建设数据资源管理平台,解决数据集成和共享、盘活数据资产和有效规避信息孤岛等问题。

(5)模型支撑层

水务模型是水务智慧化中最重要的部分,是水务系统主要区别于其他系统,区别于其他业务的部分,是智慧水务的灵魂。本规划重点针对高新区面临的防洪排涝、污水收集以及水环境监管等突出问题,构建高新区智慧水务模型库。基于各类监测信息,借助云计算、物联网和人工智能等技术,结合大数据分析和传统水文、水动力学模型,建设高新区内涝预报预警、管网健康度评价以及水环境模拟等水务模型。着力解决高新区水务系统面临的痛难点问题。

(6)应用支撑层

应用支撑层包括搭建数据中心和应用支撑平台。通过数据中心建设,整合本规划运行管理的前端采集数据、业务运行数据、各类文档视频资料等,实现数据统一集中管理。同时搭建满足各应用系统建设需求的软件平台和公共服务,利用视频分析模型、水污染扩散模型、内涝预报预警模型以及污水管网健康诊断模型等智慧化手段为运营管理提供支撑。

(7)应用层

业务应用层是本规划的核心,围绕水污染防治、水环境管理、水务运行管理等核心业务,构建了以监测数据统计分析、预警预报、评价分析、移动巡检、生产管理以及数据综合展现等功能为核心的智慧水务一体化平台,为日常业务的开展和领导决策指挥提供辅助支持,支撑管理部门运营管理,实现过程中的智能仿真、智能诊断、智能预警及智能调度。

9.5 区域水管理系统规划方案

9.5.1 前端感知采集全面完善

全面智能感知建设是水环境、水生态、水务综合管理等信息化建设的重要内容,是全面、实时地掌握城区综合水情、水质、现场情况等信息的必要手段。通过全面智能感知系统的建设，可以实现区域内水文信息、水质信息、视频监控信息、管网监测信息采集，为管理人员全面掌握区域情况提供数据支撑。

全面智能感知建设包括降水量监测、排水户监测、易涝点监测、污水管网监测、雨水管网监测、雨水管网排口监测、河湖水情监测、河网水质监测、长江水质监测、水务设施监测、无人机遥感监控、无人船监测、智慧井盖监控、污水处理设施(厂、站)区域远程集控等建设内容。

9.5.1.1　降水量监测

（1）监测目的

降雨量监测以研究东湖高新区降雨空间分布特征，实现水务设施调度控制为主要目的，在现有雨量监测站点的基础上，根据网格划分，兼顾水务设施分布，对雨量监测站点进行加密。

（2）布设方案

1）已有监测站点数据共享。

根据市级平台监测数据，截至 2022 年东湖高新区已建立雨量监测站 11 个，水库水雨情基本站 12 个（含雨量监测），本规划采用数据接入方式，对现有雨量监测点数据进行整合。

2）新增雨量监测站点。

根据现有站点分布，在南湖、汤逊湖汇水区、北湖水系东北部、豹澥湖南部地区，兼顾排水设施水量调度，拟新增雨量站点 10 处（表 9.5-1）。

表 9.5-1　　　　　　　　　　　新增降水量监测站点

序号	汇水分区名称	个数
1	南湖汇水区	1
2	汤逊湖汇水区	3
3	严东湖汇水区	1
4	严家湖汇水区	1
5	豹澥湖汇水区	2
6	车墩湖汇水区	1
7	沿江抽排区	1

9.5.1.2　排水户监测

（1）监测目的

排水户污水排放量、排水水质的监测，能为分析不同行业、不同类型设施单元污水排放规律分析提供依据。

(2)布设方案

通过便携式在线监测设备(轮换监测)＋人工检测的监测方式,对制造、建筑、电力和燃气生产、科研、卫生、住宿餐饮、娱乐经营、居民服务和其他服务活动向城市排水管网及其附属设施排放污水的单位和个体经营者的排水状态进行监测,监测指标包含流量、电导率、氨氮(在线监测)、钠、总氮、氟化物、硬度(人工检测)。本规划暂定武汉天马微电子G6 产业基地、武汉未来科技城、湖北经济学院等 30 个排水户监测点。

9.5.1.3　易涝点监测

(1)监测目的

通过实时监测易涝点液位数据,采集积水深度,积、退水时间相关信息,为积水成因分析、影响范围、预警报警提供数据支撑。通过视频监控获取易涝点影像信息,为查看易涝点现状提供可视窗口。

(2)布设方案

通过自动监测设备,对 42 个尚未治理的易涝点雨水算子或管网进行水位与视频监测,监测点位见表9.5-2。

表 9.5-2　　　　　　　　　　　　新增易涝点监测站点

汇水区	监测指标
东湖汇水区(2 个)	水位与视频
南湖汇水区(4 个)	水位与视频
汤逊湖汇水区(13 个)	水位与视频
豹澥湖汇水区(16 个)	水位与视频
车墩湖汇水区(5 个)	水位与视频
严家湖汇水区(2 个)	水位与视频

9.5.1.4　污水管网监测

(1)监测目的

通过在污水管网关键节点部署流量、水质监测设备,为分区水量、水质特征分析,管网运行监测,病害诊断分析提供数据支撑。

(2)布设方案

污水管网重要节点流量、水质数据是评估污水系统运行状态、污水收集调度及雨天溢流水环境影响的重要监测内容,需获取连续监测数据为实时评估、污水收集调度提供数据支撑。结合污水管网主要沿市政道路敷设,宜选用易部署于狭小空间内的设备进行在线监测。部分水质指标不具备在线监测技术条件的,宜采用人工检测方式,获取离线数据。

根据污水管网测量条件与测量技术限制,流量、电导率、氨氮采用在线监测方式测量,钠(总钠)、总氮、氟化物、钙和镁总量、溶解性磷酸盐采用人工采样监测。在监测分区区界点进行流量和水质监测;干管汇入主干管节点,或多条干管汇流节点,进行液位监测。

本规划拟在高新区布设污水管网水质监测站点 39 个,水位监测站点 169 个,同时人工检测旱季采样 2 次,雨季采样 2 次,每次日采样 6 批,连续取样 2 日,总计人工检测1872 次,污水管网监测站点见表9.5-3。

表 9.5-3　　　　　　　　　　　　表新增污水管网监测站点

汇水区	监测指标	站点/检测数量/个
豹澥 污水处理厂	流量、电导率、氨氮	21
	液位	69
	钠(总钠)、总氮、氟化物、钙和镁总量、溶解性磷酸盐(人工检测)	21
左岭 污水处理厂	流量、电导率、氨氮	8
	液位	17
	钠(总钠)、总氮、氟化物、钙和镁总量、溶解性磷酸盐(人工检测)	8
王家店 污水处理厂	流量、电导率、氨氮	1
	液位	4
	钠(总钠)、总氮、氟化物、钙和镁总量、溶解性磷酸盐(人工检测)	1
汤逊湖 污水处理厂	流量、电导率、氨氮	5
	液位	25
	钠(总钠)、总氮、氟化物、钙和镁总量、溶解性磷酸盐(人工检测)	5
龙王嘴 污水处理厂	流量、电导率、氨氮	0
	液位	38
	钠(总钠)、总氮、氟化物、钙和镁总量、溶解性磷酸盐(人工检测)	0
花山 污水处理厂	流量、电导率、氨氮	4
	液位	16
	钠(总钠)、总氮、氟化物、钙和镁总量、溶解性磷酸盐(人工检测)	4

9.5.1.5　雨水管网监测

(1)监测目的

通过在雨水管网关键节点部署流量、液位、水质监测设备,为管网高水位运行监测、管网病害诊断分析提供数据依据,为防洪排涝水量调度、溢流控制、管网平稳运行提供数据支撑。

（2）布设方案

针对湖库沿线排口出流进行流量监测；在汇水区主干管末端、三级汇水区次干管末端进行液位监测；在内涝点下游干管末端设置液位监测；在重点湖泊、河渠节制闸设置水质监测点，监测指标流量、氨氮、浊度悬浮物。本规划拟在高新区布设雨水管网水质监测站点 139 个，水位监测站点 313 个，雨水管网监测站点见表 9.5-4。

表 9.5-4　　　　　　　　　　　　　新增雨水管网监测站点

汇水区	监测指标	站点数量/个
豹澥湖	流量、氨氮、浊度悬浮物	43
	水位	88
车墩湖	流量、氨氮、浊度悬浮物	12
	水位	35
东湖	流量、氨氮、浊度悬浮物	13
	水位	31
南湖	流量、氨氮、浊度悬浮物	9
	水位	29
牛山湖	流量、氨氮、浊度悬浮物	9
	水位	6
汤逊湖	流量、氨氮、浊度悬浮物	19
	水位	81
严东湖	流量、氨氮、浊度悬浮物	19
	水位	6
严家湖	流量、氨氮、浊度悬浮物	9
	水位	32
严西湖	流量、氨氮、浊度悬浮物	6
	水位	5

9.5.1.6　雨水管网排口监测

（1）监测目的

东湖高新区环保部门重点关注排口进行流量、水质监测，为排水系统入渗入流、混错接、雨季溢流分析提供监测依据，并为排口改造成效分析提供数据支撑。

（2）布设方案

根据东湖高新区环保部门提供重点排口及重点水质关注指标，设置排口监测站点，监测指标为流量、pH 值、氨氮。本规划拟新增雨水管网排口监测站点 23 个，见表 9.5-5。

表 9.5-5　　　　　　　　　　新增雨水管网排口监测站点

排入水体	检测因子	监测方式	数量/个
南湖	流量、pH 值、氨氮	一体化自动监测站	7
汤逊湖	流量、pH 值、氨氮	一体化自动监测站	7
严西湖	流量、pH 值、氨氮	一体化自动监测站	2
豹澥湖	流量、pH 值、氨氮	一体化自动监测站	1
九峰河	流量、pH 值、氨氮	一体化自动监测站	4
豹澥河	流量、pH 值、氨氮	一体化自动监测站	1
严家湖	流量、pH 值、氨氮	一体化自动监测站	1

9.5.1.7　河湖水情监测

（1）监测目的

在东湖高新区内湖泊、水库、河渠等各种水体组成的水网系统，根据排水防涝、引水排水、潮位观测、水工程等管理运用方面的需要，在现有水情监测站点基础上，加强布局、优化规划，通过提高流量、水位站点覆盖密度，实现东湖高新区河网水情监测的系统覆盖，提升水情监测自动化水平。

（2）布设方案

截至 2022 年，武汉市水务局建设的水系站网监测站点，覆盖了东湖高新区 6 个湖泊、12 个水库及 4 条港渠。

在共享武汉市水务局现有严东湖、车墩湖、五加湖、牛山湖、豹澥湖、严家湖 6 个湖泊水位监测数据的基础上，为加强湖区调蓄能力感知能力，拟在小南湖水域、内汤逊湖、外汤逊湖东湖高新区辖区内增加湖泊水位监测点 3 个，监测指标为水位。

东湖高新区 12 个水库水位监测点，在武汉市水务局站网项目中已全部覆盖。东湖高新区水库均无上游支流，马驿、九峰、龙山、九龙、长山 5 座城区建设度较高，在雨洪调度水库出口处进行流量监测，共布设水位、流量监测站 5 个。

针对东湖高新区主要港渠及其支流，于河湖连通处部署流量监测站点，同时获取水位数据，根据湖库连通关系，共拟建 27 个港渠流量、水位监测站点。

9.5.1.8　河网与长江水质监测

（1）监测目的

在东湖高新区内湖泊、水库、河渠等各种水体组成的水网系统，根据水环境评价、污染迁移过程研究、水环境管理运用方面的需要,在现有水质监测站点基础上,对高新区加强水质自动监测站点建设。

(2)布设方案

河网水质数据是流域水环境管理的重点关注指标,获取连续有效的水质监测数据,将对污染迁移过程研究、水环境治理措施优化提供重要依据。为加强河网水质数字化管理,宜采用在线监测设备,对河网水质数据进行实时监测。监测指标为水温、pH 值、溶解氧、电导率、浊度、透明度、氨氮、叶绿素 a、总磷、总氮、高锰酸盐指数。

根据生态环境局考核断面分布,对东湖高新区内控制断面进行在线水质监测设备部署。截至 2022 年已有 4 处考核断面已覆盖,本次规划针对未覆盖的 8 处考核断面设置水质监测点。

新增河渠水质站点,根据评价水质优劣程度、研究城市开发对水环境影响、污染迁移过程,在经流东湖高新区建成区河渠连通湖泊入流断面进行水质监测。以有利于水质、水量同步分析为目标,站点选址与河渠水情站点保持一致。在高新区 28 条港渠及长江高新段部署水质在线监测站点。

同时配备便携式水质监测设备 5 套,以备出现突发环境污染时使用。

9.5.1.9 水务设施监控

(1)监控目的

根据东湖高新区现有水务设施自动化、信息化现状,基于“集中管理,分散控制”的模式,构建集过程控制、工况监视和计算机调度管理于一体并且具备良好开放性的监控系统,完成重点排水设施工艺过程及全部生产设备的监测与自动控制,构建东湖高新区排水设施全面协同管控基础。

(2)布设方案

东湖高新区域范围内共有排水设施共计 83 处,其中区管 65 处(包括污水处理设施 10 处、污水提升泵站 34 处、雨水泵站 7 处、涵闸 14 座),市管排水设施 15 处(包括污水处理厂 2 处,污水提升泵站 13 处),区内已建调蓄池 3 座。

根据现有厂站自动控制系统条件进行适当新增、修复、完善,达到厂站主要工艺流程“一键启停”的管控目标,实现基础远程控制条件。对不符合自控条件电气设备、控制柜进行修复和完善,达到自动控制系统接入条件。

近期针对区管 54 处排水设施(其中涵闸 14 处、污水泵站 30 处、雨水泵站 7 处、调蓄池 3 处)进行升级改造,升级改造内容包括排水设施运行监视、运行状态实时监视、运行过程监视、事故与故障信号报警及记录、实时监测告警、运行情况统计分析、工程视频监控调阅等。远期针对区管 14 处排水设施(其中污水泵站 4 座,污水处理设施 10 处)、市管 13 处污水泵站进行升级改造。其中市管的龙王嘴污水处理厂、汤逊湖污水处理厂本次规划暂不进行信息化改造。

9.5.1.10 无人机遥感监控

由于受河道地形和自然条件限制,河道部分区域人员难以到达,人员巡检效率并不高,且传统的水环境监测一般选用点监测的方法来分析全部区域的环境质量情况,具有一定的局限性和片面性。

无人机遥感体系具有视域广、及时连续的特色,可迅速查明环境现状。它的时效性强、机动性好、巡查规模广、使用范畴广泛,并且获取的数据精度高、具备快速的应急响应能力。因此可采用无人机辅助巡河管理,实现河道巡河的全覆盖、无死角。

并且无人机搭载遥感服务,通过提供多光谱航拍服务,接入无人机拍摄生成的高清晰图像可直观区分污染源、污染口、可见漂浮物等,并生成分布图,为环境评估、环境督察提供依据。并凭借搭载的多光谱成像仪生成的多光谱遥感图像可直观、全面地监测地表水环境质量情况,提供水体富营养化程度、水体明澈透明程度、排污口排水污染程度等信息的专题图,达到对水质特征污染物进行监测的目的。可辅助点监测的方法为用户提供立体化、全方位的监测监控,进行全面、完整、有效的环境现状展示和综合分析。

也可同步开展水面实验,获取水体实验数据,结合地面自动站监测数据,构建水质参数遥感反演模型,实现基于无人机多光谱遥感图的水质参数快速制图,实现流域的精细化监测监管;同时,可用于构建基于空间维度和时间维度的水色异常区域提取算法,实现基于无人机多光谱遥感图的疑似水体污染源信息提取,辅助污染源分析。

本规划采购 5 台无人机设备。

9.5.1.11 无人船监测

无人船搭载视频监控、水质监测等设备,可实现动态水质分析,通过高频率动态水质分析,判断水质变化情况,并结合高清摄像设备,实现对隐蔽水体环境问题、隐蔽排污问题的及时发现。主要监测内容为各类水上突发事件现场监测、水质污染物实时精细化监测。

(1)监测内容

1)各类水上突发事件现场监测。

在水污染突发事件中,应用无人船的自主航行、路径规划、水质自动采样分析、现场视频监测等技术优势,能够实现水上情况的远程监测、水质污染的实时分析与跟踪。为后方管理、决策人员提供一手信息资料,为应急事件处置提供辅助决策支撑。

2)水质污染物实时精细化监测。

无人船设备可对重要河段、污染高发河段等位置进行实时、精细化监测。可实现船体定位和自主航行,高效快速地完成较大面积水质监测工作。水质监测系统可以通过搭载水质分析仪来监测水质污染的分布,并以此来追踪污染源。

(2)监控对象及频率

本规划以采购服务的方式,开展无人船监测。拟购买4次/a。

根据无人船监控的业务目标和使用场景,初步拟定一年内购买无人船服务的频率见表9.5-6。

表9.5-6　　　　　　　　　　　无人船使用监控对象及使用频率

序号	业务目的	监控对象	功能要求	监测频率
1	各类水上突发事件现场监控	根据实际情况设定	具备远程控制、视频监控、水质分析功能	每季度1次,按需调整
2	水质污染物实时精细化监控	根据实际情况设定	具备远程控制、视频监控、水质分析功能	每季度1次,按需调整

9.5.1.12　智慧井盖监控

(1)监控目的

井盖作为城市资产重要组成部分,在打造现代化的智慧城市过程中扮演着举足轻重的作用。分属于各个不同部门管理的井盖在城市的大街小巷随处可见,一旦遇到井盖破损或是被盗,如果得不到及时处理,会造成巨大的安全隐患,危及到人民群众生命财产的安全,因此对井盖的缺失或损坏必须做到第一时间告警。接到告警后,相关人员根据井盖的归属管理权及出现的具体问题及时进行处理。

(2)布设方案

本规划将东湖高新区内约54000余个井盖纳入建设范围,配置智慧井盖,并利用物联网平台接入智慧井盖数据,实时监测井盖状态,辅助运维管理。

9.5.1.13　污水处理设施(厂、站)远程区域集控

(1)规划思路

随着我国工业发展和城市化进程的加快,城市污水处理行业蓬勃发展,相较于当前污水处理厂建设规模的快速增长,它们的自动控制和信息化管理水平却相对滞后,运行模式粗放、过程管理不够精细、智能化控制水平不高,导致高工作强度、高能耗、高物耗等一系列问题。在新一代污水厂的管控模式下,信息化和自动化技术将深度结合,具备一定程度的识别与解决问题的能力,将人力从简单重复的工作中解放出来,实现少人或无人化运行。

少人或无人值守污水厂把传统的设备管理、巡检管理、实时监控、方案调度和决策、

优化运行控制、工单管理等污水处理厂日常运行工作和相关需求,与工艺模型、物联网、云技术、大数据、移动互联等前沿技术相结合,实现污水处理厂的精细化管理与智能化能源控制,实现远程监控,消除污水处理厂传统管理与运营模式下的"信息孤岛",提升了企业技术管理水平,达到优化管理模式、降低运行成本、提高办公效率等目的。

(2)规划内容

1)厂级生产工艺可视化管理。

实现对生产运行过程的实时监控,支持远程访问,解决传统污水处理厂远程看不了、生产指标看不了、实时现场看不了、生产异常控不了等痛点,通过中央控制室和移动终端,均可及时了解污水处理厂运行状况以供管理人员分析决策、故障预警,排查运行过程中的异常状况,实现远程可视化管控调度能力。

2)基于大数据的厂级运行指标汇总分析平台。

对污水处理全流程的生产运行数据进行采集,基于行业大数据分析,挖掘生产指标的内在关系,实现数据汇总分析,全面掌控实时生产运营情况,提升精细化管理水平。

3)完善的设备运维管理体系。

建立设备电子档案,制定设备全生命周期的跟踪管理机制,建立设备的运维保养计划,帮助用户提前预知设备的保养期限;同时,结合移动端,解决现场设备状态无法实时查看的痛点。

4)基于移动端的生产任务跟踪管理机制。

将生产任务从传统人工驱动模式向系统自动驱动模式转型,制定各种任务管理计划,结合移动端的便捷性、实时性等特点,自动将计划任务转换成电子工单发送给对应的负责人,同时,通过移动端随时提交图片、视频、音频等形式的现场信息,采用全新的管理理念解决传统工单下发快不了、执行管不了、效果看不了、结果查不了的痛点。

5)基于模型的工艺控制优化。

基于采集到的大量生产运行数据,深度结合工艺模型和高级控制技术,实现对运行设备实时精细化控制。所涉及的工艺控制包括:水泵的优化控制,根据进水流量的变化规律和水泵的组成情况,确定不同的开启组合,保持进水平稳化;鼓风机的优化控制,根据进水负荷变化,基于工艺模型计算实时需气量,并通过自控系统调节鼓风机,使其具有输出和需求相匹配的气量,在出水达标的前提下节省鼓风机能耗;加药量的优化控制,根据采集的进水负荷,结合工艺模型,合理控制碳源和除磷药剂的投加量,在保证出水达标排放的同时,节省药耗。

本规划主要针对高新区内 5 个污水处理厂进行全面的自动化升级改造,远期实现污水处理设施(厂、站)少人或无人化运维管理水平,污水处理厂全面升级改造见表 9.5-7。

表 9.5-7 　　　　　　　　　　污水处理设施(厂、站)区域集控改造

序号	厂名	服务区域	现状规模/ (万 m³/d)	尾水 排放标准	权属单位
1	豹澥污水处理厂	东湖高新区	7	一级 A	东湖高新区
2	武汉市东湖高新区 光谷三路污水处理站	东湖高新区	1		东湖高新区
3	武汉市二妃山垃圾渗滤液处理厂	东湖高新区	0.01		东湖高新区
4	左岭污水处理厂	东湖高新区	10	一级 A	东湖高新区
5	左岭新城富士康产业园 临时污水处理站	东湖高新区	0.4		东湖高新区

9.5.2　网络安全系统规划

9.5.2.1　规划思路

根据东湖高新区智慧水务信息化项目建设的需要,参照国家基础信息设施和实施安全等级保护标准,整合现有资源,依托云计算服务中心部署智慧水务信息化核心业务,以现有条件较为全面的大型泵站控制中心为试点,构建政府监管部门、运营管理单位、现地控制中心构成的"监管、运营、控制"三中心。按信息化和工业控制系统数据通信要求,规划"水务、工控"两张网,以智慧水务运营中心作为总数据交换节点进行网络与安全规划设计。

9.5.2.2　规划内容

(1)网络传输

1)监管中心、运营中心水务专网。

构建东湖高新区水务专项网络,实现东湖高新区监管中心、运营中心、控制中心及其他需进行数据共享单位之间信息的安全传输。水务专网互联通过租赁运营商网络,根据各中心、单位数据交换量,选用卷宽 20~100M VPN 专线进行通信。

2)控制中心工控专网。

控制中心与东湖高新区各泵站、闸站、污水处理厂、调蓄池等站点建立工控专网,该网络与水务专网、互联网等其他网络物理隔离,实现工业控制数据的高安全、高可靠传输。工控专网采用有线、无线冗余设计。有线通讯通过租用运营商带宽 4M VPN 专线进行连接,无线网络采用运营商 VPDN 无线专线进行通信。

3)互联网。

水文、水质、积水点等前端感知设备、4/5G 摄像机、门户网站、移动 APP、微信应用

等数据通过互联网与运营中心进行交互。运营中心设置路由,并通过网络映射,安全边界设备提供信息安全保障。

(2)网络安全

监管中心、运营中心、控制中心及各单位间通信均在外网边界安全域部署防火墙、实现各个安全域边界的隔离和划分,在防火墙上配置访问控制策略。防火墙可根据会话状态信息,对源地址、目的地址、源端口、目的端口和协议等进行访问控制,做到允许或拒绝访问,控制力度可以为端口级。

安全区域边界安全设计主要从区域边界访问控制、区域边界包过滤、区域边界安全审计、区域完整性保护、可信验证方面进行防护设计。网络安全设计包含边界防护、访问控制、入侵防范、恶意代码、垃圾邮件防范、安全审计、可信验证等方面内容。本次规划配备交换机 4 台,web 防火墙、下一代防火墙以及工控防火墙共 8 台,网络机柜 3 台,各类通信链路 60 条,互联网流量卡 200 余张等各类网络通信设备。

9.5.3 基础设施升级配套

9.5.3.1 规划思路

围绕东湖高新区智慧水务监管、运营、控制三大中心,建立东湖高新智慧水务信息化各项应用系统运行环境。通过建设视频会商、应急通信等辅助系统,全面支撑东湖高新区日常水务管理及汛期应急调度等各项工作。

1)依托现有会议大厅资源,建设智慧水务监管中心。对现有大屏系统进行功能升级、新建会商系统、应急通信等系统,为东湖高新区环境水务局实现对防洪排涝、污水提质增效、河湖水环境的全面监管和工作协同提供便利。

2)依托运营单位建设智慧水务运营中心,搭建智慧水务信息化应用系统运行计算存储等基础硬件环境,新建大屏系统、会商系统、应急通讯系统,支撑水务信息化系统运行,实现全区流域水环境的长效运营管理。

3)依托大型泵站厂房建设水务设施管控中心,搭建自动控制系统总平台计算存储等基础硬件环境,建设大屏系统、会商系统,实现区属水务设施集中监管与远程控制,确保监管中心、运维中心的各项调令能够可靠、高效执行。

9.5.3.2 规划内容

(1)计算存储资源

信息化平台计算与存储资源部署于运营单位。

1)云架构设计。

信息化平台运行环境采用私有云平台架构,对计算、存储资源进行统一管理、统一调度。

逻辑架构见图 9.5-1，IaaS 层部分主要分为基础设施层、资源池层、基础云服务层 3 层。

图 9.5-1　视频会商系统总架构

①基础设施层：

基础设施主要包括计算存储设备、网络设备和安全设备等硬件设备。

②资源池层：

通过基础设施云操作系统，基础设施被封装成不同的资源池，主要包括计算资源池、存储资源池、网络资源池、大数据资源池。

③云服务层：

在资源池基础上，可根据组织结构和业务需要构建多个虚拟数据中心 VDC，支持资源容量和配额管理。在划分 VDC 的基础上提供计算、智慧应用、存储、网络、灾备、大数据模型分析等服务。

2）存储资源设计。

根据东湖高新区动静态数据量初步估算，5 年后数据量约 260TB，方案采用 ESSD 云盘进行数据存储，推荐划分 30TB 硬盘空间，后期根据实际数量增量进行动态扩容。

3）云计算资源池设计。

按照功能区域将计算资源池划分为管理服务器和计算服务器。

管理服务器：主要用于部署虚拟化管理节点。

计算服务器：计算区主要包括虚拟化资源池、物理机资源池、GPU 高性能计算资源池三大类。虚拟化资源池支撑多个数据库和平台各种应用。物理机资源池用于业务库部署。根据智慧水务信息化应用系统对资源进行估算,共需配置虚拟机33台。

4)现地控制中心计算存储资源设计。

现地控制中心计算、存储资源主要为建设 SCADA 平台提供服务,根据工业控制系统高 I/O 特点,采用物理主机进行部署。工业生产数据库实时库数据量按 7d 实时数据计算,工业生产历史数据库按秒级进行数据入库,设定存储时间设定为 1 年,数据量约为 1TB。

(2)视频会商系统

根据"运营、监管、控制三中心"设计,在监管中心、运营中心、控制中心分别设置大屏展示系统,并建设配套会商环境。

总体架构见图 9.5-2。

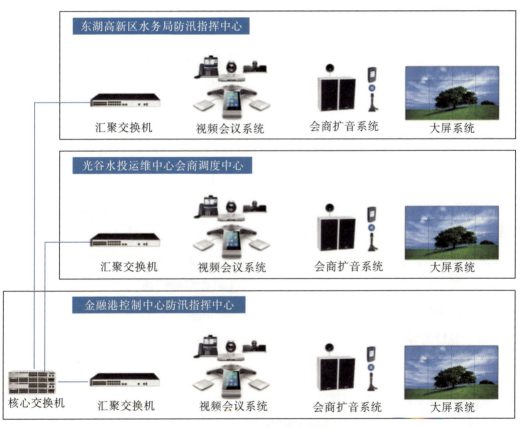

图 9.5-2 视频会商系统总架构

本规划新建水务专网实现监管中心、运维中心、控制中心视频会商系统通讯。监管中心充分利用现有防汛指挥中心资源,在利用原有指挥系统、会商扩音系统的基础上,增设视频会商系统。运营中心、控制中心新建大屏、视频会商系统、扩音系统,实现三个中心与其他第三方中心的视频会商。

1）监管中心会商系统。

本次规划拟在监管中心增设视频会议主机、高清视频会议终端、会议控制 PC 主机，或对现有会商系统进行利旧升级。

2）运营中心会商系统。

拟新建运营中心会商室，推荐会议室大小不小于 $70m^2$，方案按 $6m \times 12m$（宽×长）进行会商室设计。装修整体设计简洁大方，配备大屏系统、会商扩音系统、视频会商系统。

3）控制中心会商系统

对控制中心现有防汛指挥中心会议室进行改造，装修整体设计简洁大方，原会议室用大屏及大屏装修墙隔断为会商室、设备间。同步配备大屏系统、会商扩音系统、视频会商系统。

（3）应急通信指挥系统

在监管中心、运营中心、控制中心及各雨水排涝泵站、调蓄池等排水设施布设无线对讲系统中转站，利用水务专网，建立一套无线对讲应急通信指挥系统。从而高效、即时地处理应急事件。规划配备数字中转台 12 套、手持对讲系统 36 套。

9.5.4　数据资源管理平台规划

9.5.4.1　规划思路

通过对东湖高新区城区智慧水务涉及的数据资源进行整合，实现对核心业务、核心资源的综合管控。通过体系化的数据资源管理平台的建设，可有效打通数据的流通渠道，解决信息化管理在数据层面的核心问题，形成横向集成、纵向贯通的高效、有序的信息流，发挥数据信息的基础支撑作用，满足对信息和数据的需求。建设数据资源管理平台，解决数据集成和共享、盘活数据资产和有效规避信息孤岛等问题。

9.5.4.2　规划内容

（1）数据库建设

本规划建设东湖高新区智慧水务系统的综合数据存储，包括基础数据库、业务数据库、空间数据库、监测数据库、媒体数据库及元数据库。数据库开发建库遵循相关国家或行业标准。

1）基础数据库。

基础数据库建设应在信息资源规划的基础上，按照统一的数据模型，结合业务应用特点，在相关技术标准的规范下进行建设。基础数据库的整合与建设涵盖水文、水利工程、市政管网、社会经济等。

建设基础数据库,用于存储基础对象的空间地理信息数据及结构化的基础属性信息,包括卫星影像、矢量电子地图、DEM地形、行政分区、流域分区、河流、渠道、水库、湖泊等基础数据;建筑(房屋)、土地、道路、广场、绿地、水体等下垫面数据;水文站、雨量站、水质站、内涝积水点、泵站、检查井、污水处理厂、排水口、水质断面、闸站等监测点及工程对象数据;河道断面数据;管网数据;排涝片区、雨水分区、污水分区等市政分区数据;POI点、地铁站点、铁路线、地铁线、医院点、学校点等地标数据。

2)业务数据库。

专业数据库以各个单一业务应用为主。专业数据库的建设,原则上依托业务应用系统建设,但应可支持数据中心按主题业务进行的数据抽取。

监测预警方面主要涉及的数据包括水位、流量、水质、闸泵站设备运行、限值、趋势分析等数据。

降雨数据包括设计降雨、历史降雨、降雨短临预报数据。

建设管理涉及的数据包括工程进度、工程安全、工程质量等工程相关信息。

运行管理涉及业务人员、巡查、维修养护计划等信息。

远程控制涉及闸泵站的开度、调度、闸泵站过水流量等信息。

综合调度信息涉及排水调度、调度方案等信息。

3)监测数据库。

建设监测数据库,用于存储监测设备实时感知数据,包括管网液位、水文站水位、流量、路面积水、雨量、闸泵站等工程运行状态数据。

4)媒体数据库。

建设媒体数据库,用于存储文件类的非结构化信息,包括文档、图片、音视频和其他类型的文件资料信息。

5)元数据库。

元数据是用于对数据各类实体数据进行描述的数据,描述实体数据的定义、内容、质量、表示方式、空间参考系、管理方式以及数据集的其他特征,用于标识实体数据。

(2)物联网平台

物联网平台旨在实现对物联设备的接入及管理,并实现对物联监测数据的加工整理及可视化管理。

物联网监测体系具有在时间、空间上的信息获取优势,打造全区域、全指标体系、连续性监控模式,实现监测设施运行状态的快速感知、连续性监测、实时反应,将管理模式从传统的"被动监管"转向"主动发现",从而提升业务管理的效能和智慧化服务的水平。

物联网平台在设备管理方面具备数据采集能力、设备控制能力以及实时交互能力,作为构建广泛覆盖、全指标体系、精准的监测设施感知网的基础能力(图9.5-3)。在数据管理方面通过对雨量、水位、流量等情况进行实时在线监测,从而实现对业务管理提供精准的监测数据信息。物联网平台具体功能如下:

1)设备接入与管理。

实现通过第三方物联网平台方式接入水位、雨量、流量,并对设备资产、地理位置、运行状态、设备日志、设备故障等信息进行集中监控与管理。系统应具备在线监测设备管理以及远程维护控制功能,实现设备统计,并按照系统权限对监测设备进行分类管理,支持设备的增加、删除、查询、修改等操作。

2)数据管理与可视化。

系统需要具备监测数据查询、汇总、统计分析功能以及地图、图表等多种可视化呈现手段,并通过数据加工功能,实现对异常数据(水位异常、流量异常)的处理、分析与过滤。异常数据包括但不限于瞬时流量或水位等波动大、瞬时流量与累计流量不一致、数据不稳定、数据明显超出正常值等。

3)数据接口服务。

系统需要具备数据网关服务能力,提供接口发布、管理、维护等主要功能。数据接口服务为业务应用提供物联感知数据,感知数据类型包括排水系统需要的雨量、水位、流量等实时监测数据。

图 9.5-3　物联网平台功能架构

(3)数据交换平台

数据交换平台是数据与其他应用系统沟通的桥梁(图 9.5-4)。基于数据交换构件,搭建数据交换平台,建设 ETL 应用,实现物联监测数据及第三方数据源到数据存储、数据存储到数据应用的数据抽取、清晰、转换与加载。可基于此平台进行数据转换任务的定制以满足不同业务应用对数据定制的需求。

数据交换平台负责对接物联平台获取数据,对数据进行清洗与整合,按照数据标准规范,形成核心数据库,并提供给其他应用系统使用。数据交换平台功能由支撑功能与应用功能两部分组成。支撑功能是数据交换平台的基础,包括数据采集、元数据管理、数据交换服务总线、平台监控以及安全管理功能;应用功能是指与具体业务系统相关的功能,应用功能利用数据交换平台的数据交换服务总线,以数据交换服务的形式为各业务系统提供数据共享服务。

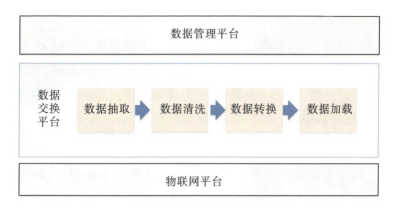

图 9.5-4　数据交换平台总体功能架构

(4)数据管理平台

通过对数据信息的汇集和存储,形成可用的信息资源库,数据管理平台可提供各类信息服务,实现信息资源的开发利用,达到规范信息表示、实现信息共享、改进工作模式、降低业务成本和提高工作效率的目的。其主要作用是满足数据的存储管理要求,保证数据的安全性;整合数据资源,保证数据的完整性和一致性。数据管理平台总体功能架构见图 9.5-5。

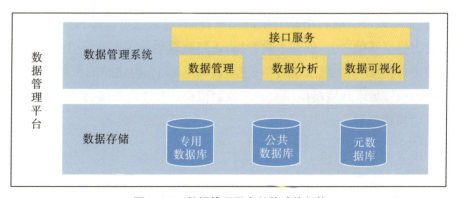

图 9.5-5　数据管理平台总体功能架构

9.5.5　智慧水务模型建设

9.5.5.1　规划思路

借助云计算、物联网和人工智能等技术,结合大数据分析和传统水文、水动力学模型,建设东湖高新区5套内涝预报预警模型、2套管网健康度评价模型、4套水环境调度模型。

9.5.5.2 规划内容

(1)内涝预报预警模型

构建南湖、汤逊湖、东湖、豹澥湖、严东湖汇水区的城市水文模型、管网一维水动力学模型、城市二维水动力学模型,耦合3个模型形成内涝预报预警模型,并完成模型参数率定和验证。基于设计降雨、历史实测降雨、实时降雨和预报降雨,进行内涝风险分析和识别,同时建立大数据分析模型,开展实时内涝预警预报、防汛排涝等工作。

(2)污水管网溯源诊断模型

近期选择左岭污水处理厂服务片区,远期包含豹澥污水处理厂服务片区,针对污水处理厂服务片区的工业企业可能造成的对污水处理厂冲击性污染问题,以及管网破损、混接造成的污水处理厂进水水质浓度偏低、截污效率不高的问题,建立污水管网系统溯源诊断分析模型系统,基于管道中布设的液位、氨氮、电导率等传感器,实测液位、水质异常变化进行拟合反演,溯源其异常排放来源(如工业污染突发排放、管道的严重破损和外水倒灌等),及时采取应对措施,保障污水管网的长效稳定运行。由于开展污水处理厂网一体化运行、调度、管理模型需要建立在较为完备的监测数据基础之上。

(3)水环境模拟模型

水环境模拟模型的构建包括面源污染模型、河道一维水动力水环境模型、二维水动力水环境模型,并将三者模型耦合形成水环境模拟模型。依据城市面源污染的来源和污染特征,并针对城市土地利用和下垫面类型特点,建立城市面源污染预测模型;在一维河道水动力模型基础之上,依据水质数据、道路数据划分子汇水区并构建一维河道水环境模拟模型;构建湖泊二维水动力学模型,在其基础上,构建湖泊水环境模拟模型,耦合3个模型形成流域水环境模拟模型。本规划拟构建长江高新段、豹澥湖、严东湖、牛山湖4个水环境模拟模型。

9.5.6 应用支撑平台建设

9.5.6.1 规划思路

应用支撑平台是连接基础设施和应用系统的桥梁,是以应用服务器、中间件技术为核心的基础软件技术支撑平台,其作用是实现资源的有效共享和应用系统的互联互通,为应用系统的功能实现提供技术支持、多种服务及运行环境,是实现应用系统之间、应用系统与其他平台之间信息交换、传输、共享的核心。具体建设内容包括:通用信息化支撑平台、智慧水务"一张图"和模型管理平台。

9.5.6.2　规划内容

（1）通用信息化支撑平台

通用支撑平台位于数据资源之上,统一管理各种系统资源,为上层的应用系统提供支撑服务。应用支撑平台为应用系统提供了应用支撑、数据交换、应用整合、门户服务、安全管理、应用生成和部署,同时屏蔽了复杂的底层技术,为应用系统的建设和整合提供了方便。不但对智慧水务系统建设起着支撑框架的关键作用,也为之后应用系统的建设奠定了基础。

（2）智慧水务"一张图"

基于地理信息构建,充分利用已汇集的平台水利地理信息数据资源,调用最新的电子地图、高分辨率影像图等基础数据,提供水务信息可视化管理,并进行地理信息服务能力扩展和个性化定制改造,构建智慧水务"一张图",提供空间查询及分析等功能,为监测预警系统、预报分析系统、指挥调度和大屏展示分析等提供技术基础支撑,真正实现水利地理信息的开放共享、互通协同、统一管理和及时更新。

（3）模型管理平台

模型管理平台是接入按照标准输入输出接口和网络接口开发的各类模型、对接入模型进行统一管理与维护并向用户提供模型计算服务。模型平台总体框架作为业务应用系统框架中的应用支撑层的一部分,按照当前我国信息化建设总体要求和"互联网＋"等新技术发展方向,构建云平台框架,形成平台服务体系。

9.5.7　应用系统建设

9.5.7.1　规划思路

应用系统主要为东湖高新区各级管理部门提供在线服务和技术支持。应用系统根据东湖高新区水务局及运营管理单位的管理体制、调度管理特点,结合机构设置情况,以智慧水务业务工作流程为主线,以信息资源和基础设施为依托,从业务需求分析入手,按照建设目标和建设原则,根据各职能部门的业务需求、业务流程和数据流程确定东湖高新区信息化的应用系统功能,在系统总体框架基础上,借鉴国内外同类系统开发经验,高起点搭建系统总体框架,制定支持整体业务的各种应用、数据管理和基础设施技术架构,对系统各组成部分进行功能设计,给出经济合理的技术方案,实现东湖高新区水务管理的全面透彻感知、智能预测预警、智能仿真、智能诊断、智能调度、智能处置、智能控制和智能服务,从而服务于防洪减灾、水资源管理、水环境管理以及水生态保护。

为避免系统重复性建设,易于系统升级改造,实现系统的开放和动态可持续发展,智慧水务中提出功能个性化定制的思想,各功能模块的个性化定制通过东湖高新区综合信息平台实现,主要包括综合监管平台、智慧运营平台和移动应用平台三大部分。在系统升级改造过程中,只需升级各子系统和功能模块,对于通用模块统一升级即可。

应用系统主体功能设计包括监管和运营管理两大部分,监管部门根据政策法规或上级领导要求制定相应的监管目标,然后通过应用系统向运营团队下发任务,运营团队需要根据任务制定相应的计划完成监管目标,完成后需要由监管单位确认目标是否完成。

9.5.7.2　规划内容

(1)综合监管中心

综合监管中心的建设目的是通过构建综合监管平台的水务"一张图"系统,为高新区水务局各项水务业务工作的开展提供信息化的支撑。综合监管中心的水务"一张图"系统是以东湖高新区 GIS"一张图"为基础,整合前端感知设备监测信息、系统共享信息等,对智慧水务建设过程中涉及的基础信息、监测信息及预警信息进行展示,并对数据进行对比分析、报表输出等。具体包括每日评估、管网专题图、实时监测专题图、预警信息专题图、供水管理专题图、节水管理专题图、水资源管理专题图、水环境监管系统专题图、水利工程建设专题图、河湖长监管专题图、质监安监管理专题图、水行政执法管理专题图、排水系统运维管理专题图、防洪排涝管理专题图、综合业务管理专题图等功能。功能架构见图 9.5-6。

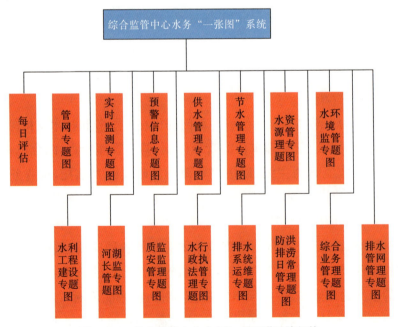

图 9.5-6　综合监管中心水务"一张图"系统架构

（2）智慧运营中心

智慧运营中心的建设目的是服务高新区城市排水系统的运营管理单位，为城市排水系统的运行提供信息化支撑。主要包括排水防涝应急指挥系统、排水防涝调度决策系统、自动控制系统。

内涝预报预警模型的构建，是智慧运营平台主动预警、预报和主动应急调度的基础，智慧运营平台中的调度决策系统得到预报信息后将其关联定位事件所在的区域，然后分析该区域测站的水位、降水量等信息，对本次预报事件做出分析判断，及时告警，同时自动匹配到最符合当前事件现状的调度方案，通过应急指挥系统快速地派遣人员解决该事件。本规划将上述模型集成在智慧运营平台中，通过内涝预报预警模型实现对洪涝事件以及积水事件的预警预报，从而实现了预测预警和调度业务的实际需求。

1）排水防涝应急指挥系统。

智慧运营中心中排水防涝应急指挥系统是为了提高运行管理单位应对排水防涝业务出现的突发事件的应急决策与指挥能力，满足日常应急值守和应对大型突发事件应急处置的需要，实现对排水防涝业务中出现的各类突发事件进行处置管理，系统将监测到的实时水位数据、雨量数据等监测数据和气象水文预报信息相结合，以及关联防洪、防暴雨等不同的洪涝事件的预警条件，制定出相应的预警方案和应急响应流程，当启动预案成功后，调度岗发送应急响应行动消息给各岗位，要求其按已制定好的预案要求展开行动。不同岗位的人员根据不同的指令采取不同的行动，同时需及时反馈确认、到岗和完成等信息。采取的原则是"逐级负责制，指令全过程响应制"。并实现基于 GIS 的可视化展现和包括闸泵自动控制、视频监控等业务系统之间的联动，系统主要包含日常管理、预警管理、应急指挥、决策管理等 4 个专题。

2）排水防涝调度决策系统。

排水防涝调度决策系统主要功能包括调度决策和信息维护两部分。系统的维护功能包括用户角色的分配、删除。用户分配可给用户分配不同权限，同时提供修改密码功能。调度决策主要包括调度事件成因分析、调度方案制定、调度方案分析评价 3 个专题。

3）自动控制系统。

自动化控制系统根据"先进实用、资源共享、安全可靠、高效运行"的原则和要求进行系统的规划设计，实现对库、湖、闸、站等水系要素的自动化控制，实现汛期内河调度监测，保障了城市安全。

4）水质在线监测与预警系统。

除开展外源控制和内源治理、生态修复等工程措施外，还须通过加密水质自动监测、加强水环境数据信息共享、强化水质评价、提升水环境应急能力等方面提升水环境治理能力。需要利用水质自动监测信息强化水质评价与分析，定期、滚动评价全域水环境,辅助及时发现水环境污染问题。提升水环境应急能力建设,加强局部区域环境污染快速监测能力,提升水质环境污染模拟能力,为应急水污染事件提供信息保障。

5)中水监测管理系统。

再生水(中水)是指废水或雨水经适当处理后,达到一定的水质指标,满足某种使用要求,可以进行有益使用的水。从经济的角度看,再生水的成本最低,从环保的角度看,污水再生利用有助于改善生态环境,实现水生态的良性循环。污水的再生利用已经成为解决水资源短缺这一世界性难题的主要途径之一,为保障再生水回用过程中的卫生安全,对再生水厂出水水质进行有效监控、及时采取措施应对出水水质风险就非常重要。

智慧再生水厂的监测系统,包括监控站、多个检测节点和多个智能移动终端,检测节点用于采集再生水厂的水管网中再生水的异常水流数据,并将采集的异常水流数据通过无线通信发送至监控站,监控内容包括管网中水位、流量等;监控站根据检测节点传递的异常水流数据和智能移动终端传递的定位信息,再对异常水流数据进行分析、判断以及将其结果传递于距离监控站最近的智能移动终端;智能移动终端接收监控站所传递的信号并进行操作反馈且实时将其位置传递于监控站。通过中水监测管理系统,对中水循环与使用进行实时监测、预警预报、信息记录等,实现中水循环利用信息全收集、过程全掌握、取用全记录、管理全规范。

6)固废资源化管理系统。

为贯彻落实《固体废物污染环境防治法》,推进固体废物收集、处理、运输、资源化等全过程监控和信息化追溯,形成固体废物闭环监控体系,促进固体废物环境管理信息互联互通,对接相关数据平台,打破"信息孤岛",即可为园区管理部门提供便捷高效的可监控、可预警、可追溯、可共享的信息化管理平台,又可以实现政府各责任部门对辖区内固体废物的全过程监管。

以收集、运输、处理、资源化的业务需求为导向,推进固体废物全过程监管和信息化追溯,共享接入监控中心 DCS 系统采集的工艺生产流程及测控要求配置的仪器仪表数据、视频监控数据、智慧车辆管理数据等信息,搭建安全高效的产业园区内部生产办公网络,建立统一的数据资源管理,开发综合应用监管平台,包括入园申报管理、固废入园台账管理、固废处置工艺管理、安全生产培训管理、应急指挥管理、资源化输出台账管理等功能模块,形成可监控、可预警、可追溯、可共享的信息化管理平台。

(3)现地控制中心

现地控制中心其主要功能是对现地泵站或厂房进行远程监控和操作。现地控制中心一般由以下几个部分组成:

1)监控系统:用于实时监测设施或设备的运行状态,包括运行状态、水位、流量、压力等参数,以及能耗等数据。

2）控制系统：用于远程控制泵站或厂房的设备，包括水泵、阀门、电机等设备的启动、停止、开关等操作。

3）通信系统：用于将设施或设备的数据传输到监控中心，同时接收监控中心的指令，实现远程监控和操作。

4）报警系统：用于在设施或设备出现异常情况时及时发出报警信号，提醒管理人员及时处理。

5）数据库系统：用于存储设施或设备的历史数据和实时数据，方便管理人员进行分析和查询。

9.5.8　移动应用终端建设

9.5.8.1　规划思路

建设东湖高新区移动应用终端，满足监管人员的水务监管需求、运营人员的管理维护需求、现场处置人员应急处置需求以及普通公众的信息获取需求等，以移动应用终端连接所有相关人员。

9.5.8.2　规划内容

移动应用终端建设的目的主要是为高新区城市排水系统智慧运行的外业人员开展外业任务提供移动端的信息化支撑。主要包括移动应用和微信公众号两个专题。

移动应用的主要用户群体包括行政主管部门及运营管理单位领导、运维运营人员、项目管理及参与人员等。通过对角色的定义和划分，移动 APP 支持基于登录账号分权限进行浏览和操作，满足不同层级用户的使用需求。监管版移动应用主要包括综合信息展示、事务处理、督办信息及个人中心；运营版移动应用具体包括综合信息展示、巡查检查、即时通信、统计分析和个人中心；现场处置人员版移动应用具体包括综合信息展示、情况上报核实、现场处置进度、物资请求、即时通信和个人中心等。

微信公众号是社会民众参加智慧水务工作的重要途径之一，通过微信公众号，社会公众可以获取东湖高新区智慧水务建设动态，可以对智慧水务相关工作进行监督。通过微信公众号的设立，可以增加智慧水务工作建设的透明度，增加社会公众的参与度，从而更好地为东湖高新区智慧水务建设工作服务。本规划微信公众号规划建设新闻资讯、问题上报、公众调查、献计献策 4 个功能模块。

10 规划实施效益分析

10.1 环境效益

（1）东湖高新区水资源优势得以发展

通过水网构建,可实现东湖高新区江河湖相济、河湖渠相连的水系网络,使水资源得到有效利用和控制,枯水期湖泊生态水位和主要河流生态流量保证率达 100%,同时也推进了武汉市环城水网构建规划的实施。通过模拟分析,东湖高新区生态水网构建后,可对湖泊水质目标的实现起到积极作用,也对恢复河湖水功能及改善区域整体环境状况具有重要意义。

（2）东湖高新区水环境质量得到全面改善

规划实施后,高新区水生态环境从根本上得到改善,水质达标率 100%;生态多样性指数提升 20%;入湖污染物满足总量控制要求;河湖管控范围划定率 100%,蓝线以下水域面积保证率 100%。生态环境效益显著。预期全面提升区域水资源与水环境的承载能力,还民以湖泊清水荡漾、河道清水长流的优美水环境。

（3）东湖高新区水生态环境得到有效保护

通过实施生态清淤、生态修复、生态水位调控、重建水生动植物等措施,修复湖泊水生态系统,保证湖泊港渠的生态健康,河湖湿地水生态系统质量状况进一步提高,区域生物多样性和栖息环境得到改善。

（4）东湖高新区生态景观资源得到充分展现

通过策划布局和引入美丽、幸福、绿色型滨水产业,形成统筹生态、生产、生活的据点式的产业节点,实现蓝绿连通、自然趣味、水城交融的美丽幸福绿色新光谷。

（5）东湖高新区二氧化碳减排效益得以体现

本规划方案的实施,有助于多路径助力东湖高新区低碳城市的建设。实施海绵城市、缓冲带净化工程、滨水郊野公园项目,通过对不同类型工程用地类型和用地面积的统计,结合各自碳汇效果经验值计算,上述工程项目预计增加碳吸收量约 2.16 万 t/a。左岭、豹澥二厂及循环经济产业园厂区分散式光伏工程拟减少碳排放 1.43 万 t/a、减少二氧化硫排放 3.2t/a、减少一氧化氮排放 3.33t/a、减少废水排放 922t/a,可节约煤炭资源 0.5 万 t/a。

10.2 社会效益

(1)提高东湖高新区居民整体的生活质量和水平

东湖高新区水环境治理工程实施后,可整体提升东湖高新区水环境质量,增强水体流动性,提高水体自净能力,显著改善居民生活环境健康水平,提高人民群众满意度、幸福感和归属感。雨水管网工程完善后,将有效改善城区低洼地段暴雨期渍水现象,减轻对居民生活的影响。水生态和景观工程实施后,将丰富居民的精神文化生活,提升居民生活品质。

(2)提升东湖高新区水景观品位和东湖高新区整体形象

通过水环境治理、水生态修复工程和水景观工程,可显著提升城市水景观品位和东湖高新区整体形象,增强城市文化底蕴,提升城市知名度,有力支撑东湖高新区幸福生态新城的建设。且一江四水绿色安澜,两轴三区人水相亲,河清湖靓业兴民乐,承武启鄂协同发展"的科技生态新城的美好愿景的实现,可促进东湖高新区以水为核心的现代社会文明意识的整体提升,公众的城市认同感、社会责任感和自我规范意识得到提升,良好的社会公共秩序体系和道德氛围得以形成。

10.3 经济效益

(1)污水处理厂布局优化效益

本方案分设豹澥和左岭 2 座污水处理厂,保留了左岭、豹澥污水处理厂现有污水处理设施和排江管道设施,充分利用现状,工程投资最省。豹澥污水处理厂位于城区中心,规划及已建中水回用管以豹澥污水处理厂为中心向周边辐射,便于中水回用。

左岭污水处理厂从 10 万 t/d 扩建至 50 万 t/d,新增占地 150 亩,新增占用土地价值 0.22 亿元。

(2)污泥处置效益

经测算,市政污泥及餐厨协同处置年成本约 4714 万元,清淤底泥、通沟污泥协同处置年成本约 3883 万元,而根据处置规模,可产生收益如下:

通过市政污泥及餐厨协同厌氧,可生产餐厨垃圾毛油约 3t/d,按照单价 3000 元/t 计,年收入约 320 万元;有机固废综合产气率约 60m³/t,沼气发电量约 1.75kW·h/m³,沼气发电优先供给自用,有多余的电量考虑上网,根据测算,年可上网电量为 402.41 万 kW·h,电价按照 0.65 元/kW·h 计,则年发电收入为 260 万元;接收市政污泥和餐厨垃圾综合单价按 340 元/t 计,则年收入为 6168 万元。

清淤及通沟污泥按 150 元/t 接收,年收入约 1000 万;资源化产品主要为面烧结砖,考虑到建材市场需求存在淡旺季等因素,因此在生产过程中根据市场需求的特点调整工艺路线,将生产工程土作为出路的补充。按产出面烧结砖和工程土各 50% 计,工程土按 10 元/m³,免烧结砖按 680 元/m³(市场价下降 15%),年收入约 3900 万元。

通过接收市政污泥等固废垃圾,以及资源化利用产生的年收益约 11648 万元,相对年处置总成本 8597 万元,能实现微利保本。

(3)产业发展效益

通过策划布局和引入美丽、幸福、绿色型滨水产业,依托"水、岸、产、城"关系,塑造美丽、幸福、绿色 3 种产业类型,布局"三湖—三轴—三岛"的传统式产业,丰富了生态景观资源,可带动东湖高新区旅游业的发展,促进零售业、餐饮业等第三产业的发展,实现旅游行业"引得来、留得住、再重游"的良性循环,具有一定经济效益。

(4)二氧化碳减排效益

在"碳达峰与碳中和"战略的大背景下,本规划植入了"绿色、环保、低碳"的城市发展理念,通过分散式光伏项目的实施,按照 40~50 元/t 的碳定价,每年可节约二氧化碳排放经济成本约 64.35 万元/a,有利于高新区引导绿色技术创新,提高区域产业和经济的竞争力。

11　结论与展望

改革开放以来,我国的水生态环境保护工作已走过 50 余年的光景。1972 年北京官厅水库污染治理是我国流域水污染防治的标志性事件,至此,我国开始探索具有中国特色的水环境保护路径,1979 年第一部《中华人民共和国环境保护法》的诞生标志着我国污水处理正式处于法律法规的管理下,随着 1984 年《中华人民共和国水污染防治法》等法律法规、制度的推出,水环境治理行业政策日趋完善。然而 1995 年之前,我国的水污染防治主要以点源为主,1996 年修正的《中华人民共和国水污染防治法》发布,自此大规模的流域水污染防治工作全面开展,我国进入大规模治水阶段。截至 2020 年底,全国地级及以上城市 2914 个黑臭水体消除比例达到 98.2%;全国省级及以上工业园区全部建成污水集中处理设施;长江干流首次全线达到 Ⅱ 类水体,实现了历史性的突破,黄河干流全线达到 Ⅲ 类水的水质标准,全国地表水 Ⅰ~Ⅲ 类水体占比由 27.4% 上升至 83.4%,劣 Ⅴ 类断面比例由 36.5% 下降至 0.6%,我国水生态环境保护发生了历史性、转折性、全局性变化。

"十四五"时期是生态环境改善由量变到质变的重要节点,水生态环境保护工作内涵更加丰富和亲民。在水环境持续改善的基础上,更加注重水生态保护修复,注重"人水和谐",让群众拥有更多生态环境获得感和幸福感。新时期区域水生态环境保护工作仍然任重道远,"规划引领、流域统筹、区域协同"成为地区水生态环境治理的必然选择和区域高质量发展的突破口,如何运用系统的科学思维方式从根本上解决流域性、结构性、根源性、趋势性的生态环境问题是当下各地区需要研究的新课题。

东湖高新区是武汉市的"东大门",经过 30 多年的发展,东湖高新区综合实力和品牌影响力大幅提升,知识创造和技术创新能力提升至全国 169 个国家级高新区第一,是国家高精尖产业汇聚地、中部全面开放先导区和省市创新发展"领舞者"。本书立足东湖高新区自然条件及城市建设现状,开展了大量原创性工作,首次全面准确摸清区域水生态环境家底,开展了 2400 余千米的排水管线普查和 1500 余千米的管道检测,完成了380 处入湖排口排查及水质水量监测,开展了 10 个湖泊浮游植物、浮游动物、底栖动物及鱼类调查、地形测量及湖泊底泥有机质、氮磷及重金属等十余项指标监测,首次实现了全区排水管道、河流及湖泊生态系统健康体检。围绕区域"四水"(供水、排水、污水、水生态环境)开展了系统评估,逐项剖析薄弱环节和问题成因。围绕支撑经济社会高质量发展和水生态环境根本改善两个主题,构建了"区域安全供水、城市排水防涝、污水提质增效、水生态环境治理、低碳循环产业发展、智慧水务建设"六大措施体系,旨在推动水生态环境得到全面改善,使良好的水生态环境成为东湖高新区最具竞争力的核心优势。

城市供水方面,规划梁子湖为水源的供水系统,与原有以长江为水源供水系统,形成"双源互补,优质充足"的水源保障体系。

内涝防治方面,规划通过海绵城市建设、管网改造、港渠整治、泵站扩建、湖泊水系连通及河湖水位调控等组合措施,分阶段实现城市内涝治理的目标。

污水系统方面,规划通过修复缺陷管道,小区和市政混错接改造、管网空白区管道建设等措施提高污水集中收集率,实现污水全收集;扩建豹澥和左岭污水处理厂,实现污水全处理;通过污水处理工艺优化提高处理标准和中水回用管道建设等工程措施,以及长江水功能区限制排污总量余度分析,化解市政尾水去向难题。

湖泊水生态环境治理方面,从生态整体性和流域系统性出发,以湖泊流域为单元,通过地块海绵化改造、初雨收集调蓄设施和污水提质增效等灰色基础设施,生态绿道建设、滨水缓冲带构建和雨水排口生态化改造等绿色设施,以及生态水网构建、湖口或湖湾湿地建设以及水生动植物群落结构恢复等蓝色措施,从"源头—过程—末端""灰绿结合、蓝绿交融"等系统治理手段,实现水质稳定达标,水生态环境全面改善。

低碳循环产业方面,规划提出在左岭地区打造市政污水、多源污泥和光伏能源协同资源化园区的方案,通过再生水、建筑材料以及清洁能源等资源化产品收益和政府补贴,以微利保本模式经营,实现多源污泥、中水和光伏能源的循环利用。

智慧水务建设方面,规划围绕涝水、污水和河水,提出前端感知—模型构建—设施自控方案,实现东湖高新区防洪排涝能力、污水收集处理设施效能和水环境监管水平的提升。

随着人民群众对人居环境要求的不断提高,水环境治理已从以截污为主的治理方式演化至以区域水环境整体提升为目标的综合治理,这就对水环境治理方案提出了更高的要求。区域水环境治理方案策划必须尊重自然、顺应自然、保护自然,它融合了水利、环境、市政、生物、生态、风景园林等多个学科,是一项多学科、全链条的系统性工程,包含了全流域治理理念、水循环全环节管控理念、水岸同治理念及人水和谐理念,需运用协同理论,将各学科、各理念、各环节有机结合,科学合理地规划,需久久为功,常抓不懈。本书是以东湖高新区为例的区域性水环境综合治理规划案例研究,建议下一阶段,根据地区实际治理需求与生态环境保护工作重点,进一步深化各工程项目实施方案,尽快推进方案落地见效,推动东湖高新区水生态环境改善和区域高质量发展。

参考文献

［1］魏俊,陆瑛,程开宇,等.城市水环境治理理论与实践［M］.北京:中国水利水电出版社,2018.

［2］熊昱,廖炜,李璐,等.湖北省湖泊污染现状及原因分析［J］.中国水利,2016(18):54-57.

［3］李国英.坚持系统观念强化流域治理管理［J］.中国水利,2022(13):1-6.

［4］刘晴靓,王如菲,马军.碳中和愿景下城市供水面临的挑战,安全保障对策与技术研究进展［J］.给水排水,2022,48(1):1-12.

［5］陶若凌.合肥市供水系统用水量预测与压力优化调控技术研究［D］.杭州:浙江大学,2020.

［6］徐博,张弛,蒋云钟,等.供水系统可靠性—回弹性—脆弱性与多元要素的响应关系研究［J］.水利学报,2020,51(12):1502-1513.

［7］卢翔,金秋,赵思远,等.平原区城市典型区域内涝问题研究—以湖南省华容县为例［J］.人民长江,2020(9):22-27.

［8］卓小燕,孙翔.基于MIKE模型的城市内涝风险评估与整治方案效果研究［J］.水利规划与设计,2023(10):34-40.

［9］刘克臻,周艳莉,崔潇龙,等.基于InFoWorksICM模型的城市片区排水防涝方案优化研究［J］.给水排水,2023(3):60-64.

［10］刘波,侯雪鸿.城市污水处理厂污水量预测方法探讨［J］.城市建设,2012(18):1-6.

［11］孙永利.城镇污水处理提质增效的内涵与思路［J］.中国给水排水.2020,(2):1-6.

［12］李澄.城市发展新格局下污水工程的体系化建构与规划策略［J］.市政技术.2019,(4):178-182.

［13］孙玉莹,陈炼钢,陈少颖,等.基于动态模型的湖库水环境容量影响因素重要性

解析[J].水资源与水工程学报,2023,34(5):98-105,115.

[14] 张洪波,李俊,黎小东,等.缺资料地区农村面源污染评估方法研究[J].四川大学学报(工程科学版),2013,45(6):58-66.

[15] 贺宝根,周乃晟,高效江,等.农田非点源污染研究中的降雨径流关系——SCS法的修正[J].环境科学研究,2001,14(3):49-51.

[16] 赵钟楠,张忠广,郑超蕙,等.新形势下开展退田还湖的思路与措施[J].中国水利,2019(3):19-21.

[17] 杨晴,王晓红,张建永,等.水生态空间管控规划的探索[J].中国水利,2017(3):6-9.

[18] 黄锦辉;赵蓉;史晓新,等.河湖水系生态保护与修复对策[J].水利规划与设计,2018(4):1-4.

[19] 陈书琴,许秋瑾,李法松,等.环境因素对湖泊高等水生植物生长及分布的影响[M].生物学杂志.2008,25(2):11-15.

[20] 袁小虎,彭伟国,闫敏,等.湖泊健康评价体系研究综述[C].中国水利学术大会论文集.北京:中国水利学会,2022.

[21] 张浩坤,闵奋力,崔慧荣,等.武汉市3种类型湖泊浮游植物群落特点及关键影响因子[J].环境科学,2023(4):2093-2102.

[22] 赵警卫,胡彬.河岸带植被对非点源氮、磷以及悬浮颗粒物的截留效应[J].水土保持通报,2012,32(4):51-55.

[23] 李想,邸青.暴雨和缓冲带特征对城市滨水缓冲带雨洪消减与水质净化效果的影响机制[J].生态学报,2019,39(16):5932-5942.

[24] 刘宏伟,梁红,高伟峰,等.河岸缓冲带不同植被配置方式对重金属的净化效果[J].土壤通报.2018,49(3):727-735.

[25] 李玉双,杨嘉鑫,魏建兵,等.城市污泥资源化利用技术研究进展[J].工业水处理,2022,42(12):41-46.

[26] 陈莹,耿华,刘静,等.再生水利用规划与管理存在的问题及思考[J].中国水利,2021(15):52-54.

[27] 陈思源.城市光伏利用评估及其空间规划研究[D].天津:天津大学,2020.

[28] 黄艳,张振东,李琪,等.智慧长江建设关键技术难点与解决方案的思考与探索

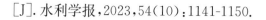

〔J〕. 水利学报,2023,54(10):1141-1150.

　　〔29〕彭军,桂梓玲,岳克栋,等. 大型城市浅水湖泊水环境综合治理——以武汉市东湖为例〔J〕. 人民长江,2023,54(12):24-33.

　　〔30〕黄艳,喻杉,罗斌,等. 面向流域水工程防灾联合智能调度的数字孪生长江探索〔J〕. 水利学报,2022,53(3):253-269.

　　〔31〕刘冬顺. 推动长江流域水利高质量发展　全面提升水安全保障能力〔J〕. 中国水利,2023(24):42-43.

　　〔32〕王权森. 长江中下游行蓄洪空间数字孪生建设方案构想〔J〕. 人民长江,2022,53(2):182-188.

图书在版编目（CIP）数据

区域水环境综合治理规划研究：以武汉市东湖新技
术开发区为例 / 黄晓敏等著 . -- 武汉：长江出版社 ,2024.1
ISBN 978-7-5492-9387-2

Ⅰ . ①区… Ⅱ . ①黄… Ⅲ . ①高技术开发区－水环境
－环境综合整治－研究－武汉 Ⅳ . ① X321.2

中国国家版本馆 CIP 数据核字 (2024) 第 056363 号

区域水环境综合治理规划研究 ： 以武汉市东湖新技术开发区为例
QUYUSHUIHUANJINGZONGHEZHILIGUIHUAYANJIU ： YIWUHANSHIDONGHUXINJISHUKAIFAQUWEILI
黄晓敏　等著

责任编辑：	郭利娜 闫彬	
装帧设计：	王聪	
出版发行：	长江出版社	
地　　址：	武汉市江岸区解放大道 1863 号	
邮　　编：	430010	
网　　址：	https://www.cjpress.cn	
电　　话：	027-82926557（总编室）	
	027-82926806（市场营销部）	
经　　销：	各地新华书店	
印　　刷：	武汉新鸿业印务有限公司	
规　　格：	787mm×1092mm	
开　　本：	16	
印　　张：	40.75	
字　　数：	1020 千字	
版　　次：	2024 年 1 月第 1 版	
印　　次：	2024 年 1 月第 1 次	
书　　号：	ISBN 978-7-5492-9387-2	
定　　价：	328.00 元	